PROJECT MANAGEMENT

CONSTRUCTION MANAGEMENT

탄탄한 공학기술 기반 PM·CM 고수되기

TECHNO PM·CM

설계자·시공자를 리드하는 건설사업관리기술인

| 이찬식, 임형윤, 황종현 지음 |

한솔아카데미

Project Management나 Construction Management(이하 'PM/CM')라는 개념이 국내에 처음 소개된 것은 1978년 준공된 고리 원자력발전소 건설 프로젝트였는데, 설계와 PM/CM은 미국의 Westing House사가, 토목공사와 건축구조물 공사는 한국 건설업체가 수행했습니다. 그 후 영광 원자력발전소는 미국의 Bechtel사가 설계와 PM/CM을 담당하였고, 한국업체는 구조물 시공을 맡아 품질과 안전을 책임지고 수행하였습니다. 그 과정에서 PM/CM 기업이 계약·공정·원가·클레임 등에 걸친 고도의 전문성을 바탕으로 전체 프로젝트를 통합·조정, 관리함으로써, 발주자가 세운 목표 달성을 이끈다는 것을 이해하게 되었습니다. 1965년 태국고속도로 건설공사로 첫발을 뗀 해외건설공사에서 한국업체는 초기에는 주로 시공만을 맡아 수행하였지만, 1980년대부터는 원자력발전소 건설공사 경험을 바탕으로 석유화학 플랜트, 항만, 주택 등의 프로젝트를 턴키 방식으로 수주하여 시공뿐만 아니라 기획, 설계 등 엔지니어링 업무까지 수행하며 역량을 키워 나갔으며 지금은 세계적인 수준에 이르고 있습니다.

1999년 말 설립된 한국건설관리학회는 국내외 건설공사에서 다양한 경험을 쌓은 전문가들과 함께 PM/CM 지식체계 확립과 연구에 헌신함으로써 PM/CM의 정착 및 확산에 이바지하였습니다. 그리하여 2000년대 초반부터 건설공사에 PM/CM 계약 방식이 채용되기 시작하여 최근에는 다수의 프로젝트에서 활용되고 있습니다. 초기에는 계약대상이나 범위에 따라 전면책임감리, 시공감리, 검측감리 등으로 구분하여 시행되었으나, 최근에는 '건설사업관리' 및 '시공책임형 건설사업관리'라는 용어로 통일하여 적용되고 있습니다. 공항건설 프로젝트, 용산 미군기지 이전공사와 같은 대규모의 복합적인 프로젝트 관리는 Program Management라는 용어를 사용하며 '종합사업관리'라고 부르기도 합니다.

PM/CM의 기능은 설계도서대로 시공되는지 여부 확인에 그치지 않습니다. 업무수행 과정에서 계약행정, 공법, 기술, 구조 등의 문제가 발생할 때 그것을 조정하고 기술적으로 지도하는 것이 더욱 중요한 기능이지만, 설계사 및 시공사와 소통 미흡, 건설사업관리기술인(이하 '기술인')들의 역량 부족 등으로 그리하지 못하는 사례가 많습니다. 특히, 현장에 처음 투입된 초·중급 기술인들은 공법이나 기술 등의 대략적인 내용은 알지만, 세부적인 부분이나 시공순서나 방법, 시공상 유의사항 등을 정확하게 알지 못하는 경우가 많고, 구조적인 사항은 더욱 그러합니다. 이는 발주자가 설정한 PM/CM 계약 목적 달성을 저해하는 중요한 요인이 되고 있습니다.

이 책은 초·중급 기술인에게 초점을 맞춰 그들의 업무성과 향상에 도움을 주고자 집필되었습니다. 초·중급 건설사업관리기술인들이 주로 담당하는 건설사업관리 업무를 수행 방법 중심으로 설명하고, 건축공사에 일반적으로 사용되는 핵심 공법, 기술 등을 서술하였습니다. 또한 초·중급 기술인들이 반드시 알아야 하고 검토·확인해야 할 내용을 고수 포인트로 요약·제시하였습니다. 최근에는 PM/CM에 인공지능(AI), BIM, 드론 등의 스마트 기술이 많이 활용되고 있어서, 국내 주요 시공사 및 국내외 PM/CM 기업의 동향도 소개하였습니다.

1970년대 이후 건설기술인들이 동남아시아, 중동, 아프리카 등에서 피땀 흘려 번 재원은 한국경제 발전의 원동력이 되었으며, 다양한 프로젝트 수행 경험은 한국 건설 및 엔지니어링 산업 발전의 디딤돌이 되었습니다. 2023년 4월 발생한 LH 검단 무량판 구조 지하주차장 슬래브 붕괴사고 등으로 국내 건설산업 및 PM/CM 업계가 마치 부정, 비리, 부실의 온상인 양 매도되고 있는 현실은 그래서 더욱 안타깝습니다. 건설기술인 모두 기본에 충실함으로써 그동안 쌓은 명성을 회복해야 할 때이며, 이는 각자 맡은 일을 성실히 완수해 내는 것에서 출발해야 합니다. 수년 전부터 건설산업에도 ESG(Environment, Society, Governance) 경영이 강조되고 있는데, 그 부분을 거의 다루지 못하여 아쉽습니다.

러시아·우크라이나 전쟁과 기후재앙 등으로 인한 어려운 환경 속에서도 국내외 건설현장에서 묵묵히 일하고 계신 50여만 명의 건설기술자와 150여만 명의 현장근로자들에게 깊은 감사와 존경의 마음을 전합니다. 환경변화나 기술적 진보 등으로 이 책에 기술한 기술, 공법, 구조 등은 개선되고 개량될 것이므로, 건설사업관리기술인들은 신기술, 신공법 등에 지속적인 관심을 갖고 현장 적용성을 높이기 위해 노력해야 합니다. 법령 개정 등으로 PM/CM 업무 내용도 달라질 수 있으므로 최신 법령을 항상 확인해야 합니다.

이 책이 발간되기까지 많은 도움을 준 인천대학교 건설경영및관리연구실 출신 실무 전문가들, 특히 집필에 직접 참여한 롯데건설 임형윤소장, 희림종합건축사사무소 황종현이사에게 큰 고마움을 전합니다. 초안의 완성도를 높여 준 대보건설 정재수박사, 테크뱅크 윤호빈박사, 한국건설기술연구원 정인수박사, 포스코건설 황정하박사, 삼우씨엠 노영창이사, 건원엔지니어링 송낙현이사, 인천도시공사 박현수부장께 감사드립니다. 또한 물심양면으로 지원해 주신 에스아이그룹 건축사사무소 박완수대표와 임직원, 그리고 편집과 디자인 작업으로 수고하신 한솔아카데미 이종권전무, 안주현부장, 강수정실장께 감사드립니다.

2024년 8월
대표 저자 이 찬 식

목 차

CHAPTER 1

개 요

1
CHAPTER

개 요

1.1 ● 목적 및 구성

건설사업관리(Construction Management : 이하 'CM')는 이집트의 피라미드[1] 건설에서 시작되었다고 볼 수 있다. 19세기 영국의 산업혁명에 따른 기술혁신은 제조업 등의 경영관리(management) 기술 발전으로 이어지고, 간트(Gantt)차트, CPM(Critical Path Method) 등의 프로젝트 매니지먼트 기법이 개발된 20세기 초반에 건설, 제조 등 프로젝트의 관리가 본격적으로 시작되었다. 테일러(Taylor, 1856~1915)의 생산성 연구, 길브레스(Gilbreth, 1868~1924) 부부의 시간·동작 연구, 간트(1861~1919)의 공정관리 연구 등으로 개발된 기법들의 적용은, 프로젝트의 목적을 효과적이고 효율적으로 달성하는 데 이바지하였다. 그 후 두 번에 걸친 세계대전으로 인한 군수산업의 발전은 매니지먼트 기술의 발전을 이끌었고 건설업이나 제조업 등 프로젝트의 체계적인 관리

---

1) 기원전 2,500여년 전에 건설된 것으로 추정되는 거대 건축물이다.

에 크게 영향을 미쳤다. 또한 1960년대 달 등 우주 탐험으로 급속하게 발달한 항공 우주산업은 네트워크 공정표 등 새로운 관리기법의 개발을 촉진하였으며 현대적 의미의 프로젝트 매니지먼트 기술의 기초를 확립하였다.

서양에서는 마스터 빌더(Master Builder)[2])가, 한국에서는 소위 대목(大木)이 오랫동안 설계와 시공을 도맡았지만, 15세기 이후 교회 건축 등에서 설계와 시공이 분리되고, 미국에서는 1857년에 미국건축사협회(American Institute of Architects : AIA)가 설립됨으로써 설계와 시공의 직능이 완전하게 분리되었다. 마스터 빌더가 수행했던 설계와 시공 관련 매니지먼트 기술도 설계, 시공의 분리와 함께 변화되었다고 볼 수 있다.

CM은 Construction Project Management 또는 단순히 Project Management(이하 'PM')라고도 칭하는데, 한국의 제도권에서는 CM을 일반적이고 포괄적인 의미의 '건설사업관리'와 CM at Risk 방식을 의미하는 '시공책임형 건설사업관리'로 구분하여 설명하고 있다. '건설사업관리' 방식은 흔히 용역형 CM, 즉 'CM for Fee' 방식으로, 건설사업관리자[3])(CM for Fee 방식의 계약자)는 리스크(risk)를 부담하지 않고 발주자가 모든 리스크를 부담한다. 반면, '시공책임형 건설사업관리' 방식은 건설사업관리자 (CM at Risk 방식의 계약자)가 계약 내용에 따라 시공 단계의 리스크를 일부 또는 전부 부담한다. 이 책에서는 용어의 다름에 따른 혼란을 방지하기 위하여 우리나라 「건설산업기본법」과 「건설기술진흥법」에서 규정하는 '건설사업관리'를 'PM/CM'이라는 용어로 정의하고 사용한다.

건설프로젝트를 성공적으로 추진하기 위해서는 기획 및 계획, 설계, 시공, 유지관리 등 제반 단계를 책임지는 건설기술인들의 업무수행 능력과 협력(collaboration)이 매우 중요하다. 이를 위해서는 담당 분야뿐만 아니라 건설프로젝트 전반, 특히 설계 이전 (preconstruction) 단계부터 유지관리 단계에 걸친 폭넓은 지식과 소양이 요구된다. 건설프로젝트를 추진하는 과정에서 건설사업관리기술인들이 담당하는 업무는 매우 다양하다. 그중에서도 설계 및 시공에 요구되는 구조재료, 시공기술, 공법, 구법 등과 건설사업관리 기술, 지식 및 체계 등에 관한 정확한 이해는 성공적인 PM/CM 업무수행에 필수적이다. 또한 각 단계 및 분야 간 접점(interface)에 대한 이해와 통합도 매우 중요하다. 특히 가설공사, 굴착공사, 파일공사, 흙막이공사, 철근콘크리트공사, 강구조

---

2) 설계와 시공 등 건설사업의 전 과정을 담당한 장인(匠人)을 일컫는 말이다.

3) '건설공사 사업관리방식 검토기준 및 업무수행지침'은 「건설산업기본법」 및 「건설기술진흥법」에 따라, 건설사업관리를 업(業)으로 하는 자를 '건설사업관리용역사업자'로 정의하고 있으나, 여기서는 '건설사업관리자'로 약칭한다.

공사 분야는 사용 재료 및 구조에 관한 이해가 부족하면, 설계와 시공의 적절성 판단이 어렵고 공사 중 안전뿐만 아니라 최종 목적물의 구조안전성 여부 판단도 곤란하다. 예컨대 가설 비계, 동바리 설치, 흙막이벽 등 가설물 계획은 구조적으로 안전하지 않으면 사고 발생으로 인한 인명 피해는 물론 상당한 수준의 물적 손실을 초래할 수 있다. 사용 재료, 재사용(reuse) 횟수 등 경제적인 측면과 시공성은 물론이고, 공사 과정에서 사용 재료의 강도, 지내력, 되메우기 흙의 상대밀도 등 설계 시 가정한 조건을 반드시 검토·확인해야 하는 이유이다.

공사 현장의 실무자, 특히 초·중급 건설사업관리기술인들이 건설프로젝트에 두루 적용되는 핵심 기술, 공법 및 구조를 충분히 이해할 수 있다면, PM/CM 업무를 체계적이고 효율적으로 수행할 수 있을 것으로 확신하고 그것을 돕기 위하여 이 책을 집필하였다. 즉, 건설사업관리기술인들이 반드시 알아야 할 기술, 공법 및 구조 사항과 초·중급 건설사업관리기술인들이 주로 담당하는 PM/CM 업무의 내용 및 절차/방법을 기술하였다.

이 책의 구성과 내용을 간략하게 정리하면 다음과 같다. 1장에서는 건설사업관리의 기본 개념, 건설환경변화와 전문가의 역할 및 관련되는 주요 법령을 소개하였다. 2장에서는 건설사업관리의 기본지식과 체계를 소개하고 특히, 공정, 품질, 안전, 환경관리 등의 기본개념과 핵심 내용을 기술하였다. 3장에서는 첨단 스마트 디지털 건설기술의 개발 현황, 적용 실태 및 효과 등을 기술하였다. 건설산업의 낮은 생산성을 극복하고 공사 현장의 불확실성 등을 최소화하기 위하여 활용하고 있는 스마트 건설기술의 실태와 적용 효과 등을 분석하였다. 국내 기업, 특히 대기업에서 많이 적용하고 있는 기술인 BIM, 빅데이터, 인공지능(AI), 사물인터넷(IoT), 플랫폼, 3D 프린팅 기술 등을 소개하였다. 4장에서는 초·중급 건설사업관리기술인들이 반드시 알고 있어야 하는 기술, 공·구법 및 핵심 구조지식 등을 공종/분야별로 구분하여 제시하였다. 특히, 가설공사, 굴토 및 발파공사, 파일공사, 골조공사에 대하여 집중 기술하고 마감공사는 핵심적인 내용만 요약하여 소개하였다. 5장에서는 건설프로젝트 추진 단계별 사업관리 요령을 기술하였다. 설계 이전 단계, 기본설계 단계, 실시설계 단계, 구매조달 단계, 시공 단계, 시공 후 단계로 구분하여 초·중급 건설사업관리기술인이 주로 수행하는 업무의 내용(개념 및 정의)과 업무수행 방법에 초점을 맞춰 기술하였다. 6장에서는 건설사업 정보관리시스템을 기술하였다. PMIS(Project Management Information System) 또는 PgMIS (Program Management Information System)의 기본개념과 국내 주요 건설 엔지니어링사업자의 현행 시스템과 운용 실태를 소개하였다.

1.2 ● 건설사업관리의 기본 개념

⑴ 건설사업관리 및 건설사업관리기술인에 대한 관계 법령의 규정

「건설산업기본법」 제2조(정의) 제8호는 '"건설사업관리"란 건설공사에 관한 기획, 타당성 조사, 분석, 설계, 조달, 계약, 시공관리, 감리, 평가 또는 사후관리 등에 관한 관리를 수행하는 것을 말한다.'라고 규정하고 있다(2022.2.3.). 또한 동법 제2조 제9호는 '"시공책임형 건설사업관리"란 종합공사를 시공하는 업종을 등록한 건설 사업자가 건설공사에 대하여 시공 이전 단계에서 건설사업관리 업무를 수행하고 아울러 시공단계에서 발주자와 시공 및 건설사업관리에 대한 별도의 계약을 통하여 종합적인 계획, 관리 및 조정을 하면서 미리 정한 금액과 공사기간 내에 시설물을 시공하는 것을 말한다.'라고 규정하고 있다. 한편, 「건설기술진흥법」 제2조(정의) 제2호에서는 건설사업관리를 건설기술의 하나로 분류하고 있으며, 감리[4]에 대한 별도의 규정을 두고 있다. 유럽과 미국에서 사용하는 Construction Management, Construction Project Management 또는 Project Management에 대응하는 한국식 용어가 '건설사업관리'라고 할 수 있다. 이 책에서는 우리나라의 건설프로젝트에서 통상 사용하는 '건설사업관리'라는 용어를 '건설사업관리' 또는 'PM/CM'으로 규정 하고 사용한다.

미국건설사업관리협회(CMAA)에서는 Construction Management를 다음과 같이 규정하고 있다.

> Construction Management is a professional management practice consisting of array of services applied to construction projects and programs through the planning, design, construction and post construction phases for the purpose of achieving project objectives including the management of quality, cost, time and scope.

---

4) '감리란 건설공사가 관계 법령이나 기준, 설계도서 또는 그 밖의 관계 서류 등에 따라 적정하게 시행 될 수 있도록 관리하거나 시공관리, 품질관리, 안전관리 등에 대한 기술지도를 하는 건설사업관리 업무를 말한다.'라고 규정하고 있다.

건설사업관리기술인은「건설기술진흥법」제26조에 따른 건설기술용역사업자에 소속되어 건설사업관리 업무를 수행하는 사람으로, 업무 또는 책임 범위에 따라 다음과 같이 구분된다[5][「건설공사 사업관리방식 검토기준 및 업무시행지침」제2조(정의)]. 발주청과 체결한 건설사업관리 용역계약에 의하여 건설사업관리용역사업자를 대표하며 해당 공사의 건설사업관리업무를 총괄하는 "책임건설사업관리기술인", 소관 분야별로 책임건설사업관리기술인을 보좌하여 건설사업관리 업무를 수행하는 자로서 담당 건설사업관리업무를 책임건설사업관리기술인과 연대하여 책임지는 "분야별 건설사업관리기술인", 현장에 상주하면서 건설사업관리업무를 수행하는 "상주 건설사업관리기술인", 건설사업관리용역사업자에 소속되어 현장에 상주하지는 않으며 발주청 및 책임건설사업관리기술인의 요청에 따라 업무를 지원하는 "기술지원 건설사업관리기술인" 등이다.

(2) Project Management

1) 프로젝트의 개념 및 특징

프로젝트란 추구하는 특정 미션(project mission)을 달성하기 위하여 시작과 끝이 정해진 특정 기간에, 그리고 자원(예산, 자재, 장비 등), 상황 등이 제약된 조건(constraints) 아래서, 유기적이고 유능한 팀을 편성하여 실시하는 미래가치 창조사업(Value Creation Undertaking)이다. 따라서 프로젝트를 추진하는 과정에서는 창의적인 활동과 팀원 간 협력이 무엇보다 중요하다.

프로젝트는 일반적으로 다음과 같은 특징을 가진다.

① 개별성 : 비반복성
② 유기성(有期性), 한시성 : 시작과 완료 시점/기한을 가진다.
③ 불확실성 : 프로젝트는 미래의 가치를 창조하는 활동이므로 정보 부족, 미확정적이고 불확실한 기술, 예측 불가능한 환경 등 다양한 리스크가 존재한다.

---

5) 용역(用役)의 사전적 의미는 '물질적 재화의 형태를 취하지 아니하고 생산과 소비에 필요한 노무를 제공하는 일'로, 육체적 노동을 제공하는 영업 형태라고 볼 수 있다. '용역'이라는 어휘(용어)가 고부가가치를 창출하는 지금의 엔지니어링 산업을 포괄하기에는 적절치 않은 것이다.「기술용역육성법」이「엔지니어링기술진흥법」으로 바뀐 지 29년 만인 2021년 6월에「건설기술진흥법」은 설계, 건설사업관리 등을 아우르는 '건설기술용역'이라는 용어를 '건설엔지니어링'으로 변경하였다. 그러나「건설산업기본법」제2조(정의) 제3항(건설용역업)이나「건설공사 사업관리방식 검토기준 및 업무수행지침」제2조(정의) 제4항(건설사업관리용역사업자) 등은 부적절한 용어인 '용역'을 아직도 사용하고 있다.

2) PMBOK(Project Management Body of Knowledge)의 정의

PMBOK에서는 Project Management를 사업 목적 또는 요구사항을 달성하기 위하여 관련된 지식, 기술, 도구 및 기법 등을 사업 활동에 적용하는 것으로 규정하고 있다. 즉, 사업 수행을 위하여 규정한 사업관리 프로세스를 적절하게 적용하고 통합함으로써 사업을 효과적으로 수행하게 하는 것을 의미한다.

> Project management is the application of knowledge, skills, tools, and techniques to project activities to meet the project requirements. Project management is accomplished through the appropriate application and integration of the project management process identified for the project. Project management enables organizations to execute project effectively and efficiently.

(3) **Program Management**

1) 프로그램 및 프로그램 매니지먼트의 기본 개념, 의미 및 특징

프로그램은 그리스어 prographein에서 유래한 것으로 '이전에 쓰다(to write before)' 라는 뜻이다. 이는 라틴어와 프랑스어로 '일련의 사건들의 통지 또는 목록'을 의미하는 것으로 발전했으며, 『메리엄 웹스터 사전 2000』에서는 '목표 달성을 위해 조치할 수 있는 계획이나 시스템'으로 프로그램을 정의하고 있다. 건축에서 프로그램은 '고객의 요구에 대한 기능적 설명'이며, 이는 설계자의 의무이다.

'프로그램'에 대한 PMI(Project Management Institute), 전문기관, 전문가 등의 정의는 다음과 같다.
① PMI 표준 제3판(2013) : 프로그램은 개별적으로 관리해서는 실현되기 어려운 편익(benefit)을 얻기 위해 통합된 방식으로 관리하는 다양한 관련 프로젝트, 하위 프로그램 및 프로그램 활동의 그룹으로, 전략적 및 전술적 목적으로 상호 관련된 프로젝트 및 관련 활동의 그룹화라고 할 수 있다. 프로그램은 프로젝트를 독립적으로 관리해서 얻을 수 있는 편익보다 더 많은 편익을 제공할 필요가 있다.
② MSP(OGC, 2011) : 프로그램은 조직의 전략적 목표와 관련된 결과와 편익을 유도하기 위해 관련된 프로젝트와 활동들의 실행을 조정, 지시 및 감독하기 위해 구현된 한시적이고 유연한 조직이다.

③ P2M : 프로그램은 비즈니스 전략을 수행하기 위해 수립하는 것이다(PMAJ일본
  프로젝트매니지먼트협회, 2015, p.30).
④ Michel Chiry(2015) : 프로그램은 다수의 이해관계자를 위해 가치를 실현할 목적
  으로 그룹화된 변경 활동의 모음이다.

이상의 주장들을 종합하면 프로그램은 조직의 전략 실현 등 목적 달성을 위해 여러
가지 프로젝트들을 유기적으로 조합한 통합적인 활동을 말한다. 프로그램 매니지
먼트는 하나의 프로젝트에서 수행하는 순차적인 관리 활동(대지 선정에서 입주까지)
을 의미하기도 하지만, 여러 개의 프로젝트로 구성된 대형 건설 프로그램을 관리
하는 것으로 정의한다(Thomsen, 2012)[6].

미군기지 이전 사업인 YRP(Yongsan Relocation Project)에서는 프로그램 매니지
먼트를 "종합사업관리"로 명명하고 다음과 같이 설명한다. 사업 수행 기간에 발생
하는 모든 업무를 기획 및 계획(planning)하고, 사업이 계획대로 진행되도록 실행
(executing)하며, 계획과 실행을 대비 및 분석(monitoring)하여 필요한 조치
(control)를 적기에 취하여 건설사업이 효율적으로 추진될 수 있도록 하는 기능과
역할을 종합사업관리라고 말한다. 우리나라에서는 YRP처럼 Program management를
"종합사업관리"로 칭하는 경우가 많으며, 단일 사업들을 개별적으로 관리하는 것만
으로는 획득하기 어려운 전체 사업의 성과를 효과적으로 달성하기 위하여 종합적
인 관점에서 사업관리를 수행하는 것을 의미한다. 프로그램 매니지먼트는 단일 사업
의 사업관리보다는 상위의 관리 목표와 업무 상세도를 가짐으로써 업무 범위와 심도
에서 프로젝트 매니지먼트와 차이가 있다(서울대학교 기술연구실, 이현수 외, 2020,
P.23).

---

6) 'Program Management' is a term that is often used to describe the management of the
   sequential steps(from site selection to occupancy) of a single project. However, the term
   refer to the management of a capital building program with multiple projects.

구 분 \ 단계	계획	개념설계	설계	시공	운영	사례	역할
종합사업관리 (program management)	매우 크거나 복합적 프로젝트들					공항건설, 신도시건설, 운송체계	1
프로젝트관리 (project management)	단독 프로젝트					종합사업관리의 하부 프로젝트 또는 단독 프로젝트	1, 2
건설사업관리 (construction management)			▬			용역형 CM 또는 발주자 대리인	1, 2
일괄 시공계약 (general contract)				▬			3
감리 (construction supervision)				▬			1, 2

(주) 1 : 고객의 대리인 역할
　　 2 : 종합사업관리의 부속
　　 3 : 공사에 대한 책임, 설계는 발주자(건축주 또는 고객)가 별도 제공

[그림 1-1] 발주방식에 따른 건설사업관리방식 비교

Q 고수 POINT　　CM, PM, PgM, 감리의 개념 및 사용

• PM(Project Management)이나 CM(Construction Management)은 「건설산업기본법」의 '건설사업관리'나 '시공책임형 건설사업관리'에 해당하는 용어로, 국내에서는 두 용어가 유사한 의미로 사용된다.
• 유럽과 미국, 중동 등 해외 사업에서 PM은 건설프로젝트의 전 과정을 관리하는 것으로, CM보다 광의의 개념으로 인식한다.
• PgM(Program Management)은 관리 범위는 PM과 유사하지만, 공항건설 프로젝트와 같이 다수의 공사(bid package)로 구성된 복합 프로젝트의 관리를 말하며, 국내에서는 '종합사업관리'로 부르기도 한다.
• PM/CM 계약이나 PgM 계약에 '감리'라는 용어를 무분별하게 사용하는 사례가 많으나, 법적으로 그리고 계약적으로 전혀 다르므로 지양해야 한다.
• 「주택법」 규정에 따른 주택건설공사에서 감리(Construction Supervision)는 공사에만 관여하는 것으로, CM, PM, PgM과는 근본적으로 다르다.

1.3 ● PM/CM 전문가의 역할 및 책임

건축공학, 도시공학, 토목공학, 방재공학 등 건설 분야의 공학[7]과 그러한 분야를 업으로 삼고 조사·연구하며 일하는 기술자나 공학자[8]는 성직자, 목회자, 변호사, 의사 등과 함께 매우 오래된 전문직업(professional) 중의 하나이다. 미국과 유럽에서 Professional, Specialist, Expert, Master, Pundit 등으로 호칭하는 전문가(專門家)는 전문 분야나 시대적 요구나 형편에 따라 다르게 정의되기도 한다. 그러나 전문가에게는 공통적으로 특정 분야의 강한 전문성과 윤리·도덕이 강하게 그리고 배타적으로 요구된다. 우리나라 국어사전은 전문가를 '어떤 분야를 연구하거나 그 일에 종사하여 그 분야에 상당한 지식과 경험을 가진 사람'으로 정의하고 있다. 위키백과사전은 '전문가는 기술·예술·기타 특정 직역에 정통한 전문적인 지식과 능력이 있는 사람 또는 그 분야의 마스터를 의미한다.'고 밝히고 있다. 전문가는 일반인보다 특정 분야에 대한 지식과 경험이 풍부하고 필요한 기술을 갖추고 있으므로, 돌발상황에서 빠르고 정확한 판단을 내릴 수 있다. 그러나 전문가는 자신이 조사하고 연구한 것에 허점이 있을 수 있고, 모르는 영역도 있을 수 있음을 인정해야 한다. 전문가의 전문성은 발주자뿐만 아니라 사용자에게도 더 나은 것 또는 최상의 것을 제공해야 할 책임을 의미한다. 따라서 전문가는 발주자와 사용자 모두에게 충성해야 하는 것이다(Thomsen, 2012, p.267).

물리학자인 닐스 보어는 전문가란 '아주 좁은 범위에서 발생할 수 있는 모든 오류를 경험한 사람'이라고 정의했다. 이는 학습 과정에 중요한 교훈으로 사람은 오류를 범하면서 올바른 방법을 배우는 것이다. 특정 분야에 해박한 지식과 경험을 가진 전문가들은 실제 사회에서 일어나는 각종 문제를 해결하고, 이것을 책이나 말로 다른 사람들에게 전수함으로써 이들의 지식이 계속 이어지는 역할을 한다. 요즘은 직업의 종류가 매우 많고 정보·통신의 발달 등으로 데이터나 정보가 폭발적으로

---

7) 특별한 목적을 위해서 재료, 기계, 구조물, 시스템 및 공정을 이해하고 설계하고 개발하고 발명하고 혁신하고 사용하는 것에 대한 기술적·과학적·수학적 지식의 개발, 습득 및 응용과 관련 있는 학문 분야이다.

8) 공학을 실행하는 사람(Engineers)으로 면허를 가질 수 있으며, 인문적·사회적·경제적 이슈와 도전 과제를 해결하기 위한 기술과 인프라를 개발하기 위해서 과학적 지식과 수학을 사용한다. 공학자는 사회적인 필요를 혁신과 상용화에 연결시킨다. 미국의 조지 워싱턴, 토머스 제퍼슨, 에이브러햄 링컨 대통령은 측량사 출신이라는 점도 흥미롭다.

증가하여 전문가들의 지식에 접근하기가 한결 용이해졌다. 따라서 전문가로 인정받기 위해서는 남들보다 훨씬 더 많은 지식과 경험을 쌓아야 하며, 전문가가 되기 위한 과정도 매우 복잡하다.

전문가는 해당 분야의 지식을 충분히 쌓은 사람들이다. 지식이 축적되면 그 지식을 학문적으로 엄밀하게 정리하려고 노력한다. 그러다 보니 대개 전문가들은 학자들이다. 비전공자보다는 전공자(학사), 학사보다는 석사, 석사보다는 박사, 박사 졸업 후 전공에 무관한 일을 하는 사람보다는 연구원이나 교수에 대한 전문성이 높다. 그러나 모든 영역에서 학자가 최고의 전문가는 아니다. 경력을 많이 쌓은 사람이 연구원이나 교수보다 더 정확한 판단을 내릴 수 있다. 자격시험을 쳐서 전문가를 뽑기도 하는데, 기능장이나 기술사가 그러한 경우이다. 전문직 면허 역시 전문가를 판단하는 기준이다. 특정 행위를 아무나 하는 것이 공공의 복리를 해친다는 판단하에 법으로 규제해 놓고 전문적인 교육을 받고 일정 수준 이상에 도달한 사람만 해당 행위를 할 수 있도록 허가해 놓는 것이다. 의사나 약사 등이 여기에 해당한다. 자격증, 학위, 면허 보유 유무에 상관없이 실력이 좋은 사람도 전문가가 될 수 있다. 오랜 기간 갈고닦은 기술을 생업으로 삼는 전문가인 장인(匠人)이 그러한 경우이다. 일류 호텔의 요리사는 학위 여부에 관계없이 요리 실력의 탁월함이나 다른 전문가들의 평가나 평판 등에 의해 해당 분야의 전문가로 인정받을 수 있다.

일반인들은 무슨 일을 하려고 할 때 보통 전문가와 상담한다. 병을 고치려고 의사와 상담하는 경우가 그렇다. 풍부한 지식과 경험을 바탕으로 법정에서 전문가들의 증언은 판사의 신뢰를 얻을 수 있고 일반인도 별다른 이의 없이 받아들인다. 그러나 성품이 어떤가를 떠나서 전문가 본인이 경험하여 얻은 지식을 기반으로 사회의 인정을 받아 전문가가 되었기 때문에 나이를 먹을수록 새로운 지식을 습득하기 힘들고 자신의 지식을 고치려 들지 않는다. 그러다가 황우석 교수 사례처럼 부정을 저지르면 이들의 권위는 신뢰성을 잃게 된다. 그리고 전문가로서 가지고 있는 권위를 악용하여 기업, 정부, 정치인, 종교단체 등에 충성할 목적으로 진실을 알면서 왜곡하여 거짓말을 하는 경우도 있다.

전문가는 특정 분야에 대하여 일반인보다 더 많은 것을 알고 있지만, 그로 인해 '일반인도 그 문제점을 잘 알 수 있다.'라는 것을 인정하지 못하는 경우가 있다. 전문가도 때로는 논리력이 떨어져 특정 이슈에서 논점을 제대로 파악하지 못할 수 있으며, 일반인들도 2,000시간 이상을 특정 분야에 투자했을 때는 전공자와 전문가 수준을 뛰어넘을 수 있다. 박사는 논문을 많이 읽었고 그 결과 새로운 논문을 쓸 수 있다는 점에서 전문가이다. 의사가 아닌 사람이 아무리 공부를 혼자서 많이 해도 사람을 치료하는 것은 불법이므로 의사는 전문가이다. 전문가에 대해 얘기할 때는 기술(art)과 과학(science)의 구분과 기술적인 의미에서 '전문성'이란 개념이 필요하다. 전문가가 필요한 이유가 바로 그 전문성을 활용하기 위함이다. 학위가 있으면 어떤 분야에 대해 다각도로 혹은 정해진 커리큘럼 내에서 전문성을 갖추고 있을 가능성이 높지만, 학위가 곧 전문성을 보장하는 것은 아니다. 마찬가지로 학위가 없다고 전문성이 없다고 말할 수도 없다. 기술 창업이나 코딩 같은 영역은 전문성이 척도이고 학위는 전문성의 간접적 지표라고 볼 수 있다. 반면, 참과 거짓을 과학적 방법론에 따라 밝히는 과학의 영역에서는 실증적 자료를 처리하고 참과 거짓을 논증하는 과정 자체가 전문성이고 이 전문성은 학위과정을 통해서 '수련'된다. 정리하자면, 과학의 영역인 생리작용이나 자연현상의 원리 등에 대한 전문성은 학위를 가진 사람이 우선적으로 발휘하고, 기술의 영역인 코딩이나 창업에서는 학위가 반드시 전문성을 표상하지는 않는다.

PM/CM 전문가인 건설사업관리기술인은 건설프로젝트의 효율적 추진을 위해 건설 재료, 공법·구법 등 기술적인 측면뿐만이 아니라, 지반공학, 안전공학 등 공학분야, 특히 시설물의 구조적 안전성 여부를 정확히 판단해야 한다. 그리고 공정관리, 원가관리, 품질관리, 안전관리 등 사업관리 전문 기술에 능통해서 발주자나 설계자 및 시공자를 기술적으로 지도하고 협력해야 한다. 또한 PM/CM 전문가는 윤리 도덕적으로도 흠결이 없어야 하며, 역량에 기반한 신뢰성과 성실성을 바탕으로 건설프로젝트나 프로그램의 목적 달성을 위해 노력해야 한다. 즉, 건설사업관리 전문가는 공학지식과 사업관리 기술을 겸비하고 발주자를 대신해서 해당 건설프로젝트를 효율적으로 수행해야 한다.

외국과 달리 전문가로서 상대적으로 좋은 대우와 권위를 인정받는 대한민국의 교수(professor)는 건설 프로젝트나 프로그램의 타당성 조사, 기획 및 계획, 설계, 시공, 유지관리 등의 단계에 직접 참여하거나 전문가로서 자문에 응하고, 건설프로젝트나 프로그램의 성과평가에 참여할 수 있다. 이 경우 '교수'는 그 어원에서 알 수 있듯이 당당하게 나서서(pro) 주장(fess)하고 거기에 더해 책임을 져야 한다. 다시 말해서, 교수직과 교수로서 명예를 걸고 전문성을 피력해야 한다.

1.4 관련 제도 및 법령

[그림 1-2]는 한국에서 적용되는 공공 및 민간 부문의 건설사업관리 제도를 요약한 것이다. 공공부문은 「건설산업기본법」, 「건설기술진흥법」과 동법 시행령 및 동법 시행규칙 등의 규정에 따르고, 민간 부문은 「건축법」, 「건축사법」, 「주택법」 등의 규정에 따라 건설사업관리 업무를 시행한다.

시공단계에 한정해서 적용되는 감리제도(책임·시공·검측감리)와 건설사업 전반에 적용되는 건설사업관리(CM) 제도는 "건설사업관리"로 통합되었다.

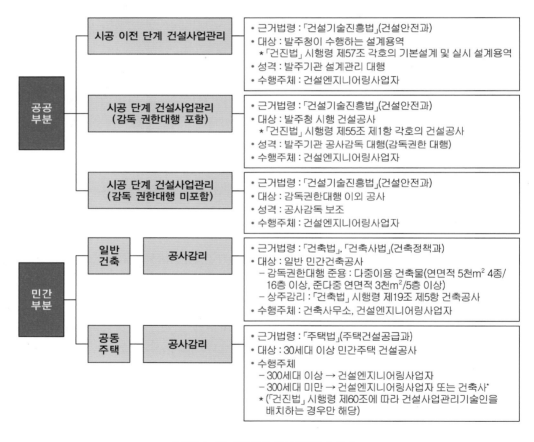

[그림 1-2] 건설공사 건설사업관리 체계도

(1) 건설사업관리 제도

1) 근거 법령

「건설기술진흥법」(이하 '법') 제39조, 동법 시행령 제55조 및 제57조

2) 적용 대상

① 건설사업관리 시행 대상 공사(법 제39조 제1항)
- 설계·시공 관리의 난이도가 높아 특별한 관리가 필요한 건설공사
- 발주청의 기술인력이 부족하여 원활한 공사 관리가 어려운 건설공사
- 건설공사의 원활한 수행을 위하여 발주청이 필요하다고 인정하는 건설공사
  - 건설사업의 종류·규모 등 특성 및 발주청 조직 특성을 고려하여 발주청의 판단에 따라 건설공사의 사업 시행 단계의 전부 또는 일부 발주 가능
② 감독 권한대행 등 건설사업관리 대상 공사(법 제39조 제2항, 시행령 제55조 제1항 제1호)
- 발주청이 시행하는 건설공사 중 총공사비가 200억 원 이상으로서 22개 공종에 해당하는 공사와 국토교통부장관이 고시하는 건설사업관리 적정성 검토기준에 따라 발주청이 필요하다고 인정하는 건설공사

> 교량(길이 100m 이상)이 포함된 공사, 공항, 댐축조, 고속도로, 에너지저장시설, 간척, 항만, 철도, 지하철, 터널공사가 포함된 공사, 발전소, 폐기물처리시설, 폐수종말처리시설, 하수종말처리시설, 상수도(급수설비 제외), 하수관거, 관람집회시설, 전시시설, 공용청사(연면적 5,000m^2 이상), 송전공사, 변전공사, 공동주택(300세대 이상)

③ 부분 감독 권한대행 등 건설사업관리 대상공사(시행령 제55조 제1항 제2호)
- 교량·터널·배수문·철도·지하철·고가도로·폐기물처리시설·폐수(하수)처리시설 중 발주청이 부분적으로 책임감리가 필요하다고 인정하는 공사
④ 건설사업관리 적정성 검토기준에 따라 발주청이 검토한 결과 해당 건설공사의 전부 또는 일부에 대하여 감독 권한대행 등 건설사업관리가 필요하다고 인정하는 건설공사(시행령 제55조 제1항 제3호)
- 발주청 역량평가 49점 : 직접 감독(소요인력 =가용인력), 건설사업관리적용(감독권한대행 등 적용 선택), 50~79점 : 건설사업관리적용(감독권한대행 등 적용 선택 가능), 80점 이상 : 감독권한대행 등 건설사업관리 적용

⑤ 설계단계 건설사업관리 대상공사(법 제39조 제3항, 시행령 제57조)
- 1·2종 시설물 건설공사, 1·2종 시설물이 포함된 건설공사 또는 총공사비가 300억 원 이상인 건설공사의 기본설계(발주청 필요시) 및 실시설계용역과 신공법과 특수공법에 따라 시공되는 구조물이 포함되는 건설공사의 기본·실시설계 용역(발주청 필요시)

3) 업무범위 및 내용

구 분	내 용	
업무범위	1. 설계 전 단계	2. 기본설계 단계
	3. 실시설계 단계	4. 구매조달 단계
	5. 시공 단계	6. 시공 후 단계
업무내용	1. 건설공사의 계획, 운영 및 조정 등 사업관리 일반	
	2. 건설공사의 계약관리	3. 건설공사의 사업비 관리
	4. 건설공사의 공정관리	5. 건설공사의 품질관리
	6. 건설공사의 안전관리	7. 건설공사의 환경관리
	8. 건설공사의 사업정보 관리	9. 건설공사의 위험요소 관리
	10. 그 밖에 건설공사의 원활한 관리를 위하여 필요한 사항	

(2) 건설사업관리자 자격, 교육

1) 건설사업관리기술인의 자격

① 관련 법령

「건설기술진흥법」 제2조 제8호 및 제20조, 시행령 제4조, 제42조 제2항 및 제60조, 규칙 제35조

② 건설사업관리기술인 역량지수별 등급

등 급	건설사업관리업무를 수행하는 건설기술자
특 급	역량지수 80점 이상
고 급	역량지수 80점 미만 ~ 70점 이상
중 급	역량지수 70점 미만 ~ 60점 이상
초 급	역량지수 60점 미만 ~ 40점 이상

㉮ 자격지수(40점 이내) 및 학력지수(20점 이내)

자격 종목	배 점	학력 사항	배 점
기술사, 건축사	40	학사 이상	20
기사, 기능장	30	전문학사(3년제)	19
산업기사	20	전문학사(2년제)	18
기능사	15	고졸	15
기 타	10	국토교통부장관이 정한 교육과정 이수	12
		기타(비전공)	10

㉯ 경력지수(40점 이내) 및 교육지수(5점 이내)

산 식	배 점	학력사항	배 점
(logN/log40)×100×0.4 * N은 보정계수를 곱한 경력의 총합에 365일을 나눈 값	산식	건설정책 역량 강화 교육 35시간마다	2
		건설정책 역량 강화 교육 이외 교육 35시간마다	1

2) 책임건설사업관리기술인 배치기준(규칙 제35조)

등 급	등 급	경 력
총공사비 500억 원 이상	특급기술자	총공사비 300억 원 이상 공사에 건설사업관리경력 1년 이상
총공사비 300~500억 원	특급기술자	총공사비 200억 원 이상 공사에 건설사업관리경력 1년 이상
총공사비 100~300억 원	고급기술자 이상	총공사비 100억 원 이상 공사에 건설사업관리경력 1년 이상

3) 건설기술인 교육·훈련

종 류		대 상	시 간	이수 시기
최초 교육		① 초급·중급 건설기술인	70시간 이상	건설엔지니어링 사업자에게 소속되어 최초로 건설사업관리 업무를 수행하기 전
		② 고급·특급 건설기술인	105시간 이상	
계속 교육	(1) 일반 계속 교육	① 초급·중급 건설기술인	35시간 이상	건설사업관리 업무를 수행한 기간이 매 3년을 경과하기 전. 다만, 최근에 승급교육을 이수한 경우에는 그 이수일을 기준으로 업무수행 기간 계산
		② 고급·특급 건설기술인	70시간 이상	
	(2) 안전관리 계속 교육	안전관리 업무를 수행하는 건설기술인	16시간 이상	건설사업관리 중 안전관리 업무를 수행한 기간이 매 3년을 경과하기 전

1.5 ● 용어의 정의

건설사업관리나 주택감리와 관련하여 「건설산업기본법」, 동법 시행령, 동법 시행규칙, 「건설기술진흥법」, 동법 시행령, 동법 시행규칙 등 관련 법령과 「건설공사 사업관리 방식 검토기준 및 업무수행 지침」(국토교통부 고시, 2020.03.31.), 「주택건설공사 감리업무 세부기준」(국토교통부 고시, 2020.06.11.) 등 고시에서 규정하고 있는 용어에 대한 정의는 다음과 같다.

(1) **공통**

① 건설사업관리

「건설기술진흥법」(이하 '법') 제39조에 따른 건설공사의 건설사업관리로서, 「건설기술진흥법 시행령」(이하 '영') 제59조에 따른 업무를 수행하는 것이다.

② 감독권한대행 등 건설사업관리

　　법 제39조 제2항에 따라 건설사업관리용역업자가 시공단계의 건설사업관리와 발주청의 감독 권한을 대행하는 것을 말하며, 해당 공사계약문서의 내용대로 시공되는지를 확인하고, 시공 단계의 발주청 감독 권한대행 업무를 포함하여 건설사업관리 업무를 수행하는 것이다.

③ 통합 건설사업관리(근거 :「건설기술진흥법 시행규칙」제33조)

　　유사한 공종의 건설공사 2개소 이상이 직선거리 20km 이내로 인접해 있을 경우 그 인접 공사를 통합하여 건설사업관리하는 것을 의미한다.

④ 건설사업관리용역사업자

　　건설사업관리를 업으로 하고자 법 제26조에 따라 건설공사에 대한 특별시장, 광역시장, 특별자치시장, 도지사 또는 특별자치도지사에게 건설기술용역업자로 등록한 자이다.

(2)「건설공사 사업관리방식 검토기준 및 업무수행 지침」(국토교통부, 2020.12.16)

① 직접감독 : 해당 건설공사의 발주청 소속 직원이 건설사업관리 업무를 직접 수행하는 것이다.

② 공사감독자 :「공사계약일반조건」제16조의 업무를 수행하기 위하여 발주청이 임명한 기술직원 또는 그의 대리인으로 해당 공사 전반에 관한 감독업무를 수행하고 건설사업관리업무를 총괄하는 사람이다.

③ 공사관리관 : 감독 권한대행 등 건설사업관리를 시행하는 건설공사에 대하여 영 제56조 제1항 제1호부터 제4호까지의 업무를 수행하는 발주청의 소속 직원이다.

④ 총괄관리자 : 건설공사와 그 건설공사에 딸리는 전기, 소방 등의 설비공사에 대한 건설사업관리 및 감리업무를 총괄하여 관리하는 자이다.

⑤ 건설사업관리용역사업자 : 건설사업관리를 업으로 하고자 법 제26조에 따라 건설공사에 대한 특별시장·광역시장·특별자치시장·도지사 또는 특별자치도지사에게 건설기술용역사업자로 등록한 자이다.

⑥ 건설사업관리기술인 : 법 제26조에 따른 건설기술용역사업자에 소속되어 건설사업관리 업무를 수행하는 자이다.

⑦ 책임건설사업관리기술인 : 발주청과 체결된 건설사업관리 용역계약에 의하여 건설사업관리용역사업자를 대표하며 해당 공사의 현장에 상주하면서 해당 공사의 건설사업관리업무를 총괄하는 자이다.

⑧ 분야별 건설사업관리기술인 : 소관 분야별로 책임건설사업관리기술인을 보좌하여 건설사업관리 업무를 수행하는 자로서, 담당 건설사업관리업무에 대하여 책임 건설사업관리기술인과 연대하여 책임지는 자이다.

⑨ 상주 건설사업관리기술인 : 영 제60조에 따라 현장에 상주하면서 건설사업관리 업무를 수행하는 자(이하 "상주기술인")이다.

⑩ 기술지원 건설사업관리기술인 : 영 제60조에 따라 건설사업관리용역사업자에 소속되어 현장에 상주하지 않으며 발주청 및 책임건설사업관리기술인의 요청에 따라 업무를 지원하는 자(이하 "기술지원기술인")이다.

⑪ 시공자 : 「건설산업기본법」 제2조 제7호에 따른 건설업자 및 「주택법」 제9조에 따라 주택건설사업에 등록한 자로서 공사를 도급받은 건설업자(하도급업자를 포함)이다.

⑫ 설계자 : 법 제26조 및 「건축사법」 제23조에 따라 설계업무를 하기 위하여 건설 기술용역사업자 또는 건축사사무소 개설 신고를 한 자로 설계를 도급받은 자 (하도급업자 포함. 이하 동일)이다.

⑬ 설계서 : 공사시방서, 설계도면 및 현장설명서를 말한다. 다만, 공사 추정가격이 1억 원 이상인 공사에 있어서는 공종별 목적물 물량이 표시된 내역서를 포함한다.

⑭ 공사계약문서 : 계약서, 설계서, 공사입찰유의서, 공사계약일반조건, 공사계약 특수조건 및 산출내역서로 구성되며 상호보완의 효력을 가진다.

⑮ 건설사업관리용역 계약문서 : 계약서, 기술용역입찰유의서, 기술용역계약일반조건, 건설사업관리용역 계약특수조건, 과업수행계획서 및 건설사업관리비 산출내역서 로 구성되며 상호보완의 효력을 가진다.

• 건설사업관리 기간 : 건설사업관리용역계약서에 표기된 계약기간을 말한다. 시공자 또는 발주청의 사유로 인해 공사 기간이 연장된 경우의 건설사업관리 기간은 연장된 공사 기간을 포함한 건설사업관리용역 변경계약서에 표기된 기간 이다.

• 검토 : 시공자가 수행하는 중요사항과 해당 건설공사와 관련한 발주청의 요구 사항에 대해 시공자 제출서류, 현장 실정 등을 공사감독자 또는 건설사업관리 기술인이 숙지하고, 경험과 기술을 바탕으로 하여 타당성 여부를 파악하는 것 이다. 공사감독자 또는 건설사업관리기술인은 필요한 경우 검토의견을 발주청 또는 시공자에게 제출하여야 한다.

• 확인 : 시공자가 공사를 공사계약 문서대로 실시하고 있는지 또는 지시·조정· 승인·검사 이후 실행한 결과에 대하여 발주청, 공사관리관, 공사감독자 또는 건설사업관리기술인이 원래의 의도와 규정대로 시행되었는지를 확인하는 것이다.

- 검토·확인 : 공사의 품질을 확보하기 위해 기술적인 검토뿐만 아니라, 그 실행 결과를 확인하는 일련의 과정을 말하며, 검토·확인자는 자신의 검토·확인 사항에 대하여 책임을 진다.

- 지시 : 발주청이 공사감독자에게, 공사감독자가 시공자에게 또는 발주청이 건설사업관리기술인에게, 건설사업관리기술인이 시공자에게 소관 업무에 관한 방침, 기준, 계획 등을 알려 주고 실시하게 하는 것이다. 단, 지시사항은 계약문서에 나타난 지시 및 이행사항에 국한하는 것을 원칙으로 하며, 구두 또는 서면으로 내릴 수 있으나 지시내용과 그 결과는 반드시 확인하여 문서로 기록·비치하여야 한다.

- 요구 : 계약 당사자들이 계약조건에 나타난 자신의 업무에 충실하고 정당한 계약 수행을 위해 해당 건설공사와 관련하여 상대방에게 검토, 조사, 지원, 승인, 협조 등의 적합한 조치를 하도록 의사를 밝히는 것으로, 요구사항을 접수한 자는 반드시 이에 대한 적절한 답변을 하여야 하며 이 경우 의사표시는 원칙적으로 서면으로 한다.

- 승인 : 발주청, 공사감독자 또는 건설사업관리기술인이 이 지침에 나타난 승인사항에 대해 공사감독자, 건설사업관리기술인 또는 시공자의 요구에 따라 그 내용을 서면으로 동의하는 것을 말하며, 승인 없이는 다음 단계의 업무를 수행할 수 없다.

- 조정 : 설계, 시공 또는 건설사업관리업무가 원활하게 이루어지도록 하기 위해서 설계자, 시공자, 건설사업관리기술인, 공사감독자, 발주청이 사전 충분한 검토와 협의를 통해 관련자 모두가 동의하는 조치가 이루어지도록 하는 것이다. 조정 결과가 기존의 계약 내용과 차이가 있을 시에는 계약변경 사항의 근거가 된다.

- 실정 보고 : 공사 시행과정에서 현지 여건 변경 등으로 인해 설계 변경이 필요한 사항에 대하여 시공자의 의견을 포함하여 공사감독자 또는 건설사업관리기술인이 서면으로 검토의견 등을 발주청에 설계 변경 전에 보고하고 발주청으로부터 승인 등 필요한 조치를 받는 행위이다.

- 검사 : 공사계약문서에 나타난 시공 단계와 재료에 대한 완성품 및 품질을 확보하기 위해 시공자의 확인 검사에 근거하여 공사감독자 또는 건설사업관리기술인이 완성품, 품질, 규격, 수량 등의 적정성을 확인하는 것이다. 이 경우 시공자가 시행한 시공 결과 중 대표가 되는 부분을 추출하여 검사할 수 있으며, 합격판정은 공사감독자 또는 건설사업관리기술인이 한다.

- 확인측량 : 설계자 또는 시공자가 실시한 측량에 대하여 적정성 여부를 확인할 목적으로 발주청, 공사감독자 또는 건설사업관리기술인과 시공자 등이 합동으로 실시하는 측량이다.
- 주요 자재 : 지급(관급) 자재와 철근, 철골, 레미콘, 아스콘, 강관 파일 등 사급 자재로 설계된 중요 자재를 말한다.

(3) 「주택건설공사 감리업무 세부기준」(국토부, 2020.06.11.)

① "감리자"란 「주택건설공사 감리자 지정기준」 제4조 제1항에 따른 자격을 가진 자로서 주택건설공사의 감리를 하는 자를 말한다.

② "감리원"이란 「주택건설공사 감리자 지정기준」 제4조 제2항에 따른 자격을 가진 자로서 감리자에 소속되어 주택건설공사의 감리업무를 수행하는 자를 말한다.

③ "총괄감리원"이란 감리원 중 감리자를 대표하여 현장에 상주하면서 해당공사 전반에 관한 감리업무를 총괄하는 자로서 감리자가 지정하는 자를 말한다.

④ "분야별 감리원"이란 감리원 중 소관 분야별로 총괄감리원을 보조하여 감리업무를 수행하는 자를 말한다.

⑤ "상주 감리원"이란 감리원 중 해당 현장에 상주하여 감리하는 자를 말한다.

⑥ "비상주 감리원"이란 감리원 중 현장에 상주하지 아니하고 해당 현장의 조사 분석, 주요 구조물의 기술적 검토 및 기술지원, 설계변경의 적정성 검토, 상주 감리원에 대한 지원, 민원 처리 지원, 행정 지원 등의 감리 관련 업무를 지원하는 자를 말한다.

⑦ "시공자"란 「건설산업기본법」 제2조 제5호에 따른 건설업자 또는 법 제7조에 따른 등록사업자를 말한다.

⑧ "설계도서"란 법 제33조 제1항, 영 제43조 및 「주택의 설계도서 작성기준」에 따라 작성되는 설계도면·시방서·구조계산서·수량산출서·품질관리계획서를 말한다.

⑨ "검토"란 시공자의 중요 수행사항과 해당 주택건설공사와 관련한 사업계획승인권자 또는 사업 주체의 요구사항에 대하여 시공자 제출서류, 현장 상황 등에 관한 내용을 감리자가 숙지하고, 감리자의 경험과 기술을 바탕으로 하여 타당성 여부를 파악하는 것을 말한다.

⑩ "확인"이란 시공자가 주택건설공사를 설계도서에 맞게 시공하고 있는지 또는 각종 지시·조정·승인·검사 등에 따른 실행결과에 대하여 사업계획승인권자, 사업 주체 또는 감리자가 원래의 의도와 규정대로 시행되었는지를 점검, 검측, 조사 등을 하는 것을 말한다.

⑪ "지시"란 사업계획승인권자 및 사업 주체가 감리자에게 또는 감리자가 시공자에게 소관 업무에 관한 방침, 기준, 계획 등을 알려 주고, 그에 따라 실시되도록 하는 것을 말한다. 다만, 지시사항은 관계 법령 및 계약문서에 따르며, 그 지시내용과 그 결과는 확인하여 문서로 기록·비치하여야 한다.

⑫ "요구"란 계약 당사자들이 계약조건에 나타난 본인의 업무를 이행하고 계약을 정당하게 수행하기 위하여 상대방에게 해당 공사와 관련된 검토, 조사, 지원, 승인, 협조 등의 적합한 조치를 하도록 의사를 밝히는 것을 말한다. 이 경우 요구사항을 접수한 자는 적절한 답변을 하여야 하며, 그 답변은 서면으로 하여야 한다.

⑬ 승인 : 사업계획승인권자, 사업 주체 또는 감리자가 관계 법령 및 이 기준에 나타난 승인사항에 대하여 감리자 또는 시공자의 요구에 따라 그 내용을 서면으로 동의하는 것을 말하며, 승인이 없는 경우에는 다음 단계의 업무를 수행할 수 없다.

Q 고수 POINT **관계 법령 지속 확인**

• 「건설산업기본법」, 「건설기술진흥법」 등 관련 법령(법률, 대통령령, 부령)과 「건설공사 사업관리방식 검토기준 및 업무수행지침」, 「주택건설공사 감리업무 세부기준」 등 행정규칙(훈령, 예규, 고시 등), 자치 법규(조례, 규칙) 등은 건설환경 변화나 정책적 필요에 따라서 주기적으로 또는 수시로 개정된다.

• PM/CM 업무를 올바르고 효율적으로 수행하기 위해서는 관계 법령 및 행정규칙 등의 개정 상황을 수시로 확인하여 대응해야 한다.

【참고문헌】

1. 김종훈, PRECON 프리콘 : 시작부터 완벽에 다가서는 길, MID, 2020.06

2. 대한민국 국방부 주한미군기지이전사업단, 주한미군기지이전사업 종합사업관리, 2018.12

3. 삼우 CM, Construction Management Handbook Rev.3, 2021. 12

4. 서울대학교 건설기술연구실, 이현수 외, 건설관리개론, 구미서관, 2020. 09

5. 일본 프로젝트매니지먼트협회, 프로그램 & 프로젝트 매니지먼트 개정 3판, 2014. 04

6. Chuck Thomsen, FAIA, FCMAA, 한국건설관리학회 역, Program Management 개정 2판 : Concepts and Strategies for Managing Capital Building Programs, Spacetime, 2012. 2

7. Michel Thiry, 한국건설관리학회 역, 프로그램 관리(Program management), 씨아이알, 2023. 02

8. Oberlender, Garold D., Project Management for Engineering and Construction, 2nd Ed., McGraw-Hill, 2000

9. https://namu.wiki/w/전문가

CHAPTER 2

건설사업관리 기본 지식 및 체계

2
CHAPTER

건설사업관리 기본 지식 및 체계

2.1 건설사업의 PM/CM 업무

2.1.1 개요

단위 건설사업(Construction Project)의 관점에서 건설사업관리(이하 'PM/CM')는 설계단계와 공사단계로 나누어 살펴볼 수 있다. 설계단계의 업무는 전문성을 가진 설계자가 그리고 공사(시공) 단계의 업무는 높은 수준의 기술력과 전문성을 가진 시공자가 수행하고, 발주자는 전체 건설사업의 목표를 달성하기 위하여 업무 내용, 기간 및 비용 등을 관리 감독한다. 이 과정에서 PM/CM을 담당하는 건설사업관리기술인은 일반행정, 입찰·계약 등의 업무부터 공학적 지식과 기술 및 그들의 융합이 요구되는 업무 분야까지 매우 폭(spectrum)이 넓고 다양하다. 특히, 초·중급 건설사업관리 기술인의 업무는 공사 현장에서 직접 수행하는 건설사업관리가 대부분으로, 특히 공정/일정, 원가/비용, 품질, 안전 및 환경관리 등의 기본적인 업무를 주로 담당하기 때문에 이를 위한 기본 지식과 소양이 요구된다. 이 절에서는 한국 및 미국의 PM/CM 업무에 대하여 고찰한다.

2.1.2 우리나라 공공분야 건설사업의 CM 업무

우리나라 공공분야 건설사업에서 규정하고 있는 것으로, 발주자를 대신한 건설사업
관리용역사업자나 건설사업관리기술인이 수행하는 업무를 건설사업의 생애주기(LCC)
관점에서 살펴본다[1].

(1) 공통 업무

건설사업의 모든 단계에서 수행하는 업무로서 다음 내용을 포함한다.
① 건설사업관리 과업 착수 준비
② 건설사업관리 업무 수행계획서 작성 · 운영
③ 건설사업관리 절차서 작성 · 운영
④ 작업분류체계 및 사업번호체계 관리
⑤ 사업정보 축적 관리
⑥ 건설사업정보관리시스템 운영
⑦ 사업단계별 총사업비 및 생애주기 비용 관리
⑧ 클레임 사전 분석
⑨ 건설사업관리 보고

(2) 설계 전 단계 업무

① 건설기술용역업체 선정을 위한 평가기준 제시 및 입찰 · 계약 절차 수립
② 사업 타당성 조사 보고서의 적정성 검토
③ 기본계획보고서의 적정성 검토
④ 발주방식 결정 지원
⑤ 관리기준 공정계획 수립 : 총사업기간, 설계기간, 시공기간, 예산 조달 등 고려
⑥ 총사업비 집행계획 수립 지원

(3) 기본설계 단계 업무

① 기본설계 설계자 선정 업무 지원
② 기본설계 조정 및 연계성 검토
③ 기본설계 단계의 예산 검증 및 조정 업무
④ 기본설계 경제성 검토

---

1) 「건설공사 사업관리방식 검토기준 및 업무수행지침」(국토교통부 고시 제2020-987호 2020.12.16)

⑤ 기본설계 용역 성과 검토
⑥ 기본설계 용역 기성 및 준공검사관리
⑦ 각종 인·허가 및 관계기관 협의 지원
⑧ 기본설계 단계의 기술자문회의 운영 및 관리 지원

(4) 실시설계 단계 업무

① 실시설계 설계자 선정 업무 지원
② 실시설계 조정 및 연계성 검토
③ 실시설계의 경제성(VE) 검토
④ 실시설계 용역 성과 검토
⑤ 실시설계용역 기성 및 준공검사관리
⑥ 지급자재 조달 및 관리계획 수립 지원
⑦ 각종 인·허가 및 관계기관 협의 지원
⑧ 실시설계 단계의 기술자문회의 운영 및 관리 지원
⑨ 시공자 선정계획 수립 지원
⑩ 설계단계 건설사업관리 결과보고서 작성

(5) 구매조달 단계 업무

① 입찰업무 지원
② 계약업무 지원
③ 지급자재 조달 지원

(6) 시공 단계 업무

① 일반행정업무 : 시공자 제출 서류의 적정성 검토 결과
② 각종 보고서 작성, 제출 : 월별, 중간, 최종 보고서
③ 현장대리인 등의 교체
④ 공사착수단계 행정 업무 : 건설사업관리 업무수행계획서 등의 수립
⑤ 공사착수단계 설계도서 등 검토
⑥ 공사착수단계 현장관리 : 착공신고서 검토, 확인 측량 검토 등
⑦ 하도급 적정성 검토
⑧ 가설시설물 설치계획서 검토

⑨ 현장여건 검토 및 대책 수립 : 지반 및 지질 상태, 진입 도로, 지하 매설물 및 장애물 상태, 소음·진동 및 지반침하 대책 등

⑩ 시공성과 확인 및 검측 업무

⑪ 사용 자재의 적정성 검토

⑫ 사용 자재의 검수·관리

⑬ 수명 사항 : 시공자에게는 구체적이고 서면으로 지시 혹은 통보하는 것이 원칙

⑭ 품질시험 및 성과 검토

⑮ 시공계획 검토

⑯ 기술 검토 : 시공자의 공법 변경 요구 등에 대한 검토

⑰ 지장물 철거 및 공사 중지 명령 등

⑱ 공정관리 : 공정관리계획서, 공정관리 조직, 상세 공정표, 공사 진척도의 적정성 등 검토

⑲ 안전관리 : 안전조직 편성, 추락, 낙하 등 위험 작업에 대한 안전관리계획서의 사전검토, 실시 확인 및 평가, 자료의 기록 유지 등 사고 예방을 위한 제반 안전관리 업무 확인, 안전관리 담당자 지도·감독 등

⑳ 환경관리 : 환경영향평가 내용과 협의 내용 이행 조치, 조직 편성 등 검토, 환경관리계획서 검토

㉑ 설계변경 관리

㉒ 암반선 확인

㉓ 설계변경 계약 전 기성고 및 지급 자재의 지급

㉔ 물가 변동으로 인한 계약 금액 조정

㉕ 업무조정 회의

㉖ 기성·준공검사자 임명 및 검사 기간

㉗ 기성·준공검사 및 재시공

㉘ 준공검사 등의 절차

㉙ 계약자 간 시공 인터페이스 조정

㉚ 시공 단계의 예산 검증 및 지원

이상의 업무는 '감독권한대행 업무(지침 제8절 참조)'의 경우도 대동소이하다.

(7) 시공 후 단계 업무

① 종합 시운전계획의 검토 및 시운전 확인
② 시설물 유지관리지침서 검토
③ 시설물 유지관리 업체 선정
④ 시설물의 인수·인계 계획 검토 및 관련 업무 지원
⑤ 하자보수 지원

2.1.3 미국 CMAA의 CM 업무

미국 CMAA에서는 전문 건설사업관리자가 제공하는 CM 업무의 표준 서비스를 다음과 같이 5개의 단계로 나누어 규정하고 있다.

• 설계 전 단계(Pre-Design Phase)
• 설계 단계(Design Phase)
• 발주 단계(Procurement Phase)
• 시공 단계(Construction Phase)
• 완공 후 단계(Post Construction Phase)

위 단계별로 각기 다음과 같은 세부업무를 기술하고 있다.

(1) 프로젝트관리 (Project Management)

조직, 건설사업관리 계획, 건설사업관리 절차 매뉴얼, 정보관리시스템, 각종 관리계획서 등을 포함하는 포괄적 관리체계 구축 업무

(2) 원가관리 (Cost Management)

사업 예산 및 공사비 예산 수립, 원가 분석, 사업단계별 견적, VE, 시공자 입찰원가 분석, 설계변경 관리, 정산 등

(3) 일정/공정 관리 (Time Management)

마스터 스케줄 및 마일스톤 스케줄 작성, 여유시간(float) 분석, 스케줄 모니터링, 시공자 계약 기준공정 관리, 스케줄 업데이트 및 변경 업무

(4) 품질관리 (Quality Management)

품질관리 계획 수립, 설계 성과물 검토, BIM 관리, 시공성(constructability) 검토, 지속성(sustainability) 검토, 리스크 검토, 품질시방 작성, 시공자 선정기준 수립, 검사 및 시험계획 수립, NCR 및 결함 관리, 현장 품질관리, 준공검사 등

(5) 계약행정 (Project/Contract Administration)

입찰 자격 검토, 입찰 프로세스 관리, 낙찰자 선정 지원, 자급자재 관리, 계약문서 관리, 클레임 처리, 계약조건 이행 검토, 계약 종결 등

(6) 안전관리 (Safety Management)

시공계약 도서에 반영해야 할 안전관리 업무 검토 및 결정, 시공자 선정과정에서 안전 관련 사항의 검토, 긴급상황에 대처하기 위한 지역 공공기관과의 협업 체계 구축, 시공자가 제출하는 안전관리 관련 제출물 검토, 안전점검(safety audits) 시행 등

(7) 친환경 관리 (Sustainability)

지구환경 보존과 지속가능성에 대한 이슈를 다루는 영역으로, 녹색 건축 인증 등과 관련된 업무

(8) 리스크 관리 (Risk Management)

리스크 관리 계획 수립, 리스크 식별, 정량적 정성적 리스크 분석, 리스크 대응(회피, 완화, 전가, 수용 등), 리스크 모니터링 등

(9) 건축 정보 모델링 (Building Information Modeling : BIM)

BIM을 기반으로 다양한 유형의 엔지니어링 분석, 간섭 검토(clash detection), 4D 일정관리, 5D 원가관리 등

2.2 공정관리 (Time Management)

2.2.1 개요

공정(工程, process)은 일이나 작업이 진행되는 과정이나 정도를 뜻하지만, 공정계획 및 관리에서는 보통 작업/공사 과정을 의미하는 용어로 사용된다. 공정관리는 계획을 수립하고 작업 순서 및 연관관계를 표시한 공정표를 작성하여 운영·관리하는 것으로, 실시해야 할 작업('요소작업'이라고도 함, activity, job)을 명확히 규정하고 작업 순서를 결정하는 것이 중요하다. 공정관리는 기능 인력(skilled labor)과 기계·장비의 생산성 등을 바탕으로 작업 소요기간(activity duration)을 산정하고, 작업 순서 및 연관관계를 고려하여 전체 공사기간을 결정한다. 공정관리의 핵심은 지정공기 또는 계약공기를 반드시 지킬 수 있도록 공정계획을 수립하고 실천하는 것이다[2].

공정관리에 영향을 미치는 중요한 요인(장애)이 인·허가 취득과 민원 처리이다. 사전에 건설사업관리기술인(PM/CM)은 발주자, 설계자와 함께 인허가 획득 전략을 면밀하게 수립해야 한다. 공사 착수 이전이나 공사 초기에 발주자를 포함한 관계자와 모두 함께 프로젝트를 공정계획에 맞게 추진할 수 있도록 PM/CM이 의사결정을 주도해야 한다. 시공상세도면(shop drawing)의 검토 승인이나 자재, 장비 등에 대한 승인을 적시에 하고, 자재, 장비 및 인력의 동원/조달 상황을 주기적으로 확인(monitoring)해서 현장에 제때 도착할 수 있도록 해야 한다. 특히, 자재나 설비 가운데 발주에서 현장 도착에 걸리는 시간이 긴 품목들(long lead items)은 특별 관리할 필요가 있다. 프로젝트 수행 과정에서 분진이나 비산먼지, 소음, 진동 등의 민원이 제기되면 처리비용이 많이 들고, 공사를 계획대로 추진하기 어렵기 때문에, 주변 환경을 비롯한 시공 여건을 사전에 철저하게 분석하여 대비해야 한다.

---

2) 공사기간 또는 사업 기간을 단축하면 시설물의 조기(早期) 활용에 따른 수입 증가로 발주자에게는 유리하겠지만, 시공자 입장에서는 Over time 작업 또는 생산성이 높은 인력, 장비 등을 투입해야 하기 때문에 원가 측면에서 불리해질 수 있어서, 공기 준수를 목표로 공정계획을 수립하는 것이 원칙이다.

2.2.2 공정계획 (planning)

공정계획은 설계도면, 시방서, 계약서 등을 바탕으로 전체 프로젝트를 관리 가능한 단위작업으로 분할하고, 작업 간의 순서 및 연관관계를 결정하며, 작업에 소요되는 기간을 산정하여 공정표를 작성하는 일련의 과정과 절차이다.

(1) **작업 항목과 범위3) 결정**

작업 항목은 기획, 설계, 자재·장비·기능인력 등의 구매 조달/동원(procurement), 도면이나 계약/행정 문서의 제출 및 승인, 협력업체(subcontractor, vendor 등) 선정, 시공(생산 작업), 시운전 등 건설 프로젝트의 전 분야에 걸쳐 있으며, 그들 중에서 공정계획 대상 항목을 선정한다. 단위작업은 공정표를 효율적으로 작성하고 관리하기 위한 기본적인 관리단위로 프로젝트를 완성하기 위하여 수행할 모든 일을 포함한다. 작업 분할은 해당 프로젝트에 적합한 작업분류체계(Work Breakdown Structure : WBS)를 구축하여 실시한다. 일반적으로 프로젝트의 최종 목표물(예, 'OO공공청사')을 최상단에 배치하고 실무 관리를 위한 최소 작업단위(예, '1층 화장실 벽돌쌓기')가 최하단에 위치하는 계층도(hierarchy) 형태로 WBS를 구성한다.

(2) **작업 순서 및 연관관계**

공정계획을 수립하기 위해서는 작업 간 상호 연관성을 확인하고 작업의 순서를 결정해야 한다. 연관 관계(또는 선후 관계)는 작업 간의 선행, 병행, 후속 여부를 판단하는 것이다. 작업 순서 및 연관 관계는 기술적인 측면과 투입자원의 연속성, 효과성 등 관리적인 측면을 고려해서 결정한다.4) 일반적으로 특히, PDM(Precedence Diagramming Method) 방식의 공정계획이나 공정표에서, 작업 간 선후 관계는 후속 작업의 시작 또는 완료에 필요한 선행작업의 조건에 따라 다음과 같이 나뉜다.

---

3) 작업 범위는 해당 작업이 포함하거나 그 작업이 미치는 범위를 의미한다. 예컨대 철골공사의 경우 층(層) 단위로 할 것인지 또는 제작 단위인 절(節)(기둥의 경우 3개층 또는 4개층이 하나의 절) 단위로 할 것인지가 범위의 다름이다. 다른 예로 조적공사의 경우, 4, 6, 8인치 두께별 또는 두께와 무관하게 층별, 작업구획별 등으로 작업 범위를 구분할 수 있다.

4) 기술적인 측면이란, 2층 골조공사는 1층 골조공사가 완료된 후에야 물리적으로 착수 가능하다는 것이며, 즉 1층 골조공사는 2층 골조공사보다 선행되어야 하는 작업(즉, 선행작업이며, 2층 골조공사는 1층 골조공사의 후속작업임)이다. 관리적인 측면이란, 어떤 작업 수행을 위하여 특정 작업의 완료가 필수적인 것은 아니지만, 안전환경보건관리상의 목적, 품질관리 절차상 순서 등으로 인하여 작업의 선후관계가 결정되는 것이다. 즉, 기능인력, 건설 기계, 장비 등의 자원이 한정된 상황에서 자원을 효율적으로 투입하거나 사용할 수 있도록, 공사 구획을 나누거나(zoning), 합쳐서 작업 순서를 결정하는 것을 의미한다.

- FS(Finish to Start) 관계 : 가장 보편적인 작업 간 선후관계이다. 콘크리트 타설 작업은 거푸집 작업과 철근 작업이 완료되어야 착수할 수 있으며, 이때 거푸집 작업이나 철근 작업과 콘크리트 타설 작업의 관계가 FS 관계이다. ADM 기법은 기본적으로 Finish to Start(FS) 논리 관계를 따른다.

- FF(Finish to Finish) 관계 : 선행작업이 후속작업의 착수와는 관련 없으나 후속 작업의 완료를 위해서는 선행작업 완료 후 바로('FF 0(零)') 또는 일정 기간이 경과(예컨대 선행작업이 끝나고 5일 지나야 후속작업을 완료할 수 있을 때, 'FF 5') 해야 하는 작업 간의 관계이다. 예를 들어, 지붕방수 작업이 완료되고 2일 지난 후 (재시공, 양생 등의 조치가 필요할 수 있으므로) 누름 콘크리트 타설 작업을 완료 하는 경우, 'FF 2'라고 한다.

- SS(Start to Start) 관계 : 후속작업을 착수하기 위해서는 선행작업의 착수가 요구 되는 작업 간의 관계이다. 예를 들어, 흙파기 공사가 시작되고, 2일의 Lag(지연 또는 대기시간)를 가진 후 잡석 깔기를 시작하는 경우, 'SS 2' 등으로 표기한다.

- SF(Start to Finish) 관계 : 후속작업을 완료하기 위해서는 선행작업의 착수가 필요한 관계로 건설프로젝트에서는 찾아보기 어려운 관계이다.

(3) 공정표 작성 및 사용

공정표는 공정관리의 기준이 되는 것으로, 바 차트(bar chart), LOB(line of balance), 택트(TACT) 기법, 네트워크(network) 기법 등을 사용하여 작성한다.

① Bar Chart

Gantt 차트라고도 하며, 가로축에 시간, 세로축에 작업을 나열하고 각 작업의 시작 시점과 완료 시점을 시간축에 맞추어 막대(bar) 형태로 표현한 것이다. 공정표를 작성하기 쉽고 이해도 쉽지만, 작업 순서 및 연관 관계, 주공정 작업 등을 판단하기 어려워, 특정 작업의 지연으로 인한 영향을 정확하게 판단할 수 없다. 특히, 대규모의 복합 프로젝트에서는 작업이 매우 많아서 가독성(可讀性)이 떨어질 수 있다.

② LOB

LSM(Linear Scheduling Method)이라고도 하며, 초고층 건축물 공사, 고속도로 공사와 같이 반복되는 작업으로 구성되는 공사의 공정계획에 주로 활용된다. 층 또는 작업구획(zoning) 단위별로 같은 작업이 반복될 때 투입하는 작업조의 생산 성을 유지하면서 생산성을 기울기로 하는 직선으로 반복작업의 진행을 표시한다.

최초의 단위작업에 투입되는 자원은 후속하는 반복작업에도 재투입된다고 가정한다. LOB 도표의 세로축은 반복되는 작업단위(예, 초고층 건축물의 '층')를 나타내고, 가로축은 작업기간을 나타낸다. 작업 i에 대한 생산성은 다음 식과 같이 나타낼 수 있고 이를 토대로 모든 반복되는 작업의 공정을 도식화할 수 있으며, 도표상에서 마지막 반복작업의 완료 시점을 읽음으로써 전체 프로젝트 기간을 구할 수 있다.

$$\text{단위작업의 생산성}\quad UPRi = \frac{Ui}{Ti}$$

여기서, Ui : 단위작업 수량
Ti : 단위작업 기간

LOB 계획에서 생산성은 구획에 따라 달라질 수 있으며([그림 2-1]의 작업 D 참조), 선행작업과 후속작업의 간섭을 방지하기 위한 시간 여유(time buffer)나 거리 여유(distance buffer)를 설정하여 [그림 2-1]과 같은 LOB 도표를 작성한다. LOB 도표에서 전체 공사의 주공정선은 생산성 기울기가 가장 작은 작업이 결정한다.

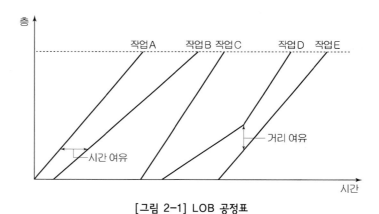

[그림 2-1] LOB 공정표

③ TACT 기법

LOB 방식과 유사하지만, 초고층 빌딩 공사와 같이 같은 작업을 층마다 반복할 경우 작업 소요기간을 층마다 일정하게 유지함으로써 여러 작업 집단이 차례로 반복되는 작업의 공정계획에 유용하다. TACT(택트) 기법은 선행작업과 후속작업 간에 간섭이 발생되지 않도록 반복되는 단위작업의 일정을 조정해야 한다. 작업 부위를 일정하게 구획하고 작업 시간도 일정하게 조정하여 선후행 작업의 흐름을 연속적으로 만드는 방법이다. 다공구(多工區) 동기화(同期化)를 목표로 계획한다. 즉, 작업을 층별, 공종별로 세분화하고, 각 작업 소요기간이 같아지게 인원과 장비를 배치하여 동일층 내 작업들의 선후행 관계를 조정한 후 층별 작업이 순차적으로 진행되도록 계획한다.

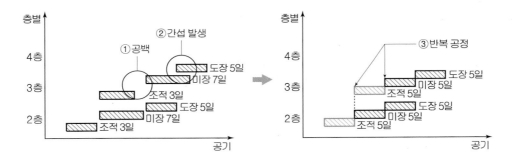

[그림 2-2] TACT 공정표

④ 네트워크(Network) 공정표

작업의 순서나 연관 관계[5]를 명확하게 표현할 수 있고, 작업에 투입되는 인원, 기계·장비 등의 비용도 관리할 수 있어서 가장 널리 사용된다. 건설프로젝트의 규모가 크면 요소작업(activity 또는 job) 수가 수천 또는 수만 개에 이르고, 순서나 연관관계가 복잡하여 컴퓨터 기반의 전용 프로그램이 필요한데, Primavera 등의 상업용 프로그램이 많이 개발되어 활용되고 있다. 네트워크 기법으로는 Arrow Diagramming Method(ADM), Precedence Diagramming Method(PDM), Beeline Diagramming Method(BDM) 기법 등이 있다.

---

5) 2개 이상 작업 간의 관계로 선행, 후속/후행, 병행 관계가 있다. 어떤 작업의 착수가 다른 작업의 완료에 의존하면, 두 작업은 종속관계(dependent relationship)를 이루어 직렬로 연결된다. 두 작업이 서로 의존하지 않고 독립적이라면, 즉 병행작업이 가능하면 독립관계(independent relationship)를 이루어 병렬로 연결된다.

㉮ ADM(Arrow Diagramming Method) 기법

1956년에 최초로 제안된 Critical Path Method(CPM)인 ADM 기법은 공정표 작성이 편리하고 공사 진행상황을 한눈에 파악할 수 있어서 초기 공정관리 실무에 많이 사용되었다. ADM은 Activity 간의 연관성을 Finish-to-Start (FS) 논리에만 의존하므로 Dummy[6]를 많이 사용하게 되어 공정표가 복잡해지고 가독성도 떨어진다. ADM 기법은 화살선 위에 작업을 표시하는 방법 (Activity On Arrow : AOA)으로 화살선형 네트워크 공정표라고 불린다. 노드 (node, 결합점 또는 절점) 타임으로는 EST(Early Start Time), EFT(Early Finish Time), LST(Late Start Time), LFT(Late Finish Time)가 있고, 모든 작업의 여유시간[7]을 산정하여 여유가 없거나 작은 작업을 중심으로 공정을 관리한다.

㉯ PDM(Precedence Diagramming Method) 기법

1972년에 제안된 PDM 기법은 작업 간의 연관관계를 FS, FF, SS, SF 등으로 정확하게 표현할 수 있어서 ADM 기법을 빠르게 대체하였으며, 현재 주요 공정관리 소프트웨어들은 모두 PDM 기법만을 채택하고 있다. PDM 기법은 노드(연결점)에 직접 작업을 표시하는 방법(Activity On Node : AON)이다. 상호의존적인 다수의 병행작업을 표기할 수 있는 기법으로 반복적이고 다수의 작업이 동시에 요구되는 경우에 유용한 기법이며, 더미 사용이 불필요하므로 네트워크 작성이 쉽고 공정표가 간명하다. PDM은 네 가지 기본 요소로 구성된다.

• 노드 : 작업(activity)은 타원형이나 네모형 노드로 표현되며, 작업의 시작과 끝을 나타내고, ID, 작업명, 작업 소요기간, 책임자 등을 표기한다.

• 연결선 : 작업 간의 연관 관계를 나타내는 것으로 선행작업과 후속작업 간의 의존성(FS, FF, SS, SF 등)을 보여 준다.

• 선행작업 : 후속 작업이 시작되기 전에 완료되거나 시작되어야 하는 작업이다. PDM 기법에서는 선행작업을 명확하게 정의하여 전체 일정을 관리해야 한다.

---

6) 명목상의 작업으로 일반적으로 시간이 필요하지 않다. Dummy(더미)의 종류로는 작업의 선후관계를 논리적으로 규정하기 위한 Logical Dummy, 작업의 중복을 피하기 위한 Numbering Dummy, 작업 간의 연결기능만 하는 Connection Dummy, Connection Dummy에 시간을 배당한 Time Lag Dummy가 있다.

7) 여유시간(Float or Slack)으로는 TF(total float), FF(free float), DF(dependent float)가 있으며, 주공정상의 작업은 여유시간을 갖지 않는다.

- 후속작업 : 선행작업이 완료된 후나 시작된 후에 시작될 수 있는 작업이다. PDM 기법의 특징으로는, 작업 간의 관계를 시각적으로 표현하여 프로젝트의 구조를 쉽게 이해할 수 있으며, 작업의 의존성을 명확히 하여 일정 지연을 방지하고, 자원을 효율적으로 배분할 수 있다. 프로젝트 진행 중 작업 변경이나 추가가 있을 때, 전체 계획을 쉽게 수정할 수 있으며, 영향을 즉각적으로 분석할 수 있다.

㉡ BDM(Beeline Diagramming Method) 기법

PDM 기법의 단점을 보완하기 위해 새로운 개념의 공정관리기법인 Beeline Diagramming Method(BDM) 기법이 2010년 제안되었다. BDM 기법은 선·후행 Activity 간 중복관계를 선행 Activity의 중간 임의의 시점에서 후행 Activity의 중간 임의의 시점까지 Beeline으로 연결함으로써, 모든 종류의 중복관계를 정확하게 표현할 수 있고, 선·후행 Activity 간 양방향 다중 중복관계(Two-Way Multiple Overlapping Relationship) 표현도 가능하다. 2012년 개발된 비라이너(Beeliner)는 BDM 기법을 기반으로 운영되는 공정관리 소프트웨어로 다음과 같은 특징이 있다.

- 네트워크 논리가 좌에서 우로 전개되어 공정표의 시각적 표현이 우수하다.
- 한 장에 공정표와 진도율 곡선(S-Curve)을 동시에 표현할 수 있다.
- 선·후행 Activity 간 중복관계를 자유롭게 표현할 수 있으며, Activity 간 연결관계를 경과일수(N-N), 경과비율(N%N), ⟨N⟩으로 다양하게 표현할 수 있다.
- 일정 계산(Schedule Computation)이 단순 명료하다.
- 공정계층체계(Schedule Hierarchy) 내 모든 Level의 공정표를 CPM 네트워크 형태로 표현할 수 있다.
- 공정 비교(Schedule Comparison), 진도율 정렬(Progress Override), 자원 평준화(Resource Leveling), EVM(Earned Value Method), CPI(Cost Performance Index)/SPI(Schedule Performance Index) 등의 시각적 표현이 우수하다.
- 네트워크 공정표 및 보고서 출력 기능이 다양하다.

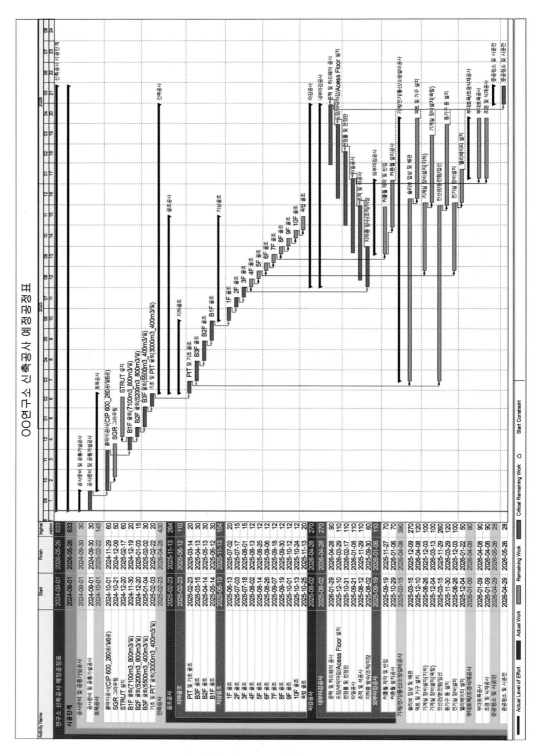

[그림 2-3] PDM 방식의 공정표 예

2.2.3 일정계획 (scheduling)

작업 수행에 소요되는 기간과 순서 등을 고려하여 전체 공사기간(공기)이 지정공기 이내가 되도록 공사일정을 계획하는 것이다.

(1) 작업 소요기간 산정

작업을 완료하는 데 필요한 시간으로 총작업량('작업물량'이라고도 함)과 하루에 처리할 수 있는 작업능력에 따라 결정되는데, 작업능력은 작업에 투입하는 인원, 자재, 건설 기계나 장비 등의 생산성(productivity)을 의미한다. 즉, 작업 소요기간은 해당 작업의 총량을 그 작업에 투입한 작업조(組, crew)[8], 기계나 장비의 1일 작업처리능력(생산성)으로 나누어 구할 수 있다. 작업조의 생산성은 공·구법, 작업조의 구성, 기계·장비의 조달 가능성, 기후여건, 근로시간 단축 등 작업 수행과 관련된 불확실성을 모두 반영하여 결정해야 한다. 건설프로젝트의 전체 공기는 여유가 없는 주공정(critical path) 작업의 소요기간에 의하여 결정된다. 따라서 각 단위 작업 수행에 필요한 기간은 공정계획 및 일정계획을 수립하는 데 있어서 가장 기초적이며 중요한 요소라고 할 수 있다.

(2) 비작업일의 반영

건설공사는 특성상 기후의 영향을 많이 받기 때문에 작업조나 장비의 생산성만을 고려하여 전체 공기를 결정할 수 없으며, 매우 높거나(혹서기), 매우 낮은(혹한기) 온도, 홍수 등으로 인한 작업 불가능 기간과 공휴일 등을 전체 공기에 포함해야 한다. 그 방법으로는, 예기치 못한 상황을 몇 개의 작업으로 구분하여 전체 공기에 추가하거나, 그로 인해 필요한 기간을 모든 작업에 분산시키거나, 실질적으로 영향을 받는 작업에만 소요기간을 추가할 수 있다. 파업, 악천후, 지질상태의 급변 등의 예기치 못한 상황으로 인하여 작업이 불가능한 일수와 공휴일은 비작업일에 포함된다.

(3) 일정 계산 및 총공기

① 공정관리계획서 및 공정표 검토
② 주공정 결정 및 관리

---

8) 블록쌓기 공사의 경우, 조적공(기능인력, skilled labor) 2명에 보조원(helper 또는 common labor, 助工) 1명 등 3명으로, 하나의 작업조를 구성할 수 있다.

- 주공정은 전체 여유(total float)가 0(零)이 되는 작업으로서, 전체 프로젝트 경로(path)들 가운데 시간이 가장 오래 걸리는 일련의 작업 모임이다. 주공정은 기술적·관리적 차원에서 변경될 수 있지만 주공정상의 작업이 늦어지면 전체 공기가 지연되므로, 지정 공기나 계약 공기 이내에 전체공사가 완료될 수 있도록 주공정에 대한 집중 관리가 필요하다.

③ 진도관리(Control 또는 Follow-Up)

진도관리는 계획공정과 실제로 진행 중인 공정을 비교·분석(monitoring)하여, 공정표를 수정하거나 갱신(updating)하는 과정이나 절차를 말한다. 진척도는 1~2주 또는 1개월 단위로, 주기적으로 관리해야 한다. 진척도를 확인하여 공기가 지연되었을 경우 최소의 비용으로 만회할 수 있도록 적용 기술이나 공법 변경도 고려하고, 불가피한 경우 발주처나 건축주와 협의하여 공기 연장 승인을 받아야 한다. 한편, 특정 작업이 불필요하게 선행되어 완료된 경우도 투입비용을 포함하여 자원의 효율적인 운용과 관리를 저해할 수 있으므로 지양해야 한다.

⑷ 중간공정관리일(milestone) 설정

건설공사를 수행하는 과정에서 관리목적상 중요한 특정 작업의 시작과 종료를 중간공정관리일(milestone)이라고 한다. 중간공정관리일은 전체공사에 영향을 미칠 수 있어서 반드시 지켜져야 하는 몇 개의 주요 시점을 지정하여 단계별 관리 목표로 활용한다. 예를 들어, 지하구조물공사 완료와 같이 후속 공사의 착수와 현장관리 등에 큰 영향을 미칠 수 있는 공사의 완료 시점 또는 착수 시점을 선정할 수 있다.

⑸ 자원 평준화(Resource Leveling)

비주공정(non critical path)상 작업의 착수일과 완료일을 여유기간 내에서 변화시켜 프로젝트 시점별 최대 자원 소요량과 자원 소요량의 변동을 줄임으로써 자원의 비연속적인 사용으로 인한 부대비용을 줄이기 위한 방법이다. 평준화 대상 자원은 제한된 기능인력, 고가장비 사용, 현장 저장이 곤란한 주요 자재 수급 등이다.

Q 고수 POINT   공정관리

- 공정관리는 지정공기 또는 계약공기를 반드시 지킬 수 있도록 공정계획을 수립하고 이행하는 것이 무엇보다 중요하다.
- 각 작업 항목의 내용과 범위를 명확히 하고 기술적인 측면과 투입자원의 연속성, 효과성 등 관리적인 측면을 고려하여 작업순서를 결정한다.
- 작업별 총물량과 투입 자원 및 그 생산성을 고려하여 산정한 작업소요기간과 작업순서 및 연관관계를 결정하여 작성한 네트워크(network) 공정표 등을 사용하여 체계적으로 관리해야 한다.

2.3 → 원가관리 (Cost Management, Cost Control)

2.3.1 개요

건설공사의 원가는 공사에 소요되는 모든 비용을 일컬으며, 직접공사비와 간접공사비를 포함한다[9]. 건설공사의 원가관리는 계획된 예산(사업비, 총공사금액)과 일정을 지켜 공사가 성공적으로 수행될 수 있도록 각종 비용을 효율적으로 관리하고 통제하는 모든 과정과 절차를 의미한다. 건설공사의 원가관리는 원가 관리계획을 수립하여 실행예산을 편성하고 가치공학(value engineering) 등의 방법을 동원하여 원가절감 방안을 모색하면서 원가를 측정, 분석, 관리하는 과정과 절차로 이루어진다. 원가관리의 전형적인 관점은 적산하고 (물량 산출, quantity take-up) 견적하여(cost estimating) 예산을 책정하고(budgeting), 프로젝트가 진행됨에 따라 견적 작업을 반복하며 공사 범위의 변동을 방지하기 위해 부단히 노력하며 마지막 단계에서 초기예산에 정확히 맞추는 것이다.

2.3.2 원가 산정 및 통제

(1) 견적의 방법

건설공사의 원가는 개산견적, 상세견적 등의 방법으로 구하며, 작업물량을 산출하고 작업 항목별 단가를 결정하여 공사비를 산정하는 순서로 진행한다.

1) 개산견적 (approximate estimate)

기본설계(basic design)가 시작되기 전 계획설계 단계에서 여러 가지 대안의 경제성을 평가하기 위하여 개산견적 작업을 수행하며, 개념견적(conceptual estimate), 사전견적(preliminary estimate), 예산견적(budget estimate) 등으로 부르기도 한다. 설계도서가 확정되지 않은 상태에서 개산(槪算)으로 견적하기 때문에, 발주자의 요구와 기대를 문서로 정리한 Design Brief, 유사 프로젝트 사례, 시공자 등 프로젝트 관계자의 자료 및 가능한 모든 정보를 바탕으로 견적자의 경험과 판단에

---

9) 공사비는 재료비, 노무비 및 경비의 합계액이다. 재료비는 공사목적물의 실체를 형성하는 물품의 가치로서 직접재료비와 공사목적물의 실체를 형성하지는 않지만 공사를 보조하며 소비되는 물품의 가치인 간접재료비로 구성된다. 간접재료비는 소모 재료비, 소모 공구·기구·비품비, 가설 재료비를 포함한다. 재료 구입 과정에서 해당 재료와 직접 관련되어 발생하는 운임, 보험료, 보관비 등의 부대비용은 재료비에 계상한다[(계약예규) 예정가격작성기준, 2021.12.1.].

의거 수행한다. 개산견적 방법으로는 비용지수법(cost indexes method)[10], 비용용량법(cost capacity method)[11], 계수견적법(factor estimating method)[12], 변수견적법(parameter estimating method)[13], 기본 단가법(base unit price method)[14] 등이 있다. AACE(American Association of Cost Engineers)는 개산견적(class 4)의 정밀도(expected accuracy range)를 -30 ~ +50%로 명시하고 있다.

2) 상세견적(detailed estimate)

설계의 최종 단계인 상세설계(detailed design)가 거의 완료된 시점에 설계도면, 시방서 등을 토대로 공사에 소요되는 재료, 노무, 장비 등의 수량과 비용을 산정하는 일로서, 공사 예정가격이나 입찰금액을 결정하기 위하여 수행한다. 상세견적은 최종견적(final estimate), 명세견적(detailed estimate 또는 definitive estimate), 입찰견적(bid estimate) 등으로 부르기도 한다. AACE가 명시하고 있는 상세견적 (class 1)의 정밀도는 -10 ~ +15%이다.

한편, 미국 CII(Construction Industry Institute)는 견적 정밀도 등급을 [표 2-1]와 같이 구분하고 있다.

[표 2-1] 견적 구분(cost estimate definitions)

견적 등급	정밀도	설명/방법론
Order-of-Magnitude : 개략 견적	±30~50%	타당성 조사 – 비용/용량(capacity) 커브
Factored Estimate	±25~30%	메이저 장비 – factors applied for costs
Control Estimate	±10~15%	기계, 전기, 토목 등의 수량(물량)
Detailed / Definitive Estimate	±10%	상세도면 바탕

---

10) 기준이 되는 시점의 비용지수값과 구하고자 하는 시점(비교 시점)의 비용지수값의 비율로 내는 견적이다.

11) 플랜트 공사 등에서 과거 실적자료에 기반하여 가로축에 Capacity(하루 생산량 또는 공사 수량), 세로축에 원가(cost)를 Plotting해 만든 커브를 이용해 예측하는 방법이다. Cost-Capacity 커브는 견적치의 정확도 향상을 위하여 실적자료와 경험 등을 토대로 수시로 갱신해 나갈 필요가 있다.

12) 플랜트 공사 등에서 건축, 토목, 전기, 설비 등의 비용을 핵심이 되는 기준요소(주요 장비의 비용 등)에 대한 비율로 추정하는 방법이다.

13) 프로젝트의 크기나 범위에 영향을 미치는 설계변수(예컨대, 병원의 침대 수, 극장의 좌석 수, 사무실 건축물의 순 임대면적, 학교의 학생 수 등)의 수량과 각 변수의 비용을 곱하여 산정하는 방법이다.

14) 건설공사의 기본적 단위당(단위 면적, 단위 체적 단가 등) 예상 비용에 근거하여 비용을 산출하는 방법이다.

(2) 원가산정 순서

요소작업의 수량(물량)을 산출하고 작업 항목별 단가를 곱하여 전체 공사비를 산정하는 순서로 진행한다.

1) 물량 산출(quantity take-off)

설계도서를 바탕으로 건설공사를 구성하는 가장 하위의 작업인 각 activity(job, 요소작업)의 수량을 산출하는 것이다.

2) 일위대가(unit price, unit cost) 산정

각 요소작업의 원가를 결정하는 일로써, 작업 수행에 필요한 재료, 노무, 장비 등의 요소작업 단위당 수량인 품셈과 재료, 노무, 장비 등의 단가를 곱하여 합산한 것이 일위대가이며 일정한 양식의 표, 즉 일위대가표에 기록한다.

3) 공사비 계산(cost calculation, pricing)

각 작업수량과 일위대가의 단가를 곱하여 공사비를 산정한다. 이는 직접공사비이며 여기에 간접공사비, 일반관리비, 이윤, 공사손해보험료 등을 합하여 전체 공사비(공사원가)를 산정한다.

(3) 실행예산 편성

공정계획과 노무, 자재(또는 재료), 장비 등의 조달계획을 토대로 실제 공사를 수행하기 위한 예산을 편성하는데, 이를 실행예산이라고 한다. 실행예산은 공사를 수주할 때 적용한 견적원가와 공사 계약 후 내역을 비교하여 주어진 예산 내에서 공사를 완료할 수 있도록 관리하기 위한 기준, 즉 공사관리의 기준 또는 척도로 사용된다.

(4) 원가 통제

건설공사 수행과정에서 발생하는 비용들을 지속적으로 모니터링하여 주어진 예산 범위 내에서 공사를 완료하는 것을 목표로 원가를 통제한다. 이러한 과정에서 투입 자원들의 생산성과 원가 성과 정보를 축적하여 향후 원가계획 및 관리에 활용하고, 물가변동이나 설계변경 등에 의한 계약금액 변경이나 클레임 가능성에 대비한다. 원가통제는 원가관리 절차 확립, 원가관리 조직 구성, 예상 공사비와 실제 투입 비용 비교 분석, 대응 조치 등의 순서로 진행된다.

2.3.3 원가 절감

사업 초기 계획단계에서 예상하지 못했던 위험 요인들로 인하여 건설공사의 원가는 상승할 가능성이 크다. 원가 상승은 해당 프로젝트뿐만 아니라 기업의 생존과 발전을 저해할 수 있으므로 모든 방법을 총동원하여 억제하거나 최소화해야 한다.

(1) 가치공학 (value engineering : VE)

1) 개요

원가절감 방법 중에서 가장 효과가 높다고 알려진 것이 건설 재료, 구법이나 공법, 설비 시스템 등의 변경으로 제품이나 서비스의 가치를 향상시키는 가치공학 활동이다. 이는 최소의 생애주기비용(life cycle cost)으로 시설물에 필요한 기능을 확보하기 위하여, 설계의 경제성 등을 검토하는 팀[15]을 구성하고 Workshop 등을 통하여 설계내용의 경제성 및 현장 적용의 타당성 등을 기능별, 대안별로 검토하는 것이다. 가치공학 활동은 기능 정의, 기능 정리, 기능 평가 단계에서 실시하는 '기능 분석'과 개선안 작성 단계에서 시행하는 '기능 설계' 등의 과정과 절차로 수행된다. 가치(value)는 대상 물건이나 서비스가 가지고 있는 근본적인 기능 구현을 위한 생애주기비용(function cost) 대비 가치(worth) 또는 효용(utility)으로 평가한다. 가치 향상은 소요 비용을 유지 또는 줄이거나, 비용 증가가 있더라도 가치나 효용을 더 큰 폭으로 향상시키면 달성할 수 있다.

$$V = \frac{W}{C} = \frac{U}{C}$$

여기서, V : 가치(value)
W : 기능가치(worth)
U : 효용(utility)
C : 기능비용(function cost)

VE 적용 대상은 실체가 있는 제품(건축물, 재료), 생산설비, 장비, 생산수단(시공방법, 시방서, 공정, 운반 등) 및 일반관리(관리체계, 사무절차, 회의 등) 등 건설사업관리 관련 서비스가 모두 될 수 있다.

---

15) 검토 팀(조직)은 검토 책임자(VE leader), 최고의 VE 전문가 자격증을 가진 퍼실리테이터(VE Facilitator), 팀원 그리고 발주청의 담당자 등으로 구성한다.

2) VE 추진계획/절차

「건설기술진흥법 시행령」 제75조(설계의 경제성 등 검토) 및 「설계의 경제성 등 검토에 관한 시행지침」은 총공사비 100억 원 이상 건설공사의 기본설계 및 실시설계 단계에서 VE 적용을 의무화하고 있다. 설계의 경제성 등 검토 업무는 준비단계(pre-study), 분석단계(VE Study), 실행단계(Post-Study)로 나누어 실시한다. 준비단계에서는 검토조직의 편성, 검토대상 선정, 검토기간 결정, 오리엔테이션 및 현장 답사, 워크숍 계획 수립, 사전 정보분석, 관련 자료 수집 등을 한다. 분석단계는 워크숍 형태로 수행하며, 선정 대상의 정보 수집, 아이디어 창출, 아이디어 평가, 대안의 구체화, 제안서의 작성 및 발표 순으로 진행하며, 원안 설계자로부터 설계 내용에 대한 의견을 듣는다. 대안의 구체화 및 제안서 작성은 안전성, 경관성, 내구성 및 기능을 손상하지 않는 범위에서 생애주기비용 관점에서 실시한다.

VE 추진단계와 실시항목을 요약하면 [표 2-2]와 같다.

[표 2-2] VE 추진단계

기본계획	VE질문	세부단계	실시항목	
정보 수집	그것은 무엇인가	대상 선정	VE 대상 분석	무엇을 VE할 것인가 (목표 확인)
		정보 수집		현재 어떤 문제가 있는가
기능 분석	기능은 무엇인가	기능 정의		필요한 기능은 무엇인가
		기능 정리		각 부분의 기능 정리
	비용은 얼마인가	기능별 비용분석, 기능 평가		어느 곳을 개선하면 좋은가 (V=W/C)
개선안 창출 및 개발	달리 같은 기능을 하는 것은 없는가	아이디어 발상	개선안 작성 및 실시	아이디어 창조
	비용은 얼마인가	개략평가 및 구체화		실현 가능한 아이디어로 범위 축소(개략 평가)
	필요한 기능을 확실하게 얻을 수 있는가	상세 평가		합리적인 안 추구 (상세 평가)
		테스트 및 증명		
실시 및 Follow-up	예상대로 실시 되는가	제안		가장 좋은 아이디어 제안
		실시 및 Follow-up		채택 및 실시

2.3.4 공정 · 원가 통합관리

(1) 개념

건설사업의 비용 및 일정을 객관적인 기준에 따라 계획 대비 실적을 비교·분석하고, 공사가 종료될 때까지의 소요 비용과 일정을 예측하여 불필요한 공사비 증액이나 공기 지연을 최소화하기 위한 목적으로 비용과 일정을 통합 관리한다. 이는 설계 및 시공 단계의 소요 비용과 일정을 상호 연계하여 계획을 수립하고 운영(관리)함으로써 설계 및 시공의 품질향상에도 긍정적인 영향을 미친다. 우리나라의 경우 공정 진행 상황(정도)을 투입하는 공사비로 관리하는 비용 중심의 공정관리를 하고 있어서, 기성 지급(payment)도 현장에서 수행된 실행률을 근거로 보통 이루어진다[16]. 그러나 이러한 방식으로는 현재 어떠한 작업이 얼마나 이루어지고 있는지 정확하게 파악하기 어렵다. YRP 사업을 수행하는 미 육군공병단(US Corps of Engineers : USACE)에서는 요소작업(Activity) 중심의 공정관리기업인 NAS(Network Analysis System)를 기반으로 해서 원가/비용 및 공정을 통합적으로 관리하고 있다. 공정과 비용을 통합 관리하기 위해서는 우선 비용 및 공정 관리에 공통적으로 사용할 수 있는 통합 표준작업분류체계가 필요하다. 즉, 작업분류체계[17](Work Breakdown Structure : WBS)와 비용분류체계[18](Cost Breakdown Structure : CBS)를 효과적으로 통합하는 것이 전제된다.

(2) EVMS (Earned Value Management System)

Earned Value는 우리말로 '달성가치' 혹은 '기성고(旣成高)'라고 부르며, 원가통제 및 관리 목적으로 산정하거나 측정된다. 달성가치는 계획된 예산을 토대로 작업성과를 일정 주기별로 측정하며, EVMS에서는 BCWP(Budgeted Cost for Work Performed)로 표기한다. BCWP는 수행한 작업량에 할당된 예산을 의미하며, 작업 일정에 따라 계획된 예산(Budgeted Cost for Work Schedule : BCWS)과 비교하여 공정진행의 성과(schedule performance)를 파악하고, 수행한 작업의 실투입비용(Actual Cost for Work Performed : ACWP)과 비교하여 비용의 성과(cost performance)

---

16) 해외공사의 경우 보통 전체 공사비의 상대적인 비율에 해당하는 공사비를 작업단위에 결합하므로 비교적 단순하지만, 내역방식이 보통인 국내공사는 각 작업단위에 해당 내역을 일일이 결합해야 하므로 해외공사에 비하여 관련 작업이 상당히 복잡하다.

17) WBS는 프로젝트 구성요소를 결과물 중심으로 분류하여 구성한 것으로 사업관리의 기준 및 액티비티 분류의 기준이 된다.

18) CBS는 프로젝트 결과물에 필요한 모든 비용 항목을 상세하게 구분하여 물량산출, 견적에 필요한 수준으로 체계화한 것이다.

를 분석하는 데 이용된다. 미국 국방부(Department of Defence : DOD)나 에너지부 (Department of Energy : DOE) 발주 프로젝트의 관리 도구의 하나로 시작된 초기 EVMS는 Expert Systems, Value Engineering(VE), Building Information Modeling (BIM)처럼 1970~1980년대에 개발되어 오랜 기간 활용되어 온 관리기법들이다.

미국의 예산관리처(Office of Management and Budget : OMB)는 EVMS를 '프로 젝트 사업비용, 일정 그리고 수행 목표의 기준설정과 이에 대비한 실제 진도측정을 위한 성과 위주의 관리체계'로 규정하고 있으며(OMB, 1997), 플레밍과 코펠만은 '상세히 작성된 작업계획에 실제 작업을 계속 측정하는 것으로서, 이를 통하여 프로 젝트의 최종 사업비용과 일정을 예측할 수 있도록 하는 관리방법'이라고 정의하고 있다(Flemming and Koppelman, 1996). EVMS는 정교하며 분석적인 관리구조를 통하여 건설프로젝트 진행 과정에서 현황 파악과 만회 대책, 그리고 미래 발생 가능 한 문제 예측에 필요한 중요한 정보를 제공할 수 있다. 이 방법을 활용하면 성과 예측을 기반으로 공사수행의 문제점을 정확하게 분석할 수 있고 적절한 대책을 수립 할 수 있으며, 실행예산의 초과를 방지하는 데 도움을 줄 수 있다. 그러나 EVMS 시행을 위해서는 WBS, CBS 구축 등 자료수집과 분석을 위한 추가적인 업무가 필요해 건설사들은 EVMS구현의 투자 대비 효과에 부정적인 견해도 갖고 있다. 그 렇지만 EVMS가 제대로만 활용되면 공사비와 공정을 합리적으로 예측할 수 있고, 자원을 효율적으로 관리할 수 있으며 리스크 최소화를 통한 현장관리가 가능해 궁극적으로는 원가를 절감하고 공정을 준수할 수 있다.

[그림 2-4]는 EVMS 관리곡선의 전형적인 형태이다.

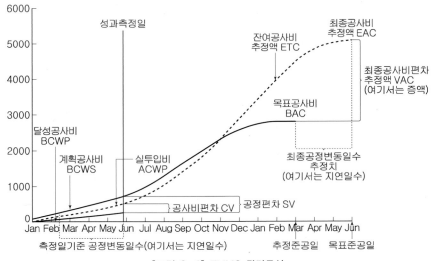

[그림 2-4] EVMS 관리곡선

다음은 EVMS 관련 용어를 설명한 것이다.

① 계획공사비(BCWS) : 특정 시점까지 완료해야 하는 요소작업의 계획 단가와 계획 물량을 곱한 금액이다.

② 달성공사비(BCWP) : 현재 시점을 기준으로 완료한 요소작업 또는 진행 중인 작업 항목의 계획 단가와 실적 물량을 곱한 금액이다.

③ 실투입비(ACWP) : 기준시점까지 완료한 작업항목이나 진행 중인 작업에 대한 실제 투입단가와 실적 물량을 곱한 금액이다.

  ㉮ 총계획기성(Budget at Completion : BAC) : 공사 초기 작성한 계획 기성의 공종별 합계금액이다.

   • BAC = ∑BCWS

  ㉯ 총공사비 추정액(Estimate at Completion : EAC) : 현재 시점에서 프로젝트 착수일부터 추정 준공일까지 실투입 추정치이다.

   • EAC = ACWP + 잔여작업 추정공사비 = BAC ÷ CPI

  ㉰ 최종공사비 편차 추정액(Variance at Completion : VAC) : 당초 계획한 총 공사비와 실투입 총공사비의 편차이다.

   • VAC = BAC − EAC

  ㉱ 원가편차(Cost Variance : CV) : 편차가 마이너스(−)이면 원가 초과, 플러스(+) 이면 원가에 미달한 상태이다.

   • CV = BCWP − ACWP

  ㉲ 공기편차(Schedule Variance : SV) : 편차가 마이너스(−)이면 공기 지연, 플러스(+)이면 계획공기 이전 완공을 의미한다.

   • SV = BCWP − BCWS

  ㉳ 실행기성률(Percent Completion : PC) : 총계획기성과 실행기성과의 비율이며, 총계획기성 대비 현재 시점의 완성률을 의미한다.

   • PC = BCWP ÷ BAC

  ㉴ 원가진도지수(Cost Performance Index : CPI) : 현재 시점의 완료 공정률에 대한 투입공사비의 효율성, 즉 실제 작업 물량에 대한 실제 투입공사비 대비 계획공사비의 비율을 의미한다. 즉, 지수값이 1보다 작으면 원가 초과, 1보다 크면 원가 미달이다.

   • CPI = BCWP ÷ ACWP

  ㉵ 공기진도지수(Schedule Performance Index : SPI) : 현재 시점의 완료 공정률에 대한 공정관리의 효율성 지표로 현재 시점의 계획 대비 공정진도율 차이를 의미한다. 즉 지수값이 마이너스(−)이면 공기 지연, 플러스(+)이면 계획 공기 이전 완공을 의미한다.

   • SPI = BCWP ÷ BCWS

2.3.5 설계변경으로 인한 계약금액 조정

(1) 설계변경 사유

설계변경으로 인한 계약금액의 조정은 발주기관의 요청에 의하거나 건설업자나 건설용역업자의 제안으로 이루어진다. 「공사계약일반조건」 제19조 제1항에 따른 설계변경 사유는 다음과 같다.

① 설계서 내용의 불분명하거나 누락·오류 또는 상호 모순[19]되는 점이 있는 경우
② 지질, 용수 등 공사현장의 상태가 설계서와 다를 경우
③ 새로운 기술·공법 사용으로 공사비의 절감 및 시공 기간의 단축 등의 효과가 현저할 경우
④ 발주기관이 설계서를 변경할 필요가 있다고 인정할 경우 등

발주기관의 요청에 의하여 설계변경을 할 경우에는 건설사업관리기술인은 발주기관의 요청 내용을 검토하여 그 결과를 발주기관에 통보한다. 이때 설계변경 타당성 검토서, 개산 공사금액 산출서, 설계변경 도서 및 당초 설계자의 의견 등을 첨부한다.

건설업자나 건설용역업자의 제안에 의한 설계변경은 설계도서의 내용이 공사현장의 여건과 일치하지 않거나 공사비 절감 또는 공사품질의 향상을 목적으로 기술·공법을 변경할 경우 이루어진다.

(2) 설계변경으로 인한 계약금액 조정

설계변경 내용을 검토한 후 적용단가를 결정하며, 신규비목에 대해서는 단가 협의를 한 후 계약금액을 조정하는 절차로 진행한다.

① 설계변경 검토 : 설계변경 사유에 대하여 관련 법률 및 기술적인 측면에서 검토 확인한다. 또 설계변경의 사유와 책임이 건설업자/건설용역업자 또는 발주자인지 확인한다.
② 적용단가 결정기준 설정 : 조정 대상이 기존항목인가 신규 항목인가 그리고 변경되는 항목의 수량이 증가인가, 감소인가를 확인한다.
③ 적용단가 결정
　㉮ 발주자가 요구한 경우
　　• 감소되는 물량에 대해서는 산출내역서상의 계약단가 적용한다.

---

19) 설계도면, 공사시방서, 물량내역서, 현장설명서 등 각 설계서 내용이 서로 다른 경우를 일컬음.

- 증가되는 물량에 대해서도 계약단가 적용을 원칙으로 하되, 계약단가가 예정 가격 단가보다 높은 경우에는 예정가격 단가를 적용한다.
- 신규비목은 설계변경 당시를 기준으로 산정한 단가에 낙찰률을 곱해서 결정 한다. 다만, 발주자가 설계변경을 요구한 경우에는 변경 당시 산정한 단가 와 동 단가에 낙찰률을 곱한 금액의 범위 안에서 발주처와 계약상대자가 협의 하여 결정한다.

㉯ 건설업자/건설용역업자가 요구한 경우
- 감소되는 물량에 대한 적용단가
- 증가되는 물량에 대한 적용단가
- 신규비목에 대한 적용단가

④ 신규비목 및 단가 협의 : 계약단가가 없는 신규비목은 당사자 간 협의로 단가를 결정하지만, 합의가 되지 않는 경우 설계변경 당시 산정한 단가와 동 단가에 낙찰률을 곱한 금액을 합한 금액의 $\frac{1}{2}$(즉, 50%)을 적용한다.

⑤ 계약금액 조정방법
㉮ 설계변경으로 인한 제경비 조정 : 계약금액의 증감분에 대한 일반관리비, 이윤 은 건설업자/건설용역업자가 제출한 산출내역서상의 일반관리비, 이윤율에 의하여 산정한다. 다만,「국가를 당사자로 하는 계약에 관한 법률 시행규칙」 및 「원가계산에 의한 예정가격작성준칙」(계약예규)에 규정된 한도를 초과할 수 없다.

㉯ 일식 공종의 설계변경 시 조정 : 1식 공종 중 일부분에 대하여 설계가 변경 된 경우에는 변경되는 부분만 계약금액을 조정한다. 이 경우, 건설업자/건설 용역업자가 제출한 일위대가표, 단가산출서 등을 참고한다.

㉰ 신기술·신공법에 의한 설계변경 시 조정 : 공공 건설공사에서 건설업자/건설 용역업자가 신기술·신공법 적용으로 인한 설계변경을 제안한 경우에는 신기술·신공법 적용으로 인한 절감액의 100분의 30에 해당하는 금액만을 감액한다.

㉱ 설계·시공 일괄입찰 및 대안 입찰로 발주하는 공공 공사는 정부 측 귀책 사유 및 천재지변 등 불가항력 사유 외에는 계약금액을 설계변경으로 증액 하여 조정하는 것이 불가능하다. 다만, 물량 감소로 인한 계약금액의 감액은 산출내역서상 단가를 기준으로 조정한다.

㉲ 예정가격의 100분의 86 미만으로 낙찰된 공사계약에 있어서 계약금액에 대한 증액조정 금액이 100분의 10 이상일 때는 소속 중앙관서의 장의 승인을 받아 조정한다.

(3) 일괄입찰 (turn-key) 공사의 설계변경

일괄입찰공사의 설계변경은 다음과 같은 사유가 있으면 가능하다.

① 사업계획 변경 등 발주기관의 필요에 의한 경우

② 발주기관 외에 당해 공사와 관련된 인허가기관 등의 요구가 있어 이를 발주기관이 수용한 경우

③ 공사 관련 법령에 정한 바에 따라 시공되었음에도 발생한 민원에 의한 경우

④ 발주처 또는 공사 관련 기관이 제공한 지하매설 지장물 도면과 현장상태가 상이하거나 계약 이후 신규로 매설된 지장물에 의하여 설계변경이 필요한 경우

⑤ 토지나 건물 소유자의 반대, 지장물의 존치, 관련 기관의 인허가 불허 등으로 지질조사가 불가능했던 부분의 경우

⑥ 태풍, 홍수, 기타 악천후, 전쟁 또는 사변, 지진, 화재, 전염병, 폭동, 기타 계약 상대자의 통제범위를 초월한 사태의 발생 등의 사유로 인하여 계약 당사자의 누구의 책임에도 속하지 아니한 경우

(4) 설계변경으로 인한 계약금액 조정 시 단가 및 금액 결정 방법 요약

구 분			건설업자의 귀책 사유 또는 요구	발주기관의 요구(계약상대자의 책임 없는 사유 포함)
일반공사	기존 비목	증가	계약단가(단, 예가단가보다 높은 경우 예가단가) 적용	설계변경 당시 단가 ~ 동 단가 × 낙찰률 사이에서 협의
		감소	계약단가 적용	계약단가 적용
	신규 비목		설계변경 당시 단가 × 낙찰률	설계변경 당시 단가 ~ 동 단가 × 낙찰률 사이에서 협의
턴키공사, 대안입찰공사	기존 비목	증가	계약금액 조정 없음	계약단가 ~ 설계변경 당시의 단가 사이에서 협의
		감소	계약단가 적용	계약단가 적용
	신규 비목			설계변경 당시의 단가
신기술, 신공법 적용으로 인한 설계변경			계약 상대자의 제안에 의하며, 총절감금액의 30% 감액 (계약 상대자에게 보상비로 지급)	

2.3.6 물가변동으로 인한 계약금액 조정

건설사업은 비교적 오랜 기간 진행되기 때문에, 계약금액을 구성하는 각 품목 또는 비목의 가격이 사업 초기보다 크게 상승하거나 하락하는 경우가 있다. 정치·경제적인 위기/혼란이나 전쟁, 이상 고온과 천재지변 등 불가항력적인 사유, 그리고 발주기관 및 건설업자/건설용역업자의 공사준비 및 이행능력 부족과 잘못 등으로 사업이 지연되어 주로 발생한다. 이때 계약의 원활한 이행을 위하여 계약금액을 조정하는데, 우리나라의 경우 다음과 같은 조건일 때 계약금액을 상향(escalation) 또는 하향 조정할 수 있다.

(1) 적용조건[20]

① 계약체결일이나 직전 조정 기준일로부터 90일 이상 경과
② 품목조정률이나 지수조정률이 3% 이상 증감될 때. 다만, 특정 자재의 가격증감률이 100분의 15 이상인 때에는 해당 자재에 한해 계약금액의 조정이 가능하다.

(2) 품목조정률에 의한 조정[21]

계약금액의 산출내역을 구성하는 각 품목 또는 비목의 등락률과 등락폭을 토대로 한 품목조정률에 물가변동 적용 대가를 곱하여 계약금액을 조정하는 방법
① 등락률 = (물가변동 당시 가격 − 일찰 당시가격) ÷ 체약체결 당시 가격
② 등락폭 = 계약단가 × 등락률
③ 품목조정률 = 계약금액을 구성하는 모든 품목 또는 비목의 수량에 등락폭을 곱하여 산출한 금액의 합계액 ÷ 계약금액

(3) 지수조정률에 의한 조정[22]

원가계산에 의하여 작성된 예정가격을 기준으로 작성한 산출내역서를 첨부하여 체결한 계약에 적용한다. 계약금액의 산출내역을 구성하는 비목을 유형별로 정리하여 비목군(群)을 편성하고 각 비목군의 재료비, 노무비 및 경비의 합계액에서 차지하는 비율을 산정한 후 비목군별로 합당한 지수('생산자물가 기본 분류지수' 등)를

---

20) 천재지변 또는 원자재의 가격이 급등하는 경우에는 90일 이내에도 계약금액을 조정할 수 있다 [「국가계약법 시행령」 제64조(물가변동으로 인한 계약금액의 조정)].

21) 계약금액의 구성 품목 또는 비목이 적고 조정 횟수가 많지 않은 단기, 소규모, 단순 공종공사 등에 적용하기 쉽다.

22) 계약금액의 구성 비목이 많고 조정 횟수가 많은 장기, 대규모, 복합 공종공사 등에 흔히 적용한다.

적용하여 지수조정률 산출한 후 계약금액을 조정하는 방법이다. 즉, 지수조정률은 계약금액의 산출내역을 구성하는 비목군 및 다음의 지수변동률에 따라 산출한다.

① 생산자물가 기본 분류지수 또는 수입물가지수

② 정부, 지방자치단체 또는 공공기관이 결정, 허가 또는 인가하는 노임, 가격 또는 요금의 평균지수

③ 조사 공표된 가격의 평균지수

Q 고수 POINT   원가관리

- 원가관리의 의미, 중요성 및 과정(적산·견적 → 일위대가 작성 → 총공사비 산정 및 실행 예산 편성 → 원가 통제 및 절감 → 예산 내 완공) 등을 숙지해야 한다.

- 원가절감을 위한 가치공학(VE) 활동은 발주자, 건설사업관리자, 시공자 등 주요 관계자가 모두 참여하고 협력함으로써 최고의 가치(best value)를 실현시키는 것이다.

- 일괄입찰(turn-key)공사의 설계변경을 포함한 '설계변경으로 인한 계약금액의 조정'은 불확실성이 비교적 큰 건설 프로젝트에서 자주 발생하므로, 조정 사유, 절차 및 방법 등을 정확하게 이해하고, 유사사례도 충분히 조사하여 수행해야 한다.

- 물가변동으로 인한 계약금액 조정도 적용 가능 조건 및 품목조정률에 의한 조정 방법, 지수조정률에 의한 조정방법을 정확하게 이해하고, 유사사례도 분석하여 합리적인 조정안을 작성해야 한다.

2.4 ● 품질관리 (Quality Management)

2.4.1 개요

건설프로젝트의 품질은 해당 프로젝트가 요구하는 조건에 일치(conformance to project requirement)[23]하고 고객이 만족(customer satisfaction)하는 정도로 판단하는데, 시설물이 갖는 성질, 기능 또는 성능의 총체적 특성이라고 볼 수 있다[24]. 우리나라 건설공사의 품질은 국토교통부 국가건설기준센터에서 제·개정 관리하는 설계기준, 표준시방서, 전문시방서 등에서 요구하는 품질이나 성능의 표준, 기준을 따라야 한다. 시방서 등에서 요구하는 품질을 보증하고, 개선하기 위한 다양한 기술이나 방법이 개발되고 있으며, 그러한 방법을 이용하여 요구 품질을 확보하기 위한 적극적인 활동과 노력이 요구된다. 품질관리는 제품, 건축물, 서비스가 정해진 품질기준에 적합한지를 검사하고 불만족스러운 경우에는 그 원인을 조사하고 제거하기 위한 수단을 강구하는 것이다. 검사방법은 측정, 시험, 테스트 등으로 이루어진다. 품질관리의 기본 개념과 진행은 Deming's Cycle인 PDCA(Plan, Do, Check, Action)에 따라 지속적으로 개선하는 것이다.

우리나라에서 품질관리 적용 범위는 표준시방서(Korea Construction Specification : KCS) KCS10 10 15(1.1) (품질관리)에 따르며, 품질관리 계획 수립 대상 공사의 범위는 「건설기술진흥법 시행령」 제89조(품질관리계획 등의 수립 대상 공사)에 따른다. 품질관리 계획은 KS Q ISO 9001에 따라 국토교통부 장관이 정하여 고시하는 기준에 따른다. 한국산업규격(Korean Industrial Standards : KS)은 「산업표준화법」에 따라서 산업표준심의회의 심의를 거쳐 기술표준원장이 고시하여 확정된 국가표준으로서 건설공사의 품질관리에도 적용된다. 또한 '잠정 기준제'(Provisional Standard)도 활용되는데, 새로 개발된 공법, 재료 등이 설계나 시방기준 등에 즉시 반영되지 않아서 입찰 등에 활용할 수 없는 문제를 완화할 목적으로 제도화된 것으

---

23) 미국 CII(Construction Industry Institute) 및 Phillip Crosby('품질을 요구사항에 대한 일치성'으로 정의, "Quality Is Free : The Art of Making Quality Certain", 1979)

24) 국제표준화기구(ISO)는 품질을 "명시된 그리고 암시된 요구를 만족시킬 능력에 관련된 실체 특성의 전체"로 정의하고 있다. 실체(entity item)란 개별적으로 기술될 수 있고, 고려될 수 있는 것으로 '작업(활동)이나 공정', '제품', '조직시스템 또는 사람' 또는 '이들의 조합'이 될 수 있다. 품질은 "제품, 물품이나 서비스가 그것의 사용 또는 적용 목적을 만족시켰는지, 그렇지 못했는지를 결정하기 위한 평가 대상이 되는 고유의 성질, 성능의 전부"로서 '제품 및 서비스의 사회적 요구 충족도'로 결정된다.

로, 잠정기준으로 채택되면 공사나 구매 입찰에 적용할 수 있고 주기적으로 심사해 정식 기준에 편입되거나 폐기하게 된다. 설계기준이나 표준시방서의 개정 주기가 빠르면 3년, 늦으면 10년까지도 소요되어 신기술, 신공법의 활용 기피를 해소할 방안으로 잠정기준제도가 활용되고 있다.

우리나라는 건설공사의 품질에 관한 규정이 비교적 구체적으로 시방서나 기준 등에 명시되어 있는 반면에, 건설 선진국에서는 품질과 안전 분야는 시공을 담당하는 업체가 책임지고 스스로 관리하기 때문에 공사현장에 품질과 안전을 담당하는 건설사업관리기술인이나 감리원이 없는 경우가 대부분이다[25]. 공사를 담당하는 건설업체가 안전수칙이나 법규를 위반하면 매우 큰 규모의 벌칙(penalty)이 부과되므로 업체 스스로 안전과 품질을 책임지고 관리하며 그로 인해 우리나라보다 건설 선진국의 재해율은 현저히 낮다.

품질계획은 건설프로젝트의 계약조건과 각종 품질기준 등에 따라서 건축물, 제품 또는 서비스가 가진 품질특성에 가장 적합한 품질 수준을 설정하고 그것을 충족시킬 방법을 결정하는 것이다. 공정계획, 원가계획 등과 함께 품질계획을 추진하며 그들과 조정하면서 실시한다. 품질은 검사로 완성되는 것이 아니라 제대로 된 품질계획으로 달성된다는 점이 중요하다.

건축공사에서 품질은 건축물이 갖는 성질, 기능, 성능 등의 총체적 특성을 의미한다. 건축공사는 발주자, 설계자, 시공자, 건설엔지니어링사업자(건설사업관리용역사업자) 등 공사 관련 주체(entity) 상호 간의 의사소통과 협의를 통하여 원하는 품질을 달성해 나가는 과정이며, 관련 주체의 입장에 따라 요구품질, 설계품질, 시공품질 등으로 품질을 구분할 수 있다. 요구품질은 발주자가 원하는 최고의 품질을 의미하고, 설계품질은 요구품질을 설계도서로 나타낸 것이다. 시공품질은 설계품질을 시방서 등에 기술한 것으로 실제 공사를 수행하는 절차나 방법 등을 명시한 품질을 의미한다.

---

25) 필요할 경우 정부나 관련 공공기관에서 특별 점검 형태로 관여한다.

2.4.2 품질관리 (Quality Control)

「건설기술진흥법」 제55조, 동법 시행령 제90조 및 제92조부터 제94조, 동법 시행규칙 제48조, 제50조, 제52조, 「건설공사 사업관리방식 검토기준 및 업무수행지침」 제60조 및 139조, 「주택건설공사 감리업무 세부기준」 제21조 등은 품질관리 주체별 역할을 [표 2-3]과 같이 제시하고 있다.

[표 2-3] 건설사업관리 주체별 품질관리 업무

발주자	건설사업관리기술인	시공자
• 품질관리계획의 이행과 관련한 발주자의 권한 명시, 승인자 지정 • 품질관리계획에 따라 품질관리를 적절하게 하는지 연 1회 이상 확인 • 품질관리 적정성 확인 결과 작성 • 공동도급계약의 경우 공동수급체에 대한 품질관리계획 이행 요구사항을 공사 계약문서에 명시	• 시공자가 수립한 품질관리계획서, 품질시험계획서 적정 여부 검토 • 공종별 중점 품질관리방안 수립, 발주처 보고 및 시공자 실행 지시 및 실행 결과 확인 • 품질관리계획서 또는 품질시험계획서대로 작업이나 품질시험/검사가 수행되었는지 여부 검토·확인 • 시공자와 합의된 품질시험에 입회 • 작업 절차서, 지침서, 검사, 시험계획서 등의 검토 후 통보 • 검토 결과에 대한 시정 및 시정조치 요구 • 품질관리계획서 제·개정 시 검토 • 품질관리계획의 이행 상태 확인을 위한 계획	• 품질관리계획 또는 품질시험계획의 수립 및 이행 • 품질 시험 및 검사 • 품질관리계획 수립, 문서화, 실행 및 유지 • 건설공사 품질관리계획서의 지속적 개선 및 갱신 • 품질관리계획서 제·개정 시 감독원, 감리원 검토 및 발주자 승인 요청 • 현장 근로자에 대한 품질 교육 • 현장 자체 품질 점검 및 조치

(1) 설계 중 품질관리 (Quality Control during Design)

설계 중 품질관리는 프로젝트 정의와 요구사항 및 Check List와 함께 시작된다.

1) 품질 매트릭스

건설프로젝트가 요구하는 사항에 대하여 설계자, 엔지니어 및 기술고문(consultant)이 해야 할 업무 내용을 담은 데이터베이스로, 프로젝트에 관계된 사람들이 무엇을 해야 할 것인지를 알려 주는 것이다.

2) 시공성, 조정 및 간섭 검토

이 과정은 빌딩 시스템이나 구조, 조립 방법의 실현 가능성(practicability)을 검증하는 수단이다. 대안들의 호환성을 검토하고 물리적인 충돌, 특히 시공 중 작업 간 간섭이나 충돌이 발생하는 기계, 전기 및 구조 시스템과 건축물의 간섭을 검토하는 일이다. 이 과정에서 해당 프로젝트에 가장 적합하고 쉬운 구법이나 공법이 프로젝트 관계자, 감독관, 기술고문, 견적사(quantity surveyor) 등 외부 전문가로부터 제안되기도 한다.

3) 요구사항 일치성 검토 (Requirements Compliance Reviews)

설계안이 기능적·미적인 측면에서 발주자를 비롯한 인·허가기관의 요구에 충족되는지 확인하는 과정이다.

4) 상호 검토 (Peer Review)

해당 프로젝트에 직접 관계된 사람들의 역량과 유사하거나 우수한 외부 전문가들이 새롭고 참신한 관점에서 설계 안이나 시공법 등을 검토하는 것으로 프로젝트 진행 중에 수시로 이루어진다.

(2) 시공 중 품질관리 (Quality Control during Construction)

시공 검측과 시험은 시공계획이나 공사 내용이 설계도서, 품질관리기준[26] 등에 적합한지와 작업이 적절히 수행되었는지 등을 확인하는 과정이다. 이는 우선 작업이나 일을 올바르게 하기 위한 절차로서의 품질보증, 결함이나 하자, 오류 등을 포착하기 위한 절차로서의 품질관리를 포함한다.

---

26) 근거 : 산업표준화법에 의한 한국산업규격, 「건설기술진흥법」 제5조 규정

1) 품질보증(quality assurance)

제품이나 서비스가 주어진 품질요건을 만족시킬 것이라는 신뢰감을 주는 데 필요한 모든 계획적이고 체계적인 행위로서 프로젝트 관련 정책의 수립, 절차, 표준, 훈련, 지침서, 품질확보를 위한 시스템 등을 포함하는 포괄적인 개념이다.

2) 품질관리 및 시험계획 수립 대상 공사

① 품질관리계획 수립 대상
- 총공사비 500억 원 이상 감독권한대행 등 건설사업관리 대상 건설공사
- 연면적 3만㎡ 이상 다중이용건축물
- 건설공사계약에 품질관리계획 수립이 포함된 공사

② 품질시험계획 수립 대상
품질관리계획 수립 대상 공사 외의 건설공사로서 아래에 해당하는 건설공사는 품질시험계획을 수립한다.
- 총공사비 5억 원 이상의 토목공사
- 연면적 660m² 이상인 건축물의 건축공사
- 총공사비 2억 원 이상인 전문공사

3) 품질관리업무 수행 건설기술인의 업무

① 「건설기술진흥법」 제55조 제1항에 따른 건설공사의 품질관리계획 또는 품질시험 계획 수립 및 시행
② 건설자재, 부재 등 주요 사용 자재의 적격품 사용 여부 확인
③ 공사현장에 설치된 시험실 및 시험, 검사 장비의 관리
④ 공사현장 근로자에 대한 품질교육
⑤ 공사현장에 대한 자체 품질 점검 및 조치
⑥ 부적합한 제품 및 공정에 대한 지도·관리

(3) **품질관리계획**

품질관리계획서는 품질관리를 수행하기 위한 상세한 계획과 방침을 설명한 것으로 부품, 제품 또는 시설물이 정상적으로 작동한다는 확증을 얻기 위해 실시하는 작업, 즉 설계, 재료 구입, 제작공정, 시험, 검사·측정, 시험기기의 교정, 시정조치, 기록의 보관 등 품질관리 계획에 대한 사항이 명시된 문서를 말한다. 공사와 관련된 규정, 도면 및 시방서 등에 따라 적합한 자재로 공사가 수행되도록 품질기준을 정하

고 이를 체계적으로 확인할 수 있는 절차를 마련하여 공사의 품질을 보증해야 한다. 품질관리계획서에 포함할 내용은 '목적 및 범위, 품질(관리) 방침, 공사개요, 품질 관리 조직 및 기능, 문서 및 자료관리, 구매, 공정관리, 품질검사, 품질시험 및 계획, 시험시설, 검사측정 및 시험장비 관리, 부적합 제품의 관리 및 시정 조치, 교육 및 훈련' 등이다. 여기서 '품질 방침(quality policy)'이란 최고경영층(CEO)이 공식적으로 표명한 것으로 품질에 관한 기업의 의지와 방향을 말한다.

⑷ 품질관리 절차

건설공사의 일반적인 품질관리 절차와 방법은 [그림 2-5]와 같다.

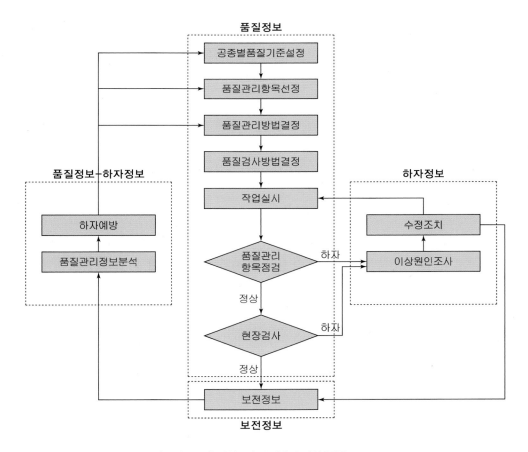

[그림 2-5] 건설공사 품질관리 절차/방법

1) 공종별 품질기준 설정

품질기준은 해당 건설공사의 품질목표로서 달성하는 데 소요되는 비용, 시방서 등 계약문서 요구사항, 유사공사 실적, 작업여건, 공정, 검사 등을 종합적으로 고려하여 설정한다.

2) 중점 품질관리항목 선정

해당 건설공사의 설계도서, 시방서, 공정계획 등을 검토해서 품질관리가 소홀해지기 쉽거나 하자 발생빈도가 높으며, 시공 후 시정이 어렵고, 많은 노력과 비용이 소요되는 공종이나 부위를 중점 품질관리 항목으로 선정하여 관리한다.

3) 품질관리 방법 및 검사방법 결정

작업조건, 작업방법, 관리방법, 검사방법, 사용재료, 사용장비, 기타 주의사항 등 작업표준을 고려하여 적절한 품질관리 방법과 검사방법을 결정한다.

4) 작업의 실시 및 중점 품질관리 항목 점검

근로자에게 작업 내용과 주의사항을 교육한 후 품질기준 및 품질관리항목의 관리 방법 및 검사방법에 대하여 숙지토록 한 후 작업을 실시한다. 작업 시작 전, 작업 중, 작업 완료 후 등 3단계로 구분하여 점검한다.

5) 현장검사

건설공사는 일반적으로 규모가 크고 수많은 다양한 종류의 작업이 동시에 수행되므로 중점 품질관리항목들의 품질이 유지되는지에 대한 점검과 관리가 지속적으로 이루어져야 한다.

6) 이상원인 조사 및 수정조치

품질관리 항목에 대한 점검을 통하여 품질에 이상이 발생한 경우 이를 재작업, 폐기, 수정, 보수 등의 과정을 거쳐 정해진 품질 수준 이상을 달성할 수 있도록 한다.

7) 보전정보

품질관리 활동과 발생 정보는 향후 다른 공사에 활용할 수 있도록 체계적으로 수집하여 정리되어야 한다.

8) 품질관리 정보 분석 및 하자 예방

보전정보를 토대로 개별 건설공사의 하자나 결함 발생 현황, 하자 비용, 품질관리 활동, 공종별 품질기준, 중점 관리항목 및 관리방법 등을 종합적으로 검토하여 향후 공사의 품질관리에 필요한 정보로 활용한다. 공정 이상에 대한 철저한 원인 분석을 바탕으로 한 정보가 초기 품질관리계획 단계, 즉 품질기준, 중점관리항목, 검사방법, 근로자 교육 등에 피드백될 수 있도록 원활한 정보 흐름을 유지해야 한다.

(5) 품질관리 도구

1) 품질관리의 7가지 도구

품질관리는 데이터를 기반으로 하게 되며, 품질관리 활동을 하는 데 필수적으로 활용하는 기초적이며 전통적인 통계적 수법이 히스토그램, 특성요인도 등 [표 2-4]에 기술한 7가지 도구이다.

[표 2-4] 품질관리의 7가지 도구

품질관리 도구	내용 및 특징	이미지
히스토그램 (Histogram)	데이터의 분포상태(형상)를 그래프로 표현한 것으로 도수분포도, 주상도(柱狀圖)라고도 한다. 측정치의 범위를 x축, 측정치의 도수를 y축에 표시한다.	
특성요인도 (Causes and Effects Diagram)	어떤 사건의 결과와 요인의 관계를 표시한 그림으로 일명 어골도(魚骨圖, Fish Bone Diagram)라고 한다. 큰 원인을 큰 가지로 표시하고 작은 원인은 잔가지에 표시하고 어떤 문제(품질특성)의 원인을 다양하게 보여준다.	
파레토도 (Pareto Diagram)	불량, 결점, 하자, 고장 등의 발생 건수와 손실금액을 원인별 또는 사건별로 분류하여 크기순으로 주상(柱狀) 그래프로 만들고, 그것들의 누적 점유율을 위쪽에 곡선 그래프로 나타낸 것으로 개선 우선순위 파악에 용이하다.	

73

품질관리 도구	내용 및 특징	이미지
관리도 (Control Chart)	중심선(평균치 등)의 위 및/또는 아래에 판단의 기준이 되는 선을 표시한 그림이다. 이 기준선을 관리한계(Upper or Lower Control Limit)라고 하며, 검사치가 이 한계선을 넘으면 이상 상태로 간주하여 그 원인을 규명하고 대책을 강구한다. 시간경과에 따른 추세 관리가 가능하다.	관리상한선 (UCL) / 중심선 (CL) / 관리하한선 (LCL)
체크시트 (Check Sheet)	주로 1차 데이터 수집, 기록에 활용되며, 특히 불량발생 원인의 빈도 조사에 활용된다. 부실 수나 결함 수 등의 데이터(총수치)가 분류 항목의 어디에 집중되어 있는지 보기 쉽게 표로 만든 것이다.	문제 / 발생건수: A 3, B 5, C 8, D 1, E 3
산포도 (Scatter Diagram)	가로축에 요인, 세로축에 결과를 plotting 한 그래프로, 인과관계 검증에 활용한다. 요인과 결과의 상관관계 파악 용이하고 '산점도'라고도 한다.	특성값 A / 특성값 B
그래프 (Graph)	데이터를 그림으로 표현하여 데이터 전체의 모습을 보고 그 양을 비교하거나 변화상태를 파악한다. 추세나 항목별 비교가 용이하고 막대그래프, 꺾은선 그래프, 원그래프 등이 있다.	(월별 원그래프)

2) 신품질관리의 7가지 도구

전술한 QC의 7가지 도구가 전통적으로 사용되는 정량적인 수치해석 중심인 반면에, 정성적 해석방법을 이용하는 새로운 품질관리 도구가 있다. TQC 시대를 거쳐 지금과 같은 TQM 시대에는 경영 관리자가 수치 데이터 외에 언어적 데이터를 해석하여 팀원들의 협력을 유도해야 한다. 이러한 과정에서 활용되는 도구가 연관도법, 친화도법, 계통도법, 애로우 다이어그램법, 매트릭스법, 매트릭스 데이터 해석법, PDPC법 등 신품질관리 도구이며 그 내용은 [표 2-5]와 같다.

[표 2-5] 신품질관리 도구

도 구	내용 및 특징
연관도법	문제점과 요인의 관계를 화살표로 표시하고 프로젝트 관계자가 인과관계를 다시 그리는 과정에서 문제를 명확히 인식함으로써 관계자 간 합의를 바탕으로 발상의 전환을 촉진할 수 있다.
친화도법	데이터를 친소관계로 묶어서 문제를 부각하는 방법이다. 미지의 또는 경험하지 못한 분야나 미래의 일처럼 불확실한 혼돈(chaos) 상황에서 Fact나 의견, 발상을 언어데이터로 묘사·파악해 갈 수 있다.
계통도법	특정 목적을 달성하기 위해서는 수단이 필요하고 그 수단을 강구하기 위해 하위의 수단이 또 필요하다. 상위의 수단은 하위 수단의 목적이 되므로 가장 알맞은 수단과 방책을 선택하고 추구할 수 있게 된다.
매트릭스법	문제 가운데 짝이 되는 요소를 찾아내어 행과 열로 배치하고 행과 열의 교차점에 각 요소의 관련성이나 정도를 표시하여 문제를 해결하는 방법이다.
매트릭스 데이터 해석법	매트릭스도의 교차점에서 수치 데이터를 얻을 수 있을 때, 이를 계산하여 정리하는 방법이다. 복잡한 원인의 공정 분석, 대량의 데이터로 된 불량원인의 분석이 가능하다.
PDPC법	목표 달성을 위한 실행계획을 수립할 때에는 예상되는 결과를 미리 예측해야 한다. 바람직한 결과를 도출해 내기 위해 여러 방안을 놓고 개선해 나가며 좋은 방향으로 결과를 이끄는 방법이다.
Arrow Diagram 법	네트워크에 의한 계획으로 작업이 복잡한 순서로 이루어질 경우 각 작업이 어떠한 순서로, 어떠한 시간 배정으로 진행되는지 화살표를 가지고 그림으로 나타내고 해석하는 방법이다.

2.4.3 품질경영 (Quality Management : QM)

품질보증은 고객이 요구하는 품질이 충족되고 있다는 것을 보증하기 위하여 실시하는 체계적인 구조 또는 구조 시스템과 활동이다. 최근에는 고객의 요구 만족뿐만 아니라 제품 또는 서비스가 가진 '제조물책임[27]', '환경 파괴성' 등 사용과정에서 사회에 피해가 가지 않도록 배려해야 한다. 품질경영은 조직의 모든 활동에서 품질을 관리하고 개선하기 위한 총체적인 접근방법으로 고객의 요구와 기대를 충족시키기 위해 자원, 프로세스, 사람, 기술 등을 통합적으로 관리한다.

---

27) 제조물의 결함으로 인해 발생한 손해에 대한 제조업자의 손해배상책이다(Product Liability).

품질경영은 지속적인 개선과 고객만족을 목표로, 품질보증, 품질계획, 품질통제, 품질개선 등 다양한 요소를 포함한다. 즉, 품질보증이 특정 제품이나 서비스의 품질을 보장하기 위한 절차에 중점을 두는 반면, 품질경영은 조직 전체의 품질관리와 개선을 포함하는 더 넓은 개념이다.

(1) 품질경영의 원칙

ISO에서는 품질경영에 있어서 최고 경영진의 참여를 중시하며 효율적인 조직 운영을 위해 체계적이고 투명한 방법으로 지휘 관리해야 한다는 의미에서 8가지의 원칙을 제시하고 있다. [표 2-6]은 8개의 품질경영 원칙을 설명한 것이다.

[표 2-6] 품질경영의 8대 원칙

품질경영의 원칙	내 용
고객 중시	기업 조직은 고객에 의존하므로 현재와 미래의 고객 니즈를 이해하고 고객 요구사항을 충족하며 고객의 기대를 초과하도록 노력해야 한다.
리더십	리더는 조직의 목적과 품질경영원칙을 일치시키고 직원이 조직의 목표 달성에 전면적으로 참여할 수 있는 내적 환경을 조성해야 한다.
모든 계층의 직원 참여	기업 조직의 핵심인 직원의 능력을 충분히 활용할 수 있도록 모든 계층의 직원 전면 참여를 유도한다.
프로세스 접근	품질관리 활동과 관련된 자원이 하나의 프로세스로 운용될 때 바라는 결과가 보다 효율적으로 달성된다.
품질경영에 대한 시스템적 접근	상호 관련된 프로세스를 하나의 시스템으로 파악 이해하고 운영 관리하는 것이 조직의 목표를 효과적이고 효율적으로 달성하는 데 기여한다.
지속적 개선	조직의 종합적 성과에 대한 지속적 개선을 조직의 반영구적인 목표로 설정해야 한다.
사실 기반 의사결정	실재 데이터나 정보 분석에 의거해서 의사결정 하는 것이 효과적이고 바람직하다.
공급자와 호혜 관계	기업 조직 및 Supply Chain상 관계자는 사로 독립적이지만 양자의 호혜적 관계는 양자 모두의 가치창조력을 높인다.

(2) 품질경영의 시스템적 접근

품질경영 시스템을 구축하여 실행하기 위해서는 다음과 같은 사항에 유의한다.

① 고객과 기타 이해관계자의 니즈(needs)와 기대를 명확히 한다.

② 조직의 품질방침과 품질목표를 정한다.

③ 품질목표 달성에 필요한 프로세스와 책임을 명확히 한다.

④ 품질목표 달성에 필요한 자원을 명확히 하고 이를 제공한다.

⑤ 각 프로세스의 유효성과 효율성을 측정하는 방법을 정한다.

⑥ 각 프로세스의 유효성과 효율성을 판정하기 위한 지표를 설정한다.

⑦ 부적합을 예방하고 그 원인을 제거하기 위한 수단을 정한다.

⑧ 품질경영 시스템의 지속적인 개선을 위한 프로세스를 확립하고 적용한다.

(3) TQC, TQM 및 ISO 9000

미국의 통계학자인 데밍(Deming) 박사가 1950년대 초 일본의 경영자, 기술자, 학자 등을 대상으로 통계적 품질관리(Statistical Quality Control : SQC)에 대한 강연을 실시하고 PDCA 사이클 개념을 도입하였으며, 1960년대에는 SQC가 TQC(Total Quality Control, 전사적 품질관리)로 발전하였다. 일본에서 발전한 TQC가 주로 현장의 개선 활동에서 출발하는 상향식 접근인 데 비하여, 미국에서 발전한 TQM(Total Quality Management, 전사적 품질경영)은 매니지먼트 차원에서 품질을 대하는 하향식 개념이었다. 그러나 품질관리가 어느 특정 소수의 전문가에 의해 이루어지는 것이 아니고 조직 내 전 부서 조직 구성원들이 모두 참여하고 총체적으로 협력하였을 때 이루어진다는 사실을 고려할 때 TQC과 TQM은 크게 다르지 않다고 볼 수 있다. 우리나라에서는 전사적 품질관리라는 용어가 친숙한데, 발상지인 미국보다 일본에서 전사적 품질관리가 성공함으로써, 제조업의 품질관리에 일본의 영향을 많이 받았던 우리나라가 익숙해졌기 때문일 것으로 생각된다.

[표 2-7]은 전사적 품질관리(TQC)와 전사적 품질경영(TQM)의 특징을 비교한 것이다.

[표 2-7] TQC와 TQM의 비교

구 분	전사적(종합적) 품질관리(TQC)	전사적(종합적) 품질경영(TQM)
개념정의	• 공급자 입장에서 일반적인 품질 보증시스템 • 제품의 품질을 높이고 품질비용을 절감하기 위하여 제품 설계 단계부터 수요자가 만족하는 단계까지 종합 관리	• 최고경영자를 중심으로 전 조직원이 의식개혁 등을 통하여 품질 중심의 기업문화를 창출하고, 고객 만족을 지향하는 시스템으로 변화하기 위한 경영활동
목적	• 기업 체질 및 품질 개선	• 경영목표 달성 수단
세부목표	• 품질 문제의 최소화와 재발 방지	• Zero Defect가 궁극 목표 • 품질문제 발생 억제로 고객만족(CS)
인증주체	• 공급자의 품질 인증	• 제3자 품질 인증
특징	• 품질정책의 필요성 강조 • 최고경영자를 비롯한 전원 참가 강조 • 설계단계부터 서비스 제공까지 전단계 품질보증(Quality Assurance)	• 구매자의 욕구를 충족시키기 위한 품질 보증시스템 • 품질정책은 필수요건 • 최고경영자의 참여 의무화, 전원 참가 강조 • 구매자의 요구에 따라 품질보증 시스템 차등화 　-설계로부터 서비스 제공까지 전단계 　-제조단계 중심 　-검사 및 시험 중심 　-QM을 위한 사내 품질시스템

이러한 상황에서 1970년대 구미 국가는 대부분 품질보증 관련 규격을 제정하였는데, 제각각 제정되어 국제적 통용성에 지장이 있어, 1987년 ISO 9000 패밀리 규격이 제정되어 국제 품질표준의 기능을 하고 있으며 지속적으로 발전하고 있다. 우리나라도 1993년 ISO 9000[28] 시리즈를 KS규격(KS Q ISO 9001 등)으로 채택하여 운영하고 있다. [표 2-8]은 ISO 9000 시리즈의 특징을 나타낸 것이다.

---

28) 제품이나 서비스의 품질규격 합격 여부만을 확인하는 품질인증과 달리, 해당 제품이나 서비스의 설계단계부터 생산시설, 시험검사, 사후관리 등 전반에 걸쳐 규격 준수 여부를 확인하여 인증해 주는 제도이다.

[표 2-8] ISO 9000 시리즈의 특징

구 분	내 용	특 징	
ISO 9000	품질보증과 품질규격의 선택과 사용에 대한 지침	ISO 9001에서 ISO 9004까지 선택할 수 있도록 안내	
ISO 9001	설계/개발, 제조/설치 및 서비스의 품질보증	• 구입자가 공급자에게 요구하는 품질시스템 • 특정 고객 대상 • 계약형 상품 • 구매자 위주 규격	품질 시스템
ISO 9002	제조/설치, 검사/시험 서비스의 품질보증		
ISO 9003	최종검사와 시험의 품질보증		
ISO 9004	품질경영과 품질시스템의 요소에 대한 지침	• 고객이 아닌 사내 품질경영이 목적 • 생산자 위주의 품질규격	

Q 고수 POINT **품질관리**

• 품질은 검사로 완성되는 것이 아니라, 올바로 작성된 품질계획으로 달성된다는 점을 이해하고, 공사를 착수하기 전에 발주자의 목표, 프로젝트의 특성, 현장여건 등을 반영한 품질관리계획서를 작성하고 계획대로 이행해야 한다.
• 품질관리는 특정한 소수의 전문가가 하는 것이 아니고, 조직 내 전 부서 구성원들이 모두 참여하고 협력할 때 이루어진다는 사실을 명심할 필요가 있다.

2.5 ● 안전환경보건관리 (Safety, Environment and Health Management)

2.5.1 개요

넓은 의미에서 안전관리는 인간의 삶에서 인적·물적·환경적 요인으로 발생하는 사고(accident)의 원인 및 발생 과정을 규명하여 그 원인을 제거함으로써 재해를 예방하고 원래의 상태로 회복시키는 활동에 필요한 기술, 교육, 법, 행정 기준 등 지식의 관리를 의미한다. 산업혁명 이후 급격한 산업화와 도시화의 진전에 따라 재해가 빈발하였고, 이에 대한 경각심으로 인명 존중 사상(事象)을 바탕으로 발전하였다.

건설공사의 안전관리는 재해로부터 근로자를 보호하고, 발주자, 시공자, 근로자의 경제적 손실을 최소화하도록 제어하여 공정을 순조롭게 진행하도록 지원하는 예방공학이라고 할 수 있다. 품질 및 안전과 환경 및 보건은 밀접하게 관련된다. 안전환경보건관리는 공사 중 안전사고와 재해예방을 위한 안전관리 절차서 개발 및 안전관리 업무와 공사현장의 환경을 고급화·최적화시켜 근로자들의 작업 생산성을 높이기 위한 소음, 진동, 먼지, 분진, 폐기물 처리 등에 관한 절차서 개발을 포함한다. 또한 환경 훼손이나 오염을 최소화하고 근로자들의 건강을 유지하며 쾌적한 근무환경 조성을 위해 필요한 관리 활동이 안전환경보건관리라고 할 수 있다. 그렇지만 다양한 안전환경보건관리 활동과 「산업안전보건법」, 「중대재해처벌법」 등 제도적 지원에도 불구하고 건설재해는 전체 산업재해의 절반을 넘고 있다[29]. 이는 공간적·환경적 측면에서 위험하고 불안전한 근로 및 작업환경, 상대적으로 저조한 안전의식 등 기존의 건설 관행을 유지하고 있기 때문으로 판단된다.

여전히 빈발하는 건설재해를 예방하기 위해서 최근에는 다양한 스마트 안전 기술을 도입 적용하고 있으며, 건설현장 사망사고의 주 대상인 현장 근로자를 대체하는 기술, 예컨대 OSC(off-site construction) 등에 의한 탈현장기술, 모듈화 등을 적용하여 사고원인을 근본적으로 제거하고자 노력하고 있다. 건설안전관리의 스마트화는 이동식 CCTV, 드론, 웨어러블 카메라, 레이저 스캐닝, 위험지역 조기 발견 및 조처, 개인 동선 통제(위험지역 회피) 및 개인보호구 첨단화 등을 중심으로 추진되고 있으며, 최근에는 생성형 AI를 기반으로 스마트 건설안전기술의 개발이 가속화되고 있다.

2.5.2 용어의 정의

(1) 안전

안전(safety)의 사전적인 의미는 '위험이 생기거나 사고가 날 염려가 없거나 그러한 상태'로, 재해와 위험이 없는 상태이다. 그러나 재해나 사고가 발생하지 않는 상태를 단순히 안전하다고 할 수 없으며 잠재적 위험 예측을 기초로 수립한 대책이 있어야 안전하다고 볼 수 있다. 즉, 안전은 어떤 현상의 불안정한 요소를 제거함으로써 조화의 상태, 즉 인간, 물질 및 환경을 상호 균형 잡힌 상태로 회복, 유지시키고자 하는 기본적 원리이다[30].

---

29) 2021년 안전사고 사망자 828명 중 417명(전체의 50.26%)이 건설 현장에서 발생했다.

30) 하인리히(H.W. Heinrich)는 안전은 사고 예방이며, 과학과 기술체계를 안전에 도입하여 '사고 예방은 물리적 환경과 인간 및 기계의 관계를 통제하는 과학인 동시에 기술'이라고 하였다.

(2) 사고

사고(accident)는 질병이나 상해, 재산, 설비, 제품 또는 환경의 손상, 생산의 손실이나 손실 가능성의 증가 등을 일으키는 바람직하지 않은 모든 상황(undesired event)을 의미한다. 사고는 대부분 인명피해와 재산상의 손실을 동시에 수반하지만, 인명피해만을 초래할 경우는 '상해(injury)', 재산상의 손실만 초래할 경우는 '손실(loss)'이라고 한다.

(3) 재해

사고의 결과로 일어난 인명피해 및 재산의 손실을 의미하며, 인간과 에너지를 가진 객체(object)의 충돌 현상이다.

(4) 산업재해

근로자가 업무에 관계되는 건설물, 설비, 원재료, 가스, 증기, 분진 등에 의하거나 작업 또는 그 밖의 업무로 인하여 사망 또는 부상하거나 질병에 걸리는 것을 말한다[「산업안전보건법」 제2조(정의)].

(5) 재해지표

① 재해율(%) : 상시 근로자 수 100명당 발생하는 재해자 수 비율
  • 재해율 = (재해자 수 ÷ 상시 근로자 수[31]) × 100인(천인율의 경우 × 1,000인)
② 사망재해율(만인율) = (사망자 수 ÷ 근로자 수) × 10,000인
③ 도수율(빈도율, Frequency Rate of Injury) : 재해발생 빈도를 나타내는 것으로 연간 총근로시간 합계 100만 시간당 재해 발생 건수
  • 도수율(빈도율) = (재해건 수 ÷ 연 근로자시간 수) × 1,000,000시간
④ 강도율(Severity Rate of Injury) : 연간 총근로시간 1,000시간당 재해로 손실된 근로일 수
  • 강도율 = (총근로손실일 수 ÷ 연 근로자시간 수) × 1,000시간
⑤ 환산 재해율(%) : 사망자에 대하여 높은 가중치(부상자의 5배)를 부여하여 재해자 수(환산 재해자 수)를 구하여 재해율을 산정
  • 환산 재해율(%) = (환산 재해자 수 ÷ 상시 근로자 수) × 100인
⑥ 사고사망 만인율(‰) = (사고사망자 수 ÷ 상시 근로자 수) × 10,000인

---

31) 상시 근로자 수 : 연간 국내 공사실적액 × 노무비율 ÷ (건설업 월 평균임금 × 12)

2.5.3 안전관리 체계 및 운영

건설안전 사고를 예방하기 위해서는 철저한 안전관리계획 수립과 실천을 독려하고 감독하는 조직체계와 안전보건 관련 협의기구 등이 필요하다. 「산업안전보건법」 제14조에서 제24조까지는 상시근로자 50인 이상 공사현장은 직계-참모(line-staff) 혼합형 조직체계, 그 이하는 기본적으로 직계형(line형) 관리체제를 채택하도록 규정하고 있다.

(1) 안전관리 조직

[그림 2-6]은 건설공사현장의 일반적인 안전관리 조직 유형이다.

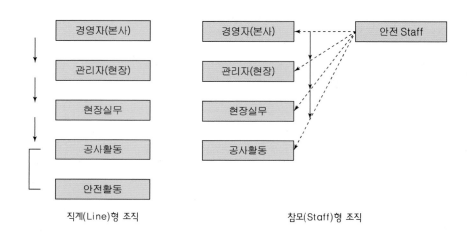

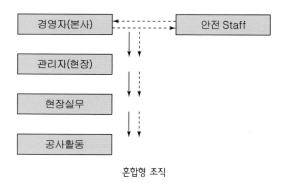

[그림 2-6] 안전관리 조직 유형

(2) 안전 및 보건관리 체계의 구성원[32]

1) 안전보건관리 책임자

공사현장의 안전 및 보건업무를 총괄 관리하는 사람으로, 안전관리자와 보건관리자를 지휘 감독한다. 공사현장의 산업재해 예방계획 수립, 안전보건관리규정의 작성 및 변경, 안전보건 교육, 작업환경의 점검 및 개선, 근로자의 건강진단 등 건강관리, 산업재해 원인조사 및 재발방지대책 수립, 산업재해 통계의 기록 및 유지 등을 총괄 관리하는 사람이다.

2) 관리감독자

건설현장의 생산과 관련된 업무 및 그 소속 직원을 직접 지휘 감독하는 직위에 있는 사람으로서 산업안전 및 보건에 관한 업무 수행. 관리감독자가 지정되어 있으면 「건설기술진흥법」 제64조 제1항 제2호에 따른 '안전관리책임자' 및 같은 항 제3호에 따른 '안전관리담당자'를 각각 둔 것으로 간주한다.

3) 안전관리자

안전에 관한 기술적인 사항에 관하여 사업주 또는 안전보건관리 책임자를 보좌하고 관리감독자에게 지도 · 조언하는 사람으로, 공사금액 50억 원 이상의 현장은 안전관리자를 선임하도록 하고 있다. 50억 원 미만 1억 원 이상 현장은 안전관리자 선임 대신 '안전관리전문기관'이 해당 업무를 수행할 수 있다.

4) 보건관리자

보건에 관한 기술적인 사항에 관하여 사업주 또는 안전보건관리 책임자를 보좌하고 관리감독자에게 지도 · 조언하는 사람이다.

5) 안전보건관리담당자

안전 및 보건에 관하여 사업주를 보좌하고 관리감독자에게 지도 조언하는 사람으로, 안전관리자 또는 보건관리자가 있는 경우에는 안전보건관리담당자를 선임하지 않는다.

---

32) 「산업안전보건법」 제14조~제19조

(3) 안전 및 보건 관련 관계자 협의기구

근로자의 산업재해를 예방하기 위하여 다음과 같은 조직을 구성 운영한다.

1) 산업안전보건위원회 (「산업안전보건법」 제24조)

공사금액 120억 원(토목공사업은 150억 원) 이상 사업장을 대상으로 사업주와 근로자가 산업재해 예방계획 수립, 안전보건관리 규정 작성 및 변경, 안전보건교육, 근로자 건강관리, 작업환경점검 및 개선, 중대 재해 원인조사 및 재발방지대책 수립 등 사업장의 안전 및 보건에 관한 중요 사항을 심의 의결하기 위하여 구성 운영하는 기구이다. 근로자 위원과 사용자 위원이 각각 10인 이내 같은 수로 조직한다.

2) 안전 및 보건 협의체 (「산업안전보건법」 제64조, 제75조, 동법 시행규칙 제79조 제1항~제3항)

발주자를 제외한 도급인(시공사 등)과 관계 수급인(협력업체)이 참여하며 매월 1회 이상 정기적으로 회의를 개최하고 그 결과를 기록한다. 작업장 간 연락방법, 재해 발생 시 위험대피방법 등을 협의한다.

3) 노사협의체 (「산업안전보건법 시행령」 제63조, 64조 및 동법 시행규칙 제93조)

공사금액 120억 원(토목공사업은 150억 원) 이상 사업장을 대상으로 구성하며 노사 협의체를 운영하는 경우 산업안전보건위원회, 안전 및 보건 협의체를 각각 설치 운영하는 것으로 본다. 산업재해 예방방법, 산업재해가 발생한 경우 표시방법, 작업 시작 시간, 작업장 간 연락방법 및 기타 산업재해 예방과 관련된 사항을 협의한다.

2.5.4 안전관리계획

안전관리계획은 사고 예방을 위한 활동 계획을 명시한 것으로, 해당 현장에 실제적으로 적용할 수 있도록 예상되는 문제점을 충분히 분석하여 작성하여야 한다. 시공자는 「건설기술진흥법 시행령」 제99조(안전관리계획의 수립기준) 및 동법 시행규칙 제58조 별표7은 안전관리계획 수립 대상공사에 대하여, 공사 전반에 대한 '총괄안전관리계획'을 착공 전까지 발주자에게 제출하고, 공종별 '세부안전관리계획'도 해당 공종 착공 전까지 제출하도록 하고 있다. 건설공사의 발주청, 시공자, 설계자, 건설사업관리용역사업자 및 건설사업관리기술인은 수립된 안전관리계획에 따라 안전점검, 안전교육 등 안전관리 업무를 실시하여야 한다.

(1) 총괄 안전관리계획

총괄 안전관리계획은 다음과 같은 내용을 포함하여 수립하도록 하고 있다.

1) 건설공사의 개요

위치도, 공사개요, 전체 공정표, 설계도서

2) 현장 특성 분석

① 주변 지장물 여건, 지반조건, 현장시공조건, 주변 교통여건 및 환경요소 등 현장 여건 분석

② 시공 단계의 위험 요소, 위험성 및 그에 대한 저감 대책

③ 공사장 주변 안전관리 대책 : 공사 중 지하 매설물의 방호, 인접 시설물 및 지반 의 보호 등 공사장 및 공사현장 주변의 안전관리에 관한 사항으로 주변 시설물 에 대한 안전 관련 협의 서류 및 지반침하 등에 대한 계측계획 포함

④ 통행 안전시설의 설치 및 교통소통계획 : 공사장 주변의 교통소통 대책, 교통안전 시설물, 교통사고 예방대책 등 교통 안전관리에 관한 사항으로 현장 차량 운행 계획, 교통 신호수 배치계획, 교통안전시설물 점검계획 및 손상, 유실, 가동 이상 등에 대한 보수관리계획을 포함한다. 또한 공사장 내부의 주요 지점별 건설 기계, 장비의 전담 유도원 배치계획도 수립

3) 현장 운영계획

① 안전관리 조직 및 임무

② 공정별 안전점검계획 수립 : 자체 안전점검과 정기안전점검의 시기 및 내용, 안전점검 공정표 등 실시계획, 계측 장비 및 폐쇄회로 텔레비전 등 안전모니터링 장비의 설치 및 운용계획 포함

③ 안전관리비 계상액, 산정 내역, 사용계획 등 안전관리비 집행 계획 수립

④ 안전교육계획표, 교육의 종류 및 내용, 교육 관리에 관한 사항 등 안전교육계획 수립

⑤ 안전관리계획 이행 보고계획 : 위험한 공정으로 감독관의 작업허가가 필요한 공정과 그 시기, 안전관리계획 승인권자에게 안전관리계획 이행 여부 등에 대한 정기적 보고계획 등

4) 비상시 긴급 조치계획

① 공사현장의 사고, 재난, 기상이변 등 비상사태에 대비한 내부·외부 비상연락망, 비상동원조직, 경보체계, 응급조치 및 복구 등에 관한 사항

② 건축공사 중 화재 발생을 대비한 대피로 확보 및 비상대피 훈련계획에 관한 사항, 단열재 시공 시점부터는 월 1회 이상 비상 대피훈련 실시

(2) 공종별 세부 안전관리계획

공사 개요, 자재 및 장비 설치 개요, 시공상세도면, 안전시공 절차 및 주의사항, 안전점검계획표 및 안전점검표, 안전성 계산서 등을 공종별로 작성하며 다음 사항은 추가 기술한다.

① 굴착공사 및 발파공사 : 지하 매설물, 지하수위 변동 및 흐름, 되메우기, 다짐 등에 관한 사항

② 해체공사 : 해체순서, 안전시설 및 안전조치 등에 대한 계획

③ 타워크레인 사용공사 : 타워크레인 운영계획, 타워크레인 점검계획, 타워크레인 임대업체 선정계획, 타워크레인에 대한 안전성 계산서(타워크레인 기초 및 브레이싱 계산서 포함)

(3) 안전관리계획 수립 대상 공사[33]

① 시설물의 안전 및 유지관리에 관한 특별법 1종 및 2종 시설물의 공사

② 지하 10m 이상을 굴착하는 공사

③ 폭발물을 사용하는 공사로서 20m 안에 시설물이 있거나 100m 안에 사육하는 가축이 있어 해당 공사로 인한 영향을 받을 것이 예상되는 공사

④ 10층 이상 16층 미만인 건축물의 건설공사

⑤ 10층 이상인 리모델링 또는 해체공사

⑥ 「주택법」 제2조 제25호 다목에 따른 수직증축형 리모델링

⑦ 「건설기계관리법」 제3조에 따라 등록된 건설기계로 높이 10m 이상인 천공기, 항타 및 항발기, 타워크레인이 사용되는 건설공사

⑧ 다음과 같은 가설구조물을 사용하는 건설공사

- 높이가 31m 이상인 비계, 브라켓 비계
- 작업 발판 일체형 거푸집 또는 높이가 5m 이상인 거푸집 및 동바리
- 터널의 지보공 또는 높이가 2m 이상인 흙막이 지보공

---

33) 「건설기술진흥법」 제62조 및 동법 시행령 제98조

- 동력을 이용하여 움직이는 가설구조물
- 높이가 10m 이상에서 외부작업을 하기 위하여 작업 발판 및 안전 시설물을 일체화하여 설치하는 가설구조물
- 공사현장에서 제작하여 조립 설치하는 복합형 가설구조물

⑨ 발주자 또는 인허가기관의 장이 안전관리가 특히 필요하다고 인정하는 건설공사

2.5.5 유해 · 위험방지계획서

(1) 개요

건설공사를 수행하는 과정에서 발생할 수 있는 유해물질이나 위험요인을 사전에 파악하여 그 발생이나 노출을 예방하고 안전하게 작업하기 위한 계획을 말한다. 유해 · 위험방지계획서는 공사개요, 안전보건관리계획, 추락방지 계획, 낙하비래 예방계획, 붕괴방지계획, 건설기계 및 양중기 안전작업계획, 감전예방 계획 등을 포함한다. 위험(risk)은 물건이나 환경에 의한 부상 발생 가능성이 있을 때를 말하고, 유해(harmfulness)는 물건이나 환경에 의한 질병의 발생이 필연적일 때를 말한다[34].

유해 · 위험방지계획서는 공사 개요, 공사현장 주변 현황 및 주변과의 관계를 나타내는 도면(매설물 현황 포함), 전체 공정표, 산업안전보건관리비 사용계획서, 안전관리 조직표, 재해발생 위험시 연락 및 대피 방법을 포함하여야 한다.

(2) 유해 · 위험방지계획서 작성 대상 작업과 내용

1) 주요 작성 대상

외부비계 및 3m 이상의 비계 조립 및 해체 작업, 높이 4m를 초과하는 거푸집 동바리 및 비탈면 슬래브 거푸집 동바리 조립 및 해체 작업, 작업 발판 일체형 거푸집 조립 및 해체 작업, 철골 및 PC 조립 작업, 양중기 설치 · 연장 · 해체 작업 및 천공 · 항타 작업, 밀폐공간 내 작업, 해체 작업, 우레탄 폼 등 단열재 작업(인접한 화기 (火器) 작업 포함), 출입구를 공동으로 이용하는 같은 장소에서 둘 이상의 공정이 동시에 진행되는 작업, 흙막이 가시설 조립 및 해체 작업(복공 작업 포함), 굴착 및 발파 작업, 양중기 설치 · 연장 · 해체 작업 및 천공 · 항타 작업

---

34) 위험은 위험성(hazard, 상해를 포함하여 위해를 일으킬 수 있는 잠재력으로 물리적 상황과 인간의 불안전한 행동)이 실현되어 바람직하지 않은 구체적인 사상(事狀, undesired event)이 일어날 가능성이다. 즉, 근로자가 작업장에서 접촉하는 물질 또는 환경과의 불안전한 상호관계나 생산활동 중에 사고를 일으킬 수 있는 모든 요인을 가리킨다.

2) 작성 내용

해당 작업 공종 별 작업 개요, 재해 예방계획, 위험 물질의 종류별 사용량과 저장·보관 및 사용 시 안전작업계획, 밀폐공간 내 작업은 질식, 화재 및 폭발 예방 계획 등을 포함한다. 작업 과정에서 통풍이나 환기가 충분하지 않거나 가연성 물질이 있는 건축물 내부나 설비 내부에서 단열재 취급, 용접, 용단 등과 같은 화기 작업을 할 경우는 세부 계획을 수립해야 한다.

(3) 유해위험방지계획서 수립 대상 공사 (「산업안전보건법 시행령」 제42조)

① 지상높이가 31m 이상인 건축물 또는 인공구조물
② 연면적 30,000㎡ 이상인 건축물
③ 연면적 5,000㎡ 이상인 시설로서 다음에 해당하는 시설물
  • 문화 및 집회 시설(전시장, 동물원, 식물원 제외)
  • 판매시설, 운수시설(고속철도의 역사 및 집배송시설 제외)
  • 종교시설
  • 의료시설 중 종합병원
  • 숙박시설 중 관광숙박시설
  • 지하도 상가
  • 냉동 냉장 창고시설
④ 연면적 5,000㎡ 이상인 냉동 냉장 창고시설의 설비공사 및 단열공사
⑤ 최대 지간(支間) 길이가 50m 이상인 다리 건설공사
⑥ 터널 건설공사
⑦ 다목적 댐, 발전용 댐, 저수 용량 2천만 톤 이상의 용수 전용 댐 및 지방 상수도 전용 댐 건설공사
⑧ 깊이 10m 이상인 굴착공사

2.5.6 안전보건교육

건설 근로자에게 작업 내용과 주변 환경, 작업 공간 등을 소개하고 올바른 작업 방법을 가르쳐 불안전한 행동 등으로 발생할 수 있는 재해를 예방하기 위한 활동을 말한다. 안전교육을 통하여 근로자가 그날 작업 현장의 잠재적인 위험 요소를 찾아내고 이를 회피할 수 있는 작업 방법과 순서를 근로자 스스로 자주적으로 결정하는 것을 위험예지훈련 또는 위험예지활동이라고 한다. 이는 근로자의 불안전한 행동이나 불안

전한 설비의 위험성에 대한 이해나 감수성을 높이고 근로자 사이의 연대감을 강화하기 위한 것으로 안전회의 등을 통하여 단시간에 실시한다. 위험 예지 훈련은 현상 파악, 문제점 도출, 대책/대안 강구, 실천 목표 설정 등의 순서로 진행하며, 참여자 모두가 자유롭게 발언할 수 있는 분위기를 만들어야 한다.

안전보건교육은 의무적으로 실시하도록 법률(「산업안전보건법 시행규칙」)로 규정하고 있는데, 정기교육, 수시교육, 직무교육 및 건설업 기초안전보건교육 등으로 구분 실시한다. 또한 공종별로 공사 착수 전 10분 이상 각 분야별 담당자나 책임자가 공법의 이해, 시공순서 및 시공 시 유의사항 들에 대한 교육을 실시하여야 한다. [표 2-9]는 안전보건 교육의 유형 및 내용이다. 「산업안전보건법」에 의한 안전보건 교육은, 시공 중 근로자에게 발생 가능한 안전사고 예방을 위한 작업절차 중심이고, 「건설기술진흥법」에 의한 안전보건 교육은 구조물의 안전한 시공을 위한 공법, 세부 시공순서, 시공 시 주의사항 등이 중심이다. 신규채용자에 대한 안전교육, 작업내용 변경시의 내용, 건설업 전체 피재자의 80% 정도를 차지하는 근속기간 6개월 미만의 신규 근로자와 미숙련 근로자에 대한 교육이 매우 중요하며, 올바른 작업 방법을 주로 교육한다. 안전교육의 효과를 제고하기 위해서는 안전 지식의 전달뿐만 아니라 근로자가 습득한 지식을 스스로 실천할 수 있게 도와주어야 한다. Tool Box meeting[35]은 분야별 안전관리 책임자 또는 안전관리 담당자가 작업자를 대상으로 당일 수행할 작업 방법이나 공법, 시공상세도면(shop drawing 등)에 근거한 상세한 시공 순서, 시공 기술상의 유의 사항 등을 공사 착수 전에 등의 방법으로 실시한다.

최근에는 안전보건 교육의 효과를 높이기 위하여 스마트 건설 기술을 적극 활용하고 있는데, 가상현실(Virtual Reality : VR) 장비를 활용하여 빈번하게 발생하는 추락, 낙하, 충돌, 감전, 끼임 등 주요 사고를 간접적으로 체험해 볼 수 있도록 하는 것이 그 예이다.

---

35) 작업시작 전 공구함(tool box) 주위에 모여 당일 작업 범위, 방법, 안전상의 주의사항을 반장에게서 듣고, 반장도 근로자의 요구사항을 들어 작업을 안전하고 효율적으로 추진할 목적으로 운영한다. 작업 현장에서 5~10분 정도 가벼운 체조로 몸을 풀고 작업 방법 등을 확인·숙지하고, 안전보호구, 복장, 소지품이나 도구 등을 사전 점검함으로써 안전사고를 예방하기 위한 활동이다.

[표 2-9] 안전보건교육 유형 및 내용

교육과정	교육 대상		교육시간	교육 내용
정기 교육	사무직 종사 근로자		매분기 3시간 이상	• 산업안전 및 사고예방 • 산업보건 및 직업병 예방 • 건강증진 및 질병 예방 • 유해 위험 직업환경 관리 • 산업안전보건법령 및 산업재해보상보험제도 • 직무 스트레스 예방 및 관리 • 직장 내 괴롭힘, 고객의 폭언 등으로 인한 건강 장해 예방 및 관리
	사무직 종사 근로자 외의 근로자	판매업무에 직접 종사하는 근로자	매분기 3시간 이상	
		판매업무에 직접 종사하는 근로자 외의 근로자	매분기 6시간 이상	
	관리감독자 지위에 있는 사람		연간 16시간 이상	• 산업안전 및 사고 예방 • 산업보건 및 직업병 예방 • 유해 위험 직업환경 관리 • 산업안전보건법령 및 산업재해보상보험제도 • 직무 스트레스 예방 및 관리 • 직장 내 괴롭힘, 고객의 폭언 등으로 인한 건강 장해 예방 및 관리 • 작업공정의 유해·위험과 재해예방대책 • 표준 안전작업방법 및 지도 요령 • 관리감독자의 역할과 임무 • 안전보건교육 능력 배양
채용 시 교육	일용 근로자		1시간 이상	• 산업안전 및 사고 예방 • 산업보건 및 직업병 예방 • 산업안전보건법령 및 산업재해보상보험제도 • 직무 스트레스 예방 및 관리 • 직장 내 괴롭힘, 고객의 폭언 등으로 인한 건강 장해 예방 및 관리 • 기계·기구의 위험성과 작업 순서 및 동선 • 작업개시 전 점검 • 정리정돈 및 청소 • 사고 발생 시 긴급조치 • 물질안전보건자료
	일용 근로자를 제외한 근로자		8시간 이상	
작업 내용 변경 시 교육	일용 근로자		1시간 이상	
	일용 근로자를 제외한 근로자		2시간 이상	

교육과정	교육 대상	교육시간	교육 내용
특별 교육	타워크레인 신호작업에 종사하는 근로자	8시간 이상	• 타워크레인의 기계적 특성 및 방호장치 • 화물의 취급 및 안전작업 방법 • 신호방법 및 요령 • 인양 물건의 위험성 및 낙하·비래·충돌 재해 예방 • 인양물이 적재될 지반의 조건, 인양 하중, 풍압 등이 인양물과 타워크레인에 미치는 영향
	타워크레인 외의 일용근로자	2시간 이상	다음 내용 중 특수형태 근로 종사자의 직무에 적합한 내용을 교육 • 산업안전 및 사고 예방 • 산업보건 및 직업병 예방 • 건강증진 및 질병 예방 • 유해·위험 작업환경 관리 • 산업안전보건법령 및 산업재해보상보험 제도 • 직무스트레스 예방 및 관리
	일용 근로자를 제외한 근로자	16시간 이상 [4시간+12시간 (3개월 이내 분할 실시)] ※단기간 또는 간헐적 작업 : 2시간 이상	• 직장 내 괴롭힘, 고객의 폭언 등으로 인한 건강장해 예방 및 관리 • 기계·기구의 위험성과 작업의 순서 및 동선 • 작업 개시 전 점검 • 정리정돈 및 청소 • 사고 발생 시 긴급조치 • 물질안전보건자료 • 교통안전 및 운전 안전 • 보호구 착용
건설업 기초안 전보건 교육	건설 일용 근로자	4시간 이상	• 건설공사의 종류(건축·토목 등) 및 시공 절차 • 산업재해 유형별 위험요인 및 안전보건조치 • 안전보건관리체제 현황 및 산업안전보건 관련 근로자 권리·의무

2.5.7 산업안전보건관리비

재해 예방을 위해 「산업안전보건법」에서 규정하고 있는 사항(안전관리자의 인건비, 안전시설비, 개인보호장구 구입비 등)의 이행에 필요한 비용으로 건설공사 유형별 적용 금액과 비율은 [표 2-10]과 같다.

[표 2-10] 산업안전보건관리비[36)]

구 분	5억 원 미만인 경우 적용 비율(%)	5억 원 이상 50억 원 미만		50억 원 이상인 경우 적용 비율(%)
		비율(%)	기초액(원)	
일반건설공사(갑)	2.93	1.86	5,349,000	1.97
일반건설공사(을)	3.09	1.99	5,499,000	2.10
중건설공사	3.43	2.35	5,400,000	2.44
철도 궤도신설공사	2.45	1.57	4,411,000	1.66
특수 및 기타 건설공사	1.85	1.20	3,250,000	1.27

(주) 일반건설공사(을) : 각종 기계, 기구 장치 설치공사
중건설공사 : 고제방(대), 수력발전시설, 터널 등 신설공사
특수 및 기타 건설공사 : 준설, 조경, 택지조성, 포장, 전기통신공사

「산업안전보건법」 제72조(건설공사 등의 산업안전보건관리비 계상 등) 및 「건설업 산업안전보건관리비 계상 및 사용기준」(고용노동부 고시 제2020-63호, 2020.1.23)에서 규정하고 있는 산업안전보건관리비 사용 항목은 다음과 같다.

① 안전관리자, 리프트 운전자, 신호자 등의 인건비 및 각종 업무 수당 등
② 안전보건시설 및 그 설치 비용
③ 개인보호장구 구입ㆍ수리ㆍ관리 비용
④ 사업장 안전진단비, 유해ㆍ위험방지계획서 작성ㆍ심사ㆍ확인에 필요한 비용
⑤ 안전보건교육비 및 행사비
⑥ 근로자 건강관리비
⑦ 재해예방 전문기관에 지급하는 기술지도 비용
⑧ 본사의 안전 전담 조직에서 사용하는 비용

---

36) 비율 기준 대상액은 공사원가계산서 중에서 직접재료비, 간접재료비, 직접노무비를 합한 금액이다.

「건설기술진흥법 시행규칙」 제60조는 안전관리비 항목을 다음과 같이 규정하고 있다.

① 안전관리계획의 작성 및 검토 비용, 소규모 안전관리계획의 작성 비용
② 안전점검 비용
③ 발파, 굴착 등의 건설공사로 인한 주변 건축물 등의 피해방지 대책 비용
④ 공사장 주변의 통행 안전관리 대책 비용
⑤ 계측장비, 폐쇄회로 텔레비전 등 안전모니터링 장치의 설치 운용 비용
⑥ 가설 구조물의 구조적 안전성 확인에 필요한 비용
⑦ 무선 설비 및 무선 통신을 이용한 건설공사 현장의 안전관리체계 구축 · 운용 비용

2.5.8 관계 법령 규정에 따른 기타 안전보건관리 사항

(1) 안전점검

「건설공사 안전관리 업무수행 지침」(국토교통부고시 제2022-791호(2022.12.20.))에 따라서, 경험과 기술을 갖춘 자가 육안(肉眼)이나 점검 기구 등으로 시설물에 내재(內在)되어 있는 위험 요인을 검사 또는 조사하는 행위로, 정기안전점검과 정밀안전점검이 있다[37]. 건축물 공사의 경우 기초공사 시공 시(콘크리트 타설 전), 구조체공사 초 · 중기단계 시공 시, 구조체공사 말기단계 시공 시 등 3차례 '정기안전점검'을 실시한다. '정밀안전점검'은 정기안전점검 결과 건설공사의 물리적 · 기능적 결함 등이 발견되어 보수 · 보강 등의 조치가 필요한 경우 실시한다. '정기안전점검' 및 '정밀안전점검'은 건설안전점검기관(안전진단전문기관, 국토안전관리원)에 의뢰하여 실시한다.

'정기안전점검' 내용은 다음과 같다.
① 공사목적물의 안전 시공을 위한 임시시설 및 가설공법의 안전성
② 공사목적물의 품질, 시공상태 등의 적정성
③ 인접 건축물 또는 구조물 등 공사장 주변 안전조치의 적정성
④ 건설기계의 설치, 해체 등 작업절차 및 작업 중 건설 기계의 전도, 붕괴 등을 예방할 수 있는 안전 조치의 적절성
⑤ 이전 점검에서 지적된 사항에 대한 조치사항

---

37) 「시설물의 안전 및 유지관리에 관한 특별법」(약칭 : 「시설물안전법」) 제2조 제5항에 따른 '정기안전점검' 및 '정밀안전점검'을 말한다.

'정밀안전점검'에서는 구조계산 또는 내하력 시험을 실시하고, 그 결과를 바탕으로 물리적·기능적 결함 현황, 결함 원인 분석, 구조 안전성 분석 결과, 보수·보강 또는 재시공 조치 대책 등을 포함한 보고서를 작성 제출한다.

기타 안전점검 유형으로 자체안전점검, 초기 점검, 공사재개 전 안전점검이 있다. '자체안전점검'은 시공자(건설사업자 또는 주택건설등록업자)가 건설공사의 전(全) 기간 동안 매일 실시해야 하는 것이고, '초기 점검'은 건설공사 준공 전에 정밀점 검수준으로 실시하며, '공사재개 전 안전점검'은 공사가 중단된 후 재개하는 공사 에 대하여 정밀점검수준으로 실시하는 것이다.

(2) 설계의 안전성 검토 (Design for Safety)

「건설기술진흥법 시행령」 제75조의 2에 따라서 안전관리계획을 수립해야 하는 건설 공사의 실시설계를 할 때는, 설계자가 공사현장의 지반조건이나 보유인력, 자재, 장비 등을 고려한 안전성을 검토한 후 보고서[38]를 작성하여 발주청에 제출하도록 한 제도로서, 국토안전관리원이 안전성 확보 여부를 판단한다.

(3) 지하안전평가 (「지하안전관리에 관한 특별법 시행령」 제13조, 제14조)

지하안전에 영향을 미치는 사업의 실시계획, 시행계획 등의 인가·허가·승인, 면허, 결정 등을 할 때 해당 사업이 지하안전에 미치는 영향을 미리 조사하고, 예측· 평가하여 지반침하를 예방하거나 저감할 수 있는 방안을 마련하는 것을 말한다.

1) 대상 사업의 규모

① 굴착깊이 20m 이상인 굴착공사를 수반하는 사업
② 터널(산악터널, 수저터널 제외) 공사를 수반하는 사업

2) 평가항목 및 방법

① 지반 및 지질 현황 : 지하정보통합체계를 통한 정보분석, 시추조사, 투수시험, 지하물리탐사(지표 레이더 탐사, 전기 비저항 탐사, 탄성파 탐사 등)

---

38) 시공단계에서 반드시 고려해야 하는 위험 요소, 위험성 및 그 저감 대책, 설계에 포함된 각종 시 공법과 절차 등을 포함하여 작성한다.

② 지하수 변화에 의한 영향 : 관측망을 통한 지하수 조사(흐름 방향, 유출량 등), 지하수 조사 시험(양수시험, 순간 충격시험 등), 광역 지하수 흐름 분석

③ 지반의 안전성 : 굴착공사에 따른 지반 안전성 분석, 주변 시설물의 안전성 분석

⑷ 밀폐공간보건작업 프로그램

「산업안전보건기준에 관한 규칙」 제619조에 의하여 산소결핍, 유해가스로 인한 질식, 하재, 폭발 등의 위험이 있는 장소에서 작업할 경우 사업주가 수립하여 시행한다. 밀폐공간에서 작업을 시작하기 전에 작업 정보, 근로자 등 작업자 정보, 산소 및 유해가스 농도 측정 결과와 후속 조치, 작업 중 불활성가스 또는 유해가스의 누출, 유입, 발생 가능성 검토 및 후속 조치, 작업 보호구 종류, 비상 연락체계 등을 확인하여야 한다. 특히 작업 전 유해 공기의 농도가 기준치[39]를 넘지 않도록 충분히 환기하여야 한다.

⑸ MSDS (Material Safety Data Sheet)

방수재, 코킹재 등과 같은 화학물질을 안전하게 사용하고 관리하도록 돕기 위하여 필요한 정보를 기재하고 근로자가 쉽게 볼 수 있도록 현장에 작성 및 비치하는 것을 말한다.

1) MSDS 작성 및 제출

① 제품명
② 품질안전보건자료 대상 물질을 구성하는 화학물질 중 유해인자의 분류기준에 해하는 화학물질의 명칭 및 함유량
③ 안전 및 보건상 취급 주의사항
④ 건강 및 환경에 대한 유해성 및 물리적 위험성
⑤ 물리적·화학적 특성 등 고용노동부령으로 정하는 사항

2) MSDS의 게시, 비치 방법

① 품질안전보건자료 대상 물질을 취급하는 작업공정이 있는 장소
② 작업장 내 근로자가 가장 보기 쉬운 장소
③ 근로자가 작업 중 쉽게 접근할 수 있는 장소에 설치된 전산장비

---

39) 산소 농도 18~23.5%, 탄산가스 농도 1.5%, 황화수소 농도 10ppm 등의 기준치가 있다.

(6) 영국의 CDM (Construction Design and Management Regulation) 제도

1994년 처음 도입된 영국의 CDM 제도는 발주자를 중심으로 시공 이전단계는 주 설계자(principal designer)가, 시공단계는 원도급자가 안전보건관리를 총괄(CDM-Coordinator)하는 것으로 발주자에게 포괄적이고 명시적으로 안전 책무를 부여하고 있다. CDM1994는 CDM2007, CDM2015로 발전하였으며, 발주자는 건설프로젝트 참여 주체가 안전보건 위험이 없이 공사를 수행하기에 적합하고도 합리적인 절차를 갖추도록 공사 전 과정을 유지·검토하는 의무를 진다. 프로젝트 참여 주체 중 역량이 없는 자에게 설계 또는 공사를 맡기거나 지시할 수 없으며, 이는 그러한 자를 지명하거나 계약할 수 없음을 나타낸다. 발주자는 안전관리 책무를 대행할 유자격 안전전문가(Safety Coordinator : 이하 'SC')를 직접 고용하며, SC는 건설공사의 계획단계에서부터 시공단계까지 안전분야를 통합 관리한다.

CDM에서 규정하고 있는 발주자의 의무는 다음과 같다.
① 적기에 안전에 역량이 있는 적절한 전문가(SC)를 지명할 것
② 건설 프로젝트를 관리하기 위한 적절한 방안을 마련하고 유지·재검토하는 것을 보장할 것
③ 적절한 공사 기간을 보장할 것
④ 설계자 및 시공자에게 안전한 공사수행에 요구되는 정보를 제공할 것
⑤ 설계자 및 시공자와 긴밀하게 소통할 것
⑥ 현장에 적절한 복지시설이 제공되었음을 보장할 것
⑦ 공사계획이 작동되고 있음을 보장할 것
⑧ 추후 사고 예방에 필요한 안전보건 대장을 기록하고 유지할 것
⑨ 피고용인을 포함한 건설공사의 영향을 받는 사람을 보호할 것
⑩ 공사현장이 올바르게 설계되었음을 보장할 것
⑪ 발주자는 법에서 정한 자신의 안전 책무를 인지하고 있음을 서명하고 공사를 신고할 것

Q 고수 POINT 안전환경보건관리

- 안전관리는 재해로부터 근로자를 보호하고, 전체 공정을 순조롭게 진행하도록 지원하는 예방공학으로 품질, 환경 및 보건과 밀접하게 관련된다.
- OSC(off-site construction) 등에 의한 탈현장기술, 모듈화 등을 적용하여 사고원인을 근본적으로 제거할 필요가 있고, 이동식 CCTV, 드론, 웨어러블 카메라, 레이저 스캐닝, 개인보호구 첨단화 등을 포함하여 생성형 AI를 기반으로 한 스마트 건설안전기술 개발 및 현장 적용성을 제고하기 위한 지속적인 연구개발이 요구된다.
- 궁극적으로는 영국의 CDM 제도가 규정하고 있는 바와 같이, 발주자가 포괄적이고 명시적으로 안전에 관한 책무를 질 수 있게 하여야 한다.

2.6 계약관리

건설사업관리기술인은 입찰·계약과 관련된 법령, 자치법규 및 행정규칙 등을 참고하여 입찰 및 계약의 내용과 절차 등을 명확하게 파악해야 한다. 「국가계약법」, 「지방계약법」, 「건설산업기본법」, 「건설기술진흥법」, 「국가재정법」, 「조달사업에 관한 법률」 등 법령(법률, 대통령령, 부령)과 관련 자치법규(조례, 규칙), 그리고 국토교통부 고시인 「건설공사 사업관리방식 검토기준 및 업무수행지침」, 「주택건설공사 감리업무 세부기준」 등 관련 행정규칙(훈령, 예규, 고시) 등을 수시로 확인하여 업무와 관련된 사항을 명확하게 파악할 필요가 있다(이하 '관련 법령'[40]). 국내외의 건설환경 변화나 정부 정책 변경 등에 따라 관련 법령은 수시로 개정되므로 업무와 관련된 사항은 반드시 최신 법령을 참조하여 대응해야 한다. 건설사업관리기술인은 기본적으로 발주자로부터 건설사업관리 업무를 위탁받아 수행하는데, 입찰 및 계약 단계에서는 설계자, 시공자 등의 선정과 관련한 지원 업무와 설계변경 등에 따른 계약변경 및 설계자나 시공자 등으로부터 제기된 클레임을 발주자를 대신해서 조정하는 업무를 담당한다. 이 절에서는 입찰과 계약과 관련된 것으로 건설사업관리기술인이 반드시 숙지해야 할 내용을 중심으로 정리하였다.

2.6.1 건설기술용역 및 건설공사 발주 절차

(1) 건설기술용역 발주 업무 흐름

① 조달청의 건설기술용역 발주 업무 흐름(Flow)은 [그림 2-7]과 같다.

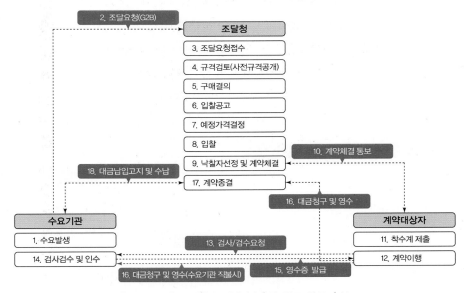

[그림 2-7] 조달청의 건설기술용역 발주 업무 흐름

---

40) 이 책에서는 법령, 자치법규, 행정규칙을 통틀어서 '관련 법령'이라고 정의하고 사용한다.

② 건설사업관리기술인의 역할

- 건설사업관리기술인은 건설기술용역업체 선정을 위한 평가기준 제시 및 입찰·계약 절차를 수립하여야 하며, 발주청이 사업계획(안)을 수립하기 위하여 기본구상, 타당성조사 및 기본계획 등을 수행할 각종 용역업체를 선정하기 위한 선정 기준을 마련하고, 입찰·계약 절차 수립(프로젝트 조건에 따라), 계약조건, 과업지시서 작성 등의 지원 업무를 수행한다.
- 건설사업관리기술인은 입찰에 관한 참가자격 사전심사(자격요건, 제출서류의 확인, 입찰참가자격 사전심사(PQ)평가 등)과 현장설명, 입찰관련 현장설명 및 질의에 관한 답변 등 업무를 지원한다.

(2) 건설공사 발주업무 흐름

조달청의 시설공사 발주 업무 흐름은 [그림 2-8]과 같다.

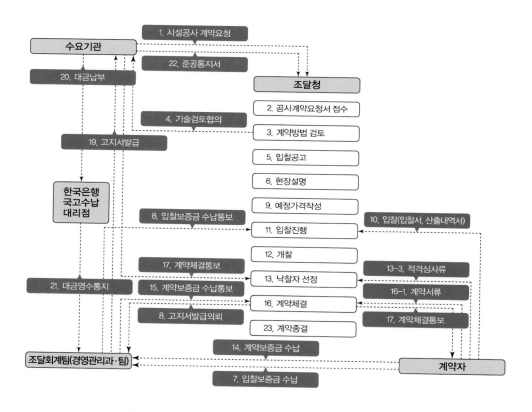

[그림 2-8] 조달청의 건설공사 발주 업무 흐름

2.6.2 입찰

(1) 정의

입찰(bid, tender)은 일(기술용역, 건설공사 등)의 도급[41]이나 물건의 매매에서 다수 희망자를 경쟁시켜 발주청(시행청, 소유청 등)에게 가장 유리한 내용을 제시하는 사람(기업)을 고르게 하는 제도이다. 건설 프로젝트에서 입찰은 계약을 체결하기 위하여 상호의 의사를 표시하는 사전(事前) 과정으로, 미리 정한 절차에 따라 희망자들이 서면으로 내용을 표시하고 타인이 볼 수 없도록 봉인해서 입찰 시행청에 제시하여 즉석 또는 정해진 날짜에 공개 개봉한다. 최근에는 인터넷을 통한 전자입찰을 많이 활용한다.

(2) 입찰방식 및 내용

입찰방식은 경쟁 정도에 따라 일반경쟁입찰, 제한경쟁입찰, 지명경쟁입찰, 수의시담(또는 특명입찰) 등으로 나뉜다.

1) 일반경쟁입찰

공개경쟁입찰(open bid)이라고도 하며, 당해 건설프로젝트 수행에 가장 기본적인 것으로 공정성을 해하지 않는 최소한의 자격요건(당해 공사시공에 필요한 '인ㆍ허가', '면허', '등록' 등 필요요건 구비, 일정 금액 이상의 '시공능력평가액' 등)을 갖춘 불특정 다수 업체를 대상으로 입찰하게 하는 방식이다[42]. 이 방식에 의한 국가, 공공단체, 정부투자기관 등의 계약은 전 국민에게 기회균등, 공정성, 경제성 등을 주기 위하여 우리나라 「예산회계법」에서는 일반경쟁입찰에 의한 계약을 원칙으로 하고 있다.

2) 제한경쟁입찰

당해 건설프로젝트 수행에 필요한 기술, 공법 등을 보유하거나 특정한 시공 경험이나 실적을 가진 업체를 대상으로 입찰에 부치는 방식이다.

---

41) 원도급, 하도급, 위탁 등 명칭과 관계없이 건설공사나 건설사업관리 용역을 완성할 것을 약정하고, 상대방이 그 공사나 용역의 결과에 대하여 대가를 지급할 것을 약정하는 계약을 말한다(「건설산업기본법」 제2조 제11항).

42) 관보, 신문, 게시 등의 방법으로 입찰을 공고한다.

① 유자격자명부 경쟁입찰
- 개념 : 건설업체를 시공능력공시금액 순위에 의하여 등급별 유자격자명부에 등록하게 하고 발주할 공사에 대해서도 규모별로 유형화하여 공사 규모에 따라 등급별 또는 해당 등급 이상 등록자에게 입찰참가자격을 부여하는 방식이다.
- 관련 규정 : 「국가계약법 시행령」 제22조, 동 시행령 특례규정 제10조, 제21조, 「등급별 유자격자명부등록 및 운용기준」(조달청공고 2019-244호, 2019.12.18.)
② 지역제한경쟁입찰 : 공사현장이 위치한 지역(광역시, 도)에 주된 영업소를 둔 건설업체만을 입찰에 참여하게 하는 제도로, 지방중소기업의 보호 육성과 지방 경제 활성화를 목적으로 비교적 소규모 공사[43])에 적용된다.
③ PQ 경쟁입찰 : 입찰에 참여하고자 하는 자의 시공 경험·기술능력·경영상태 및 신인도 등을 사전에 종합적으로 평가(Pre-Qualification : PQ)하여 능력이 있는 적격업체를 선정하고 그 업체에게 입찰참가자격을 부여하는 방식으로, '입찰참가자격 사전심사제'를 일컫는다.
④ 시공능력평가액 경쟁입찰
- 개념 : 시공능력평가액이 공사 추정가격의 일정 배수 이내 업체에게 입찰참가 자격을 부여하는 제도로, PQ 대상 공사 중 비교적 난이도가 높은 교량, 철도 등 10개 공사에 대해서는 '유자격자명부에 의한 경쟁입찰'을 적용할 수 없도록 규정함에 따라 시행되고 있다.
- 관련 규정 : 「국가계약법 시행령」 제21조 제1항 및 시행규칙 제25조 제2항
⑤ 실적경쟁입찰 : 정부가 발주하는 공사 중 특수한 기술 또는 공법이 요구될 경우 당해 공사시공에 필요한 기술을 보유하거나 축적된 시공 경험을 보유한 업체를 대상으로 경쟁입찰에 부치는 제도이다. 일정 규모 이상의 클린룸, 종합병원, 리모 델링, 쓰레기(폐기물)매립장 공사 등이 해당된다.

3) 지명경쟁입찰

발주청이 도급자의 자산, 신용, 시공경험, 기술능력 등을 조사하여 해당 공사에 적절 하다고 인정한 소수의 업체만을 대상으로 초청(solicitation)하여 입찰하게 하는 방식 이다. 기회균등의 권리를 침해할 수 있다는 관점에서 공공공사에는 거의 채택되지 않고, 민간공사에서는 흔하게 채용된다.

---

43) 국가기관의 경우 추정가격고시금액 200억 원(전문, 전기, 정보통신은 10억 원) 이하, 지방자치단체의 경우는 추정가격 100억 원(전문 10억 원, 전기, 정보통신공사는 5억 원) 이하 공사가 해당된다.

4) 수의계약 (negotiated bid & contract)

① 개념 : 해당 공사에 특히 적당하다고 인정되는 특정의 단일 도급자를 선정하여 공사를 발주하는 방식이다. 수의계약은 다음과 같은 사유가 있는 경우에 적용된다.

㉮ 시설물에 대한 하자 책임 구분이 곤란한 경우

㉯ 작업상 혼잡 등으로 동일현장에서 2인 이상의 시공자가 공사를 할 수 없는 경우

㉰ 마감 공사인 경우

㉱ 특허공법 또는 신기술에 의한 공사 등과 같이 독점적 권리로 인하여 사실상 경쟁이 불가능한 경우 등

② 관련 규정

㉮ 「국가계약법 시행령」 제26조

㉯ 계약예규

• 「정부 입찰·계약 집행기준」 제4장(수의계약 운용)

• 조달청 「경쟁 촉진을 위한 공사의 수의계약 사유 평가기준」

5) 대안(代案, alternate) 입찰

① 개념 : 정부가 작성한 실시설계서상의 공종 중에서 대체가 가능한 공종에 대하여 기본방침의 변동 없이 정부가 작성한 설계를 대체할 수 있는 동등 이상의 기능 및 효과를 가진 신공법, 신기술, 공기 단축 등이 반영된 대안을 만들어 원안 입찰과 함께 입찰에 참여하는 것이다. 대안은 원 설계서상의 가격보다 낮고 공사 기간도 원래의 기간을 초과하지 말아야 한다.

② 관련 규정 : 「국가를 당사자로 하는 계약에 관한 법률 시행령」 제79조 제1항 제4호

6) 기술제안 입찰

발주기관이 교부하는 실시설계도서와 입찰안내서에 따라 입찰자가 설계를 검토한 후 시공계획, 공사비 절감방안, 공기 관리방안 등을 담은 기술제안서[44]를 입찰서와 함께 제출하는 방식이다.

---

44) 입찰자가 발주기관이 교부한 설계서 등을 검토하여 공사비 절감방안, 공기 단축 방안, 공사관리방안 등을 제안하는 문서이다(「국가를 당사자로 하는 계약에 관한 법률 시행령」 제98조).

7) 공동도급 방식 [45]

2명 이상이 공동수급체를 구성하여 합작회사를 만들거나 계약적으로 연대하여 공동으로 도급하는 방식이다. 공동도급계약의 유형은 도급받은 건설공사를 이행하는 방식에 따라 다음과 같은 구분된다.

① 공동이행방식 : 건설공사 계약 이행에 필요한 자금과 인력 등을 공동수급체구성원이 공동으로 출자하거나 파견하여 건설공사를 수행하고 이에 따른 이익 또는 손실을 각 구성원의 출자비율에 따라 배당하거나 분담하는 공동도급계약을 말한다. 공동이행방식으로 건설공사를 도급받은 공동수급체의 구성원은 연대하여 계약이행 및 안전·품질 이행의 책임을 진다.

② 분담이행방식 : 건설공사를 공동수급체 구성원별로 분담하여 수행하는 공동도급계약을 말한다. 분담이행방식으로 건설공사를 도급받은 공동수급체의 구성원은 자신이 분담한 부분에 대하여만 계약이행 및 안전·품질이행 책임을 진다.

③ 주계약자관리방식(partnership) : 공동수급체구성원 중 주계약자를 선정하고, 주계약자가 전체건설공사의 수행에 관하여 종합적인 계획·관리 및 조정을 하는 공동도급계약을 말한다. 일반건설업자와 전문건설업자가 공동으로 도급받은 경우에는 일반건설업자가 주계약자가 되며, 다수의 전문건설업체는 부계약자로서 각기의 공사를 책임지고 수행하게 된다. 주계약자관리방식으로 건설공사를 도급받은 공동수급체의 구성원 중 주계약자는 자신이 분담한 부분에 대하여 계약이행 및 안전·품질이행 책임을 지는 것 외에 다른 구성원의 계약이행 및 안전·품질이행 책임에 대하여도 연대책임을 지고, 주계약자 이외의 구성원은 자신이 분담한 부분에 대하여만 계약이행 및 안전·품질이행 책임을 진다.

공동이행방식과 분담이행방식은, 흔히 컨소시엄(Consortium)과 조인트 벤처(Joint Venture)로 일컬어지며 그들 세부항목의 차이는 [표 2-11]과 같다.

---

45) (행정규칙)「건설공사 공동도급운영규정」(국토교통부 고시 제2020-609호(2020.08. 27))

[표 2-11] 컨소시엄(Consortium)과 조인트 벤처(Joint Venture)

구 분	Consortium (공동기업체)	Joint Venture (공동출자기업)
법적 형태	계약적 연대	합작회사
법적 지위	독립된 법인격 없음	독립된 법인격 있음
관리 방식	계약에 의해 규율	정관, 참여사 주주 간 협약
업무 범위	업무분담이 명확	별도의 업무분담이 없거나 혼합 추진
수행 방식	각자 수행	공동 수행
비용 상환	각자 수행 부분 보상	실질 정산
책임	연대 또는 개별 책임	연대 책임
수행조직	별도 조직	공동 조직
손익	각자 부담	비율에 따라 손익부담
인원/기술/장비	각자 부담	공동 운영자금과 관리인력으로 공동 조달

8) 내역 입찰

① 개념 : 입찰 시 입찰서와 함께 입찰금액의 산출내역서(현장설명 시 배부된 물량 내역서에 단가를 기재하여 입찰금액을 산정한 서류)를 제출하는 방식으로, 추정 가격 100억 원 이상 공사에 적용한다.

② 관련 규정
  • 「국가계약법 시행령」 제14조(공사의 입찰) 제6항
  • (계약예규) 「정부 입찰·계약 집행기준」 제9장(내역입찰의 집행)

③ 낙찰자의 산출내역서 조정(입찰내역서 검토 시 조정) : 무효입찰에 해당하지는 않지만 산출내역서의 세부 비목에 착오가 있는 경우에는 정정하여 비목별 또는 항목별 금액을 수정할 수 있다. 증감된 차액 부분은 공사원가계산 시 기준율에 따라 계상되는 항목인 간접노무비, 일반관리비, 이윤에 우선 균등 배분하되, 동 비목의 금액이 관련 규정상의 비율을 초과하는 경우, 초과 금액은 다른 비목에 균등 배분한다.

9) 통합발주방식(Integrated Project Delivery : IPD)

① 개념 : 발주자, 설계자, 시공자, 전문건설업체, 컨설턴트 등 건설프로젝트의 모든 참여자가 수평적 파트너 관계로 하나의 팀을 구성(integrated form of agreement)하여 협업(collaboration)을 통해 프로젝트를 수행하고, 책임 및 이윤을 모든 참여자가 공동으로 나누어 가지는 발주방식이다. 기존의 프로젝트 발주방식이 가지는 프로젝트 참여자 간 분절된(fragmented) 정보의 흐름과 의사결정, 전체 프로젝트의 가치(value) 창출보다는 자사(自社) 이익을 우선시하는 참여사들의 책임 소재와 이익분배 구조에 따른 비효율성을 개선하고 낭비를 줄이기 위한 대안으로 탄생한 방식이다. 이 방식에서는 시공자가 프로젝트 초기에 참여하여 설계 초기 단계부터 시공성 검토를 함으로써 설계변경 등을 최소화해 공기 단축 및 공사비용 절감이 가능하다.

② 특징 : 순수한 IPD는 아래의 요건을 모두 만족해야 한다.

• (통합) 단일협정(single agreement) : IPD 프로젝트를 위한 조직구성은 IFOA(integrated form of agreement)가 기본원칙이다. IFOA는 설계사(건축, 기계, 전기 포함), 건설사, 전문 시공사 등이 갑을관계가 아닌 수평적 파트너 관계로 구성된다. IFOA 참여사들은 프로젝트 수행결과를 공동으로 책임지므로, 성과보상(reward)도 위험(risk)도 공동으로 나눠 가진다. 프로젝트 전체의 가치를 높이는 것(added value to the porject)이 IPD 및 IFOA의 궁극적인 목표이다.

• 보상 및 위험 분담(reward & risk share) : IPD 프로젝트의 예산은 비용(cost, overhead 포함), 이익(profit), 예비비(contingency)로 구성된다. 프로젝트 참여자들은 비용과 이익을 보장받는다. 예비비는 남게 되면 참여자들이 나눠 갖고, 예비비가 소진되면 보장받은 이익에서 초과공사비를 공동분담하는 위험 분담(Risk Share) 방식을 따른다. 참여자 간 위험 분담 퍼센트는 계약 시 수많은 논의와 협상을 통해 결정된다.

• 책임 포기(liability waiver) : IFOA 및 보상, 위험 분담을 통한 공동 책임 체제 구축은 발주처 혹은 갑–을 관계에서, 갑의 위치에 있는 자가 물을 수 있는 책임을 포기(waive)한다는 것을 의미한다. 즉, 모든 책임(liability)은 IFOA에 서명한 참여자들이 공동으로 분담한다. 다만, 특수한 보험 관련 사항과 의도적인 부정으로 인한 책임은 예외이다.

- 합의를 통한 의사결정(decision making by consensus) : IPD 프로젝트에서는 설계착수 단계에서부터 모든 의사결정은 참여자들의 만장일치에 의해서만 이루어진다. 이는 설계, 시공, 비용, 일정, 제작 등에 걸친 잠재적 리스크 검토를 통한 최적안 도출, 중복 업무 등 낭비적 요소 제거 등 순기능을 가진다. 그러나 의견충돌, 의사결정 지연 등 역기능도 있으므로 끊임없이 협상하고 소통에 부지런해야 그러한 역기능을 예방할 수 있다.

③ 적용 : 기술적으로 복잡하고 규모가 큰 프로젝트나 높은 수준에서 협업 및 조정이 필요한 유형의 프로젝트인 병원, 반도체공장 등에 적합하고, 순차적이고 연속적인 발주가 요구되는 프로젝트에 적용하면 효과적이다.

④ 구분
- Level 1 : 협업에 대한 의무조항이 없이 계약만 진행
- Level 2 : 비용에 영향이 큰 공종들의 협업에 관한 진행 사항을 계약사항에 명시하여 계약을 진행하는 방식으로 이해 관계자의 조기 참여가 가능하다.
- Level 3 : 모든 프로젝트의 주체가 협업에 대한 의무를 갖는 방식이다.

(3) 기술용역 입찰 및 낙찰절차

건설사업관리 용역의 입찰절차는 발주청에 따라 조금씩 다르다. 여기서는 조달청에서 시행 중인 절차를 기준으로 기술한다.

1) PQ + 적격심사

입찰에 참여하고자 하는 자의 기술능력, 유사용역 수행실적, 경영상태 등을 종합적으로 평가하여 이행능력이 있다고 인정될 경우 입찰참가자격을 부여(PQ)하고, 낙찰예정자를 대상으로 용역계약이행능력이 있는지를 심사(적격심사)하여 낙찰자를 결정하는 방식이다. PQ를 시행하지 않더라도 경쟁입찰로 집행하는 모든 기술용역에는 적격심사를 적용하고 있다. PQ + 적격심사 방식의 절차는 [그림 2-9]와 같다.

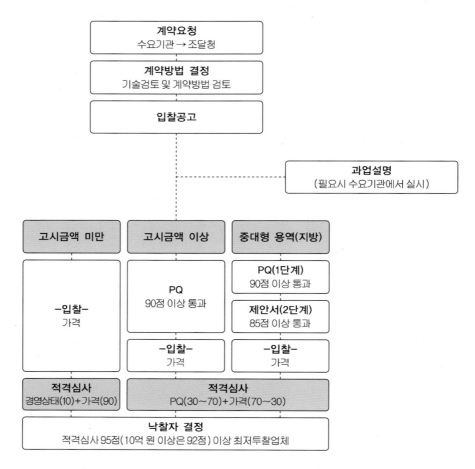

[그림 2-9] 건설사업관리용역의 입찰 및 낙찰 절차-PQ+적격심사 방식

2) 종합심사제

① 개요 : 입찰에 참여하고자 하는 자의 사업수행능력, 입찰가격, 사회적 책임 등을
종합평가하여 최고 득점자를 낙찰자로 결정하는 방식으로 「국가계약법」 대상
중대형 용역 중 기본계획·기본설계 15억 원 이상, 실시설계 25억 원 이상,
건설사업관리 20억 원 이상 용역에 적용한다. 최저가 낙찰제가 과도한 경쟁을
유발하여 덤핑, 공사품질 저하 등을 초래한다는 문제를 개선하기 위하여 도입
된 방식이다.

② 관련 규정
- 「국가를 당사자로 하는 계약에 관한 법률 시행령」 제42조 제4항
- (계약예규) 「용역계약 종합심사낙찰제 심사기준」
- (국토부 예규) 「건설기술용역 종합심사낙찰제 심사기준」
- 조달청 「건설기술용역 종합심사낙찰제 세부심사기준」

③ 절차
종합심사제의 절차는 [그림 2-10]과 같다.

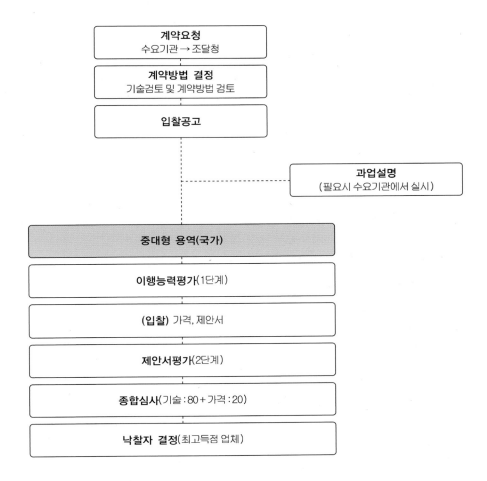

[그림 2-10] 건설사업관리용역의 입찰 및 낙찰 절차 – 종합심사제

3) 설계공모

① 개요 : 「건축서비스산업진흥법 시행령」 제17조에 따라 추정가격이 1억 원 이상 인 건축설계용역에 대하여 적용한다. 단, 공장, 창고시설, 발전시설 등 일부 용도 의 건축설계는 적용에서 제외한다.

② 선정방법 : 기능적 측면을 강조한 건축물의 단점을 보완하고 해당 건축물의 정체성을 확보할 수 있는 우수한 설계작품을 선정하여 계약을 체결. 단, 설계 용역이 일반적인 경우는 일반설계 공모를 적용하여 2인 이상으로부터 각기 공모 안을 제출받아 그 우열을 심사하여 당선작을 결정한다.

[표 2-12] 설계공모 방식의 종류

구 분	적용대상	주요 내용	공모기간
일반설계 공모	–	• 공모작 모두 심사	• 90일 이상 (최소 45일)
2단계 설계 공모	• 당해 사업이 대규모이거나 국가적으로 매우 중요한 경우 • 일반설계 공모에 비해 구체 적인 설계안을 제출받아 심사 할 필요가 있는 경우 • 소규모 업체 또는 신진의 참여를 확대하고자 하는 경우	• 아이디어 등에 대한 1차 심사를 통하여 2차 심사에 참여할 설계자를 선정 후 2차 심사	• 1단계 : 30일 이상(최소 15일) • 2단계 : 60일 이상(최소 30일)
제안 공모	• 당해 사업이 소규모인 경우 • 공모 안의 디자인 우수성보다 는 설계자의 대응능력 또는 아이디어가 필요한 경우 • 일반설계 공모(또는 2단계 설계 공모)를 위한 충분한 예산과 구체적인 설계지침이 마련되지 않은 경우	• 설계자의 경험 및 역량, 수행계획 및 방법 등을 심사	• 15일 이상

③ 관련 규정
   • 「건축서비스산업진흥법 시행령」 제17조
   • 「건축 설계공모 운영지침」
   • 조달청 「건축 설계공모 운영기준」

④ 절차

설계공모 방식의 절차는 [그림 2-11]과 같다.

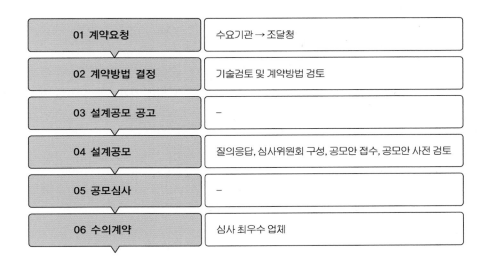

01 계약요청	수요기관 → 조달청
02 계약방법 결정	기술검토 및 계약방법 검토
03 설계공모 공고	–
04 설계공모	질의응답, 심사위원회 구성, 공모안 접수, 공모안 사전 검토
05 공모심사	–
06 수의계약	심사 최우수 업체

[그림 2-11] 건설사업관리용역의 입찰 및 낙찰 절차–설계공모

2.6.3 낙찰자 선정 방식

낙찰(落札, successful bid)이란 공사도급·물건의 매매 등의 계약 체결에서 경쟁에 의하는 경우 한쪽 당사자(공사의 경우 발주기관)가 입찰에 의하여 다른 당사자(수급자)를 결정하는 것을 말한다. 즉, 낙찰은 입찰에 의한 계약의 성립인 것이다. 다수의 희망자로부터 희망가격 등을 서면으로 제출하게 하여 그중에서 가장 유리한 내용, 즉 판매의 경우는 최고가격, 매입(공사나 기술용역의 도급)의 경우는 최저가격 또는 예정가격에 가장 가까운 가격을 제출한 자를 선정하여 계약 당사자로 결정한다. 문서로 의사표시를 하게 되므로 타인의 내용을 알지 못하여 비밀이 유지되고 계약의 공정성을 유지할 수 있다. 예산회계법상 정부, 공공기관, 공공단체가 매매, 임차, 도급, 기타계약을 체결하는 경우에는 이 방법에 따르는 것을 원칙으로 한다. 즉, 낙찰자 선정방식은 최저가 입찰자(lowest bidder)에게 낙찰(awarding)하는 방식을 기본으로 다양한 유형의 방식이 운용되고 있다. 이 절에서는 시설공사의 입찰 및 낙찰에 관하여 설명한다.

(1) 종합심사 낙찰제

입찰자의 입찰가격, 공사수행능력, 사회적 책임 등을 종합심사하여 점수가 최고인 자를 낙찰자로 결정하는 방식으로 추정가격[46] 100억 원 이상의 공사에 적용된다.

(2) 적격심사 낙찰제

예정가격[47] 이하 최저가격으로 입찰한 자 순으로 공사수행능력과 입찰가격 등을 종합심사하여 일정 점수(95점) 이상 획득하면 낙찰자로 결정하는 방식이다.

(3) 일괄, 대안, 기술제안 공사의 낙찰방식

① 설계 적합 최저가 방식 : 설계점수가 계약 담당 공무원이 정한 기준을 초과한 자로 최저가격 입찰자를 선정한다.

② 입찰가격 조정 방식 : 입찰가격을 설계점수로 나누어 조정된 수치가 가장 낮은 자를 선정한다.

③ 설계점수 조정 방식 : 기본설계 입찰 적격자 중 설계점수를 입찰가격으로 나누어 조정된 수치가 가장 높은 자를 선정한다.

④ 가중치 기준 방식 : 설계 적격자 중 설계점수와 가격점수에 가중치를 부여하여 각각 평가한 결과를 합산한 점수가 가장 높은 자를 선정한다.

⑤ 확정가격 최상설계 방식(대안 제외) : 계약금액을 확정하고 기본설계서만 제출 하도록 하여 이 중 설계점수가 가장 높은 자를 선정한다.

(4) 동가 (同價) 입찰일 경우 낙찰자 결정방법 (「국가계약법 시행령」 제47조)

① 적격심사제 : 계약이행능력 심사결과 최고점수인 자를 선정하되, 이행능력 심사 결과도 같은 경우 추첨으로 결정한다.

② 종합심사제 : 공사수행능력과 사회적 책임의 합산점수가 높은 자로 결정하되, 합산점수가 같은 경우 기획재정부 장관이 정한 기준에 따라 낙찰자 결정한다.

• 공사수행능력 점수와 사회적 책임 점수의 합산점수가 높은 자

• 입찰금액이 낮은 자

• 입찰공고일 기준 최근 1년간 종합심사 낙찰제로 낙찰받은 계약금액이 적은 자

• 추첨

---

46) 예정가격이 결정되기 전에 예산에 계상된 금액 등을 기준으로 산정한 가격으로, 부가가치세와 관급 자재비가 포함되지 않은 해당 계약 목적물의 순수 가격(금액)이다. 추정가격은 국제입찰 대상 여부 의 판단기준이 되며 적격심사를 평가할 때 기초가 되는 금액이다.

47) 입찰 또는 계약 체결 전에 낙찰자 및 계약금액의 결정기준으로 삼기 위하여 미리 작성·비치하여 두는 부가가치세가 포함된 가격으로, 예산액과 유사하다.

2.6.4 계약

(1) 의의 및 유효성

계약이란 2인 이상의 당사자 사이에 체결된 법률상 구속력을 가진 합의를 말한다. 건설공사나 건설사업관리용역에서는 수급자(시공자, PM/CM 회사)가 설계도면, 시방서, 계약서 등이 정한 바에 따라 공사 또는 기술용역을 완료할 것을 약속함으로써 계약이 성립된다. 수급자는 소정의 공사 또는 용역을 완성할 의무와 공사비 또는 건설사업관리비를 청구할 권리가 있고, 도급자, 즉 발주기관은 이에 대한 공사비 지급 의무와 미리 정한 품질을 기대할 권리를 가진다.

당사자 간의 합의가 법률적으로 유효하기 위해서는 다음의 요소를 만족해야 한다.

① 동의 : 한편 당사자로부터의 청약과 이에 대한 다른 한편의 승낙이 있을 것
② 당사자 : 계약이행을 가능하게 할 수 있는 당사자가 존재할 것
③ 합법성 : 계약상 위법이 없을 것
④ 정당한 계약 서식 : 계약의 내용이 법률적으로 인정되는 서식을 구비할 것
⑤ 계정 : 계약에 의하여 각 당사자에게 어떤 계정이 존재할 것

건설공사는 생산방식의 특수성으로 주문에 의한 생산(tailored production)과 일품(一品) 생산을 하게 되며, 그러한 특성들로 인하여 다양한 계약방식이 존재한다.

(2) 계약제도 종류 및 특징

1) 계약 목적물별 계약금액 산정 여부에 따른 구분

① 총액계약 : 계약 목적물 전체에 대하여 총액 또는 정액(lump sum)으로 체결하는 계약방식이다. 총공사비, 즉 도급금액 전액을 일정액으로 결정하여 계약하는 방식이다. 총공사비가 일정액으로 정해지므로 발주청의 자금 수요예측이 비교적 용이하다. 반면, 설계변경이 필요할 때 공사비 증감 등으로 당사자 간에 의견 차이가 생기기 쉬워 클레임 발생 가능성이 크다.
② 단가계약 : 계약 목적물의 안정적 공급을 위하여 일정 기간 계속하여 제조, 구매, 수리, 가공, 매매, 공급, 사용 등의 계약을 체결할 필요가 있을 때, 단가(單價, unit cost)만을 결정하여 체결하는 계약으로 공사 수량이 불명확하거나 긴급공사 등에 채용된다.

③ 제3자를 위한 단가계약 : 수요기관이 공통으로 필요로 하는 수요물자를 단가를 정하여 체결하는 계약으로 각 수요기관에서 계약상대자에게 직접 납품을 요구하여 구매하는 제도이다.

④ 실비정산 보수 가산식(cost + fee) 계약 : 직영방식과 도급방식의 장점을 택한 방식으로 설계가 명확하지 않을 때나, 설계는 명확하지만 공사비 총액을 산출하기 어렵고 발주자가 고품질의 공사를 기대할 경우에 채택된다. 발주자는 수급자에게 시공을 위임하고, 실제로 공사나 용역에 투입된 비용으로서 실비(cost)와 미리 정해 놓은 보수(fee)를 지급하는 방식이다. 세부적인 방식으로서, 실비 비율 보수 가산식(cost plus a percentage), 실비 한정 비율보수(cost plus a percentage with guaranteed limit) 가산식, 실비 정액 보수(cost plus a fixed fee) 가산식, 실비 준동률 보수(cost plus a sliding scale) 가산식 등이 있다.

⑤ 다수공급자계약 : 수요기관이 필요로 하는 수요물자를 구매하기 위하여 품질·성능 또는 효율 등이 같거나 비슷한 종류의 수요물자를 수요기관이 선택할 수 있도록 2인 이상을 계약상대자로 하여 수요물자를 단가를 정하여 체결하는 계약이다.

⑥ 카탈로그계약 : 수요기관의 다양한 필요를 반영하기 위해 상품의 기능이나 특징·조건·가격 등을 설명한 카탈로그를 제시하는 계약상대자와 체결하는 계약이다.

2) 계약금액 확정 여부에 따른 구분

① 확정계약 : 계약금액을 확정하여 계약을 체결하는 통상적인 방법이다.

② 개산(槪算, 어림셈)계약 : 미리 계약금액을 정할 수 없을 때 개산가격으로 체결하는 계약으로서 아래에 해당하는 경우에 실시한다.
- 개발 시제품의 제조계약
- 시험·조사·연구 용역계약
- 관계법 규정에 따른 광의의 국가기관, 공공기관, 기타 하부기관과의 위탁 또는 대행 등의 계약
- 시간적 여유가 없는 긴급한 재해 복구를 위한 계약

③ 사후 원가검토 조건부 계약 : 입찰 전에 예정가격을 구성하는 일부비목별 금액을 결정할 수 없는 경우에 체결하는 계약

3) 계약기간에 따른 구분

① 단년도 계약 : 당해 연도 세출예산에 계상되는 예산을 재원으로 계약하는 통상적인 계약이다.

② 장기계속계약 : 성질상 수년간 계속하여 존속할 필요가 있거나 이행에 수년이 필요한 경우 총액으로 입찰하여 각 회계연도 예산의 범위에서 낙찰된 금액 중의 일부에 대하여 연차별로 체결하는 계약이다(총낙찰금액 명기).

③ 계속비 계약 : 성질상 수년간 계속하여 존속할 필요가 있거나 이행에 수년이 필요한 경우로서 계속비로 예산을 편성하여 낙찰된 금액의 총액에 대하여 계약을 체결하는 계약이다(연차별 금액 명기).

4) 계약상대자 수에 따른 구분

① 단독계약 : 계약상대자를 1인으로 하는 통상적인 계약이다.

② 공동계약 : 계약상대자를 2인 이상으로 하는 계약(계약의 목적과 성질상 공동계약으로 하는 것이 부적절하다고 인정되는 경우를 제외하고는 가능한 공동계약 허용)이다.

5) 업무 범위에 따른 계약방식

① 턴키(Turn-Key) 방식 : 발주기관에서 제시한 기본계획(또는 기본설계) 및 지침에 따라 입찰자가 설계와 시공을 일괄하여 입찰하는 것이다. 이 방식은 설계와 시공이 동일 조직에 의해 수행됨으로써 공사수행 중 신공법, 신기술의 적용이 쉽고, 실시설계 완료 이전에 공사를 시작(phased construction)할 수 있어서 공기 단축이 가능하다. 이 방식은 설계가 완료될 때까지 공사금액을 정확하게 예측할 수 없으므로, 외국에서는 비용정산 계약이나 실비정산보수가산계약의 형태로 수행된다. 국내의 경우에는 특별한 경우 이외에는 예산회계법상 이러한 사후 정산방식이 허용되지 않으므로 턴키 방식도 보통 총액계약으로 수행된다. 이 방식에서 발주자는 입찰자에게 기술 수준, 품질, 성능요건 등을 사전에 모두 고시한 뒤, 최종 목적물이 최초 요구사항에 적합한지를 중점적으로 검토 확인한다. 그래서 만약 이 기준에 부합하지 않으면 발주자는 Key를 받지 않을 수 있다[48].

② PM/CM(Project Management/Construction Management) 방식 : 이 책이 PM/CM의 내용과 업무 등을 다루고 있지만, 계약 유형의 하나로 PM/CM 방식이 있으며, 크게 PM/CM for Fee 방식과 PM/CM at Risk 방식으로 구분된다. [표 2-13]은 두 방식에 대한 설명이다.

---

48) 최종 '목적물의 인수를 거부'하는 것을 의미한다.

[표 2-13] PM/CM for Fee 방식과 PM/CM at Risk 방식의 비교

구 분	CM for Fee (대리인형 CM)	CM at Risk (책임형 CM)
정의	발주자와 시공자가 직접 계약을 하고, CM은 설계 및 시공에 직접 관여하지 않고 건설사업 수행에 관한 발주자에 대한 대리인(Agent) 및 조정자(Coordinator)의 역할만을 하는 방식	발주자와 CM이 계약을 하고 발주자와 합의된 계약 조건하에서 CM이 시공자 역할까지 하면서 하도급자를 선정하고 이윤을 추구할 수 있도록 하는 방식
계약구조	발주자 ─ CM 설계사 시공사 시공사 시공사	발주자 설계사 ─ CM 시공사 시공사 시공사
장점	• 충분한 설계 검토 및 관리 가능 • 견제와 균형 유지 가능 • 발주자의 적극적인 참여 가능	• 충분한 설계 검토 및 관리 가능 • 발주자의 위험 감소 • 사업비 보장 • 설계-시공 연계 및 통합
단점	• 공사행정 부담 증가 • 발주자가 감당할 위험 증가 • 관리기능의 중첩 우려	• 예비비 과다 계상 우려 • 발주자와 이해관계 대립으로 적대적 관계 조성 우려 • 적극적인 설계변경 어려움

PM/CM for Fee 방식과 PM/CM at Risk 방식 외에도 계약범위에 따라 다음과 같은 방식이 있다.

- ACM(Agency CM) : PM/CM for Fee 방식의 다른 이름이며, PM/CM(건설사업 관리기술인)이 용어의 의미 그대로 발주자에게 고용되어 대리인(Agent) 역할을 수행하는 방식이다.

- XCM(eXtended CM) : PM/CM의 본래 업무만이 아니라 설계자 또는 설계자 및 시공자로서 역할을 모두 하는 방식이다. 기본설계 및/또는 실시설계 단계와 시공단계에서 수행하는 PM/CM의 기본적인 업무 외에, 발주자를 대리해서 기획 및 유지관리 등의 업무까지 확장해 수행하는 것을 말한다.

- OCM(Owner CM) : 발주자 자체의 내부역량에 따라 PM/CM이나 PM/CM 및 설계를 함께 수행하는 것으로, 이를 위해서는 PM/CM 전문가 수준의 자체 조직을 보유해야 하므로 관리상 부담이 될 수 있는 방식이다.

- GMPCM(Guaranteed Maximum Price CM) : XCM과 유사한 유형으로, 공사 완료 시 최종공사비가 공사계약서에 미리 정한 금액을 초과하지 않도록 관리 하는 방식이다[49]. CM at Risk 방식에서 주로 채택되며, 만일 공사 과정에서 실제 공사비가 GMP를 초과하면 CM at Risk 사업자가 초과 금액을 부담하는 방식이다.

③ 프로그램관리(program management : PgM) 방식 : 공항건설프로젝트와 같이 관련된 여러 개의 프로젝트(bid package, project)로 구성된 프로젝트에서 복수 의 프로젝트를 총괄 관리하는 것을 의미하며, 국내에서는 흔히 '종합사업관리' 로 부른다. 프로젝트 관리 범위도 계획단계부터 유지관리단계까지 건설사업의 모든 단계를 다룬다. 통상적인 PM/CM 방식과 달리 설계자가 프로그램 관리자 (program manager)의 지시를 받고 작업하는 PgM의 하부 조직 구도 형태를 띤다. 프로그램 관리(예, 공항건설 프로그램) 조직 밑에 여러 개의 프로젝트 (터미널, 활주로, 교통센터 등) 관리 조직이 있으며, 전체 프로그램의 목적 달성 을 위해 개별 프로젝트 조직과 계약하고 프로젝트를 수행하게 된다. 또한 개별 프로젝트에는 PM/CM 계약, 설계시공 일괄입찰(design-build 또는 TK) 계약, 전통적인 일괄도급 계약(general contracting) 등의 방식이 병용 또는 단독으로 적용된다.

④ 민간투자촉진방식 : 사회간접자본시설(social overhead capital : SOC, 사회기반 시설)을 확충할 목적으로 등장한 방식으로, 정부재정 부족을 해결할 대안으로 민간 사업자(SPC : 이하 '민간')의 투자를 유도하는 것이다. 국내에서는 학교 시설, 군시설, 경전철 건설 등의 프로젝트에 많이 적용되고 있다. 민간투자를 유도하기 위해서는 투자에 따른 위험성이 낮고 손실이 발생한 사업에 대한 적절 한 보상도 필요하여 전형적인 BOT, BTO 등을 변형한 방식도 개발·적용되고 있다.

- BOT(Build-Operate-Transfer) : 민간이 자금을 조달하여 시설물을 준공(build) 한 후, 투자비 회수를 위해 약정한 기간(20년, 30년 등)까지 운영(operate)하고, 기간 만료 후 정부에 소유권을 이전(transfer)하는 방식이다.
- BTO(Build-Transfer-Operate) : 민간이 자금을 조달하여 시설물을 준공(build) 한 후 정부에 소유권을 이전(transfer)하고, 투자비 회수를 위해 민간이 약정한 기간까지 운영(operate)하는 방식이다.

---

49) GMP에 대한 협상은 계약 당사자(발주청과 CM at Risk 사업자)의 위험 부담을 줄이기 위해서 실시 설계가 90% 이상 진행되었을 때 이루어지는 것이 보통이다.

- BTO-rs(Build-Transfer-Operate-risk sharing) : 변형된 BTO 방식의 하나로 정부와 민간이 시설투자비와 운영비용을 일정 비율로 나누는 방식으로 민간이 부담하는 위험이 낮아진다.
- BTO-a/b(Build-Transfer-Operate-a/b) : 변형된 BTO 방식의 다른 하나로, 정부가 전체 민간투자금액의 70%에 대한 원리금 상환액을 보전해 주고 초과 이익이 발생하면 공유하는 방식이다. 민간투자의 위험성이 상대적으로 큰 환경 사업 등에 흔히 적용된다. 흔히 수익률이 5% 미만이면 BTO-a, 5% 이상이면 BTO-b로 칭한다.
- BOO(Build-Own-Operate) : 민간이 자금을 조달하여 시설물을 준공(build) 한 후 시설물의 소유권(own)을 갖고 약정한 기간까지 운영(operate)하는 방식 이다.
- BTL(Build-Transfer-Lease) : 민간이 자금을 조달하여 시설물을 준공(build) 한 후 바로 소유권을 정부에 이전(transfer)하고, 정부와 약정한 기간까지 운영 권을 정부에 리스(lease)로 임대하여 임대료로 투자비를 회수하는 방식이다.
- BLT(Build-Lease-Transfer) : 민간이 자금을 조달하여 시설물을 준공(build) 한 후 민간이 투자비 회수를 위해 정부와 약정 기간 동안 운영업자에게 리스 (lease)로 임대하고, 리스 기간 종료 후 소유권을 정부에 이전(transfer)하는 방식이다.

2.6.5 입찰·계약 관련 법령

(1) 조달사업 관련

① 조달사업에 관한 법률, 동법 시행령, 동법 시행규칙
② 전자조달의 이용 및 촉진에 관한 법률, 동법 시행령, 동법 시행규칙

(2) 계약 관련

① 국가를 당사자로 하는 계약에 관한 법률, 동법 시행령, 동법 시행규칙
② 지방자치단체를 당사자로 하는 계약에 관한 법률, 동법 시행령, 동법 시행규칙
③ 공공기관의 운영에 관한 법률, 동법 시행령, 동법 시행규칙

(3) 국제입찰 관련

① 특정 조달을 위한 국가를 당사자로 하는 계약에 관한 법률 시행령 특례 규정, 동 특례 규칙
② 특정 물품 등의 조달에 관한 국가를 당사자로 하는 계약에 관한 법률 시행령 특례 규정, 동 특례 규칙

⑷ 기타 법령

① 「정부기업예산법」, 동법 시행령
② 「국가재정법」, 동법 시행령
③ 「국고금관리법」, 동법 시행령, 동법 시행규칙
④ 「회계관계직원 등의 책임에 관한 법률」, 동법 시행령
⑤ 「건설산업기본법」, 동법 시행령, 동법 시행규칙
⑥ 「건설기술진흥법」, 동법 시행령, 동법 시행규칙
⑦ 「엔지니어링산업진흥법」, 동법 시행령, 동법 시행규칙
⑧ 「전력기술관리법」, 동법 시행령, 동법 시행규칙
⑨ 「정보통신공사업법」, 동법 시행령, 동법 시행규칙
⑩ 「소방시설공사업법」, 동법 시행령, 동법 시행규칙
⑪ 「공간정보의 구축 및 관리 등에 관한 법률」, 동법 시행령, 동법 시행규칙
⑫ 「건설폐기물의 재활용촉진에 관한 법률」, 동법 시행령, 동법 시행규칙
⑬ 「산업안전보건법」, 동법 시행령, 동법 시행규칙
⑭ 「중대재해법」, 동법 시행령
⑮ 「인지세법」, 동법 시행령, 동법 시행규칙
⑯ 「건축법」, 동법 시행령, 동법 시행규칙
⑰ 「건축사법」, 동법 시행령, 동법 시행규칙
⑱ 「공공기관의 정보공개에 관한 법률」, 동법 시행령, 동법 시행규칙
⑲ 「공인회계사법」, 동법 시행령, 동법 시행규칙
⑳ 「국가채권관리법」, 동법 시행령, 동법 시행규칙
㉑ 「국유재산법」, 동법 시행령, 동법 시행규칙

고수 POINT　계약관리

- 건설사업관리기술인은 입찰·계약과 관련된 법령, 자치법규 및 행정규칙 등을 참고하여 입찰 및 계약의 내용과 절차 등을 명확하게 파악하여야 한다.
- 건설환경 변화나 정부 정책 변경 등에 따라 관련 법령은 수시로 개정되므로, 건설사업관리 업무와 관련된 사항은 반드시 최신 법령을 확인하여 대응해야 한다.
- 계약은 2인 이상의 당사자 사이에 체결된 법률상 구속력을 가진 합의이다. 건설사업관리 용역에서는 수급자(PM/CM 회사)가 설계도면, 시방서, 계약서 등이 정한 바에 따라 기술 용역을 완료할 것을 약속함으로써 계약이 성립되며, 소정의 용역을 완성할 의무와 건설 사업관리비를 청구할 권리가 있고, 발주기관은 이에 대한 건설사업관리비 지급 의무와 미리 정한 품질을 기대할 권리를 가진다.

2.7 ● 설계관리

설계관리는 발주자의 요구사항과 계약문서 등을 검토하여 대상 건설사업의 목표에 적합한 설계기준과 지침을 수립하고, 사업예산 내에서 설계품질 향상을 위해 노력하여 설계성과물을 도출하고, 시공이 최적화되도록 지원하는 것을 의미한다.

2.7.1 단계별 설계 업무

(1) 설계 전 단계

건설사업관리기술인이 건설사업의 목표 달성을 위해 사업 기획부터 참여하여 설계진행을 위한 종합적인 지원과 전문적인 관리를 담당한다. 이 단계에서 건설사업관리기술인이 수행하는 주요한 업무는 다음과 같다.

① 건설프로젝트의 개발 구상과 기획을 검토하고 관리한다.

② 사업기획과 타당성 분석 내용을 검토하고 관리한다.

③ 건설사업계획의 비용을 분석하고 필요 예산을 검토한다.

④ 「산업안전보건법」 제67조에 따라 총공사비 50억 원 이상인 공사의 발주자가 작성한 '기본안전보건대장'을 설계자에게 제공하여 '설계안전보건대장'을 작성하는 내용을 설계용역 발주 시 설계지침에 반영하도록 발주자를 지원한다.

(2) 설계 단계

건설사업의 목적에 맞는 건축물 실현을 지원하기 위하여 건설사업관리기술인은 건설기술용역업체의 설계에 대한 진척상황 확인과 설계내용 검토, 대안 제시 등의 업무를 수행한다. 건축물 설계는 일반적으로 다음과 같은 순서로 또는 병행하여 수행된다.

1) 기획설계 (pre-design)

사업기획에 따른 건축물의 규모 검토(즉, 공간계획), 현장조사, 설계지침[50], 프로젝트 공정표, 유사건축물 조사 비교 등 건축물 설계 발주에 필요한 것으로 발주자가 사전에 요구하는 내용을 바탕으로 실시한다.

---

50) 설계지침서는 설계대상 및 범위, 계약조건, 설계의 목표·제한·성능·요구사항·개념, 공간프로그램, 운영프로그램, 공사 관련 예산서 작성 등의 내용을 포함한다.

2) 계획설계 (schematic design)

건설사업의 개요와 목표, 디자인 브리프(design brief)[51], 부지 관련 자료를 분석하는 것으로부터 계획설계는 시작된다. 이 단계는 개념설계(conceptual design) 단계와 기획설계단계로 구분하기도 한다. 기획업무 내용을 고려하여 건축물의 규모, 사업예산, 기능, 품질, 미관, 경관 등의 측면에서 설계 목표를 정하고, 달성 가능한 계획을 제시하는 단계이다. 이 단계에서는 디자인 개념의 설정과 구조, 기계, 소방, 전기, 정보통신, 토목, 조경 등 연관 분야의 기본 시스템을 검토 반영한 계획안을 발주자(건축주)에게 제안하여 승인을 받는다.

3) 중간설계 (design development)

통상 '기본설계(basic design)'라고 하는 것으로, 사업기본계획과 계획설계 내용을 설계도서로 구체화하는 과정으로 실시설계 단계에서의 변경 가능성을 최소화하기 위하여 다각적으로 검토하는 단계이다. 이 단계에서는 부지와 공간계획(space program)을 확정하고, 기초, 구조, 설비 시스템을 결정하며, 구조부재의 크기를 확정하고 방수 및 단열방식과 자재를 선정한다. 핵심 공종에 대한 시공순서나 방법도 검토하고, 주요 자재의 디테일을 검토하며, 인허가 업무에도 착수하게 된다. 구조, 기계 등 연관분야의 시스템 확정에 따른 각종 자재, 장비의 규모와 용량이 구체화된 설계도서를 작성하여 발주자/건축주로부터 승인받는다. 중간설계에서는 배치도, 평면도, 입면도, 단면도, 내외부 주요 부분의 평면도·입면도·단면도, 실내재료마감표, 층별·용도별 면적표가 작성되고, 설계 특기시방서에 대한 기본적인 검토가 이루어진다.

4) 실시설계 (construction development)

상세설계(detail design)라고도 하며, 중간설계를 더욱 구체화하여 입찰, 계약 및 공사에 필요한 시방서, 계산서, 상세도면 등의 설계도서를 작성하는 단계이다. 공사의 범위, 양, 질, 치수, 위치, 재질, 질감, 색상 등을 결정하여 설계도서를 작성하며, 시공 중 조정에 대해서는 사후설계관리업무 단계에서 수행방법 등을 명시한다. 이 단계에서는 건축, 기계 등 분야의 설계도서 간 불일치 사항을 파악하여 제거해야 하며, 벤더(vendor)나 제조업자(manufacturer)로부터 입수한 정보는 충실히 반영해야 한다. 실시설계에서는 중간설계 시 작성한 도면을 더욱 상세한 수준으로 발전

---

51) 발주자의 요구와 기대를 문서로 정리한 것이다. 즉, 발주자가 해당 사업을 통하여 추구하는 내용 (wants)을 목록으로 만들어 반드시 달성해야 할 목표(needs)를 설정하는 것이고, 브리프가 상세 할수록 사업에 대한 요구사항을 이해하기 쉽고, 사업 목표에 대한 이해가 높게 된다.

시키고, 공사 시방서와 내역서를 면밀하게 검토하여 그 적절성 여부를 판단하여야 한다.

(3) 구매조달 단계

① 발주도서 관리 및 지원
② 입찰방식의 검토 및 행정 지원
③ 「산업안전보건법」 제67조에 따라 총공사비 50억 원 이상인 공사의 설계자가 작성한 '설계안전보건대장'을 바탕으로 시공자가 작성한 '공사안전보건대장' 내용을 공사발주 시 입찰설명서에 반영한다.

(4) 공사 단계

1) 사후 설계관리 업무

건축물 설계가 완료된 후 공사 과정에서 설계자의 설계 의도가 충분히 반영되도록 설계도서의 해석과 자문(諮問)하고, 현장여건 변화 및 시공업체 선정에 따른 자재의 치수·재질·질감·색상 등과 장비의 용량·규격 등의 선정이나 변경 내용을 검토·확인한다. 「건축법」 제72조의 특별건축구역 내의 건축허가 이후 건축물에 대한 모니터링, 설계변경 자문 등의 업무에 참여한 설계자의 업무도 포함하여 검토·확인한다.

2) 설계변경 관리

건설사업관리기술인은 공사 도중 원래의 설계내용이 변경될 경우 설계변경 사유와 변경 원인을 검토하고 적합한 대책을 수립하여 공사가 원활하게 진행될 수 있도록 관리한다.

3) 준공도서 관리

건설사업관리기술인은 공사준공 및 시설물 유지관리를 위하여 작성되는 준공 설계도서를 검토하고 관리한다.

(5) 공사 완료 후 단계

건설사업관리기술인은 공사를 최종 완료하기 2~3개월 전부터 완료 후 계약조건에 명시된 기간까지 다음과 같은 업무를 수행한다.
① 시운전(precommissioning & start up) 종합계획 검토 지원
② 유지관리지침서의 작성 지원
③ 시설물 인수인계 계획 관련 지원

④ 각종 설계도서의 보존 계획 지원
⑤ 공사비 정산 업무 : 설계변경, 현장여건 변화 등으로 인한 공사비 변경에 대해
원래 계약과 다른 부분을 정리하여 실제 도급금액을 검토한다.

[표 2-14] 설계단계별 건설사업 관계자 업무

구 분	기획설계/계획설계	중간설계	실시설계	공사발주
마일스톤	• 전체사업 일정 결정 • 구조, 기계 등 주요 분야의 시스템 결정 • 지질조사, 현황측량	• 계획안 검토, 결정 • 기본설계 진행 • FT 진행 • 공사발주방식 결정	• 기본설계, FT 결정 • 실시설계 진행 • FT공사 발주,계약 • 실시설계 검토 • FT 착공	• CD 결정 • CD 승인 • 본공사 발주 • 공사 계약
발주자	• 전체사업 일정 승인 • 설계지침서 작성 • 규모 및 예산 확정 • 최종 OR 승인 • 운영지침서 작성 • Space Program 작성 • 계획안 심의, 승인	• 상세 Space Program 작성 • 분야별 시스템 결정 • 예산검토 및 확정 • 기본설계, FT 심의 및 최종 승인 • FT 발주, 계약	• 실시설계 심의 및 최종 승인 • 시공사 선정 • 착공 승인	• CD 승인 • 본공사 발주 • 공사 계약
건설사업 관리기술인	• OR 검토 • 각종 법규 검토 • 분야별 시스템 및 주요 기술 검토 • CM 수행계획서 • CM 절차서 • CM 착수신고서 • 전체사업 일정 보고 • 분야별 시스템 보고 • SD 검토 보고 • Cost Planning 및 개산견적	• 주요 분야별 시스템 비교 검토 • 공사비 절감 대안 검토 • 지질조사 및 현황측량 검토 • DD, FT 검토 보고 • 기본설계 VE 보고 • 공사발주방식 보고 • Cost Planning과 공사비 검토 • 기본설계도서 검토 • 기본설계VE • FT 착공보고	• 실시설계 검토 보고 • 실시설계 VE 보고 • 공사비 내역서 검토 및 적정 공사비 산출 • 실시설계 검토 • 착공도서 검토 • 실시설계 VE • 공사 발주, 계약 지원	• 착공보고
설계자	• 설계과업수행계획서 작성 • 설계일정표 작성 • OR 취합 • OR 보고서 작성 • 각종법규 검토 및 사례조사 • 계획설계도서 작성	• 주요 분야별 시스템 비교 작성 • 지질조사 및 현황측량 • 기본설계도서 작성 납품 • 각종 보고서 작성	• 실시설계 도서 작성, 납품(VE 검수용 도서 포함) • 각종 보고서 작성 • 조감도, 모형 제작	• 보완도서 작성 • 최종 도서 납품
소요기간	2~3개월	3~5개월	4~7개월	1~2개월

※ [약어] FT : Fast Track, OR : Owner's Requirements, SD : Schematic Design, DD : Design Development,
CD : Construction Documentation, VE : Value Engineering

2.7.2 설계도서 검토 시 주안점

설계자가 작성한 설계도서가 발주자 설계지침 및 관련 법규 등에 따라 적절하게 작성되었는지 다음과 같은 사항을 중점적으로 검토하여 발주자에게 제출한다.

(1) 발주자의 요구사항 반영

① 건설사업 목적/목표 반영 여부
② 발주자의 사용자 특성 반영 여부
③ 관련 법규 적용 및 정합성 여부

(2) 과잉설계 여부 검토 확인

① 구조계산서의 적정성 검토
② 부하계산서의 적정성 검토
③ 자재선정의 적정성 검토

(3) 경제성 검토

① 예정공사비 적정성 검토 및 개략 공사비 산정
② VE에 기반한 비용 절감방안 제시
③ LCC 분석 기반 Cost Planning 및 유지관리비용의 적정성 검토
④ 적정 공사수행량에 따른 공구분할(zoning) 검토
⑤ 비용 절감 효과가 큰 주요 공종의 공법, 자재 특성 및 장비 가용성 검토
  • 안전하고 경제적인 굴착계획
  • 골조공사의 시공성 및 경제성 검토
  • 현장가설, 지상층 시공, 내장 마감 등 시공순서 검토
  • 커튼월 공사 등의 양중계획 검토

(4) 시공성 (constructability) [52) 및 공기 검토

① 주요 부위 설계의 적정성 및 특정 공법 적용의 적합성 재검토
② 각 공종 간 상호 간섭 부분을 확인하여 문제점 예방

---

52) 건설프로젝트의 목적을 달성하기 위해 계획, 설계, 조달 및 공사 과정에 시공지식과 경험을 최적으로 활용하는 것이나 그 결과를 의미한다. 따라서 TQM, Design-Build, Partnering, Concurrent Engineering과 상호 호환성을 가진다. 최소의 비용으로, 안전하게 그리고 품질목표를 이루기 위해서는 경험이 풍부한 시공 분야 전문가를 건설사업의 초기 단계에 참여시켜야 한다.

③ 노무, 자재, 장비 등의 수급, 조달계획 검토

④ 공기 단축 가능 공종 및 공법 선정 검토

⑤ 조명, 음향, 강구조 등 특수분야 전문기술자를 통한 시공성 검토

(5) 환경, 품질 및 안전 관련 사항

① 중점품질관리 대상 공종과 하자발생 예상 부위를 사전 선정하여 품질관리 Check List에 의거 집중적으로 관리한다.

② 공종 간 상호 간섭 부분을 검토하여 문제점을 예방한다.

③ 친환경건축물(Green Building), 제로 에너지 건축물 예비인증 획득을 위한 설계의 적정성을 검토한다.

2.7.3 설계변경관리

시공 단계에서 당초 설계내용을 변경하고자 할 때 조정 및 관리 업무 수행과 관련된 업무이다.

(1) 설계변경 사유

다음 각호의 어느 하나에 해당하면 설계변경이 가능하며, 대부분 시공자가 변경을 요청하고 건설사업관리기술인이 그 내용을 검토·확인한 후 발주자가 승인하는 절차로 진행된다.

① 설계서의 내용이 불분명하거나 누락·오류 또는 상호 모순되는 점이 있을 때

② 지질, 용수 등 공사 현장의 상태가 설계서와 다를 경우

③ 새로운 기술·공법의 적용으로 공사비의 절감 및 공사 기간의 단축 등의 효과가 현저할 경우

④ 기타 발주기관이 설계서를 변경할 필요가 있다고 인정할 경우

(2) 설계변경 절차

1) 경미한 설계변경

원설계의 기본적인 사항의 변경 없이 현장여건 변화에 따라 발생하는 설계변경을 의미한다. 이 경우 건설사업관리기술인은 설계변경도면, 수량증감사항, 증감공사비 내역 등을 시공자로부터 제출받아 검토·확인한 후 발주처와 협의 후 우선 변경 시공토록 지시한다.

2) 발주자 제안 설계변경

발주자는 다음과 같은 설계변경 사유가 발생할 경우 설계변경개요서[53], 설계변경 도면, 시방서, 계산서, 수량산출조서 등 관련 서류를 첨부하여 건설사업관리기술인 에게 설계변경을 요청한다.

① 사업기본계획의 조정 또는 사업계획의 변경
② 민원 발생 등 사업환경 변화
③ 설계자의 책임이 아닌 부적합한 설계
④ 신기술, 신공법의 적용
⑤ 현장조건 변화
⑥ 관련 법규 및 규칙의 변경
⑦ 불가항력 사유
⑧ 기타 시설물의 추가사항 등

3) 설계자 귀책 사유 설계변경

① 설계용역과업지시서 등 설계 입찰서류 대비 부적절한 설계
② 설계 계약서류 대비 부적절한 설계
③ 설계기준을 벗어난 설계
④ 설계 당시 제시된 현장조건 대비 부적합한 설계
⑤ 설계내용의 오류, 불일치, 누락 등
⑥ 설계도서의 불분명한 사항
⑦ 기타 설계자의 하자로 판단되는 사항

4) 시공자 요청 설계변경

시공자는 설계도서가 관련 법령의 규정에 부적합하거나 공사 여건상 불합리하다고 인정되거나, 계약 목적물의 품질향상과 공사비 절감을 위하여 신기술 신공법을 적용 하고자 할 때 설계변경을 요청할 수 있다.

(3) 설계변경 관련 서류

설계변경 시에는 다음과 같은 서류를 발주자 또는 시공자가 작성하여 관리하고 건설 사업관리기술인은 그 내용을 검토·확인하여 발주자에게 승인을 요청하여야 한다.

---

53) 발주자가 설계도서를 작성할 수 없는 경우는 설계변경개요서만으로도 변경 요청할 수 있다.

① 설계변경 요청서, 설계변경 사유서

② 설계변경 도면 : 종·횡단면도, 일반도면(평면도, 입면도 등), 구조도면 등

③ 구조계산서

④ 공사시방서 : 신규 공종의 경우

⑤ 수량증감 및 공사비 증감 내역서(추정금액)

⑥ 수량산출서

⑦ 단가산출서 또는 일위대가(추정단가)

⑧ 기타 필요 서류

고수 POINT　　**설계관리**

- 설계관리는 발주자의 요구사항, 계약문서 등을 검토하여 대상 건설사업의 목표에 적합한 설계기준과 지침을 수립하고, 사업예산 내에서 설계품질의 향상을 목적으로 한다.
- 건설사업관리기술인은 발주자 요구사항, 각종 법규, 분야별 시스템, 주요 기술/공법/구법 등을 검토하여 시공이 최적화되도록 CM 수행계획서를 작성·이행하고, 지원해야 한다.
- 설계의 적정성을 지속적으로 그리고 진행단계별로 검토하여 최적의 설계가 되도록 지원하고, 발주자 및 시공자의 설계변경 요구에 적극 대비해야 한다.

2.8 　클레임 및 분쟁 관리

2.8.1 개요

건설프로젝트는 비교적 오랜 기간 수행되고, 계약문서 및 작업범위와 조건 등도 불명확한 경우가 많아서 프로젝트 수행과정에서, 특히 공사비 증액 및 공사기간 연장과 관련하여 발주자, 설계자, 시공자 등 계약당사자들의 의견이 다른 경우가 많다. 다시 말해서 계약문서 해석상의 차이, 발주자의 잘못으로 인한 변경이나 공기 지연, 최초 설명과 다른 현장조건, 조건 변경, 작업 촉진, 작업 중단, 설계도서의 결함/오류 등으로 인하여 당사자 간에 의견의 불일치가 종종 생긴다. 이런 연유로 공사비 증액, 공기 연장과 관련하여 분쟁이 자주 발생한다. 클레임(claim)은 이의신청 또는 이의제기로서 계약당사자 중 어느 일방이 법률상 권리로서 계약과 관련하여 발생하는 의견 불일치 사항에 대하여 금전적인 지급을 요구하거나, 계약조항의 조정이나 해석의 요구 또는 그 밖에 다른 구제조치를 요구하는 서면 청구 또는 주장을 말한다. 한편,

분쟁(dispute)은 제기된 클레임을 받아들이지 않음으로써 야기되는 것으로, 보통 제3자의 조정이나 중재(arbitration) 또는 소송(lawsuit)으로 진행하게 된다. 즉, 분쟁의 이전 단계가 클레임인 것이다.

2.8.2 클레임의 유형 및 추진

계약 당사자로서 설계자, PM/CM, 시공자 등은 계약문서에서 규정하고 있는 클레임 관련 규정들을 면밀하게 검토 확인해서 클레임 제기 조건들을 정확하게 파악하고 준수함으로써 계약에 의해 주어진 권리가 침해당하지 않도록 해야 한다. 클레임을 청구하기 위해서는 클레임 발생을 통지해야 하며 계약서류에 제출기한을 명시하기도 한다. 조달청 「공사계약특수조건」(조달청 지침 제5882호, 2023.6.29)에는 '분쟁의 사유가 되는 사안이 발생한 날 또는 지시나 통지를 접수한 날로부터 30일 이내에 계약담당공무원과 공사감독관에게 동시에 협의를 요청'하도록 규정하고 있다.

(1) 클레임의 유형

건설공사의 클레임은 여러 가지 사유로 발생하지만, 대체로 그 유형은 다음과 같다.

1) 공기 지연(delay) 클레임

건설업자/건설용역업자가 계획한 시간 내에 작업을 완료할 수 없는 경우에 발생하는 클레임으로 가장 많이 발생하는 유형이다.

2) 공사범위 클레임

이 유형은 프로젝트 전반에 걸쳐 발생할 수 있다. 클레임에 대한 책임이 누구에게 있는가는 모호한 경우가 많다. 발주자(또는 설계자)와 건설업자나 건설용역업자 간 분쟁은 주관성(subjectivity)을 내포하여 주관적인 판단에 따라 처리결과가 달라지므로 기술적이고 기능적(engineering and craftmanship)인 고도의 전문 지식이 필요한 유형이다.

3) 공기촉진(acceleration) 클레임

공기 지연 또는 공사범위 클레임의 결과로서 발생하며 생산성(productivity) 클레임이라고도 한다. 건설업자/건설용역업자에게 처음 계획한 공기보다 단축하여 작업하도록 요구하거나 생산체계를 촉진하기 위해 추가 자원이나 혹은 자른 자원을 사용하도록 요구할 때 발생한다.

4) 현장조건 상이 클레임

공사범위 클레임과 유사하지만 특정한 한 당사자에게 귀책될 수 없는 특징이 있다. 예컨대 미지의 토질 조건은 어느 정도까지는 사실상 건설프로젝트의 내재적인 위험요소로 간주되기 때문에 건설업자가 견적 시 이런 위험을 부담해야 한다. 따라서 예외적인 경우를 제외하고는 견적 시와는 다른 굴토 조건에 의한 클레임 손실에 대한 권리가 없다.

(2) **클레임 추진절차**

클레임은 일반적으로 다음과 같은 절차로 추진된다.

1) 클레임 사안에 대한 사전 평가

다음과 같은 사항들을 객관적으로 검토·분석한다.
① 계약 관련 규정에 의거 보상이 가능한 사안 인지 여부
② 클레임의 유형/성격 결정 : 공기 연장 클레임, 비용보상 클레임, 양자 모두
③ 사안별 클레임 추진 가능성 및 타당성 검토 : 사안에 대한 개략적인 증명과정을 통해 클레임 제기로 얻을 수 있는 득실(得失)을 비교해 봄으로써 클레임 추진 결정
④ 가능한 공기연장 또는 보상금액의 개략 산출

2) 근거자료 추적

클레임의 성패는 해당 사안의 증빙 여부에 달려 있으므로, 적합하고 타당한 서류 추적 및 관련 당사자(현장 직원, 작업반장 등 근로자)와 면담 등을 통해 근거자료(back up data as evidence)를 확보해야 한다. 또한 자료의 신뢰성을 높이기 위하여 손실비용산정에 관한 공인회계사 의견서(CPA audit reports)나 전기, 기계 등 특수설비 분야의 전문가 보고서(specialist reports) 등도 첨부하면 도움이 될 수 있다.

3) 자료 분석

추적, 수집한 자료들을 사전평가 과정에서 결정한 방법에 따라 분석하여, 보상에 대한 시공자의 권리가 적절하고도 타당한 것임을 증명해야 한다. 이때 사안이나 대상자료의 특성에 따라 다음과 같은 방법을 사용하여 분석할 수 있다.

① 연대기적 방법(chronological approach) : 각종 자료를 연대순으로 정리하여 분석하는 방법이다.

② 키워드 방법(keyword approach) : 해당 사안의 키워드와 관련된 자료들만을 집중적으로 분석하여 클레임의 책임(liability), 원인(causation), 손실(damage) 등을 입증하는 방법이다.

③ 스케줄링 방법(scheduling approach) : 바차트(bar-chart)나 CPM 등의 기법을 이용하여 공사 기간 및 공사비의 변동을 분석하는 방법으로 모든 클레임 분석에서는 필수적이다.

④ 코스트 방법(cost approach) : 해당 사안으로 입은 손실을 산출하는 방법으로, 비용지수(cost index)법이나 다른 적합한 견적기법을 이용한다.

4) 클레임 제기 근거 마련

자료 분석 결과를 바탕으로 클레임에 대한 시공자의 권리가 계약적으로, 법적으로, 그리고 사실적으로 타당하다고 입증하는 것으로 클레임을 구성하는 두 가지 요소, 즉 책임(liability)과 손실량(quantum) 중에서 책임 부분에 대한 근거를 마련하는 것이다.

5) 비용산출

책임소재가 규명되면, 특히 발주처 책임으로 밝혀지면 시공자는 비용보상을 받을 수 있는 권리를 갖게 되므로 다양한 견적방법 등을 사용하여 손실비용을 산출할 수 있다.

6) 클레임 서류의 완성 및 제출

클레임 서류는 발주자와 건설사업관리기술인 또는 감리원이 쉽게 검토할 수 있도록 작성한다. 국가별, 공사별, 사안별 특성이나 건설사업관리기술인의 선호에 따라 다양한 방식으로 작성될 수 있지만 피라미드 형태의 구성이 바람직하다.

2.8.3 분쟁의 조정 및 해결

클레임 등으로 분쟁이 발생하면 계약당사자 모두가 정신적·경제적으로 상당한 어려움을 겪게 된다. 분쟁으로 인하여 소송으로 가기 보다는 상호 합의나 중재에 의한 해결이 바람직하다. 이를 위해서는 건설공사의 기록을 철저하게 보관하고 관리하는 것(documentation)이 매우 중요하다.

분쟁 해결방법은 크게 세 가지가 있다.

(1) 상호합의에 의한 해결

계약 당사자가 서로 합의하여 분쟁을 해결하는 방법으로 최소의 비용으로 비교적 간단하게 해결할 수 있다.

(2) 중재에 의한 해결

분쟁이 발생한 경우 법원이 아닌 제3자(중재인)에게 해결을 위임하고 중재인이 내린 판정을 받아들여 분쟁을 해결하는 방법이다. 우리나라의 경우 국토교통부 장관 소속으로서, 건설업 및 건설용역업에 관한 분쟁을 조정하기 위한 '건설분쟁조정위원회'(근거 : 「건설산업기본법」 제69조 및 제70조) 및 건축 등과 관련된 분쟁의 조정(調停) 및 재정(裁定)을 목적으로 '건축분쟁전문위원회'(근거 : 「건축법」 제88조)가 설치 운용되고 있다. 중재는 소송에 비하여 다음과 같은 장점들이 있어서 분쟁 해결 수단으로 중재 방식을 이용한 사례가 많다.

① 해당 분야 전문가가 개입하여 조정함으로써 시간과 비용을 절약할 수 있다.
② 쌍방 간 타협에 의한 해결을 유도할 수 있다.
③ 비공개를 원칙으로 하므로 비밀이 유지된다.
④ 국제협약국 간에는 중재재판의 효력이 인정된다.

(3) 소송에 의한 해결

계약 당사자 간 합의나 중재에 의해서도 분쟁이 해결되지 않을 경우, 양 당사자 중 어느 한쪽에 의해 제기된 법정 소송을 통해 분쟁을 해결하는 방식이다.

2.8.4 공기 지연 및 분석 방법

건설공사를 수행하는 도중에 발생한 지연[54]은, 보통 PERT/CPM 기법을 통하여 분석하고 그로 인해 산정한 지연일수 등을 증거자료로 활용하거나 법적 소송에 대비해야 한다.

(1) 공기 지연의 영향

① 작업의 중단 : 내외부 요인으로 말미암아 공사를 진척시킬 수 없는 상태가 되는 것으로, 이는 경비 및 일반관리비 등 간접비의 증가와 노동효율 감소 및 장비 사용 효율의 감소로 나타난다.

---

54) 공기 지연은 건설공사에 직접 관계되는 시공자, 발주자, 설계자, 건설사업관리기술인 등의 잘못으로 인한 경우가 대부분이고, 노사분규로 인한 파업이나 이상 고온, 홍수 등 불가항력(Force Majeure, Acts of God)으로 발생하기도 한다.

② 간섭 효과 : 특정 지연이 다른 지연을 유도하거나 비용을 증가시킬 때, 발주자의 잘못[55]으로 인한 지연은 후속 공정에 간섭을 초래한다.

③ 비효율 : 계약사항 불이행 및 작업의 중단 등 공사 진행의 연속성을 방해하는 행위는 작업자 및 장비의 효율성을 떨어뜨린다.

(2) 보상책임 (소재) 에 따른 공기 지연의 형태

1) 수용 가능 (excusable) 공기 지연

① 보상 가능(compensable) 지연 : 공기 지연의 원인이 발주자의 통제범위 내에 있거나 발주자의 잘못, 태만 등의 원인으로 공기 지연이 발생했을 때는 건설업자나 건설용역업자는 공기 연장 및 비용보상 등을 청구할 수 있다.

② 보상 불가능(noncompensable) 지연 : 발주자, 시공자 그 누구에게도 원인이 없이 발생되는 공기 지연으로, 예측불허의 사건, 발주자나 시공자의 통제범위 외의 사건, 과실이나 태만이 없는 사건 등으로 인한 것이다. 계약서의 불가항력 조항에 가능한 사유를 모두 명기해 두어야 공기 연장을 청구할 수 있다.

2) 수용 불가능 (unexcusable) 지연

건설업자나 하도급업자, 자재 수급업자 등의 잘못으로 발생한 공기 지연으로, 건설업자 등은 보상금을 청구할 수 없다. 이 경우에는 계약서상의 지체보상금 조항에 따라 발주자가 오히려 손해배상금 또는 지체보상금(liquidated damages)을 청구할 수 있다.

3) 동시 발생 (concurrent) 지연

두 가지 이상의 원인으로 발생하는 공기 지연을 말한다.

(3) 공기 지연 분석 방법

1) PERT/CPM 기법을 이용한 분석

사전에 승인된 PERT/CPM기법에 의한 네트워크 공정표와 실제 수행된 공정표를 비교하여 공기 지연을 유발한 원인을 식별하고 그로 인한 지연일수를 산정한다. 또 각기의 공기 지연 원인의 책임소재를 판단하여야 한다. 이를 위해서는 공사 과정

---

55) 대지/부지 건축허가 미취득 등으로 인한 공사현장 접근 불가, 설계도면 승인 지연, 발주자 제공 자재 도착 지연 등의 경우가 이에 속한다.

모니터링과 일정갱신 작업을 일정 기간(예, 週, week) 주기로 수행하고 공기 지연의 원인 파악과 이를 반드시 기록해 두어야 한다. 네트워크 공정표가 클레임을 입증하기 위해서는 다음과 같은 조건을 만족해야 한다.

① 첫째, 네트워크 공정표의 모든 요소작업의 소요기간과 착수·완료 등의 일정이 적절하고 합리적이어야 한다.

② 둘째, 네트워크 공정표가 각기의 공기 지연 클레임의 증거물로 밝혀질 수 있어야 한다. 즉, 클레임 제기자는 공기 지연 원인을 설명하기 위한 기본적인 자료나 증거자료를 제출해야 한다.

③ 셋째, 네트워크 공정표의 일정 변화에 대한 속성을 알아야 한다. 즉, 클레임 제청 시 프로젝트의 일정을 명확하게 분석해야 한다.

④ 넷째, 최초에 작성된 네트워크 공정표 상의 요소작업이 정해진 기간 내에 완성될 수 있었다는 것을 증명하여야 한다.

네트워크 공정표로 지연일수 등을 산정하는 방법은 여러 가지가 있으나 시간 경과에 따른 평가방법(time impact analysis or modified as-built schedule delay analysis)이 가장 널리 사용되고 있다. 이 방법은 공기 지연이나 설계변경에 의한 영향이 발생하면 즉시 네트워크 공정표에 반영하여 일정을 재계산하고 그 결과를 바로 평가하는 것이다. 이 방법의 특징은 다음과 같다.

① 시간 경과에 따른 공기 지연을 평가하기 위해서는, 그 시점에서 기준이 되는 공정표(current baseline)를 먼저 작성해야 한다. 이것은 여러 영향이 발생하기 바로 전의 갱신 기간(update period)에 영향을 받은 작업의 실태를 확인하여 작성한다. 이 과정에서 부분 공정표(fragnet)를 작성하여 전체 공정표에 삽입할 수 있다.

② 그 후 현시점에서의 영향(impacts) 정도를 산정한다. 각각의 영향이 요소작업(activity)으로 공정표에 삽입되고 일정을 다시 계산하여, 그 결과가 프로젝트 준공일에 영향을 주게 되면 이는 평가 중인 영향으로 인한 지연으로 간주한다.

③ 이 방법은 영향이 발생하면 그 내용을 공정표에 반영하여 일정을 재계산하고 그 결과로서 준공일 지연 여부를 즉시 평가하는 것이다.

④ 이 방법의 목적은 개별적인 사건의 영향뿐만 아니라 여러 사안이 복합된 영향을 고려하고 진행 중인 지연에 대한 영향을 평가하는 것이다.

2) What-if를 이용한 분석

특정 계약 당사자(예, 발주자, 원도급자, 하도급자)의 귀책으로 단일 또는 복수의 공기 지연 사유가 동시에 또는 시간 간격을 두고 발생한 경우, 그 사유가 총 공사 일정에 어떠한 영향을 주었는지 분석하는 것이다. 이 방법은 분석절차와 결과가 비교적 명확하고, 원하는 수준의 오차범위를 반영하여 일정한 변동폭의 여유를 각 공종마다 설정할 수 있다는 장점이 있다. 이 방법은 계획공정과 실적 공정의 구성 요소 및 전체 일정 변화 차이가 클수록 계획공정에서의 지연 사안 발생을 적용하는 것이 큰 효과를 보지 못하는 문제가 있다. 최근에는 컴퓨터 시뮬레이션 방법을 이용 하여 계획공정에서의 What-if 분석결과를 실적 공정에 직접 반영할 수 있게 되면 서, 공정변화를 실시간으로 분석 및 판단하는 방법도 사용되고 있다([그림 2-12] 참조).

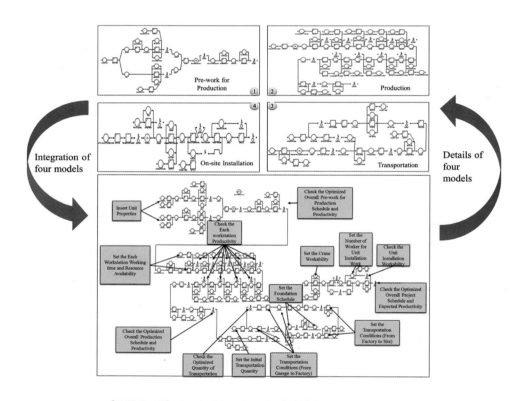

[그림 2-12] 컴퓨터 시뮬레이션 방법을 활용한 What-if 분석 사례

2.8.5 손실 산출

손실에 대한 보상은 건설업자/건설용역업자가 공사를 계약대로 수행하였을 경우 획득할 수 있었던 이익을 보호하기 위한 것이다. 그 범위는 손실이 인지된 경우는 물론이고 계약을 신뢰하고 행위함으로써 발생한 손실 및 발주자가 건설업자/건설용역업자의 행위로부터 얻은 이익을 말한다. 그러나 발생한 모든 손실에 대하여 보상을 받을 수 있는 것은 아니고, 해당 사안과 관련되지 않는 것은 보상받을 수 없다. 상대방의 계약위반으로 손실을 당하면 손실을 본 당사자는 그 손실을 최소화할 의무가 있으며, 이러한 노력을 손실의 완화(mitigation)라고 한다.

(1) 손실 산출 방법

1) 실공사비(actual cost) 방법

보상항목별로 상세하게 작성한 실제 원가자료를 산출근거로 삼는 방법으로, 가장 널리 사용되며 신뢰성이 높다. 이 방법을 사용하기 위해서는 공종별 또는 클레임 사안별로 주기적이고 체계적인 원가관리가 필수적이고 보상항목에 포함되는 작업에 필요한 자원들이 원가자료에 정확하게 구분되어 기록되어야 한다. 또 공종별 또는 클레임 사안별로 투입된 공사자원들에 대한 기록이 일일보고서 등의 문서를 통해 건설사업관리기술인에게 제출되어 승인됨으로써 공식 문서로 인정되어야 한다.

2) 총공사비(total cost) 방법

다른 방법으로는 손실량의 산출이 불가능한 경우 최후의 수단으로 사용하는 방법이다. 실재 총공사비(total actual cost for the performance)에서 계약 시의 총공사비(contract amount for performing the entire project)를 빼서 손실비용을 산정한다. 이 방법은 다음과 같은 조건을 충족해야 적용할 수 있다.
① 손실을 산출할 수 있는 다른 방법이 없는 경우
② 원래 입찰금액(original bid)이 합리적(reasonable)인 경우
③ 실제 투입비용이 합리적인 경우
④ 추가비용에 대하여 건설업자/건설용역업자의 책임이 없는 경우

3) 수정된 총공사비(modified total cost) 방법

총공사비 방법에서 계약 시의 공사비와 실공사비에 포함된 부적당한 금액을 수정하여 적용하는 방법이다. 이 방법에 따라 손실을 산출할 때는 해당 사안과 관련된 공종과 무관한 공종을 명확하게 분리해야 한다.

4) 합리적 비용(quantum merit) 방법

이 방법은 실수(mistake), 계약목적의 미달(frustration), 실질적 계약위반(material breach) 등의 사유로 계약이 무효가 된 경우나 계약에 명시되어 있지 않은 추가공사를 발주자의 요구로 시행할 경우 허용된다. 건설업자/건설용역업자가 시행한 일에 대한 객관적이고도 타당한 금액만큼의 보상으로, 공정한 시장가격(fair market value)을 바탕으로 산출된다.

5) 공정한 조정(equitable adjustment) 방법

미국 정부 계약에서 도입된 개념으로 변경으로 발생한 추가비용만이 보상의 대상이 될 수 있으며, 다음과 같이 손실비용을 산정한다.

> • 손실비용 = 변경에 의한 공사비(reasonable cost to perform the works as changed)
>   − 변경 전의 공사비(reasonable cost to perform the works as original required)

(2) 클레임의 비용항목과 클레임 유형

건설업자/건설용역업자는 클레임 사안이 발생할 때마다 개별 사안을 체계적이고 독립적으로 분석하고 관리하여야 한다. [표 2-15]는 클레임의 비용 항목과 클레임 유형을 나타낸 것이다.

[표 2-15] 클레임의 비용항목과 클레임의 유형

클레임의 비용 항목	클레임의 유형			
	지연 클레임	작업범위 클레임	공기단축 클레임	현장조건 상이 클레임
추가 직접 노무 시간	−	○	−	○
생산성 손실에 기인한 추가 직접 노무 시간	○	△	○	△
증가 노무비 단가	○	△	○	−
추가 재료량	−	○	△	△
추가 재료비 단가	○	○	△	△
추가 하도급 작업	−	○	−	△
추가 하도급 비용	○	△	△	○
장비 임대비	△	○	○	○
자가 장비 사용비	○	○	△	○

클레임의 비용 항목	클레임의 유형			
	지연 클레임	작업범위 클레임	공기단축 클레임	현장조건 상이 클레임
증가된 자가 장비 사용 비율에 의한 비용	△	−	△	△
작업 부대경비(가변)	△	○	△	○
작업 부대경비(불변)	○	−	−	△
회사 부대경비(가변)	△	△	△	△
회사 부대경비(불변)	○	△	−	△
이자 또는 자금조달비용	○	△	△	△
이익	△	○	△	○
기회 이익의 감소	△	△	△	△

㈜ ○ : 클레임에 정상적으로 포함
　　△ : 경우에 따라 클레임에 포함
　　− : 클레임에 포함되지 않음

Q 고수 POINT　　**클레임 및 분쟁관리**

- 건설사업관리기술인은 계약문서에서 규정하고 있는 클레임 관련 규정들을 면밀하게 확인해서 제기된 클레임으로 인하여 계약 당사자의 계약적 권리가 침해당하지 않도록 지원해야 한다.
- 건설사업관리기술인은 제기된 클레임 항목을 유형별로 정리하고 클레임에 포함될 수 있는지, 그리고 보상받을 수 있는 사항인지 판단하여 지원하여야 한다.
- 공기지연 등으로 인한 손실 산출에 대해서는 미리 정한 기준(네트워크 공정표 등)과 손실 산출방법 등을 숙지하여 관련 업무를 추진해야 한다.

【참고문헌】

1. 국토교통부, 적정 공사기간 확보를 위한 가이드라인, 2023

2. 김문한 외, 건설경영공학, 기문당, 1999. 09

3. 김종훈, 프리콘 PRECON-시작부터 완벽에 다가서는 일, MID, 2020.06

4. 김종훈, IPD(Integrated Project Delivery)-원칙과 적용을 위한 도구, 건설관리 제6권제2호, 2015. 4

5. 대한민국 국방부 주한미군기지이전사업단, 주한미군기지이전사업 종합사업관리, 2018.12

6. 정진화, 안용한, 통합발주방식(Integrated Project Delivery)의 국내활성화를 위한 기초연구-미국 IPD사례를 중심으로, 건설관리 제6권제2호, 2015. 4

7. 삼우 CM, CMH(Construction Management Handbook) Rev.3- 02 계약관리, 05 설계관리, 2021. 12

8. 서울대학교 건설기술연구실, 이현수 외, 건설관리개론, 구미서관, 2020. 09

9. 일본 프로젝트매니지먼트협회. 프로그램&프로젝트 매니지먼트 개정 3판, 2014. 04

10. Chuck Thomsen, FAIA, FCMAA, 한국건설관리학회 역, Program Management 개정 2판 : Concepts and Strategies for Managing Capital Building Programs, Spacetime, 2012. 2

11. Michel Thiry, 한국건설관리학회 역, 프로그램 관리(Program management), 씨 아이알, 2023. 02

12. Oberlender, Garold D., Project Management for Engineering and Construction, 2nd Ed., McGraw-Hill, 2000

13. www.beeliner.net

CHAPTER 3

디지털 건설기술
및 활용

3
CHAPTER

디지털 건설기술 및 활용

디지털 전환

컴퓨터의 발달과 인터넷 보급 등으로 1990년대 중반 이후 건설산업에 디지털 기술의 접목과 적용이 시도되었으며, 최근에는 기능, 속도, 경제성 등의 혁신으로 건설산업에 디지털[1] 기술의 적용이 크게 늘고 있다. 우리나라도 건설 분야의 생산성 증대와 기술집약적인 산업으로 전환을 목표로 2022년 7월 국토교통부에서 발표한, 스마트 건설 활성화 방안(S-Construction 2030)[2]은 건설산업 디지털화의 촉매 역할을 하고 있다. 2016년 다보스 포럼 이후 화두로 등장한 4차 산업혁명 기술은 초연결, 초지능을 바탕으로 건설산업의 구조와 생산방식, 경영 환경 및 근로 형태 등을 크게 변화시키고 있으며, 설계와 시공 등 모든 분야에서 그 영향력을 키워 나가고 있다.

---

[1] 디지털은 데이터(data)와 정보(information)를 다루는 기술이자, 프로세스를 다루는 프로그램 (software program)이라는 측면에서는 테크놀로지(technology), 즉 범용기술이다(김우영, 2022).

[2] 1,000억 원 이상 도로, 철도, 건축 등 공공공사의 건설 전 과정에 BIM 도입을 의무화하고, 「표준시방서 등 건설기준」을 2027년까지 디지털화하며, 건설기계의 무인 조종이 가능토록 기준을 정비하고 OSC 활성화 등 스마트 건설산업 육성을 위한 제도 정비 및 전문인력 양성 등 정책 추진 방안이다.

디지털 전환(digital transformation)은 기존의 건설생산 과정에 다양한 디지털 기술을 접목함으로써 노동집약적인 현장 중심의 생산방식을 기술집약적인 방식으로 변환을 촉진하고 있다. 건설 분야의 디지털 전환이 급속하게 이루어지는 이유는 상대적으로 낮은 생산성을 증대시키고, 분야/부문 간 수직적·수평적 연결을 디지털 전환이 유연하게 지원함으로써 고부가 가치 실현이 가능하기 때문이다. 또한 디지털 기술을 통해 건설현장 내 안전사고 저감 등 리스크 저감과 환경 폐기물이나 탄소 배출량이 감소됨으로써 친환경 기조에 부응할 수 있다.

디지털 전환은 '디지털적인 모든 것(All things digital)'으로 인해 발생하는 다양한 변화에 디지털 기반으로 기업의 전략, 조직, 프로세스, 비즈니스 모델, 생산방식, 문화, 커뮤니케이션, 시스템을 근본적으로 변화시키는 경영전략이다. 다시 말해서, 디지털과 물리적 요소의 결합을 통하여 새로운 생산방식 또는 비즈니스 모델, 프로세스 등을 결합하여 새로운 전략을 만드는 것이다.

[표 3-1]에서 보는 바와 같이 디지털 전환에 관한 다양한 정의가 있지만, 공통적으로 단순한 디지털화를 넘어서 비즈니스 모델을 변화시키는 것이 '디지털 전환'이라고 정의하고 있다.

[표 3-1] 디지털 전환의 정의

구 분	정 의
Bain & Company	산업을 디지털 기반으로 재정의하고 게임의 법칙을 근본적으로 뒤집음으로써 변화를 일으키는 것
AT Kearney	모바일, 클라우드, 빅데이터, 인공지능(AI), 사물인터넷(IoT)[3] 등 디지털 신기술로 촉발되는 경영 환경상의 변화에 선제적으로 대응하고, 현 비즈니스의 경쟁력을 획기적으로 높이거나 새로운 비즈니스를 통한 신규 성장을 추구하는 기업 활동
PWC	기업 경영에서 디지털 소비자 및 에코 시스템이 기대하는 것들을 비즈니스 모델 및 운영에 적용하는 일련의 과정

---

3) 사물인터넷(Internet of Things : IoT)은 각종 사물(事物)에 센서와 통신 기능을 내장하여 인터넷에 연결하는 기술, 즉 무선 통신을 통해 각종 사물을 연결하는 기술을 의미한다. 사물은 가전제품, 모바일 장비, 웨어러블 디바이스 등 다양한 임베디드(embeded) 시스템이다. 사물인터넷에 연결되는 사물들은 자신을 구별할 수 있는 유일한 IP를 가져야 하며, 외부 환경으로부터 데이터 취득을 위해 센서를 내장한다(위키백과).

구 분	정 의
Microsoft	고객을 위한 새로운 가치를 창출하기 위해 지능형 시스템을 통해 기존의 비즈니스 모델을 새롭게 구상하고 사람과 데이터, 프로세스를 결합하는 새로운 방안을 수용하는 것
IBM	기업이 디지털과 물리적인 요소들을 통합해 비즈니스 모델을 변화시키고 산업에 새로운 방향을 정립하는 것
IDC	고객 및 시장(외부 환경)의 변화에 따라 디지털 능력을 기반으로 새로운 비즈니스 모델, 제품, 서비스를 만들어 경영에 적용하고 주도하여 지속 가능하게 만드는 것
WEF	디지털 기술 및 성과를 향상시킬 수 있는 비즈니스 모델을 활용해 조직을 변화시키는 것

3.2 · 디지털 건설기술

3.2.1 디지털 건설을 위한 핵심 IT 기술

(1) 건축정보모델링 (BIM)

BIM은 건축물에 대한 정보를 컴퓨터가 이해(computer interpretable)할 수 있는 형태로 저장하는 것이다. 이를 통해 컴퓨터는 단순한 카운팅(counting) 활동부터 필요한 정보를 인간의 도움 없이 추출·연산함으로써 건축물의 성과에 관한 다양한 분석을 할 수 있다. 또 컴퓨터상에 가상으로 건축물을 만들어 이를 평면도, 입면도, 단면도 등 다양한 도면으로 생성해 낼 수 있기 때문에 특정 부품, 부위 또는 재료가 변경되더라도 간단하게 변경된 도면을 출력할 수 있다. BIM은 3차원 모델을 기반으로 건축물의 기획, 설계, 시공, 유지관리 등 전 과정에 걸쳐 생성된 정보를 통합 관리하는 스마트 건설의 핵심 기술이다. 건설 디지털 정보와 프로세스를 통합해 협업 체계를 구현하고 데이터 기반의 신속하고 정확한 의사결정을 지원해 생산성을 향상시킬 수 있다. 어떤 건축물의 정보가 BIM으로 불리려면 첫째, 건축물이 시각적인 형태로 표현되어 있어야 하고, 둘째, 건축물 부재 등의 정보가 시각적인 표현과 결합되어 있어야 한다. BIM 적용의 효과로는 시각화를 통한 효율적인 의사결정, 건축과 구조 혹은 건축과 설비 등 서로 다른 분야나 시스템 간의 충돌 체크, 현장 외 시공을 위한 CAM(computer aided manufacturing)으로 정보 추출을 통한 Prefabrication 정밀도 향상, 적산·견적 자동화, 4D 시뮬레이션을 통한 사전 시공성 검토, 시설물 유지관리의 효율성 증진 등이다.

(2) 클라우드 BIM

클라우드 BIM은 건설사업 참여자들이 클라우드 컴퓨팅[4]을 통해 3차원 가상 시뮬레이션 환경에서 협업할 수 있도록 지원하는 기술이다. 설계안 등을 클라우드 컴퓨팅을 통해 시공자가 검토·수정할 수 있으며, 공정계획, 견적 데이터 분석 등을 통해 최적화된 설계안을 만들 수도 있다. 시공 분야에서는 사업 참여자 간 문서 공유로 설계오류 체크, 공사진행 상황 등을 신속하게 검토할 수 있는 플랫폼[5]을 갖출 수 있다. 이는 텍스트 기반의 PMIS보다 훨씬 효율적이며, 방대한 데이터의 수집, 저장 및 활용이 가능하다.

(3) 인공지능 (Artificial Intelligence : AI)

인공지능(Artificial Intelligence)은 인간의 학습능력, 추론능력, 지각능력을 인공적으로 구현하려는 컴퓨터 과학의 세부 분야 중 하나로, 정보과학 분야에서 인프라 기술의 하나이기도 하다. 현재의 인공지능은 단순히 인간의 기능을 대체하는 것이 아닌 인간을 넘어서는 분석을 할 수 있도록 지속적으로 진화하고 있다. 건설 분야에서도 무인 건설장비, 균열 원인 분석, 계약서류 검토 등 다양한 영역으로 활용 범위가 확대되고 있다. 1세대 인공지능은 전문가 시스템(expert system)으로 전문가들의 전문지식 및 문제해결과정을 인공지능 기법으로 체계화·기호화하여 컴퓨터 시스템에 입력한 것이다. 2세대 인공지능은 통계적 기법을 확장한 기계학습(machine learning) 등 다양한 데이터 분석 기법을 기반으로 데이터의 예측 및 분석 등에 활용되었다. 3세대 인공지능은 여기에 환경변화를 추종하며 분류와 예측 방법을 바꾸어 적용하는 등 인공지능의 적용성을 높이기 위하여 노력하고 있다. 최근에는 Chat GPT(Generative Pre-trained Transformer)와 같은 LLM(large language model)을 적극적으로 도입하는 등 생성형 AI[6] 기술의 급속한 발전 및 활용으로 디자인을 개선하고 정보를 생성할 수 있다. 인공지능 기반의 디지털 기술 중 대표적인 것은 오토데스크의 제너러티브 디자인(Generative Design) 기술인데, 이는 설계 목표를 설정하면 가장 적합한 설계 대안을 단시간 내에 만들어 최적안을 선정하도록 돕는 기술이다.

---

4) Cloud Computing은 사용자의 직접적이고 활발한 관리 없이, 데이터 스토리지(클라우드 스토리지) 및 컴퓨팅 파워와 같은 컴퓨터 시스템 리소스(resource) 필요시, 바로 제공(on-demand availability)하는 것을 말한다. 인터넷 기반 컴퓨팅의 일종으로 정보를 자신의 컴퓨터가 아닌 클라우드에 연결된 다른 컴퓨터로 처리하는 것을 의미한다(위키백과).

5) 데이터를 저장 및 공유함으로써 데이터의 입력, 처리, 출력 과정 전반을 통합적으로 지원하기 위한 기술 기반으로 플랫폼 기술에는 BIM, 클라우드, 사물인터넷 기술 등이 해당된다.

6) DALL·E-3(Open AI), Midjourney, Stable Diffusion 등이 있다.

⑷ 웨어러블 센서(Wearable Sensor)

센서는 어떤 신호나 자극을 받아 전기적 신호로 바꾸어 주는 것으로, 하나의 신호를 다른 신호로 바꾸어 주는 트랜스듀서(transducer), 연속적 신호를 이산적 신호로 바꾸어 주는 신호처리(signal processing), 그리고 이를 서버로 전송하는 통신 기능이 있다. 전력 소모를 줄이고 정보처리를 쉽게 하기 위해 서버로 전송하기 전에 센서 자체 단위에서 분석 기능(local analysis)을 수행하기도 한다. Head Set, Wrist band, 스마트 워치, 스마트 글라스 등 웨어러블 장치들은 근로자의 심박수, 뇌전도, 피부 온도, 혈류량, 피부 전극반응 등 사람의 생리학적 데이터를 실시간으로 측정하여 전달할 수 있는 바이오 센서를 탑재하여 근로자의 신체 상태를 파악한다. 웨어러블 센서는 건설안전 분야에서 많이 활용되고 있으며, 근로자의 잘못된 작업 자세, 과도한 피로도 등을 측정하여 경고하거나 휴식을 유도하는 데 활용된다. 웨어러블 센서는 작업자의 행동 인식에도 활용되는데, 작업자의 반복적 행동을 작업 사이클로 이해하거나 특정 행동에 대한 데이터를 분석하여 작업자의 생산성을 측정할 수 있다.

⑸ 가상현실과 증강현실

가상현실(virtual reality : VR)은 실제 혹은 상상 속의 환경을 컴퓨터 속에 가상으로 구현한 것으로 컴퓨터 속에 실제 크기로 구현되어 소리, 햅틱 등이 결합되어 현실감을 극대화한 몰입형(immersive) VR과 컴퓨터 화면 등을 통해 구현되어 현실감은 떨어지지만, 가상환경 속에서 조작감을 극대화한 비몰입형(non-immersive) VR로 구분된다. VR 기술은 BIM의 시각화 기능과 함께 많이 활용되고 있다. 가상현실 기술은 건설기술 교육과 훈련, 설계 대안의 사용성 평가, 설치 순서 시뮬레이션 및 검토 등에 활발히 활용되고 있다.

증강현실(augmented reality : AR)은 실제 환경에 컴퓨터가 생성한 정보를 덧대어 입힌 형태로, 실제 환경과 가상의 오브젝트(object)가 동시에 보이는 것이 특징이다. 이를 위해 실제 환경의 이미지 처리, 실제 환경의 정보화, 다른 정보 모델과 결합에 의한 정보 생성, 생성된 정보와 실제 환경의 결합 등의 프로세스를 진행한다.

(6) 3D 프린팅

3D 프린터에 업로드된 디지털 파일로부터 플라스틱, 레진, 콘크리트, 모래, 금속 등의 재료를 사용하여 연속적인 층을 만들면서 물체(product)를 제조하기 때문에, 적층 제조(Additive Printing) 또는 적층 가공(Additive Manufacturing)이라고 부르는 혁신적인 제조 기술이다. 초기에는 조경용 벽돌이나 비구조용 건축 부품을 제작하였으나, 최근에는 주택 생산에도 활용하고 있다. 2015년에 완공된 네덜란드 암스테르담의 커넬 하우스가 대표적이고, 원하는 형태를 자유롭게 만들 수 있으며 건설 폐기물을 최소화할 수 있다.

(7) 레이저 스캐닝

레이저 스캐닝은 건축물, 부재, 대지 등 실제 오브젝트의 형상을 디지털 형태로 빠르게 시각화할 수 있는 기술로 비파괴적이고 비접촉식이라는 장점이 있다. LiDAR(Light Detection and Ranging)[7]라는 측정 기술을 이용하여 발신기에서 대상물에 레이저 광선을 발사하여 반사된 빔의 방향과 거리를 이용해 3차원 좌표의 집합(point clouds)으로 대상물을 표현하는 기술이다. 제조업 분야에서 역설계(reverse engineering) 및 생산품의 3차원 형상을 디지털화하기 위해 개발된 것이다. 이 기술은 BIM과 같은 정보 모델의 형태로 직접적으로 형상처리가 되지 않아 주관적인 해석에 의존해야 하는 단점이 있지만, 빠르고 안전하게 원거리 측정이 가능하다는 점에서 활용도가 높아지고 있으며, BIM 등 다른 정보 모델과 결합 능력도 점차 향상되고 있다. 레이저 스캐닝은 대지 측량 및 현황 파악, 토공 물량 산정, 건축물 유지관리, 도면이 분실된 구조물 등의 역설계, 시공 오차 측정 등 품질 관리, 시공 현황 및 진도관리 등에 활용이 늘어나고 있다.

(8) 머신 러닝(Machine Learning)[8]과 인공지능(Chat GPT 등)

미국 스마트 비드사는 머신 러닝 기반의 안전관리 솔루션을 개발하였다. 이 기술은 실적 데이터를 클라우드에 저장하고 현장 작업 상황을 카메라나 동영상으로 촬영한 영상 이미지와 대화 내용을 인식해 과거 빅데이터와 비교·분석하여 위험 상황을

---

7) 레이저 펄스를 발사하여 그 빛이 대상물체에 반사되어 돌아오는 것을 받아 물체까지 거리 등을 측정하고 물체형상까지 이미지화하는 기술. 자율주행에서 3차원 영상을 구현하기 위하여 필요한 정보를 습득하는 센서의 핵심 기술로 활용되고 있다.

8) 경험적 데이터를 기반으로 학습하고 예측하며 스스로 성능을 향상시키는 시스템과 이를 위한 알고리즘을 연구하고 구축하는 기술임. 기계학습의 하나의 기술인 인공 신경망 분야에서 두드러진 발전이 이루어졌는데, 바로 딥러닝(Deep Learning)이다.

예측한다. 또 축적한 실적 데이터에 대상 프로젝트의 조건들을 학습시켜 정밀한 공사비 예측에도 활용하고 있다. 이외에도 데이터 축적이 가능한 모든 분야에서 머신 러닝과 인공지능을 활용한 기술들이 개발되고 있으며, 향후 건설사업 프로세스나 사업 추진 체계를 혁신시킬 수 있는 기술로 발전할 것으로 판단된다.

(9) UAV (Unmanned Aerial Vehicle)

실생활에서 최근 널리 사용되는 드론(Drone)도 UAV의 일종이다. 드론은 단시간에 광범위한 지역의 이미지 데이터를 수집할 수 있어 시설물 상태 및 공사 현장을 효율적으로 모니터링할 수 있다. 특히, 사람의 접근이 어려운 지역이나 지속 관찰이 필요한 지점을 미리 경로로 지정(predefined path)하면, 드론으로 관측 가능하다. 드론을 활용하면 데이터 관리 및 전송, 시각화, 3D 측량 및 모델링 등이 용이하게 된다. '데이터 관리 및 전송'은 드론을 통해 수집한 이미지를 데이터로 변환해 저장 및 공유하거나 실시간으로 다른 장비 또는 기기에 전송하는 기능이다. '시각화'는 드론으로 수집한 영상 또는 이미지를 2D나 3D로 변환하거나 시간 흐름에 따라 표시하는 기능이고, '3D 측량 및 모델링'은 수집한 지형 데이터를 3D 모델로 구현하는 것이다.

3.2.2 디지털 건설기술의 분류

디지털 기술 중에서 건설산업에 적용할 수 있는 기술은 BIM, 사물인터넷, AI, 빅데이터, 증강현실, 가상현실, 모듈러, 3D 프린팅, 로보틱스, 지능형 건설 장비, 무인 항공기(드론 등) 등이다.

[표 3-2]는 디지털 건설기술을 유형별로 분류한 것이다.

[표 3-2] 디지털 건설기술의 분류

구 분	디지털 건설기술
플랫폼 기술	BIM, 클라우드, 사물인터넷
수집 기술	사물인터넷, 센싱 기술, 드론, UAV
기반 기술	빅데이터, 인공지능
혁신 기술	가상현실, 증강현실, 모듈러, 3D 프린팅, 로보틱스, 지능형 건설 장비

3.3 ● 디지털 건설기술의 활용

디지털 기술은 건설사업을 추진하는 모든 과정에서 적용될 수 있다. 이 절에서는 설계 단계, 시공단계, 유지관리단계에서 활용되거나 활용 가능한 기술을 살펴본다. 설계단계 에서는 디지털 협업, 데이터 기반 설계, 시뮬레이션 및 프로토타입 제작, 물리적 구조 의 가상화, 데이터 분석, 설계 최적화 등의 업무에 디지털 건설기술을 적용하고 있다. 디지털 협업은 클라우드 BIM 환경을 활용하여 사업 참여자들이 3D 통합 설계모델을 구축하는 것이다. 데이터 기반의 3D 통합 설계모델은 가상현실 기술과 시뮬레이션 기술 등과 연계하여 설계과정에서 발생하는 간섭이나 충돌 사항을 자동으로 검토함으 로써 설계 오류나 불활실성을 최소화할 수 있다. 이러한 기능은 설계안에 대한 실시간 검토, 이력관리, 동시 수정, 원활한 의사소통 등을 가능하게 한다. 데이터 기반 설계는 사업 주변 환경, 대상 건축물의 사용자 행동, 교통 상황, 건축법령 등의 데이터를 인공 지능, 머신 러닝, 빅데이터 분석 등의 기술을 활용하여 분석함으로써 최적 설계안을 도출하자고 하는 것이다.

시공단계에서는 근로자 산업재해 저감, 공사비 절감, 공기 단축 등의 목적 달성을 위하 여 디지털 건설기술을 적용한다. 실시간 데이터 공유, 데이터 기반 공사계획 수립, 새로운 제작방식 적용, 공사 자동화, 시공 모니터링, 실시간 건설 장비 추적관리 등을 목적으로 디지털 건설기술을 적용하는 것이다. '실시간 데이터 공유' 기능은 클라우드 상의 3D BIM 모델을 활용하여 공사 중 발생하는 데이터를 통합 및 관리하는 것으로, 가상현실이나 증강현실을 통해 3D로 구현된 가상 이미지를 기반으로 데이터 및 시공 정보를 실시간으로 확인하여 대응할 수 있다. '데이터 기반 공사계획 수립' 기능은 인공지능, 머신러닝, 빅데이터 등의 기술을 활용하여 과거 실적 자료를 분석하여 최적 대안 선정 등에 활용하는 것이다. 새로운 제작방식 적용'은 3D BIM 모델에 저장된 기하학적 속성과 속성값 등을 기반으로 모듈러, 3D 프린팅과 같은 새로운 공법이나 제작방식을 적용하는 것이다. 이를 토대로 작업 프로세스 개선, 날씨 등 외부 요인으로 인한 공기 지연 방지, 자원계획 및 운용의 최적화를 추구할 수 있다. '공사 또는 시공 자동화'는 3D BIM 모델과 모델에 포함된 데이터를 기반으로 인공지능 및 원격 제어 시스템을 활용하여 로보틱스, 지능형 건설 장비, UAV 등을 공사 현장에 적용하고 이를 통해 생산성 제고 및 정밀도나 안전성을 높이는 것이다. '시공 모니터링'은 이미지 수집 장치를 UAV나 특정 장소에 부착하여 데이터를 수집 분석하고 증강현실과 3D BIM 모델과 연계하여 진척도를 측정하거나, 시공 오차나 하자를 찾아내는 것이다.

또한 사물인터넷 기술을 통해 장비 상태를 실시간으로 파악(Onboard Diagnosis)하여
장비 운용을 최적화할 수 있다. '건설 장비 실시간 추적관리' 기능은 장비의 위치를
포함한 각종 정보를 분석하고 이를 기반으로 장비를 효율적으로 관리하는 것이다.

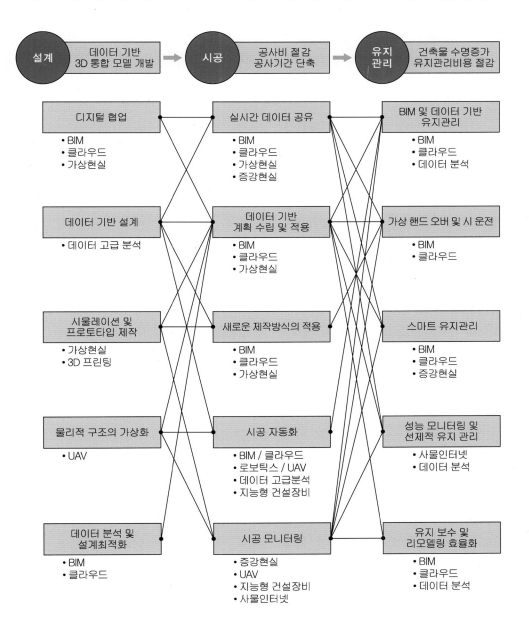

[그림 3-1] 건설 프로젝트 생애주기별 디지털 건설기술 적용

운영 및 유지관리단계에서의 디지털 건설기술 활용은 시설물 수명 증대, 생애주기 유지관리 비용 절감 및 최적화를 목적으로 에너지 분석, BIM 및 데이터 기반 유지관리, 가상 핸드오버 및 시운전, 스마트 유지관리, 성능 모니터링 및 선제적 유지관리, 유지보수 및 리모델링 효율화 등을 추진한다. '에너지 분석' 기능은 에너지 소비 데이터를 기반으로 에너지 사용량 최적화를 지원한다. 'BIM 및 데이터 기반 유지관리'는 실적자료 기반 3D BIM 모델과 유지관리 시스템이나 자산관리 시스템을 연계하여 유지관리 비용을 최적화하는 기술이다. '가상 핸드오버 및 시운전' 기능은 준공검사 단계에서 3D BIM 모델에 저장된 데이터를 바탕으로 유지관리 시뮬레이션 및 최적화, 핸드오버 및 시운전 과정을 효율화하는 것이다. '스마트 유지관리' 기능은 3D BIM 모델과 증강현실 기술을 활용하여 기계, 전기, 배관(MEP) 등 시각적으로 구별이 쉽지 않은 구성요소에 대한 정보를 획득하고 이를 기반으로 유지관리하는 것이다. 또 MEP 유지관리 매뉴얼, 재고 수준, 현재 상태 등의 정보를 제공할 수 있다. '성능 모니터링 및 선제적 유지관리'는 다종의 센서, 사물인터넷 기술 등을 활용하여 시설물 성능 데이터와 에너지 소모 등을 실시간으로 모니터링하고 이를 기반으로 선제적으로 유지관리하는 것이다. 그리고 건축물을 구성하는 부품 등 자산에 대한 상세 정보와 모니터링으로 자산의 수명을 증대시킬 수 있다. '유지보수 최적화 및 리모델링 효율화' 기능은 건축물을 구성하는 부품 등 자산의 생애주기 수명을 예측하여 교체 대상과 시기를 표준화하는 것이다. 또한 3D BIM 모델에 저장된 데이터를 분석하여 시설물의 수명을 예측하고 적기에 유지보수, 리모델링 등을 수행하도록 유도함으로써 유지관리 비용을 최적화하는 것이다.

3.4 ● 디지털 건설기술 동향

글로벌 건설시장에서는 디지털 기술을 건설 산업에 적극 도입 활용하는 다양한 콘테크(con-tech) 기업[9]들이 생겨나고 있다. 그들이 사용하는 디지털 기술은 BIM, 클라우드, 사물인터넷, 인공지능 등 매우 다양하며, 생산성이나 부가가치 향상, 리스크 저감, 친환경성 증가 등으로 그 효과가 나타나고 있다. 국내외에서 개발된 것으로 건설 분야와 건설사업관리(CM/PM) 분야에서 활용하고 있는 디지털 기술은 다음과 같다.

---

9) 기존의 건설(construction) 공정에 디지털 기술(technology)을 접목시켜 생산성 등의 혁신을 추구하는 기업을 일컫는다.

3.4.1 외국 동향

[표 3-3]은 외국 기업이 개발한 디지털 기술과 활용 분야를 요약한 것이다.

[표 3-3] 디지털 기술 개발 기업 및 적용 분야

디지털 기술		기획, 설계	구매조달/시공	사용/유지관리
		기획, 타당성 조사, 기본설계, 상세설계	구매조달, 시공	사용, 유지관리, 리모델링
		PM/CM(건설사업관리)		
플랫폼	BIM 및 클라우드	XYZ Rabbet klarx	BOBTRADE, Union Tech, Buildsafe	sms assist
	사물인터넷	PROCORE	rayven	
			SOIL CONNECT viAct	entic
데이터 수집 기술	무인항공기	SKYCATCH		
데이터 분석 기술	빅데이터, 인공지능 등	UPTAKE		
증강현실			HOLO BUILDER	
			OPENSPACE	
가상현실		IRISVR		
3D 프린팅		MX3D		
블록체인			trinov	PROPY
인공지능		SPACEMAKER	flow RHUMBIX	Opendoor, habx
모듈러			AMPD	Hydroleap, plant
		KATERRA		
로보틱스		blu	Construction Robotics	

(1) Onshape

온세이프는 BIM과 클라우드 기술을 기반으로 제품 설계를 지원하는 솔루션을 개발하여, '파라메트릭 모델링', '데이터 관리', '협업', '안전성 확보와 제어', '데이터 분석과 리포팅' 등의 기능을 제공하고 있다. 'Parametric Modeling' 기능은 사업 참여자들이 담당하는 각 부분을 동시에 작업할 수 있도록 지원하고, '데이터 관리'는 클라우드 공간을 데이터베이스로 활용하여 발생하는 데이터를 통합 관리하는 기능이다. '협업' 기능은 설계안에 대한 실시간 검토, 이력관리, 동시 수정, 의사소통 등의 세부기능을 제공하고, '안전성 확보와 제어'는 클라우드 공간의 안전성을 확보하기 위해 참여자별 권한 설정기능, 인증 등의 세부 기능을 제공한다. '데이터 분석과 리포팅'은 사업, 사용자, 문서별 분석을 통한 대시보드 기능이다.

(2) Rayven

레이븐은 사물 인테넷 기반의 다양한 솔루션 개발하여 시공단계와 유지관리 단계에서 활용할 수 있는 다양한 기능을 제공하고 있다. '스마트 건설 솔루션'과 '스마트 사업 솔루션'을 통해 변수 예측, 예측 분석, 실시간 최적화, 장비 모니터링, 스마트 빌딩 등의 기능을 제공한다. '변수 예측' 기능은 날씨, 자재 지연 등을 사전 예측함으로써 사업 수행의 정확도를 높이고, '예측 분석' 기능은 사업수행 과정에 대한 사전 예측으로 공사기간 내에 사업의 완수가 가능하도록 지원한다. '실시간 최적화' 기능은 문제 발생 시 생산성과 프로세스의 최적화를 지원하며, '장비 모니터링' 기능은 장비를 실시간으로 모니터링하여 장비 활용도를 증진하고 있다. '스마트 빌딩' 기능은 난방, 에너지, 환기, 조명 등을 최적 상태로 관리할 수 있도록 지원하며, 이렇게 다양한 기능들은 모바일 등 각종 장치와 인공지능, 빅데이터 등의 분석 기술과 연계해 작동된다.

(3) UPTAKE

업테이크는 빅데이터, 인공지능, 머신 러닝 등의 데이터 고급분석 기술을 활용해 건축물 유지관리, 현장 시공, 에너지, 장비, 제도, 오일 가스 등의 분야에 적용 가능한 운영·유지·자산 관리 솔루션을 제공하고 있다. 업테이크가 제공하는 서비스 중 건설 관련 솔루션 기능은 크게 '에너지 분석', '실시간 건축물 유지관리', '유지보수 최적화', '건설 장비 실시간 추적관리'로 구분된다. '에너지 분석' 기능은 에너지 소비 데이터를 기반으로 사용량의 최적화를 지원하며, BIM 및 데이터 기반 유지관리를 가능하게 하여 실시간으로 건축물을 유지관리하고 효율적인 리모델링을 유도할 수 있다. '실시간 건축물 유지관리' 기능은 건축물을 구성하는 부품 또는 자산에 대한 상세 정보와 모니터링을 통해 적시에 이를 교체하여 생애주기 수명을 증대시키고자 하는 것이다. '유지보수 최적화' 기능은 건축물을 구성하는 부품 또는 자산의 생애주기 수명을 예측하여 교체 대상과 시기를 표준화하는 것이다. '건설 장비 실시간 추적관리' 기능은 장비 위치 등을 포함한 각종 정보를 분석하고, 이를 기반으로 장비를 관리하는 것이다.

(4) XYZ 리얼리티

BIM과 증강현실(Augmented Reality : AR) 기반의 시설물 설계 솔루션을 제공하는 영국 회사로 BIM과 AR을 통해 실물 건설 현장이 실재하는 것처럼 구현하고, 설계단계에서 필요한 수정사항을 실시간으로 수정·보완할 수 있는 서비스를 제공한다. 기존의 설계는 2D 평면도 중심이지만, BIM과 증강현실 기술을 활용하여 3D 형태로 보다 직관적인 작업이 가능하도록 지원한다. 이를 통하여 작업자는 건설 프로세스를 최적화하고 각종 위험에 대한 대응력을 높일 수 있으며, 발주자는 최종 결과물을 AR 상으로 확인함으로써 시행착오를 줄일 수 있다.

[그림 3-2] XYZ 리얼리티 소프트웨어

(5) Rabbet

미국에서 설립된 라벳은 건설금융 업무를 디지털화하는 스타트업이다. 머신 러닝을 이용해 건설프로젝트 수행 과정에서 발생하는 문서를 분석하고 디지털화하여 은행과 부동산 개발업자, 계약자 등이 공유할 수 있도록 지원한다. 인공지능 기술로 디지털화된 문서, 송장, 계약서 등에 의거해서 은행과 건설회사 간의 건설자금 대출 과정을 직관적이고 단순화시키는 서비스도 제공한다. 또한 각종 문서상 발생한 오류, 누락 등의 문제를 실시간으로 검토 확인하여 고객에게 전달하고 행정업무 진척 사항, 자금조달 상황 등 중요한 정보를 요약하여 고객이 언제, 어디서나 실시간으로 확인할 수 있는 서비스를 제공하고 있다.

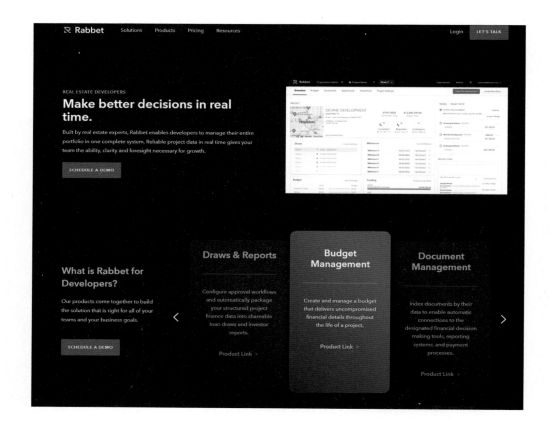

[그림 3-3] Rabbet 소프트웨어

(6) Procore

프로코어는 미국에서 개발된 클라우드 기반의 건설사업관리 플랫폼이다. 건설 사업의 모든 프로세스를 시각화함으로써 사업 참여자(발주자, 건설업체, 건설사업관리업체 등) 간 의사소통을 원활히 하고, 일정, 예산 등의 변경에 즉각적으로 대응할수 있도록 지원한다. 시각화된 정보를 활용하기 때문에 클라우드에 저장한 건설이력 정보들은 하자나 결함 발생 시 책임소재 판단을 지원하고 분쟁 해결에 도움을줄 수 있다. 프로코어는 가상공간에서 3D 설계가 가능한 서비스를 제공하여 건축물의 설계나 건축자재의 규격, 건설 과정과 시간 등의 정보를 미리 입력함으로써 건설현장에서 발생할 수 있는 오류를 줄일 수 있다.

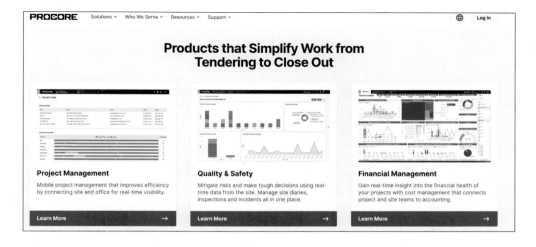

[그림 3-4] Procore 소프트웨어

(7) Matterport

2011년 설립된 건설 관련 디지털 트윈[10] 회사로 카메라 및 3D 스캐너를 활용하여건축물 내외부를 스캔 및 촬영하여 3차원 공간을 구현할 수 있다. 또한 Autodesk, Procore 등의 소프트웨어와 호환하여 시각화뿐만 아니라 BIM 모델 설계 비용도줄일 수 있다.

---

10) 가상공간에 실물과 똑같은 물체(쌍둥이)를 만들어 다양한 모의시험(시뮬레이션)을 통해 검증해 보는 기술로, 현실과 가상이 양방향으로 영향을 미치고 서로 최적화 보정작업을 함(한경 경제용어사전). 현실에 존재하는 객체(사물, 공간, 환경, 공정, 절차 등)를 컴퓨터상에 디지털 데이터 모델로 표현하여 똑같이 복제하고 실시간으로 서로 반응할 수 있도록 한 것이다(네이버 지식백과).

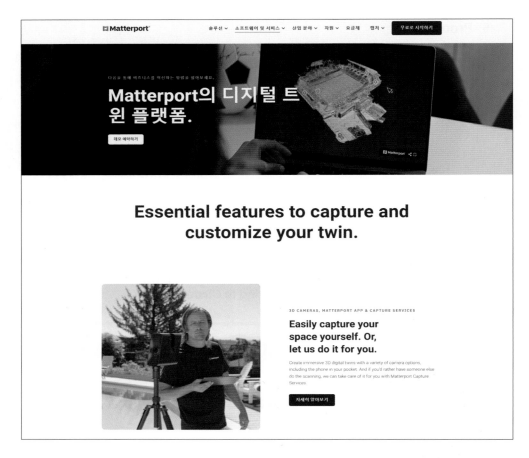

[그림 3-5] Matterport 소프트웨어

⑻ BuildSafe

2015년 스웨덴에서 설립된 빌드세이프는 공사/시공 단계에서 주로 활용하며 건설 현장의 안전관리에 관한 클라우드 서비스를 제공한다. 자체 체크 리스트를 기반으로 안전검사 및 규정준수에 관한 다양한 매뉴얼을 제공한다. 건설 프로젝트로부터 수집한 Big Data를 분석하여 안전사고 발생이 우려되는 위치도 표기하여 사고를 예방하고 사고 발생 시 즉각적인 대응이 가능하도록 지원한다. 또한 플랫폼상에서 건설사업 참여자 간 의사소통을 원활하게 유도함으로써 현장의 위험성에 대한 실시간 보고, 분석 및 즉각적 대응이 가능하다.

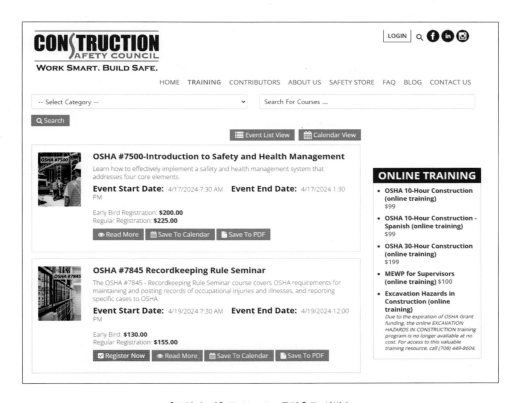

[그림 3-6] Builsafe 클라우드 서비스

(9) Holobuilder

독일의 홀로빌더는 설계단계 특히 상세설계 과정에서 많이 활용된다. 홀로빌더는 증강현실 기술을 이용하여 360°로 촬영한 이미지 데이터로 3차원 입체 영상을 구현하여 공사 현장을 시각화하고 공사 진행 상황에 대한 정보를 제공한다. 영상 촬영 후 이를 플랫폼과 결합하고 재료 물성, 부재 치수, 배선 등의 정보를 입력하여 통합 관리할 수 있다. 클라우드 기반으로 운영되는 플랫폼은 모바일 앱으로도 구현되어 실무자들이 언제 어디서나 현장 상황을 바로 확인할 수 있으며, 그러한 정보들은 암호화되어 보호된다. Holobuilder의 증강현실 서비스와 데이터 플랫폼은 문서작업을 최소화하고 직관적인 시각화로 현장 작업의 생산성을 향상시키고, 건설사업 관계자 모두에게 암호화된 정보를 제공함으로써 업무처리의 신속성과 투명성을 증대시킬 수 있다. 이외에도 홀로빌더는 Autodesk BIM 360, Navisworks, Bluebeam, Procore, PlanGrid, Google Maps 등 다양한 소프트웨어와 통합 가능한 확장성을 갖고 있다. Hensel Phelps, Skanska, Mortenson 등 '미국 내 ENR TOP 100'의 종합건설업체의 57%가 홀로 빌더가 제공하는 솔루션을 사용하고 있다.

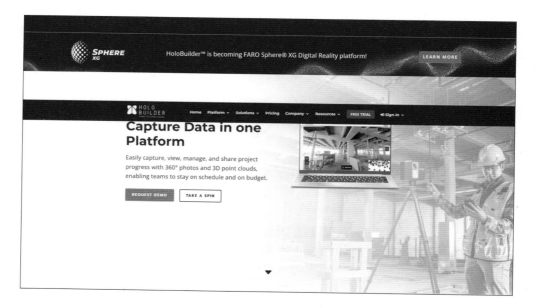

[그림 3-7] Holobuilder 클라우드 서비스

⑽ viAct

홍콩의 viAct는 구매조달 및 시공단계에서 활용하는 글로벌 콘테크 시스템으로, 사물 인터넷과 인공지능 기술을 이용하여 안전사고를 예방하거나 경고한다. 카메라, 센서 등 Wearable 장치를 건설공사 현장 근로자에게 장착시켜 수집한 이미지 데이터를 인공지능 알고리즘과 결합하여 상세하게 모니터링하는 것이다. 이 결과를 바탕으로 안전감독자, 안전관리자는 작업자의 추락, 가스 누출 등 위험을 실시간으로 파악하고, 사고자 위치 파악, 신속 구호에 도움을 준다. 또한 건설 장비, 기계 등에 센서를 부착하여 수집된 정보를 시각화함으로써 장비 이동 경로와 작업자의 동선이 겹치지 않도록 시뮬레이션 하는 데 활용하고 있다.

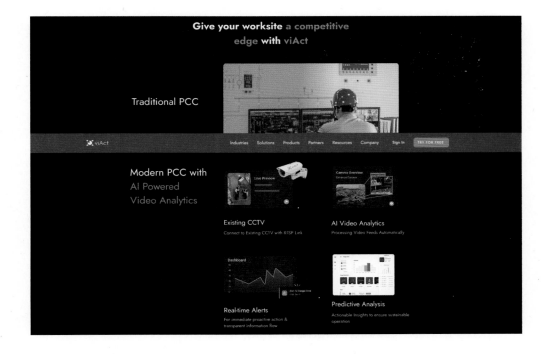

[그림 3-8] viAct

(11) Openspace

미국에서 설립된 오픈스페이스는 작업자의 안전모에 부착한 카메라로 찍은 사진을 근거로 현장에서 발생한 상황들을 확인할 수 있는 서비스를 제공하고 있다. 0.5초마다 자동으로 찍은 사진을 캡처하여 업로드하고 자체 개발한 소프트웨어를 사용해 현장을 3D 렌더링함으로써 관리자가 현장에서 발생한 상황들을 증강현실로 확인·조치할 수 있다. 이러한 서비스는 현장에서 발생하는 위험을 즉각적으로 감지하고 대처하는 효과를 거두고 있다.

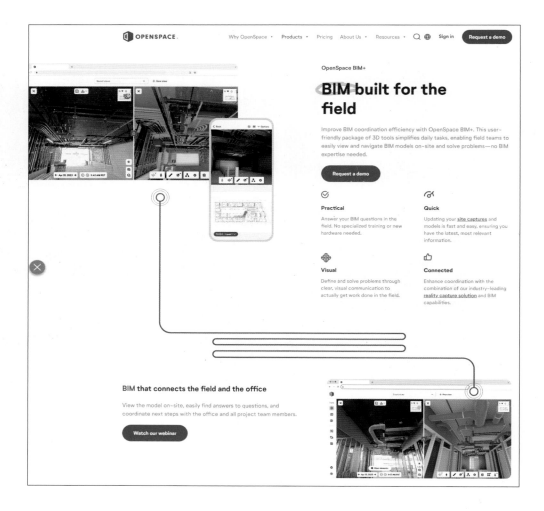

[그림 3-9] Openspace

⑿ MX3D

MX3D는 프린팅 로봇과 인공지능, 머신러닝 등 데이터 분석 기술을 활용해 금속 합금제품을 생산한다. 건설 분야에서는 경량교량 건설 등에 이 기술을 적용하였다. 3D 프린팅 기술은 설계안의 프로토 타입 제작을 통해 오류 등을 사전에 파악할 수 있게 지원하며, 시공단계에서 새로운 시공기술로 활용할 수 있다. 3D 프린팅 기술은 비정형 건축물 또는 모듈의 출력을 가능하게 하며, 적층 제조에 적합한 재료의 효율적 사용과 그로 인한 폐기물 감소, 공사 기간 단축 등에 효과가 있다. 3D 프린팅 기술을 건설 산업에 원활하게 도입하기 위해서는 높은 강도와 장기간의 내구 수명을 가진 것으로 3D 프린팅 방식에 적합한 건설 재료 개발이 요구된다.

[그림 3-10] MX3D

3.4.2 국내 동향

(1) 큐픽스 (Cupix)

2015년 설립되었으며, 사진 몇 장으로 실내공간을 입체적으로 재구성하는 기술로 디지털 트윈 솔루션을 제공하는 기업이다. 이러한 솔루션은 LiDAR 기반의 3D 스캐너 장비를 대체할 수 있어서 비용을 줄이고 촬영시간을 단축시킬 수 있다. 2020년에는 GS건설과 협업하여 360° 카메라, 라이다, 사물인터넷, 센서 등 다양한 첨단 장비를 공사 현장에서 적용하는 실증 실험을 진행하였으며, 보스턴 다이나믹스의 4족 보행 로봇인 스팟을 현장에 투입하여 적용성을 제고하였다. 큐픽스에서 제공하는 큐픽스 웍스는 알고리즘이 정교하여 3D 가상모델의 정확도가 높고 Procore, PlanGrid 등 소프트웨어와 호환도 가능하다. 큐픽스 홈즈 소프트웨어를 제공하여 부동산과 주거 분야의 3D 가상 리모델링을 제공하고 직방의 아파트 VR 보기 서비스에도 큐픽스 기술이 적용되는 등 다양한 분야에서 디지털 전환을 시도하고 있다.

(2) 씨엠엑스 (CMX)

2020년 5월 출시된 국내 최초의 건설 협업 플랫폼인 '콘업'의 개발사로 모바일 기반 Saas형(모바일기반 소프트웨어) 클라우드 시스템이며, CM/PM, 종합건설, 발주 시행, 전문공사업 등과 협업이 가능하도록 만들어졌다. 건설 현장의 공사 이미지, 동영상 정보, 위치 정보, 공사내용, 검측 체크 리스트 정보 등의 실시간 관리가 가능한 시스템이다. 공사 현장의 문서 작업(documentation) 및 관리 시간을 획기적으로 단축시킬 수 있어서 높은 생산성을 구현할 수 있다.

(3) 대형건설사

1) 현대건설

현대건설은 BIM, IoT, Big-data, AI, Robot, 3D Printing 등을 전담하는 인력과 조직을 편성하여, 공사 현장과 건설 프로세스에 적용하기 위한 다양한 연구와 Pilot Test를 추진하고 있다. 그중에서 주요한 내용을 살펴보면 다음과 같다.

① 재해예측 AI 시스템 : 최근까지 10여 년간 수행한 프로젝트에서 4,000만 건 이상의 빅데이터를 수집 분석해 만든 시스템으로, 작업 당일 예상되는 재해위험 정보를 AI가 예측하고 정량화해 위험 체크 리스트와 함께 현장 담당자에게 이메일과 문자메시지로 전달한다. 고위험 공종에 대해 사전 알람 및 점검 사항을 발송하고 있으며, 현장 담당자는 공종 별 재해위험 지표를 통해 재해위험과 재해유형

별 발생확률을 정량적으로 확인하여 고위험작업에 대한 집중관리와 사전 조치가 가능하다. AI 재해위험도 예측 시스템 외에도 안전, 공정, 품질과 관련된 데이터를 머신 러닝, 딥 러닝 등의 AI 알고리즘에 접목하여 개발한 '주택 하자 관련 시각화 대시보드'는 데이터 기반의 의사결정을 지원하고 있다.

② 스마트 자동계측 모니터링 시스템 : 토공사, 흙막이공사 등의 붕괴 사고 예방을 위해 가설구조물이나 지반 상태를 실시간으로 통합 관리할 수 있는 시스템이다. 현대건설 자체 안전관리 플랫폼인 HIoS(Hyundai IoT Safety System)와 연동해 현장 데이터를 실시간으로 전송·수집하고 자동으로 데이터 정리 및 분석이 가능하다. 현장 곳곳에 센서를 설치하여 작업자의 위치 관제뿐 아니라 지반 침하, 지반 붕괴, 지하수 유출 등의 상황을 실시간으로 모니터링하여 안전사고를 예방하고 있다.

③ BIM : 건축 및 토목사업본부 내에 BIM 전담 조직을 만들고 입찰단계부터 시공단계까지 전 현장 맞춤형 BIM을 구축하고 있다. BIM 국제표준인증인 IOS 19650[11]을 취득하였고 골조 물량 산출 등으로 업무 범위를 확대하고 있다. BIM 인프라를 확충하여 협업 플랫폼을 도입·확산시킬 계획도 갖고 있다.

④ Robot : 중장비 자동화 분야에서 로봇 기술 도입 및 실증을 진행하고 있다. 시공 로봇과 순찰 로봇의 프로토타입 장비를 자체적으로 구성하고 현장적용을 지속하면서 활용성을 높이기 위한 노력을 하고 있다.

⑤ Platform : 안전관리 플랫폼인 HIoS 외에 무인 드론, 스마트 글래스, 360° 카메라, CCTV 영상, 레이저 스캐너 등 스마트 기기를 활용하여 실시간으로 현장 데이터를 획득하고 BIM과 연계하여 현장을 실시간으로 관리할 수 있는 원격 현장관리 플랫폼을 구축하고 있다. 이를 통해 현장과 본사 간의 시간적 간극을 최소화하여 실시간으로 관리와 제어가 가능한 디지털 트윈을 목표로 개발하고 있다.

⑥ 3D Printing : 비정형 구조물을 3D Printing 기술을 활용하여 상용화하였으며, 비정형 거푸집 제작 및 콘크리트 3D 프린팅 기술을 개발하고 있다.

---

11) 건축, 인프라 등의 사업을 수행하면서 BIM 지침 준수 및 프로세스 구축 여부를 내부문서 실사를 통해 검증하고, 수행 중인 프로젝트를 대상으로 국제표준 기준에 맞게 BIM을 활용하는지 심사하여 인증한다.

2) 롯데건설

롯데건설은 드론에 초정밀 영상레이더(SAR) 센서를 설치하여 정밀한 지표면 조사를 수행할 수 있는 기술을 개발하였다. 이 기술은 비탈면이나 열악한 지반 등의 굴착 시 안전성을 높일 수 있고 3D 공간정보 시스템 구축에 활용될 수 있다. 한국건설기술연구원과 공동으로 드론을 통한 '통합건설 시공관리 시스템'도 개발하였는데, 디지털 트윈 데이터 기술을 보유한 ㈜공간정보도 참여하였다. 공간정보는 프롭테크가 본격적으로 성장하기 전인 2001년부터 관련 기술 개발에 주력해 중소기업으로 성장한 업체이다. '통합건설 시공관리 시스템'은 드론을 통해 수집한 정보를 바탕으로 시공 전경 및 공사 현황 등의 정보를 3차원 공간 정보로 구현할 수 있다. 이 시스템을 현장에서 활용하기 위한 플랫폼도 함께 개발했으며, SAR 센서 기술과 마찬가지로 현장 위험 요인에 대한 예측 및 대응을 자료로 적극 활용하고 있다. 업계 최초로 인공지능(AI)을 활용해 흙막이 가시설의 안전성을 확보할 수 있는 '흙막이 가시설 배면부 균열 추적 시스템'을 개발하였다. 흙막이 가시설 배면(인근 건물, 도로 등)에서 발생하는 균열을 시각화할 수 있는 기술로, 3000여 장의 고해상도 균열 영상 자료를 바탕으로 AI 모델을 활용하여 시스템의 핵심 기술을 완성한 것이다.

연우피씨엔지니어링과 협업하여 5D-BIM(Building Information Modelling) 기법을 활용한 디지털 플랫폼인 'RPMS(Realtime Precast-concrete Management System)'[12]를 2018년 공동으로 개발하였다. 이는 설계사, 제작업체, 건설 현장을 연결하여 설계부터 제작·시공에 이르는 과정을 하나의 플랫폼으로 관리하는 시스템이다. RPMS는 공장에서 보, 기둥, 슬래브 등의 부재를 제작한 뒤 현장에서 조립해 건물을 완성하는 '프리캐스트 콘크리트(Precast Concrete)' 공법을 대상으로 하는 것이다. 이 시스템은 현장관리에 필요한 정보들을 디지털화할 수 있고, 설계 검토, 시공 계획, 물량산출 업무 등에 활용하여 업무의 성과를 높이고 있다.

3D 프린터를 활용해 건설 현장에 '디지털 목업(Digital Mock-Up, 실물 모형)'을 적용하는 기술도 개발하였는데, BIM(Building Information Modeling, 건설정보 모델링) 데이터를 3차원의 실물 모형으로 출력하는 디지털 시각화를 통해 시공성을 검토하고, 제작 기간 단축과 원가절감이 가능하다. 또한 스마트 현장관리 플랫폼 인 '엘로세움(ellosseum)' 시스템도 개발하였다. 이 시스템은 실시간 인원 및 장비 관리, 360도 카메라와 드론을 활용한 현장관리, BIM 및 QR코드를 활용한 공정관리, 디지털 문서관리 등을 목적으로 구축된 것이다. 이를 통해 설계 단계부터 유지관리 단계까지 현장 및 시설물을 지속적이고 효율적으로 관리할 수 있다.

---

12) 기존의 3차원 정보 모델을 이용한 통합 디지털 모형인 3D-BIM에 공정 분석(4D) 및 원가 분석 (5D)까지 가능하도록 한 디지털 모형이다.

3) 포스코 이엔씨

포스코 이앤씨는 스마트 건설기술을 다수의 프로젝트에 적용하여 좋은 성과를 거두고 있으며, 회사업무 방식에 변화와 혁신을 창출하고 있다. 자체 개발한 마켓 인텔리전스 기반의 사업성 예측 모델을 활용하여 시장과 고객 데이터를 자동으로 수집 분석하고 입지, 상품기획, 분양가 검토 및 산정, 사업성 예측 및 분양성 판단을 하고 있다. POS-SITE 시스템을 통해 드론, 3D 스캐너 등으로 취득한 현장의 고정밀 현황 데이터로 사업지 정보를 분석하고 설계 및 시공에 활용하고 있다. 스마트 세이프티 플랫폼을 통하여 사물인터넷, IOT 기술을 활용하여 밀폐공간 가스 모니터링, 근로자 위치 파악, 위험물 저장소 관리, 지능형 CCTV 영상 분석, 드론 안전 통제 등으로 공사 현장의 안전을 실시간으로 관제함으로써 재해 저감에 크게 도움을 받고 있다. POS-WEB을 통하여 웹 기반의 이해관계자 간 원활한 협업 환경을 제공하고, 설계데이터, 3D 모델을 통합 관리함으로써 리스크를 사전에 파악하여 대응하고 있다. 자체 개발한 AI 시스템을 통해 협력업체와의 부당 특약을 AI 시스템이 검출(POS-Compli)하여 공정한 계약이 이루어질 수 있도록 조치하고 있다. 또한 축적된 설계, 시공 관련 자료를 분석하여 대상 프로젝트에 요구되는 문서를 AI가 판단하여 추천함으로써 업무 성과를 높이고 있다. 또 POS-VCon을 통해 BIM 기반의 가상 시공을 구현하여 정밀한 시공계획을 수립함으로써 재시공을 방지하고 있다. 지능형 창호 마감재 웹 모바일 시스템을 개발하여 QR 코드와 모바일을 활용한 적기 납품으로 PL 창호 및 마감 공사의 물류관리 프로세스를 혁신하고 있다.

포스코 이앤씨가 자체 개발한 AI 알고리즘 융합 모델인 '지역별 부동산 시장 분석 모델'과 '공동주택 철근 소요량 예측 모델'은 건설업계 최초로 한국표준협회(KSA)로부터 '인공지능 플러스 인증(AI+ 인증)'[13]을 받았다(2023.06.12). '지역별 부동산 시장 분석모델'은 AI를 기반으로 매매가, 매매 수급 동향 등의 자료를 분석하여 시장 상황을 정확하게 파악하고 해당 지역의 부동산 시장에 미치는 주요 영향인자를 도출할 수 있는 모델로서, 주택공급이 필요한 도시 발굴과 적정 공급 규모 및 시기 판단 등에 활용하고 있다. '공동주택 철근 소요량 예측 모델'은 실적 자료를 바탕으로 공동주택 타입별 철근 소요량을 머신 러닝 기반으로 분석해 신규 건설 공동주택의 철근량을 산출하는 모델로서, 견적단계부터 정확한 철근량 예측이 가능해 철근의 안정적 수급과 시공품질 확보 등 효율적인 공사관리가 기대된다.

---

13) 한국표준협회가 국제표준화기구(ISO)와 국제전기기술위원회(IEC) 등 국제표준에 근거해 인공지능 기술이 적용된 제품과 소프트웨어의 품질을 인증하는 제도이다.

4) 대우건설

대우건설은 생산성 향상과 기업 경쟁력 강화를 목적으로 디지털 기술 중에서 BIM, AWP, 모듈러, 스마트홈, 드론, 빅데이터, 안전 관제의 7대 중점분야를 선정해 단계별 추진전략을 수립하고 중점분야별로 체감도가 높은 기술을 발굴하여 현업 적용을 확대하고, 건설 전 분야의 데이터 기반 의사결정과 경영체계 구축을 위해 노력하고 있다. 주택 부문의 경우 게임 개발용 유니티 엔진(Unity Engine)과 3차원 BIM 모델을 활용하여 업계 최초로 메타 갤러리를 개발하고 현실감 높은 가상공간을 고객들이 간편하게 체험할 수 있도록 하고 있다. 건설기능인력의 고령화와 건설환경변화 등에 따른 공사 불능일 수 증가로 원가 상승과 공기 지연이 불가피하지만, 기술집약적 공장생산방식인 모듈러 공법을 개발하여 대응하고 있으며, 파주, 부산, 광명 등 3개 현장의 옥탑에 모듈러 공법을 적용하였고 2024년부터는 전체 현장의 10%에 모듈러 공법을 적용할 계획이다.

① Q BOX : 웹기반 통합 품질관리 시스템

공사 현장 품질관리 업무의 90% 이상은 품질시험과 관련된 업무로 그것의 70% 이상은 서류 작성 및 보관 업무이다. "Q BOX"는 많은 양의 서류 작업을 모바일로 간단하게 처리하여 디지털로 보관함으로써 품질관리 업무의 효율성을 극대화하고 환경 친화성을 높이고 있다.

② TITO(Take In Take Out) : 직영 현장 중장비 통합관리 시스템

직영 중장비를 이용하여 공사를 진행하는 현장의 경우 중장비의 운영, 정비, 보급업무를 직접 수행하며, 그중에서 중장비의 원활한 현장 활용을 위한 보급업무의 비중이 가장 높다. "TITO"는 중장비 보급업무의 자동화를 통해 현장용 부품(자재) 및 유류 반출입(搬出入)을 자동 관리함으로써 장비운영의 현장 원가개선에 기여할 수 있는 솔루션으로, QR코드 및 모바일 기반의 자동화 관리 시스템이다.

5) GS 건설

GS 건설은 건설, 인프라, 플랜트 현장에서 BIM을 활용해 입찰부터, 설계, 시공 등 전 프로세스에 활용하고 있다. 2023년 2월에는 영국왕립표준협회(BSI)로부터 BIM 분야의 국제표준인 ISO 19650을 취득하여 세계적 수준의 BIM 기술력을 인정받았다. 4차 산업혁명의 핵심 기술인 드론, 사물인터넷, 센서 등과 연계해 국내외 신규 현장에 BIM을 확대 적용하고, 클라우드 기반으로 문서와 프로세스를 관리해 건설사업관리의 디지털화를 더욱 강화할 계획이다. 또한 디지털 전환과 친환경 중심의 환경, 사회, 지배구조(ESG) 대표 건설사로 자리매김하기 위해 노력하고 있다.

6) 삼성물산 건설부문

2014년부터 현장 업무 모바일 시스템인 스마트 애플리케이션 위(Smart WE)를 개발하였다. 설계도면과 시방서, 계약문서 등 공사 관련 서류를 위(Smart WE)를 통해 모바일로 확인할 수 있으며, 영상 커뮤니케이션 프로그램을 기반으로 실시간 협의가 가능하여 업무의 효율성을 높이고 있다. 또한 수집한 데이터를 기반으로 AI 분석과 시뮬레이션을 통해 안전사고 발생을 예측하고, 작업 반경 내 위험요소를 인지해 근로자에게 즉시 통보함으로써 안전사고를 예방하고 있다.

Ⓠ 고수 POINT **디지털 건설기술 개발 및 활용**

- IT 기술의 발전에 따라 디지털 건설기술의 발달도 눈부시다. 특히, AI 기술은 건설 프로세스의 모든 단계에 적용 가능하게 발전하고 있으며, 소요시간과 투입비용을 대폭 줄이고 복잡한 데이터 패턴을 학습함으로써 발생 가능한 문제를 예측, 해결하고 안전사고를 감지하여 재해 저감에 기여하고 있다.
- AI와 IoT 기술의 결합은 도시계획 및 운영, 건축물 설계 및 유지관리에 있어서, 에너지 효율성을 증진하고 생활 편의성을 증대시킬 수 있다.
- 반면, AI, BIM, 증강현실 등 디지털 기술은 데이터 의존성이 커서 정확한 데이터가 다량 필요하며, PM/CM 등의 성과 제고를 위해서는 고품질의 AI 솔루션 도입과 유지관리가 필요해서 상당한 비용이 발생할 수 있다.
- 개인정보보호를 위해 데이터 사용 관련 규제가 강화되고 있고, 인간의 창의성, 직관, 복잡한 감정 등을 AI 등 디지털 기술이 충분히 이해하고 학습하기가 어려운 측면도 간과할 수 없다.

【참고문헌】

1. 김우영, 건설산업의 디지털 전환 동향과 대응 방향, 한국건설산업연구원, 2022.10

2. 대한건축학회 건축 특집, 첨단 건축시공기술의 현재와 미래, 2022.10

3. 삼정KPMG, 미래의 건선산업, 디지털로 준비하라, 2021.7

4. 서울대학교 건설기술연구실 이현수 외, 건설관리개론, 2020.09

5. 손태홍, 이광표, 미래 건설산업의 디지털 건설기술 활용 전략, 한국건설산업연구원 건설 이슈 포커스, 2019.5

6. 한국공학한림원 이슈 페이퍼, 스마트 건설안전 관리체계 고도화, 2022.09

7. https://m.blog.naver.com/changebim20/223254688927

8. https://www.buildsafe.net.au

9. https://www.conup.co.kr

10. https://www.cupix.com

11. https://www.matterport.com

12. https://www.mx3d.com

13. https://www.onshape.com

14. https://www.openspace.ai

15. https://www.procore.com

16. https://www.rabbet.com

17. https//www.rayven.io

18. https://www.viact.ai

19. https://www.xyzreality.com

CHAPTER 4

사업단계별
핵심 공법 및 기술

사업단계별 핵심 공법 및 기술

4.1 시공 이전 단계

4.1.1 건설회사 조직

(1) 건설회사 본사 조직 및 구성

시공사의 주 업무인 공정, 품질, 원가, 안전, 환경 등에 대한 건설사업관리 업무 수행을 위해서는 건설회사의 조직과 현장 구성에 대한 이해가 필요하다. 최근 대형 건설회사는 본부, 부문 등의 조직을 구성하여 본부장이나 부문장에게 책임과 권한을 대부분 위임하는 구조로 운영하고 있으며, 공사관리본부에서 건설공사의 관리(품질, 원가, 공정, 안전, 환경 등) 및 수주 업무를 통합하여 운영하는 경우가 많다.

건축, 주택, 토목, 플랜트 등의 사업본부가 프로젝트별로 구분하여 수주 및 공사관리 업무를 담당하고, 이에 대한 책임과 권한을 최고경영층(CEO)으로부터 위임받아 추진하는 구조이다. 최근 「산업안전보건법」이 강화되고 「중대재해처벌법」도 본격

시행됨에 따라 관련 업무를 전문적이고 효율적으로 운영하기 위하여 안전보건을 전담하는 별도의 경영실 및 CSO(chief safety officer)를 운영하는 건설회사가 늘어나는 추세이며, 기타 본부는 지원 업무를 수행하고 있다.

본사의 본부 및 부문은 업무를 구분하여 세부 팀을 구성하고 팀장이 업무를 총괄관리하면서 책임과 권한을 행사하고, 각 팀의 담당자들이 기본적이고 실질적인 업무를 수행하는 구조이다. 최고경영층의 스텝 부문과 본부 및 각 팀들은 업무 분장을 통하여 현장과 유기적으로 연계된다. 현장에서 발생하는 주요 이슈 및 문제점은 본사 조직과 협력하여 해결해야 하므로 본사의 조직구성을 충분히 이해하는 것이 중요하다.

- 본　　부 : 건축, 주택, 토목, 플랜트 등 사업본부
- 공사관리 : 각 본부, 각 부문 공사팀(예, 건축사업본부 건축공사부문 건축공사팀, 해외공사팀)
- 기술지원 : 기술연구원, 건축엔지니어링 부문 견적팀(공사비 검토), 기술설계팀(공정, 공법 검토)
- 수　　주 : 각 본부 영업부문 영업팀, 해외 영업
- 경영지원 : 전략기획, 인사 총무, 재경, 홍보, 외부구매, 정보보호, 윤리경영(ESG)
- 안전보건 : 안전보건부문 예방진단팀, 교육훈련팀, 각 본부 안전부문 안전팀

Q 고수 POINT　기술지원 부문 착공 초기 지원

설계도서 검토 시 해당 프로젝트 및 현장여건에 최적의 원가절감(VE 등), 공기단축, 품질 향상 및 하자 저감, 무재해 방안 등에 대하여 현장 팀과 협력하고 지원한다.

(2) 현장조직 및 구성

도급계약서 작성 및 날인이 완료된 후 건축주(발주처) 또는 건설사업관리기술인이나 감리원이 가장 먼저 확인해야 할 사항은 현장개설과 관련된 것이며, 현장을 개설하기 위해서는 핵심 인원의 배치가 가장 우선되어야 한다. 현장을 책임지는 소장과 핵심요원으로서 공사팀장이나 공무팀장 중 1~2명을 우선 배치하여, 현장개설과 착공신고 등 인허가 절차를 진행해야 한다.

공사현장 운영을 위한 대표적인 조직과 담당자 구성은 다음과 같다.

① 법정 인원 : 현장대리인, 품질관리자, 안전관리자, 보건관리자

② 공사팀 : 공정관리, 품질관리, 시공계획, 현장관리, 안전관리 등 업무. 공사팀장, 공구장, 공사담당, 직영반장 등으로 팀을 구성하여 업무 수행

③ 공무팀 : 원가, 기성, 보고 등 업무. 공무팀장 및 공무담당으로 구성

④ 품질팀 : 공사 규모 및 용도별로 법정 인원 필요

⑤ 안전팀 : 공사 규모별 법정 인원 필요. 안전관리자, 보건관리자, 안전시설 담당, 패트롤 등

⑥ 기전팀 : 기계, 전기, 유자격자 및 유경험자로 팀장 및 담당으로 구성

⑦ 관리팀 : 회계, 재무, 노무, 장비, 경비, 환경 등 업무

⑧ 직영팀 : 건축총괄반장, 전기반장, 설비반장, 시설반장 등

⑨ 설계팀 : 별도로 운영

고수 POINT   도급계약 및 건설사업관리계약 완료 후 검토·확인 사항

• 공사도급계약 완료 후 현장개설, 착공신고 수행을 위한 인원 배치 여부를 검토한다.

• 착공신고를 위한 유해위험방지계획서, 안전관리계획서 작성 및 진행 상황을 확인한다.

• 착공신고를 위한 비산먼지발생신고, 특정공사사전신고 여부를 확인하되, 원청사의 폐기물 반출업체 선정과 폐기물배출자 신고를 선행해야 한다.

• 분양 사업의 경우 착공신고 후 분양승인 신청이 가능하므로, 착공신고 진행 과정을 계속 모니터링해야 한다.

4.1.2 현장착공준비

(1) 착공승인신청 (착공신고) 준비

1) 시공사

① 도급계약서

② 시공사 증빙서류 : 사업자등록증, 건설업등록증, 건설업 등록수첩, 공사견적서, 법인등기부등본, 인감증명서, 사용인감계, 납세증명서(국세, 지방세)

③ 착공계(착공승인신청서) : 지자체 양식, 세움터 등록

④ 현장대리인계 : 재직증명서, 경력증명서(한국건설기술인협회), 자격증 사본

⑤ 예정공정표

⑥ 기술지도계약서(기술지도기관지정서) : 공사계약금액 1억 원 이상

⑦ 고용보험, 산재보험 가입증명원

현장대리인은 건설공사 현장에서 시공 관리 및 기술 관리를 담당하는 역할을 수행하고 법적으로 규정한 배치 기준은 다음과 같다.

- 「건설산업기본법」제40조【건설기술자의 배치】: 건설업자는 건설공사의 시공관리와 기술상의 관리를 위해 대통령령에 따라 건설기술자를 1명 이상 배치해야 한다. 건설기술자는 해당 공사의 공종에 상응하는 자여야 하며, 건설공사의 착수와 동시에 배치되어야 한다.
- 「건설산업기본법 시행령」제35조【건설기술자의 현장배치기준 등】: 건설기술자의 배치는 공사예정금액의 규모별로 정해진 기준에 따라 이루어져야 한다. 현장대리인은 건설공사 현장에 상주하여 시공 관리 업무를 수행하며, 발주자의 승낙 없이 정당한 사유 없이 현장을 이탈해서는 안 된다.

[표 4-1] 착공신고 시 필요서류

구분	No.	서 류		비 고
시 공 자	1	도급계약서		
	1-1	사업자등록증		
	1-2	건설업등록증		
	1-3	건설업등록수첩		
	1-4	공사견적서(내역서)		
	1-5	법인등기부등본		
	1-6	사용인감계		법인 시공사만 해당
	1-7	납세증명서 - 국세		
	1-8	납세증명서 - 지방세		
	2	착공계		
	3	현장대리인계		
	3-1	(현장대리인) 재직증명서		
	3-2	(현장대리인) 경력증명서		
	3-3	(현장대리인) 자격증		
	4	예정공정표		
	5-1	기술지도 계약서	발주자가 건설재해예방전문지도기관과 직접 기술지도계약, 기관사업자등록번호 필요(세움터 기입)	공사금액 1억 원 이상
	5-2	기술지도기관 지정서		
	6	고용보험/산재보험 가입증명원		
	7	비산먼지 필증		부지면적 1,000m² 이상
	8	특정공사 필증		연면적 1,000m² 이상

구분	No.	서 류	비 고
시 공 자	9	품질시험계획서	연면적 660m² 이상
	10	안전관리계획서	
	11	폐기물 반출자 신고 필증	해당 시
	12	허가표시판 설치 사진(원경, 근경)	
	13	펜스 설치 사진(원경, 근경)	
	14	지반조사보고서, 평판재하시험 보고서(소요 지내력 충족 필요)	
	15	건축물해체신고 및 해체 완료(철거, 멸실)필증	기존건축물 철거 시
	15-1	석면유무확인서	철거 3일 전 해체 신고 시
	15-2	공사 전/중/후 사진, 폐기물 확인서	완료신고 시
	16	세움터 아이디, 세움터 협업 지정 시 필요	세움터상 인적사항 작성 후 인증
	17	경계측량	
	준공시	분할측량	사용승인 접수 전
	준공시	건축물관리계획서 작성	사용승인 접수 시
	준공시	새주소 번호판 설치 사진(원/근경)	
	준공시	준공표지판 설치 사진(원/근경)	
설 계 자	1	설계계약서	
	2	손해배상공제증권(설계)	
	3	면허세, 채권 등 영수증(허가 득)	
		감리계약서	
		손해배상공제증권(감리)	

⑧ 비산먼지발생 신고필증, 특정공사 사전신고필증, 사업장폐기물배출자 신고필증
  • 시공사 : 폐기물배출자 신고, 폐기물반출업체 계약
  • 환경과 접수 : 비산먼지, 소음, 진동, 사용장비, 펜스, 세륜시설, 살수차
  • 작업시간, 작업장소

⑨ 품질시험계획서, 품질관리계획서 : 건물 용도별 및 규모별 작성 범위 확인
⑩ 안전관리계획서 :「건설기술진흥법」(국토교통부) – 국토안전관리원 검토, 보완, 승인

■ 착공승인 접수 시

• 안전관리계획서는 인허가청을 통하여 국토안전관리원에서 검토, 보안, 승인 완료 후 착공승인이 가능하다.「건설기술진흥법」(국토교통부)에 따라 작성 및 운영된다.
• 유해위험방지계획서는 산업안전보건 공단에 제출하여 검토, 보안, 승인 완료 후 필증을 첨부하여 착공 신청서류에 포함하여 접수한다.「산업안전보건법」(고용노동부)에 따라 작성 및 운영된다.

---

⑪ 공사허가표지판 설치 사진, 펜스 설치 사진
⑫ 지반조사보고서, 평판재하시험(구조지내력확보된) 보고서
⑬ 건축물해체신고 및 해체완료(철거, 멸실) 필증, 석면유무확인서

Q 고수 POINT　안전관리계획서 관련 사항

• 도급계약 전이라도 공사참여의향서를 제출한 시공사를 통해 작성하도록 지시한다.
• 안전관리계획서 작성 전문업체(외주업체) 선정, 계약 후 설계도면을 제공하고 담당자를 지정하여 공사현장에 적합한 계획이 수립되도록 관리해야 한다.
• 안전관리계획서 작성시간을 단축할 수 있도록 주기적인 모니터링이 필요하다.
• 계획서 작성이 완료되면 '인허가기관의 장에게 접수 → 국토안전관리원 검토 요청 송부 → 검토, 보완 통보 → 인허가청 → 발주처 → 수정 및 보완 → 재접수(feed back) 검토, 결과 통보 → 인허가청 승인통보 → 발주처' 과정을 따른다.
※ 분양사업의 분양승인 일정을 맞추기 위해서는 착공승인 기간에 안전관리계획서를 승인받는 일이 핵심이므로 이를 위한 전담자 지정 및 모니터링이 매우 중요하다.

■ 시공사 인허가기관(시청/구청) 추가 등록 신청 확인사항

• 세움터(http://www.eais.go.kr) 등록 : 인허가기관의 건축담당 주무관과 협의하여 등록한다.
  건설사 본사의 세움터 아이디, 비밀번호로 등록
• 사토장 승인을 포함한 토사반출계획서 : 토공사 협력업체를 통해 해당 지역의 사토관련 협력
  업체 또는 파트너사와 협의 작성
• 지하수 유출 신고 : 유출량 측정 장치 설치 및 기록 보관
• 가설건축물 축조 신고 : 가설사무실, 안전교육장, 품질시험실, 회의실, 화장실, 샤워장, 자재
  창고, 직영창고, 안전창고, 안전사무실, 대회의실, 소장실, 소회의실 등
• 가설 울타리(Fence) 그래픽 승인 신고 : 광고 홍보 담당 주무관
• 건설공사대장(KISCON)[1](https://www.kiscon.or.kr/kiscon/intro/intro.jsp)
• 시설물정보관리종합시스템

2) 설계사, 건설사업관리사업자/감리사

① 설계계약서
② 손해배상공제증권(설계)
③ 면허세, 채권 등 영수증(허가 득)
④ 건설사업관리 또는 감리계약서
⑤ 손해배상공제증권(PM/CM/감리)
⑥ 건설사업관리기술인 또는 감리원 선임계

3) 안전관리계획서

착공 전에 건설사업자 등이 시공 과정의 위험요소를 발굴하고, 건설공사 현장에
적합한 안전관리계획을 수립함으로써 건설공사 중의 안전사고를 예방하기 위해
작성하며, 착공 전에 발주자에게 제출하여 승인받아야 한다(근거 : 「건설기술 진흥
법」 제62조 (건설공사의 안전관리), 「건설기술 진흥법 시행령」 제99조 및 「건설기술

---

1) KISCON은 (재)건설산업정보원(Korea Construction Infornet)에서 운영하는 건설업행정정보시스템
으로 국토교통부 주관으로 추진해 온 건설산업정보망 구축 및 운영사업으로 구축되었다. KISCON은
건설업체가 그간 주된 영업소에 비치하고 있던 '건설공사대장'의 기재사항을 건설산업종합정보망
(www.kiscon.net)을 이용하여 발주자에게 전자적으로 통보할 수 있도록 개발한 시스템으로 2003년
1월 1일부터 시행되었다(「건설산업기본법」 제22조 제3항, 제4항). KISCON은 건설산업과 관련된 행정,
통계, 업체 현황, 법령, 자재 등의 정보를 수집하여 DB로 구축하고, 이를 인터넷으로 일반 국민 및
정부 기관에게 서비스하는 것을 목적으로 하고 있다. '건설공사대장의 기재사항' 항목은 공사명, 소재지,
공종, 공사 지역, 발주처, 공사개요, 도급계약내용, 대금수령상황, 현장기술인, 하도급업체, 건설기계
대여업체, 건설공사용 부품제작·납품업체 등이다(「건설산업기본법 시행규칙」 별지 제17호).

진흥법 시행규칙」 제58조 [별표 7] [별표 7] 안전관리계획의 수립기준(제58조 관련)). 안전관리계획의 사본을 인·허가기관의 장에게 제출하면 국토안전관리원에서 검토 후 그 결과를 통보, 회신하여야 승인된 것으로 판단한다. 착공승인 목표일 대비 2개월 여 전에 안전관리계획서 작성을 완료한 후 인·허가기관에 접수시켜야 1~2회의 수정·보완 과정을 거쳐 최종 승인을 받을 수 있다[2]. 도급계약 전이라도 건축주는 안전관리계획서 작성 용역을 신속하게 전문업체에 의뢰하는 것이 바람직하다.

(2) 현장 사무실 개설

① 현장 내 여유부지, 주변 여건 및 임차료 등을 조사하여 사무실 임차 또는 축조를 결정한다.
② 전기, 통신(전화, 인터넷 등), 사무용 가구, 기기, 비품, 전산용품 등을 사전 준비한다.
③ 공사도급계약서 상 발주처 및 감리단 사무 공간 지원 조건을 확인한다.

(3) 현장 Site 구성

① 외주 시공업체, 자재 구매업체로 구분하여 가설 울타리 및 게이트, 세륜(洗輪)기, 가설 사무실 등 공통가설공사 담당 업체를 선정한다.
② 착공승인 전 가시설 시공은 가능하므로 현장여건에 따라 필요한 시설이나 설비는 사전에 설치한다.
③ 협력업체 사무실 및 창고는 사전에 그 위치를 결정하는 것이 바람직하다.
④ 가설계획 도면을 작성하고 운영계획을 수립하여 종합가설계획서를 확정한다.
⑤ 대지 측량, 벤치마크 위치 결정 및 설치한다.
⑥ 가설사무실, 안전교육장, 품질시험실을 축조한다.
⑦ 가설 울타리(fence)를 설치한다.
⑧ 가설 출입구(gate)를 설치한다.
⑨ 세륜기 설치 : 자동 세륜 시설, 평판형 세륜 시설 등
⑩ 가설 전기 : 가설전기공사계획을 수립하여 가설 전기 인입, 한전 개폐기, 가설 변압기 설치, 분전반, 가설울타리 투광등, 전력 등 결정

---

2) 안전관리계획서 작성·제출 주체 및 제출 시기[근거 : 「건설기술진흥법 시행령」 제98조(안전관리계획의 수립)]
  • 제출처 : 건설공사 안전관리 종합정보망(www.csi.go.kr)
  • 계획서 작성 주체 : 건설사업자 및 주택건설등록업자
  • 제출 주체 : 발주청 및 인·허가기관의 장
  • 제출 시기 : 건설사업자 등에게 통보한 날부터 7일 이내

- 한전개폐기 또는 부하개폐기(Load Break Switch : LBS)
: 한국전력공사에서 설치하는 부하전류를 차단할 수 있는 장치
  가설 전기는 인입하는 데 상당한 기간이 소요되므로, 현장조사
  시 인근에 한전 개폐기가 없을 때는 신속히 설치를 요청하여
  공사 추진에 지장이 없도록 조치한다.

⑪ 가설 상하수도 : 용수용 상수도 인입, 지하수 개발(필요시), 우·오수 관로를 설치한다.

⑫ 침사조(沈沙槽), 침전물 관리, 배수시설 설치 및 관리한다.

> **Q 고수 POINT**　**착공 초기 현장(site) 개설 시 침사조 계획 및 시공 확인**
>
> • 현장 패드(pad) 콘크리트 타설 시 우수가 3단 침사조 방향으로 유입될 수 있도록 자연 경사지게 시공되었는지 확인한다.
> • 집수정에 모은 우수는 3단 침사조로 가압 펌핑 등을 통해 이동시킨 후 3단 침사 후 방류 되도록 설계되었는지 확인한다.
> • 3단 침사조는 매립형이 아닌 노출형으로 시공하는 것이 좋다.

(4) 시공계획서

시공계획서는 주어진 기간 내에 공사를 안전하고 효율적으로 추진하기 위하여, 공사의 방법, 공정(공사순서나 절차), 자재·노무·장비·자금 등 자원 조달 그리고 품질, 안전, 환경, 원가, 공사수행 조직 등 공사 수행에 필요한 실제적인 계획을 기술한 문서이다. 따라서 시공계획서에는 주요 공종의 순서나 절차, 공사 일정, 주요 자재, 장비 및 노무 동원, 주요 설비 사양(specification) 및 반입, 품질관리, 안전관리, 환경관리 등의 계획이 포함되어야 한다. 시공계획서는 종합시공계획서, 종합가설계획서, (공통)가설계획서, 양중계획서(타워 크레인 및 호이스트의 용량, 속도, 대수 포함), 핵심 공종의 시공계획서 등으로 구분할 수 있으며, 타 현장의 경험과 실적을 참고하고, 전문건설업체의 자료 및 정보를 공유하여 작성한다. 실효성 높은 시공계획서를 작성하기 위해서는 현장여건 파악과 계약서류 검토 및 설계도서에 대한 면밀한 검토가 선행되어야 하고, 공사방법이나 순서, 가설설비 등을 나타낸 시공계획도를 함께 작성하여 이를 바탕으로 공사를 수행한다.

4.2 ── 시공 단계

4.2.1 가설공사

(1) 공통가설공사

1) 개요

공통가설공사는 건설공사 전반에 걸쳐 공통으로 활용하는 시설이나 설비를 설치하는 공사로, 공사 추진에 필요한 임시적인 시설을 설치·활용하며, 필요한 공사가 완료되면 해체하거나 철거한다.

2) 현장 초기 가설공사

① 공사용 동력(가설 전기) : 공사에 필요한 전력 설비

② 가설도로 : 건설공사 현장 내에서 장비와 자재의 이동을 돕는 도로

③ 가설 울타리 : 안전, 방범 및 보안을 위해 공사현장 사방/주변에 설치

3) 가설건축물

① 가설건축물은 가설사무실, 가설창고, 안전교육장, 품질시험실, 가설 화장실, 가설 샤워장, 가설 휴게실 등이다.

② 「산업안전보건법」상 안전교육장, 보건실, 근로자 휴게시설 설치는 필수이다.

③ 가설건축물은 「건축법 시행령」 제15조에 따라 언제든 철거 또는 이동이 가능해야 한다.

④ 「건축법」 제20조(가설건축물)에 따라 일정 규모 이상의 가설건축물은 축조 신고 해야 한다.

⑤ 「건설기술진흥법」 제55조(건설공사의 품질관리) 및 「국가건설기준−표준시방서」 KCS 10 10 15(품질관리, 2021) [별표 1](건설공사 품질관리를 위한 시험실 규모 및 품질관리자 배치기준)에 따라 건축물 규모에 따른 적정 면적의 품질시험실 을 구축하여여 한다.

4) 가시설 및 안전 시설

① 비계설비

• 수직 동선 : 시스템 비계, 워킹 타워, 강관 파이프

• 강관 비계(단관 비계), 달비계, 비계다리(가설 계단), 작업 발판, 벽이음

• 외부 강관비계, 가설비계 경사로, 가설 계단, 벽이음, 브라켓

② 가설 작업 발판 : 내부 수평비계, 발돋음대(우마 : 단부 추락방지 조치), 이동식 틀비계

③ 가시설 설치 시 구조적 안정성 검토 결과 보고서를 현장에 도면과 비치해야 한다.

④ 성능검증 필증이 부착된 가설 기자재를 사용해야 한다.

5) 안전시설물 및 방재 설비[3)]

① 기인물 : 재해가 일어난 근원이 되었던 기계, 장치, 구조물, 물건, 환경, 사람 등을 말하며, 보통 불안전한 상태와 관련된다.

② 안전시설물 : 낙하물 추락방지망, 방호선반, 수직보호망, 안전난간대(품목 필수), 위험방지 표지, 개구부 덮개, 엘리베이터 피트(pit) 추락 방지망, 철골구조의 추락 방지망

③ 방재 설비 : 공사 중 소방 방재용으로 법적 기준을 충족해야 하고, 주기적인 점검이 필요하다.

④ 재해 원인을 분석하여 위치별, 부위별로 적절한 안전시설이나 설비를 설치한다.

고수 POINT 공통가설시설과 본공사의 간섭

- 준공 시점이 임박하면 가설사무실 등 가설건축물 해체 시 작업자를 위한 화장실, 샤워실 등이 법적 규정보다 부족한 경우가 발생하므로, 본공사 화장실의 일부를 가설건축물 철거 시점에 맞춰서 이용할 수 있게 하는 것이 바람직하다.
- 가설구조물 해체는 준공 임박 시점에서 부대시설 및 기반시설 착수 시점과 밀접하게 관련 되므로 해체 시점에 대한 면밀한 검토가 필요하다.
- 현장 사무실도 조기에 본 구조물에 임시 입주할 수 있도록 준비해야 한다.
- 본공사의 바닥, 벽, 천장 마감과 관련된 도면 및 자재 결정 그리고 샘플 시공으로 조기에 그것들을 확정하면 전체 공정관리에 유효하다.

고수 POINT 가설 화장실에 대한 법적기준

공사예정금액이 1억 원 이상인 건설공사에서는 「건설근로자의 고용개선 등에 관한 법률」 에 따라 화장실을 설치하거나 이용할 수 있도록 조치하여야 한다. 화장실은 현장으로부터 300m 이내에 설치하거나 임차하는 등의 방법으로 이용할 수 있도록 하고, 남녀를 구분하여 설치하며, 관리자를 지정하여 관리해야 한다. 또한 남성 근로자 30명당 1개 이상, 여성 근로자 20명당 1개 이상의 화장실 대변기를 확보해야 한다. 화장실을 설치하거나 이용할 수 있도록 조치하지 않으면 500만 원 이하의 과태료가 부과될 수 있다.

---

3) 가설설비와 관련된 사고 유형으로서, 비계 진입로 경사로 발판 높이 과다, 종점부 통로 박스 이동용 승강 계단 미설치, 건설용 리프트 출입구 안전난간 미설치 등에 따른 전도(轉倒), 근로자 작업 통로용 사다리 전도 방지대 파손 및 단부 난간대 미설치, 수조 이동로 미확보(알폼 임의 사용) 등으로 인한 사고가 특히, 추락사고가 자주 발생하니 유의해야 한다.

(2) **타워크레인** (tower crane)

1) 타워크레인 개요

타워크레인은 마스트(mast), 붐(boom), 권상장치(예 : winch) 및 훅(hook) 등으로 구성되며, 마스트는 타워크레인의 수직 지지대를 말한다. 붐은 마스트에서 뻗어 나와 있는 수평 지지대이며, 윈치는 붐을 들어 올리고 내리는 데 사용된다. 훅은 와이어 로프에 연결되어 자재를 들어 올리는 데 사용한다. 타워크레인은 와이어 로프를 사용하여 작동하고 와이어 로프는 윈치에 연결되어 있으며 붐에 연결된 훅에 감겨 있다. Luffing 타입타워 크레인의 경우 와이어 로프를 당기면 붐이 들어 올려지고 와이어 로프를 풀면 붐이 내려진다.

2) 타워크레인의 설치 목적

고층이나 초고층 건축공사의 양중작업에 편리하고 효율적인 타워크레인을 사용하여 공사를 원활하게 수행하고, 다수의 공정을 순차적이고 체계적으로 진행할 수 있도록 지원함으로서 공사기간의 단축과 안전재해를 저감할 목적으로 사용한다.

■ Tower Crane 운행계획 검토사항

1. Point A (양중 장비)
   • 현장 여건(주변 민원 포함)
   • 대당 작업량(비용 대비 효율)
   • 최대 양중 하중
   • Weather Vaning[4]

2. Point B (장비 운반 및 설치)
   • 사전 장비 검수 및 조치
   • 설치 전 현장여건을 검토하여 최적의 방법 선택
   • 지반상태에 따른 안전조치

3. Point C (장비 해체 및 반출)
   • 사전 해체 준비(작업 팀, 해체 장비, 지내력)
   • 사전검토 및 협의 내용 실행 철저

---

4) 타워크레인의 붐이 바람의 작용 방향으로 향하도록 선회하는 움직임을 말한다.

3) 현장 조건 파악 및 장비 선정

① 크레인의 종류
② 기초 및 보강
③ 장비 운반/반입/설치(검수 및 검사)
④ 하이드로크레인 위치
⑤ 텔레스코핑
⑥ 양중 시의 와이어 연결
⑦ 설치 및 해체(설치장비)

■「산업안전보건기준에 관한 규칙」제38조
① 사업주는 타워크레인의 설치, 조립, 해체작업을 하는 때에는 작업계획서를 작성하고 이를 준수하여야 한다.
  • 타워크레인의 종류 및 형식
  • 설치, 조립 및 해체 순서
  • 작업도구, 장비, 가설장비 및 방호 설비
  • 작업인원의 구성 및 작업근로자의 역할 범위
  • 자립고 이상 설치 시의 지지방법
② 사업주는 작업계획서를 작성한 때에는 그 내용을 작업 근로자에게 주지시켜야 한다.

---

4) 타워크레인의 설치, 해체 및 텔레스코핑(telescoping)

① 타워크레인의 기초설치

  ㉮ 지반조사
    • 타워크레인 기초의 지내력이 부족할 때에는 구조적인 검토를 시행하여 그 결과를 바탕으로 지반을 보강하여야 한다.
    • 기초 Anchor 도면을 참조하여 기종별, 용량별 최소 기초 지내력을 확인한다.
    • 일반적으로 요구되는 지내력은 24ton/m² 이상인데, 타워크레인 기초의 철근 배근도를 참조하여 요구 지내력을 확인한다.

  ㉯ 터파기
    • 타워크레인 기초 도면을 참고하여 적절한 넓이와 깊이로 터파기한다.
    • 기초 바닥 고르기 또는 되메우기 작업은 소형 그레이더(grader), 콤팩터(compactor) 등으로 다지며 실시한다.

㉣ 버림 콘크리트(lean concrete or blind concrete) 타설
- 현장과 타워크레인 기초 레벨 및 위치를 재확인한다(측량 전문가가 작업).
- 강도 24MPa의 콘크리트를 6cm 이상 두께로 타설한다(수평 유지).
- 양생기간 2일을 준수한다.

㉤ 먹매김
- 버림 콘크리트 위에 타워크레인 앵커의 중앙과 타워크레인 각도를 표시한다.

㉥ Anchor의 설치
- 타워크레인 앵커 레벨(level)을 확인한 후 정확한 위치 및 높이로 설치한다.
- 접지저항은 10Ω 이하로 한다(본체 접지 2개, 전기 접지 1개).
- 타워크레인 Anchor 설치 시 양중장비의 현장 진입로를 확보한다.

> 앵커 운반을 위한 지게차, 앵커 설치 시 이동식 크레인 또는
> 굴착기(백호 등)를 사용하여 정확한 위치 및 높이로 설치하여
> 야 한다.

㉦ 철근 배근
- 타워크레인 기초의 철근 배근 도면에 따라서 배근한다.
- 철근 배근 후 사진을 찍어 완성검사 시 제출한다.

㉧ 콘크리트 타설
- 콘크리트 타설 전, 후에 타워크레인 앵커 레벨을 반드시 재확인한다.
- 콘크리트 타설 시 밀림 현상이 없도록 주의한다(허용편차 : ±1mm 이내).
- 양생 기간은 기초 도면에 지시한 기간 이상을 확보한다(압축강도 24MPa 이상).
  하절기 및 보통은 5~7일, 동절기는 10일 이상 양생한다.

② 타워크레인 설치순서

㉮ 기초앵커 : 기초 하중표 참조, 필요시 기초 보강, 본설 기둥 및 타워크레인 기초 앵커를 동시 시공한다.

㉯ 마스트 : 베이직 마스트와 기초 앵커, 수평 레벨을 확인한다.

㉰ 텔레스코핑 케이지 : 유압 실리더 상태를 확인한다.

㉱ 턴 테이블(운전실) : 운전실 설치 후 메인에 전원 투입한다.

㉲ 카운터 집(jib) : 텐 테이블과 연결상태를 확인한다.

㉳ 타워 헤드 : 항공등, 풍속계를(필요시) 설치한다.

㉴ 메인 집 : 타이 바 연결상태 확인, 카운터집과 무게중심 등을 고려한 양중이 중요하다.

㉵ 카운터 웨이트 : 카운터 웨이트 중량 및 작업순서를 확인한다.

㉶ 와이어 로프 : Hoist 및 Trolley(or Luffing), 로프 이탈방지 여부를 확인한다.

㉷ 시운전 : Load Test 및 안전시설물 설치 후 완성검사를 시행한다.

Q 고수 POINT **타워크레인 설치 해체 전 사전 조치사항**

- 인력, 시설, 장비 등의 요건을 갖추어 고용노동부에 등록된 업체를 선정한다.
- 고위험 작업이므로 사전에 작성한 타워크레인 설치 및 해체계획서를 현장에서 1차 검토하고, 최종적으로는 본사의 관련 부서와 공동으로 검토 확인하여 승인한다.
- 작업일 오전 일찍 현장소장, 공사팀장, 안전팀장 주관으로 계획서에 따른 절차, 안전수칙 등을 교육하고 작업자의 자격 여부, 건강 상태 등을 직접 확인한다.
- 팀장 및 상하 작업 신호 담당자를 지정하고 정확한 업무 내용을 지시한다.
- 원청사 관리자는 시간대별로 조를 편성하여 작업 시작부터 종료 시까지 현장에 상주하고, 하나의 작업구역 내에서 상하 동시 작업이 이루어지지 않도록 관리한다.
- 타워크레인 연식을 허위로 등록·유지하고 있지 않은지 철저히 확인하여야 한다.
- 안전 운행을 위한 의무 규정으로서, 사용 연수가 10년 경과된 타워크레인은 주요 부위에 대한 정밀검사, 15년 이상 경과된 것은 2년마다 비파괴 검사를 시행해야 하므로, 그 결과와 내용을 철저히 확인해야 한다.

Q 고수 POINT **타워크레인 설치 해체 전 현장 여건 확인**

- 타워크레인 설치 및 해체 계획을 수립할 때는 건축물 배치 및 공사 진행 상태를 파악하고, 설치에 필요한 이동식 크레인의 용량 및 배치를 결정해야 한다. 또 그러한 내용들을 현장설명 조건에 반영하여 추가 비용이 투입되지 않도록 관리하여야 한다.
- 타워크레인 설치용 이동식 크레인이 거치되는 바탕 지지면은 사전에 지반조사를 실시하여, 필요하면 충분히 보강한 후 크레인을 위치시켜야 한다.
- 타워크레인 2대 이상이 인접해서 작업하는 경우에는 이격거리를 충분히 확보하여, 상하 동시 작업 및 해당 구역에서 통행이 이루어지지 않도록 설정하고, 건물과의 거리, 가공전선과의 이격거리를 충분히 확보한 후 작업하여야 한다.
- 작업장 주변에는 이동식 안전 울타리(fence) 등 구획시설, 안전망 등을 설치하여 안전한 작업환경을 조성하여야 한다.

5) 월 브레이싱(Wall Bracing) 및 텔레스코핑(Telescoping) 작업

① 월 브레이싱 설치

월 브레이싱 전용 프레임(Frame)과 고정 브라켓(Bracket)을 설치한 후, 월 브레이싱용 타이 바를 연결하여 타워크레인을 텔레스코핑한다. 이를 위해 반드시 사전에 구조적 안정성을 검토하여야 한다.

> ■ 월 브레이싱 설치 시 유의사항
> - 월 브레이싱을 설치하는 Slab의 상·하부는 구조검토 결과를 바탕으로 보강한다.
> - 월 타이(Wall tie)를 설치할 때는 기시공된 커튼월이나 구조물을 손상하지 않도록 주의한다.
> - 월 브레이싱을 설치하거나 해체할 때는 거푸집 또는 전용 작업발판을 이용한다.

② 월 브레이싱 설치 순서

[그림 4-1] Wall Bracing 설치 순서

③ 텔레스코핑 준비작업
- 텔레스코핑 작업 전에 올려 끼울 마스트를 지브 방향으로 운반한다.
- 전원 공급 케이블을 텔레스코핑 장치에 연결한다.
- 유압 펌프의 오일량, 모터 회전방향, 유압장치의 압력 등을 점검한다.
- 유압 실린더의 작동 상태를 점검한다.
- 텔레스코핑 작업 중 Air Vent는 열어 두어야 한다.
- 올리고자 하는 마스트에 롤러를 끼워 가이드 레일 위에 올려놓는다.
- 크레인의 지브 길이에 따라 트롤리를 지브의 안쪽 또는 바깥쪽으로 이동시키면서 타워크레인 상부의 무게균형을 잡는다.

■ 텔레스코핑 작업 시 Check Point

타워 크레인이 균형을 유지하기 위해서는 트롤리를 천천히 움직여야 하며, 선회링 서포트 볼트 구멍과 마스트 구멍의 일치 상태 또는 가이드 롤러가 마스트에 접촉되지 않은 상태로 균형상태를 확인할 수 있으며, 텔레스코핑 작업 전에 크레인의 균형을 유지하는 것이 중요하다.
- 텔레스코핑 작업은 작업 높이의 풍속이 10m/sec 이내일 때만 실시한다.
- 유압 실린더와 카운터 지브가 동일한 방향에 놓이도록 해야 한다.
- 선회 링 서포트와 마스트 사이의 체결 볼트를 푼다.
 - 이때 텔레스코핑 케이지와 선회링 서포트는 반드시 핀으로 연결·조립되어 있어야 한다.
 - 텔레스코핑 케이지가 선회링 서포트와 정상적으로 조립되어 있지 않은 상태에서 선회해서는 안 된다.
- 브레싱 및 텔레스코핑 시점에 타워 기사의 이동통로(구름사다리)도 확보해야 한다.

[그림 4-2] 월 브레이싱 및 구름사다리

6) 타워크레인 해체

1		Counter Weight 해체	4		Cat Head 해체
2		Main Jib 해체	5		Turn Table & Cabin 해체
3		Counter Jib 해체	6		Telescoping & Mastbasic & Mast 해체

[그림 4-3] 타워크레인의 해체

7) 타워크레인 정기검사

① 현장 준비사항
- 타워크레인 회전 반경 내 고압선은 방호관 설치 : 교류 600V 또는 직류 750V 초과 시
- 타워크레인 회전 반경 내 변전대는 방호 울 설치

■ 타워크레인 설치와 해체 시 Check Point

1. 설치 시
- 타워크레인 기종 선정 시 고려사항 : Jib Length, Mast Height, Max, Load 등
- 설치 방법의 검토 : 고정형, 상승형, 주행형
- 기초 Anchor 위치의 선정 : 작업 반경, 인양 능력, 해체 시 장비 등 고려
- 인입 전원 : 전압 강하, 단독 전원
- 기초 Anchoring 및 콘크리트 Block 제작
  - Hydraulic Crane 이용하여 설치
  - 최대 중량물은 텔레스코핑 게이지
  - 사전 자재 하역장 및 Jib 조립장 조성
  - 부지 내 크레인 이동 동선확보
  - 상하 동시 작업 금지
  - 진입용 가설도로 사전 조성 필수
  - 아웃트리거 접지 바닥면은 사전 정리
  - 접지면 지내력 검사 사전 실시

제4장

2. 해체 시
- 타워크레인을 해체하기 위한 작업구역 설정
- 작업구역 내 타 작업 금지 및 통행 금지
- 이동식 크레인으로 본체 해체 및 외부 반출을 위한 현장 부지 및 이동 동선 확보
- 보조 크레인 등을 이용하여 자재 상차 지원
- Bracing 해체 및 Mast 내림 작업을 통해 높이를 최대한 내린 후 이동식 크레인으로 해체
- 크레인 매뉴얼이나 지침에서 허용하는 높이 및 작업 방법에 따라 작업

- 타워크레인 Mast 주위에는 안전울타리를 설치하여 안전통로 확보
- 낙하물 및 감전 방지용 덮개 T/R(고압전선방호관) 설치 : 고압 위험 표지 부착

[그림 4-4] T/R(고압전선방호관)

- 타워크레인 Sling Wire 및 Shackle(12Ton 기준) 준비 : 정기검사 수검 후 작업용으로 활용
  - Wire : ϕ20mm × 10m × 2개(납봉 처리)
  - Shackle : 1-1/4″ × 2개
- 타워크레인 Load Setting용 양중 자재 준비
  - 타워크레인 엔드 양중능력의 1.1배
  - Setting용 철근 6톤 준비
- 타워크레인 기초의 Anchor 배근 현황 사진 준비
- 정기검사 수검 시 공사현장의 안전관리자가 반드시 입회하고 검사원이 검사부위로 안전하게 접근할 수 있는 통로 확보

② 설치업체 준비사항

- 타워크레인 정기검사는 신청 후 15일 정도 소요. 수검일 연기나 재검 시에는 15일 이후에 검수 가능
- 타워크레인 정기검사일 확정 후, 수검시간은 당일 통보
- 타워크레인 정기검사 접수 시(검사 시) 신청서류 준비
  - 검사신청서 : 현장 산업재해보상보험번호, 대표자 성명, 주민등록번호
  - 타워크레인 관리정보 카드(장비 이력카드)
  - 타워크레인 설계검사 합격증
  - 타워크레인 방호장치 성능검사 합격증
  - 타워크레인 보험서류(중장비안전보험, 영업배상보험 등)
  - 직전에 받은 타워크레인 정기검사필증 사본
  - 타워크레인 기초 Anchor 구비서류 : 구조검토서, 검사증명서, 자분탐상검사 보고서, 제작증명서
  - 현장 약도, 타워크레인 현장 배치 도면

고수 POINT **타워크레인 정기검사(원청/임대업자/설치 · 해체업자 구분, 허위연식등록 등)**

신규등록 검사 후 2년 이내 또는 이동 설치할 경우 실시하여야 하며, 건설기계로 등록된 타워크레인은 「산업안전보건법」 제73조에 따라 「건설기계관리법」상 정기검사를 받은 경우에 안전검사를 면제한다. 정기검사는 타워크레인의 안전성을 점검하고, 안전한 작업환경을 조성하기 위함이고, 최초 설치한 날로부터 6개월마다 검사해야 한다.

8) 타워크레인 안전준수 사항

① 가동 전 안전점검

- 윤활상태 및 전동기 계통
- 브레이크 계통 및 와이어 로프 시브(sheave)[5] 관계
- 볼트, 너트 고정 상태 및 Ballast 웨이트 고정
- 크레인 작업 구간의 장애물 제거
- 훅 및 줄걸이 와이어 로프 및 줄걸이 용구
- 각종 Limit 스위치(안전장치) 작동상태

[그림 4-5] 로프 시브

---

5) 와이어 로프 시브는 와이어 로프를 안내하고 지지하는 회전 구성 요소로, 와이어 로프를 걸고 끌어 당기는 방향을 바꾸거나 여러 개를 조합하여 일종의 조합 활차(pulley) 기능을 하며, 작은 힘으로 무거운 물체를 들어 올리는 데 사용된다.

② 시운전 시 안전점검
- 예비시험
- 무부하 시험(전기, 기계장치 점검 : 단계별로 2회 이상 확인)
- 부하 시험 : 정격 하중의 100% 범위에서 시험

③ 가동 시 안전 준수사항
- 이용 가능한 모든 안전장치는 항상 확인한다.
- 장비 이상 발생 시 관리자에게 보고하고 교대 시 인계 철저
- 동작 시 줄걸이 와이어 로프가 동일한 텐션을 받고 있는지 확인(지상 20cm에서)
- 후크를 지면에 내려놓으면 아니 된다.
- 순간 초대풍속 설치, 수리, 점검, 해체 작업 시 초당 10m, 운전 작업 시 15m 이상인 경우 작업을 중지한다.
- 우천이나 강풍 시 날릴 수 있는 자재, 공구 등은 공구함에 보관하든지 묶어서 보관하여야 한다.

④ 현장 관리자의 안전준수 사항
- 조종사 외에는 타워크레인을 조작해서는 아니 된다.
- 타워크레인 작업 시 신호수를 배치하고 신호수의 통제에 따라 작업해야 한다.
- 인양물을 끌어당기거나, 대각선으로 밀거나, 고정 화물을 떼어 내는 작업은 금지한다.
- 하나의 현장에서 여러 대의 타워크레인 작업 시 신호수와 조종사 간에 충분한 협의 후 오직 신호수(작업지휘자)에 의해서만 작업하도록 한다.
- 인양작업 반경의 위험지역은 비상 경계선 표시를 하여 출입을 통제한다.
- 현장에서 줄걸이 와이어 및 보조 용구를 확인한다.

■ 타워크레인 작업의 안전관리 Point : 적정 인원 투입 및 절차

1. 타워크레인 설치/해체 시
   - 국가기술자격을 갖춘 제관, 비계기능사가 작업을 수행해야 함.
   - 교육기관 이수, 수료시험 합격한 자
   - 작업 투입 전 안전교육 이수 및 TBM
   - 작업 내 적절한 인원 배치(통제 1명)
   - 정기적인 건강진단
   - 장비 제원 및 매뉴얼 숙지
   - 공도구 이상 유무 확인

2. 타워크레인 운전원 요건
- 「국가기술자격법」에 의한 타워크레인 운전기능사
- 현장 투입 전 안전교육 이수
- 현장과 송·수신 장비 확인
- 정기적인 건강진단
- 장비 제원 및 매뉴얼 숙지
- 타워크레인 일일 점검 일지 작성

3. 타워크레인 운전원 안전교육
- 운전경력 3년 이상자 투입(안전팀, 통합물류팀 등에서 교육 실시)
- 전문성 및 정신 교육 정기 실시
- 대기실 운영으로 상호 공감대 형성
- 타워크레인 전용 무전기 채널 확보(위급사항 발생 시 주변타워 긴급 통신)
- 투입 전 파트너사 자체 안전교육 실시
- 장비 특성 숙지
- 설치, 해체, 인상 작업 시 주의사항 숙지

4. 신호수 안전교육
- 지정 신호수 배치(전담, 시스템화)
- 신호수 복장 규정 준수
- 무거운 화물 인양작업 시 2인 1조 운영
- 주기적인 신호수 교육
- 신호 언어 통일
- 교육 실시, Test 필증 부여
- 교육 이수로 장비 특성 숙지
- 접근 금지 및 통제 구역 설정
- 신호 체계 확립

⑤ 안전담당자의 직무
- 작업 방법과 근로자의 배치를 결정하고 당해 작업을 지휘한다.
- 재료의 결함 유무, 기구 및 공구의 기능을 점검하고 불량품은 제거한다.
- 작업 중 안전대와 안전모의 착용 상황을 수시로 감시한다.
- 강풍, 폭우 및 폭설 등의 악천후 시에는 작업을 중지시킨다.
- 크레인 설치작업 범위 내의 위험구역에 작업자의 출입을 금지시킨다.

- 해체팀 구성을 포함한 해체작업계획을 수립하여 안전관리자 및 팀장의 지시에 따라 해체 작업을 수행한다.
- 해체작업 매뉴얼, 해체작업지시서 등의 승인 여부를 확인하고, 이를 기반으로 해체팀에 대한 교육을 실시한다.
- 최대순간풍속 10m/s 이내로 작업이 가능한지 수시로 모니터링하면서 해체 순서에 의거 작업을 수행한다.
- 해체된 부품은 규정된 장소 및 차량에 정리 보관하면서 작업한다.
- 작업 중 필수적인 안전 장구 착용에 대하여 해체팀 투입 전 전수검사를 실시한다.
- 안전표지는 식별이 용이한 곳에 설치한다.

(3) 리프트

1) 개요

건설공사용 리프트는 가이드 레일을 따라 상하로 움직이는 운반구(cage 등)를 설치하여 작업자의 수직 이동 및 자재 운반용으로 활용하는 장비이다.

2) 건설용 리프트 기종

건설공사용 리프트는 동력전달 형식에 따라 랙 및 피니언식 리프트와 와이어 로프식 리프트로 구분하며, 용도에 따라 화물용 리프트와 사람 탑승이 가능한 인화 공용 리프트로 구분한다.

3) 월 타이 고정

고하중 앵커 및 접합부의 구조적 안전성 여부는 미리 확인한다. 건설공사용 리프트의 월 타이는 첫 단은 6m 이내, 그 위로는 18m마다 수평 지지대를 설치하여 고정한다.

4) 리프트 설치 방법

① 장비 출고 및 현장반입, 윈치대 설치, 리프트 세팅, 리프트 1차 전기 결선

[그림 4-6] 리프트 - 세팅

② 윈치대 설치 및 기초앵커 설치

[그림 4-7] 리프트 - 윈치대 및 기초앵커 세팅

③ 완충스프링, 케이블, 이송장치 시공, 바닥 시공, 마스트 인양

[그림 4-8] 리프트 - 바닥 시공 및 마스트 인양

④ 월타이 인양 및 마스트 설치

[그림 4-9] 리프트 - 월타이 인양 및 마스트 설치

⑤ 최상부 탑 마스트 설치 / 장비 설치 완료 / 잔여 자재 현장 야적장에 정리 및 보관

[그림 4-10] 리프트 - 탑 마스트 설치

⑥ 방호선반 및 진입경사로 설치

[그림 4-11] 리프트 - 방호선반 및 진입경사로

⑦ 자동스위치 설치 및 검사 준비

[그림 4-12] 리프트 - 자동스위치 설치

■ 리프트 기초 콘크리트 타설 시 Check Point

• 콘크리트 강도는 21MPa 이상, 허용지내력은 15ton/m^2 이상

• G.L보다 50 ~ 100mm 높게 타설

• D19 철근을 250mm 간격으로 배근

■ 호이스트 검사 전 준비사항

① 최초 인증검사 후 법정 안전검사는 6개월마다 실시

② 월 1회 자체 정기검사 실시

1. 현장 조치사항

• 설치 일정 협의

• 리프트 설치 위치까지 동력선 공급

• 완성 검사 시 현장 안전관리자 입회

• 장비 진입로 및 작업공간 확보

• 설치 주변 타 공종 작업 금지

• 장비 적재하중 테스트용 시멘트 준비

• 완성검사 합격 전 장비 운행 금지

• 방호선반 및 진입경사로 설치

2. 업체 조치사항

• 설치계획서 제출

• 건설용 리프트 설치

• 각층 안전문 및 가설재, 세대 진입 발판

• 자동 설치, 검사 준비

• 낙하 테스트

• 접지 테스트

• 시험 운행

• 운전원 교육

• 완성검사 수행

5) 인버터

건설공사용 리프트의 구성요소 중 하나인 인버터는 직류전력을 교류전력으로 변환하는 장치로 모터를 사용하여 물체를 올리고 내리는 데 사용되는데, 전기 모터는 보통 교류 전력으로 작동하게 되어 있다. 건설공사 현장에서는 일반적으로 직류 전원이 사용되기 때문에 반드시 인버터가 필요하다. 인버터는 직류전원을 받아 내부 전자자회로를 통해 교류전력으로 변환하고, 이 교류 전력이 호이스트의 전기 모터를 구동하여 원하는 방향으로 작동시키는데, 전압과 주파수를 조절하여 모터의 속도와 토크를 제어할 수 있다. 이를 통해 작동속도를 부드럽게 가속하거나 감속할 수 있다.

Q 고수 POINT ┃ **건설용 리프트와 연동되는 안전시설**

- 안전문 : 운반구의 상승 하강 시 운반구로 출입하는 것을 방지한다.
- 안전장치 : 운반구가 일정한 위치에 도달하면 자동으로 정지하도록 하는 장치이다.
- 비상정지장치 : 운반구가 비정상적으로 작동할 때 작업자가 버튼을 눌러 운반구를 정지시키는 장치이다.
- 호출시설 : 각 층에 설치되어 있으며, 작업자가 운반구 내부에서 지상에 있는 관리자에게 도움을 요청할 수 있다.
- 추락방지용 안전발판 : 운반구와 건축물 벽체 사이의 개구부에 설치하여 작업자의 추락을 방지하는 장치이다.
- 방호울 : 운반구 주변에 설치하여 작업자의 신체나 물체가 운반구와 충돌하는 것을 방지하는 장치이다.

※ 골조 콘크리트 타설 후 양생 및 동바리 존치, SWC(Safety Working Cage), 갱폼 등 인양 시기를 고려하여 리프트 인상(climbing) 일정을 협의하여야 하며, 이 일정에 따라 후속 마감 및 설비, 전기 작업 등과 청소 및 정리 반출 작업도 가능하다. 이러한 사항을 후속 공정 및 크리티컬 패스 결정 시 반드시 고려해야 한다.

4.2.2 토공사 및 흙막이공사

(1) 일반사항

1) 용어의 정의

① 토공사와 토목공사의 차이점

토공사와 토목공사라는 용어는 한국에서 독특하게 사용하는 용어이다. '토공사'는 '흙과 토질과 관련된 공사'를 의미하고, '토목(土木)공사'는 토목구조물(도로, 철도, 교량, 터널 등 사회 인프라 시설물)의 설치와 관련된 작업으로 토공사보다는 그 범주가 큰 공사이다.

② 건축공사 중 토공사 및 토목공사의 발주

토공사, 흙막이가시설 공사, 차수공사, 지반보강 및 치환공사, 기초공사, 영구배수 공사, 우·오수관로 공사 등으로 구분하여 발주한다.

③ 토공사의 정의 및 중요성

토공사는 대지, 단지의 조성이나 지반보강 등 흙 및 토질에 관련된 작업을 수행하는 공사로, 토질 조사, 지반 안정화를 위한 지반 보강, 치환(흐트러진 부적합한 토질의 흙 교체), 영구배수(지하수 제거를 위한 배수공사) 등을 포함한다. 토공사는 건축물의 기초 작업이나 도로, 공항, 철도, 교량, 항만 등 토목시설물 건설공사의 토대를 구성하는 핵심 공사이다. 토공사 수행 과정에서는 잠재적인 문제도 해결할 수 있도록 사전에 철저하게 준비하여 조치하고, 작업이 안전하고 효율적으로 수행되는지 면밀한 계측을 통하여 모니터링해야 한다.

2) 매설물 조사

① 정의

매설물 조사는 토공사나 흙막이 가시설 공사로 인한 지중(地中, 땅속)의 배관, 배선 등의 파손을 방지하기 위해 사전에 땅속에 매설된 장애물을 조사하는 것이다. 설계도서 검토, 현장 및 현장 주변 조사, 시험 굴착 등의 방법으로 조사한다. 지중 장애물 철거공사의 안전한 수행과 민원 예방을 위해서는 매설물 배치 상태를 '매설물 현황도' 등으로 도면화하고 철저하게 관리할 필요가 있다.

② 주변 매설물 조사방법
- 도면 조사 : 설계도면, 수도·전기·통신·가스 등 공공 매설물(utility) 관련 기관 보유 도면

- 현장 조사 : 시험 파기, 탐사기 조사
- 사전 협의 : 감시 체계 및 응급 시 처리방법 확립
- 침하 계측

③ 매설물 조사 및 지중 작업 시 유의사항
- 흙막이 벽 설치 부위는 1m 정도 시험 굴착하여 지중 장애물 파악
- 배관이 매설된 것으로 예상되는 부위는 인력 터파기를 실시하여 파손 방지
- 지하 공동(空洞) 부분은 되메우기하여 장비의 전도를 방지
- 문화재 발굴 시 7일 이내 신고해야 함.

3) 흙의 물리적·역학적 성질

① 물리적 성질

함수비, 함수율, 예민비, 간극비, 간극률, 포화도, 연경도(consistency of soil)[6] 등

② 역학적 성질

㉮ 흙의 전단강도(shear strength, τ)

$$\tau = C + \sigma \, \tan \phi \quad \text{(Coulomb의 법칙)}$$

즉, 흙의 전단강도는 점착력과 마찰력의 합으로 구한다. 보통의 모래는 점착력이 없고(0, 零), 포화점토는 마찰력이 0이다.

여기서, τ : 흙의 전단강도
C : 점착력(cohesion)
ϕ : 내부마찰각[7]
σ : 유효 수직응력(파괴면에 수직인 힘)

---

6) 함수비에 따라 다르게 나타나는 흙의 특성을 구분하기 위한 값으로 흙의 소성적 거동에 대한 함수비 범위를 정하는 데 사용하는 용어이며, 일반적으로 액성한계, 소성한계, 수축한계 등을 말한다.

7) 내부마찰각(angle of internal friction)은 흙 내부에 생기는 수직응력과 전단저항과의 관계직선이 수직응력축과 만드는 각도로서 흙 사이의 마찰각이다.

㉯ 압밀 : 점성토 지반에 외부 하중 또는 외력을 가해서 간극의 물(간극수)이 배출되면서 압축되는 현상

㉰ 액상화 : 모래지반에 순간적인 충격과 지진, 진동 등이 가해지면 간극수압 상승으로 유효 응력이 감소하여 전단저항이 상실되며 지반이 액체와 같이 되는 현상

㉱ 흙의 투수성 : 흙이 공극 사이로 물이 통과하는 현상

■ 최대 전단강도 요점

• 흙이 전단파괴 시 전단응력 최댓값

최대 전단강도는 흙이 전단파괴에 도달하기 직전의 전단응력으로 흙의 강도를 나타내는 중요한 지표이며, 흙의 종류, 입도, 함수비, 압밀 상태 등에 따라 달라진다. 최대전단강도는 일반적으로 Mohr-Coulomb 파괴 포락선을 사용하여 구할 수 있고, 이는 흙의 전단강도를 나타내는 곡선으로, 전단응력과 수직응력의 관계를 나타낸다.

최대 전단강도는 토공사 및 흙막이공사에서 흙의 안정성을 평가하거나, 흙막이, 터널, 댐 등 토목 시설물의 설계에 사용된다. 흙막이 벽체가 굴착면의 토압에 견딜 수 있는지 평가하기 위해 최대 전단강도를 사용하며, 터널의 경우 터널의 안정성을 평가하기 위해 터널의 주면 토압과 터널의 최대전단강도를 비교하여 사용한다. 흙의 최대 전단강도는 흙의 특성을 이해하고, 흙 구조물을 안전하게 설계 및 시공하는 데 중요한 지표이다.

– 실험적 방법 : 직접전단시험, 삼축압축시험 등을 통해 흙의 전단강도를 측정
– 이론적 방법 : 흙의 역학적 특성을 이용하여 최대 전단강도를 계산

고수 POINT   토질 숙지 및 고강도의 암반출현 시 대응

• 사질토의 마찰력과 투수성, 점성토의 점착력 등 공사현장의 토질 물성을 충분히 이해하고 토공사 및 흙막이공사 계획에 반영하여야 한다.

• 풍화토, 풍화암, 연암 등 지반의 강도에 따라 공사비가 크게 달라진다.

• 일반적인 경암보다 압축강도가 더 큰 암반일 때는 흙막이 벽 천공 시 또는 터파기 시, 터파기 및 발파 장비의 효율성 저하에 따른 공사비용 증대 가능성이 크므로 사전에 충분히 조사·분석해서 대응해야 한다. 전문가를 통한 치밀한 지질주상도 분석이 요구되며, 필요하면 추가로 조사하고 그 결과를 바탕으로 공사비를 포함한 시공계획을 수립해야 한다.

4) 표준관입시험

① 개념

표준관입시험이란 63.5kg의 해머를 762mm에서 자유낙하시켜 15cm 관입[8] 후, 최종 30cm 관입까지 소요되는 타격횟수(N치)이다. N값으로 사질토는 상대밀도, 점성토는 전단강도를 추정할 수 있으며, 타격횟수가 많을수록, 즉 N값이 클수록 지반은 단단하다고 볼 수 있다.

② N치에 따른 흙의 상태

흙의 상태		사질토	점성토
사질토	점성토		
매우 느슨	매우 무름	0 ~ 4	0 ~ 2
느슨	무름	4 ~ 10	2 ~ 4
보통	중간	10 ~ 30	4 ~ 8
조밀	단단	30 ~ 50	8 ~ 15
매우 조밀	매우 단단	50 이상	15 ~ 30
정밀	딱딱	–	30 이상
		상대밀도	전단강도

③ 시험 시 유의사항

㉮ 시험 간격은 1.0 ~ 1.5m로 한다.

㉯ 슬라임(slime)을 제거하여 흙의 교란을 방지한다.

㉰ 낙하고는 반드시 762mm를 준수해야 한다.

㉱ 시작 깊이와 종료 깊이를 기록한다.

Q 고수 POINT **표준관입시험의 결과치 활용**

- 상대밀도(흙의 다짐 정도)로 지반의 지지력을 추정한다.
- 기초구조 및 공법 선정을 위한 핵심 참고 자료로 활용한다.
- 토질별 연약지반 여부 파악 : N값이 5 이하인 경우는 연약지반 지반개량공사를 시행해야 한다.
- N값은 지내력시험의 결과를 보정하는 데 활용한다.

---

8) 시추공 바닥의 지반 교란의 영향을 없애기 위해서 15cm의 예비타격을 실시한다.

5) 지질주상도(시추주상도, drill log)

① 개념

토질주상도는 Boring, Sounding, Sampling 등 지반조사를 통하여 지층의 구성, 토질 단면의 상태, 지하수위, N값, 시료의 상태 등 지반을 입체적으로 파악할 목적으로 기둥 모양으로 그린 도면이다. 토공사나 기초공사의 계획 및 설계과정에서 지지층의 확인, 차수 공법, 배수공법, 흙막이 공법 등을 결정할 때 기준이 된다.

② 토질주상도의 활용
- 건물의 지지층과 깊이 판단으로 파일 설계 때 활용
- 흙막이 벽체를 경질 지반에 지지시키기 위한 근입 깊이(根入長) 결정
- 차수 및 배수공법 결정

> **고수 POINT 지질주상도**
>
> - 토질 명(지층의 종류) 및 지반의 상태 파악 : 지반의 변형 예측, 안전성 검토
> - 각 토층의 깊이 및 두께(층 두께)
> - 지하수 위 : 지하수 수위 및 양(지하수 유출 방지, 주변 환경 오염/훼손 예방)
> - 구성 토질의 강도(N치 및 압축강도)
> - ※ 지반보강 : 지반의 강도 증가, 침하 방지

6) 보링(boring)

① 개념

보링은 지반의 구성을 확인하거나 흙의 성질을 파악하기 위하여 현장에서 원위치 시험을 실시하기 위한 천공(穿孔) 작업이다. 대표성 있는 위치를 선정하여 신뢰성 있게 시험하는 것이 중요하며, 시료 채취(sampling), 토질시험(물리적·역학적 특성 파악), 표준관입시험, 지하수위 등을 확인하는 것이 주목적이다.

② 보링의 종류

[표 4-2] 보링의 종류 및 적용

구 분	적 용
오거식 보링	연약한 점토 및 중립의 사질토
수세식 보링	토사, 균열이 심한 암반
회전식 보링	점착성이 있는 토사층
충격식 보링	거의 모든 지층에 적용

③ 보링의 깊이

[표 4-3] 보링의 깊이

기초의 구분	보링의 깊이
깊은 기초	기초 하부 1.5B(B : 기초의 폭)
전면 기초	암반층 하부 3m까지
연약층 분포 지역	지지층 하부 1.5B

④ 보링 시 유의사항

[표 4-4] 보링 시 유의사항

신뢰성 있는 Test 실시	• 보링 위치, 심도, 본 수 확인 • 보링 위치의 지반 높이 측정 • 세밀하고 정밀한 기록. 필요하면 추가 보링 실시 • 기록 시 자의적 해석 금지
보링 지름 등 확인	• 표준관입시험의 경우 지름 66mm(Sampler의 지름 51mm) • 불교란시료(undisturbed sample) 채취 • 지하수 위 및 간극수압 측정
공벽 보호	• 굴착 이수(泥水) 이용 • Drive Pipe 3m 이상 → 지표면 부근 토사 붕괴 방지 • All Casing의 경우 선단 심도는 시료 채취 심도 1m
Slime 제거	• 이수 순환에 의해 슬라임 제거 • 송수압이 높으면 시료 교란 주의
Sample 채취 시 유의사항	• 최소 180도 회전시켜 뽑아냄 → 교란 방지 • 채취 Sample은 반드시 Sealing(밀봉) • 직사광선을 피하고 보양 포 등으로 보양 • 충격, 진동, 압력 등에 주의하며 운반 • 겨울철에는 동결하지 않도록 주의

7) 평판재하시험(plate bearing test)

① 개념

평판재하시험은 구조물을 설치하는 지반에 재하판을 설치하고 하중을 가한 후 지반의 지지력을 판단하는 시험이다. 3개소 이상의 위치에서 시험하는데, 재하판 지름의 2배 이상 깊이까지만 지지력 정보로서 가치가 있다.

② 시험방법

- 최소 3개소 시험하며 시험 간격은 재하판 지름의 5배 이상
- 예비 재하 후 1 Cycle 또는 다(多) Cycle 방식으로 실시하며, 재하 간격은 15분 이상
- 재하 하중의 증가는 100kN/m² 이하 또는 예상 지지력의 1/5 이하
- 침하량은 하중의 증가 바로 전후에 측정하고 일정시간 유지 시 동일시간 간격으로 6회 이상

③ 허용지지력

항복 하중의 1/2과 극한지지력의 1/3 중 작은 값을 적용한다.

④ 재하방식에 따른 목적

- 1(One) Cycle 방식 : 지반의 특성파악
- 다 Cycle 방식 : 지반 특성과 변형 특성을 함께 파악 목적

⑤ 재하시험의 종류

- 평판재하시험
- 말뚝재하시험 : 정재하시험, 동재하시험
- 말뚝박기시험 시항타(매입말뚝)

Q 고수 POINT   현장관리 point

1. 시험위치 선정

- 지반조사 결과와 구조물의 설계조건에 따라 위치를 선정하고 구조물의 안정성을 평가하기에 적합한 곳으로 그리고, 재하시험의 목적과 규모에 따라 시험위치를 선정한다.
- 위치는 향후 구조물이 축조되는 위치의 지반과 같은 곳으로, 지반의 상태가 균일하고 작업 동선이나 기타 구조물의 간섭이 안 되는 곳으로 최소한 3개소 이상으로 하며, 시험 개소 사이의 거리는 최대 재하판 지름의 5배 이상이어야 한다.

2. 재하판 시험면적 : 최소 시험 하중의 2배 이상, 최대 시험 하중의 4배 이상이어야 한다.

3. 재하대 : 재하 도중에 올려지거나 지반침하 등으로 기울어지지 않아야 하며, 지지점은 재하판으로부터 2.4m 이상 떨어져 있어야 한다.

4. 현장준비 : 시험에 필요한 총하중용 자재는 시험 시작 전에 현장에 반입되어 있어야 하며, 시험위치의 식생, 잔존물, 자재 등은 제거하고, 배수가 잘 되도록 한다.

5. 시험 시 필요장비 : 로드 셀, 재하 판, Jack 재하 장치, 레벨기, 지압계, 팽창계 등으로 시험 시작 전에 이상 유무를 반드시 점검한다.

6. 시험자 안전 : 재하시험은 큰 하중을 가하는 시험이기 때문에 시험자의 안전에 유의해야 하며, 안전모, 안전화, 안전고리 등을 착용하고, 시험 중에 발생할 수 있는 위험에 대비해야 한다.

Q 고수 POINT   말뚝박기 시험

말뚝박기 시험(시항타)은 예정 기초저면에 본 공사 말뚝과 동일한 조건으로 말뚝을 박고 시험 타격을 통해 기초지반의 지지력을 추정하는 방법이다. 본 공사에 필요한 말뚝의 길이, 말뚝 이음 방법, 해머 용량, 항타 장비 등을 시항타를 통하여 미리 파악한다는 점에서 의미가 있으며, 시공 완료 후에 발생할 수 있는 지지력 부족 및 시공의 어려움 등을 사전에 해결할 수 있는 방법이다.

1. 시험말뚝은 실제 말뚝과 동일한 조건으로 시공해야 한다.

2. 말뚝은 연속적으로 타입하고 휴식시간은 두지 않아야 한다.

3. 소정의 침하량에 도달하면 그 이상 무리하게 박지 않아야 한다.

4. 타격횟수 5회에 총관입량이 6mm 이하인 경우는 타입 거부 현상으로 간주한다.

5. 말뚝은 기초 밑면에서 150~300mm 높은 위치에서 박기를 중단한다.

6. 말뚝머리의 설계위치와 수평방향의 오차는 100mm 이하로 관리한다.

타입 거부 현상은 말뚝박기 시험에서 말뚝이 일정한 깊이 이상에서 더 이상 들어가지 않는 현상을 말한다. (지반이 단단한 경우, 말뚝 길이 부족, 말뚝의 직경이 작은 경우) 타입 거부 현상을 방지하기 위해서는 지반조사 등을 통해 지반조건을 정확히 파악하여 말뚝의 길이와 직경을 결정해야 한다. 또한 실제 시공 시에는 말뚝 박는 속도와 강도 등을 조절하여 타입 거부 현상을 방지하여야 한다. 타입 거부 현상이 발생한 경우에는 말뚝의 길이를 늘리거나, 말뚝의 직경을 키우는 등의 조치를 취해야 한다.

8) 베인 테스트(vane test)

① 개념

　　Rod 선단에 십자형 Vane을 장착하여 지중에 압입 및 회전시켜 흙이 원통형으로 전단파괴 될 때의 회전 Moment를 구하는 시험이다. 연약 점토질에 적용하며, 회전 모멘트로 추정한 점착력으로 기초 저면의 지내력을 확인할 수 있다.

② 시험 방법

　　보링(Boring) → Vane 압입 후 회전 → 회전 Moment 측정(전단파괴 발생 시)

③ 특징

- 연약한 점토질에 적용
- 굳은 진흙층에는 Tester 삽입이 어렵다.
- 깊이 10m 이상 시 Rod 되돌음 현상으로 부정확하다.

④ 시험 시 유의사항

- 베인 회전 중 일정한 깊이를 유지하며 최대회전력을 기록한다.
- 회전 로드는 탄성한계를 넘지 않도록 충분한 지름 이상을 사용한다.
- 회전 로드는 케이싱 또는 시굴 벽면과 마찰이 생기지 않도록 주의한다.

Q 고수 POINT　　지내력 시험(기초 지반의 지지력, 침하량 측정, 구조물 안정성 확보)

기초저면 조성 후 바로 지내력 시험을 실시하여야 한다. 지내력 시험 이후 본공사의 주공정인 영구배수 공법, PE 필름 설치, 버림콘크리트 타설, 철근 배근, 기초 콘크리트 타설 공사 등이 이어지기 때문이다.

- 기초저면 조성 후 즉시 지내력 시험 준비 : 원지반이 공기 중에 오랜시간 노출되면 풍화로 지반이 약화되어 지내력 시험 결과가 달라질 수 있으므로 노출시간을 최소화하고, 정상 레벨보다 과굴착하면 되메움 등으로 비용과 시간측면에서 불리하므로 시험용 원지반에 대한 정확한 레벨관리가 요구된다.
- 레벨 차이가 있는 부지의 경우 레벨별로 최소 1곳 이상 지내력 시험을 실시하여야 한다.
- 설계 지내력 및 허용 지내력 확인 : 필요 하중용 자재를 준비한다.
- 시험 위치별로 침하량이 상이할 경우 부등침하 대책 수립이 필요하다.

⑵ 흙막이공사

1) H-Pile + 토류판 공법

① 개요

H-Pile 토류판 공법은 일정한 간격으로 H-Pile(어미/엄지 말뚝)을 박고, 기계로 굴착해 나가며 토류판을 끼워 흙막이벽을 형성하는 공법이다. 이 공법은 지하 터파기 깊이가 깊지 않고 토질 물성이 양호하며, 지하수 유인이 적은 공사에 활용되지만 띠장과 버팀대가 필요하다. 또 흙막이 벽을 설치한 후에는 수직정밀 도가 확보되었는지 확인하고, 토사 유출을 방지하기 위한 철저한 뒤채움 작업이 필요하다. 이 공법에 따른 흙막이벽은 차수성이 없거나 작아서 수압이 거의 걸리지 않으므로, 가설구조물로서 유리하다고 볼 수 있다.

② 시공방법 및 순서

- 작업을 시작하기 전에 지장물을 철거하고 가이드 빔을 설치한다.
- H-Pile을 일정한 간격으로 타입 설치하고, 기계·장비로 굴토를 진행한다.
- H-Pile 사이에 토류판을 끼워 넣고, 뒤채움 흙을 밀실하게 충전해 나가며 흙막 이벽을 조성한다.
- 단계별로 지보공을 설치하고 기초 저면까지 굴착한다.

시공순서를 요약하면, H-Pile 타입, 굴착 및 토류판 설치, 뒤채움, 벽체 지보공 설치 순이다.

③ 특징

- 차수성이 떨어져 일반적으로 지하수위가 낮은 지반에 적용한다.
- 수압이 걸리지 않아 가설구조물에 유리하고 경제적이다.
- H-Pile 삽입 시 진동소음이 발생하는데, Auger로 천공한 후 삽입하면 진동이나 소음이 저감될 수 있다.

ⓠ 고수 POINT　　H-PILE 토류판 공법

- 대형 천공 장비의 주행 안정성을 검증하여, 부족하면 흙 치환을 비롯한 지반 보강, 철판 보강 등의 방법으로 안전하게 작업할 수 있도록 한다.
- 토류판 사이의 틈새 채움 및 뒤채움 작업은 지속적인 관리로 밀실하게 이루어지도록 한다.
- H빔과 토류판 사이의 틈새 쐐기(목재) 및 고정용 철물을 사용하여 H빔과 토류판이 밀착 되도록 한다.
- 띠장과 토류판의 접촉 상태를 확인하여 필요하면 홈메우기를 한다.

> ■ 안전관리 Check Point
> • H-Pile·토류판 공법에서는 H-Pile의 수직정밀도를 확보하는 것이 매우 중요하므로, 장비가 위치하는 곳은 자갈 포설, 철판 깔기, 콘크리트 타설 등의 방법으로 평평하게 고른다.
> • 토류판 뒤채움은 밀실하게 다져 넣어야 한다.
> • 지하수 유출이 심한 경우는 즉시 작업을 중단하고 적절한 차수 대책을 강구해야 한다.
> • 과굴착으로 인한 터파기면의 붕괴를 막아 안전성을 확보하기 위해서는 뒤채움 및 토류판 미시공 높이를 1m 이하로 유지해야 한다.
> • 굴토 후 토류판 설치 및 뒤채움 작업은 가능한 한 빨리 시공하고, 1일 이상 방치해서는 안 된다.

2) Sheet Pile 공법

① 개요

Sheet Pile 공법은 강널말뚝 공법이라고 하며, 일정한 간격으로 Sheet Pile을 박아 흙막이 벽으로 활용하고 지보공을 설치하며 터파기해 내려가는 공법이다. Sheet pile 공법은 접속성이 있는 강재 널말뚝을 맞물리어 연속 타입하거나 매립하여 수밀성이 있는 흙막이 벽을 만들고 띠장 버팀대로 지지하는 공법으로 차수성이 우수하고 시공이 용이하여 많이 사용된다. 타입공법을 적용할 경우 진동이나 소음이 크게 발생하며, 수직 이음의 정밀도가 나쁘면 깊은 설치가 곤란하다. 이 공법은 수밀성이 좋으므로 지하수위의 저하를 방지할 수 있으며, 지하수 및 토사의 유출도 예방할 수 있다. 또 재질이 균질하고 지반에 따라 벽체 강성을 조절할 수 있다.

② 특징

• 차수성이 우수하여 지하수위가 높은 지반에도 적용 가능하다.
• 수압을 받으므로 'H+Pile + 토류판' 공법보다 가설구조물의 응력이 크다.
• 타입공법을 적용하면 진동 소음이 발생하여 도심지공사에서는 사용이 곤란하다.

③ 시공방법 및 순서

• 가이드 빔 설치 : 작업을 시작하기 전에 H-pile 등으로 가이드 빔을 설치한다.
• Sheet Pile 타입 및 굴토 : 인접한 시트 파일의 홈에 맞물리게 꽂는 작업을 반복한다.
• 바이브로 해머로 진동을 주면서 Sheet Pile을 일정한 간격으로 근입하며 기계로 굴토를 진행한다.
• 시트 파일이 움직이지 않도록 시트 파일과 가이드 빔 사이에 쐐기를 설치한다.

[그림 4-13] 시트파일 타입

- Guide Beam 설치 → Sheet Pile 자립 → 양단부 매입 → 중앙부 매입

④ 시공 시 유의사항

- 바닥에 병풍 모양으로 배치 후 1개씩 타입한다.
- 시트파일의 경사진 시공, 이음의 어긋남, 비틀림 등을 방지하고, 이음 접속부의 차수성과 시트파일의 구조 안전성 및 수직정밀도 향상을 목적으로 타입용 가이드 빔을 설치한다.
- 이음부의 어긋남을 방지하기 위하여 겹침타입으로 시공하고 그라우트 보강을 실시한다.
- 시트파일 배면 토사의 입자가 거친 경우나 배면에 물이 많으면 지수효과를 기대하는 데 장시간이 소요되므로 연결부에 미리 지수재를 도포하여 지수성을 향상시킨다.
- 강도가 약한 점토질 지반에서는 바이브로 해머로 진동 타입한다.
- 사질토는 물로 교란이 잘 되므로 Water Jet을 병용하며, 최종 1~2m는 항타 타입한다.

Q 고수 POINT   시트파일(냉간성형 강널말뚝)

- 트랜싯 등 측량기기로 정확한 위치를 수시로 확인하여 시공사 및 감리원의 확인을 받아야 한다.
- 타격에 의한 소음 발생으로 민원이 우려되므로 사전에 철저하게 조사하여 대비하고 소음·진동 저감 방법 적용이 필요하다.
- 지하층 골조공사 완료 후 지상층 골조공사를 착수하기 전에 해체 장비를 투입하여 시트파일을 해체해야 한다.

3) SCW(Soil Cement Wall) 공법

① 개요

　　Pipe 교반축 선단에 Cutter를 장치하여 경화제와 흙을 혼합하며 굴착한다. 즉, 파이프 선단에서 Cement Milk(모르타르)를 분출시켜 흙과 모르타르를 혼합하면서 Pipe는 빼내고 H-파일을 압입하여 주열벽체를 형성하는 공법이다. 주열식 흙막이 공법의 하나로 시공오차를 고려하여 외벽과 일정한 거리를 확보한다.

② 굴착방식

　• 연속방식, Element 방식, 선행 방식
　• Auger는 연약지반일수록 여러 개의 축을 가진 오거 사용

③ 특징

　• 저소음, 저진동 공법이며, 차수 효과가 양호하다.
　• 지하수위가 높고, 높은 강성을 요구하지 않는 지반에 유리하다.
　• 지반의 변동이 있을 경우는 길이 조절이 가능하다.
　• 초대형 장비가 사용되므로 협소한 장소에서는 적용이 어렵다.
　• 토층의 변화가 심한 지반에서는 시멘트 밀크의 정확한 배합이 어렵다.
　• N치 50 이내의 점성토 또는 사질토 지반에 적용한다. 자갈 및 암석층에는 시공이 어렵다.

④ 시공 시 유의사항

　• Cement Milk의 물시멘트비는 350% 넘지 않아야 한다.
　• Cement Milk의 블리딩을 방지하고, 초기 경화를 지연시켜 심재를 쉽게 삽입하기 위하여 벤토나이트를 사용한다.
　• 심재로 H-Pile을 사용할 때는 최소한 25mm의 피복두께는 유지한다.

Q 고수 POINT　　삼축 오거 천공과 연약지반 관계

• 오거(auger) 설치 시 로드(rod)의 수직도를 반드시 확인한다.
• 지하수위 변동 여부를 주기적으로 조사하고 모니터링해야 한다.
　– 벽체 배면에 지하수가 존재할 때는 벽체 강도가 저하되므로 배수 처리를 철저하게 해야 한다.
　– 지하수위가 높은 지역에서는 부력에 저항해야 하므로 앵커를 설치하거나 그라우팅 등으로 보강한다.

- 대형장비를 사용하기 때문에 대상 부지가 협소한 곳은 적용 가능성을 사전에 충분히 검토하여 결정한다.
- 암반이나 전석층 지반에는 삼축 오거의 적용성이 떨어지므로 단축 오거를 사용한다.
- 시멘트, 모래, 물 등의 재료에 대한 철저한 품질관리가 요구된다.
- 시공순서가 달라지거나 겹침 위치가 달라지면 벽체 강도의 저하나 시공 지연의 원인이 될 수 있으므로 철저하게 준수한다.
- 굴착 장비, 믹서기, 펌프 등 장비 반입 일정과 장비 배치 장소는 사전에 충분히 검토하여 결정해 둔다.

4) CIP(Cast In Placed Pile) 공법

① 개요

오거 및 케이싱을 이용하여 굴착 천공 후 철근망이나 H빔을 삽입하고 콘크리트를 타설하여 주열(柱列)식 흙막이 벽체를 형성하는 공법이다. 보통 지하수위가 낮은 지반에 적용하며 장비가 소형이므로 협소한 장소에서도 공사가 가능하다. 벽체의 강성은 우수하지만 시공정밀도 유지가 어려워 정밀도를 높일 수 있는 보조적 대책이 필요하다.

② 특징

- 장비가 소형이므로 협소한 장소에서도 시공이 가능하다.
- 저소음, 저진동 공법으로 인접 구조물에 미치는 영향이 적다.
- 벽체 강성이 크며, 불규칙한 형상에도 적용 가능하다.
- 말뚝과 말뚝 사이의 이음부에 대한 보강이 필요하다.
- 지하수위가 높을 때는 별도의 차수(遮水) 작업이 필요하다.
- 굴착 끝단에 슬라임(slime)이 발생한다.
- 암석층, 지하수위가 높을 때는 시공성이 저하될 수 있다.

③ 시공순서 및 작업 방법

- 부지 정지 및 장비 주행로 확보
- 장비 반입 및 조립[9], 보조 크레인 반입 결정

---

9) 해당 작업의 강도와 빈도가 위험 2등급으로 위험도가 비교적 높아 주말 작업 시 유의해야 한다.

- 오거 천공 : T4(타격 및 회전), 토네이도(회전 위주, 오거형), 트리콘 비트(회전 위주, 소음이 작아 민원 최소화 가능)
- Casing 근입 : 연암 -1m까지 근입, 매립층, 풍화토, 풍화암 등의 경우 공벽 붕괴를 방지할 목적으로 사용한다.
- 철근망(Side Pile) 근입
  - 흙막이 벽체 구성 용도 : 연암 -1m까지 근입
  - 주요 지하수 유출 부위인 풍화암과 연암의 접속부 차수를 위해 연암 구간 -1m 깊이까지 근입
  - 주요 지하수 유출 부위(풍화암과 연암이 만나는 부위) : 연암 1m까지 근입 하여 해당부위에 주열식 흙막이 및 차수가 조성되도록 한다.
- H빔(CIP) 근입 : 흙막이 벽체 지지용

[그림 4-14] CIP공법 캡빔 두부정리 및 가이드빔 설치

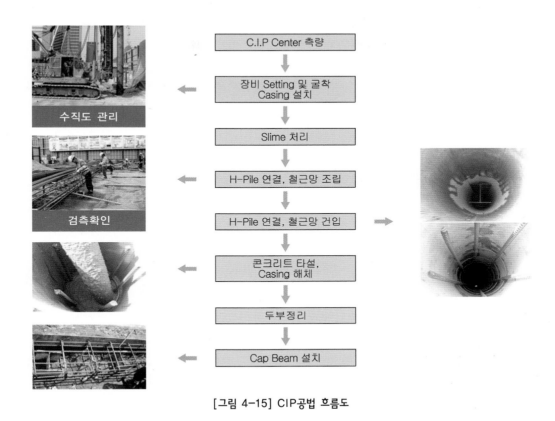

[그림 4-15] CIP공법 흐름도

- 천공기 이동계획 및 대책
- 이동 및 작업 시 철판(2.5m×6.0m×25mm)
  10장 이상을 15cm 이하 간격으로 설치하며, 진행 방향
  에 2장 이상을 미리 설치한다.
- 크레인 작업로 폭은 12m 이상 조성한다.
- 점토질일 경우 반드시 양질의 토사로 치환한다.
- 경사로 이동 시 리더기는 높은 곳 방향으로 후진 이동한다.
- 작업로 경사가 5도 이상인 곳은 이동을 금지하고, 대신
  계단식 작업로를 조성하여 이동해야 한다.
- 천공 시 아우트리거는 지상에서 10cm가량 띄어서 설치
  한다.

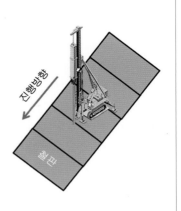

■ 안전관리 Check Point
• 장비 이동구간의 주행 안정성 여부를 기술연구팀, 토질 및 기초기술사 등에 의뢰하여 검토 확인
• 서브 크레인 반입 및 신호수(형광조끼 착용 : 특별안전교육 소장 직접 실시) 배치 : H-형강으로 인한 추락, 전도 및 협착 등 사고 예방
• 대지경계선, 캡빔 폭, 펜스 지지 파이프 등을 고려하여 작업 및 점검 통로 확보

④ CIP 천공 시 품질관리
• 천공 시 공벽 유지 및 보호를 위해 Guide Casing을 설치하는 것을 원칙으로 한다.
• 목표 심도까지 공벽의 붕괴가 일어나지 않도록 주의하며 천공을 완료한다.
• 설계도서상의 말뚝 간격과 근입 깊이는 반드시 준수하고 수직으로 정밀하게 설치되도록 공사한다.
• 철근은 정확하게 조립하고 운반거치 시 변동되지 않도록 주의하며 삽입 시 천공된 공벽 표면에 손상을 주지 않도록 주의한다.
• 지하층 외벽과 합벽으로 시공되는 구간에는 지하 외벽선을 침범하지 않도록 하고, 지하층 외벽과 말뚝 전면 폭의 간격이 10cm를 넘지 않도록 한다.
• C.I.P 흙막이 벽체의 상부는 Cap Beam 콘크리트를 타설하여 일체화한다.

■ 시공관리 Check Point
• 부지 레벨 및 경사로 조정 : 대형 천공 장비의 주행 성능 및 안전성 확보가 중요하므로 부지 내 레벨 차로 인하여 경사가 진 경우 대형 장비는 경사지에 세팅할 수 없으므로 단차를 만들어 평평한 상태에서 작업하도록 해야 하며, 단차 이동 간 경사로는 장비 이동 시 전도가 되는 않도록 조성하여야 한다.
• 1층 바닥레벨과 주변 기반시설(보차도 및 조경) 레벨에 따라 캡빔 상단 레벨에 대하여 디테일하게 검토하여야 한다.
• 천공 장비 및 보조 크레인 : 현장 여건 및 토질상태를 반드시 재확인하고, 지질조사보고서, 지하구조물 안전성 평가 자료 등을 확인하여 장비 종류, 용량, 수량을 확정한다.
• 양중 시 Balance Beam을 사용하여 철근망의 변형을 방지하고, Transit 등으로 수시로 수직 정밀도를 확인하여 유지한다.
• 철근의 피복두께 확보를 위한 스페이서(flat bar spacer 등) 관리를 철저히 한다.
• 보강근 및 Spacer로 철근망 변형 및 피복두께를 확보한다.
• 콘크리트를 타설하기 전에 Slime은 반드시 제거한다.

⑤ Cap Beam 시공 시 유의사항

- 주열벽, Slurry wall 등의 상단 부위는 굴착 부위의 Slime이 혼입되어 취약하므로, 벽체 완성 후 상단으로부터 일정 깊이(20~50cm)는 파쇄·제거하고 새로운 콘크리트를 타설하여 흙막이 벽체가 연속성 및 일체성을 갖도록 연결해 주는 것이 Cap Beam이다.
- 1층 바닥 슬래브 레벨을 고려하여 연결 철근 배근
- 상부 콘크리트의 품질 확보
- 각 Panel의 연속성 확보
- 1층 Slab 수평 및 Level 확보
- 하중 축선 일치
- 내측 가이드 월(Guide wall) 및 Slurry wall 상단 콘크리트 파쇄
- 이음부 청소 및 지수 처리를 철저히 하여 Cold Joint 방지
- 1층 Slab Level를 고려하여 철근 배근, 콘크리트 피복두께 확보

Q 고수 POINT   홈메우기

홈메우기는 띠장과 흙막이 벽을 일체화시키는 과정으로, 띠장 설치가 완료된 후에 수행된다.
- 용접 방법 : H파일 부분을 용접하여 CIP와 띠장 사이 뜬 부분을 메워 일체화한다.
- 몰탈 뒤채움 : 몰탈을 사용하여 띠장과 흙막이 벽 사이의 공극을 메운다.
  → 문제점) 해체 시 잔재물 및 폐기물 발생으로 오염의 우려가 있다.
- 철판으로 용접 : 철판을 사용하여 띠장과 흙막이 벽 사이를 메워 일체화한다.

[그림 4-16] 띠장과 흙막이 벽 홈메우기

5) 지하연속벽(Slurry Wall)

① 정의

Slurry Wall 공법은 BC Cutter(회전식 굴착기), Hang Grab(유압식 굴착기) 등 굴착기와 안정액을 이용하여 지반을 굴착한 후 철근망을 삽입하고 콘크리트를 타설하여 연속된 벽체를 형성하는 흙막이 공법이다. 굴착 벽면의 붕괴를 방지하기 위해 사용하는 안정액의 품질관리와 시공정밀도 및 콘크리트의 품질 확보가 중요하다. 흙막이 벽체 중에서 가장 강성이 높은 기술 중의 하나로 판상형 벽체 굴착이 가능한 특수 굴착기로 굴착하고 안정액을 주입하여 공벽이 허물어지지 않은 상태에서 철근망을 삽입하고 콘크리트를 저면부터 타설하면서 안정액을 제거하여 지중에 벽체를 조성하는 공법이다. 지지방식으로는 대부분 역타를 위한 SPS 또는 CWS 공법을 적용한다.

Panel Joint 부위가 B/C Cutter로 양쪽 100mm씩 Over-Cutting됨에 따라 생긴 불규칙한 면(finger joint)이 콘크리트 타설 시 Inter-Locking 역할을 하는 동시에 연속된 일체형의 벽체가 되게 하며, Bentonite 용액이 Joint 부위의 차수를 도와준다. Slurry Wall 관련 자재 공급원에 대한 승인을 완료한 후 플랜트를 순차적으로 반입하여 조립한다.

[표 4-5] Slurry Wall 구축용 플랜트

장비명	규 격	수 량	용 도
Service Crane	100ton	1	철근망근입
BC Cutter	Thk = 1,200	1	연속벽 굴착 작업
Desander	$100m^3$	1	안정액 분류
Mixer	$1m^3$	1	Bentonite 혼합
Bentonite Test Kit		1	안정액 시험
Silo	$30m^3$	10	안정액 보관
Silo	$70m^3$	10	안정액 보관
Feed Pump	8×6	1	안정액 공급/순환
Back-Hoe	0.6W	1	선행굴착/상차
Koden		1	수직도 Check
Filter Press	$1.2m^3$	1	폐액처리

② Slurry Wall 시공순서

- 대지 조사 : 대지 조사를 통해 공사 지역의 지반조건을 파악한다.
  (지반조건에 따라 Slurry Wall 공법의 적용 가능성과 적절한 시공방법 결정)
- 패널 굴착 : 지층의 종류, 철근망의 규격, 굴착된 트렌치의 안정성 등을 고려하여 결정한 2~9m 길이의 패널을 소요의 폭(보통 0.6~1.5m)으로 굴착 후 철근망을 건입한다.
- 안정액 주입 : 물, 시멘트, 벤토나이트 등으로 구성된 안정액을 주입한다. 안정액은 물이나 토사의 유입을 억제하여 패널 안쪽 면(공벽)의 붕괴를 막고 안정화시켜 Slurry Wall 조성에 기여한다.
- 철근망 근입 : 안정액을 주입하여 형성한 Slurry Wall 내부에 철근망을 근입한다. 철근망은 Slurry Wall의 강성을 높이고, 지하층 내부의 벽체, 슬래브 등을 지지함으로써 구조적 안정성을 향상시킨다.
- 콘크리트 타설 : 콘크리트 타설로 Slurry Wall 조성을 완료한다.

> ■ Slurry Wall 공정 요약
> Guide Wall 설치 → BC Cutter 굴착(안정액 관리 및 Koden Test로 수직도 확인) → 철근망 삽입(Balance Frame 이용) → 콘크리트 타설(Slime 혼입 방지) → 안정액은 지하수위보다 1.5~2m 높게 유지하여 굴착 벽면의 붕괴 방지

③ Slurry Wall 공법의 특징

- 안정성 : 외부 압력(토압, 수압 등)과 힘에 강한 견고하고 연속적인 벽을 형성할 수 있다.
- 차수성 : 차수성능이 우수하여 물 침투에 취약한 지하 구조물이나 지하수위가 높은 지반에 적용할 수 있다.

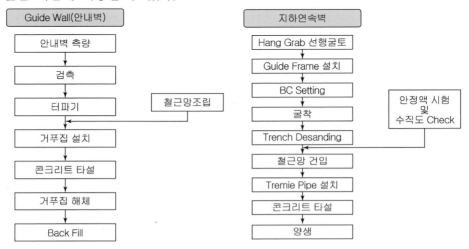

[그림 4-17] Slurry Wall 시공 순서

- 강성 : 강성이 큰 연속벽을 형성하여 내구성이 좋다.
- 적용성 : 소규모 지하실부터 대규모의 지하 주차장 및 터널에 이르기까지 광범위하게 적용 가능하다.
- 비용 효율성 : 여러 가지의 특수 장비가 투입되고 공사 과정에 전문지식이 요구되어 초기비용은 비싸지만, 조성된 흙막이 벽을 건축물 지하 외벽으로 사용할 수 있어 비용 측면에서 효율적이다.
- 저소음, 저진동 공법으로 도심지 공사에 적합하다.

④ 시공 시 유의사항
- 안정액에 대한 철저한 품질관리 및 충분한 공급으로 굴착 벽면의 붕괴를 방지해야 한다. Mud Film 형성을 위한 비중, 점성, 사분율 관리를 철저히 하여야 한다.
- Transit[10], Koden Test 등으로 수직도 등 시공정밀도를 확보해야 한다. 수직 허용오차는 1/300~1/500 또는 50mm보다 작은 값이어야 한다.
- Balance Frame을 사용하여 철근망 등의 양중과 근입 시 변형되지 않도록 주의한다.

Q 고수 POINT — 안정액의 품질관리

- 적절한 점토 함량 유지 : 안정액의 점토 함량은 굴착 벽면의 안정성을 유지하는 데 중요한 역할을 하며 점토 함량이 너무 낮으면 안정액의 점도가 낮아져 굴착 벽면이 붕괴될 위험이 높아지고, 너무 높으면 안정액의 순환이 어려워져 공사 효율성이 떨어진다. 토질 특성과 굴착 깊이 등을 고려하여 적절한 점토 함량을 설정하고, 지속적으로 측정 및 관리해야 한다.
- pH 조절 : 안정액의 pH는 안정액의 점도와 응집력에 영향을 미치고 pH가 너무 낮거나 높으면 안정액의 성능이 저하될 수 있으므로 적절한 pH 범위를 유지해야 한다. 일반적으로 pH 9~11 정도가 적합하다.
- 첨가제 사용 : 안정액의 성능을 향상시키기 위해 첨가제를 사용할 수 있고 첨가제는 안정액의 점도, 응집력, 분산성 등을 개선하여 굴착 벽면의 안정성을 높여 준다. 다양한 첨가제가 개발되어 있으므로, 토질 특성과 공사 조건에 맞는 적절한 첨가제를 선택한다.
- 정기적인 품질 검사 : 안정액의 품질관리를 위해 정기적으로 품질검사를 실시해야 하며, 점토 함량, pH, 밀도, 점도, 응집력 등의 항목을 검사하여 안정액의 성능이 기준에 부합하는지 확인해야 한다.

---

10) 트랜싯으로 3방향에서 수직도를 확인·조정하면서 굴착한다.

- 굴착 면적에 맞는 안정액 공급량 확보 : 굴착 면적에 비해 안정액 공급량이 부족하면 공벽이 붕괴될 위험이 높아지므로 굴착 면적을 고려하여 충분한 양의 안정액을 확보해야 한다.
- 안정액 순환 시스템 구축 : 굴착 벽면을 따라 안정액이 지속적으로 순환되어야 굴착 벽면을 안정적으로 유지할 수 있으므로 안정액이 굴착 벽면 전체에 골고루 공급되도록 안정액 순환 시스템을 구축해야 한다.
- 안정액 레벨 관리 : 안정액 레벨이 너무 낮아지면 굴착 벽면이 노출되어 붕괴될 위험이 높아지므로, 굴착 진행 과정에서 안정액 레벨을 낮아지지 않도록 지속 관리해야 한다.
- 침전 및 슬러리 제거 : 안정액은 시간이 지남에 따라 침전되거나 슬러리가 발생하여 안정액 성능을 저하시키므로, 침전된 것과 슬러리는 정기적으로 제거해야 한다.
- 기상 상황 고려 : 강우나 강풍 등의 기상 상황은 안정액의 성능에 영향을 미칠 수 있으므로 기상 상황을 고려하여 안정액을 관리해야 한다.
- 작업자 교육 : 작업자를 대상으로 안정액 관리 교육을 실시하여 안정액의 중요성을 정확히 인지하고 올바르게 관리할 수 있도록 해야 한다.

⑤ 신속한 철근망 이음 방법
- 철선(#10)
- 와이어 클램프(Wire Clamp)
- 기계적 이음(Coupler)
    → 근입 시 자중 및 충격을 견딜 수 있게 전기용접 병용 실시, 일반적으로 원형 Mortar Spacer를 사용해 피복두께 확보

Q 고수 POINT　　**슬러리월(Slurry Wall) 철근망 이음 방법**

- 겹이음 : 가장 일반적인 이음 방법으로 철근망의 끝단을 겹치게 하여 연결하는 방법으로 겹친 부분은 용접하거나 볼트로 체결하여 고정한다. 이음부의 강도가 높고 시공이 간편하지만 겹친 부분이 길어져 재료비가 많이 들고 이음부의 길이가 길어져 구조적으로 불리할 수 있다.
- 용접이음 : 철근망을 용접하여 연결하는 방법으로 이음부의 강도가 높고, 겹친 부분이 없어 재료비가 적게 든다. 작업이 복잡하고 용접 부위의 부식이 발생할 수 있으며, 용접 기술자의 숙련도에 따라 품질이 달라질 수 있다.
- 슬리브 이음 : 철근망에 슬리브를 끼워 연결하는 방법으로 시공이 간편하며 부식에 대한 저항성이 높아 내구성이 좋다. 가격이 비싸고 끼우는 과정에서 철근망이 손상될 수 있다.
- 커플러 이음 : 시공이 간편하며 재료비가 적게 들며 부식에 대한 저항성이 높아 내구성이 좋다. 커플러의 강도가 충분하지 않을 경우 이음부에서 균열이 발생할 수 있다.

⑥ Guide Wall

㉮ 정의 : Guide Wall은 조성할 Slurry Wall의 양측에 설치하는 RC조나 철골조의 임시 구조물이다. 굴착 시 안내 벽 및 거치대 역할을 하며, Slurry Wall의 파손 방지 및 수직도 확보를 위한 기준이 된다.

㉯ Guide Wall 설치

• Slurry Wall 계획 높이보다 1~1.5m 높게 설치한다.

• 내측 +50mm(여유 치수)를 확보한다.

• 지하수위보다 1.5~2m 높게 설치한다.

• Slurry Wall의 시공오차를 고려하여 여유 치수를 확보한다. H-Beam을 이용한 철골조의 Guide Wall은 RC조보다 철거가 용이하다.

㉰ Guide Wall 역할

• 굴착 시 붕괴방지 및 수직도를 유지한다.

• 안내벽 역할을 한다.

• 계획고 및 측량의 기준이 된다.

• 굴착 장비, 철근망, Tremie Pipe 등의 받침대로서 거치대 역할을 한다.

㉱ 가이드 월 해체 : 내·외부 가이드 월을 모두 철거하지만, 현장 여건에 따라 내부만 철거하기도 한다.

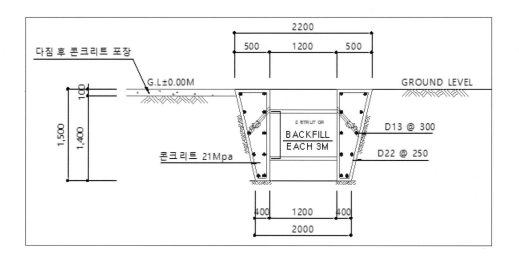

[그림 4-18] Guide Wall 단면

⑦ 코덴 테스트(Koden test)

  ㉮ 개요 : 코덴 테스트는 초음파로 굴착공의 정밀도를 측정하는 것으로 센서를 유닛에 매달아 상하를 움직이면서 측정한다. 굴착공의 수직도 및 단면 형상을 측정하며 100m 깊이까지 측정할 수 있다.

  ㉯ 테스트 방법

  Boring → 센서 유닛 설치 → 초음파 측정 및 기록 → 수직도 및 단면 형상 (벽체 두께) 측정

  ㉰ 정밀도 확보

  • 수직도 1/300 또는 50mm보다 작은 값으로 한다.

  • 3방향에서 Transit에 의한 수직도 확인하면서 굴착한다.

  • Koden Test로 벽체 두께 및 수직도 확인한다.

  ㉱ 시험 시 유의사항

  • 센서가 흔들리지 않도록 일정한 하강 속도를 유지한다.

  • 시험 전 설계도서 및 관련 자료를 검토한다.

  • 장비 작동상태 등을 점검한다.

⑧ 트레미 관(tremie pipe)

  ㉮ 개요 : Slurry Wall에 콘크리트를 타설할 때 사용하는 관으로 벤토나이트 안정액이나 Slime의 혼입을 작게 함으로써 소정의 콘크리트 품질을 확보할 수 있다. 굴착공의 깊이가 다양하므로 다양한 길이의 트레미 관을 사전에 확보해 두어야 한다.

  ㉯ 트레미관을 이용한 콘크리트 타설

  • 6m 이상의 Panel을 2본 이상의 트레미관으로 타설할 때는 동시에 타설하되, 타설 상단면이 수평면에 가깝게 유지되게 하고 연속적으로 타설되도록 하여야 한다.

  • 타설 중 트레미 관이 콘크리트 속에 묻힘 길이는 1.5~2m가 되도록 유지하고 타설 개시 때는 저면에서 200~300mm 이격하여 교란을 방지한다.

  ㉰ 타설 시 유의사항

  • 배차 계획을 철저히 하여 연속 타설되도록 하고 불가피하게 중단할 경우에는 1시간을 넘지 않도록 한다.

  • 타설을 시작하기 전에 트레미 관 내에 고무공(플랜저) 등을 넣어 벤토나이트 안정액이 콘크리트와 섞이지 않도록 한다.

  • 연속타설을 위하여 최소 4대 이상의 레미콘 차량이 현장에 도착한 것을 확인하고 Premimary Panel 타설을 시작한다.

㉺ 품질관리

- 콘크리트 Slump 및 공기량 측정은 150m³당 1회 실시한다.
- 콘크리트 공시체 제작 및 압축강도 시험(재령 3일, 7일, 28일)은 150m³당 3개(1조) 제작한다.

⑨ Slurry Wall Joint 방수

㉮ 개요 : Slurry Wall의 Joint 부는 구조체 균열 등으로 누수확률이 높지만 완전한 방수가 어려워서 최하층으로 지하수를 유도해 처리하는 것이 바람직하다. 지하수를 최하층까지 유도하기 위해 각층 슬래브에 sleeve 및 지수판을 시공한다.

㉯ 방수 Process : Joint 부 Slime 제거 → Joint 부를 V자 Cutting → 폴리머 시멘트 모르타르 방수 2회 → PVC Pipe(반원) 설치 → 방수 모르타르

㉰ 시공 시 유의사항

- PVC 파이프는 지하수위 해당 층부터 최하층까지 연속하여 설치한다.
- 최하층에서 지하수는 배수판이나 강제배수 공법 등을 이용하여 처리한다.
- Joint 부의 Slime은 완전히 제거하고 철저하게 Cutting 또는 Chipping한다.
- 구조체 균열로 완전 방수 어려움 → 지하수 유도 처리

⑩ 안정액

㉮ 개요 : 안정액은 흙 입자 사이의 공극에 침투하여 불투수막을 형성하여 공벽을 보호하는 비중이 물보다 약간 큰(1.1 내외) 액체이다. 안정액으로서 요구 성능은 굴착 벽면의 조막성(조벽성), 물리·화학적 안정성, 적당한 비중 등이다.

- 안정액은 물 1m³(100%)당 벤토나이트 2.0%, 폴리머 0.1%, 벤토크릴 0.05% 등을 혼합하여 제조한다.
- Slurry Wall 시공구간은 시멘트와 벤토나이트가 반응하여 안정액의 열화현상이 발생하므로 폐기한 후 양질의 안정액으로 치환하고, 굴착이 완료되면 전부를 양질의 안정액으로 치환한다.
- 굴착액은 순환조로 이동시켜 재생처리 과정을 거친 후 다음 패널의 굴착에 다시 활용한다.
- 안정액 시험 기구 : PH Meter, Mud Balance, Marsh Funnel Viscometer, Filter Press, Vernier Calipers 등

㉯ 안정액 굴착 벽면 붕괴방지 Mechanism : 일수현상을 집중적으로 관리하고 Mud Film 등의 형성에 안정액이 소모되므로 지하수위보다 1.5~2m 이상 높게 안정액이 유지될 수 있도록 충분히 공급한다.

㉰ 안정액의 품질관리 기준

구분	굴착 시	Slime 처리 시	측정방법
비중	1.04 ~ 1.2	1.04 ~ 1.1	Mud Balance로 점토의 무게 측정
유동특성, 점성	22 ~ 40초	22 ~ 35초	500cc의 안정액이 깔대기를 흘러내리는 시간 측정
사분(沙粉)율	15% 이하	5% 이하	스크린을 통해 부어 넣은 후 남은 시료를 시험관 안에 가라앉힌 후 사분량 기록
PH	7.5 ~ 10.5		시료에 전극을 넣고 값의 변화가 거의 없을 때
조벽성	3.0 이상	1.0 이상	진흙막의 두께로 측정하며, 표준 필터 프레스를 이용하여 질소가스로 가압

⑪ 카운터 월(Counter Wall)

㉮ 정의 : Slurry Wall의 하단부가 경암으로 굴착이 불가능한 경우 Soldier Pile (버팀 기둥, H-pile)이나 Rock Bolt 등을 이용하여 Underpining을 통해 예정한 깊이까지 벽체를 구축하는 공법이다.

㉯ 시공순서 및 시공 시 유의사항

시공순서	시공 시 유의사항
• 1차(상층부) 굴착 및 상부 슬래브 타설 • 굴착 진행 및 락 볼트 등 시공 • Wire Mesh + Shotcrete • 하층부 1차 카운터 월 및 하부 슬래브 구축 • 상층부 카운터 월 구축 • 최종 굴착 및 Underpinning • 매트 콘크리트 타설 • 하층부 2차 Counter Wall 구축	• 전용 장비(T-4) 및 케이싱을 이용 굴착 • Soldier Pile(엄지 말뚝)은 굴착 저면보다 2~3m 이상까지 근입 • 지하수 유입 시 배수 처리

> **고수 POINT** **Slurry Wall 시공 시 공정**
>
> • 장비 이동구간의 주행 안전성 확보와 사일로, 플랜트 등의 안전한 설치를 위해서는 Topping 콘크리트를 타설하는 것이 유리하지만, 경제성과 폐기물 반출 관련 공정관리를 함께 고려하여 적절한 방법을 선택한다.
> • 굴착 토사는 오염 등으로 반출이 어려울 수 있으므로 토양 성분을 사전에 조사·분석하여 대비하고 굴착 토사를 반출하기 전에 반드시 사토장을 확보하여야 한다.
> • 가이드 월에 콘크리트 타설 시 추후 해체를 고려하고, 가설 울타리와의 거리 및 일부 울타리의 해체 및 재설치 가능성을 사전에 확인하여야 한다.
> • BC Cutter 선행 굴착 구간은 최대한 깊게 확보한다.
> • Primary, Secondary 패널의 분할은 해당 공사를 담당하는 전문 건설업체(협력업체) 담당자와 공사팀장이 상호 크로스 체크하여 확정한다.
> • Embedded Plate 위치를 결정한 후에는 시공 검측 체크리스트 및 사진을 기록으로 남겨 추후 문제 발생 시 원인 분석에 활용할 수 있도록 해야 한다.

(3) 차수 공사

1) LW(labiles wasserglass, '물유리'라는 의미의 독일어) 공법

① 개요

LW 공법은 흙막이 벽체의 차수 성능 보강 및 지반개량을 목적으로 널리 사용되는 공법으로, 시멘트 Milk를 채우고 공극에 규산소다(Water Glass) 용액을 저압 주입하여 고결화시키는 방법으로 진행된다.

② 시공순서

천공, Casing 삽입 → 멘젯 튜브 삽입 → Seal재[11] 주입 및 Casing 인발 → Double Packer 삽입 및 LW 주입

③ 적용범위

• 지하수위가 높지 않고 간극이 비교적 적은 모래층
• 느슨한 사질토에는 침투 주입 방법, 밀실한 사토질 및 점성토에는 맥상주입(fracturing grout) 방법을 적용
• 공극이 크거나 함수비가 높은 지반에는 효과가 불확실

---

11) Seal재는 최소한 24시간 이상 양생해야 한다.

④ 특징

- 결함이 생긴 경우 주입관(멘젯튜브)이 보존되므로 다시 천공할 필요 없이 재주입이 가능하다.
- 주입 장비 및 재료가 국산화되어 타 공법에 비해 경제적이다.
- 천공과 주입 공정을 분리 진행할 수 있다.
- 물유리(water glass, 규산소다) 사용으로 용탈 현상(leaching)[12]이 발생할 수 있다.
- Grout액을 주입하므로 지하수의 오염 우려가 있다.
- 차수 및 지반보강 효과는 크지 않다.

Q 고수 POINT | **'지하안전영향평가' 제도** (근거 : 「지하안전관리에 관한 특별법」, 2018.01)

- 건축물 등의 지하에서 이루어지는 토공사 및 흙막이 가시설공사 과정에서 지하수 이동, 특히, 굴착공사로 인한 지하수위 저하 등으로 주변 지반의 침하나 싱크 홀(sink hole) 그리고 지하수 고갈 문제 등을 통합 관리하기 위하여 지하안전영향평가제도(이하 '지안평') 가 도입·시행되고 있다.
- 지하 10m 이상 굴착공사 시 평가하며, 10m 이상 20m 미만 굴착 시는 소규모 지하안전영향 평가, 20m 이상 굴착공사는 지하안전영향평가를 실시해야 한다.
- 지안평과 관련하여 국토교통부 및 지자체 등 인허가부서의 검토·승인 등 절차 이행에 시간이 많이 소요되고 추후 설계변경도 어려울 수 있으므로 사전에 철저하게 검토·분석 하여 시공계획을 수립하여야 한다.

---

2) JSP(jumbo special pile) 공법

① 개요

JSP 공법은 이중관 로드 선단에 제팅 노즐(jetting nozzle)을 장착하여 압축공기와 함께 시멘트 밀크를 초고압 분사하여 원주형 고결체를 형성하는 방법이다. 지반 강화와 차수 효과는 우수하지만, 공과 공 사이의 연결 부위가 취약하고 주입액으로 인한 지하수의 오염 가능성이 있다.

---

12) 물에 의해 토립자의 광물 성분이 용해되거나 토립자 흡착수 농도가 감소되어 시간 경과에 따라 지반의 강도가 저하되는 현상. 약액의 용질이 용매(지하수)로 점차 이동되면서 확산되며 발생하고, 용탈되는 물을 용탈수라 칭한다.

② 시공순서

천공 → JSP 시공 → 25mm 상승 후 주입한계선까지 반복해서 공사

③ 특징

- 지반개량, 강화 및 차수 효과가 우수하다.
- 지반의 융기나 지하 구조물의 변형 발생 가능성이 있다.
- 협소한 장소에서는 작업은 가능하지만 고가이다.
- 차수, 지반강화, 현장말뚝, 흙막이벽체, 선행 지중보 형성 목적으로 시행된다.

④ 적용지반

- N > 30 이상 지반 적용 시 효과 불확실
- 풍화대까지 적용 가능
- 보통 주입법으로 곤란한 세립토 개량 가능

Q 고수 POINT | JSP공법 : 그라우팅, 지반보강, 차수 등의 용도로 구분 사용

- 시공 위치를 사전에 도면화하고 작업 전 측량을 통하여 확인한 후 공사에 착수한다.
- 경화제 배합량 및 주입 등을 매일 정확하게 확인하고 관리하여야 한다.
- 주입 후 주입성과(투수성, 압축강도) 평가를 위한 시험 시행이 필요하다.
- 연약지반 개량공법으로서 N치 30 이상의 풍화암 이상의 지반에는 효과가 불확실하다.
- 슬라임 발생량이 많으므로 그 처리계획을 사전에 수립하여야 한다.
- 그라우트재 주입으로 지하수가 오염될 수 있어서 지반보강 등의 용도로 공사 후에는 지하수 배수와 관련하여 사전에 인허가기관의 승인을 받아야 한다.
- 인접 건축물, 지하매설물, 관로 등에 나쁜 영향을 미칠 수 있으므로 사전에 그 내용을 정확하게 파악하여 대처할 필요가 있다.

---

3) SGR [space(또는 soil) grouting rocket] 공법

① 개요

물유리계 주입재를 사용하는 이중관 복합주입공법의 일종으로 특수 선단장치(rocket)를 이용하여 주입관 선단에 유도공간을 형성하고, 이를 통해 저압으로 급결성주입재와 완결성 주입재를 연속적으로 주입하는 공법이다. 물유리, 시멘트, SGR 약재 등을 지반에 혼합 주입하여 개량하고 차수벽을 형성하는 것이다. 점성토나 사질토 지반에 모두 적용 가능하며, 주입재로는 A재(규산소다 + 물)와 B재(포틀랜드시멘트 + SGR 7,8호 + 물)를 모두 사용한다.

② 특징
- 저압주입으로 지반 손상 최소화
- 주입재의 침투성을 향상시켜 차수 성능 향상
- 단위면적당 주입량을 조절하여 다양한 지반에 적용 가능

③ 용도
- 지하수 차수
- 지반 보강
- 지하구조물 시공

④ 시공 순서
- 이중관 로드의 내관으로 굴착면 근처에 천공수를 보내며 소정의 심도까지 천공한다.
- 이중관을 천공에 삽입하고, 천공 완료 후 외관으로 압력수를 보내면서 로드를 1 Step만큼 인발하여 로켓을 돌출, 작동시킨다(실린더 형태의 공간이 형성됨).
- 주입재를 저압으로 주입(내관과 외관 모두 A액, B액 주입), 주입은 1 Step마다 급결성 주입재와 완결성 주입재를 연속적으로 주입하며, 선단장치 작동과 약액 주입작업을 반복하여 예정된 부위까지 주입한다.
- 주입재가 경화되면, 이중관을 회수한다.

⑤ 장·단점
- 저압주입으로 지반 손상 최소화
- 주입재의 침투성이 높아 차수 성능 향상
- 단위면적당 주입량 조절 가능
- 다양한 지반에 적용 가능
- 특수 장비 필요
- 주입에 많은 시간 소요
- 시공 과정 복잡

> **🔍 고수 POINT   SGR 공법 : 이중관 복합 주입, 겔 타임 및 용탈 현상 등에 유의**
>
> - 겔 타임 조절을 통한 속도에 중점을 맞춘 공법으로 작업 전 겔 타임을 측정하고 배합비를 결정해야 한다.
> - A재, B재 등 2가지 주입재를 내관, 외관으로 각각 주입하여 선단에서 혼합, 방출하는 방식이다.
> - 지하수 유속이 심한 경우 응결 전 용탈 현상으로 내구성이 저하될 수 있다.
> - 배합시험 및 현장시험을 통하여 적절한 겔 타임과 배합비를 결정하는 것이 중요하다.
> - 모든 차수 공사는 사전에 지하 매설물(또는 지장물)의 위치를 먼저 확인해야 한다.

4) EGM(eco-friendly grouting method) 공법

① 개요

시멘트, 석회, 슬래그, 플라이애시 등 산업 부산물을 주원료로 사용하고 환경 친화적이며 경제적인 공법으로 주입재에 따라 다양한 지반에 적용할 수 있다. 차수 공법으로 많이 적용된 LW, SGR 공법의 문제점을 개선하기 위해 황산을 포함하지 않는 석고계 Silica Sol을 사용한다.

② 시공순서 및 절차
- 굴착면 근처에 천공한다.
- 주입관을 천공에 삽입한다.
- 주입재를 주입한다.
- 주입재가 경화되면 주입관을 회수한다.

③ 장·단점
- 친환경적이고 경제적이다.
- 다양한 지반에 적용 가능하다.
- 시공과정이 비교적 복잡하다.
- 특정 업체의 독점으로 대안 제시가 어렵고, 특허료 비용이 추가 발생한다.

④ 특징
- EGM 주입재 : 석고계 EGM 약재 + 규산소다(150, SGR(250ℓ)공법의 60%), EGM의 분말도는 시멘트보다 큼(4,500cm^2/g, 보통 포틀랜드 시멘트 2,800cm^2/g)
- 6가 크롬 등 중금속 함유하고 있는 시멘트를 사용하지 않는 친환경 재료인 석고계 사용
- 공법 개발자가 재료를 직접 생산, 공급하므로 우수한 품질 기대
- 기존 SGR 장비 사용 가능

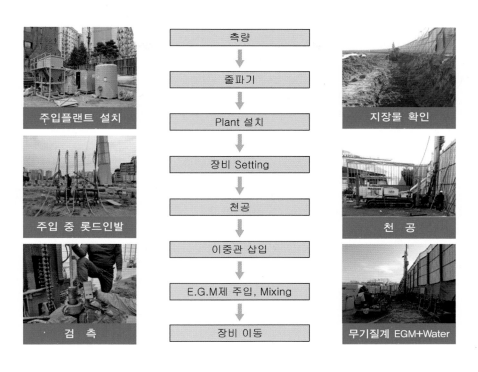

[그림 4-19] EGM 공법 흐름도

EDM공법 : 친환경, 특허공법

- SGR 공법과 달리 시멘트를 사용하지 않고 환경에 무해한 석고계 약재를 사용한다.
- 자재 특허를 가진 특정 업체와 계약한 전문공사업체를 통한 공사가 진행된다.
- 업체 선택과 관련하여 발주할 때부터 현장설명 조건 등을 사전에 충분히 검토하여 협의할 필요가 있다.
- 황산을 사용하지 않는 석고계 Silica Sol 공법. 시멘트는 6가 크롬 등 중금속을 함유하고 있으나 EGM 재료는 중금속이 전혀 없는 친환경 재료를 사용, 공법 개발자가 재료를 직접 생산한다.
- 용탈률이 2% 이내로 차수성능, 지반개량 효과 등 요구품질 확보에 유리하다.
- 지하수에 의해 희석될 수 있는 환경에도 겔 타임을 잘 유지하고 배합 용수 수온에 영향을 받지 않는다.

(4) 배수공법

1) Deep Wall

① 개요

지름 200~800mm 정도의 우물을 설치하고 펌프로 양수하여 지하수위를 낮추는 공법이다. 지하수를 중력의 힘으로 우물(집수정)에 모아 펌프로 지상으로 배출하는 것이다.

② 시공순서

Casing 설치 및 천공 → Strainer Pipe 설치 → Filter 재료 충전 → Pump 설치 및 양수량 산정 → In Casing 인발

③ 특징

- 지반 투수계수 10^{-2}cm/sec 이상의 토질에 적용한다.
- 깊은 양수
- 개소당 양수량이 크다.

④ 시공 시 유의사항

- 우물의 깊이는 계획 수위보다 10m 정도 낮게 설치한다.
- 우물 굴착 시 우물 벽체가 안정되도록 유의하고, 벤토나이트 이수는 사용을 금지한다.
- 우물 고갈, 지반 침하, 부동 침하에 대한 대책을 강구하여야 한다.

고수 POINT   **배수공법 선정을 위한 주요 검토사항**

- 토질상황 : 지반의 투수성, 지하수위, 간극비 등을 확인해야 한다.
- 예상수위 저하고 : 배수공법 적용으로 인한 지하수위 저하 정도를 예측하고, 주변 시설물에 미치는 영향을 고려해야 한다.
- 지하수 상황 : 지하수의 수질, 수량, 유속 등을 사전에 충분히 검토해서 대응한다.
- 시공성 : 배수시설의 설치 및 유지보수의 용이성, 공사기간 등을 고려해야 한다.
- 경제성 : 공사비, 유지보수비 등을 고려하여 검토한다.
- 주변 지반의 안정성 : 해당 지반의 배수(dewatering)가 주변 시설물에 미치는 영향, 특히 지반의 침하 여부를 실시간으로 모니터링해서 대비한다.
- 무공해성 : 토양이나 지하수 등 지구환경에 미치는 영향을 최소화할 수 있는 공법을 선정한다.

2) 웰포인트(Well Point) 공법

① 개요

소구경의 Well Point(ϕ50~60mm, 길이 1m 내외)를 다수 삽입하고 진공 펌프(centrifugal pump)로 지반 내 물을 흡입 배수함으로써 지하수위를 낮추는 공법이다. 토립자가 작고 투수계수가 작아 중력의 작용만으로 지하수가 천천히 유동하는 지반에 적용한다.

② 시공순서

천공 → Riser Pipe 설치 → Filter 재료 충전 → Header Pipe 연결 → 진공 Pump 가동

③ 특징

- 진공이나 전기에너지를 사용하는 강제배수공법
- 투수성이 비교적 낮은 Slit층까지 강제배수 가능
- 흙의 안전성 대폭 향상
- 투수계수가 $10^{-4} \sim 10^{-1}$ 정도의 모래지반에 유효

④ 시공 시 유의사항

- 지하수위 저하에 따른 지반침하 등 피해가 발생하지 않도록 배수량을 조절해야 한다.
- 지하수위를 더욱 낮추기 위해서는 다단식 Well Point를 적용한다.
- 간격은 1~1.5m 정도로 하고 Well Pipe 주변은 모래로 필터층을 조성한다.

3) 영구배수 공법

① 개요 및 특징

기초 저면에 만든 배수층으로 유입된 지하수를 배수로를 거쳐 집수정으로 유도하여 배수하는 배수공법으로 지하수 유입량이 적을 때 적합하다. 굴착이 완료된 최하층 바닥면에 인위적으로 배수체계를 갖춰 기초 바닥에 작용하는 부력(양압력, uplifting force)을 감소시킴으로써 기초의 두께를 줄일 수 있어 토공량이 절감되고, 시공이 간편하여 공기 단축과 공사비 절감도 가능하다. 영구배수 공법에는 부분트렌치 + 전단면 자갈 포설 공법, 부분 트렌치 공법, 배수판(drain board) 공법, POD + 드레인 보드 공법, 상수위 제어 시스템, 부직포 눈막힘 제거 시스템 등이 있다.

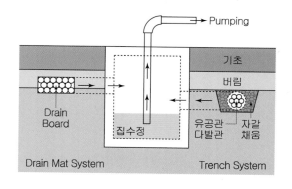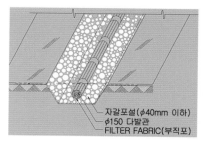

[그림 4-20] 영구배수공법

- 슬래브 하부에 유입되는 지하수 처리에 효과적이다.
- 지하의 물을 외부로 과도한 양수(揚水, pump water up) 시 발생하는 주변 침하 문제를 최소화할 수 있다.
- 지하구조물에 미치는 양압력으로 인한 건물의 부상 방지가 가능하다.

② 영구배수 공법 적용 시 검토사항
- 건축물 주변의 지형 및 주변 구조물 현황 분석
- 유입량 해석을 위한 설계 지하수위 선정 및 검토
- 지반의 지질과 성층 상태 및 수리 특성 분석(지반조사 보고서 참조)
- 투수시험 및 수압시험 자료를 토대로 수리 모델링을 통한 지하수 유입량 산정
- 건축구조 설계 시 부력(양압력)의 크기, 부력처리방법 설계 및 적용성 검토
- 배수관, 토목섬유 등 배수재의 통수 능력 검토
- 영구배수 시스템 시공을 위한 도면 및 시방서 작성(사용자재의 규격 및 사양, 시공방법 등)

③ 시공순서
기초면 바닥면 정지 → 집수정 설치 → 정지면 상부 다짐 → 유도배수로재(드레인 매트) 설치 → 시스템배수로재(다발관) 설치 → PE Film 깔기 → 버림콘크리트 타설 → 기초 콘크리트 타설 → 집수정 펌프 설치

④ 시공 시 유의사항
지속적인 양수로 유지비용이 증가할 수 있으며 주변 지반의 침하가 발생할 수 있다. 부직포에 눈막힘(clogging) 현상이 발생하면 배수 성능이 떨어져 구조체 가 부상할 수 있으며, 배수펌프의 고장이나 정전으로 인한 배수 불능 가능성에 도 대비해야 한다.

- 실제 영구배수 설치 시 실제 지하수위가 지반조사 결과와 일치하는지 확인한다.
- 배수시설 고장을 고려한 유지관리 계획 및 대책을 수립한다.
- 배수펌프와 집수정 크기가 토목 설계도면과 일치하는지 확인한다.

Q 고수 POINT　　**영구배수공법 시행 전 준비사항**

- 기초 저면 노출 후 지내력을 시험하여 안정성을 확인한다.
- 지질주상도(설계도서)상 지하수위와 현장의 상황이 일치하는지 확인한다.
- 영구배수설계보고서 상 집수정의 크기와 배수 펌프의 제원이, 토목 도면상 집수정의 크기와 기계설비 도면상 배수펌프의 제원과 일치하는지 확인한다.
- 콘크리트 끊어치기 구간에서는 다음 연결을 위하여 배수로의 일정 부분(길이)을 노출시키고, 그 후 버림 콘크리트 타설 시 배수로의 파손 여부를 면밀하게 확인해야 한다.
- 후속하는 연결 부위는 시공 전에 전수검사하고 사진 등으로 기록을 남겨서 향후 문제 발생 시 대응해야 한다.
- 단차 구간에 시공할 경우, 배수로 자재는 PVC 재질로 연결 소켓을 이용하여 사면 모양에 따라 설치하고, 유도수로 자재는 Soft한 재질로 배수계획 평면도를 참조하여 설치한다.
- 드레인 매트 배수 시스템을 설치한 후 버림콘크리트 타설 전까지는 장비 및 인원의 출입을 금지하여 유도수로 및 배수로 자재를 보호하여야 한다.

---

(5) 흙막이 벽 지지방식

1) 자립식 공법

① 개요

흙막이 벽 자체의 근입 깊이(근입장)에 의해 흙막이 벽이 자립하는 공법으로 흙막이벽체 자체의 강도와 지반의 지지력으로 굴착면의 토압과 수압을 지탱하는 공법이다. 별도의 지보재 없이 흙막이 벽체를 설치할 수 있어 시공이 간단하여 공기를 단축할 수 있고 경제적이다. 1열 자립식 공법은 흙막이 벽체가 하나의 열로 구성된 것으로, 흙막이 벽체의 강도를 높이기 위해서는 벽 두께를 두껍게 하거나 근입장을 깊게 하고 강재로 보강한다. 2열 자립식 공법은 흙막이 벽체가 전열 및 후열 등 이중으로 구성된 공법이다. 전열과 후열 말뚝을 강재 및 강봉으로 연결하여 삼각형 또는 트러스 구조를 형성하여 지지력을 높여 흙막이 벽체의 변형을 방지하는 방법이다. 전·후열 말뚝 사이는 양질의 토사나 콘크리트로 밀실하게 채워야 한다. 자립식 공법은 지반이 단단하고 터파기 깊이가 10m 이내일 때 적용이 가능하다.

② 시공 시 유의사항

지반의 조사에 있어서 토질의 상태 및 물성, 굴착깊이 및 근입장 검토를 철저히 해야 한다. 지반이 단단하지 않은 경우, 흙막이벽체의 변형이나 침하가 발생할 수 있으며, 흙막이벽체의 강도를 충분히 확보해야 한다. 굴착면의 토압을 지탱할 수 있는 충분한 강도를 확보해야 하고 설계와 시공을 전문업체에 맡겨 재검토 및 시공을 진행해야 한다. 자립식 흙막이 공법은 전문적인 지식과 기술이 요구되는 공법에 해당한다.

> **Q 고수 POINT 자립식 흙막이 공법(후열 말뚝의 정착, 시공공간 확보)**
>
> • 인접 대지에 후열 말뚝 시공이 가능한 경우에 적용할 수 있다(전열 흙막이 말뚝은 대부분 대지 경계선에 위치).
> • 후열 말뚝을 설치한 후 전·후열 말뚝 사이에는 양질의 토사를 채우기보다는 콘크리트를 타설하여 밀실하게 고정할 필요가 있다.

2) 경사 버팀대(raker) 공법

① 개요 및 특징

흙막이 벽체를 설치하고 45° 정도 경사면으로 터파기한 뒤 레이커(Laker, 경사 고임대)를 경사지게 설치하여 흙막이 벽체를 지지하는 공법이다. 흙막이 벽체의 띠장(H-Pile)과 지반의 지지대(지지 블록 또는 파일)를 H-파일 등 레이커로 연결하여 고정한다. 이 공법은 깊이가 10m 이내로 얕고 앵커나 버팀보의 설치가 어려운 경우에 적용할 수 있으며, 초기 변형이 많이 발생할 수 있으므로 지반이 견고하고 블록 지지가 가능한 경우에 적합하다.

• 연약지반 또는 굴착 심도가 깊은 경우는 벽체 변형의 우려가 있다.
• 10m 이상의 굴착 심도일 경우 많은 버팀대가 필요하므로 시공성과 경제성이 불량하다.
• 흙파기 공사를 2회 이상 구분 시행하므로 공기 지연 및 시공성이 저하된다.
• 굴착 심도가 깊은 경우 안정성이 저하된다.
• 굴착 단계별로 지지점을 이동시켜야 하므로 시공성이 저하된다.
• 버팀보가 짧으므로 버팀재의 수축, 접합부의 변동이 적다.
• 굴착폭에 제한을 받지 않는다.

[그림 4-21] 레이커 공법

② 장·단점

장점은 시공이 비교적 간단하고 최소한의 굴착 또는 토양 안정화 작업만으로 시공 가능하며, 급경사이거나 토양이 불안정한 지역에서는 레이커로 흙막이 벽체를 추가 지지 가능하며, 붕괴 위험을 줄일 수 있다는 것이다. 스트러트 공법에 비해 부재가 적게 소요되며, 투입 인원 또한 적기 때문에, 다른 공법에 비해 상대적으로 저렴하다. 단점은 레이커 설치 각도가 너무 가파르면 효과가 떨어지므로 높이가 일정 수준(10m)을 넘는 흙막이에는 적합하지 않으며, 협소한 현장에서는 레이커를 설치하기 어려울 수 있다는 점이다. 즉, 레이커 공법은 중소 규모의 흙막이 가시설로는 효과적이고, 효율성이 높지만 규모가 크고 복잡한 프로젝트에는 적합하지 않다.

③ 적용 가능 여건
- 양질의 지반에 적용하고 버팀대 공법을 적용하기에는 비용이나 안정성이 불리한 경우
- 부지 공간이 넓은 때
- 굴착 평면이 넓고, 굴착 깊이가 얕을 때(10m 전후) 유리

④ 시공 시 유의사항

- 경사면의 각도는 토질의 물성에 따라 조정한다.
- 킥커 블록(kicker block, 지지대) 규격은 구조계산서에 근거하여 결정한다.
- 고재 반입 시 단면 손실이 많은 제품은 반출해야 한다.

[그림 4-22] 레이커 공법

Q 고수 POINT   흙막이 공사의 터파기 진행 중 현장 점검 시 중점관리 사항

- 흙막이 가시설을 설치한 후 흙막이 벽과 띠장의 틈새 처리(홈메우기)의 적정성은 작업 현장으로 이동하는 동선상에서 확인하는 것이 효과적이다.
- 지보공, 버팀대 등 지지 부재의 손상, 변형, 부식, 변위 및 탈락 유무 확인한다.
  - 버팀대가 구조도면과 맞게 시공되었는지 확인한다.
  - 부재의 코너부, 접속부 및 교차부의 시공 상태 및 도면 일치 상태를 확인한다.
- 지하수 유입량 기록 관리 상태를 확인한다.
- 터파기 등 공사 시 지반의 상태는 주기적·지속적으로 계측 관리해야 하며, 최근 데이터와 이전 데이터의 차이는 무엇이고 얼마나 되는지를 분석하여 적절한 대응 조치가 필요하다.
- 소단의 폭, 소단의 높이, 상단과 소단의 높이, 최하단 작업 시 소단 설치 유무를 확인한다.

⑤ 시공순서

- 경사면 터파기 → 킥커(Kicker)용 엄지말뚝 시공 → 1단 콘크리트 킥커 블록 시공 → 1단 띠장 설치
- 1단 레이커 설치 → 2단 띠장 설치 → 2단 레이커 설치

3) Strut 공법

① 개요

흙막이 가시설에 미치는 토압, 수압 등의 측압을 수평 버팀대(Strut)로 지지하는 흙막이 지보공 공법이다. 대지 경계면까지 굴착이 가능하고 굴착 깊이에 제한을 받지 않지만, 작업 구간에 설치된 버팀대와 버팀대 받침 기둥(post pile) 등으로 다른 작업의 능률이 저하될 수 있다.

② 특징

- 직선거리 50m, 코너구간은 30m 이내의 흙막이 공법으로 적합하다.
- 공법은 단순하지만, 큰 규모의 공사에서는 Strut 부재의 가설비가 증대된다.
- Strut로 인해 굴착 장비 등 능률이 저하된다.

③ 시공계획 작성 시 검토사항

⑦ 평면
- 본 구조물의 RC 보와 Post Pile이 간섭되지 않도록 계획해야 한다.
- Strut, 띠장, Post Pile 등 배치계획과 복공판 설치 계획을 함께 검토하여 간섭이 발생하지 않도록 해야 한다.
- Strut 교차 부위는 보강 철물로 긴결하여 변형을 방지한다.

⑭ 단면
- Post Pile은 Strut를 지지하고 상하 방향의 좌굴방지를 위해 Strut 연결 부분 근처에 설치한다.
- Strut 각 단의 설치 레벨이 각 층 슬래브 레벨과 적당한 간격을 유지하도록 계획한다.
- Post Pile은 충분히 근입시켜 벽체 및 굴착면의 안정성을 확보한다.
- Level 변화가 생기지 않도록 Bracket 등으로 보강한다.

⑭ 해체 후 방수계획 : Post Pile 및 Strut로 인한 구조체 관통 부위 발생 시 방수 및 지수 처리를 한다.

⑭ 계측계획
- 주변 지반과 구조물, 흙막이 벽 등의 토압, 수압을 계측한다.
- 계측결과를 설계상 가정 조건 및 계산 결과와 비교 · 분석하여, 예측하지 못한 변화 및 영향을 파악하고, 그 허용한계치를 설정하고 그에 대응한다.

④ Strut 공법 적용과정

> 지반조사 및 계획(간섭 검토) → 흙막이 설치 → Post Pile 설치 → 터파기, Strut 설치(최하층까지 반복) → 구조물 공사 완료 후 Strut 철거

⑤ Post Pile(H-Pile) 천공 및 근입

  ㉮ 준비작업
  • 단지 내 현황 측량 : 대지 경계 및 건축물 외벽 위치 확인
  • 장비, 자재, 인원 투입 및 굴착 등 시공계획 수립

  ㉯ 시공순서
  • 현황측량 결과에 따라 포스트 파일 위치 확인
  • 천공 심도 확인 및 H-Pile 제작
  • 천공 장비 Setting 및 수직도(1/200) 확인, 시공 심도선까지 천공
  • H-Pile 근입 및 항타

  ㉰ Post Pile 시공 시 유의사항
  • 시험터파기 및 줄파기 등으로 지하매설물이 있는지 확인한 후 본 작업을 시행하여야 한다.
  • 부지 평탄화 작업 및 성토 상태 등을 확인한 후 천공한다.
  • 천공 작업 시 수직도 수시 확인이 필요하다.

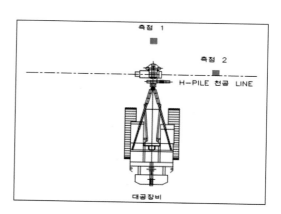

[그림 4-23] Post Pile 수직도 체크

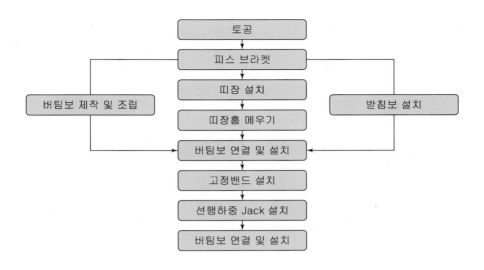

[그림 4-24] 버팀보 설치 및 측량

⑥ 버팀보 설치

　• 토사 반출

　• 흙막이 벽체 지지 브라켓 + 띠장 : 소단 폭, 소단 높이, 소단 경사각 관리 유의

　• Post Pile 피스 브라켓 + 받침보 : 작업 시 추락위험에 대한 위험성 평가

　• 버팀보 : H-Beam, 원형 강관, 사각 트러스 합성보 등

[그림 4-25] 원형강관 버팀보 설치

⑦ 가시설 해체
- 버팀보 Jack 해체 → 이음부 해체 → 고정밴드(전용철물) 해체
- 버팀보 해체 → 받침보 해체 → 피스 브라켓 철거
- 띠장 홈메우기 해체 → 버팀보 인양 및 반출

1. 버팀보 Jack 해체   2. 이음부 해체   3. 고정밴드(U볼트) 해체

6. 강관버팀보 인양   5. 띠장 홈메우기 해체   4. 강관버팀보 해체

[그림 4-26] 원형강관 버팀보 해체

⑧ Strut 공법 시공 시 유의사항
- 터파기 진행 상황에 맞춰 Strut 및 띠장 설치
- 본 구조물 및 가설구대와 간섭되지 않도록 평면 및 단면 계획 검토
- 보강철물 및 Packing 재의 적절한 사용으로 좌굴 방지
- 교차부는 긴결 부위 Pre-Load 도입 후 Bolt를 조여 좌굴 방지
- 흙막이 벽과 띠장의 밀착 시공을 위한 뒤채움 실시
- 띠장 스티프너 설치로 Web 보강
- 장비 조립 시 주변 접근 금지 : 중량물 낙하, 전도 위험
- 측량 좌표 및 기점 확인 : 건축 외벽선 여유치 사전 협의 결정
- 부지 평탄화 작업 및 성토상태 등을 확인한 후 장비 이동 후 천공 작업
- 천공 작업 도중 천공 라인 및 수직도는 수시로 확인 : 천공 장비 내 수직도 센서부착
- 천공 작업에 지장이 없도록 작업 전에 지하매설물을 상세히 조사

⑨ 원형 강관 버팀보 공법의 특징

기술적 측면	안정성 측면
• 강축, 약축의 구분 없음 • 좌굴 및 비틀림에 유리 • 수평, 수직 보강재(Bracing) 불필요	• 강관 사용으로 안정성 확대 • 일방성의 유리한 단면 형상 • 부속류 공장제작으로 품질 우수
경제성 측면	시공성 측면
• 버팀보 사용 강재량 절감 • 보강재 생략으로 공사비 절감 • 공기 단축으로 간접공사비 절감	• 간편한 연결, 접합 부속 사용 • 보강재(Bracing) 설치 불필요 • 작업공간 확보 유리

■ Strut 공법 적용 시 주요 Check Point
• 자재 반입 시 유의사항
 – 자재 반입 시 재질, 규격, 단면 손상 여부 확인 후 입고
 – 재료의 구부러짐, 단면 치수 등 재료의 적정성 여부 확인
• 소단 터파기
 – 벽체 초기 변형 방지 : 띠장, 보걸이 레벨에서 1m 이내로
 – 작업자 이동 동선을 위한 소단폭 및 안전난간대 조치 필수
• 띠장 : 정확한 수평 레벨로 설치, Strut 지지 부위 스티프너 용접 검사 철저
 – 홈메우기 용접 상태 확인 및 쐐기 목 및 볼트 체결 상태 확인
 – 띠장, CIP 벽체 틈새 등 : 철저한 홈메우기, H-Beam 용접, C.I.P 시멘트 모르타르 홈 메우기

- 피스 브라켓 + 받침보 설치 시 자재 양중, 고소작업대 투입, 빔 상부 이동 최소화
  - 고소작업에 따른 작업 대차 선정에 유의
- 버팀보 제작 가공장 확보 및 별도 구역 지정, 복공판 상부 작업 공간 확보
- 볼팅 구간 점검 시 나사선 3줄 여유분 기준으로 관리
  - Strut 설치작업은 리프트, 백호, 이동식 크레인 등이 공동(협력)으로 작업하기 때문에 위험하므로, 장비 운전원들은 자의적 판단으로 운전하지(swing) 말고 반드시 신호수의 신호에 따라야 한다.
  - 파손된 슬링 벨트 또는 와이어로프 사용 시 안전사고 발생 위험이 크므로, 매월 날짜를 정하여 정기적으로 점검하여야 한다.
  - 가설 흙막이에 사용되는 자재는 구조, 성능, 외관 및 사용상 문제가 없다면 재사용품을 사용할 수 있으며, 규정한 재료는 공인시험기관의 성능시험 등에 의한 사용 목적에 적합한 성능을 가진 제품을 승인받아 사용할 수 있다.
  (가설 흙막이 공사 KCS21 3000 기준)

Q 고수 POINT　　Strut 공법 적용 시 확인사항

- 코너부 귀잡이 보의 정밀시공 상태, 누락 여부 및 시공순서 수시로 확인한다.
- Strut과 띠장은 정확히 90도 맞댐 기준이며, 예각 또는 우각부의 경우 추가로 띠장을 설치하여 안정성 확보한다.
- 흙막이 벽과 띠장 사이는 틈새가 없는 상태로 구조설계되어 있으므로 홈메우기를 철저히 시공하여야 하며, 띠장 해체 후 골조 합벽 시공 타설 전에 이질재 폐기물 등이 없도록 깨끗하게 정리·청소하여야 한다.
- 띠장은 반드시 폐압되어야 하며, 단차(레벨 차)가 발생될 경우 단부 스토퍼나 수직연결재를 추가하여 슬라이딩이나 밀림에 의한 변형을 방지해야 한다.
- 띠장과 Strut가 만나는 부위의 스티프너의 용접상태를 점검하여 줄용접되었는지 확인하여야 한다. 태그 용접이나 점 용접방식은 구조적인 안전성이 떨어지므로 지양한다. 최근에는 기성품을 사용하는 경우도 증가하고 있다.

4) 어스앵커(earth anchor) 공법

① 개요

인장재의 양단을 구조물과 지반에 각각 정착시키고 중간부분 자유장의 Prestress로 흙막이를 지지하는 공법이다. 앵커체가 대지경계선 외부로 설치되므로 경계선 외부의 지중 장애물에 대한 조사를 철저하게 수행해야 한다.

② 단계별 어스앵커 시공

타설 후 7~8회 인장 → 인장 Test 통과 후 굴착 → 단계별 하향 굴착

천공 전 확인사항	시공 시 유의사항
• 지중 장애물 조사 • 투수계수 및 지하수위 확인 • 작업공간 확보 : 흙막이 벽으로부터 4~5m	• 투수계수가 높은 지반에서는 순환수 유출에 유의 • 수압이 높은 가는 모래지반에서는 Piping, Boiling에 대한 대책 필요 • 누수방지를 위해 어스앵커 홀 방수 철저 • 모든 어스앵커에 대하여 인장시험을 실시하고, 편차를 확인하여 기준 통과 후 굴착 • 지중 장애물이 있는 경우 대형사고 발생 우려가 크므로 사전에 철저하게 조사하여 조치

③ 어스앵커의 인장시험 종류 및 목적[13]

종 류	목 적
인발시험	• 정착지반의 극한 마찰저항 파악
장기인장시험	• 정착지반의 크리프 특성 파악 : 정착지반에 점성토가 섞인 경우
다 Cycle 인장시험	• 시공 앵커의 적성 : 내력, 변위 성상 파악
1 Cycle 인장시험	• 시공 앵커의 내력 확인
유의사항	• 인장시험 통과 후 굴착, 실패 시 대안 사전 수립 • 최대 시험하중은 인장재 항복하중의 0.9배 이내에서 가능한 큰 하중 • PC 강재의 파단, 정착구와 인발장치의 파손 등으로 인장 부재가 튀어 나갈 우려가 있으므로 유의

---

13) 흙막이 벽체의 안정성을 판단하기 위해 실시한다. 1 Cycle 인장시험은 시공된 모든 앵커에 대해 실시하며, 편차 발생을 확인하는 것이 특히 중요하다.

④ 어스앵커 홀 방수
- 어스앵커 홀의 누수 발생 경로를 파악하여 시공단계별 방수 조치가 필요하다.
- 어스앵커 제거 후에도 누수와 Piping 현상이 발생하지 않도록 지속적인 관찰과 대책이 필요하다.
- 누수경로
  - 어스앵커 Sleeve와 슬러리 월 접합부
  - 어스앵커 Strand
  - 어스앵커 Sleeve 내부
- 경로별 방수처리
  - 어스앵커 Sleeve와 슬러리 월(Slurry wall) 접합부 : 지수판 설치가 원칙이고, 철근 등의 간섭으로 지수판 설치가 어려울 경우에는 수팽창 지수재로 코킹한다.
  - 어스앵커 Strand : 임시(제거식) 어스앵커의 Strand는 완전히 제거하고, 영구 어스앵커의 경우 Strand는 가능한 한 짧게 절단하고 자유장 피복과 Strand 접합부 방수를 철저히 하여 스트랜드를 통한 지하수 유입을 차단한다.
  - 어스앵커 Sleeve 내부 : 슬리브 내부를 방수 모르타르로 충전하고 누수 여부를 확인하여 Sleeve 입구에 철판을 용접한 후 방청 도장을 한다.
- 어스앵커 제거 후 홀을 통한 누수, Piping 현상 등이 발생하지 않도록 지속적인 관찰과 대책 수립이 이루어져야 한다.
- 연속 벽의 홀 천공으로 인한 누수발생 시 경로별로 차단대책을 철저히 강구해야 한다.

⑤ 어스앵커 시공 시 유의사항
- 사전조사를 철저히 하여 적절한 앵커 타입과 설치 방법을 결정한다.
- 앵커의 설치 위치, 길이, 직경 등을 정확하게 계산하여 시공한다.
- 그라우트를 사용하여 앵커와 지반을 일체화한다.
- 앵커에 충분한 긴장을 가하여 앵커가 굴착면의 토압을 지탱할 수 있도록 한다.
- 앵커의 상태를 정기적으로 점검하여 이상이 있는 경우 즉시 보수한다.

Q 고수 POINT **어스앵커 공법**
- 소요 자재, 인력 및 장비의 동원가능성을 수시 확인한다.
- 어스앵커 자재가 설계도서대로 반입되었는지 확인한다.
- 천공할 위치의 지하매설물에 대한 조사결과보고서를 철저히 재검토한다.
- 어스앵커 설치 간격, 천공 각도(보통 10°~45°), 천공 길이가 설계도서대로 시공되었는지 관리한다.
- 천공보고서, 그라우트 시험 보고서, 인장 보고서를 일일 작성하고 확인 결재한다.

5) 록 앵커(rock anchor) 공법

① 개요

지반 천공 후 PS강선을 암반에 삽입·정착시켜 구조물을 지지하는 부력대응공법
이다. 기초바닥면 하부에 작용하는 양압력에 저항하여 부상을 방지하며, 천공 시
수직도 관리 및 누수를 방지하기 위한 접합부 방수 처리가 매우 중요하다. 앵커가
암반에 정착되어 있어 양압력을 지탱할 수 있으며, 앵커의 긴장력은 굴착면의
양압력을 상쇄시켜 구조물의 부상을 방지한다. 록 앵커공법은 부력 대응성이 우수
하고 기초두께를 줄일 수 있지만, PS강선의 부식과 누수 우려로 앵커 홀에 대한
방수가 필요하며, 암반의 강성이 강해야 하고, 시공단가가 높은 단점이 있다.

② 시공순서

터파기 및 굴착면 처리 → 암반에 앵커 설치 → 앵커 긴장 → 굴착 진행

③ 시공 시 유의사항

- 지반조사를 통한 암반 지지층 확인
- 천공 시 수직도 관리
- 1, 2차 그라우팅 밀실 시공
- 접합부 방수 처리로 누수 방지

6) 소일 네일링(Soil nailing) 공법

① 개요

굴착면의 토압을 지탱하기 위해 굴착 지반에 소일 네일(보강재)을 설치하는 공법
이다. 소일 네일링 공법은 철근을 이용한 보강토 공법으로 절토 사면에 네일을
정착시켜 인장력과 전단력을 지탱하도록 하는 공법이다. 네일로 보강된 흙덩어리
가 일체화된 블록을 형성하여 중력식 옹벽과 같은 기능으로 사면을 안정한 상태
로 유지한다. 한편, 압력식 소일 네일링 공법은 소일 네일링 두부에 급결성 발포
우레탄 약액을 주입하여 패커(packer)를 형성하고, 소일 네일링 정착부를 일정
압력(0.5~1.0MPa)으로 그라우팅하여 유효 지름 및 인발 저항력을 증대시킨 공법
이다.

적용 지반	공법의 특징
• 절토를 수반하여 지반 자립 높이가 1m 이상인 경우 • 지하수위의 영향이 적은 경우 • 숏크리트 시공 전 일시적 자립이 요구되므로, N치가 사질토는 5 이상, 점성토는 3 이상의 강도를 가진 지반에 적용 가능	• 지반 자체 벽체 안전성 높은 옹벽 구축 • 장비 소형 좁은 장소/험준한 지형에 적용 • 지진 등 주변 지반 움직임 유연한 대응 • 시공이 간편하고, 경제적임

② 시공순서

1단계 굴착 → 1차 숏크리트 → 천공 후 Nail 및 Wire Mesh 설치 → 2차 숏크리트 → 2단계 굴착

③ 시공 시 유의사항
- 사전조사를 철저히 하여 적절한 소일 네일 타입과 설치 방법을 결정한다.
- 설치 위치, 길이, 직경 등을 정확하게 계산하여 시공한다.
- 압력식 소일 네일링 공법의 경우 그라우팅으로 소일 네일과 지반을 일체화한다.
- 상태를 정기적으로 점검하여 이상이 있는 경우 즉시 보수한다.
- 굴착면의 토압을 지탱할 수 있는 충분한 강도를 확보해야 한다.
- 밀실한 그라우트를 통하여 부식을 방지하고 강도를 향상시켜야 한다.

Q 고수 POINT   쏘일 네일링 공법

- 네일의 크기, 수량, 배치 및 설치 방법 등을 숙지하고 반드시 현장 확인한다.
- 천공 위치, 깊이, 각도 등을 설계도서에 근거하여 확인한다.
- 반입된 자재를 정밀 검수하여 설계도서 및 구매조건 등과 일치 여부를 확인한다.
- 인장시험을 실시하여 설계하중을 만족하는지 확인한다.
- 계측기를 통하여 지반의 변위, 지하수위 등을 모니터링하면서 작업을 진행한다.
- 안전시설, 장비 및 안전교육 및 환경 관련하여 수시로 확인하고 수정 지시한다.

7) PS(Prestressed Strut) 공법

① 개요

띠장에 Cable 또는 강봉을 장착한 겹띠장을 설치하여 양단부에 Prestress를 가하여 발생하는 Prestress Moment로 토압에 저항하는 공법이다. Prestress 도입으로 굴착 배면에 수동토압이 발생하여 토류벽의 변형을 억제하는 원리이다.

② 시공순서

굴착 → 띠장 및 PS 겹띠장 설치 → Strut 설치 및 Prestress 도입

③ 특징

- 케이블 등을 공장에서 제작하고 현장에서는 볼트 접합만 실시하므로 품질 및 시공성이 우수하지만, 현장에서 문제 발생 시 즉각적인 대처가 곤란하다.
- Prestress 도입으로 굴착 배면에 수동 토압이 발생하여 토류벽과 주변 지반의 변형을 최소화할 수 있다.
- 용접이 불가능한 지하연속벽에는 홈메우기가 곤란하다.

④ 적용 조건

- 굴착폭이 넓어 Strut 공법의 적용이 곤란하거나 지중매설물, 사유지 침범 등으로 앵커 시공이 어려운 경우
- 가설 Strut의 수량 감소가 필요한 경우
- 굴착 평면이 불규칙한 경우 적용 불리

⑤ PS 공법 적용 시 유의사항

- 버팀보 지간 거리는 약 7m이며, 이에 따라 Strut 설치가 필요하다.
- 중간파일을 설치한 후에는 띠장의 반입과 설치가 어렵다.
- 흙막이 벽체의 수직도를 고려하여 흙막이 벽체와 PS 띠장 사이의 여유공간 산정이 필요하다.

Q 고수 POINT **PS 공법**

- PS-S 공법, PS-Beam 자립식 흙막이 공법으로 구분 관리가 필요하다.
- 계측관리 : 실시간 모니터링 및 주 3회 이상 모니터링을 실시하고 변위 및 변형 발생 시 즉시 작업을 중단하여야 한다.
- 자립식 흙막이 공법의 변위 기준을 준용하여 엄격하게 판단하여 적용한다.
- 뒤채움, 홈메우기 등 흙막이벽의 일체화 관련 작업은 높은 정밀도로 수행하여야 한다.

8) IPS(Innovative Prestressed Support) 공법

① 개요

버팀보를 사용하지 않고(귀잡이보 일부 사용) IPS 띠장을 흙막이 벽체에 설치한 뒤 PS강선에 인장력을 가하여 토압에 저항하는 공법이다. 토압에 의한 등분포 하중을 지지하는 버팀보의 압축력을 PC강선의 프리스트레싱에 의한 긴장재의 인장력으로 상쇄하여 지지하는 방식이다. IPS 공법은 H-Beam 받침대, 띠장, 강선 등으로 구성되며, 버팀보로 인한 작업공간의 침해가 없어서 장비의 작업공간이 확보되어 작업효율이 높다. 공간이 협소하고, 주변 지반의 변형을 방지해야 하는 도심지 공사에 적합하다.

② IPS 공법의 띠장
- IPS 단일식 띠장 : 단경간(8~21m) 지지용
- IPS 조립식 띠장 : 장경간(22~50m) 지지용

③ 적용 범위
- 굴착폭이 넓어 버팀보로 지지하기 곤란한 경우
- 지중 매설물의 손상이나 사유지 침범의 우려가 있는 경우
- 굴착으로 인한 주변 지반의 변형으로 인근 구조물의 피해가 예상되는 도심지 굴착 시
- 지하수 영향으로 앵커 시공이 곤란한 경우

④ 특성
- 작업공간 확보로 능률 향상
  - 본 구조물 시공 시 철근, 거푸집 작업 용이
  - 굴착작업, 토사반출 및 건설자재의 운반 등 작업 용이
- 사용 강재의 회수율이 높아 경제적
- 가시설 및 본 구조물의 공사비 절감 및 공사기간 단축
- 기존 Strut 공법 대비 35% 강재량 절감 및 작업 조인트 수 1/3 수준으로 절감
- Strut가 없어 본 구조물에 구멍이 없으므로 방수성, 내구성 증대
- 선행하중 효과로 주변의 시설물이나 지반의 침하 방지

⑤ 시공 시 유의사항
- 복공용 Post Pile 설치 후 IPS 단일 띠장 설치 시 간섭이 발생되므로 사전에 자재운반 및 야적을 위한 공간을 확보하여야 한다.

- 터파기 구간과 IPS 설치구간을 구분(zoning)한다.
- 흙막이 벽체 수직도의 시공오차를 고려하여 흙막이 벽체와 IPS 띠장 사이의 여유공간을 충분히 확보한다.
- 철골 부재 용접이 불가능한 지하연속벽(Slurry Wall)의 홈메우기를 고려한다.
- 강선끼리 겹침 현상이 발생하므로 유의한다.

9) 탑다운(Top Down) 공법

① 개요

굴착작업 전에 지하 외부 벽체와 기둥을 미리 시공한 후 1개층씩 단계별로 지하층 토공사와 구조물공사를 위에서 아래로 반복해 가면서 지하구조물을 만드는 공법이다. 도심지 공사에 적합하며, 깊은 지하구조물 시공 시 주변에 나쁜 영향을 미치지 않고 공사할 수 있도록 개발된 방법 중에서 가장 안전한 공법이다. 도심지에서 대형 건축물을 신축할 경우는 대지의 활용도를 극대화하기 위하여 지하층 면적을 최대로 넓히기 때문에 기존의 공법으로는 작업장 확보에 어려움이 많다. 이로 인해 작업 능률의 저하, 공사 기간 장기화, 공사비 증가를 초래하는데 탑다운 공법은 이러한 문제를 극복하기 위하여 개발된 방법이다.

② 탑다운 공법의 구성 요소

- 흙막이 벽 : 횡토압, 수압 및 연직하중을 지지하기 위한 흙막이 벽(CIP, Slurry Wall 등)
- 기초 기둥 : 지하층 하중과 지상층 하중을 수직으로 지지하기 위한 기둥(PRD, RCD)
- 바닥구조
  - 자중, 벽하중, 마감 하중, 작업 하중에 의한 모멘트와 전단력 수용
  - 지하 외벽으로부터 횡토압, 수압에 의한 축압력 수용

③ 용어의 정의

- 지하연속벽(Slurry wall) : 안정액(벤토나이트액)을 이용하여 지중을 트렌치(도랑) 형태로 굴착하여 철근망을 삽입하고 콘크리트를 타설하여 만든 지중 철근콘크리트 벽체
- 안내벽(Guide wall) : 지하연속벽 시공 시 굴착작업에 앞서 예정 트렌치 양측에 설치하는 철근콘크리트 가설벽으로서 트렌치 인접 지반의 붕락 방지와 굴착기계의 진입을 유도하고 철근망의 거치를 위해 설치하는 가설구조물

- R.C.D(Reverse circulation drill) : 깨끗한 물이나 안정액을 이용하여 공내 정수압을 일정하게 유지(0.02MPa)하고 공벽을 보호해 가면서 굴착하는 역순환 굴착공법
- 트레미관(Tremie pipe) : 수중콘크리트나 지표면 이하에 콘크리트를 타설할 목적으로 사용하는 관으로 상단부 머리 부분에 나팔관 깔대기 모양의 입구를 가진 관
- 카운터 월(Counter wall) : 지하연속벽 하단부의 암반 부위에는 지하연속벽의 설치가 어려워 굴착 내부면에 별도로 설치하는 구조물 벽체
- 램프 슬래브(Ramp slab) : 지상에서 지하로 차량이 진출입하는 경사로 바닥판

④ 탑다운 공사의 시공순서

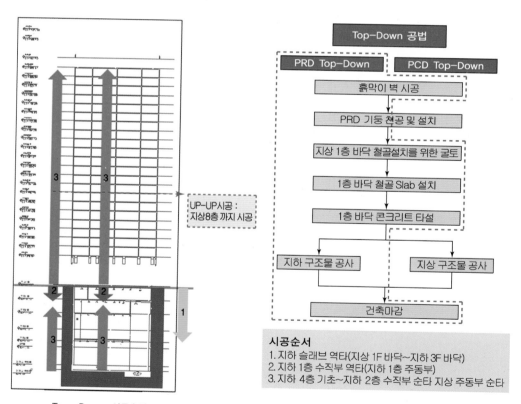

Top-Down 시공순서

[그림 4-27] Top Down 공법 시공순서

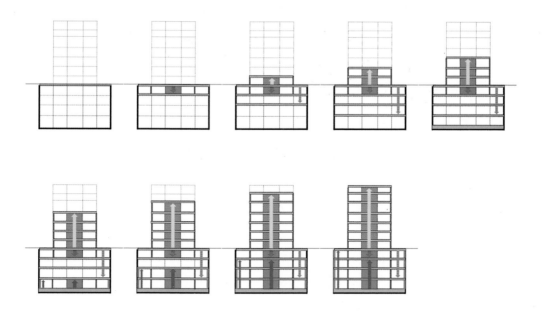

1. Deck 양중

2. Deck 판개

3. 철근 배근

4. 콘크리트 타설

[그림 4-28] 탑다운 공사의 시공순서

■ 역타구간 철근 이음 개선
• 주동부 외부 벽체 철근 : 커플러 시공으로 슬래브 시공
• 주동부 내부 벽체 철근 : 철근이음으로 슬래브 시공
• 기둥 : 커플러 시공
  – 이음 철근용 슬래브 OPEN

⑤ 피압수

점성토 지반에서 투수계수가 낮은 불투수층으로 인해 발생하는 지하수가 상위 토층의 지하수보다 높은 수두를 갖는 지하수이다. 불투수층 사이에 존재하는 가압된 상태의 지하수로서 부력 발생, 용출, 공벽 붕괴 현상 등을 유발한다.

문제점	대 책
• 터파기 시 용출 현상 • 현장타설 말뚝 및 Slurry Wall의 공벽 붕괴 • 부력 발생	• 중력 배수나 강제 배수공법을 적용하여 지하수위 저하 • 차수성 강한 흙막이 설치 • 근입장을 불투수층까지 근입 • 흙막이에 약액주입공법 적용으로 차수성 확보

⑥ 일수(逸水) 현상

• 투수성이 큰 자갈이나 사질토 지반의 굴착 시 안정액이 지반 내의 공극을 통해 유실되는 현상으로 지하철공사나 지하시설물 구축을 위한 흙파기 공사 과정에서 발생한다.
• 일수 현상으로 인한 안정액 감소 및 Mud film 형성 등을 고려하여, 굴착 공벽이 붕괴되지 않도록 충분한 양의 안정액을 공급해야 한다.
• 안정액은 지하수위보다 1.5~2m 이상 높게 유지한다.
• 지하매설물 조사, 토질조사 등을 통해 해당 토질이나 토층에 적합한 안정액을 선정한다.

고수 POINT　　**Top Down 공법**

- 현장 여건, 공사비용 등을 고려하여 Full Top Down, Top Down, Down Up, Up Up, Semi Top Down 등 적합한 공법을 선정한다.
- CWS(continuous wall system), SPS(strut as permanent system), DBS(double beam system) 등 탑다운 공법의 지보공법에 대한 구조계산 주체와 역타 공사 진행 중 발생하는 구조적 안정성 문제를 해결하기 위한 용역 비용, 특허 비용 등이 공사비 산정 시 반영되어야 한다.
- 보 및 슬래브 등 수평부재를 이용하여 지지하는 방식이므로 구조 계산된 시퀀스 초과하는 경우 지지 구조물에 변위가 발생하므로 유의한다. 변위가 발생하면 그 원인을 파악하여 즉시 제거하고 보강하여야 한다.
- 기둥 합벽, 옹벽 등 역타 수직부재의 나중 타설을 위한 타설구 확보를 사전에 계획해 두어야 한다.
- 지하 작업공간의 환경 개선, 특히 환기 및 조명과 관련한 반영이 가설계획 시 필요하다.
- 임베디드(embedded) 위치 불량 시 구조기술자와 협업을 통하여 보강 방안을 결정한다.
- 램프 및 계단실이 가장 늦게 마감되므로 마감 공정 스케줄에 반영한다.
- 램프가 늦게 설치되므로 지하층 자재 반입 및 폐기물 반출을 위한 자재 반입구 및 지하층 전용 공사용 리프트를 가능하면 일찍 설치하는 것이 공정관리 및 현장관리에 유리하다.
- 지상 구조한계층 결정에 있어서 지하 기둥 및 기초(PRD, RCD공사)에 비용을 추가하여 강성을 높일수록 지상층으로 높게 올라갈 수 있는데, 이에 대한 결정에 공기 및 공사비를 고려하여 결정하여야 한다.

⑹ 굴착 및 되메우기

1) 토사반출계획 시 검토사항

부지바닥의 정리가 시작될 시기부터 구조물 토공작업 위주의 작업동선을 형성한다.

① 장비들의 협착 및 충돌 방지를 위해 폭 11.6m 이상의 작업로 폭(안전보행 통로 포함)을 확보하여야 한다.

② 램프 구간의 경사도는 14% 이하로 한다.

③ 작업로 교차 구간은 회전 교차할 수 있도록 만들어 덤프들의 충돌을 방지한다.

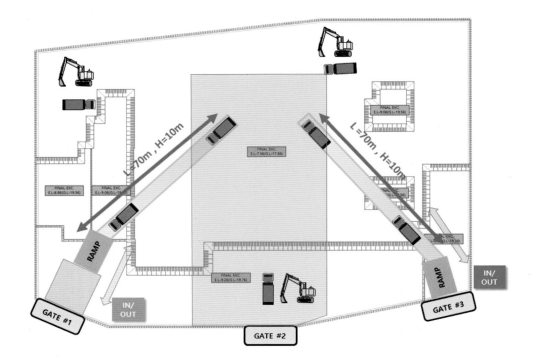

[그림 4-29] 토사반출계획

2) 직상차 반출계획

토사 굴착 및 반출을 위한 덤프 진입 및 진출 방향은 사전에 단계별·시기별로 세밀하게 검토하여 게이트 및 세륜기의 위치와 존치 기간 등을 결정해야 한다. 사토장 위치 및 거리, 세륜 시설의 유무, 인허가 절차 완료 여부(공문의 발송, 접수 및 승인 등)를 토사, 암석 등을 반출하기 전에 확인하여야 한다. 클램셀, Back Hoe, 직상차, 복공판, 차량 통로와 보행자 통로 구분, 다이크(dyke, 배수구), 차로폭, 경사도, 우기 대비 콘크리트 타설, 경사로 직상차 경사도, 지반 안정성 등에 대한 체크리스트를 작성하여 확인해야 한다.

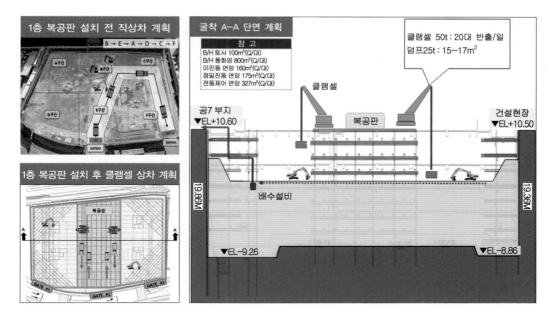

[그림 4-30] 직상차 및 클램셀 상차 반출계획

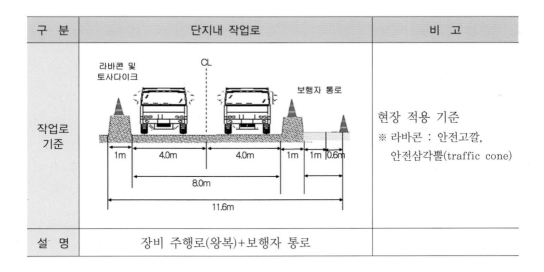

구 분	단지내 작업로	비 고
작업로 기준		현장 적용 기준 ※ 라바콘 : 안전고깔, 안전삼각뿔(traffic cone)
설 명	장비 주행로(왕복)+보행자 통로	

3) 클램셀 상차 반출 계획

① 클램셀 작업 위치는 가시설 작업 구간과 충돌되지 않는 곳에서 실시

② 최초 클램셀 1대 투입 후 작업 여건에 따라 추가 투입 검토

③ 3차 터파기 : 클램셀 상차(G.L-10.0m)

④ #2 GATE 1개소 운영

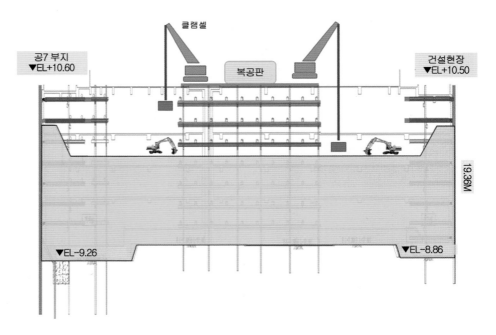

[그림 4-31] 클램셀 상차 반출

Q 고수 POINT   터파기 및 되메우기

- 기초 공사의 우선 시행을 방해하지 않는 위치에 램프를 조성한다.
- 토사반출 램프는 1개소만 운영하고 최대한 늦은 시간에 클램셀 상차를 추진한다.
- 공간상 여유가 있는 경우 Bucket Hoist를 설치하여 효율을 높일 필요가 있다.
- 덤프 반입 대수, 사토장과의 거리, 상차 효율 및 세륜기 용량 등을 고려하여 최적의 장비 대수, 장비 용량, 덤프 대수, 세륜장 추가 운용 등을 결정하는 것이 토사 반출계획 수립 시 가장 중요한 일이다.
- 일일 덤프 및 백호 투입 대수를 기록하여 최적량의 반출이 이루어지도록 관리하여야 한다.
- 램프를 이용하여 해당 장소에서 직상차로 반출하는 것이 가장 효율적이지만, 경사도, 차량 회전반경, 차량 대기장소 등을 고려하여 최종 결정한다.
- 램프 직상차 반출 시 램프 좌·우측의 다이크 소단 설치, 보행자 통로의 별도 운영 등에 관한 상세한 계획 수립과 운영이 필요하며, 램프 하부에 충돌사고 안전 예방을 위한 타이어 스토퍼 등의 설치를 고려하여야 한다.

4) 발파 공법

① 시험 발파 및 발파계획

시험 발파계획 수립은 발파공사에서 매우 중요한 절차로서 향후 발파작업이 안전하게 이루어지게 하는 데 그 목적이 있다.

- 발파 영향권 검토 : 발파 지역 주변의 일반 건축물 및 보안이 요구되는 물건 등에 대해 간이 조사한다.
- 시방서 등 관련 자료 검토 및 분석 : 해당 현장에 적용 가능한 공법, 패턴 등을 검토하고 1회 발파 시 공수, 천공깊이, 공당 장약량 등을 고려하여 최대 장약량을 산정하여야 한다.
- 해당 지역 진동 및 소음 허용 기준치 확인 : 인접 건축물 및 보안 물건의 진동 및 소음 기준치를 확인하여 해당 현장 주변에 대한 발파 진동 허용 기준치 및 발파 소음 허용 기준치를 설정한다.
- 시험 발파계획 수립 : 조사 결과에 따른 기준치 설정 후 시험발파 계획을 수립한다.
- 지반 진동 및 폭풍압, 소음 및 음압 측정 : 시험 발파하고 발파 진동 측정기와 발파 소음 측정기를 이용하여 그 정도를 측정한다.

[그림 4-32] 시험발파계획

255

발파공사 계획 평면도

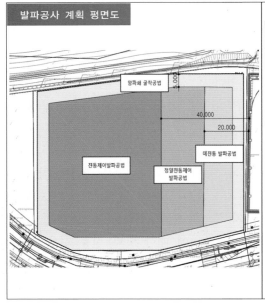

• 당 현장 암발파 적용 범위

TYPE	발파공법	V=0.1	V=0.2	V=0.3	V=0.5	V=1.0	V=0.5
i	암파쇄굴착공법	40m까지	25m까지	20m까지	15m까지	5m까지	3m까지
ii	정밀진동제어 발파공법	40~80	25~50	20~40	15~30	20m까지	3~7
iii	진동제어(소규모) 발파공법	80~140	50~90	40~70	30~50	20~30	7~10
iv	진동제어(중규모) 발파공법	140~260	90~170	70~130	50~90	30~60	10~25
v	일반발파	260~450	170~290	130~220	90~160	60~110	25~40
vi	대규모발파	450m 이상	290m 이상	220m 이상	160m 이상	110m 이상	40m 이상

- 표준발파공법 및 진동규제 기준별 적용되는 이격거리(m)

위험요인
• 암파쇄 천공 시 장비 전도사고 위험 • 암파쇄 시 비산석에 의한 주변 근로자 타격 위험 • 암파쇄에 의한 흙막이 가시설 영향

구분	안전대책
기술적	• 안전한 파쇄작업진행과 계측기 데이터 관리 • 천공위치 및 수량 사전검토
물적/장비	• 장비 내 협착방지봉 설치 및 전도방지조치 • 천공, 굴착 장비 사전점검
인적/시스템	• 천공 및 파쇄작업 시 주변 영향 확인 • 작업구간 주변 통제수 배치

천공작업

장약 시 주변통제

장약 및 결선

검측 및 계측준비 인원통제

발파 후 결과분석

경고방송실시

보호매트 설치

[그림 4-33] 발파작업 흐름 요약

② 발파작업 순서

- 시공계획서 제출 : 공사에 착수하기 전에 발파작업계획서(시공계획서)를 발주처에 제출한다. 시공계획서에는 발파공법, 시험 발파, 진동 및 소음 피해 방지, 영향권 내 시설물 조사, 계측 계획 등이 포함되어야 한다.
- 시험 발파 : 현장마다 지반의 특성이 다르기에 반드시 시험발파를 실시하는데, 천공 및 장약량을 다르게 하여 실시하고, 30 측점 이상의 계측자료를 확보해야 한다.
- 천공 : 발파작업 전 미리 구획해 놓은 구간에 구멍을 뚫어 화약을 장착할 공간을 만드는 작업이다.
- 장약 : 천공 후에 화약을 넣는 절차로서 한 공에 들어가는 화약량이 발파 패턴에 맞게 들어가는지 확인해야 한다.
- 전색 : 화약을 다 넣고 남은 공간을 채우는 작업으로 치밀하게 이루어져야 정확한 발파가 이루어진다.
- 발파 전 조치사항 : 방호 대책을 수립하고 작업자 및 장비 운전원을 안전한 곳으로 대피시키며 민간인이나 외부인의 출입은 제한한다.
- 진동 및 소음 계측 : 발파 후에는 진동 및 소음을 계측하여 자료를 확보한다.

고수 POINT 발파작업 시 순서별 안전 조치사항

- 발파는 최고 난이도의 고위험 작업에 해당하므로 발파계획서 작성 후 소장, 팀장의 검토와 승인을 득한 후 즉시 본사 승인도 득해야 한다.
- 본사 검토 시에는 반드시 해당 부서들이 공람하여 누락 사항이 없도록 검토한다.
- 시험 발파 시에는 반드시 건설사업관리기술인 또는 감리원, 관할 경찰서 담당자가 입회한 가운데 적법한 절차를 통하여 수행해야 한다.
- 시험 발파에서 확인한 패턴을 기준으로 천공 시 일일 목표량을 결정하고, 암 강도에 따른 천공 속도를 확인하여 천공 장비 용량 및 투입 대수를 확정해야 한다.
- 장약 및 전색 작업을 위한 자재 양중 시에는, 장비 신호수 및 관리자를 지정 배치하고 매일 그리고 필요시 수시로 교육하여 안전한 작업이 이루어지도록 해야 한다.

③ 발파 공법의 종류

구분	TYPE Ⅰ 미진동 굴착공법	TYPE Ⅱ 정밀진동 제어발파	TYPE Ⅲ, Ⅳ 진동제어발파		TYPE Ⅴ 일반발파	TYPE Ⅵ 대규모 발파
			소규모	중규모		
공법개요	보안물건 주변에서 TYPE Ⅱ 공법 이내 수준으로 진동을 저감시킬 수 있는 공법으로서 대형 브레이커로 2차 파쇄를 실시하는 공법	소량의 폭약으로 암반에 균열을 발생시킨 후, 대형 브레이커에 의한 2차 파쇄를 실시하는 공법	발파영향권 내에 보안물건이 존재하는 경우 "시험발파" 결과에 의해 발파설계를 실시하여 규제기준을 준수할 수 있는 공법		1공당 최대 장약량이 발파 규제기준을 충족시킬 수 있을 만큼 보안물건과 이격된 영역에 대해 적용하는 공법	발파영향권 내에 보안물건이 전혀 존재하지 않는 산간 오지 등에서 발파효율만을 고려하는 공법
주 사용폭약 또는 화공품	최소단위 미만 폭약 미진동파쇄기 미진동파쇄약 등	에멀전 계열 폭약	에멀전 계열 폭약		에멀전 계열 폭약	주폭약:초유폭약 기폭약:에멀전
지발당장약량 범위(kg)	폭약기준 0.125 미만	0.125 이상 0.5 미만	0.5 이상 1.6 미만	1.6 이상 5.0 미만	5.0 이상 15.0 미만	15.0 이상
천공직경	φ51mm 이내	φ51mm 이내	φ51mm 이내	φ76mm	φ76mm	φ76mm 이상
천공장비	공기압축기식 크롤러 드릴 또는 유압식 크롤러 드릴 선택 사용					
표준패턴	미진동 굴착공법	정밀진동 제어발파	진동제어발파		일반발파	대규모 발파
			소규모	중규모		
천공깊이(m)	1.5	2.0	2.7	3.4	5.7	8.7
최소저항선(m)	0.7	0.7	1.0	1.6	2.0	2.8
천공간격(m)	0.7	0.8	1.2	1.9	2.5	3.2
표준 지발당 장약량(kg)	–	0.25	1.0	3.0	7.5	20.0
파쇄 정도	균열만 발생 (보통암 이하)	파쇄 + 균열	파쇄 + 균열		파쇄 + 대괴	파쇄 + 대괴
계측관리	필 수	필 수	필 수		선 택	선 택
발파보호공	필 수	필 수	필 수		불필요	불필요
2차 파쇄	대형 브레이커 적용	대형 브레이커 적용	–		–	–

※ 천공깊이, 최소저항선, 천공간격 치수 등은 평균적으로 제시한 수치이며, 공사시행 전에는 시험발파에 따라 현장별로 검토·적용할 것

- 미진동 굴착공법 : 진동을 저감시킬 수 있는 공법으로 대형 브레이커로 2차 파쇄하는 공법이다.
- 정밀진동 제어발파 : 소량의 폭약으로 암반에 균열을 발생시킨 후, 대형 브레이커로 2차 파쇄하는 공법이다.
- 소규모 진동제어발파 : 발파영향권 내에 건물이 존재하는 경우 시험 발파 결과를 바탕으로 발파를 설계하여 규제기준을 준수할 수 있도록 하는 공법이다.
- 중규모 진동제어발파 : 1공당 최대 장약량이 발파 규제기준을 충족시킬 수 있을 만큼 인접건물과 이격된 영역에 적용하는 공법이다.
- 일반 발파 : 발파영향권 내에 인접 건물이 전혀 존재하지 않는 산간, 오지 등에서 발파효율만을 고려하는 공법이다.
- 대규모 발파 : 인접 건물이 없는 넓은 영역에서 실시하는 큰 규모의 발파이다.

④ 정밀진동제어 발파와 진동제어 발파의 차이점
진동제어발파와 정밀진동제어발파는 둘 다 폭발시켜 암반을 파쇄하는 기술이며, 목적, 방법 및 사용 장비 등에서 차이가 있다.
- 발파 목적 : 진동제어발파는 대규모 폭발로 대량의 지반을 파괴하는 것을 목적으로 하지만, 정밀진동제어발파는 작은 진동으로 지반을 조심스럽게 파괴하므로 인근 건물 등 구조물에 미치는 영향을 최소화할 목적으로 적용한다.
- 발파 방법 : 진동제어발파는 대량의 폭발물을 지하에 설치한 뒤 지면을 위아래로 크게 움직여 폭발을 유발하는 반면에, 정밀진동제어발파는 작은 폭발물을 작은 구멍 안에 설치한 뒤 소규모로 조용하게 폭발을 유도한다.
- 사용되는 장비 : 진동제어발파는 대규모 폭발물과 천공기, 진동기(백호, 브레이커), 그리고 측정 장비 등이 필요하다. 반면에 정밀진동제어발파는 센서와 제어 장비 등이 필요하다.
- 발파 효과 : 진동제어발파는 대규모 파괴를 유발하기 때문에 인근에 건물이 있으면 영향을 크게 받는다. 반면에 정밀진동제어발파는 작은 진동을 사용하기 때문에 인근 건물 등의 구조물에 미치는 영향을 최소화할 수 있다. 정밀진동제어 발파는 발파량이 적어 공기 지연 및 공사비 증가의 원인이 되기도 한다. 진동제어발파는 대규모 건설 현장에서 사용되는 경우가 많고, 정밀진동제어발파는 주로 도시 내 소규모 건설 현장이나 건축물 해체공사 등에 사용된다.

⑤ 미진동 파쇄 공법

미진동 파쇄(method of non-explosion rock breaking)는 폭발적인 방식이 아닌 진동을 이용하여 암석을 파괴하는 방법이다. 이 방법은 화약 등의 폭발물을 사용하지 않기 때문에 환경과 안전성 측면에서 유리하며, 특히 인근에 건축물 등이 있는 도심지나 지하철 등 교통수단이 지나가는 지역의 건설공사에 자주 사용된다. 암석의 경도, 인장강도, 취성 등을 고려하여 적절한 방식을 선택하여 미진동 파쇄 장비를 투입한다. 미진동 파쇄 방식은 진동장치(백호의 브레이커 또는 진동 니퍼 장비)를 이용하여 충격을 가해 암석의 결합력을 약화시키는 것이다. 충격의 강도와 지속 시간 등은 암석의 특성에 따라 조절하게 된다. 미진동 파쇄 공법은 화약을 이용한 발파 방식보다 시간이 조금 더 걸리지만, 주변 환경에 미치는 영향이 적고 안전성이 높다. 미진동 파쇄 공법은 소음, 진동, 먼지 등의 발생이 적어 안전한 작업이 가능하다.

⑥ 미진동 발파(정밀진동제어발파) 공법

미진동 발파는 작은 크기의 폭발물을 사용하여 폭발을 일으켜 발파하는 방법이다. 이 방법은 진동과 소음이 적어 건축물 주변 환경에 대한 영향이 적다.

⑦ 발파소음 진동기준

- 소음 기준 : '60dB'의 이내   • 진동 기준 : '57dB'의 이내
- 시설물 기준 : 시설물의 경우에는 주거지역 기준값의 1/10 수준인 '0.02kine'을 평가기준으로 하고 있다. 안전하고 효율적인 작업을 위해 설정된 것으로, 발파작업 중 발생하는 소음 및 진동이 이 기준을 초과하지 않도록 관리해야 하며 세부기준은 다음과 같다.

[표 4-6] 발파 진동 및 소음 기준

구 분	발파진동		발파소음	
대 상	인체	구조물	인체	구조물
측정기준	가속도 A	속도 V	음압 P	음압 P
보 정	감각보정		청감보정	
측정대상	진동레벨	진동속도	소음레벨	음압레벨
측정단위	dB(V)	cm/sec	dB(A)	db(L)
규제 기준치	75dB(V)	0.2cm/sec	75dB(V)	130dB(V)
측정기기				

- 설정근거 : 서울 민사지법판례(95.1.13.), 중앙 환경분쟁조정위원회조정사례
- 발파소음 : 중앙 환경분쟁조정위원회 조정사례(2009년부터 적용)

⑧ 발파작업 시 유의사항 및 안전대책

- 작업장 준비 : 작업장 주변에 방음벽을 세우고, 안전 장비를 설치하고 작업자들은 안전모, 안전화, 안전장갑 등을 착용해야 한다.
- 폭발물 설치 : 폭발물을 작업장 내에 설치하고 폭발물의 종류와 설치 위치는 작업 내용에 따라 결정한다.
- 폭발물 시간 설정 : 폭발물을 작동시키는 시간을 설정하고 작업장 주변 환경에 대한 영향을 최소화하기 위해 폭발물의 설치 위치, 개수, 크기 등을 고려한다.
- 폭발물 작동 : 폭발물을 작동시켜 발파 작업을 수행한다.
- 청소작업 : 작업장 내에 발생한 먼지와 폭발물 잔여물에 대한 정리를 철저하게 해야 한다.

위험요인	안전대책	
• 암파쇄 천공 시 장비 전도 사고 위험 • 비산석으로 주변 근로자 타격 위험 • 암파쇄에 의한 흙막이 가시설 영향	기술적	• 안전한 작업 진행과 계측기 데이터 관리 • 천공 위치 및 수량 사전 검토
	물적/장비	• 장비 협착 방지봉 설치 • 전도방지 조치 • 천공 굴착 장비 사전 점검
	인적/시스템	• 천공 및 파쇄 작업 시 주변 영향 확인 • 작업 구간 주변 통제수 배치

Q 고수 POINT 발파 공법

- 발파공사는 고위험 작업에 속하지만, 일일 1~2시간 이내로 실시함으로써 소음 민원과 관련해서는 저소음 공사에 해당된다.
- 환경, 진동 등 민원과 관련해서는 인접 건축물에 미치는 영향 정도를 사전에 조사하고 그 결과 보고서를 작성하여 비치하는 것이 민원 대응에 유리하다.
- 우천 시에는 가능한 한 발파작업을 지양하고, 낙뢰 시에는 작업을 중단해야 한다.
- 관할 경찰서에 화약을 보관하고 수령하는 것과 관련해서도 정기적인 보고 및 관리가 요구된다.
- 발파작업 수행 중에 수시로 담당 협력업체/파트너사, 화약팀장, 공사팀장, 현장 소장이 유기적으로 협력하여 전체 공정에 더 유리한 방향으로 암 발파 패턴 등을 변경할 필요가 있다.

5) 되메우기

① 개요

점성토와 같이 침하가 천천히 그리고 장기적으로 발생하는 흙은 다짐 불량 시 지반의 침하 등 하자가 발생한다. 이를 방지하기 위해서는 되메우기에 적합한 흙을 선정하고 다짐기준을 준수해야 한다.

② 다짐기준[14)

- 1급 다지기 : 90% 다짐도
- 2급 다지기 : 95% 다짐도

③ 되메우기 시 유의사항

- 실적률이 크고 다지기 쉬운 흙, 즉 가능한 한 사질토 선정, 점성토는 장기침하가 발생하므로 부적합하다.
- 토질의 밀도가 가장 높은 상태로 만들어 다짐을 실시한다.
- 30cm 두께로 고르게 깔고 반복해서 다짐한다.
- 되메우기 후 1개월 정도 시간적 여유를 두고 최종 마감한다.

④ 다짐 시 유의사항

- 저면에 굴곡이 있는 경우 Roller로 다져 자연지반 강도를 유지해야 한다.
- 원지반과 동등 이상으로 다짐하기 어려울 경우는 Cement를 혼합하여 다지거나 잡석 콘크리트로 치환한다.
- 점토질은 전압 방법(타이어 롤러)으로 다짐, 사질토는 전압 진동(진동 롤러) 방식으로 다짐한다.
- 도로나 건축물 외부의 포장공사 하자는 대부분 부실한 되메우기와 다짐 불량이 원인이므로 요구품질 달성에 최선을 다해야 한다.

6) 치환공법

① 개요

토질 조건이 좋지 않아 건축물을 세우기에 부적합할 경우 토질의 상태를 개선하기 위해 흐트러지거나 압밀된 토사를 제거하고 새로운 토사로 교체하는 작업을 의미한다.

---

14) 땅파기 후 덮는 되메우기 다짐기준의 1급 다지기는 지표면에서 1m 아래까지, 잔여부는 2급 다지기 (기초 지반 포함). 1m마다 다지고 다시 되메우기를 반복 실시한다.

② 치환공법 수행 절차

- 부적합한 토지 제거 : 기계적인 방법이나 폭파 등을 사용하여 부적합한 토지를 제거하거나 토지의 압밀 상태를 해체하고 새로운 토질을 배치하기 위한 공간을 만든다.

- 새로운 토질의 공급 및 교체 : 제거된 토지 위치에 안정적이고 적합한 토질을 공급하여 교체한다. 정밀한 토질조사와 설계가 필요하며, 교체된 토질은 적절한 압축과 조밀화 과정을 거쳐 안정성을 확보해야 한다.

- 토질 조성의 품질관리 : 부적합한 토지의 교체 작업에는 품질관리가 중요한데 교체된 토질의 조밀도, 함량, 지반의 안정성 등을 철저히 검사하고 관리하여 건축물의 안전성을 확보해야 한다.

Q 고수 POINT   치환, 지반보강

- 지질주상도상 연약지반으로 확인된 경우 사전 보강 방안을 확정하여 공식공 상태에서 지반을 보강하는 것이 유리하지만, 주상도만 가지고 보강부분에 대한 전체적인 면적 확인이 불확실한 경우가 발생한다.
- 연약지반 노출 및 확인 후 지반보강 공법 확정 및 보강공사 실시한다.
- 연약지반의 특성, 작업조건 등에 따라 필요한 장비, 지하수위, 응결속도, 용탈 여부 등을 종합적으로 검토하여 적정 공법을 선택해야 한다.
- 지하수 유입량이 많은 상태에서 시멘트 기반 그라우팅 작업의 배수 관리는, 사전에 환경 및 오배수 배출 관련 인허가기관과 충분히 협의하고 배출 신고를 마쳐야 한다.

---

7) 계측관리

① 개요

과학적인 정보에 근거하여 구조물의 시공을 안전하고 합리적으로 추진하기 위하여 흙막이 벽, 스트러트 등 버팀대, 띠장, 인근 건축물이나 지반에 계측기를 설치하여 관리하는 것이다. 즉, 공사현장 주변의 침하나 균열 등에 대비하고 흙막이 벽체의 변형을 미리 발견·조치하기 위하여 실시한다. 흙파기 공사 중 흙막이 벽 및 인접 지반의 거동을 측정한 계측 결과는 현재 상태와 흙막이 벽의 향후 거동과 안정성을 예측하는 데 이용되며, 다음 단계의 시공에 반영한다. 계측관리는 착공 시부터 준공 시까지 지속적으로 실시해야 하며 준공 후에도 일정 기간 계속함으로써 문제점이 발생하지 않도록 해야 한다.

계측기를 선정할 때는 계측기의 정밀도, 계측 범위 및 신뢰도가 계측 목적에 적합해야 하며, 구조가 간단하고 설치가 용이해야 한다. 가능한 한 많은 위치에서 계측하는 것이 바람직하지만, 흙막이 벽체와 배면 지반의 거동을 대표할 수 있는 최소한의 측점은 포함되어야 한다. 공사현장에 적합한 계측 기구나 장비 및 방법을 선택하여 지속적으로 모니터링하는 것이 중요하며 계측자료 수집 시 공사내용 및 주변 상황, 기상조건 등도 면밀히 기록해야 한다. 계측 데이터는 토공사의 안전성을 확보하고, 흙막이 가시설의 과잉 설계를 방지하는 등 시공의 과학화, 체계화를 위해 꼭 필요한 사항이라고 볼 수 있다.

② 종류
- 지중경사계, 지중수직변위측정계(Inclinometer)
- 간극수압계(Piezometer) 또는 지하수위계(Water Level Meter)
- 지중침하계, 지중수평변위측정계(Extensometer)
- 지표침하계(Surface Settlement)
- 변형률계(Strain Gauge), 하중계(Load Cell)
- 건물 경사계(Tilt Meter)
- 균열 측정기(Crack Gauge)
- 진동소음측정기(Vibration Meter)

③ 우선 배치 원칙
- 선행 시공 부 우선 배치
- 인근 주요 구조물이 있는 장소
- 보링 등으로 지반 상태가 충분한 파악된 곳 배치
- 상호 관련 계측 근접 배치
- 교통량 등 하중 증가가 많은 곳
- 구조물 혹은 지반 조건이 특수한 곳

④ 계측 Data 관리치
- 안전한계 : 안전한 공사가 진행 중
- 주의한계 : 지속적인 모니터링 관리 필요
- 위험한계 : 위험 정도를 검토하고 공사 진행 여부 판단
  - 위험한계를 초과할 때는 공사를 일시 중지하고 면밀한 분석·검토 시행

고수 POINT 계측, 실시간 모니터링, 허용기준, 위험한계

- 가장 유리한 방식은 실시간 모니터링이지만 비용이 높은 단점이 있다. 따라서 주 2~3회 기준으로 계측하고 계측 당일 이상 유무 확인, 1일 이내 보고서를 접수한다.
- 변위 관련하여 가장 직접적인 연관성이 있는 지하수위계는 실시간 모니터링이 가능하도록 발주 단계에서 포함시키는 것이 중요하다.
- 현장에서 계측한 결과는 그 수치를 구두 등으로 간략하게 확인하고, 1일 이내에 계측보고서를 제출하도록 계측 업체 담당자와 협력·조치하여야 한다.

4.2.3 철근콘크리트 공사

(1) 거푸집 공사

1) 거푸집 구성 부재

① 합판, 코팅 합판

콘크리트 타설 시 콘크리트와 직접 면하여 발생하는 측압을 거푸집 각 부재에 분산시키는 역할을 한다. 콘크리트 거푸집용 합판은 주로 CP(concrete panel)라고 하며, 멜라민 등의 내수 접착제를 사용하여 장시간의 습기에도 견딜 수 있도록 휨강도가 우수하고 뒤틀림이 없어야 한다. 또한 콘크리트가 완전히 경화될 때까지 그 형태를 유지해야 하므로 내구성이 강해야 한다. 거푸집 합판 표면에 도장 또는 각종 피복 재료 등을 덧입히는 것이 가능하며, 이를 통해 다양한 디자인과 기능을 가진 제품을 만들 수 있다. 콘크리트 표면에 원하는 형태의 음각과 양각을 나타낼 수 있도록 거푸집 합판에 문양판을 접착시킨 거푸집을 문양 거푸집이라고 한다.

② 장선

거푸집 널을 지지하고 콘크리트의 측압을 거푸집 널에서 전달받아 멍에에 전달하는 부재로서, 거푸집 판이나 널이 받는 콘크리트 하중을 분산시켜 거푸집의 안정성과 내구성을 보장한다.

③ 보강재(멍에)

벽체 또는 기둥 거푸집에서는 거푸집 패널(거푸집 판과 장선 등)을 지지하고 콘크리트 측압을 전달받아 변형되지 않도록 유지하는 수직 또는 수평 부재이다. 바닥 거푸집(수평부재)에서는 거푸집 패널 하중, 콘크리트 하중, 작업 하중, 충격 하중 등을 동바리에 전달하는 매우 중요한 부재로 목재나 강재(파이프, C형강)가 사용된다.

265

④ 거푸집 동바리

㉮ 철제 동바리(support, 서포트)

수평으로 타설되는 콘크리트가 강도를 얻기까지 고정하중 및 시공하중 등을 지지하기 위하여 설치하는 가설 부재로서, KS F 8001 규격에 적합해야 한다.

㉯ 동바리 작업 시 안전 관련 권고사항

- 층고가 높지 않고(높이 4m 이하 사용 권장) 하중이 크지 않은 곳에 사용한다.
- KS F 8001(강관받침기둥) 규정에 적합하거나 가설 기자재 안전 인증 규격시험에 합격한 부재를 사용한다.
- 높이가 4m를 넘는 동바리(V5, V6)는 안전성 여부가 확인된 것, 신뢰할 수 있는 시험기관의 내력시험[15]에 합격한 제품을 사용한다.
- 외관과 내관, 바닥판, 받이판, 꽂이핀, 암나사(너트), 수나사(볼트)로 구성된다.
- 동바리는 3개 이상을 이어서 사용하지 않아야 하며, 동바리를 이어서 사용할 때에는 4개 이상의 볼트 또는 전용철물을 사용한다.
- 높이가 3.5m를 초과할 때에는 높이 2m 이내마다 수평연결재를 직교하는 두 방향으로 설치해 변위를 방지한다.
- 동바리와 수평연결재의 교차부는 볼트나 클램프(clamp)와 같은 전용철물로 단단히 고정한다.
- 수평연결재 이음 부재는 가능한 한 근접하여 설치하고, 최대 이격 간격은 10cm 이하로 한다.

Q 고수 POINT | **높이 5m 이상 동바리의 구조적 안전성 확인**

「건설기술진흥법」 제62조 (건설공사의 안전관리) 및 동법 시행령 제101조의 2 (가설구조물의 구조적 안정성 확인)에 따라, 작업발판 일체형 거푸집 또는 높이가 5m 이상인 거푸집 및 동바리는 건설사업자 또는 주택건설등록업자로부터 시공상세도면과 관계 전문가(구조기술사 등)가 서명 또는 기명날인한 구조계산서를 제출받아 구조적 안전성을 확인하여야 한다.

---

15) 한국건설생활환경시험연구원(KCL), 한국산업기술시험원(KTL), 한국화학융합시험연구원(KTR)의 압축강도시험, 휨강도시험, 인발변형시험 등이 있다.

㉣ 시스템 동바리(prefabricated shoring system)

시스템 동바리는 수직재, 수평재, 가새 등 각각의 부재를 공장에서 미리 생산하여 현장에서 조립하여 거푸집을 지지하는 지주 형식의 동바리와 강제 갑판 및 철재 트러스 조립보 등을 이용하여 수평으로 설치하여 지지하는 보 형식의 동바리[16]가 있으며, KS F 8021 또는 KS F 8022에 적합하여야 한다. 시스템 동바리는 층고가 4.2m를 넘는 경우 주로 사용되며, 보가 있는 경우에는 보 하부에서 바닥까지의 높이가 4.2m를 넘을 때 시스템 동바리를 설치한다. 시스템 동바리는 상하부 Screw Jack과 거푸집의 연결이 확실하고, 부재의 단순화로 시공이 쉬우며 동바리(수직재) 간격을 일정하게 할 수 있어 자재의 과다 투입을 방지할 수 있다. 반면, 거푸집 설치 시 장선, 멍에와 동바리의 고정이 불편하고, 수직으로 정확하게 설치하지 못할 경우 좌굴의 위험이 있고 설치비용이 Pipe Support보다 비싸다.

㉤ 시스템 동바리 설치 계획

■ 시스템 동바리 설치 시 관리 Check Point
• 사전에 Shop Drawing을 작성하여 승인을 얻는다.
• 동바리 구조검토서는 원청사의 검토·승인 후 시공한다.
• 좌굴방지를 위하여 가새를 설치한다.
• 주주(主柱)와 체결 상태를 확인한다.
• 발판 틈새 간격은 20mm 이하여야 한다.
• U-Head 상부 멍에는 편심하중이 발생하지 않도록 중심에 설치한다.

[그림 4-34] 강관 및 시스템 동바리 설치

---

16) 보 형식의 시스템 동바리는 강도와 강성이 큰 것으로, 콘크리트 타설 시 수평을 유지하며 거푸집 역할을 하는 강제 갑판(Steel Deck, 2~3mm 두께), 강제 갑판을 지지하는 철재 트러스 조립보 및 동바리의 높이를 조절할 수 있는 상하부 잭 베이스(Jack Base)로 구성된다.

⑤ 긴결재

거푸집이 벌어지거나 좁혀지지 않도록 연결 및 고정하는 부재로서, 콘크리트가 경화될 때까지 거푸집의 형태를 유지하는 데 중요한 역할을 한다.

㉮ 폼타이(Form Tie, 긴장재)

벽체 및 기둥 거푸집이 굳지 않은 콘크리트의 측압에 저항하도록 최종적으로 잡아 주는 부재이며, 관통형(through type), 매입형(embedded type), 플랫 타이(Flat Tie) 등으로 구분된다.

㉯ 철선(steel wire)

폼타이 등이 사용될 수 없는 곳이나, 보조 역할로 사용되는데, #8, #10 철선이 주로 사용되며 철선 인장강도의 40%를 허용 하중으로 계산한다.

㉰ 와이어 로프(wire rope) 및 턴버클(turn buckle)

수평하중에 저항하는 부재로서 거푸집에 버팀대를 설치하기 어려운 곳에 설치하여 인장력을 부담하며, 와이어로프, 턴버클, 턴버클 볼트, 샤클 등의 구성 부재가 조합되어 사용된다.

㉱ 칼럼 밴드(column band)

기둥 거푸집을 체결하는 부재로서 거푸집을 고정하고 콘크리트의 측압에 저항하는 역할을 한다. 칼럼 밴드 종류에는 평형(flat bar type), 각형(angle bar type), 채널형(channel type) 등이 있다.

Q 고수 POINT   거푸집 부자재

• 부자재에 대한 시험성적서를 사전에 확보하여 자재승인절차를 완료하여야 한다.

• 거푸집의 정확한 설치 및 피복두께 확보를 위한 철근과의 간격 유지를 위하여 스페이서 등의 규격을 확인하고 규격별로 분류하여 보관한다.

• 콘크리트를 타설하기 전에 거푸집이 콘크리트 하중, 작업 하중 및 충격 등에 충분히 견딜 수 있는 성능을 확보하였는지 확인한다.

• 타설 후 면처리 수준에 대하여 골조 및 마감공사 발주 시 업무 범위를 명확히 하여야 한다.

⑥ 기타 부속재

㉮ 격리재(separator, spreader)

벽체 거푸집 상호 간의 간격을 유지하여 두께를 확보하기 위해 설치하는 부재로, 철근 및 철판재(철선과 같이 주로 사용, 철선에 의해 긴장한 거푸집이 소정의 간격 이하로 변형하는 것을 방지), 철제 띠(strip), 각형(tube), 플라스틱 Pipe 재 등이 있다.

㉯ 박리제(form oil, form-release compound)

거푸집 공사 과정에서 거푸집 표면이 최상의 상태를 유지하고, 콘크리트 타설 후 거푸집이 쉽게 해체되도록 하여 전용(재활용) 횟수를 늘릴 목적으로 거푸집에 도포하는 화학물질이다. 유성제품과 수성제품이 사용되며 거푸집의 종류, 콘크리트의 종류, 콘크리트 타설 방법, 마무리공사의 시방 등의 조건을 충분히 고려하여 제품을 선정하는 데 유성제품이 많이 사용된다.

㉰ 간격재(spacer)

철근과 거푸집의 간격을 유지하여 소정의 피복두께를 확보하도록 기능하는 구성 재료로서 PVC 재료 등의 기성제품이 많이 사용되며, 철근이나 콘크리트 제품의 경우 본 구조물과 재료 특성이 같아 품질 측면에서 유리하다.

🔍 고수 POINT   격리재, 박리제, 간격재

• 격리재의 사용 위치와 용도를 확인하고 콘크리트 품질에 영향을 미치지 않는 재료를 선택하며, 구조물의 안전성에 영향을 미치지 않는 크기와 두께를 선택한다.
• 박리제는 콘크리트 부착력을 감소시키는지 여부 확인이 필요하다.
 - 시중에서 판매되는 제품 중에는 환경에 유해한 성분이 포함된 제품도 있기 때문에 박리제의 환경 유해성을 반드시 확인하고 사용하여야 한다.
 - 콘크리트 표면의 손상 가능성을 검토·확인 후 사용을 최종 결정한다.
• 간격재는 구조물의 안전 및 품질에 영향을 미치지 않는 재질과 크기를 선택한다.

🔍 고수 POINT   거푸집 공사의 비용증가 사전 억제

• 부위별로 적용하는 거푸집과 동바리 등의 선정과 관련하여 전문건설업체와 사전 충분히 협의 후 발주 시 반영한다.
• 공사수행 과정에 거푸집 종류 등이 변경될 경우 계약 변경의 사유가 될 수 있다.
• 거푸집 설치를 위한 가설공사비는 상세 내역을 미리 확정해 두어야 차후 정산 시 추가 비용 등에 관한 협력업체의 클레임 제기나 분쟁에 효과적으로 대응할 수 있다.

2) 거푸집 공법 및 특징

① 합판 거푸집

㉮ 개요

주로 슬래브 부위에 사용되며, 판재, 장선, 멍에, 거푸집 동바리로 구성된다. 합판 표면에 가공 처리를 전혀 하지 않은 내수 합판과 표면에 도장 또는 각종 피복 재료 등을 입힌 내수 합판을 선택적으로 사용된다.

㉯ 특징

합판 거푸집은 거푸집을 조립하는데 규격의 제한을 받지 않으며 곡선 형태의 작업도 가능하다. 콘크리트 이음 부위를 최소화하여 마감을 단순화시킬 수 있다.

㉰ 사용 횟수에 따른 합판 거푸집 적용

- 1~2회 : 제물치장 콘크리트
- 2회 : 보 등 노출이 많고 복잡한 부분
- 3회 : 바닥, 벽체, 파라펫
- 4회 : 바닥, 집수정, 측구, 확대기초
- 6회 : 버림 기초 노출이 적고 간단한 부분

㉱ 합판 거푸집의 안전사항

- 작업장 내 통로가 확보되고 비계가 안전하게 설치되었는가를 확인한다.
- 거푸집을 설치하고 조립하는 현장에는 다른 사람들이 다니지 못하게 통행을 제한한다.

② 유로폼

㉮ 개요

유로폼은 콘크리트와의 부착력을 높이고, 외부에서 물이 유입되는 것을 최소화하기 위해 사용되며 기둥, 벽, 보, 슬래브 등 다양한 형태의 구조물에 적용된다. 유로폼은 일정한 규격으로 생산되는 거푸집 패널로, 합판의 교환이 가능해 반복 사용할 수 있으며, 사용 경험이 많고 익숙하여 널리 사용되고 있다.

ⓝ 벽체 유로폼 보강 계획

■ 조인트 바 시공

- 소형으로 취급이 용이
- 타설 후 유로폼 접합부위 상태가 양호
- 좁은 공간에서도 정리작업이 용이
- 타설 후 수직, 수평 정확도 높음
- 해체 시 작업 공간 확보 유리
- 소형 차량으로도 입·출고가 가능

조인트 바 보강 시공	파이프 보강 시공

■ 유로폼 시공 시 관리 Check Point

- 타설 전 유로폼의 손상이 없는지 협력사 관리자, 원청사 관리자, 건설사업관리기술원이나 건설사업관리기술인이 반드시 확인하여야 한다. 타설 중 콘크리트, 작업자, 충격 등으로 인한 하중이나 압력에 의한 유로폼의 균열이나 손상이 없는지 형틀 공을 배치하여 확인하여야 한다. 타설구역에 형틀공 배치 시 가설등을 반드시 설치하여 안전사고를 예방하여야 한다.
- 근골격계 질환 발생 사고 위험 예방을 위하여 유로폼을 들어 올릴 때는 적절한 장비와 올바른 방법으로 작업하도록 유도하며, 작업자는 안전모, 안전대, 안전화 등 안전장비를 반드시 착용해야 한다.
- 유로폼이 붕괴될 위험이 있는 경우 작업을 중단하고 적절한 안전, 방호 조치를 취해야 한다.

③ 알루미늄 폼(Aluminum Form, 흔히 '알폼')

㉮ 개요

알루미늄 폼은 유로폼 등 재래식 거푸집의 단점을 개선할 목적으로 개발된 제품으로, 벽체와 슬래브를 동시에 콘크리트를 타설할 수 있는 제품이다. 알루미늄 폼은 재래식 거푸집과 비교하여 수직·수평 방향 시공 오차가 거의 없어 타설된 콘크리트의 품질이 우수하다. 알루미늄 폼은 조립식 제품의 특성상 복잡한 설치·해체 기술을 요구하지 않아 기능이 상대적으로 낮은 근로자도 작업할 수 있다. 대부분의 공간을 알루미늄 폼으로 제작·시공할 수 있어서 원가절감도 가능하다. 알루미늄 폼에 관한 학습속도가 다른 거푸집에 비하여 상대적으로 빠르므로 공사기간을 단축할 수 있으며, 콘크리트 타설 후 해체나 자재 운반과 이동도 용이하다.

㉯ 특징

• 용이성 : 조립과정이 간단하여 경험이 부족한 근로자도 손쉽게 조립 가능
• 편리성 : 망치(hammar)와 끌(chisel)을 이용한 손쉬운 작업
• 신속성 : 조립이 쉬워 다른 거푸집에 비하여 20% 정도 시공속도 향상

㉰ 드롭 다운 시스템

• 드롭 다운 시스템 : 드롭 다운(drop down) 시스템을 적용하면 작업속도가 15% 정도 향상되는데, 이는 각 서포트 사이의 넓은 공간으로 공간 활용성이 좋기 때문이다.
• 편의성 : 드롭 다운 시스템은 소음 발생이 상대적으로 작아, 도심 및 주거지 인근 지역 공사 시 민원 발생 리스크가 감소한다.
• 신속성 : 드롭 헤드 유닛과 연결된 빔이 슬래브 하중을 지탱하여 주기 때문에 각각의 슬래브 거푸집과 드롭 헤드를 개별적으로 해체 가능하다.

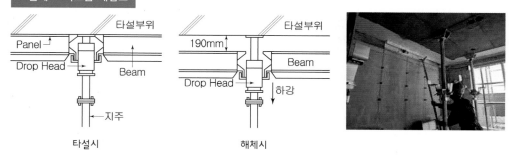

[그림 4-35] 알루미늄 폼의 드롭헤드

㉣ 알루미늄 서포트(Support)

알루미늄 서포트(SAS70, 80, 100)는 스틸 서포트에 비해 가볍고 큰 하중을 부담할 수 있으며, 1.8m에서 5.5m까지 다양한 층고에 적용 가능하다.

• 경량화 : 스틸 서포트의 무게는 15kg인 반면, 알루미늄 서포트(SAS70)는 무게가 5.5kg로 상대적으로 경량이지만 동일한 하중을 지지할 수 있다.

• 강도 : SAS70의 경우, 기존의 스틸 서포트(V2)보다 큰 50MPa의 하중을 지탱할 수 있다.

• 적응성 : 알루미늄 서포트는 1.8m에서 5.5m까지 높이 조절이 가능하여 다양한 층고의 현장에 적용 가능하다.

Q 고수 POINT 거푸집 전용 및 품질관리

• 합판 거푸집, 유로폼 등의 전용 횟수에 대하여 현장설명 시 명확히 표기하여 일정한 품질을 유지할 수 있도록 관리한다. 다만, 품질확보를 위하여 현장설명 시 제시한 전용 횟수보다 적게 사용하고 거푸집 자재를 추가로 반입하여 사용할 것을 지시할 경우 사전에 추가 비용에 대한 협의가 충분히 이루어져야 한다.

• 자재 반입 시 상태 점검 후 적정 품질에 미달할 경우 즉시 반출하여야 한다.

• 거푸집을 사용하는 과정에서 마모 상태나 관리 상태가 불량할 경우 해당 협력업체에 통보하고 반출 조치한다.

• 거푸집 공사 전에 자재 반입 및 적재 장소를 확보 결정하고 사용 후에는 조기에 정리 및 반출하는 것이 중요하므로 협력업체/파트너사와 수시로 협의하여 조치한다.

㉤ 기준층 알폼 공사 시 예상 문제점 및 대책

구분	예상 문제점	대 책
세팅	RCS와 알폼의 조합	어려움 없음
	알폼 세팅 시간 유로폼과 대비	부재별 반입으로 시간 지연 없음
	세팅 이상 시 수정 어려움	사전 시공 도면 및 폼 제작도 정밀 검토
		반입 시 규격별 물량 확인

구분	예상 문제점	대 책
품질	콘크리트 면 관리	매층 박리제 도포
	수직도 관리	옹벽 하부 특수 세퍼레이터(separator) 설치
	수평도 관리	1m 간격으로 촘촘하게 레벨링하여 콘크리트 타설 시 레벨 유지
	개구부 여유 치수	유로폼보다 정밀 시공에 보다 유리함.
	동바리	하부 3개층 100% 동바리 유지로 구조적 안정성 확보
	계단	일체 세팅으로 견출 마감 수준 품질 확보
	높은 열전도율	콘크리트 타설 시 물청소 및 연속타설
	동절기 폼 냉각상태	타설 전 보양 및 열풍기를 이용하여 초기 보양함.
	구조변경 시 수정 어려움	사전검토로 대안 강구
안전	폼 중량 무거움	폼 인양방법 사전 교육 및 인지
	슬래브 폼 설치 및 해체 시 작업 발판	설치 및 해체 시 전용 작업발판 제작 사용

㉺ AL Form 시공 순서
- Wall Form : 도면에 의거하여 거푸집 나누기 작업을 한 후, 박리제 도포 → 외측 폼 → 기둥/벽 수직 철근 → 내측 폼
- 알루미늄 폼은 매층 박리제 도포하고 잔재 처리를 철저히 관리해야 함.
- Slab Support : 벽 거푸집 조립 완료 후 설치
- Deck Beam 설치
- Slab Pannel 설치
- 콘크리트 타설 후 해체(거푸집 받아 내리기)
- 하부층 Drop Head 존치

④ Gang Form(갱폼)

㉮ 개요

고층 공동주택과 같이 상·하부 입면이 동일한 구조물에서 외부 벽체 거푸집과 발판용 케이지를 일체로 제작한 대형 거푸집을 말한다.

㉯ 특징

갱폼은 C형강 또는 ㅁ자형 형강을 구조체(frame)로 하고 절곡한 Steel Plate를 구조체에 접합한 제품으로, 타워 크레인이나 데릭(derrick) 등으로 인양하거나 거푸집 자체에 설치한 유압기를 이용하여 상승시킨다. 유압기를 이용하여 인양하는 방식을 Climbing Form[17]이라 하며 작업 발판과 안전 난간이 부착되어 있어 안전하게 작업할 수 있다. 외부비계를 설치하지 않아 현장 정리정돈도 용이하고, 후속 공사를 신속히 추진할 수 있다.

장 점	단 점
• 정밀 제작 납품 • 규격, 수평, 수직 및 평탄도 균일 • 정밀시공 및 해체가 용이하여 품질 우수 • 공사 기간을 단축할 수 있고 시공능률도 향상 • 노동력 절감 및 인건비 절감 효과	• 초기 투자비가 재래식 거푸집보다 큼 • 초기 세팅에 많은 시간 소요(Self System 약 15일, Rail 시스템 약 10일) • 조립 장소 및 해체 후 보관장소 필요 • 인양/이동 시 변형되지 않도록 강성 확보 • 바람에 대한 안정성 검토 필요

■ 갱폼 제작 및 설치 시 시공관리 Check Point

- 양중장비 기종, 위치 및 건축물 평면 등을 고려하여 갱폼을 나누고 패널 제작
- 외부 갱폼과 내부 유로폼이나 알폼의 접합부위 및 폼타이 형식 결정
- 낙하 및 추락 방지를 위한 안전 시설(안전 난간, 사다리, 작업발판 등) 점검
- 구조계산을 통하여 패널, 상·하부 보강재, 케이지 등 주요 부재의 규격 확인
- 바람 등에 대한 안정성 검토
- 양중, 이동 시 변형되지 않도록 강성 확보
- 갱폼 인양 시 앵커를 설치한 곳/층의 콘크리트 강도가 10MPa 이상임을 확인한 후 해체하여 인양
- 갱폼의 해체는 각 부위의 조이너(joiner), 멍에, 장선 등을 순서에 맞춰 제거

17) 유압기를 이용하는 방식을 Self Climbing 시스템이라 하며, 타워크레인을 이용하여 벽체에 설치한 레일(Rail)을 타고 인양시키는 방식을 Rail Climbing System이라고 한다. Rail Climbing System은 Self Climbing 시스템보다 경제적이고 다른 갱폼보다 바람의 영향을 덜 받아 안정성 확보에 유리하다.

ⓒ Gang Form 설치 구간 점검 사항

• 갱폼 인양 후 수직도를 확인한다.

• 동 외부, 엘리베이터 내부(엘리베이터 Pit) 및 코어 내부 거푸집은 설치와 해체가 용이하도록 갱폼의 규격과 알폼의 규격 및 이격 거리 등을 충분히 검토해서 결정해야 한다.

• 슬래브에 매립한 앵커에 고정용 본체 볼트로 갱폼을 고정한다.

• 앵커 볼트를 이용한 갱폼을 추가 고정한다.

ⓓ 시공 방법 및 설치 순서

작업 시 유의사항	• 작업 전 중량물 취급 작업계획서 제출 • 갱의 고정상태는 주기적으로 그리고 수시로 확인·점검하고, 이상이 있으면 즉시 보수 보강해야 한다. • 갱폼의 수평과 수직을 정확하게 맞춰야 하며, 거푸집 내부의 이물질은 제거한다. • 작업 일정을 면밀하게 계획하고, 작업 순서를 준수해야 한다. • 갱폼의 이동과 설치는 작업자의 안전을 고려해서 실시한다.	
설치 순서	• 갱폼 설치계획서 검토 – 선 조립장 확보 여부 – 타워크레인 지원 여부 • 갱폼 배치도(Shop Drwg) 작성 • 선 조립(대형 판 제작) – 선 조립 부위 및 선 조립장 선정 • 인양 및 설치 – 타워크레인 지원 – 설치 후 안전성 확보(버팀 지지대 설치) • 마감 작업	

㉙ 갱폼 인양 시 유의 사항

- 작업 전 특별교육 실시 : T/C 기사 및 신호수 무선교신 체계 구축
  - 작업층 하부에 안전 감시자 및 신호수 배치
  - 작업 전 갱폼 인양 하부 구간 작업자 통행 금지
- 1단, 2단 볼트는 T/C 인양 후크에 고정 전에는 절대 해체 금지
- 슬래브 콘크리트 강도 확인 후 해체 및 인양
- 갱폼 인양 로프 결속 시 작업자가 교차 점검하여 확인
- 인양 시 갱폼이 슬래브에 충격을 가하지 않도록 유의
- 갱폼을 벽체와 분리/해체하기 위해 무리한 볼트 해체 금지
- 와이어 체결 후 T/C의 무리한 당김이 없도록 유의
- 매립형 앵커 볼트는 순 정착길이 15cm, 후크길이 5cm 이상 확보
- 갱폼 해체 및 조립은 측벽 갱폼부터 시작하고 전·후면 갱폼을 연속 양중하여 구조적으로 일체화('ㄷ'자 형태)하도록 해야 함.
- 갱폼이 건물 쪽으로 전도되는 것을 방지하기 위해 보조 와이어(6mm 이상)로 고정

㉚ 갱폼 시공순서

- Hook 고정 전 해체 금지
- 상·하부 고정볼트 해체
- 끝에서 중앙으로 고정 체결
- 시스템 인양 후크(Hook) 고정
- 구조물로부터 탈형 인양 작업
- 케이지 당김줄로 고정

1. Hook 고정 전 해체금지 2. 시스템 인양 후크 고정 3. 상·하부 고정볼트 해체

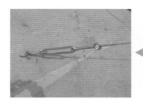

6. 케이지 당김줄로 고정 5. 끝에서 중앙으로 고정 체결 4. 구체로부터 탈형 인양작업

[그림 4-36] 갱폼 시공순서

Q 고수 POINT　갱폼

- 갱폼은 상하층 변화 없이 반복되는 고층 건물에 적용한다.
- 갱폼 제작도 작성 시 도면에 대한 정확 검토를 바탕으로 원청사, 협력업체/파트너사, 제작 납품사가 상호 협의하여 확정한다.
- 대형 거푸집이므로 고정볼트 고정에 대한·구조적 검토 필요, 담당자가 직접 확인해야 한다.
- 강풍 시 와이어 당기기와 서포트 밀기를 실시하여 단단히 고정하여야 한다.
- 갱폼 제작 시 가용 T/C의 최대 양중 한도를 고려하고, 설계 시 이를 다시 반영한다.
- 콘크리트 타설 후 적정 강도(5MPa) 발현 시 먹매김 후 즉시 갱폼 인양을 실시해야 한다. 이는 향후 공사 일정에 가장 크게 영향을 미치는 사항으로 유의해야 한다.
- 갱폼 해체 및 인양 절차, 갱폼 주요 부재의 규격과 안정성 등에 대한 면밀한 확인이 부실/미흡하면 대형사고 발생이 우려되므로 유의해야 한다.

⑤ RCS(Rail Climbing System)

㉮ 개요

상·하부가 동일한 단면 구조물에서 레일과 슈(shoe)를 이용하여 외부 벽체 거푸집과 발판용 케이지를 일체로 제작한 대형 거푸집을 자동으로 인상할 수 있는 시스템으로 시공 효율성이 높고 안전성이 뛰어나다. 거푸집을 자동으로 인상할 수 있으므로 인력과 시간을 절약할 수 있고, 견고하게 고정되어 있으므로 안전사고를 예방할 수 있으며, 다양한 형태의 거푸집을 사용할 수 있으므로 다양한 유형의 구조물을 구축할 수 있다.

㉯ RCS 세팅 시 가시설 계획

RCS 반입 전 검토해야 할 사항	RCS 반입 후 제작 공간 검토 사항
• 반입 시 야적 공간 및 차량 동선 확보 • 세팅 전 외부 비계 및 작업발판 계획 수립 • 갱폼 인양 후 RCS 세팅 전 비계 해체 • 골조공사 후 해체 계획 수립 철저	• 갱폼 세팅 작업 공간 면적 확보 • 주차장 및 조경 후 시공 구간 등 활용 • 단계적인 제작 및 세팅 반복 • 구역 표시 및 안전 수칙 게시

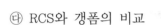

ⓒ RCS와 갱폼의 비교

구 분		RCS	갱폼
적용 건축물	건축물 형태	40층 이상의 건축물로 외벽의 형상이 ACS Rail을 이동시킬 수 있는 건축물	20층 내외의 건축물로 외벽의 형상에 구애받지 않고 적용 가능
시공성	인양 방식	자체 유압시스템으로 자동 인양	타워크레인으로 인양
	인양 시간	1동 인양시간 : 4~5시간	1동 인양시간 : 1일
		(1 Unit당 5~10분 소요)	(1 Unit당 20~30분 소요)
	공정 관리	기상여건에 따른 영향을 작게 받아 공정관리가 용이	기상조건(바람)의 영향을 많이 받으며 공정관리가 어려움
		T/C의 효율을 극대화할 수 있으며, 장비 용량을 줄일 수 있음	T/C에 의존해야 하며, T/C 가용 여부에 따라 영향을 받음
		System이 크고 복잡함으로 넓은 조립공간이 필요함	-
안전성	고정 방법	Anchoring에 의함	Anchoring에 의함
	풍하중	풍하중을 고려하여 설계, 매우 안전(풍하중 45m/sec)	풍하중을 고려하여 설계하지 않음
	낙하 비례	설치, 해체, 인양 시 모두 낙하 위험이 적고 안전함	인양 시 벽체와 거푸집이 분리되어 낙하 위험이 큼
경제성	비용	고가	비교적 저렴

ⓒ RCS 작업 시 유의사항

- 구조 안정성 확보 : 신뢰할 수 있고 공인기관에 의해 성능이 확인된 자재를 사용해야 한다.
- 양중계획 철저 : 전체하중, 작업하중, 사용장비 하중을 고려한 안전성 검토가 필요하다.
- 바람에 대한 안전성 검토 : 풍하중에 대하여 안정성 검토를 시행하고, 필요시 보강 조치한다.
- 안전시설 : 거푸집 낙하물 방지망, 수직 방호망을 설치하여 낙하 등으로 인한 안전사고를 예방한다.
- 장비 고장 시 대비책 마련 : 중첩 가능하도록 장비를 배치하고, 비상상황에 대비한 교육을 실시해야 한다.

• 후속 공정 연계 : 가설 비계가 없으므로 후속 공정과의 관계를 철저히 검토해야 한다.

• 박리제 도포 계획 : 박리제 도포 계획을 면밀히 수립하여 철저히 이행해야 한다.

㉱ RCS 인양계획

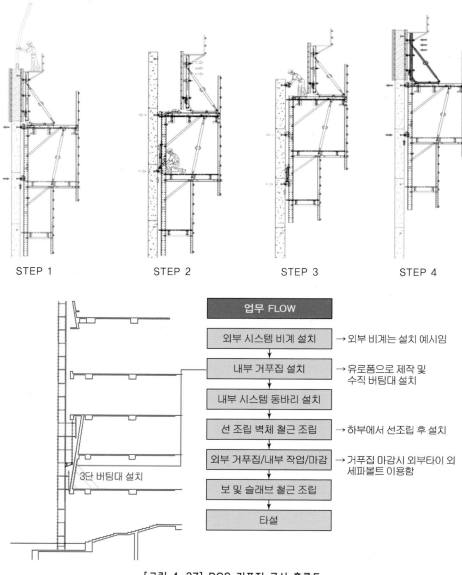

[그림 4-37] RCS 거푸집 공사 흐름도

[그림 4-37]은 RCS 거푸집 공사의 흐름도를 보여 준다.

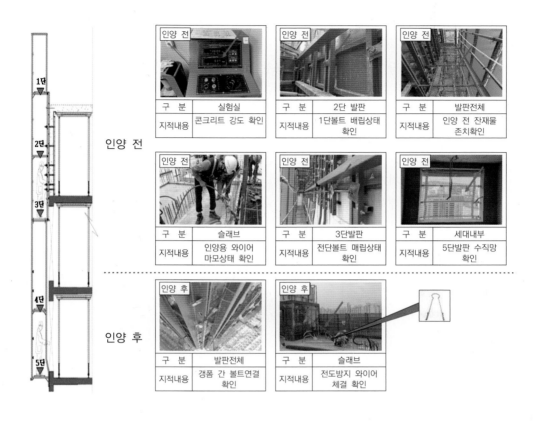

[그림 4-38] 인양 전, 인양 후 주요 관리 포인트

[그림 4-38]은 RCS 거푸집의 인양 전과 인양 후의 주요 공사관리 요점이다.

고수 POINT | RCS 적용 및 설치, 인양 시 확인사항

- 앵커층 위치를 2개층 하단으로 적용 안전성을 높여야 한다.
- 인양 시 앵커 정착부 강도 10MPa 이상 확인되어야 한다(품질관리자 승인 후).
- 대형 설비로써 세팅을 위한 조립장이 고려되어야 한다(T/C 인양가능한 위치).
- 레일 설치, 본체 조립 시간을 사전에 협의, 일정에 따라 투입인원을 결정한다.
- 전체 공정에서 반드시 조립 설치 일정을 고려하여 공정표 작성 및 사전 일정을 협의한다.
- 자재 납품 업체의 기술자를 현장 상주시키고 고위험작업에 대한 사전승인이 필요하다.
- 경제성을 고려하여 Self-Climbing System과 Rail-Climbing System을 선택 적용한다.
- 해체 시 타공정 특히 조경 및 부대토목공사 개시 시점과 비교·검토가 필요하다.

⑥ 블루 폼(Blue Form)[18]

㉮ 개요 및 특징

최근 현장에서 기둥, 옹벽 또는 내벽에 많이 적용되는 거푸집으로, 콘크리트 타설 후 표면 상태가 매끄럽고 깔끔하기 때문에 노출콘크리트 시공에 많이 사용된다. 설치와 해체가 쉽고 재사용이 가능하여 경제적이고 친환경적이다. 테이블 폼, 합벽지지대, 크로스 바, 보 브라켓 등의 부자재와 함께 사용되는 경우도 있다. 테이블 폼은 모듈화된 시스템 폼으로 어떠한 형태의 구조물에도 하중 지지가 가능한 부재이며, 합벽 지지대는 합벽 거푸집을 지지하는 트러스형 지지대이다. 크로스 바는 웨지 핀으로 유로폼 패널을 연결하는 장치이고, 보 브라켓은 보 측면 거푸집을 지지하는 지지대로 높이 조절이 가능하다.

[그림 4-39] 기둥 거푸집으로 블루폼 적용 예

㉯ 블루폼의 장점

콘크리트의 표면이 매끄럽고 깨끗하다. 어떠한 형태의 구조물에도 하중 지지가 가능하며, 설치와 해체가 쉽고 재사용이 가능하여 경제적이다. 블루폼은 간단한 장비로 설치하고 해체할 수 있으며, 해체 후에도 손상이 적어 여러 번 재사용할 수 있다. 또한 폐기물 발생량이 적어 환경친화적이다.

㉰ 블루폼의 단점

블루폼은 콘크리트 타설 시 거푸집 패널 사이에 공기가 유입되어 콘크리트 표면에 기포가 발생할 수 있어서 콘크리트의 강도와 내구성을 저하시킬 수 있으므로 타설 전에 패널 사이의 틈을 밀봉하는 작업이 필요하다. 직사각형 모양의 패널로 구성되어 있으므로 패널 사이에 간격이 발생하거나 패널을 자르거나 접어야 하는 경우가 발생할 수도 있다. 곡선형 구조물에는 패널을 곡률에 맞게 굴곡시켜야 하므로 시공 난이도가 높고 시간과 비용을 증가될 수 있다.

---

18) 지하나 지상의 기둥 거푸집으로는 보통 알폼, 유로폼, 블루폼, 지하층 벽체에는 유로폼 그리고 지상층 벽체, 슬래브, 계단에는 알폼을 사용하는 경우가 많다.

Q 고수 POINT **블루폼 공사 전 검토사항**

• 패널 사이의 틈을 밀봉해야 함.
• 테이블 폼, 합벽지지대, 크로스바, 보 브라켓 등 부속 자재와 함께 사용할 때는 부속 자재의 규격과 설치 방법을 정확하게 확인해야 함.

⑦ 합벽 솔저(soldier) 시스템

㉮ 개요

합벽 솔저 시스템은 지하 외벽 거푸집 공사 시 흙막이벽 반대편 건축물 쪽에 거푸집을 설치하여 합벽 철물 및 용접된 폼타이 없이 콘크리트 측압을 완벽하게 지지하도록 개발된 공법이다. 미리 매립된 앵커볼트를 이용하여 합벽거푸집을 지지하는 트러스형 강재 지지대를 사용하여 시공한다.

㉯ 시공 순서 및 방법

> 1차 타설 → 가설 발판(시스템 비계 등) → 2차 타설 → 2단 작업용 가설 발판

• 최하층 바닥 콘크리트 타설 전 철근 매립 앵커 선시공
• 최하층 바닥 콘크리트 타설 및 양생
• 합벽 철근 배근 및 거푸집 설치
• 매립 앵커 1개소당 1개의 합벽 지지대 설치
• 앵커 고정장치를 조여 지지대를 거푸집에 밀착
• 잭 베이스(Jack Base)로 거푸집의 수직도 조정
• 콘크리트 타설 및 양생
• 앵커 고정장치를 풀고 합벽 지지대 해체
• 합벽에 대한 콘크리트 타설은 적절하게 높이를 나누어 실시

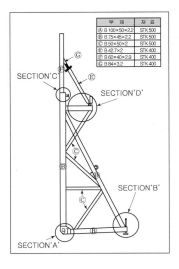

부 재	재 료
Ⓐ B 100×50×2.2	STK 500
Ⓑ B 75×45×2.2	STK 500
Ⓒ B 50×50×2	STK 500
Ⓔ B 42.7×2	STK 400
Ⓕ B 60×40×2.9	STK 400
Ⓖ B 84×3.2	STK 400

SECTION'C'
SECTION'D'
SECTION'B'
SECTION'A'

Mcon(엠콘) 앵커

1. Mcon(엠콘) 앵커 (단위 : mm)
 • 외경 D = φ22
 • 전조(R산) 기장 T = 150~170
 • 갈고리 C = 80
 • 규격 L = 400 / 500 / 600 / 700
  (L400, L500, L600, L700)
2. Mcon(엠콘) 와셔일체형 너트

 • 일체형 와셔 외경 B = φ45
 • 엠콘너트 높이 C = 28
 • 일체형와셔 높이 D = 8
 • 너트외경 E = 32〈 렌치규격
 • 강재 = SS400
 • 와셔 일체형 엠콘너트는 체결성을 강화하며, 설치·해체
  ·전용을 용이하게 한다.

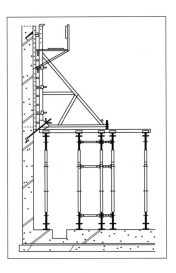

[그림 4-40] 합벽 솔저 시스템

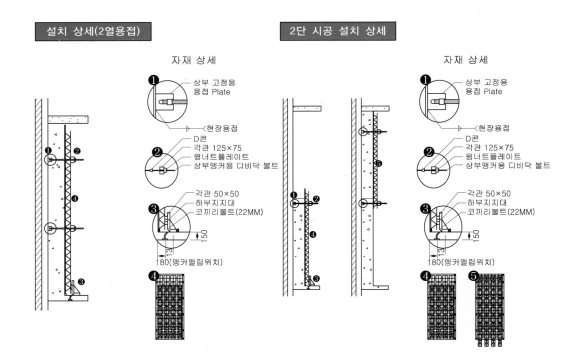

설치 상세(2열용접)

2단 시공 설치 상세

자재 상세

❶ 상부 고정용
 용접 Plate

현장용접

❷ D콘
 각관 125×75
 윙너트플레이트
 상부앵커용 디비닥 볼트

❸ 각관 50×50
 하부지지대
 코끼리볼트(22MM)
 150
 80(앵커맬립위치)

❹

자재 상세

❶ 상부 고정용
 용접 Plate

현장용접

❷ D콘
 각관 125×75
 윙너트플레이트
 상부앵커용 디비닥 볼트

❸ 각관 50×50
 하부지지대
 코끼리볼트(22MM)
 150
 80(앵커맬립위치)

❹ ❺

[그림 4-41] 합벽 솔저 시스템 상세

> ### 고수 POINT 합벽 지지대 작업
>
> - 매립 앵커용 철근은 기성품을 사용하도록 현장설명 자료에 포함
> - 철근 배근 전 스트러트 또는 어스앵커 해체 시 구조안전성을 검토·확인 후 작업
> - 타설 작업발판, 2단 설치작업용 비계발판의 설치비용을 포함하여 견적
> - 솔저 시스템의 하역, 야적, 양중 및 이동 시 안전조치 확인 필수

> ### 고수 POINT 합벽 솔저 시스템
>
> - 합벽 고정용 바닥 매립 철물은 사전에 소요 개수와 규격 등을 확정하여 불필요한 철근 추가 투입 최소화
> - 솔저 시스템은 중량물이므로 상부로 수직 이동 시 반드시 T/C이나 크레인 등 중장비를 사용해야 함. 인력으로 운반, 이동하는 것은 재해 발생 위험이 크므로 지양
> - 2단 작업 시에는 비계발판을 설치하고 안전난간대와 추락 방지망 설치
> - 비계발판 설치 시 솔저 시스템 하중 및 발판의 지지력에 대한 구조 검토 필요
> - 앵커 규격을 결정할 때는 콘크리트 측압에 대한 구조 검토 필요
> - 앵커는 콘크리트 또는 경질지반에 260~430mm 정도 매입
> - 앵커 매입 후 인발 시험을 실시하여 지지력 확인 필요
> - 콘크리트 측압으로 인한 거푸집 패널 연결부와 브레이스 프레임 보강부의 구조안전성을 검토하여 필요시 보강
> - 시공계획서에 의한 시공과 숙련 기능공 투입 및 교육 필요

3) 측압

거푸집 측압은 콘크리트 타설 시 거푸집에 작용하는 수평압력으로, 액상의 굳지 않은 콘크리트를 타설할 때 거푸집 측면에 가해지는 압력을 의미한다. 측압이 과다하게 발생할 경우 거푸집이 파손되거나 붕괴되며, 마감 작업 시 수직, 수평 허용치 초과에 따른 하자 발생 등의 문제가 발생한다. 거푸집에 작용하는 콘크리트의 측압에 영향을 주는 요인으로는 콘크리트의 비중, 콘크리트 다짐 정도, 타설 속도, 거푸집 표면의 평활도 등이 있다. 측압으로 인한 피해를 방지하기 위해서는 측압에 대한 구조적 안전성을 검토하고, 타설 속도 및 높이 준수, 취약부에 대한 충분한 보강, 감시인 배치 등이 있다. 일반 콘크리트의 측압은 굳지 않은 콘크리트의 단위 중량과 타설 높이의 곱으로 산정된다. 즉, $P = W \times H$(P : 측압(kN/m^2), W : 굳지 않은 콘크리트의 단위 중량(kN/m^3), H : 타설 높이(m))이다.

> **Q 고수 POINT** 　**측압**
>
> - 멍에, 장선, 거푸집 지지대 등의 간격은 콘크리트의 타설 높이 및 폭, 단위 중량, 유동화 상태(플로) 등에 의거하여 산정되는 측압에 따라 결정된다.
> - 측압을 우려하여 다짐을 불량하게 하면 콘크리트의 내구성이 떨어지거나 표면에 구멍 (hole)이 생기는 문제 발생한다.
> - 측압이 과다할 경우 거푸집 패널 등이 파손되므로 적절한 규격의 진동기(vibrator)를 사용하여 다져야 한다.
> - 콘크리트 측압은 콘크리트의 종류, 비중, 온도, 습도, 슬럼프(플로) 등의 영향을 받는다.
> - 측압은 또한, 거푸집 및 패널의 재료, 조립 상태, 투수성, 누수성에 영향을 받는다.

4) 거푸집 존치기간

콘크리트를 지탱하지 않은 부위, 즉 기초, 보, 기둥, 벽 등의 측면 거푸집은 24시간 이상 양생한 후, 콘크리트 압축강도가 5MPa 이상 도달한 경우 거푸집 널을 해체할 수 있다. 거푸집 널의 존치기간 중에 평균기온이 10℃ 이상인 경우는 콘크리트 재령이 주어진 재령 이상 경과하면 압축강도 시험을 하지 않고도 해체할 수 있다. 조강시멘트를 사용한 경우 또는 강도 시험결과에 따라 하중에 견딜 만한 충분한 강도를 얻을 수 있는 경우에는 공사감독자의 승인을 받아 거푸집 널의 제거 시기를 조정할 수 있다. 거푸집의 해체 시기, 범위 및 절차를 근로자에게 교육하여야 하며, 해체작업 구역 내에는 해당 작업에 종사하는 근로자 및 관련자 이외에는 출입을 금지시켜야 한다. 비나 눈이 오거나 기상상태의 불안정으로 날씨가 좋지 않을 때는 해체작업을 중지하여야 한다.

슬래브 및 보의 밑면, 아치 밑면의 거푸집 존치기간은 현장 양생한 공시체의 콘크리트의 압축강도가 14MPa 이상이거나 설계기준강도의 2/3 이상의 값에 도달한 경우 거푸집 널을 해체할 수 있다.

[표 4-7] 콘크리트 압축강도 시험을 한 경우 거푸집 존치기간

부　재	콘크리트 압축강도
기초, 보, 기둥, 벽 등의 측면	5MPa 이상
슬래브 및 보의 밑면, 아치 내면	설계기준 강도의 2/3이상 단, 14MPa 이상

[표 4-8] 콘크리트 압축강도 시험을 하지 않은 경우 기초, 보, 기둥 및 벽의 측면거푸집 존치기간

평균기온 \ 시멘트 종류	조강포틀랜드	보통포틀랜드 고로슬래그(1종) 포틀랜드포졸란(1종) 플라이애시(1종)	고로슬래그(2종) 포틀랜드포졸란(2종) 플라이애시(2종)
20℃ 이상	2일	4일	5일
20℃ 미만 10℃ 이상	3일	6일	8일

거푸집 해체는 콘크리트 표면을 손상하지 않고, 콘크리트 부재에 하중이 집중되거나 거푸집에 과도한 변형이 생기지 않는 방법으로 실시한다. 거푸집 및 동바리의 해체는 예상되는 하중에 충분히 견딜 만한 강도를 발휘하기 전에 시행해서는 안 되며, 해체 시기와 순서는 공사시방서 및 공사감독자 또는 건설사업관리기술인의 지시에 따른다. 해체한 거푸집은 신속하게 반출하여 작업 공간을 확보하고, 재사용할 거푸집은 다음 작업 장소로 이동이 편리한 곳에 적재한다. 자재를 슬래브 위에 쌓아 놓는 경우는 콘크리트의 재령에 따른 허용하중을 추정하여 자재를 분산시켜야 한다. 거푸집 해체 후 거푸집 이음매에 생긴 돌출부는 제거하고, Vibrator 사용 부실 등으로 표면에 구멍이 발생한 경우는 타설된 콘크리트와 동일하거나 더 풍부한(rich) 배합비의 모르타르로 충전해야 한다. 구조물의 강도에 나쁜 영향을 미치거나 철근의 수명 등에 해를 끼칠 만한 정도의 큰 구멍이 생겼을 경우는 영향권 내의 콘크리트를 제거하고 다시 시공하여야 한다.

Q 고수 POINT   거푸집 존치 기간

- 품질관리자에 의한 품질시험 등으로 압축강도가 소요 강도 이상인지 확인한 후 거푸집을 해체하여야 한다.
- 긴급 작업이 필요한 경우 현장 비파괴검사를 통하여 압축강도가 소요강도 이상인지 확인하여야 한다.
- 거푸집 해체와 관련하여 수시로 강도시험, 비파괴검사 등을 통해 건설사업관리기술인에게 관련 자료를 제출하여 승인받은 후 거푸집 해체작업을 시행한다.

5) 거푸집의 품질검사 항목

주요 품목	규 격	검 사 항 목	시 공 부 위
유로폼	600×1,200mm 외	평활도 및 견고성 검사	지하, 지상, 근린생활시설
합 판	3'×6', 4'×8' (12T)	K.S 제품 사용	지하, 지상
AL Form	제작 승인도면 기준	평활도 및 견고성 검사	지상(공용 세대)
Gang Form	도면 치수	직선도 검사	지상 공용

6) 지하주차장 부위별 거푸집 및 동바리 시스템 예

지하주차장 수직 부재	• 기둥 : 유로폼 + 알폼 + 합판 + 각재 • 벽체 : 합판 + 유로폼 + 합벽 유로폼 • 램프 : 합판 + 유로폼
지하주차장 수평 부재	• 보 : 콘 패널 + 합판 + 유로폼 • 슬래브 : Deck Slab + 콘 패널 + 합판
지하주차장 동바리	• 층고 4.2m 이하 : 강관 동바리 • 층고 4.2m 초과 : 시스템 동바리
지하주차장 내부	• Elevator 홀 : 시스템 비계 설치 • 내부 벽체 : 시스템 비계 + 강관비계

7) 층별 거푸집 적용 예

구분	외부옹벽	내부옹벽	기둥	보	슬래브	Support
옥탑 층	Euro Form	Euro Form	블루폼, Euro Form, 종이 거푸집, 합판	Euro Form, DH Beam 합판	합판, 콘 패널, Deck	강관 Support
기준 층	갱폼, RCS, Euro Form	Euro Form, Al. Form, BOX FORM	블루폼, Euro Form, 종이 거푸집, 합판	Euro Form DH Beam 합판	AL FORM	System Support, 알루미늄 Support

구분	외부옹벽	내부옹벽	기둥	보	슬래브	Support
층고 변화층	Euro Form	Euro Form	블루폼, Euro Form, 종이 거푸집, 합판	Euro Form, DH Beam, 합판	합판, 콘 패널	System Support
저층부 (기준층 이하)	Euro Form	Euro Form	블루폼, Euro Form, 종이 거푸집, 합판	Euro Form, DH Beam, 합판	AL FORM, 합판, 콘 패널	System Support
지하층 (지하주차장)	숄져폼 라스폼 데크폼	Euro Form	블루폼, Euro Form, 종이 거푸집, 합판	Euro Form, DH Beam, 합판	AL Form, 합판, 콘패널	System Support

8) 거푸집 공사의 품질관리 요점

구 분	세 부 내 용
자 재	• 합판은 면 상태가 고르고 휘지 않은 재료 사용 • 각재는 육송, 함수율 24% 이하인 것으로 KS 규정에 적합한 것 • 기타 철물은 사용 승인을 득한 제품
수평 수직 관리	• 규준틀 보존, 크로스체크로 오차 최소화 • 동바리는 수직 상태를 유지하고, 높이가 3.5m 이상이면 반드시 수평 연결재 설치 • 숙련공 2명 수직·수평 관리 인원 상시 배치(품질관리 전반 사항 점검) • T/C 또는 가설 구조물에 기준 레벨을 표기해 슬래브 레벨 체크 시 활용
설치 및 양생	• 형틀 지지대, 동바리 설치 간격은 구조계산에 의거 시공 • 기둥 Steel 웨일러 간격도 구조계산에 의거 시공 • 유로폼 긴결 철물, 코너보강, 누락 요소 제거 관리

Q 고수 POINT   거푸집 공사의 품질관리

- 거푸집 및 관련 부재는 현장에 반입하기 전에 강도나 내구성 등에 관한 품질시험을 의뢰
하여 공인된 시험성적서를 확보하여야 한다.
- 콘크리트 타설 및 철근을 배근하기 전에 거푸집에 대한 박리제 도포 관리를 철저히 시행
한다.
- 거푸집 박리제는 반드시 유류 저장소에 보관하여 MSDS 관리를 철저히 한다. 특히, 현장
이곳저곳에 방치하지 않도록 주의한다.
- 콘크리트를 타설하기 전에 연결(Joint 등) 부위의 핀 고정상태 및 수직도를 건설사업관리
기술인의 입회하에 확인한다.
- 콘크리트 타설 부위별로 적정 양생 기간을 확인하고, 거푸집 해체 전 건설사업관리기술인
의 입회하에 비파괴 압축강도 시험을 실시하여 기준에의 적합성을 확인한다.
- 거푸집은 설계도서와 일치하도록 제작 및 설치되었는지 콘크리트를 타설하기 전에 설계
도면을 확인하고 체크리스트를 작성하여 건설사업관리기술인과 직접 확인하여야 한다.

Q 고수 POINT   거푸집 설치 및 해체 시 중점 안전관리 요령

1. 낙하
- 갱폼 등 대형 거푸집은 거푸집 패널과 로프, 후크 등의 체결이 완전한지 확인한 후 인양하여
야 한다.
- 소형 자재 인양 시에는 인양함을 사용한다.
- 거푸집 양중은 신호수를 반드시 배치하고 실시한다.

2. 추락
- 작업 발판은 안전기준에 적합한지 확인한 후 사용하여야 한다.
- 시공 단부에서 추락을 방지하기 위하여 반드시 안전난간대를 설치하여야 한다.
- 보 상부, 슬래브 단부에 안전대 부착설비 및 안전고리를 체결한다.
- 거푸집 동바리는 구조적 안전성을 검토하고 조립도에 의거하여 설치하여야 한다.
- 거푸집 슬래브 상부의 작업 하중은 150kg/m^2 이내로 관리하여야 한다.

3. 해체
- 거푸집 해체 시에는 관계된 작업자 외의 근로자는 접근하지 못하도록 표시하고 관리한다.
- 핀따기 작업 시에는 보안경을 착용하여야 한다.
- 해체 자재는 작업자의 통행에 지장이 없도록 철저하게 정리·정돈하여야 한다.
- 해체작업 중 개구부 추락 위험장소는 철저히 확인하여 방호하여야 한다.

(2) 거푸집 및 동바리의 설계

거푸집 및 동바리는 콘크리트 시공 시에 작용하는 연직하중, 수평하중, 콘크리트 측압 및 풍하중, 편심하중 등에 대해 그 안전성을 검토하여야 한다. 슬래브 거푸집에는 콘크리트의 중량, 콘크리트 작업 하중, 충격하중 등이 작용하고, 벽과 기둥 거푸집에는 자중과 측압 등이 작용한다. 이러한 하중과 반복 사용에 의한 손상과 마모에 안전하고 경제적인 거푸집을 설계해야 하며, 특히 층고가 높은 건물, 장(長) 스팬(long span)의 건물의 거푸집은 강도를 계산하여 설계에 반영해야 한다. 거푸집을 설계할 때 필수적으로 검토해야 할 내용은 부재에 작용하는 휨 모멘트(bending moment)와 처짐(deflection)이다.

1) 거푸집에 작용하는 외력

① 연직하중

거푸집 및 동바리 설계에 적용하는 연직하중으로는 고정하중(D)과 공사 중 발생하는 작업하중(L_i)을 고려하되, 고정하중과 작업하중을 합한 연직하중은 콘크리트 타설 높이와 관계없이 최소 5.0 kN/m^2 이상으로 거푸집 및 동바리를 설계한다.

- 고정하중은 철근 콘크리트와 거푸집의 중량을 합한 하중이다. 콘크리트의 단위 중량은 철근 중량을 포함하여 보통 콘크리트 24kN/m^3, 제1종 경량골재 콘크리트 20kN/m^3, 제2종 경량골재 콘크리트 17kN/m^3을 적용한다. 거푸집 하중은 최소 0.4kN/m^2 이상을 적용한다.
- 작업하중은 작업원, 경량의 장비 하중, 충격하중, 기타 콘크리트 타설에 필요한 자재 및 공구 등의 하중을 포함한다. 작업하중은 콘크리트 타설 높이가 0.5m 미만일 경우에는 구조물의 수평투영면적당 최소 2.5kN/m^2 이상으로 설계하며, 콘크리트 타설 높이가 0.5m 이상 1.0m 미만일 경우에는 3.5kN/m^2, 1.0m 이상인 경우에는 5.0kN/m^2를 적용한다.

② 수평방향 하중

거푸집 및 동바리는 풍하중 이외에 타설 시의 충격, 또는 시공오차 등에 의한 최소의 수평하중(M)을 고려하여야 하며, 풍하중과 최소 수평하중의 영향을 각각 고려하여 불리한 경우에 대하여 검토한다. 동바리 설계에 고려하는 최소 수평하중은 고정하중의 2%와 수평길이당 1.5kN/m 이상 중에서 큰 값의 하중을 부재에 연하여 작용하거나 최상단에 작용하는 것으로 한다. 최소 수평하중은 동바리 설치면에 대하여 X방향 및 Y방향에 대하여 각각 적용한다.

③ 콘크리트의 측압
- 거푸집 설계에서는 굳지 않은 콘크리트의 측압을 고려하여야 한다. 콘크리트의 측압은 사용재료, 배합, 타설속도, 타설높이, 다짐방법, 콘크리트의 온도, 사용하는 혼화제의 종류, 부재 단면 치수 등에 의한 영향을 고려하여 산정하여야 한다.
- 콘크리트의 측압은 거푸집면의 투영면 방향으로 작용하는 것으로 하며, 일반 콘크리트용 측압, 슬립 폼용 측압, 수중 콘크리트용 측압, 역타설용 측압 그리고 프리플레이스트 콘크리트(preplaced concrete)용 측압으로 구분할 수 있다.
- 일반 콘크리트용 측압은 다음 식에 의해 산정한다.

$$P = W \cdot H$$

여기서, P : 콘크리트의 측압(kN/m²)

W : 굳지 않은 콘크리트의 단위중량(kN/m³)

H : 콘크리트의 타설높이(m)

2) 거푸집 변형기준

거푸집 널의 변형기준은 공사시방서에 따르며, 달리 명시가 없는 경우는 표면의 평탄하기 등급에 따라 순간격(l_n) 1.5m 이내의 변형이 [표 4-9]의 상대변형과 절대변형 중 작은 값 이하가 되어야 한다. 다만, 표면 마무리의 평탄성을 요구하는 경우에는 1.0 ~ 2.0mm 이하로 할 수 있다.

[표 4-9] 거푸집 널의 변형기준

표면의 등급	상대변형	절대변형
A급	$l_n / 360$	3mm
B급	$l_n / 270$	6mm
C급	$l_n / 180$	13mm

㈜ 1) A급 – 미관상 중요한 노출콘크리트 면
    B급 – 마감이 있는 콘크리트 면
    C급 – 미관상 중요하지 않은 노출콘크리트 면
  2) 순간격(l_n)은 거푸집을 지지하는 동바리 또는 거푸집 긴결재의 지간 거리

3) 거푸집 재료의 구조적 성능

거푸집 패널 재료는 합판, 강재, 플라스틱재 등이 있으며, 두께 12~15mm 합판이 널리 쓰인다. 합판이나 목재 널판은 섬유방향에 따라 강도나 영계수가 [표 4-10]과 같이 크게 변하므로 강도 계산은 물론 실제 시공 시에도 주의해야 한다. 목재는 함수율이 1% 늘면 강도와 영계수가 3% 정도 저하되므로 콘크리트 타설 후나 강우 등으로 흡수량이 클 때는 이상 변형에 주의하여야 한다.

① 거푸집용 합판의 단면성능

콘크리트 거푸집용 합판의 단면성능은 [표 4-10]과 같다.

[표 4-10] 콘크리트 거푸집용 합판의 단면성능

두께 (mm)	하중 방향	단면계수 S (mm^3/mm)	단면2차 모멘트 I (mm^4/mm)	전단상수 I_b/Q (mm^2/mm)	탄성계수 E (MPa)	허용 휨응력 f_b (MPa)	허용 전단응력 f_s (MPa)
12	0°	13	90	10			
	90°	6	20	5.1			
15	0°	18	160	11.5	11,000	16.8	0.63
	90°	8	40	6			
18	0°	23	250	14.8			
	90°	13	100	8			

㈜ ① 0°, 90°의 각도는 표판의 섬유방향에 대한 응력의 방향을 나타낸 것임.
　② Q : 단면 1차 모멘트

장선 및 멍에로 사용되는 목재의 단면 성능은 [표 4-11]과 같다.

[표 4-11] 미송 각재의 구조적 성능

종류	단면계수 $S'(mm^3)$	단면 2차 모멘트 $I(mm^4)$	탄성계수 $E(MPa)$	허용 휨응력 $f_b(MPa)$	압축응력 90° $f_c(MPa)$	압축응력 0° $f_c(MPa)$	전단응력 $f_s(MPa)$
30×50	$12.5×10^3$	$31.25×10^4$					
40×50	$16.7×10^3$	$41.7×10^4$					
45×45	$15.19×10^3$	$34.17×10^4$					
45×60	$27×10^3$	$81×10^4$					
60×105	$110.25×10^3$	$578.81×10^4$	11,000	13	4.0	14.3	0.78
45×90	$60.75×10^3$	$273.38×10^4$					
60×90	$81×10^3$	$364.5×10^4$					
84×84	$98.8×10^3$	$414.9×10^4$					
90×90	$121.5×10^3$	$546.75×10^4$					
105×105	$129.94×10^3$	$1,012.92×10^4$					
75×180	$405×10^3$	$3,645×10^4$	11,000	10.6	4.0	13.6	0.78
90×170	$433.5×10^3$	$3,684.8×10^4$					

㈜ 0°, 90°의 각도는 표판의 섬유방향에 대한 응력의 방향을 나타낸 것임.

② 강재의 구조적 성능

㉮ 강관의 성능

종류 (D×t)mm	중량 (N/m)	단면적 (mm^2)	단면계수 $Z(mm^3)$	단면 2차 모멘트 $I(mm^4)$	탄성계수 $E(MPa)$	허용 휨응력도 (MPa)	허용 전단응력도 (MPa)
48.6×2.5	28.4	360	3,970	96,500	$2.1×10^5$	240	140
48.6×2.3	26.3	334	3,700	89,900			

④ 각형 강관의 성능

종류 (D×t)mm	중량 (N/m)	단면적 (mm²)	단면계수 Z(mm³)	단면 2차 모멘트 I(mm⁴)	탄성계수 E(MPa)	허용 휨응력도 (MPa)	허용 전단응력도 (MPa)
50×50×2.3	33.4	425	6,340	15.9×10^4			
45×45×2.3	40.6	517	7,820	15.9×10^4			
75×45×2.3	40.6	517	10,400	15.9×10^4	2.1×10^5	160	100
125×75×3.2	95.2	1,213	41,110	15.9×10^4			
150×80×4.5	152.0	1,937	75,000	15.9×10^4			

③ 강제틀 합판 거푸집의 단면성능

강제틀 합판 거푸집(속칭 유로폼)은 [그림 4-42]와 같이 콘크리트 거푸집용 합판의 면판과 측면보강재 및 면판보강재의 강제틀로 구성되며, KS F 8006에 적합하여야 한다. 강제틀 합판 거푸집의 최대 사용 측압은 적합한 거푸집 긴결재와 결합했을 경우 $40.0 \, \text{kN/m}^2$이며, 면판의 성능은 [표 4-10] 콘크리트 거푸집용 합판의 단면성능을 따르고, 측면보강재 및 면판보강재의 단면성능은 [표 4-12]에 따른다.

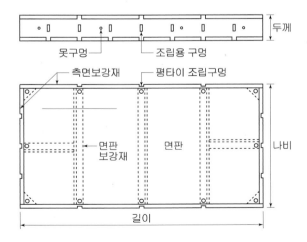

[그림 4-42] 강제틀 합판 거푸집의 구조

[표 4-12] 강제 틀 합판 거푸집의 성능

구분	재질	치수	단면계수 S(mm^3)	단면 2차 모멘트 I(mm^4)	허용휨응력 f_b(MPa)
면판 보강재	SS315	L-50×30×3.2	3,800	63,980	208
측면 보강재	SS410	63.5×4 (F Profile)	3,630	118,500	271

④ 알루미늄 패널의 단면성능
- 알루미늄 패널은 거푸집 널, 측면보강재, 면판보강재 등이 알루미늄으로 이루어진 규격화된 거푸집을 말하며, 벽, 슬래브, 기둥 등에 주로 사용된다. 일반적으로 폭(B)은 300mm, 400mm, 450mm, 600mm, 높이(H)는 1,200mm, 2,250mm, 2,400mm 등의 12가지 조합의 규격품이 사용된다. 일반적인 알루미늄 패널(A6061-T6)의 재료 특성은 [표 4-13]과 같다. 다만, 이 기준에서 정하지 않는 알루미늄 재료를 사용할 경우에는 KS D 6759에 따른다.
- 알루미늄 패널의 널은 KS D 3602에 적합하고 동등 이상의 성능을 가져야 하며, 알루미늄 패널의 측면 및 면판 보강재는 KS F 8006에 적합하고 동등 이상의 성능을 가져야 한다.
- 알루미늄 패널이 다른 금속과의 전식작용(galvanic action)이 발생할 우려가 있는 경우에는 피복된 알루미늄 패널로 설계하여야 한다.

[표 4-13] 알루미늄 합금의 재료 특성

구분	단위중량 (kN/m^3)	탄성계수 E(MPa)	허용휨응력 f_b(MPa)	허용전단응력 f_s(MPa)	포아송비 ν
알루미늄 합금재 (A6061-T6)	27	$7.0×10^4$	125	72.2	0.27~0.30

⑤ 파이프 서포트의 압축성능
- 파이프 서포트는 방호장치 안전인증기준 또는 KS F 8001에 적합하여야 한다.
- 파이프 서포트의 압축성능은 [표 4-14]와 같다.

[표 4-14] 파이프 서포트의 압축성능(P_{scr})

길이(mm)	압축성능(kN)
6,000 이하	40

⑥ 시스템 동바리의 압축성능
- 시스템 동바리는 방호장치 안전인증기준 또는 KS F 8021에 적합하여야 한다.
- 시스템 동바리 각 부재의 인장성능은 허용인장응력을 따르고, 수직재와 가새재의 압축성능은 [표 4-15] 및 [표 4-16]과 같다.

[표 4-15] 수직재의 압축성능(P_{scr})

호칭길이(mm)	압축성능(kN)	
	1종	2종
900 미만	160	90
900 이상 1,200 미만	140	70
1,200 이상 1,500 미만	120	55
1,500 이상 1,800 미만	90	40
1,800 이상 2,100 미만	70	30
2,100 이상 2,400 미만	60	25
2,400 이상 2,700 미만	50	20
2,700 이상 3,000 미만	40	17
3,000 이상 3,300 미만	35	14
3,300 이상 3,600 미만	30	12
3,600 이상	25	10

주 ① 1종 : 수직재 바깥지름이 60.2mm 이상인 부재
　② 2종 : 수직재 바깥지름이 48.3mm 이상 60.2mm 미만인 부재

[표 4-16] 가새재의 압축성능(P_{scr})

호칭길이(mm)	압축성능(kN)
1,500 미만	15
1,500 이상 2,400 미만	12
2,400 이상	8

⑦ 강관틀 동바리의 압축성능
- 강관틀 동바리는 방호장치 안전인증기준 또는 KS F 8022에 적합하여야 한다.
- 강관틀 동바리 각 부재의 인장성능은 허용인장응력을 따르고, 주틀과 가새재의 압축성능은 [표 4-17] 및 [표 4-18]과 같다.

[표 4-17] 주틀의 압축성능(P_{scr})

길이(mm)	압축성능(kN)
900	360
1,200	300
1,500	240
1,800	180

[표 4-18] 가새재의 압축성능(P_{scr})

종류	길이(mm)	압축성능(kN)
단일가새	1,500 미만	15
	1,500 이상 2,400 미만	12
	2,400 이상	8
교차가새	–	15

⑧ 동바리의 안전율
- 거푸집 지지를 위해 사용하는 동바리의 허용압축하중에 대한 안전율(극한하중에 대한 허용하중의 비를 말하며, 극한하중은 압축성능을 의미함)은 지지형식에 따라 [표 4-19]의 값 이상이어야 한다.

[표 4-19] 압축부재의 안전율

지지형식		안전율	시공형태
지주 형식 동바리	단품 동바리	3	강재 및 알루미늄 합금재 파이프 서포트, 강관과 같이 개개품을 이용하여 거푸집을 지지하는 동바리
	조립식 동바리	2.5	시스템 동바리, 틀형 동바리와 같이 수직재, 수평재, 가새재 등의 각각의 부재를 현장에서 조립하여 거푸집을 지지하는 동바리

• 보 형식 동바리 중앙부 허용휨응력에 대한 중앙부 설계휨모멘트의 안전율은 [표 4-20]의 값 이상이어야 한다.

[표 4-20] 보 형식 동바리의 안전율

지지형식	안전율	시공형태
보 형식 동바리	2	강제 갑판 및 철재 트러스 조립보 등을 수평으로 설치하여 거푸집을 지지하는 동바리

4) 거푸집 동바리 구조설계

① 동바리는 현장조건에 부합하는 각 부재의 연결조건과 받침 조건을 고려한 2차원 또는 3차원 해석을 수행하여야 하지만, 구조물의 형상, 평면 선형 및 종단 선형의 변화가 심하고 편재하의 영향을 고려할 경우는 반드시 3차원 해석을 수행하여 안전성을 검증하여야 한다. 거푸집 동바리 구조설계는 [그림 4-43]에 따라 수행한다.

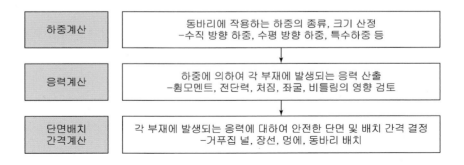

[그림 4-43] 거푸집 동바리 구조설계 순서

② 시스템 동바리의 경우에는 각 부재의 연결조건을 다음과 같이 적용한다.
• 수직재와 수직재의 연결부 : 연속 부재
• 수직재와 수평재의 연결부 : 힌지 연결(수평재 단부)
• 수직재와 경사재의 연결부 : 힌지 연결(경사재 단부)
• 수평재와 경사재의 연결부 : 힌지 연결

③ 강관틀 동바리의 경우에는 각 부재의 연결조건을 다음과 같이 적용한다.
- 수직재와 수직재의 연결부 : 연속 부재
- 수직재와 수평재의 연결부 : 연속 부재
- 주틀과 경사재의 연결부 : 힌지 연결(경사재 단부)

④ 강관틀 동바리의 부재중에서 주틀을 구성하는 수직재에 연결되는 수평재와 경사재의 연결부가 강성의 저하 없이 용접 연결되는 경우에는 연결조건을 다음과 같이 적용할 수 있다.
- 수직재와 수평재의 연결부 : 연속 부재
- 수직재와 경사재의 연결부 : 연속 부재
- 수평재와 경사재의 연결부 : 연속 부재

⑤ 동바리 상·하 받침부의 경계조건은 원칙적으로 힌지로 간주한다.
⑥ 동바리 설계 일반사항
- 파이프 서포트, 시스템 동바리의 수직재와 강관틀 동바리의 주틀의 경우에는 [표 4-17]에 제시된 압축성능을 [표 4-19]의 안전율로 나눈 허용압축력에 근거한 허용압축응력을 적용하여 안전성을 검토할 수 있다.
- 단품 지지형식 동바리의 허용압축내력 산정 시 수평연결재로 좌굴길이를 조정하지 않고 전체 동바리 길이에 대하여 좌굴길이로 산정하였을 경우에는 수평연결재를 생략할 수 있다.
- 동바리 시공 중 태풍 등과 같은 강풍이 작용하여 동바리가 붕괴될 우려가 있는 경우에는 수평방향 풍하중에 저항할 수 있도록 설계하여야 한다. 특히 콘크리트 부분 타설 등 상부 편심하중에 의해 횡방향 쏠림현상(sidesway)이 크게 발생할 우려가 있는 시공조건일 경우 이를 미연에 방지할 수 있는 경사 버팀대 등으로 견고하게 보강하여야 한다.

⑦ 파이프 서포트 설계
- 파이프 서포트 허용압축내력 산정 시 수평연결재로 좌굴길이를 조정하지 않고 전체 동바리 길이에 대하여 좌굴길이로 산정하였을 경우는 수평연결재를 생략할 수 있다.
- 파이프 서포트 구조설계 시 수평하중에 대한 안전성 검토를 실시하고, 파이프 서포트를 설치하기 전에 지반의 지지력에 대한 안전성 검토를 실시하여야 한다.

⑧ 시스템 동바리 설계

• 시스템 동바리는 규격화·부품화된 수직재, 수평재 및 가새재 등을 현장에서 조립하여 거푸집을 지지하는 동바리로 구조설계를 통해 조립도를 작성하여야 한다.

• 시스템 동바리 구조설계 시 연직 및 수평하중에 대한 안전성 검토결과에 따라 수직재 및 수평재에 가새재가 배치되도록 설계하여야 한다.

• 경사진 구조물의 가설용 동바리로 시스템 동바리를 사용하는 경우 다음의 편경사 및 평면곡선 반지름에 대한 조건을 만족하여야 한다. 단, 종단경사의 경우에는 제한을 두지 않는다.

  – 바닥면의 편경사는 6 % 이내이어야 한다.

  – 평면곡선 반지름은「도로의 구조·시설 기준에 관한 규칙」제19조(평면곡선 반지름)에서 최대 편경사 6 %일 때의 설계속도에 대응하는 최소 평면곡선 반지름 규정을 만족하여야 한다.

• 동바리의 전체 좌굴을 방지하기 위해 시스템 동바리의 설치 높이는 조립되는 동바리 단변폭의 3배가 넘지 않도록 하며, 초과 시에는 주변 구조물에 지지하는 등의 조치를 취하여야 한다. 다만, 수평버팀대 등의 설치를 통해 전도 및 좌굴에 대한 구조 안전성이 확인된 경우에는 3배를 초과하여 설치할 수 있다.

⑨ 강관틀 동바리 설계

• 강관틀 동바리는 수직재, 수평재 및 경사재 등이 용접으로 일체화되어 생산된 주틀과 경사재 등을 조립하여 구조 시스템을 형성하기 때문에 시스템 동바리와 마찬가지로 부재의 단면적과 재료 특성만을 토대로 성능을 산정하기 어렵다. 따라서 강관틀 동바리 부재의 성능은 KS F 8022에 규정된 시험방법에 따라 하중을 가하여 각 부재가 견딜 수 있는 하중의 최댓값을 토대로 산정하는 것을 원칙으로 한다.

• 강관틀 동바리는 수평재 및 경사재를 반드시 설치하여 예상되는 수평하중을 이들 부재가 지지토록 하여야 한다.

• 강관틀 동바리의 상하 수평재 설치간격에 대한 수직재 설치간격의 비는 0.5/1 ~1/1의 범위 이내이어야 한다.

• 경사진 구조물의 가설용 동바리로 강관틀 동바리를 사용하는 경우는 경사진 구조물의 가설용 동바리로 시스템 동바리를 사용하는 경우와 동일한 기준을 적용한다.

⑩ 강재 동바리 설계
- 강재 동바리는 대구경 원형 강관 또는 H형강, I형강 또는 플레이트 거더 등을 이용하여 설계되는 동바리를 말하며, 동바리의 재료특성과 단면형상을 토대로 설계되어 시공 현장에서 다양하게 적용될 수 있는 일반적인 동바리를 말한다.
- 강재 동바리에 적용되는 대구경 원형강관의 허용응력은 KDS 14 30 00에 따른다.

5) 거푸집 구조해석 및 계산

거푸집 패널의 강도를 검토할 때, 구조상 부분적으로 양단 고정보 및 연속보의 요소가 있다고 하더라도 실제로 단부 구속 상태 및 거푸집 재사용(reuse, 轉用)에 의한 강도 저하 요인이 있으므로, 금속제 거푸집을 제외하면 강도 계산상 불리한 단순보로 취급한다. 장선, 멍에 등의 보강재는 경우에 따라 단순보와 양단 고정보의 중간인 연속보로 취급할 수도 있다. 거푸집 널, 장선, 멍에 부재는 등분포하중이 작용하는 단순보로 설계하여야 한다. 다만, 강재나 알루미늄 등과 같은 재료가 사용되는 경우 지점조건에 맞게 설계하여야 한다.

6) 허용처짐량

변형보다는 구조적 안정성 측면의 강도 확보가 중요한 일반 가설물과는 달리 거푸집은 강도보다는 변형량(허용처짐량)에 의해 거푸집 부재의 단면이나 구성이 결정되는 경우가 많다. 거푸집의 허용처짐량은 절대처짐으로 최대 3mm를 기본으로 한다.

7) 슬래브 및 보 거푸집 설계

① 설계방식
슬래브 거푸집의 구조를 계산하여 설계하는 방법은 크게 2가지가 있다.
- 거푸집 보강재의 배치를 가정한 후 그것을 계산으로 확인하는 방법
- 허용처짐량, 허용강도 등으로부터 한계 배치 간격을 산정하는 방법

첫 번째 경우는 과다하게 설계할 우려가 있으며, 두 번째 경우는 허용한계에 가까우므로 시공에서 주의하여야 한다. 보통 허용처짐량으로 거푸집의 배치나 단면을 결정하기 때문에 두 번째 경우가 보다 편리하다.

② 구조계산 순서
- 하중, 측압, 사용재료, 시공조건 등 주어진 조건을 파악한다.
- 조건에 따라 계산하거나 표를 활용하여 단면2차모멘트(I), 단면계수(Z), 허용 휨응력도(f_b), 탄성계수(E) 등의 계수 및 공식을 확인한다.
- 공식에 계수값을 대입하여 보강재료의 간격을 산정한다.
- 부재에 작용하는 응력과 허용응력을 비교하여 구조적 안전성을 검토한다. 즉, 부재에 작용하는 응력이 허용응력 이내인지 확인한다.

③ 구조 안전성 검토 순서

> 거푸집 패널 검토(장선 간격 산정[19]) → 장선 검토(멍에 간격 산정[20]) → 멍에 검토(동바리 간격 산정[21]) → 동바리 강도 검토[22]

- 슬래브 거푸집은 구조물의 종류, 규모, 중요도, 시공 조건 및 환경 조건 등을 고려하여 설계하여야 하며, 거푸집의 설계는 강도뿐만 아니라 변형에 대해서도 고려하여야 한다.
- 거푸집 및 동바리의 각 부재는 [그림 4-43]에 따라 구조설계를 실시하고, 하중 흐름 순서에 따라 거푸집 널, 장선, 멍에, 동바리 순으로 안전성 검토를 통해 거푸집 널 두께, 장선, 멍에 및 동바리의 간격 등을 결정한다.

(3) 철근공사

1) 철근의 종류 및 특징

① 원형철근(round steel bar)
철근의 표면에 마디나 축 방향의 돌기(rib, 리브)가 없는 철근으로 콘크리트와 부착성능이 떨어져 시설물 등의 구조용으로는 거의 사용되지 않는다.

② 이형 철근(deformed steel bar)
철근의 표면에 마디와 돌기가 있어 콘크리트와의 부착력이 크며, 콘크리트에 균열이 발생할 때에 마디와 돌기가 균열폭을 작게 하는 효능을 가져 구조물에 주로

---

19) 거푸집의 최대처짐이 허용처짐 이내가 되는 지점 거리(즉, 장선 간격) 산정한다.
20) 장선의 최대처짐이 허용처짐 이내가 되는 지점 거리(즉, 멍에 간격) 산정한다.
21) 멍에의 최대처짐이 허용처짐 이내가 되는 지점 거리(즉, 동바리 간격) 산정한다.
22) 동바리로 사용되는 파이프 서포트는 편심이 없다고 가정하고, 동바리 양단은 핀접합으로 계산한다.

사용된다. 이형철근은 마디와 리브까지 포함하여 원형철근화했을 때의 지름인 공칭지름[23] D로 표시하며 항복강도를 숫자로 표기한다. 즉, 'SD 400'에서 '400'은 철근의 항복강도가 '400MPa'라는 것을 의미한다[24].

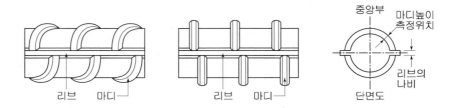

[그림 4-44] 이형철근의 모양

- SD 300 : 하이바에 대응되는 일반 철근으로 교량이나 댐 등 토목공사용으로 사용
- SD 400 : 보통, '하이바'로 일컫는 고장력 철근으로 대부분의 건설현장에서 사용
- SD 500~700 : 초고장력 철근으로 초고층 건축물의 지하층 공사에 사용
- SD 400W~500W : 철근의 탄소 성분을 낮춰 용접이 가능한 철근
- SD 400S~600S : 내진성능을 보강한 철근

③ 고장력 이형철근(high tensile deformed bar)

초고층, 장대 구조물의 부재 단면을 줄이기 위해 사용되며 특수강을 소재로 한 고강도 철근으로, 보통 철근보다 큰 인장력에 저항할 수 있으며, 항복강도 400MPa(SD400) 이상을 고강도 철근으로 분류한다. 고강도 이형철근을 사용할 때는 고강도의 콘크리트를 사용해야 효과가 있으며, 철근의 강도가 크므로 철근 사용량을 줄일 수 있다. 고장력 이형철근은 일반 철근에 비하여 가격이 비싸지만, 강도가 높고 내구성이 우수하며 고강도, 장수명, 경제성을 요구하는 구조물에 적합하다. 콘크리트 건조수축 및 하중 등으로 인한 콘크리트의 균열을 방지할 목적으로 콘크리트에 압축응력을 부여하기 위해 사용하는 프리스트레스트 (prestressed) 이형철근도 있다.

---

23) 공칭지름은 이형철근의 단위 중량과 동일한 원형철근의 직경을 의미한다.

24) 공사현장 실무에서는 항복강도가 400MPa 이상으로 520MPa까지의 철근도 SD400 철근으로 불린다.

2) 철근의 가공

① 철근의 절단

표준길이[25]로 공장에서 제작된 철근을 공사현장에서 필요한 길이와 형태로 만드는 첫 번째 과정으로 보통 절단기(bar cutter, shear cutter)를 사용하여 절단한다. 가스 절단 방법은 산소와 아세틸렌 가스를 혼합하여 발생시킨 불꽃을 이용하는 것으로, 빠르고 정밀하게 절단할 수 있으며, 큰 규격의 철근도 쉽게 절단할 수 있다. 철근은 구조검토를 통하여 필요한 부분만 절단하는 것이 안전성 확보와 비용 절감에 유리하다. 구조 도면 및 구조 공통, 일반사항 등을 반영한 현치도 및 가공도를 작성한 후 발주자나 건설사업관리기술인의 승인을 받고 절단 작업에 착수해야 한다.

② 철근 구부리기

표준 갈고리 이외의 철근 구부리기는 반지름 및 구부리는 방법에 대한 기준을 준수해야 철근의 재질에 손상 없이 정상적인 기능을 발휘할 수 있다. 주로 굴곡기(bar bender)를 이용하여 구부리며, 지름 25mm 이하는 상온에서, 지름 28mm 이상은 열을 가해서 구부린다. 굽힘 철근의 구부림 내면 반지름은 철근 지름의 5배 이상으로 해야 한다. 라멘구조의 모서리 부분 외측에 배근하는 철근의 구부림 내면 반지름은 철근 지름의 10배 이상으로 해야 한다. 보 및 기둥의 단부(端部, 끝부분), 띠철근(hoop, 帶筋), 늑근(stirrup, 肋筋)은 뽑힘 등에 저항하고 콘크리트와 부착력 증대를 위해 반드시 갈고리(hook)를 설치해야 한다.

③ 철근 프리패브[prefab(prefabrication), 先組立] 공법

공사현장은 대부분 자재 야적이나 가공·조립을 위한 여유 공간이 부족하다. 시공성 및 공사품질 향상 목적으로 BIM 활용도 증가하고 있어서, 공장에서 철근을 기둥·보·바닥·벽 등 부위별로 미리 절단, 가공, 조립하여 두고, 현장에서는 조립·설치만 할 수 있는 프리패브 공법이 많이 적용되고 있다. 이 공법은 현장부지와 관계없이 공기 단축, 작업환경 개선, 안전성 증대가 가능하여 시공의 효율화 및 건설산업의 공장 생산화에 적합하다고 할 수 있다.

- 철근 기능인력 투입 감소로 성력화(省力化, skilled labor saving) 가능
- 기능공 의존도가 높은 철근 공사의 수작업 비율 경감
- 복잡하게 설계된 철근이라도 쉽게 조립 가능

---

25) 이형봉강의 표준길이는 보통 3.5, 4.0, 4.5, 5.0, 6.0, 6.5, 7.0, 8.0, 9.0, 10.0, 11.0, 12.0m이다.

- 각층 부재의 연속적인 콘크리트 타설 가능
- 공장생산의 정밀성으로 2~3%에 달하는 자투리 철근(leftover pieces of reinforcing bar, scrap of re-bar) 발생 최소화

🔍 고수 POINT   철근 프리패브 공법

- 접합부 강도 확보 및 이음길이 준수
- 설계 시 평면의 단순화를 통해 공사기간 단축 고려
- 기둥, 벽체 등 수직 부위 선조립 철근 설치 시 수직도 확보
- 비교적 중량물을 양중하여 조립하므로 조립 철근의 낙하, 전도에 유의
- 선조립 철근은 대부분 조밀하게 형성되어 있어서 유동성이 큰 콘크리트가 타설되므로, 콘크리트 재료가 분리되지 않도록 철저한 관리 필요
- 조립 시 결속 부위에 대한 철저한 확인 필요
- 운반 및 양중 시 선조립 철근의 변형에 유의

---

3) 철근이 이음

규격화되어 공장에서 생산되는 표준길이의 철근을 건설현장의 필요에 의거하여 이어붙여 길이를 늘이는 것이다. 구조적인 관점에서 이음은 권장되지 않으며 잇지 않은 철근보다 안전성도 떨어지기 때문에 설계도서에 규정하거나 구조기술자가 승인하는 경우에만 실시할 수 있다. 철근의 길이가 모자란다고 단순히 임의로 이음해서는 안 된다[26].

① 겹침 이음

이어 댈 철근 2개를 겹친 상태에서 철사(보통 18~20번 철선 사용)로 묶어 서로 떨어지지 않도록 하는 방법으로 콘크리트를 쳐서 경화되면 철근과 콘크리트의 부착력으로 힘을 전달한다. 국내의 철근공사에서 가장 많이 사용되는 이음방법으로 철근에 대한 콘크리트의 부착강도가 큰 점이 겹침이음을 가능하게 하며, 콘크리트를 부어서 굳어야 비로소 '이음'의 역할을 하게 된다.

---

26) 철근의 이음은 인장응력이 작은 곳에 그리고 한곳에 집중되지 않고 이음부위가 분산되도록 하여야 한다.

② 기계식 이음

기계식 이음이란 2개의 철근을 연결할 때 철근강도 이상의 장치(도구 등)를 사용하는 것으로, 철근과 콘크리트의 부착강도와 관계없이 인장력에 저항할 수 있도록 하는 것을 말한다. 기계식 이음은 겹침 이음이 가지는 구조적 결함문제를 해소할 수 있다. 기계식 이음은 기계적 장치인 커플러 등으로 철근을 연결하는 방법으로 나사식, 슬리브 압착방식, 슬리브 충전방식 등으로 구분할 수 있고, 또한 현장 체결용 커플러, 용접형 커플러로 구분할 수도 있다. 용접이나 압접과 달리 열을 가하지는 않는다.

• 나사식 이음 : 이형철근의 마디가 나사 형상이 되도록 압연 처리한 철근을 암나사로 가공된 커플러를 이용하여 접합하는 방식으로, 철근 양단이 자유단일 경우 적용한다.

• 단부 나사식 이음 : 이형철근의 단부를 나사 형태로 만들어, 암나사로 가공한 커플러를 이용하여 접합하는 것으로 가장 경제적이고 편리하다.

• 강관(sleeve) 압착 이음 : 맞댄 철근의 단부에 강관을 덧씌운 다음 유압잭으로 압착하여 이형철근의 마디 사이에 강관이 파고들게 하는 접합 방식으로, 겹침 이음이나 압접이 어려운 부위에 적용한다.

• 충전 이음 : 맞댄 철근의 단부에 강관을 덧씌운 다음 강관의 틈 사이로 이음 재료를 충전(grouting)하여 접합하는 것으로, 주로 PC 부재에 적용한다.

• 편체식 이음 : 철근의 마디에 걸리는 편체를 이용하는 방식으로, 이미 시공한 철근의 겹침 이음이 불가능한 곳에 적용한다. 수직으로 긴 철근의 이음 시에는 시공성이 저하될 수 있다.

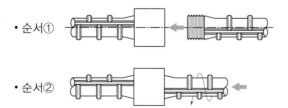

• 기   둥 : 나사선식 커플러
• 보(슬러리월) : 현장체결용 커플러

시공방법 : 철근을 회전시킬 수 있는 경우

• 순서①

• 순서②

타설시 보호 필름 보양

[그림 4-45] 기계식 철근 이음에 사용되는 커플러

고수 POINT   **철근공사 시공 시 주요 관리 항목**

- 철근 가공도 작성 : 골조공사 계약에 포함하여 발주하는 것이 바람직하며 철근 가공도를 작성
하면 철근의 배치와 수량을 정확하게 파악할 수 있으며, 공사의 효율성을 높일 수 있다.
- 철근 납품 : 철근 대리점과 직접 계약하는 것이 바람직하며 철근의 품질을 보장받을 수
있으며, 가격 협상도 유리하게 할 수 있다.
- 철근 가공 작업 : 철근의 절단, 구부리기 및 패킹 등의 작업이 포함되며 규격과 강도, 표면
상태 등을 육안으로 검사하고 확인해야 한다.
- 나사이음 가공장 : 커플러 설치가 가능한 상온 스웨이징 전조 방식의 가공장을 선정하고
철근 가공을 포함한 발주가 유리하며 운반비가 이중으로 투입되는 것을 방지할 수 있다.
- 나사이음 가공장과 철근 가공장의 이원화 : 대부분의 사례에서 관리되고 있지만, 장기적
으로는 발주 단계부터 나사이음이 가능한 철근 가공장을 확보하는 것이 유리하고 이를
통해 공사의 효율성을 높일 수 있다.

③ 압접 이음, 용접

㉮ 가스압접

가스압접은 철근의 단면을 산소, 아세틸렌 불꽃을 이용하여 가열하고 기계적
압력을 가하여 용접하는 맞댐이음 방식이다. 철근의 접합면을 직각으로 절단하
여 줄로 연마한 후 서로 맞대고, 30MPa 정도의 압력을 가하면서 맞댄 부위
를 산소·아세틸렌 가스(oxygen, acetylene gas)의 중성염으로 가열하면
1,200~1,300℃ 온도에서 접합부가 부풀어 오르면서 접합된다. 19mm 이상
의 굵은 철근은 압접 방식으로 이음하는 것이 겹친 이음보다 경제적이고, 콘크
리트 타설도 용이하다. 가스압접은 모재 철근의 항복 강도에 따라 인장 강도
기준이 달라진다. 가스압접은 열을 가하기 때문에 품질관리가 까다로워 숙련
공에 의한 작업이 요구되며, 기온이나 강우 등 날씨의 영향을 받으며, 안전
사고나 화재 발생 위험이 상대적으로 높은 작업이다[27].

㉯ 아크 용접

아크 용접은 전기로 용접봉을 녹여 철근에 용착시킴으로써 다른 철근과 일
체화되도록 하는 이음 방법이다. 용접 전원 공급장치를 사용하여 용접봉과
철근 사이에 아크를 생성하여 접점에서 금속을 녹이는 용접 유형이다. 아크
용접기는 직류(DC) 또는 교류(AC) 방식이 있고, 소모성 또는 비소모성 전극
을 사용할 수 있다.

---

27) 강우, 4m/sec 이상의 강풍, 0℃ 이하에서는 가스압접을 금지한다.

> **Q 고수 POINT   압접**
>
> • 압접부는 구부림 가공을 금지한다.
> • 가스압접에 필요한 산소 및 아세틸렌 가스(가스통)를 보관할 때는 고압가스 취급에 관한
>   법률을 준수하여야 한다. 현장 보관에 관한 법규 위반 시 시청, 구청 등 인허가기관의
>   고발로 경찰조사 등을 통하여 처벌받는 경우가 빈번하게 발생하므로 유의한다.
> • 가스통 보관 기준 : 하나의 장소에 7개 이상의 보관을 금지한다. 7개 이상일 경우는 6개
>   이하가 되도록 나누어 30m 이상 떨어진 장소에 보관하여야 한다.

④ 철근의 이음 위치

철근의 이음은 부재에 발생하는 인장 응력이 작은 곳에 형성되도록 계획하여야
한다. 철근 온 장이 받는 힘보다는 이음 부위에서 받는 힘이 더 적기 때문이다.
• 기둥 : 해당 층 Slab Level에서 500mm 이상 3/4H 이내 부위로, 기둥의 중간
  높이 부위
• 보 : 인장응력이나 휨모멘트가 최소인 곳으로 보의 상부주근은 중앙부, 하부
  주근은 단부
• 지중보 : 수압을 받는 지중보의 하부근은 중앙, 수압을 받지 않는 지중보의
  상부근은 중앙부위
• 슬래브 : 슬래브 하부근은 중앙부

4) 철근의 정착

철근이 힘을 받을 때 콘크리트로부터 뽑힘, 미끄러짐 등의 변형에 저항할 수 있도록
콘크리트 부재에 묻는 것(anchoring)을 의미한다. 정착길이는 위험 단면에서 철근
의 설계기준 항복강도를 발휘하는 데 필요한 길이에 대한 기준이다. 철근콘크리트
구조물에서 철근을 당겼을 때 콘크리트에서 빠지지 않고 버틸 수 있는 길이 이상
으로 콘크리트에 묻혀 있어야 하는데, 그 길이가 정착길이이다. 철근에 작용하는
인장력 또는 압축력이 철근콘크리트 부재 단면의 양측에서 발휘될 수 있도록 묻힘
길이, 갈고리, 기계적 정착 또는 이들의 조합으로 철근을 정착하여야 하며, 철근을
짧게 넣으면 쉽게 빠질 수 있는 문제가 있고 너무 깊게 넣으면 비용이 증가하기
때문에 「콘크리트 구조 정착 및 이음설계기준」(KD S 14 20 52 : 2022)에 의거하
여 기본 정착길이를 산정하여 공사하여야 한다.

① 정착길이

철근의 정착길이란 철근에 작용하는 인장응력을 콘크리트에 충분히 전달하는 데 필요한 매입 길이로, 철근이 힘을 받을 때 콘크리트에서 빠져나오지 않을 최소한의 묻힘 길이이다. 정착길이는 철근의 강도, 직경, 콘크리트의 강도, 일반 철근, 상부 철근 등으로 구분되어 정착설계기준이나 표준시방서 등에 명기되어 있다. 철근의 직경과 항복강도가 크면 기본 정착길이도 커지고, 콘크리트 설계기준 압축강도가 크면 기본 정착길이는 작아진다. 인장력을 받는 이형철근의 정착길이는 최소한 300mm 이상이어야 하며, 압축력을 받는 이형철근의 정착길이는 최소 200mm 이상이어야 한다. 표준갈고리를 갖는 인장 이형철근의 정착길이는 최소 8db 이상 또는 150mm 이상이어야 한다. 철근의 정착길이는 부재나 응력, 설계자의 해석방법, 철근량 등에 따라 달라질 수 있으므로 공사 진행 과정에서 철근의 정착길이 등에 관한 문제가 발생할 경우 전문 기술자(구조기술사 등)의 구조적 검토를 통하여 확인하여야 한다.

② 정착 위치

부위별 정착 위치는 다음과 같다.
- 기둥의 주근은 기초 또는 바닥판에 정착
- 큰 보의 주근은 기둥에, 작은 보의 주근은 큰 보에 정착
- 보 밑에 기둥이 없을 때는 보 상호 간에 정착
- 벽 철근은 기둥, 보, 기초 또는 바닥판에 정착
- 바닥 철근은 보 및 벽체에 정착
- 지중 보의 주근은 기둥 또는 기초에 정착

5) 철근의 피복두께

철근의 피복두께는 철근 표면에서 이를 감싸고 있는 콘크리트 표면까지의 두께를 말한다. 철근을 보호할 목적으로 콘크리트로 철근을 감싼 두께를 의미하며 철근의 최외단 표면에서 콘크리트 표면까지의 최단거리이다. 철근의 부식 방지, 내화성 확보, 콘크리트와 부착력 확보를 위해 적정 피복두께를 유지해야 하며, 구조체의 내구성과 직결되므로 콘크리트 타설 전 철근 배근 및 피복두께에 대한 철저한 검사가 요구된다. 다음은 현장 타설 콘크리트의 부위별 최소 피복두께 기준이다[28].

---

28) 건축구조기준(KBC 2016), 건축공사표준시방서 참조

① 수중에서 타설하는 콘크리트 : 100mm

② 영구히 흙에 묻혀 있는 콘크리트 : 80mm

③ 흙에 접하거나 공기에 직접 노출되는 콘크리트 : D29 이상 철근 60mm, D25 이하 철근 50mm, D16 이하 철근 40mm

④ 옥외의 공기나 흙에 직접 접하지 않는 콘크리트로 슬래브, 벽체, 장선의 경우 D35 초과 철근은 40mm, D35 이하 철근은 20mm, 보나 기둥의 경우 40mm, 쉘 및 절판 부재의 경우 20mm

⑤ 철근 피복두께 유지 관리 : 스페이서 및 결속선 사용

고수 POINT 철근 배근 검측

- 건설사업관리기술인이나 감리원과 검측할 항목을 사전에 결정한 후 검측한다.
- 배근 검측 전 해당 부위 출도 및 검측 리스트 감리단에 검측 요청서를 제출한다.
- 설계도면과 공사현장 배근 작업의 일치 여부를 확인하고, 사진, 동영상 등으로 촬영하여 보관한다.

[표 4-21] 철근 피복두께

Column	부재별 피복 유지계획			Wall
원형 Spacer	부위	규격	피복두께	원형 Spacer
	기초		100	
	지하층 외벽	D29 이상	60	
		D25 이하	50	
		D16 이하	40	
	슬래브 벽체	D35 초과	40	
		D35 이하	20	
	보·기둥		40	

구분	Bar Spacer	콘크리트·플라스틱
장점	• 상부 피복관리 용이	• 생산성 향상 (상하부 동시 작업) • 자재비 절감 • 작업시간 단축
단점	• 자재원가 상승 (주문생산) • 공기지연 • 생산성 저하 (하부)	• 상부철근 별도 피복 관리 요함

Footing

Slab

6) 철근 배근

① 철근 가공조립 계통도

> **Q 고수 POINT** **철근 현장반입 시 조사·확인 사항**
>
> • 철근 하역 및 보관 주체 구분 및 관리 : 공사현장에 철근을 하역하고 야적하는 업무는 원청사가 담당하고, 현장 내 이동 및 작업장 간 소운반 비용은 협력업체가 부담하는 것으로 명확하게 구분하여 철저하게 관리한다.
> - 야적 장소로서 슬래브는 피해야 하지만, 불가피하게 슬래브에 야적할 경우 구조적 안전성을 검토하여 적정 위치에 분산 야적한다.
> • 철근 야적 후 소요 층이나 위치에 양중하는 업무는 협력업체가 담당하고, 철근을 작업현장에 이동 시 후속작업공정에 지장을 주지 않는 장소를 선정 배치한다.
> - 철근 작업자의 동선을 고려하여 야적하고 원활한 동선을 확보할 수 있도록 조치가 필요하다.

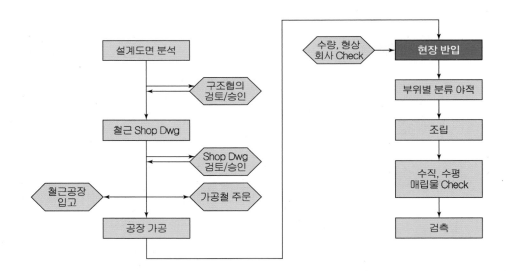

[그림 4-46] 철근의 가공·조립 흐름도

② 철근 공장 가공 업무 흐름도

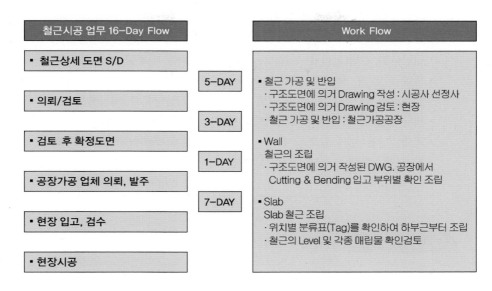

[그림 4-47] 철근의 공장 가공 흐름도

③ 철근 시공 흐름도

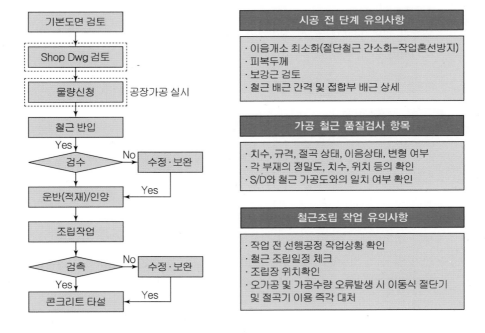

[그림 4-48] 철근공사 흐름도

④ 철근 야적 및 양중

철근 야적 시 관리 Point	철근 양중 시 관리 Point

• 시공부위 선별(꼬리표 부착되어 입고)
• 현장 반입 후 부위별, 타입별 야적
• 납품확인서, 물량 체크 및 선별 작업
• 비닐을 깔고 지면에서 10cm 띄워 야적
• 최대 7단을 넘지 않도록 적재
• 장소 협소하므로 선별 후 즉시 양중
	• 지게차 이용 T/C 인양 위치 소운반
	• 자재 인양함 이용(예비용 여유 입고)
	• 장대 철근은 2점 지지로 인양 실시
	• 인양 시 신호수 배치
	• T/C 가동 기준 준수
	  – 0~7m/sec : 정상 작업 가능
	  – 8~9m/sec : 고소작업 중지
	  – 10m/sec 이상 : 중단 및 고정 점검

고수 POINT　철근공사 진행절차

• 철근 상세도는 Shop Drawing 업체를 선정하여 작성. 철근공사 발주 시 내역에 포함하여 추진한다.
• 상세도 작성 기간을 고려하여 본격적인 철근공사 수행을 위한 모든 사전 준비작업을 완료하여야 한다.
• 상세도작성, 가공공장 진행상태를 주기적으로 모니터링하여 적기 납품에 이상이 없는지 확인한다.
• 철근의 현장 입고 검수 시 감리단이 함께 확인할 수 있도록 사전에 일정 및 시간을 협의 조정해야 한다.

고수 POINT　철근 배근 시 고려사항

• 기둥 주근에는 폼 타이 위치를 확인하고 띠철근(hoop, 帶筋)과 폼 타이가 만나지 않도록 한다.
• 결속선은 0.8mm 이상으로 하며, 안쪽으로 구부려 넣는다.
• 주근의 교차부는 전부 결속한다.
• 철근 이음부에서 주근이 3개소, 그 밖에는 2개소 이상 결속한다.
• 전기 및 설비 Sleeve Box 주변의 보강근은 반드시 확인·점검하여야 한다.
• 지하층(층고＝5.2m 이상) 옹벽 조립 시에는 BT 비계 2단 설치 사용, 조립 크레인 인양 병행
• 철근 결속 : 기초 100%, 옹벽, slab 50% 지그재그 결속(감리단 협의사항)

7) 무량(無梁)판 구조 전단 보강근

① 개요

무량판 구조는 보가 없이 슬래브가 기둥에 바로 연결되는 형태로 평판 바닥구조 또는 플랫(flat) 슬래브 구조라고도 하며, 플랫 슬래브 구조와 플랫 플레이트 슬래브(flat plate slab) 구조로 구분된다. 플랫 슬래브 구조는 슬래브를 지지하는 기둥 주위에 지판(drop panel)이나 주두(柱頭, column capital)를 설치한 것이고, 지판과 주두가 없는 것을 플랫 플레이트 슬래브 구조라고 한다. 슬래브가 보 역할도 하기에 상대적으로 슬래브 두께가 두껍다.

2010년대 이후 평면의 가변성이 크고 공기 단축도 가능해서 주거용 건축물에도 플랫 슬래브 구조의 사용이 늘고 있다. 그러나 라멘 구조에 비해 스팬이 짧아 기둥 개수가 늘어나고, 벽식 구조와 달리 실내에 굵은 기둥이 있어 불편하고 내력벽이 없거나 작아 벽간소음이 발생할 수 있다. 보가 없어서 수평하중에 취약한 편이고 누진파괴(progressive collapse, 연쇄붕괴)될 가능성도 높기 때문에 지진 발생이 잦은 일본 등지에서는 거의 사용되지 않는 구조이다. 한국에서도 순수한 무량판 구조의 사용은 드문 편이며, 전단벽으로 보강하여 지진하중에 대응한다. 무량판 구조는 보가 없기 때문에 필연적으로 기둥 주위의 슬래브를 구멍 내거나 절단하려는 힘(전단력)이 크게 작용하므로 기둥 주변 슬래브 접합부를 보강해 주어야 한다. 이곳 연결부위를 제대로 보강하지 않아 펀칭전단(punching shear, 뚫림전단) 현상이 일어나면 상층부로부터 떨어진 슬래브가 아래층까지 줄줄이 떨어져 내려오는 연쇄 붕괴의 위험성이 존재한다. 삼풍백화점 붕괴사고가 바로 이렇게 무너진 대표적인 사례이다. 2023년의 검단신도시 아파트 건설 현장 붕괴사고 또한 지하주차장이라 단층이었지만 펀칭 전단이 발생했었다.

무량판 구조는 설계와 시공이 비교적 까다롭고 시공할 때도 유의할 점이 많다. 무량판 구조는 라멘 구조와는 달리 보가 없기 때문에 벽식 구조와 마찬가지로 층간소음에 취약하다. 플랫 슬래브 구조의 층간소음 문제를 완화하기 위해 정부는 표준바닥구조의 플랫 슬래브 구조의 슬래브 두께를 벽식 구조와 동일하게 210mm 이상으로 규정하였다. 2004년 입주한 아이파크 삼성아파트도 순수한 무량판 구조인데, 2013년 헬기 충돌사고가 났음에도 구조적 안전성에 문제가 없이 건재한 것으로 미루어 설계와 시공이 제대로 이루어진 무량판 구조는 붕괴에 취약하지 않다고 볼 수 있다.

② 무량판 구조의 철근 배근 요령

㉮ 기둥 주변에 작용하는 2방향 전단력을 부담하는 전단보강철근을 철근 배근 상세도(Shop Drawing)에 따라서 배근한다.

㉯ 무량판 구조의 슬래브 철근 배근 품질관리

- 스페이서 간격 불량, 철근 결속 상태 불량, 설비작업으로 인한 스페이서 간격 미확보 등의 원인으로 슬래브가 붕괴할 수 있으므로 상부근과 하부근 사이의 간격을 정확하게 유지하여야 한다.
- 스페이서 간격은 900×1,200mm 이내로 하고, 반드시 전수 검사하여 적정 간격을 확보하였는지 확인한다.
- 결속선은 50% 이상 검사한다.
- 설비배관 공사 후 스페이서를 전수 검사한다.
- 슬래브 두께에 적합한 스페이서를 사용해야 한다. 슬래브 두께가 250mm 이내 는 네발형, 250mm를 초과하는 경우는 받침 철근을 사용한다.

㉰ 전단 보강근 설계 및 적용이 부실하거나 주두부 철근 조립 관리 부실/미흡으로 발생하는 기둥부 펀칭(punching) 전단 파괴에 특히 유의하여야 한다.

- 기둥 상부 2개소 이상 주철근 배근 확인(구조도면 명기)한다.
- 작업성을 고려한 전단보강 설계 및 작업상태를 전수 검사해야 한다.

③ 상하부 철근 스페이서 유형

㉮ 상부 철근 스페이서

구 분	네발형	사다리형	두발형	받침철근
사 진				
높이비(h/W)	약 1.16	약 1.68	약 1.5	접지면 확보
경제성	○	◎	○	△
적용기준	◎ (두께 250㎜ 이내)	△	△	○ (두께 250㎜ 초과)

316

㉯ 하부 철근 스페이서

구 분	십자형	네발형	사다리형	콘크리트
형 상				
높이비(h/W)	약 1.0	약 1.0	약 1.33	약 2.17
경제성	○	△	○	△
적용기준	◎	◎	△	△

④ 무량판 구조의 전단보강철근 배근 사례

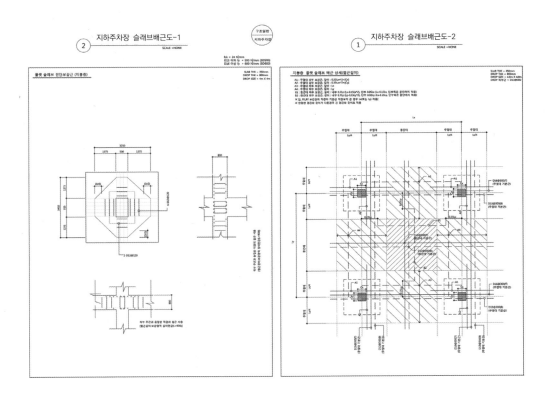

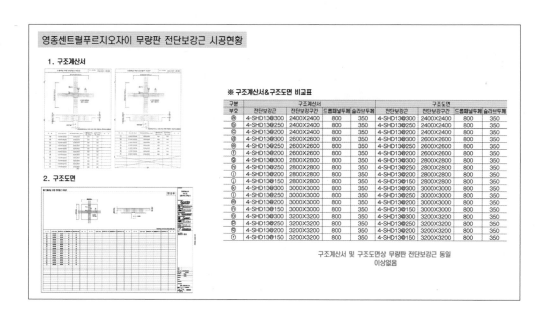

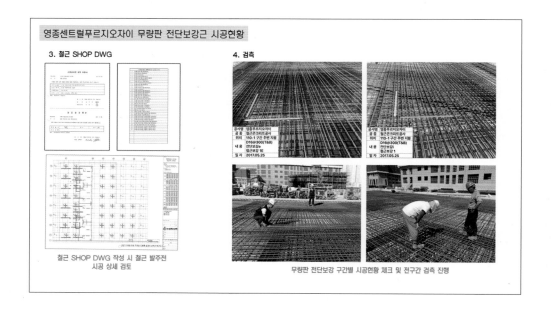

[그림 4-49] 전단보강철근 배근 사례

Q 고수 POINT | **무량판 구조 슬래브 전단보강근**

1. 설계 부분

- 구조계산서에 전단 보강근을 설치하도록 작성되었는지 확인한다.
- 구조도면이 구조계산서에 따라서 바르게 작성되었는지 검토·확인한다.

2. 시공 부분

- 배근 상세도(shop drawing)에 전단보강근이 바르게 설계되었는지 확인한다.
- 시공 과정에서 전단보강근이 정확하게 설치되었는지 확인한다.
- 지하주차장의 경우 조경공사 등의 하중에 대한 구조검토가 시행되었는지 확인한다.
- 콘크리트 강도는 요구 강도에 적합한지 확인한다.

3. 감리 부분

- 설계도서 및 배근상세도에 전단 보강근이 포함되었는지 반드시 확인한다.
- 전단보강근 배근에 대한 검측이 정확하게 이루어졌는지 확인한다.

4. 발주 부분

- 설계도서 검토 및 승인이 제대로 이루어졌는지 확인한다.
- 품질관리계획서 검토 및 승인 과정이 적정한지 확인한다.

⑷ 콘크리트 공사

1) 콘크리트의 재료

콘크리트 생산에 필요한 재료에는 시멘트, 골재(굵은 골재, 잔골재), 물, 혼화재료 (혼화재, 혼화제) 등이 있다. 콘크리트의 품질은 구성 재료의 영향을 많이 받기 때문에 재료의 품질이 좋아야 한다.

① 시멘트

시멘트는 콘크리트의 수화작용 및 경화에 도움을 주며 콘크리트 내의 수분 누출을 방지하고 구조부재의 치수대로 정확한 형상 및 피복두께를 유지하도록 돕는다. 콘크리트는 보통 공장(concrete batch plant)에서 생산되고 현장으로 운반되어 현장에서 완제품으로 만들어진다. 이 과정에서 소요 강도, 내구성, 균일성, 수밀성, 작업성 등을 만족하는 범위 내에서 콘크리트를 경제적으로 만들 수 있도록 시멘트의 양과 배합을 결정하는 것이 중요하다.

㉮ 포틀랜드(portland) 시멘트

시멘트의 4대 성분인 석회석(CaO, CaCO 등), 실리카(SiO_2), 알루미나(Al_2O_3), 산화철(Fe_2O_3) 등과 미량의 MgO, SO_3 등을 함유하는 원료를 적당한 비율로 혼합하여 가열·소성시킨 클링커(clinker)에 석고를 첨가(3~5%)해 미세한 분말로 만든 것이다. 오늘날 흔히 사용되고 있는 시멘트이며, 콘크리트, 모르타르, 스투코(stucco)와 그라우트 등의 재료로 널리 쓰이고 있다.

- 1종 보통 포틀랜드 시멘트 : 건축공사나 토목공사에 가장 일반적으로 널리 사용되는 시멘트로 비중은 3.05 이상이다.

- 2종 중용열 포틀랜드 시멘트 : 시멘트는 성분 중에서 $SiO_2 \cdot Fe_2O_3$ 등을 많게 하면 1종 포틀랜드 시멘트보다 수화열이 낮게 되어 균열제어가 가능하게 되므로 매스 콘크리트는 물론 콘크리트 도로포장 등에 사용된다. 초기 수화 시 저발열로 인하여 투수저항성이 크고 낮은 C_3S, C_3A 함유량으로 화학저항성도 크다. 단기강도는 낮지만 장기강도가 우수하며 수화열이 전 양생기간에 걸쳐 완만하게 발생하는 특징이 있다. 도로포장용 콘크리트, 교량, 옹벽, 댐 공사 등 매스 콘크리트에 많이 사용된다.

- 3종 조강 포틀랜드 시멘트 : 1일 압축강도가 10MPa 이상, 3일 압축강도가 20MPa 이상 조기(早期)에 발현되는 시멘트로, 보통 포틀랜드 시멘트의 3일 강도가 하루(1일)에 발현될 정도로 빠르게 반응하는 특성을 가진다. 초기강도가 뛰어나며, 저온에서 강도 발현성도 우수하고 콘크리트의 수밀성이 높아 화학 저항성, 동결융해 저항성이 우수하여 고강도 제품의 제조나 한중공사 또는 긴급공사에 사용된다.

- 4종 저열 시멘트 : 1종 시멘트보다 수화열이 낮도록 제조된 시멘트이며 석회량과 알루미나량을 줄여서 제조한다. KS L 5201의 4종 (저열)포틀랜드 시멘트의 규격을 만족하는 시멘트로서 벨라이트(C_2S) 함유량을 1종 시멘트의 2배 이상 증가시켜 흔히 벨라이트 시멘트라고도 한다. 수화열이 매우 작게 발생하여 건조수축이 적고 장기강도가 우수하며 내구성이 좋아 대형 콘크리트 구조물에 사용된다.

- 5종 내황산염 시멘트 : 화학적 저항성이 약한 알루미네이트(C_3A) 사용량을 줄인 시멘트이다. 강도 발현이 늦고 수화열도 낮아 저열시멘트와 비슷한 성질을 보인다. 황산염에 대한 저항성이 크고 내해수성 및 장기강도가 우수하다. 하수시설, 배수시설, 해양구조물, 황산염을 많이 함유한 토양이나 지하수에 닿는 곳에 주로 사용된다.

㉯ 혼합시멘트

- 고로슬래그 시멘트 : 보통 포틀랜드 시멘트에 제철 제조 공정의 부산물인 고로 슬래그 미분말을 균일하게 혼합하여 제조하거나 보통 포틀랜드 시멘트 클링 커와 고로슬래그 및 석고를 혼합 분쇄하여 제조한 시멘트이다. 초기강도는 낮지만 장기강도가 뛰어나고 수화열이 낮아 콘크리트의 균열 방지에 유리 하다.

- 플라이애시(fly ash) 시멘트 : 플라이애시는 화력발전소의 보일러에서 1,400℃ 정도의 고온 연소과정으로 배출되는 폐가스 중에 포함된 미분탄 먼지를 집진 기로 회수한 인공 포졸란(pozzolan)이다. 보통 포틀랜드 시멘트에 플라이애시 를 혼합한 것으로, 플라이애시 함유량에 따라 1종(5% 초과 10% 이하), 2종 (10% 초과 20% 이하), 3종(20% 초과 30% 이하)으로 구분된다. 플라이애시 (fly ash) 시멘트로 제조한 콘크리트는 워커빌리티가 커서 유동성이 개선되 고 수밀성도 좋으며 수화열과 건조수축이 작다. 화학적 저항성이 크며, 초기 강도는 작지만 장기강도가 크고, 알칼리 골재 반응을 억제하는 기능을 한다.

- 포틀랜드 포졸란 시멘트 : 포졸란이란 그 자체로는 수경성이 없지만, 물에 용해된 수산화칼슘과 상온에서 천천히 반응하여 물에 녹지 않는 화합물을 만들 수 있는 실리카질의 미분말 재료를 말한다. 초기강도는 다소 작지만 장기강도가 큰 특성을 가진다. 보통 포틀랜드 시멘트와 달리 마감 표면이 고와 치장을 겸한 재료로 사용 가능하며, 알루민산 칼슘을 주성분으로 하는 조강 성이 큰 시멘트로서 긴급공사용으로 사용되기도 한다.

㉰ 특수시멘트

- 알루미나 시멘트 : 주성분이 Calcium Aluminate로 이루어진 재료로 1,400 ~1,800℃가량의 높은 온도에서도 견딜 수 있는 무기 결합재이다. 조강성이 뛰어나 양생 하루 만에 탈형이 가능하다. 고온 환경에서 필요한 산업 분야에 서 널리 사용되지만, 생산 비용이 상대적으로 높다.

- 초속경 시멘트 : 보통 포틀랜드 시멘트에 보크 사이트, 형석, 무수석고 등을 혼합한 시멘트로 재령 2~3시간 만에 20~30MPa의 강도를 발현한다. 재령 4시간에 보통 포틀랜드 시멘트의 7일 강도에 해당하는 압축강도를 발현하며 저온에서 강도 발현도 우수하여 긴급보수 공사 등에 활용된다.

- 팽창 시멘트 : 굳을 때 건조수축량 이상으로 팽창하므로 균열을 방지하는 효과를 가진 시멘트로서 건조수축과 균열을 제어할 목적으로 사용된다. 석회석, 석고, 보크사이트의 혼합물을 소성한 칼슘 클링커는 팽창성이 있어서 이를 분쇄하여 포틀랜드 시멘트에 혼합한 재료로 저수 탱크, 지붕 슬래브, 지하 벽체의 방수나 이음 없는 포장판 등에 사용된다.
- 백색 포틀랜드 시멘트 : 일반 포틀랜드 시멘트의 특징인 경화성을 그대로 지니면서 유색 성분인 철분의 함량을 미량으로 낮춰서 철분으로 인한 흑회색을 제거하여 백색을 띠게 하는 시멘트이다. 내외장 마감재뿐만 아니라 건축의 미관을 높이기 위한 2차 제품에 널리 사용된다. 물, 동결 등의 피해에 대한 내구성 및 내마모성이 우수하며, 타일의 줄눈, 테라조 공사 등에 사용된다.

🍭 고수 POINT   콘크리트 재료

1. 종합 시공계획서, 철근콘크리트 공사 시공계획서, 콘크리트 타설계획서, 일일 타설계획서를 사전에 작성하여 감리단의 승인을 받은 후 작업을 진행하여야 한다.
- 서중(暑中) 콘크리트 타설 계획서를 작성하여 감리단에 제출하고 승인을 받아야 한다. 또한 적정 배합설계를 내외부 전문기관(재료품질시험소, 기술연구소 등)에 의뢰한다.
- 10월 한중(寒中) 콘크리트 타설 계획서를 작성하여 감리단에 제출하여 승인을 받고, 배합설계를 전문기관에 의뢰하며 시험 배합을 실시하고 강도시험 등을 통하여 확인한다.

2. 콘크리트 타설계획서에 포함해야 할 핵심사항
- 한중, 서중, 수중 콘크리트 타설 계획서
- 각 콘크리트별 배합설계, 시험배합, 레미콘 공장 방문 목적 및 시기
- 조골재 및 세골재 관리기준에 따라 레미콘 공장 야적장에 골재 보관상태 및 건조상태를 정기적으로 점검하여야 한다.

② 골재

시멘트, 플라이애시 등의 결합재에 의해 일체가 될 수 있는 모래, 자갈, 순환
골재 등의 광물질 재료로서, 굳기 전에는 콘크리트의 작업성, 굳은 후에는 콘크
리트의 강도, 내구성, 수밀성 등에 영향을 미친다.

㉮ 잔골재

10mm 체를 전부 통과하고 5mm 체는 85% 이상 통과하며, 0.08mm 체에는
거의 다 남는 입도의 골재를 말한다. 부순 잔골재와 부순 잔골재 이외의 잔
골재 2가지로 나뉜다. 잔골재율이란 콘크리트의 전체 골재 용적 중에서 잔
골재가 차지하는 절대 용적 백분율(S/a)을 말하며, 콘크리트의 워커빌리티,
강도, 내구성 및 경제성에 큰 영향을 미친다. 잔골재율을 적게 하면 단위수량
이 감소하여 콘크리트 강도가 증가하지만, 잔골재율이 과소하면 굵은 골재가
많아져 콘크리트가 거칠어지고 재료 분리가 발생할 수 있다. 양호한 콘크리
트 품질을 확보하기 위해서는 적정 잔골재율로 배합하여야 하며, 이는 시험
배합으로 결정한다. 콘크리트 펌프 시공의 경우, 펌프의 성능, 배관, 압송
거리 등에 따라 잔골재율을 다르게 하며, 적절한 혼화재를 사용하여 시험에
의하여 적정 잔골재율로 배합하여야 한다.

㉯ 굵은 골재

10mm 체를 전부 통과하지 못하고 5mm 체를 85% 이상 통과하는 골재이다.
잔골재와 굵은 골재로 구분할 수 있으며, 굵은 골재의 경우 대부분 부순 골재
가 사용된다. 굵은 골재는 KSF 2526의 규정에 적합한 것이어야 하며 깨끗
하고, 강하고, 내구적이며, 알맞은 입도이어야 한다. 얇은 석편(石片), 가느
다란 석편, 유기불순물, 염화물 등의 유해물질을 함유하지 않아야 한다.

㉰ 경량골재

경량골재를 사용한 콘크리트는 건물 자중을 경감할 수 있으며, 콘크리트 운반
이나 부어넣기 노력이 경감된다. 경량골재는 열전도율이 낮고 방음효과, 내화성,
흡음성이 좋지만, 강도가 낮고, 건조수축이 크며, 시공이 어려운 단점이 있다.

• 경량골재 콘크리트는 요구하는 강도, 단위질량, 내구성, 수밀성, 강재를 보호
하는 성능, 작업에 적합한 워커빌리티 등을 가져야 하며, 이러한 품질은 사용
할 골재의 종류와 조합, 콘크리트 배합 등에 따라 달라지므로 품질변동이 적도
록 하여야 한다.[29] 경량골재 콘크리트의 종류에는 천연 경량골재 콘크리트,

---

29) 콘크리트용 골재 KS F 2527

팽창 슬래그 콘크리트 등이 있으며, 이들은 옥상의 방수, 누름 콘크리트 등 비구조용으로 주로 사용되지만 소규모 구조물에 사용되기도 한다. Perlite 콘크리트와 같은 초경량 콘크리트는 비구조용이며, 주로 단열, 내화, 흡음용으로 사용된다. 인공 경량골재 콘크리트의 강도는 보통 콘크리트와 같은 정도이므로 고층 빌딩이나 대규모 교량 등 일반 구조물에 사용된다.

㉣ 중량골재

보통골재보다 비중 및 강도가 높은 철광석, 중정석 및 자철석 등의 골재를 중량골재라고 말한다. 중량골재 콘크리트(heavy-weight concrete : HWC)는 방사선을 차폐할 목적으로 주로 사용하며 수밀성, 내구성 및 차폐성능이 우수하다. 중량골재 콘크리트는 건조수축이나 온도 응력에 의한 균열이 없어야 하며, 열전도율은 크고 열팽창률은 적어야 한다. 방사선 조사에 의한 유해물질 발생이 없어야 하며, 단위용적중량의 범위는 $2,500 \sim 6,000 \text{kg/m}^3$ 이다.

㉤ 천연골재

자연작용으로 만들어진 골재로서, 강모래, 강자갈, 바다 모래(海沙), 바다자갈, 육상모래, 육상자갈, 산모래, 산자갈 등이 있으며, 골재에 붙은 미립자를 제거하기 위하여 잘 씻은 후에 사용하여야 한다.

㉥ 인공골재

제철소 또는 제강소의 슬래그 폐기물, 팽창성 이판암(셰일, shale), 점토로 만들어진 경량골재나 중량 콘크리트 제조에 사용되는 제강 슬래그 등을 말하며, 원석을 부수어 만든 부순 골재도 인공 골재의 일종이다.

㉦ 골재의 요구성능

• 강도 : 가장 중요한 요구성능의 하나로 시멘트 페이스트 강도 이상이어야 한다.

• 비중 : 비중은 골재의 질량을 그 부피로 나눈 값으로, 비중이 클수록 골재는 더 견고하고 강하다. 굵은 골재는 비중이 $2.5 \sim 2.7$로 치밀하게 구조화되어 있음을 나타내며, 댐 콘크리트용 골재의 경우 보통 2.6 이상이고, 콘크리트용 부순 돌은 비중 2.5 이상, 흡수율은 3% 이하이어야 한다.

• 입도 : 입도는 골재의 크고 작은 입자가 혼합된 정도를 의미한다. 콘크리트의 작업성, 펌핑 성능 등을 향상하기 위해 표준 입도 범위 내의 골재를 사용해야 한다. 미세한 입자가 많으면 단위수량이 증가하고 작업성과 펌핑성이 나빠질 수 있다.

- 입형 : 골재의 입자 형상을 말하는데, 좋은 입형의 골재를 사용하면 실적률이 증가하고, 단위수량이 감소하며, 균열 발생이 감소될 수 있다. 입형이 좋으면 콘크리트의 유동성이나 충전성이 향상된다.
- 흡수율 : 골재의 흡수율은 절대건조 상태에서 표면건조 포화상태가 될 때까지 흡수하는 수량을 의미한다. 건조골재가 물에 접하면 흡수 현상이 처음에는 급하게, 나중에는 완만하게 진행되는데 인공 경량골재에서는 완전한 내부 포수 상태에 이르기까지 장시간이 걸린다. 골재의 흡수율은 입자의 빈틈에 포함된 수량으로 콘크리트 배합설계 계산 시 수량을 조정하기 위해 흡수량을 측정한다. 낮은 흡수율을 가진 경량골재는 높은 강도를 발현한다.
- 유해물 함유량 : 골재에 포함된 먼지, 개흙, 찰흙, 점토 덩어리, 운모, 석탄, 갈탄, 석편 등의 이물질, 부식토나 이탄 등의 유기 불순물 및 염류 등의 가용성 불순물은 콘크리트의 품질을 저하시키는 유해물질이다. 유해물질은 콘크리트의 강도, 내구성, 안정성 등을 해치므로 정해진 한도 이내가 포함되도록 관리하여야 한다.

③ 배합수

배합수는 콘크리트 용적의 약 15%를 차지하고 있는 기본 재료 중 하나로, 콘크리트의 유동성 확보 및 시멘트와 수화반응으로 경화를 촉진하는 역할을 한다. 적합한 배합수를 사용함으로써 굳지 않은 콘크리트의 작업성, 응결, 강도 발현 등에 나쁜 영향을 주지 않도록 하고 경화된 콘크리트에서 강재를 부식시키지 않도록 관리해야 한다. 배합수가 너무 많으면 콘크리트 내부에 공기 포켓이 형성되어 강도가 저하되고, 배합수가 부족하면 굳지 않은 콘크리트의 작업성이 저하될 수 있다.

④ 혼화제

재료가 가진 계면활성 기능으로 경화 전후의 콘크리트 성능을 개선[30]하거나 경제성 향상을 목적으로 사용하는 재료로, 사용량이 적어서 배합설계 시 포함하지 않는 것이 보통이다. AE(air entraining admixtures)제, 유동화제 (superplasticizers), 촉진제(accelerating admixtures) 등이 혼화제로 많이 사용된다.

---

30) 콘크리트의 시공연도(workability)와 내구성 향상, 블리딩 현상이나 수화열 발생 억제 등

⑤ 혼화재

사용량이 비교적 많아 그 자체의 부피를 배합 설계할 때 고려하고, 혼화제와 유사하게 콘크리트의 성능개선 및 경제성 향상을 목적으로 사용하며, 시멘트의 일정 부분을 대체하는 것이다. 플라이애시, 실리카 흄 등이 대표적인 혼화재이다.

2) 굳지 않은 콘크리트의 특성

① 시공연도(Workability)

시공연도는 굳지 않은 콘크리트의 성질로, 재료 분리 없이 운반, 타설, 다지기, 마무리 등의 작업이 쉽게 될 수 있는 정도를 나타낸다. 굳지 않은 콘크리트가 재료 분리 방지 및 밀실 타설을 위해 유동성이 필요하다는 것을 의미한다.

㉮ 컨시스턴시(consistency)

콘크리트의 컨시스턴시는 주로 물의 양(水量)에 따라 좌우되는 굳지 않은 (fresh) 콘크리트의 변형 또는 유동성의 정도를 의미한다. 컨시스턴시는 콘크리트를 붓고 다지고 마감하는 과정에서 재료가 분리되지 않게 하는 기능을 함으로써 콘크리트의 품질과 성능에 큰 영향을 미친다. 컨시스턴시는 물의 양에 따른 반죽 질기를 말하며 워커빌리티(Workability)를 나타내는 하나의 지표로 사용된다. 컨시스턴시는 일반적으로 슬럼프 시험에 의한 슬럼프값이나 플로(flow) 치로 표시한다.

㉯ 압송성능(pumpability)

콘크리트가 적절한 유동성과 강도를 유지하면서 펌프를 통해 원하는 위치로 이동하게 하는 능력으로, 콘크리트의 유동성과 점도가 압송성능에 큰 영향을 미친다. 높이별 최대 압송압력은 약 5% 정도씩 증가하는데, 이는 콘크리트를 높은 위치로 안전하게 이동하게 하기 위함이다. 시간당 토출량은 최소 25m^{3}를 유지하는 것이 공사 진행 속도를 유지하고, 시공 시간을 줄이는 데 매우 중요하다.

② 성형성(plasticity)

콘크리트가 원하는 형태로 만들어지는 능력으로 콘크리트의 유동성, 점도 및 안정성 등에 의해 결정된다. 콘크리트를 거푸집에 쉽게 다져 넣을 수 있고, 거푸집을 제거하면 형상이 천천히 변하기는 하지만 허물어지거나 재료가 분리되지 않는 프레시 콘크리트의 성질을 일컫는다.

㉮ 재료의 분리(segregation)

굳지 않은 콘크리트를 타설하는 중에 시멘트, 물, 굵은 골재, 잔골재 등이 분리되는 현상이나 굵은 골재가 국부적으로 집중되거나 콘크리트 윗면으로 수분이 모이는 현상을 말한다. 재료분리가 발생하면 콘크리트의 강도, 수밀성, 내구성 등이 저하되므로 배합설계, 운반, 타설, 다짐, 거푸집, 철근 배근 간격 등 철근콘크리트 공사 전 과정에서 재료가 분리되지 않도록 철저한 품질 관리가 필요하다. 다음은 재료분리를 최소화할 수 있는 방법이다.

• 시멘트량이 너무 적지 않도록 배합설계
• 골재의 입도 및 입형이 좋은 것을 사용
• 골재는 세립분이 적절하게 혼합된 것 사용
• AE제를 사용해서 단위수량이 적은 된비빔 콘크리트를 사용
• 적정한 W/C비와 Slump값 유지
• Cement Paste가 누출되지 않도록 거푸집은 수밀성 유지
• 분리를 일으킨 콘크리트는 타설하지 않음
• 거푸집 내에서 장거리 흘러내림은 금지

---

31) 작업개시 시간인 아침 7시 이전에 출근하여 본 작업을 시작하기 전 사전 작업을 실시하는 것을 의미하며, 연장작업 종류의 하나이다.

㉯ 블리딩(bleeding)

콘크리트 타설 후 비교적 무거운 골재나 시멘트는 침하하고 가벼운 물이나 미세한 물질(불순물)이 분리 상승하여 콘크리트 표면에 떠오르는 현상으로서 굳지 않은 콘크리트의 재료분리의 일종으로 침하균열의 원인이 될 수 있다. 블리딩 현상이 발생하면 철근 하단부에 수로가 형성되어 공극(수막)으로 인한 콘크리트의 부착력 저하, 침하균열 발생, 콘크리트 수밀성 저하, 흡수했던 물의 토출로 인한 Slump 저하, 수분 상승으로 인한 동해 발생, 블리딩 수 증발 후 건조수축 발생 등이 있다. 물시멘트비가 클수록, 반죽질기(consistency)가 클수록, 타설높이가 높고 타설속도가 빠를수록, 비중차가 큰 굵은 골재 사용, 단위수량이 많을수록, 부재의 단면이 클수록 블리딩 발생 빈도가 높아진다. 블리딩을 방지하기 위해서는 분말도가 적은 시멘트, 강자갈, 적정 입도 골재, 굵은 골재의 치수는 작은 것 사용, AE제, 감수제 등 적합한 혼화재료 혼입 등을 배합설계에 반영한다.

㉰ 레이턴스(laitance)

콘크리트 타설 후 비교적 무거운 골재나 시멘트는 침하하고 가벼운 물이나 미세한 물질(불순물)이 분리 상승하여 콘크리트 표면에 떠오르는 현상으로 블리딩이 주 원인으로 발생하는 경우가 많다. 레이턴스는 시멘트의 미립분이거나 탄산칼슘으로 강도와 접착력을 떨어뜨리므로 조기에 제거하여야 한다. 레이턴스를 방지하기 위해서는 물시멘트를 작게 하고, 분말도가 적은 시멘트 사용, 풍화된 시멘트 사용 금지, 골재는 입도, 입형이 고르고 불순물이 함유되지 않은 것을 사용한다. 또한 잔골재율을 작게 하여 단위수량을 감소시키고 AE제, AE감수제, 고성능 감수제 사용, 콘크리트 타설 높이는 낮게(1m 이하) 할수록 좋으며 과도한 두드림이나 진동은 지양하는 것이 유리하다.

③ 초기균열

콘크리트를 타설한 후 경화할 때까지 발생하는 균열을 초기균열이라고 한다. 초기균열에는 소성수축 균열(초기건조균열), 소성침하 균열, 외부의 충격으로 인한 균열 등이 있다.

㉮ 소성수축 균열(초기건조균열)

콘크리트 타설 후 초기에 발생하는 균열로 콘크리트 표면의 수분이 증발하면서 발생한다. 이는 콘크리트 표면에서 물의 증발속도가 블리딩에 의한 물의 상승속도보다 빠르기 때문에 발생하며, 표면에 가늘고 얇은 균열이 불규칙하게 발생한다. 이러한 균열이 발생하면 균열 틈새로 수분이나 염화물 입자가 침투하여 콘크리트의 열화 및 철근을 부식시킴으로써 내구성이 낮아진다.

㉯ 소성침하 균열(침하균열)

콘크리트를 타설할 때 진동다짐을 충분하게 하지 않았을 경우나 변형이 쉬운 거푸집을 사용할 때에 많이 발생하는 균열로, 철근의 직경이 클수록, 슬럼프가 클수록 많아진다.

㉰ 수화열에 의한 온도균열

수화반응을 할 때 반응열인 수화열이 발생하는데 열이 외부로 발산하는 데 필요한 시간은 구조물 단면 최소치의 제곱에 비례한다. 동일구조물에서 수화열에 의해 발생한 콘크리트의 온도 차가 25~30℃에 달하면 열응력에 의한 온도균열이 발생한다.

Q 고수 POINT | **콘크리트 타설 완료 후 보양 작업확인**

- 콘크리트 타설 완료 직전에 보양 준비 상태 및 미흡 부위에 대한 보완 작업을 지시한다.
- 동절기 보양 시 비계, 천막, 발열 장치 준비 및 연료 투입 계획 수립, 철야 양생관리를 위한 작업조 편성 및 투입, 온도관리 및 기록관리, 밀폐공간 작업에 따른 프로세스 준수로 인명피해를 예방한다.
- 콘크리트 타설 다음날 오전에 미타설 부위 여부, 레이턴스, 블리딩, 침하 등에 의한 철근 노출, 피복두께, 초기균열 상태 등 정밀한 확인 및 보수보강 조치한다.
- 바닥 균열 방지 및 최소화를 위하여 타설 후 양생상태를 확인하여 경화 전에 면처리를 실시한다. 이를 위해 기계 미장 또는 콘크리트 Finisher 장비 투입 등에 관하여 감리단과 사전 협의가 필요하다.

---

3) 경화된 콘크리트

① 강도

㉮ 압축강도

콘크리트가 압축 하중에 대해 얼마나 저항할 수 있는지 수치화한 것으로 보통 시험실에서 공시체를 만들어 측정한다. 물시멘트비, 시멘트의 종류와 양, 골재의 종류와 입도, 콘크리트의 배합설계, 경화 조건 등의 영향을 받으며 요소들을 적절하게 조절하여 콘크리트 구조설계에서 요구하는 설계기준압축강도(f_{ck}, specified concrete strength)를 달성하는 것이 무엇보다 중요하다. 콘크리트 압축강도 시험은 KS F 2403에 따라 시험하며, 설계할 때 가정한 압축강도가 실제 건축물에 시공된 콘크리트의 강도와 일치하는지 확인하기 위한 절차이다.

- 공시체 준비 : 공시체 지름의 1% 이내의 오차 범위에서 그 중심축이 가압판의 중심과 일치시킨다.
- 가압판과 공시체의 접촉 : 시험기의 가압판과 공시체의 윗면을 밀착시킨다.
- 하중 가하기 : 공시체에 충격을 주지 않도록 동일한 속도로 하중을 가하며, 압축응력 증가는 매초당 0.2~0.3MPa(KS F 2403 : 하중증가율 0.6±0.4MPa/초)로 한다.
- 최대 하중 측정 : 공시체가 파괴될 때까지 가압하고 공시체가 받은 최대 하중(P)을 유효자리 3자리까지 읽는다.

㉯ 인장강도

인장강도는 콘크리트가 인장하중에 대해 얼마나 저항할 수 있는지를 나타내는 지표이다. 콘크리트의 인장강도는 압축강도에 비하여 매우 작고, 직접 시험을 통해 측정하기 어려워서, 일반적으로 압축강도의 일정 비율로 추정한다. 철근콘크리트 구조에서는 철근이 콘크리트의 인장강도를 보강하는 역할을 한다. 철근은 높은 인장강도를 가지므로 콘크리트 내부에 철근을 배치함으로써 구조물이 인장하중을 견디고 안정적으로 구조적인 역할을 할 수 있게 하는 것이다.

㉰ 휨강도

휨강도는 콘크리트가 휨하중에 대해 얼마나 저항할 수 있는지를 나타내는 지표로 압축강도의 1/5~1/8 정도, 인장강도의 1.6~2.5배 정도이다. 철근콘크리트 구조에서 보는 슬래브 하중, 활하중 등을 받아 구조물을 지탱하는 역할을 하므로 보의 휨강도가 충분하지 않으면 구조물이 불안정해질 수 있다.

㉱ 전단강도

전단강도는 콘크리트가 전단하중에 대해 얼마나 저항할 수 있는지를 나타내는 지표로 콘크리트 단면의 공칭전단강도(V_c)와 전단철근 단면의 공칭전단강도(V_s)의 합으로 산정된다. 콘크리트의 전단강도는 압축강도의 약 1/4~1/6, 인장강도의 2.3~2.5배 정도이다.

㉲ 부착강도

부착강도는 철근과 콘크리트의 접착력을 나타내는 지표로 철근의 표면상태와 배치방식에 따라 달라진다. 철근과 철근 사이의 응력전달은 주로 철근과 콘크리트의 부착력에 의존하게 되므로 부착강도는 매우 중요하다.
- 콘크리트 강도가 클수록 부착강도 증가

- 피복두께 두꺼울수록 부착강도 증가
- 진동다짐의 경우 공극이 줄어들므로 부착강도 증가
- 물시멘트비가 작을수록 공극이 줄어들므로 부착강도 증가

(ㅂ) 지압강도

지압강도는 콘크리트가 국부 하중을 받을 때 콘크리트의 압축강도를 말하며 일반적으로 압축강도보다 크다. 지압강도는 국부(局部)에 작용한 하중을 국부 면적으로 나눈 값으로 집중 하중에 견디는 능력을 의미하며, 이를 통해 구조물의 안전성과 내구성을 판단할 수 있다.

② 변형

(가) 응력 변형률 곡선

응력 변형률 곡선(stress-strain curve)은 재료의 시편에 가한 하중과 변형을 측정하여 얻은 그래프로써 재료의 특성에 따라 다르게 나타난다.

- 탄성구간(elastic region) : 응력이 증가하면 변형도 선형적으로 증가하는 구간으로 하중을 제거하면 원래 상태로 복원
- 항복구간(yield point) : 응력이 탄성 한도를 넘어서면 재료는 영구적으로 변형됨. 항복점은 항복변형이 급격히 증가하기 시작하는 응력값
- 극한강도(ultimate Stress) : 응력 변형 그래프에서 최대응력값
- 파단(fracture) : 재료가 두 조각으로 분리되는 지점

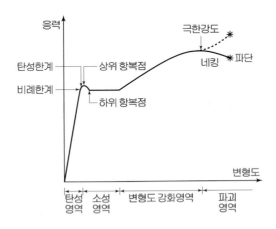

[그림 4-50] 응력 변형률 곡선

연성 재료(예 : 철근)는 명확한 항복점을 가지며, 극한강도에 이르렀을 때 '네킹'이라는 현상이 발생하여 단면적이 급격히 감소한다. 반면에 취성 재료(예 : 콘크리트, 세라믹 등)는 항복점을 가지지 않으며, 파괴강도와 극한강도가 같게 나타난다. 응력 변형률 곡선의 밑면적은 재료의 인성(toughness)을 나타내며, 이는 파괴 이전에 재료가 에너지를 얼마나 저장할 수 있는지를 나타내는 척도이고 탄성 영역의 삼각형 면적은 재료의 탄성 에너지(resilience)를 나타낸다.

㉯ 포와송 비(poisson's ratio)

재료의 탄성 특성을 나타내는 값이다. 재료가 압축 또는 인장 응력을 받을 때 그 방향과 수직인 방향에도 변형이 생기는데, 축 방향의 가로 변형률(ϵ')과 축과 직각방향의 세로 변형률(ϵ)의 비가 포와송 비이다. 포와송 비는 재료마다 고유하며, 일반적으로 0.5를 넘지 않는다. 포와송 비는 재료의 변형 특성 이해와 구조설계에서 중요한 역할을 한다. 포와송 비는 건물의 변형 및 굴곡, 균열 발생 가능성 등을 예측하는 데에도 활용된다.

Q 고수 POINT   경화된 콘크리트, 양생 콘크리트

• 거푸집 해체 후 콘크리트 처짐으로 인한 철근 노출이나 재료분리 상태를 확인하여, 필요한 경우 즉시 보수한다.

• 바닥, 벽 및 천장에 대한 균열조사 및 균열관리 대장을 작성한다.

  – 대규모 건축물의 경우 위치별 담당자를 지정하여 관리하고 종합적으로는 품질관리팀에서 주관하도록 한다.

  – 초기에 균열 발생 부위를 조사하고, 정기적인 모니터링을 통하여 구조적인 문제점은 없는지 지속적인 확인이 필요하다.

• 배부른 부위 및 그로 인한 문제점에 관하여 공식 문서인 작업 지시서 등을 통하여 골조 협력업체(파트너사 등)에게 할석 미장 등의 방법으로 조기에 수정·보완하도록 조치한다.

㉰ 크리프(Creep)

지속해서 일정한 하중을 받는 콘크리트가 시간이 경과함에 따라 하중의 증가 없이도 변형이 증가하는 현상이다. 이는 탄성변형보다 크며, 지속응력의 크기가 정적 강도의 80% 이상이 되면 파괴가 발생하며 이를 크리프 파괴라고 한다.

- 재하 후 3개월 : 총 크리프 변형률의 50% 진행
- 재하기간 약 1년 : 총 크리프 변형률의 80% 진행
- 크리프 변형이 일정하게 되어 파괴되지 않을 때의 지속응력을 크리프 한도

크리프에 영향을 주는 요인	크리프 변형의 문제점	해결방안
• 재령이 짧을수록 증가 • 지속 하중이 클수록 증가 • 부재 치수가 작을수록 증가 • 온도는 높고 습도가 낮을수록 증가 • 단위 시멘트량이 많을수록 증가 • W/B가 클수록 증가 • 다짐이나 양생 불량 시 증가 • PS 강재 긴장 후 Grouting 지체 시 증가	• 장기 처짐 및 변형 • 고층 건축물의 기둥 및 벽체 축소(column shortening) • 균열 증대, 크리프 파괴 • 프리 스트레스(PS 강재 긴장력) 손실	AE제, 감수제 사용, 단위 수량 감소, 5일 이상 습윤양생, 응력 집중 방지, 분산, 단위 시멘트량 감소, 밀실다짐, 설계 피복 유지

③ 중량

콘크리트의 중량은 사용 골재의 양과 특성, 콘크리트의 종류 등에 따라 달라지는데 일반적으로 철근콘크리트의 단위용적 중량은 약 2.45톤/m³이다. 순수한 콘크리트의 중량은 약 2.3톤/m³이고 철근의 중량은 약 150kg/m³이다. 보통 콘크리트보다 무거운 콘크리트를 중량콘크리트라고 하며 중량골재를 사용하고, 경량 골재를 사용하여 중량을 줄인 콘크리트를 경량콘크리트라고 한다.

④ 체적변화

㉮ 건조수축(drying shrinkage)에 의한 체적 변화

건조수축은 수화된 시멘트에 흡착되어 있던 수분이 증발하여 콘크리트의 체적이 줄어드는 것을 말한다. 시간이 지남에 따라 수축량은 증가한다.

- 상대습도 : 콘크리트와 주위 상대습도의 차이에 의해 발생
- 골재의 함량과 성질 : 시멘트 페이스트는 높은 수축 잠재성을 가지고 있으나, 골재의 높은 탄성계수로 이를 억제하는 효과가 있다.
- 물·시멘트비 : 물·시멘트비와 콘크리트 수축률은 거의 선형 비례한다. 즉, 물·시멘트비가 낮을수록 실적률(골재)은 클수록 건조수축이 작아진다.
- 분말도, 시멘트 성분, 공기량은 건조수축에 영향이 적음
- 습윤양생 : 습윤양생을 하면 건조수축이 발생하는 시점을 늦출 수 있지만, 건조수축의 크기에 미치는 습윤양생의 영향은 적은 편이다.

④ 온도변화에 의한 체적변화

온도변화에 의한 체적변화는 주로 단위 시멘트량에 의해 좌우된다. 시멘트와 물이 화학반응을 일으키면 그 과정에서 수화열이 발생하게 되는데, 이로 인하여 콘크리트의 내부 온도가 상승하며 팽창하였다가, 경화가 진행되면서 내부 온도가 하강하며 수축이 발생한다. 이러한 수축작용이 구속되면 인장응력을 유발하며, 인장응력이 콘크리트 인장강도를 초과할 때 균열이 발생한다. 콘크리트에서 열이 빠져나가는 시간은 구조물 단면의 최소치수의 제곱에 비례하는 것으로 알려져 있다. 가령 15cm 두께의 콘크리트 벽체는 열적으로 안정된 상태에 도달될 때까지 약 1.5시간이 소요되는 데 반하여, 150cm 두께의 벽체는 약 7일 정도, 1,500cm 두께의 벽체는 약 2년 정도가 소요된다.

⑤ 수밀성(watertightness)

수밀성이란 콘크리트 구조물이 액체나 기체의 침투를 어렵게 하는 성질을 말한다. 수밀콘크리트는 주로 수조, 풀장, 지하실 등 물의 압력이 작용하는 구조물에 사용한다. 콘크리트가 수밀성을 확보하기 위해서는, 물·시멘트비를 작게 하고, 콘크리트 표면을 마감재로 보호하여 수분 침투를 줄이고, 철근이 부식되지 않도록 적절한 피복두께와 염분허용량 이내의 골재를 사용한다.

⑥ 내화성

철근은 고열에 닿으면 강도가 현저하게 낮아지지만, 열전도율이 낮은 콘크리트가 철근을 감싸고 있어 철근콘크리트 구조는 내화성능을 갖게 된다. 이러한 특성으로 철근콘크리트 구조는 화재에 대한 저항력을 갖게 되며, 콘크리트는 강알칼리성이어서 철근이 녹슬지 않도록 억제하므로 구조물의 수명 연장에 중요한 역할을 한다. 철근의 피복두께는 철근의 방청 및 내구성 증진, 굳지 않은 콘크리트의 유동성 확보, 부착력 증대 등을 돕는다.

Q 고수 POINT   균열조사 및 보수·보강

• 건조수축에 의한 균열 등 구조적 균열이 아닌 부위에 대해서는 감리단과 현장 실사 후 보수 보강 등 조치한다.
• 균열 부위별 균열의 폭 및 길이, 균열의 진행성 여부 등을 기록·관리하는 균열관리 대장을 분석하여 보수·보강 등의 조치를 최종적으로 결정하여야 한다.

⑦ 내구성

  ㉮ 콘크리트 중성화[32]에 대한 내구성

  콘크리트의 중성화는 콘크리트 중의 알칼리 성분과 대기 중의 탄산가스가 반응하여 내구성이 저하되는 현상이다.

  • 중성화의 영향 및 진행 과정 : 수화 생성물인 수산화칼슘은 강한 알칼리성을 띠어 산성인 철근을 보호하여 철근의 부식을 억제하는 역할을 한다. 시간의 경과에 따라 공기 중의 이산화탄소의 작용으로 수산화칼슘이 서서히 탄산칼슘으로 변하여 알칼리성을 상실하게 된다. 이러한 중성화로 인해 콘크리트의 pH값이 감소됨에 따라 콘크리트 내부의 환경이 알칼리에서 중성 쪽으로 변해 가며 내부 철근을 둘러싼 알칼리성 부동태 피막을 불안정하게 하여 부식이 발생한다. 철근이 부식하여 팽창하면 콘크리트의 균열을 촉진하여 내구성을 떨어뜨릴 뿐만 아니라 균열의 증대는 구조물의 전도나 파괴도 가져올 수 있다.

  • 중성화 측정방법
  - 페놀프탈레인 1% 용액 제조 : 페놀프탈레인 1g을 95% 에틸알코올 90mℓ로 용해, 증류수를 첨가하여 100mℓ로 만든다.
  - 시험체 준비 : 콘크리트 측정 부위를 Chipping(드릴로 천공, 모서리부 국부 파손), 코어 채취
  - 표면 청소 : 압축공기 뿜기, 솔질, 물청소 등으로 시험체의 표면을 깨끗이 청소
  - 시약 분무 : 페놀프탈레인 1% 용액을 스프레이 등으로 측정 면에 분무 (분무 시기는 청소 직후, 물로 청소한 후에는 표면이 완전건조 시)
  - 중성화 깊이 측정[33] : 페놀프탈레인은 pH 지시약의 일종으로, pH값 9 이하 무색, 9 이상 적색

  ㉯ 동결융해에 대한 내구성

  동결융해란 콘크리트가 경화되는 과정에서 콘크리트 내부의 수분이 얼었다가 녹는 과정을 반복하면서 콘크리트 내부에 균열이 발생하는 현상을 말한다. 동결융해가 반복되면 철근콘크리트 구조의 내구성이 심각하게 훼손된다. 동결융해를 받는 과정에서 모세관수의 동결 팽창으로 시멘트 겔의 내부 파손이 일어나게 되어 표면에는 미세한 균열이 발생하고 내부에는 급격한 모세관수의 동결에 의한 시멘트 스케일링 등의 결함이 발생하여 공명진동수값이 낮아진다.

---

32) 탄산화라고도 한다.

33) 중성화 깊이는 콘크리트 표면에서 발색 점까지의 거리를 버니어 캘리퍼스 등으로 측정하여 구한다.

㉔ 해수 및 화학작용에 대한 내구성

철근콘크리트 구조는 시멘트의 강알칼리성으로 인하여 자연환경 조건에서는 내구성이 우수하지만, 염소이온 침투나 탄산화 등은 내구성을 떨어뜨린다. 해양 구조물이나 해안에 인접한 콘크리트 구조물은 철근의 부식 등으로 인한 균열로 내구성이 떨어질 수 있다. 이러한 문제의 해결방안으로는 물·시멘트비를 줄이고 설계기준압축강도를 높여 염화이온의 침투를 줄이고, 고로슬래그 시멘트를 사용하여 염소이온의 확산을 막고, 콘크리트 표면을 페인트 등으로 칠하거나 방청제를 바른 철근을 사용하여 염소이온의 이동을 차단하는 방법 등을 활용할 수 있다.

4) 콘크리트 배합

① 설계기준압축강도(f_{ck})

콘크리트 구조 설계에서 기준이 되는 압축강도로서, 콘크리트의 강도를 결정하는 중요한 요소로 공사하기 전에 기술연구소의 재료 담당과 레미콘 업체와 협의하여 배합설계를 실시하고 감리단의 승인을 얻어야 한다. 설계기준 압축강도는 표준양생을 실시한 콘크리트 공시체의 재령 28일일 때의 강도를 기준으로 하는데, 이는 수화반응으로 콘크리트의 강도가 점차 증가하여 재령 28일이 되면 강도가 거의 발현되기 때문이다.

② 배합강도(f_{cr}, required average concrete strength)

배합강도는 콘크리트의 배합을 정하는 경우 현장 구조물에 요구되는 최종 목표하는 압축강도를 말한다. 현장 콘크리트의 품질변동을 고려하여 구조계산에서 정한 설계기준 압축강도(f_{ck})와 내구성 설계를 반영한 내구성 기준 압축강도(f_{cd}) 중에서 큰 값으로 결정된 품질기준강도(f_{cq})보다 크게 배합강도를 정한다.

$$f_{cq} = \max(f_{ck}, f_{cd}) \, (\mathrm{MPa})$$

배합강도는 품질기준강도 범위를 35MPa 기준으로 분류한 다음의 계산식 중 큰 값으로 정하고, 이때 품질기준강도는 기온보정강도값을 더하여 구한다.

㉮ $f_{cq} \leq 35\,\mathrm{MPa}$인 경우

- $f_{cr} = f_{cq} + 1.34s\,(\mathrm{MPa})$
- $f_{cr} = (f_{cq} - 3.5) + 2.33s\,(\mathrm{MPa})$

㉯ $f_{cq} > 35\,\mathrm{MPa}$인 경우

- $f_{cr} = f_{cq} + 1.34s\,(\mathrm{MPa})$
- $f_{cr} = 0.9f_{cq} + 2.33s\,(\mathrm{MPa})$

  여기서, s : 압축강도의 표준편차(MPa)

레디믹스트 콘크리트의 경우에는 배합강도(f_{cr})를 호칭강도(nominal strength, f_{cn})[34]보다 크게 정하며, 기온보정강도(T_n)를 더하여 생산자에게 호칭강도로 주문하여야 한다.

($f_{cn} = f_{cq} + T_n$)

- ■ 설계기준 압축강도와 배합강도의 차이점
- 설계기준 압축강도는 콘크리트 구조 설계에서 기준이 되는 압축강도로 실무에서 일반적으로 사용하는 설계기준강도와 동일하다.
- 배합강도는 콘크리트 배합을 정하는 경우 목표로 하는 압축강도로, 설계기준 압축강도에 일정한 계수를 곱하여 할증한 압축강도이다. 배합설계 시 소요 강도로부터 결정한다.
- 설계기준 압축강도는 구조물의 안전성과 내구성을 보장하기 위한 목표 강도를 설정하기 위하여 사용하며, 배합강도는 이러한 목표 강도를 달성하기 위해 콘크리트 배합을 결정하는 데 사용한다.

---

③ 슬럼프

슬럼프는 콘크리트의 농도를 측정하는 방법 중 하나로 콘크리트의 유동성을 나타내는 지표이다. 슬럼프값이 클수록 콘크리트는 더 묽어지며, 이는 모래(세골재)가 많고 시멘트량이 많다는 것을 의미한다. 반대로 슬럼프값이 작을수록 콘크리트는 유동성이 적다고 할 수 있다. 평평한 바닥에 철판을 놓고 슬럼프 콘을 고정시킨다. 슬럼프 콘의 높이는 300mm인데, 3단계로 나눠 100mm 높이마다 콘크리트를 채우고 다짐막대로 25회씩 다짐한다. 슬럼프 콘을 제거할 때는 2~3초

---

34) 레디믹스트 콘크리트 주문 시 사용되는 콘크리트 강도로서, 구조물 설계 시 사용되는 설계기준압축강도나 배합설계 시 사용되는 배합강도와 구분되며, 기온, 습도, 양생 등 공사에 미치는 영향요소를 고려하여 보정값을 가감하여 주문한 강도이다.

이내에 살며시 들어 올린다. 슬럼프 치는 콘의 윗면에서 흘러내린 콘크리트의 깊이를 측정하여 구하며, 5mm 단위로 측정한다. 슬럼프 치는 보통 5~18cm 이내, 기둥이나 벽에는 10~21cm 정도가 좋으며 구조물의 종류나 부재의 형상, 치수 및 배근 상태에 따라 알맞은 값으로 정하되 충전성이 좋고 충분히 다질 수 있는 범위에서 되도록 작은 값으로 정해야 한다.

④ 공기량

콘크리트 내부에 포함된 공기의 양으로 보통 콘크리트의 공기량은 3~5%이며, 많아도 5.5% 이상이 넘지 않도록 관리할 필요가 있다. 공기량이 적절하면 콘크리트의 내구성이 향상되고, 동결융해에 대한 저항성이 증가하지만, 공기량이 너무 많으면 콘크리트의 강도가 감소할 수 있다.

⑤ 굵은 골재 최대치수

굵은 골재의 최대치수에 대한 규제는 시공성 및 다짐성을 확보하기 위함이며, 일반적으로 20mm 내외의 골재가 사용되고 보, 기둥, 슬래브의 경우 보통 25mm 이하의 골재가 사용된다.

⑥ 물·시멘트비

물·시멘트비는 콘크리트 배합에 사용된 시멘트의 중량에 대한 물의 중량 비율을 의미한다. 이 비율은 W/C로 나타내며 이 비율이 낮으면 콘크리트의 강도와 내구성이 높아지지만, 배합작업은 어려울 수 있어서 혼화제 또는 가소제를 사용하여 해결할 수 있다. 포졸란(Pozzolan)과 같은 혼화제를 추가하여 시공성을 좋게 할 수 있으며, 물·시멘트비가 클수록 콘크리트의 압축강도는 감소한다. 물·시멘트비가 낮으면 압축강도가 증가하고 풍화 저항성이 증가하며 콘크리트와 철근의 부착력이 증가하고, 습윤건조에 따른 부피 변화가 감소한다.

- 물·시멘트비는 보통 40~70% 정도이다.
- 염화칼슘 등의 제빙 화학제를 사용하는 콘크리트의 물·시멘트비는 45% 이하로 한다.
- 콘크리트의 중성화 저항성을 높일 하는 경우 물·시멘트비는 55% 이하로 한다.

⑦ 단위수량

단위수량은 콘크리트 1m³ 중의 물의 양으로서 보통 185kg/m³ 이하로 계획한다. 시공성을 높이기 위하여 단위수량을 많게 할 경우 다음과 같은 문제점이 발생한다.

• 조골재와 모르타르가 분리되어 품질의 균일성이 손상되고 결함 발생 가능성이 증가한다.
• 수분 증발이 많게 되어 건조수축이 증가하고 수축균열 발생이 증가한다.
• 블리딩(bleeding)이 증가하여 철근·골재 밑면에 공극(空隙)이 증가하므로 철근과 콘크리트의 부착력이 떨어진다.
• 침강 균열, 수분 이동에 의한 표면상태의 악화 등으로 표면손상, 스케일링, 박리가 증가한다.
• 수화반응에 참여하지 않는 자유수가 증가하여 염분이나 수분, 기타 해로운 기체의 침투로부터 저항력이 약화된다.

⑧ 단위시멘트량

단위시멘트량은 콘크리트 $1m^3$을 만들기 위해 소요되는 시멘트의 양을 의미한다. 시멘트의 비중, 분말도, 담기방법 등에 따라 다르지만 보통 $1,300 \sim 2,000kg/m^3$ 정도 사용되고, $1,500kg/m^3$가 표준적으로 사용된다.

⑨ 단위골재량

콘크리트 $1m^3$를 제조하는 데 들어가는 골재의 중량을 의미하는데 골재의 절대 용적으로부터 구한다.

⑩ 잔골재율

잔골재율은 콘크리트 속 골재의 절대 용적에서 잔골재의 절대 용적이 차지하는 비율을 의미한다. 잔골재율은 사용하는 잔골재의 입도, 공기량, 단위 시멘트량, 혼화재료의 종류 등에 따라 달라지므로 시험에 의해 결정한다. 일반적으로 잔골재율이 커질수록 점성이 증가하여 슬럼프값이 적어지므로 필요한 워커빌리티를 얻기 위해서는 단위수량을 증가시켜야 하며, 이 경우 단위 시멘트량도 증가하게 되어 비경제적인 배합이 된다. 따라서 잔골재율은 요구하는 콘크리트의 품질을 얻을 수 있는 범위 내에서 최소가 되도록 시험에 의해 결정하는데 적정 잔골재율은 35~50% 범위이다.

⑪ 혼화재료 단위량

혼화재료의 단위량은 콘크리트 $1m^3$를 제조하는 데 투입되는 혼화재료의 양을 말한다. 혼화재는 시멘트량의 5% 이상이 사용되어 배합설계 시 그 양을 용적에 반영하는 재료로, 고로슬래그, 플라이애시, 포졸란, 실리카 흄, 팽창재, 착색재

등이 있고 콘크리트의 내구성을 개선하고, 수밀성을 향상시키며, 응결시간을 조절하고, 콘크리트의 유동성을 개선하는 데 사용된다. 혼화제는 시멘트량의 1% 미만으로 배합설계 때 계산에 포함하지 않는 재료로, AE제, 고성능 감수제, AE 감수제 등이 있으며 이들은 워커빌리티를 개선하고, 단위수량을 감소시키며, 동결융해 저항성을 증대하는 데 사용된다.

⑫ 시험배합과 조정, 현장배합

㉮ 시험배합(Test Mix)

배합설계가 완료되면 현장여건을 감안하여 시험 배합한다. 이는 여러 가지 재료의 단위량(단위수량, 단위시멘트량, 단위골재량 등)이 현장의 여건으로 배합설계 시점의 조건과 달라질 수 있기 때문이다. 예를 들면, 골재의 함수상태를 절건(絶乾) 상태로 간주하고 계산하였지만 실제로 사용하는 골재의 함수상태는 다르기 때문에 보정해야 하는 것이다. 콘크리트의 시험배합은 통상 KS 규격의 실험실에서 콘크리트의 제작방법에 준하여 실시한다.

㉯ 배합의 조정

시험배합 결과 필요한 콘크리트의 성능이 얻어지지 않으면 배합을 조정한다. 시험 배합한 결과를 참고하여 각 재료의 단위량을 보정하여 최종적으로 배합을 결정한다.

㉰ 현장배합(Field Mix)

현장배합은 현장에서 실제로 사용되는 재료와 시공 조건 등을 고려하여 시험 배합을 수정한 것으로 배합 보정방법은 다음과 같은 항목을 조정 반영한다.

• 골재 입도 산정　　　　　　　　• 골재 표면 수량 산출
• 입도를 고려한 골재량 산정　　　• 표면수를 고려한 수정
• 현장 배합표

⑬ 배합의 표시법

배합의 표시방법은 일반적으로 [표 4-22]를 따른다.

[표 4-22] 배합의 표시방법 예

굵은 골재의 최대치수 (mm)	슬럼프 범위 (mm)	공기량 범위 (%)	물- 결합재 비 W/B (%)	잔골 재율 S/a (%)	단위질량(kg/m³)					
					물	시멘트	잔골재	굵은 골재	혼화재료	
									혼화재	혼화제

배 합 설 계 조 건				
호칭방법	콘크리트 종류에 의한 구분	굵은 골재의 최대치수에 의한 구분(mm)	호칭강도(MPa)	슬럼프 또는 슬럼프 플로(mm)
	보통콘크리트	25	24	80
지정사항	단위용적질량	2,317(kg/m³)	공기량	4.5±1.5 %
	콘크리트의 온도	5 ~ 35 ℃	호칭강도를 보증하는 재령	28 일
	물 · 결합재비의 상한값	47.2 %	단위결합재량의 상한값	328 (kg/m³)
	유동화 베이스 콘크리트의 슬럼프 증대형			re

배합표 (kg/m³)												
시멘트 C1	시멘트 C2	물 W1	물 W2	잔골재 S1	잔골재 S2	잔골재 S3	굵은 골재 25G	굵은 골재 40G	굵은 골재 20G	혼화재 B1	혼화재 B2	혼화제 AD1
213		155			890		944			49	66	2.46
물 · 결합재비	47.2 %			잔골재율	48.7 %		콘크리트에 포함된 염화물 함유량(염소이온)			0.3 kg/m³ 이하		

[그림 4-51] 배합설계조건 및 배합표의 예

Q 고수 POINT　**콘크리트 배합설계**

- 본사 기술 관련 부서 또는 레미콘 납품사와 사전 협의를 통하여 배합설계를 의뢰한다.
- 작성된 배합설계표를 감리단에 공문으로 발송하여 검토 및 승인을 요청한다.
- 배합설계 후 계약 레미콘 납품업체 공문 발송하여 시험 배합 요청 및 확인한다.
- 시험배합 확인 시 골재에 대한 건조상태에 대한 검증 : 건설사업관리기술인, 감리원 및 품질관리자는 레미콘 공장을 방문하여 공장장 및 공장의 품질요원과 기준에 적합한지 확인한다.

5) 특수콘크리트 시공

① 서중콘크리트

하루 평균기온이 25℃를 초과하거나 하루 최고기온이 30℃를 초과할 것이 예상될 때 타설하는 콘크리트공사이다.

㉮ 서중콘크리트 생산 시 주의사항

고온의 시멘트는 사용하지 않으며 물 및 골재는 되도록 낮은 온도의 것을 사용해야 한다. AE 감수제나 감수제의 지연형 감수제를 혼입하여 초기균열을 억제해야 한다. 배합은 단위수량, 단위시멘트량은 소요성능이 얻어지는 범위 내에서 최소로 하고, 슬럼프는 180mm 이하로 관리해야 한다.

㉔ 서중콘크리트 양생방법
- 습윤 양생 : 타설 전 거푸집에 살수(撒水)하고, 시트나 거적 등으로 보양한 후 살수하며, 타설 후 7일 이상 습윤 양생한다.
- 피막 양생 : 콘크리트 표면에 흰색의 피막 양생제를 살포하여 수분 증발을 방지한다.
- 파이프 쿨링 : 타설 전에 25mm 파이프 배관에 냉각수를 통과시킨다.
  - 타설 전 누수 검사를 실시하고, 파이프 쿨링이 끝난 후에는 파이프를 제거한 공간부위에 무수축 몰탈을 주입하여 단면결손을 방지한다.
- 차양막 설치 : 직사광선을 차단하기 위한 차양막을 설치한다.
- 양생포 설치 : 콘크리트를 보호하기 위해 양생포를 설치한다.

㉕ 서중콘크리트 시공 시 유의사항
- 콘크리트 온도는 운반이 끝난 시점에서 35℃를 넘지 않아야 한다.
- 비빈 콘크리트는 90분 이내에 타설한다.
- 콘크리트 타설에 앞서 지반이나 거푸집 등은 살수하거나 덮개를 해서 습윤 상태를 유지하여야 한다.
- 콜드 조인트가 생기지 않도록 신속하게 타설한다.
- 콘크리트 타설 후 경화가 진행되지 않은 시점에서 건조에 의한 균열(소성수축 균열 등)이 발생하였을 경우 즉시 탬핑(tamping : 쇠흙손 면처리)이나 재진동 하여 처리한다.
- 서중콘크리트는 응결속도가 빠르므로 가능한 연속적인 타설로 콜드 조인트를 방지한다.
- 새로운 콘크리트를 타설하기 전까지 기존의 타설 부위는 습윤상태를 유지하 여야 한다.
- 콜드 조인트 발생 시 시공 이음 처리해야 한다.

② 한중콘크리트

일 평균기온이 4℃ 이하에서는 콘크리트의 응결 경화 반응이 지연되고 동결될 우려가 있으므로 콘크리트의 온도를 적정하게 유지하여 공사할 수 있도록 한 콘크리트를 말한다. 구조물의 크기, 기상조건 등을 고려하여, 타설 시 콘크리트 의 온도가 5~20℃ 범위가 유지되도록 관리한다.

㉮ 한중콘크리트 생산 시 유의사항

물이나 골재는 가능한 한 가열하지 않고, 가열하더라도 65℃ 이하가 되도록 한다. AE제 또는 AE 감수제를 사용하고 적정 수준의 공기량이 필요하다. 초기동해를 줄이기 위해 단위수량은 가능한 한 작게 하고, 온수, 굵은 골재, 잔골재, 시멘트의 순서로 믹서에 투입한 후 배합한다. 콘크리트의 배합 시 온도는 30℃ 이하가 되도록 관리한다.

㉯ 한중콘크리트 시공 시 유의사항

콘크리트 타설 전 거푸집 내부, 특히 벽체 하부 및 철근의 표면에 부착된 빙설 또는 서리 등은 사전에 열을 가하거나 콤프레서를 이용하여 완전히 제거하고, 반드시 눈으로 확인해야 한다. 콘크리트를 타설하기 전에 강설, 강우 등으로부터 거푸집과 철근을 보호하기 위한 재료, 눈과 얼음을 제거할 수 있는 설비, 콘크리트를 보양하기 위한 방습재, 보온재 또는 단열재 등을 준비해야 한다.

㉰ 한중콘크리트 보온 양생방법
- 콘크리트는 타설 후 최소 24시간 동안에는 동결되지 않도록 보호해야 한다.
- 외부 찬공기 유입을 막고, 콘크리트 양생 온도는 10℃ 이상이 되도록 관리한다.
- 온도저하에 따른 동결융해의 반복이 콘크리트 품질에 가장 나쁜 영향을 미치므로 초기에 적정 수준의 양생 강도[35]를 확보한 이후 최소 2일간은 0℃ 이상을 유지해야 한다.
- 일평균 5℃ 이하나 타설 전 기준온도 이하 시 열기구를 가동하여 10℃ 이상으로 유지한다.
- 비계 보양틀이나 보양 천막을 설치한다. 외부 수평 비계 2줄 설치, 강풍에 대비한 보강 로프도 설치한다.

지하층 보양 설치　　　기준층 보양 설치　　　비계 보양틀 설치　　　보양 천막 설치

[그림 4-52] 한중콘크리트 보온 양생 예

---

35) 타설 후 초기 양생 단계의 일정 시간 동안에 충분한 양생을 통해 강도를 높여 가는 과정에서 측정한 강도이다.

• 밀폐작업에 따른 일산화탄소 중독으로 중대 재해가 발생하지 않도록 철저한 대비가 필요하다.
• 밀폐작업계획서를 작성하여 본사 및 감리자의 승인을 얻는다.
• 비계 설치, 천막 보양 및 열원 장치 선정 : 열풍기, 갈탄, 야자수탄 등 열원 장치 중에서 비용 대비 효과가 우수한 열풍기 장치 사용을 권장한다.
• 타설 완료 후 1차 열원을 가동한다.
• 철야 보양 작업으로 인한 2~3회 연료 공급 시 일산화탄소 농도 확인 후 인력을 투입한다.
• 관리자 및 작업자로 팀을 구성하여 현장에서 직접 확인하여야 한다.
• 보양 작업 현황 및 관련 사진을 SNS 등을 통하여 일정한 시간 간격으로 최종 작업 완료 시까지 관계자에게 공유한다.

③ 매스콘크리트(Mass Concrete)

매스콘크리트는 치수가 큰 부재 또는 구조물을 시공할 때 시멘트의 수화열로 인하여 온도균열이 생길 가능성이 큰 점을 고려하여 타설하는 콘크리트이다. 평판 구조의 경우 0.8m 이상, 하단이 구속된 벽체의 경우 두께 0.5m 이상인 구조물 등이 큰 부재에 해당된다. 큰 부피의 콘크리트를 한 번에 시공하여 굳히기 때문에 콘크리트 안에 생기는 열응력, 수축 응력 등의 문제가 발생할 수 있어서 냉각시설도 필요하다.

㉮ 매스콘크리트의 온도균열

매스콘크리트에서는 내・외부 응력이 겹쳐져 복합응력을 형성하고, 이 복합 응력에 의해 균열이 발생한다. 콘크리트가 수화반응할 때, 콘크리트 내외부의 온도 차로 인하여 인장응력이 발생하며, 이 응력이 콘크리트의 인장강도를 초과하면 균열이 발생하게 된다. 온도 균열지수는 이러한 인장강도와 응력의 상관관계를 지수화한 것으로, 온도에 따른 균열 확률을 파악하는 데 사용된다. 이 지수는 1.0을 기준으로 그 값이 작을수록 균열이 생기기 쉽고, 클수록 균열이 생기기 어렵다.

• 내부구속 : 콘크리트에 포함된 시멘트는 물과 수화반응을 하여 수화열을 발생시킨다. 콘크리트 표면에서는 수화열이 외부로 방출되고, 콘크리트 내부에서는 수화열이 방출되지 못하여 온도 차이가 크게 난다. 이러한 온도 차는 콘크리트 내・외부의 팽창・수축 정도를 다르게 하여 콘크리트에 온도균열을 발생시킨다.

- 외부구속 : 콘크리트가 최고온도에 도달한 후 온도가 하강하면서 발생하는 응력으로서, 온도 변화에 의해 콘크리트는 신축하려 하지만 그 변형이 하부 지반, 거푸집, 기 타설된 콘크리트 등에 의해 구속되어 균열이 발생하는 경우이다. 외부구속으로 인한 균열의 폭은 0.2~0.5mm 또는 그 이상이며, 세로로 곧게 뻗은 관통 균열이 발생한다. 온도변화로 인한 체적변화로 건조수축과 같은 이유로 인장응력이 생겨 균열이 발생하기도 한다.

㉯ 온도균열 방지대책

- 설계 측면 : 콘크리트의 온도균열지수는 수화열에 의한 변형량을 나타내는 지표로서 온도균열지수가 높을수록 온도균열이 발생할 가능성이 높아지므로 균열을 유도하는 이음부 설치, 온도철근 배근, 방수처리 등의 대책을 강구해야 한다. 균열을 고려한 이음부 위치를 결정하고 매스콘크리트 부재 단면을 나누어 균열을 유도하는 방법도 있다. 이음부 설계 반영 시 콘크리트의 수화열에 의한 팽창과 수축을 흡수할 수 있도록 충분한 길이와 폭을 확보하는 것도 하나의 방법이다.

- 콘크리트 생산(재료 및 배합) 측면 : 시멘트, 물, 석재, 모래의 비율을 적절히 조절하여 사용하고, 수화열 발생이 적은 미분말의 시멘트로서 중용열 포틀랜드 시멘트, 고로슬래그 시멘트, 플라이애시 시멘트, 저발열 시멘트 등을 사용한다. 고성능 감수제, AE 감수제 및 응결 지연성 혼화제를 사용하여 콘크리트의 수화열을 낮춘다. 양질의 골재를 사용하고, 플라이애시 등의 분말을 사용하여 밀실 시공을 유도하고 가능한 낮은 온도의 골재, 배합수 및 시멘트를 사용하며, 재료의 일부 또는 전부를 미리 냉각시켜 콘크리트 온도를 저하시키는 방법도 사용한다. 또한 단위시멘트량 및 단위수량을 최소화해야 한다.

- 콘크리트 시공 측면 : 콘크리트 타설 시 프리쿨링(pre-cooling)이나 파이프 쿨링(pipe cooling) 등의 방법으로 냉각하고, 타설 구획을 작게 하여 콘크리트의 양생시간을 충분히 확보하는 방법, 충분히 양생하여 수화열에 의한 온도 상승을 억제하는 방법 등으로 균열 발생을 줄일 수 있다. 또 보강 철근으로 균열을 분산시킬 수 있으며, 온도 철근을 배근하여 콘크리트의 인장력을 보강하는 방법도 있다. 온도 철근은 수화열에 의한 콘크리트의 신축으로 발생하는 균열을 분산시키는 역할을 한다. 시공 후에는 균열 발생을 대비하여 조기에 방수 처리하여 균열을 통한 수분 침입을 방지한다.

④ 고강도 콘크리트 공사

설계기준강도가 보통 콘크리트는 40MPa 이상, 경량콘크리트는 27MPa 이상인 콘크리트이다. 실리카 흄(silica fume) 등의 미세분말을 사용하여 강도, 내구성, 수밀성 등을 높인 우수한 품질의 콘크리트이다. 물·시멘트비나 물·결합재비가 상대적으로 적기 때문에 시공성 증진 목적으로 고성능 감수제 등을 사용한다.

㉮ 고강도 콘크리트 생산 시 유의사항
- 중용열, 조강, 저열, 내황산염 시멘트를 사용한다.
- 골재는 깨끗하고 강하며 내구적인 것으로 입도가 골고루 혼합되어 있는 것을 사용한다.
- 굵은 골재는 열팽창계수가 시멘트 페이스트와 현저하게 다른 것은 사용하지 않는다.
- 물·결합재비(W/B)[36] 50% 이하, 슬럼프 150mm 이하(유동화 콘크리트의 경우 210mm 이하), 단위수량 180kg/m^3 이하 등으로 작업이 가능한 범위 내에서 되도록 작게 유지한다.
- 잔골재율(s/a)은 가능한 한 작게 한다.

㉯ 고강도 콘크리트 시공 시 유의사항
- 재료 분리 및 슬럼프 손실이 적은 방법으로 신속히 운반하여 타설한다.
- 유동성이 좋은 고강도 콘크리트의 시공 시 측압에 의한 안전성 검토가 매우 중요하다. 거푸집의 측압 증가가 크므로 높은 측압에 거푸집이 충분히 저항할 수 있도록 설계해야 한다.
- 시공 시 품질변화가 많으므로 엄격한 품질관리가 요구된다.
- 낮은 물·시멘트비(W/C)를 가지므로 습윤양생을 실시한다.
- 경화할 때까지 직사광선이나 바람에 의한 수분의 증발을 방지할 수 있는 조치가 필요하다.

㉰ 고강도 콘크리트의 폭렬(explosive spalling) 대책
- 콘크리트의 폭렬은 50MPa 이상의 고강도 콘크리트가 화재 등으로 고온(약 400℃ 이상)에 노출될 때 내부에 갇혀 있던 수분이 외부로 빠져나가지 못한 채 팽창 한계점에 도달하면서 폭발(취성파괴, 爆裂)하거나, 부재 표면의 콘크리트가 탈락·박리되는 현상을 말한다.
- 콘크리트의 열변형(열응력)과 내부의 수증기압 상승[37]으로 폭렬한다.

---

36) 시멘트 외의 결합재로서 폴리머나 레진 등을 많이 사용한다.

- 증가한 수증기압이 콘크리트의 인장강도보다 클 때 폭렬한다.
- 폭렬 방지를 위해서는 유기질 섬유[38] 혼입, 내화도료나 내화모르타르 도포, 표층부에 메탈라스(metal lath) 설치, 강관 등에 의한 콘크리트 피복 등의 방법을 사용한다.

⑤ 유동화 콘크리트 공사

유동화 콘크리트는 비비기를 완료한 베이스 콘크리트에 유동화제를 첨가하여 유동성을 증대시킨 콘크리트를 말한다. 유동화 콘크리트를 계획할 때는 유동화 후 소요의 품질이 얻어질 수 있도록 사전에 베이스 콘크리트의 재료, 배합, 유동화 방법, 타설, 양생 및 품질관리 방법 등을 충분히 검토하여야 한다. 배치 플랜트에서 운반해 온 콘크리트에 현장에서 유동화제를 첨가하여 유동화시키는 경우도 있다. 유동화 콘크리트의 재유동화는 원칙적으로 할 수 없으며, 부득이한 경우 책임기술자의 승인을 받아 1회에 한하여 재유동화할 수 있다. 그러나 처음 비비기로부터 타설이 끝날 때까지의 시간은 원칙적으로 일반 콘크리트의 규정에 따라야 한다. 유동화제는 원액을 사용하고 미리 정한 소정의 양을 한꺼번에 첨가하며, 계량은 질량 또는 용적으로 계량하는데 계량오차는 1회에 3% 이내이어야 한다. 슬럼프는 210mm 이하로 관리한다.

⑥ 수밀콘크리트 공사

물이 침투하지 못하도록 특별히 밀실하게 만든 콘크리트로 물과 공기의 공극률을 최소로 하거나 방수성을 높인 콘크리트를 말한다. 특히 저수조, 수영장, 지하실 등 압력수가 작용하는 구조물 등에서 수밀성이 요구되는 구조물에 사용된다. AE제, 감수제, AE 감수제, 고성능 AE 감수제 또는 포졸란 등을 혼화제로 사용하며, 팽창제, 방수제 등을 사용 시 그 효과를 확인하여 하자가 발생하지 않도록 적정량을 배합하여야 한다. 단위수량 및 물·결합재비를 적게 하고 단위 굵은 골재량은 크게 한다. 슬럼프는 180mm 이하로 하는데, 타설이 가능하면 120mm 이하로 줄일 수도 있다. 공기량은 4% 이하, 물·시멘트비는 50% 이하로 배합에 적용한다. 시공 시 긴결철물이나 간격재 등으로 인한 누수를 방지해야 하며 철저히 다짐하고, 이어 붓기를 가급적 하지 말아야 한다. 연직 시공 이음에는 지수판을 사용해야 한다.

---

37) 고강도 콘크리트는 내부가 치밀하여 공극이 거의 없거나 미세하므로 수증기가 외부로 나가는 통로가 없어 수증기압에 의한 팽창력이 크다.

38) 고온에 유기섬유가 먼저 녹아 수증기가 빠져나갈 수 있는 통로를 형성하여 폭렬을 방지하는 방법으로 가장 경제적이어서, 초고층 빌딩의 고강도 콘크리트 공사에 흔히 사용된다.

⑦ 수중콘크리트 공사

물속 또는 안정액 속에서 타설되는 콘크리트로 수중에서 타설되는 수중 불분리 콘크리트와 지하수 위아래에서 타설되는 콘크리트(현장타설 말뚝, 지하연속벽)로 구분된다. 수중콘크리트 공사는 타설 중 재료 분리에 의한 품질 저하가 발생하지 않도록 높은 점성, 성형성 및 수밀성이 요구된다. 수중 불분리성 콘크리트는 수중에서 분리되지 않는 혼화제를 섞어 재료 분리 저항성을 높인 수중콘크리트이다.

수중콘크리트는 타설 시 트레미관을 이용하며 트레미 출구를 막고 수중에 넣어 콘크리트를 하부로부터 채워서 끌어올리면서 타설한다. 트레미의 선단이 항상 콘크리트에 묻히게 하며, 트레미는 항상 콘크리트가 가득 채워져 있어야 한다. 다른 방법으로는 상자에 콘크리트를 넣고, 수저(水底)에 도달 시 상자를 열어 타설하는 방법과 콘크리트 펌프를 타설부위에 집어넣는 방법이 있다. 포대를 이용하여 콘크리트 타설 시 자루에 콘크리트를 2/3 정도 채운 후, 포대가 자유롭게 변형해서 잘 정착되도록 잠수부가 쌓으면서 타설한다.

⑧ 팽창콘크리트 공사

팽창콘크리트는 경화 과정에서 팽창하는 성질을 가진 시멘트 또는 혼화재료를 사용하여 만든 콘크리트를 말한다. 주로 건조수축 보상을 위한 균열의 보수 및 그라우팅용으로 사용된다. 팽창제 과다 사용 시에는 내구성이 저하되므로 적정량을 계획하는 것이 중요하다.

㉮ 특징 및 사용 목적
- 건조수축 보상으로 균열 저감
- 주변 구조물에 밀착
  - 암반과 콘크리트의 간극 충전으로 일체화 가능
  - 타설 이음부의 누수 방지 가능
  - 충전 모르타르의 역할

㉯ 배합 및 시공 시 유의사항
- 단위 팽창재량 $20\sim40kg/m^3$로 총재료량의 2% 이내, 단위 시멘트량 $260kg/m^3$ 이상으로 한다.
- 공기량은 4% 내외, 고로슬래그 미분말 혼입 시 팽창성이 저하된다.
- 수화열 억제재나 급결재 혼입 시 팽창성이 저하된다.

- 초기 양생 철저, 콘크리트 적정 타설 온도 유지가 필요하다.
- 초기강도가 낮은 콘크리트는 경화되면서 팽창성이 증대한다.
- 철근 구속이 불량할 때는 팽창 효과가 저하된다.

⑨ 노출콘크리트 공사

노출콘크리트는 콘크리트 자체가 갖는 색상 및 질감을 중시하는 것으로, 콘크리트 타설 후 거푸집을 해체한 상태 그대로 노출시켜 콘크리트 자체의 독특한 조형미를 강조하는 것이다. 골조공사와 마감공사를 병행하는 공사로 설계부터 마무리까지 전 과정이 일체화된 공정이라고 할 수 있다. 노출콘크리트의 요구성능은 색채 균일 성능, 균열 억제 성능, 충전 성능 및 재료 분리 저항 성능, 내구성능 등으로 노출면의 품질을 최상으로 유지할 수 있는 배합 및 타설 계획을 수립하는 것이다. 건조수축으로 인한 콘크리트의 균열이 최소화되도록 단위수량을 적게 하고, 팽창제나 수축 저감제를 사용한다. 규정된 슬럼프를 준수하고, 모르타르의 충전성 향상과 골재 분리 방지를 위하여 굵은 골재 최대치수는 20mm로 하고 레이턴스 및 블리딩이 작게 발생하도록 배합 설계한다. 거푸집 체결 철물은 제거하고 거친 면을 다듬은 후의 처리도 필요하다.

⑩ 경량콘크리트

일반 콘크리트보다 중량이 가벼운 콘크리트로 경량 골재를 사용하거나 기포를 생성하여 콘크리트 내부에 공기를 포함시킴으로써 경량화한 콘크리트를 말한다. 경량화가 필요한 구조물이나 보온, 방음 등의 성능이 요구되는 경우에 사용된다. 기포콘크리트의 경우 기포 발생기와 호스 펌프의 모터 회전 속도를 조절하여 기포군과 슬러리의 용적비가 2 : 1이 되도록 하고, 콘크리트 타설 전에 시멘트 물을 충분히 펌핑하여 배관을 통과시킨 후 작업을 시작한다. 작업 중에는 수시로 집진기를 청소하고 재고 물량을 확인해야 한다.

6) 콘크리트 줄눈(joint, 이음)

콘크리트의 줄눈은 온도변화, 건조수축, Creep 등으로 인한 균열의 발생을 방지할 목적으로 설치하는 것이다. 줄눈은 콘크리트 타설 시 시공상 필요에 의해 설치하는 시공성 줄눈과 구조물이 완공되었을 때 구조물의 다양한 변형에 대응하기 위한 기능성 줄눈으로 나눌 수 있다. 콘크리트의 줄눈은 설계단계부터 고려하여 설치하며, 균열 예상 지점, 온도 응력의 발생 정도, 구조물의 환경적 여건 등을 고려하여야 한다.

① 시공성 줄눈

　㉮ 시공줄눈

　　콘크리트 타설 후 일정 시간이 경과한 후에 새로운 콘크리트를 이어 타설할 때 생기는 이음면이다. 이어 치는 부위는 깨끗하게 청소한 후에 그리고 가능하면 이음면을 거칠게 한 후에 콘크리트를 타설한다.

　　• 시공줄눈의 설치위치
　　　- 벽체나 기둥의 시공이음은 바닥판(슬래브, 보)과의 경계에 둔다.
　　　- 넓은 면적의 지하주차장 슬래브나 보는 중앙부 중에서 전단력이 가장 작은 곳
　　　- 이음길이와 면적이 최소가 되는 위치
　　　- 부재의 압축력이 작용하는 방향과는 직각으로
　　　- 1회 타설량 및 시공에 무리가 없는 곳
　　　- 캔틸레버 보는 시공이음 금지

　　• 시공줄눈 설치 시 유의사항
　　　- 구조물의 강도, 내구성, 수밀성, 외관 등을 해치지 않도록 위치, 방향 및 공법을 선정한다.
　　　- 부득이 전단력이 큰 위치에 시공 이음을 하는 경우는 이음 부위에 장부 또는 홈을 두거나 철근으로 보강한다.
　　　- 수화열, 외기온 등에 의한 온도 응력 및 건조수축 균열을 고려하여 위치를 결정한다.
　　　- 염해가 우려되는 해양 콘크리트나 항만 콘크리트는 이음을 하지 않는다.
　　　- 시공이음을 두는 경우, 구 콘크리트 표면의 레이턴스, 품질이 나쁜 콘크리트, 달라붙지 않은 골재 등은 제거하여야 한다.
　　　- 시공이음 부위가 될 콘크리트 면은 경화가 시작될 때 쇠솔 등으로 거칠게 한 후 습윤 양생한다.

　㉯ 수평 시공이음
　　• 구조물의 측면에 나오는 시공이음은 미관상 최대한 수평을 맞춰야 한다.
　　• 타설 완료된 부위 접합면의 경화 정도에 따라 고압의 공기나 물로 청소를 해 줘야 한다.
　　• 시공이음 부위에 시공 단차(턱)이 발생하면, 향후 마감 작업을 위한 할석 및 미장 등의 작업이 추가로 필요하므로 긴결재와 간격재를 잘 배치해서 시공 단차가 없도록 해야 한다.

㉡ 수직 시공이음
- 기존 타설된 콘크리트 면을 청소하고 치핑을 실시하여 거칠게 한 상태에서 시멘트 페이스트나 모르타르 또는 에폭시 수지 등을 칠하면 이어 칠 때 접착력이 증가된다.
- 지수판을 설치하여 수밀성능을 확보한다.

㉣ 지연줄눈(delay joint, shrinkage strip)
지연줄눈은 장 스팬 시공 시 중간에 수축 대(shrinkage strip)를 설치하고, 먼저 타설한 부위의 초기 건조수축을 발생시킨 후 중간 부위를 나중에 타설하며 생긴 이음 부위를 말한다. 지연줄눈은 스팬이 100m를 넘는 구조물에 흔히 적용되며, 익스팬션 조인트 대신 적용하기도 한다. Span의 중앙부에 위치시키는 경우가 많으며, 기초를 제외한 모든 부재에 적용 가능하다.
- 지연 줄눈 부분은 보통 4주 후에 타설한다.
- 지연 줄눈의 폭은 슬래브는 1m 정도, 벽 및 보는 200mm 정도이다.
- 온도 응력으로 문제가 될 경우는 완전히 끊어지도록 시공한다.
- 옥상부위는 방수성능을 고려하여 위치를 신중하게 결정해야 한다.

② 기능성 줄눈
㉠ 신축·팽창줄눈(expansion joint, isolation joint)
신축줄눈은 온도변화에 따른 구조체의 팽창, 수축 또는 부동침하, 횡변위 차이, 진동 등에 의한 균열이 예상되는 위치에 설치하는 영구적 줄눈으로, 설계단계에서부터 단면을 2개 이상의 매스(mass)로 분리 시공하도록 계획한다.

- 신축·팽창줄눈의 설치 위치, 간격 및 폭
  - 건물의 형태가 비정형 구조물(L, T, Y, U형 등)일 때는 건물방향이 바뀌는 곳에 설치
  - 단면의 차이가 많은 곳이나 외기에 직접 면하는 면적이 넓은 경우에 설치
  - 고층부에 일부 저층부가 붙을 때 설치
  - 간격은 60~200m, 폭은 30mm 내외로 설치

- 신축·팽창줄눈의 설치방법
  기성 신축팽창 줄눈 성형 제품을 방수층 상부까지 도달하도록 설치하여 완전하게 수축팽창을 흡수해야 한다. 신축줄눈재 설치 후 누름콘크리트 마감 중 신축줄눈 위에 탄성재를 주입하는데, 주입재는 수성 아크릴 실링재, 유성 우레탄계 실링재 등을 사용한다.

• 신축 · 팽창줄눈 설치 시 유의사항
  – 줄눈의 종류, 구조, 위치 등을 정확하고 정밀하게 시공해야 한다.
  – 줄눈은 슬래브 면에 수직으로 하고 Dowel bar는 슬래브 면과 평행이 되도록
    설치
  – 녹 또는 이물질이 붙어 있는 철근은 사용하지 않아야 한다.

㉴ 조절줄눈(control joint)
  균열이 특정한 곳에서 일어나도록 유도하는 줄눈이다. 콘크리트 경화 과정에
  서 수축으로 인한 균열을 방지하고, 슬래브에서 발생하는 수평 움직임을 조
  절하기 위하여 설치한다. 슬래브 내에 홈이나 줄눈을 인위적으로 만들어 그
  부분으로 균열을 유도하여 다른 부분의 균열을 막는 원리이다. 연속된 부재
  로 면적이 넓은 슬래브나 옹벽, 무근콘크리트의 마감에 주로 설치한다.

• 조절줄눈의 위치
  – 슬래브, 옹벽, 슬래브 상부 무근콘크리트
  – 외벽 개구부 주위, 창문 틀 주위, 배수구 주위
  – 건축물의 코너 부위, 파라펫

• 조절줄눈의 시공방법
  줄눈 홈의 깊이는 두께의 1/4~1/5, 폭은 6~10mm, 설치간격은 슬래브 두께
  의 24~36배 정도로 한다. 끊어지지 않고 연속되게 줄눈에 코킹(caulking)
  하며, 외기에 접한 부분은 기상의 변화로 균열 발생 가능성이 크므로 반드시
  설치하는 것이 좋다.

Q 고수 POINT   주차장 바닥 등 무근콘크리트 타설 후 줄눈

• 무근콘크리트 타설 시 줄눈 도면을 작성하여 감리단의 승인을 받는다.
• 기둥 주위 아웃 코너 4곳(사각기둥의 경우)에는 반드시 줄눈을 설치하여 발생 가능한 균열
  을 조절해야 한다.
• 온도, 습도 등 기상여건을 고려하여 콘크리트에 균열이 발생하기 전에 줄눈 커팅 전문
  업체와 협의하여 작업팀을 적기에 투입할 수 있도록 일정계획을 확정하여야 한다.

③ 특수줄눈

㉮ 슬라이딩 조인트(sliding joint)

슬라이딩 조인트는 슬래브나 보가 단순 지지방식이고 직각 방향의 하중이 예상될 때, 사전에 미끄러질 수 있는 구조로 설계하는 조인트이다. 슬래브 또는 보와 기둥 사이에 설치한다.

㉯ 슬립 조인트(slip joint)

슬립 조인트는 조적 벽과 RC 슬래브 사이에 설치하여 상호 자유롭게 개별적으로 거동할 수 있도록 계획한 조인트를 말한다.

7) 보수 및 보강 공법

① 보수 공법

콘크리트의 보수에는 균열보수와 손상된 단면의 보수 등으로 나누어 볼 수 있다. 균열은 그 원인을 분석하여 표면처리공법, 주입공법, 충전공법 등 적절한 방법을 적용하여 보수한다. 표면처리공법은 직접 균열의 표면을 보수하는 것이고, 주입 공법은 균열 부위를 에폭시 등으로 주입하는 것이며, 충전공법은 균열 부위를 'V' 커팅하고 모르타르 또는 에폭시를 충전하는 것이다. 콘크리트의 누수는 구조 물의 기능장애와 노후화의 원인이 될 수 있으므로, 그 원인을 분석하여 지수공법, 유도배수공법, 차수공법 등의 방법으로 보수한다. 철근콘크리트 구조물에서 철근 이 부식되면 방청공법, 단면복원공법, 교체공법 등의 방법으로 보수 보강한다. 콘크리트 탄산화 부위는 콘크리트의 수밀성을 떨어뜨리며, 철근콘크리트 구조물의 강재 부식 원인이 될 수 있으므로 단면보수공법, 부식 저항성 증진 공법 등으로 보수한다. 보수공사는 일반적으로 다음과 같은 절차로 수행한다.

㉮ 콘크리트 제거

철근콘크리트 구조물의 보수 작업은 손상된 콘크리트를 제거하는 것으로 시작 하는데, 이는 손상된 부위를 깨끗하게 만들고 새로운 콘크리트를 타설, 부착 하기 위한 공간을 확보하기 위함이다.

㉯ 철근 처리

콘크리트 제거 후에는 노출된 철근을 보수한다. 이는 철근의 부식을 막고, 철근의 접착력을 높이며 철근의 수명을 연장시키는 것을 목적으로 한다.

ⓒ 새로운 콘크리트 부착

철근을 보수한 후에는 새로운 콘크리트를 타설한다. 이 과정에서 적절한 혼화제를 사용하고 보양을 철저하게 하여야 한다.

ⓓ 방청성 부착강화재 도포

콘크리트와 철근의 표면에 이온교환수지 분말, 시멘트, 재분산성 분말 수지, 혼화제 등을 혼합한 방청성 부착강화재를 도포하고 표면에 단면 복구 보수재를 바른다.

ⓔ 표면 보호재로 마감 코팅

단면복구 보수재로 충전한 철근콘크리트 구조물의 표면을 표면 보호재로 코팅하여 마감한다.

② 보강 종류 및 공법

철근콘크리트 구조의 보강 방법으로는 기존 구조물에 부재를 추가하는 부재증설 공법, 기존 구조물을 긴장하는 포스트 텐션 공법, 기존 구조물에 적정 단면을 추가하여 강도를 높이는 단면 증대 공법 등이 있다. 그리고 손상된 구조물을 새로운 구조물로 교체하는 교체 공법, 기존 구조물에 철근을 추가로 매입하여 강도를 높이는 철근 매입공법, 내하력이 부족한 철근콘크리트 보의 측면 및 밑면에 강판을 접착하여 보의 휨응력과 전단력을 증진하는 강판 접착공법이 있다. 섬유보강공법은 콘크리트 표면에 탄소섬유, 섬유 강화 폴리머(FRP) 등을 부착하고, 그 위에 콘크리트나 모르타르를 부착, 타설하는 공법이다. 철근망이나 와이어 메시로 보강하는 공법도 있다.

🅠 고수 POINT   콘크리트 타설 및 양생

1. 콘크리트 타설 제한 시간 : 레미콘 공장에서 출하하여 타설 완료까지의 시간
   - 25℃ 미만 : 2시간(120분) 이내
   - 25℃ 이상 : 1시간 30분(90분) 이내

2. 콘크리트의 허용 이어치기 시간 간격
   - 25℃ 이하 : 2시간 30분(150분)
   - 25℃ 초과 : 2시간(120분)

3. 콘크리트 타설 시 온도는 가능한 35℃ 이하로 낮추는 것이 좋고, 콘크리트는 최소한 5일 이상 양생하는 것이 바람직하다.

고수 POINT 강우 시 콘크리트 타설 관리

- 일기예보에 따른 강우량에 따라 타설 여부를 우선 결정하여야 한다.
- 펌프카 및 몰리를 이용하여 콘크리트를 공급 타설하는 부위에 우수가 직접 유입되지 않도록 지붕이 있는 가설보호막을 설치하여야 한다.
- 콘크리트 타설과 동시에 비닐 보양을 실시하여 우수 유입이 되지 않도록 한다.
- 먼저 타설한 부위와 나중에 타설한 부위 사이에 콜드 조인트(cold joint)가 생기지 않도록 타설 구획과 순서를 결정하는 것이 중요하다.
- 강우로 예상되는 미끄럼, 누전 등으로 인한 사고 예방과 작업자의 안전 확보에 더욱 유의하여야 한다.

8) 철근콘크리트 시공

① 콘크리트 타설 흐름도

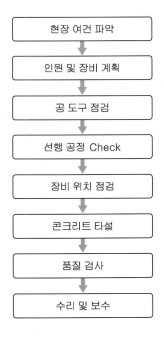

[그림 4-53] 콘크리트 타설 흐름도

Q 고수 POINT **콘크리트 타설 준비**

1. 시공 준비단계의 유의사항
- 타설 인원 및 장비 동원계획 수립
- 선행 공사(배근, 설비배관, box out 등) 완료 상태 확인 점검
- 타설 위치 및 장비 배치 위치 확인
- 공·도구(삽, Screed, 쇠흙손, 바이브레이터 등) 준비 및 배치 확인
- 타설 부위 청소상태 확인

2. 시공 중의 유의사항
- 레미콘 신호수 배치 및 관리
- 설계기준 압축강도가 높은 것부터 그리고 미리 정한 순서에 맞게 타설
- 기둥, 벽체, 옹벽 등 수직부재는 일일 최대 타설 높이 기준 준수
- 정해진 철근 피복두께를 확보할 수 있도록 유의 특히, 플랫 슬래브, 캔틸레버 등
- 타설 후 보양/양생 관리 철저
- 콘크리트 타설공사에 참여한 작업자(근로자), 품질·안전 담당자, 건설사업관리기술원/
  감리원 등 실명 작성 제출(작업실명제)

② 콘크리트 타설 장비

㉮ 펌프카(pump car) 및 포터블 펌프(potable pump, moly)

[표 4-23] 펌프카(pump car)와 포터블 펌프 비교

구분	Pump Car	Potable Contrete Pump(몰리)
개요	• 도심지 10층 이하의 건축공사에서 콘크리트를 타설(pumping)하는 데 사용된다. 다양한 길이의 펌프카가 있으며, 85제 시행(8시간 작업)에 따라 저층부에서는 시간당 100m^3 용량의 장비, 기준층에서는 90m^{3}의 용량의 장비가 보통 사용된다.	• 제한된 공간이나 펌프카 설치가 어려울 때 사용되며, 주로 10층 이상 고층부 타설에 유용하다. • 7~8층은 2가지 장비 모두 사용 가능하다고 볼 수 있다. • 건물의 높이 150m 기준 실제 사용압력 125bar 이상의 장비 선정
제원	• 최대 토출량 : 180m^3/hr • 붐 형식(수평 : 45m, 수직 : 49m) • Hopper 용량 : 600L • 중량 : 39,410kg	• 최대 토출량 : 100m^3/hr • 고압 토출 압력 : 125bar 이상 • Hopper 용량 : 600L • 중량 : 15,770kg
사진		

• 펌프카로 콘크리트 타설 시 투입인원(펌프카 1대 사용 시 표준 투입인원)

구 분	팀 구성	투입 인원	담당업무	비 고
총 괄		1	타설 및 비계 관리	공종 담당 소장
콘크리트 타설 공	1	8	콘크리트 타설 기능공	별도 예비팀 준비
호퍼 타설 공		4	지하층 분리 타설 및 옥탑 타설	• T/C 신호수 포함 • 배관타설이 불가능한 경우
신호수		2	차량 및 장비 신호 관리 외	
비계공	1	6	가설 비계 설치 및 해체	예비팀 준비

㉯ 분배기(distributor)

콘크리트 타설장비 중 CPB와 자바라의 장단점을 절충한 중간형태로 자바라에 비해 타설 효율이 좋지만, 작업 반경이 CPB에 비해 좁아 타워크레인으로 위치를 이동시켜야 한다. 타설 부위에 레일을 깔고 분배기를 설치한 후 일정 구역을 타설한 다음 레일을 이용하여 분배기를 이동하면서 콘크리트를 타설하는 방식으로 작동한다. 타설 장비 접근이 어려운 현장 작업 시 재료 분리 방지로 고품질 타설 시공이 가능하며 옹벽, 기둥, 파라펫 타설 시공이 용이하다. 분배기를 사용하면 콘크리트 압송 과정에서 발생하는 압력과 진동으로 인한 철근 변형이나 손상을 방지할 수 있다. 분배기 붐은 원하는 위치로 자유롭게 움직일 수 있어 좁은 공간이나 복잡한 형태의 구조물에도 정확하게 콘크리트를 타설할 수 있으며 타설 작업인력을 줄이고 타설시간을 단축할 수 있어 작업효율을 높일 수 있다.

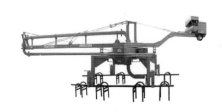

[그림 4-54] 분배기

ⓓ CPB(Concrete Placing Boom)

콘크리트 타설 장비의 일종이며 콘크리트 펌프로 압송된 콘크리트를 CPB에 연결된 붐을 통해 원하는 위치에 타설할 수 있는 장비이다. 고층 건물이나 지하철 역사와 같은 대규모 구조물에 주로 사용된다. CPB는 다른 장비에 비하여 콘크리트를 빠르고 효율적으로 타설할 수 있고, 작업 범위, 반경 등을 자유롭게 조절할 수 있어서 작업소요 시간이 단축되며, 배근된 철근의 이동이나 변형도 최소화할 수 있다.

[표 4-24] CPB 유형 및 특징

구분	Slab Open	Core Wall	Wall Bracket
설치 방법			
그림 설명	• Slab에 Openning 작업 후 Frame에 의해 고정	• Core Wall 내부에 앵커 볼트, 플레이트 등을 부착하여 고정	• CPB를 Core Wall 내부에 설치할 수 없을 때 채택
장점	• 가장 일반적으로 채택하는 방법 • 공사비용 저렴 • 안전관리 용이	• Core Wall 외부 기둥과 슬래브 타설이 가능하고, Flexible 배관을 연결하면 2~3개의 하부층 타설도 가능	• 양중 장비 간섭 최소화 가능
단점	• Slab Openning Hole에 대한 마감 작업 후 시공 필요	• 시공비용 증가, 낙하물 비래 • 안전사고 위험 내재	• 시공비용 증가, 낙하물 비래 • 안전사고 위험 내재

③ 콘크리트 타설

[그림 4-55]와 [그림 4-56]는 기둥 부위 및 슬래브 콘크리트 타설방법이다.

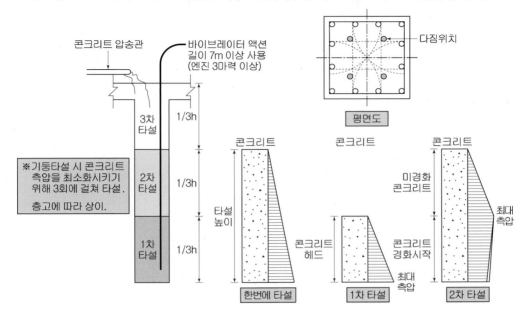

[그림 4-55] 기둥 부위 타설 방법

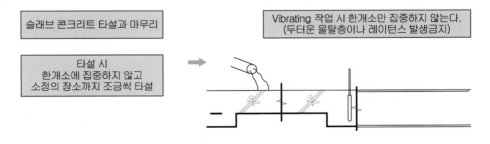

[그림 4-56] 슬래브 콘크리트 타설 방법

㉮ 콘크리트 타설 시 주의사항

• 안전 및 민원을 고려하여 콘크리트 타설로 인한 소음 발생을 최소화해야 한다.

• 레미콘을 현장에 반·출입할 때는 반드시 차량 통제 요원을 배치한다.

• 콘크리트 타설 후 Pipe Line에 남아 있는 콘크리트의 잔량은 회수기를 이용하여 전량 회수하여 마지막 레미콘 트럭으로 반출한다.

• 콘크리트공사 표준시방서와 국가건설기준에 적합하게 계획·관리하여 요구하는 콘크리트의 품질이나 안전을 확보해야 한다.

구 분	세 부 내 용
청소 및 타설	• 송풍기, 진공청소기 등을 이용하거나 살수(撒水) 등의 방법으로 거푸집의 이물질을 사전에 완벽하게 제거한다. • 콘크리트 타설이 가능하도록 배근된 철근의 순간격을 사전에 확인한다. 특히, 조밀하게 배근된 보, 기둥 등의 교차 부위를 확인한다. • 콘크리트 타설 시 스페이서가 원래의 상태를 유지하고 있는지 확인한다. • 진동기(vibrator) 삽입 간격 및 횟수를 부위별로 지정하여 재료분리 및 배부름 현상을 예방한다. • 적정 타설 높이 유지로 재료, 특히 골재 분리 현상을 방지한다. • 타설 시 협력업체 직원을 상주시켜 레벨(level) 등을 관리한다.
양생 및 보양	• 콘크리트 타설 후 최소 1일간은 자재 등의 적치를 금한다. • 살수 및 비닐 양생 • 구조검토로 확인한 적정 강도 이상 확보 후 부위별로 거푸집 해체 • 콘크리트 타설 후 양생 전 탬핑 작업 실시
균열 관리	• 균열 발생 시 균열관리 대장에 기록하고 Crack Gauge 등을 설치하여 관리한다. • 주 단위로 균열의 진행성 여부를 기록 관리한다. • 균열 진행이 중지된 것을 확인한 후 보수 보강 여부를 결정하고 필요한 조치를 취한다.

⑭ 콘크리트 양생관리
- 태양 직사광선을 피하고 눈, 비, 바람 등으로부터 노출면을 보호해야 한다.
- 콘크리트가 충분히 경화될 때까지 충격과 압력을 받지 않도록 보호해야 한다.
- 양생조건에 맞는 온도와 습도를 유지해야 한다.
- 타설 후 3일간은 하중을 가하지 말고, 7일 이상 습윤 양생해야 한다.
- 양생기간에는 온도, 습도, 콘크리트의 균열 등을 주기적으로 관찰해야 한다.
- 동절기에는 한중콘크리트 양생방법을 적용해야 한다.
- 보온양생과 급열양생을 통해 콘크리트의 온도를 적정하게 유지해야 한다.
- 혹서기에는 타설 직후 수분 증발을 막기 위해 살수 양생해야 한다.
- 비닐보양 실시

Q 고수 POINT **콘크리트의 다짐(vibrating)**

• 철근과의 부착력을 증진하고 거푸집 전체에 콘크리트가 밀실하게 채워지도록 진동 다짐 한다.
• 타설작업 전에 콘크리트 줄눈(이음), 단면치수, 타설높이 등을 확인하고 바이브레이터 외 진동기구(전기식, 엔진식)를 예비로 준비해야 한다.
• 다짐장비의 종류, 대수, 사용시기, 사용위치 등을 사전에 검토 확인한다.
• 다짐 간격과 깊이를 고려하여 기포 발생 후 표면이 매끄러워질 때까지 다짐한다.
• 침하균열을 작게 하기 위해서는 다짐기준을 확인하고 준수해야 한다.
• 거푸집은 고무망치, 목재망치 등을 사용하여 추가로 다짐한다.

④ 자재 인양구 시공

㉮ 개요

철근콘크리트 공사에서 자재인양구의 위치 및 규격 결정은 매우 중요하다. 자재인양구는 철근, 거푸집, 콘크리트 및 기타 자재를 안전하고 효율적으로 인양하는 데 필요한 장비와 설비를 갖춘 장소 또는 위치를 의미한다. 자재 인양구는 철근콘크리트 공사의 안전성과 효율성을 높이고 작업자의 작업환경 개선에 중요한 역할을 한다.

㉯ 자재 인양구의 필요성

• 안전 확보 : 자재 인양구에는 작업자가 안전하게 작업하는 데 필요한 장비와 설비를 갖추고 있어서 자재 인양구를 통하여 안전하게 자재를 인양할 수 있다.
• 효율성 : 인양구에 설치한 체인블록, 윈치 등으로 자재를 들어 올림으로써 작업시간의 단축이 가능하고 작업의 효율성이 증진된다.
• 작업환경 개선 : 자재 인양구 설치로 작업환경이 개선되고 작업자의 부상 위험 을 줄일 수 있으며, 작업 공간을 효율적으로 활용할 수 있다.

> **ⓠ 고수 POINT   양중 장비 및 자재 인양구**
>
> • 고층 건축물이나 대형 탑다운 공사현장은 타워크레인, 리프트(호이스트) 등 양중장비를 최대한 여유 있게 설치하여야 한다.
> • 대형 역타 현장은 공구별로 별도의 자재 인양구를 설치하는 것이 좋다.
> • 자재 인양구는 강제로 제작하여 전용성과 경제성을 높이는 것이 좋다.
> • 자재 인양구 담당 협력업체는 원청회사와 협의하여 주근 배근을 위치를 피해 자재 인양구의 위치, 크기 및 방향 등을 정해야 한다.
> • 콘크리트 타설 후 자재 인양구 하부철근의 중앙은 절단하여 구부려 놓는다.
> • 자재 인양구를 사용하지 않을 때는 안전덮개로 덮어서 추락사고를 예방한다.
> • 자재 인양을 모두 완료한 후에는 즉시 거푸집 공사를 실시한다. 거푸집 패널로 인양구 하부를 막은 후 구부려 놓은 철근을 다시 배근하고 동바리를 설치한 후 콘크리트를 타설한다.

⑤ 옥탑 파라펫(parapet) 시공

파라펫의 높이는 추락방지를 위하여 최소 1.2m 이상이어야 한다. 파라펫 상단은 매끄러운 형태로 마감해야 하며, 사람이 파라펫에 걸려 넘어지지 않는 구조이어야 한다. 파라펫의 하단은 10cm 정도의 턱을 만들어 바닥으로 미끄러지지 않도록 하여야 하며, 철근콘크리트로 타설하여 강풍에 파손되지 않는 구조여야 한다. 이외에도 다음과 같은 점에 유의하여 파라펫을 계획·관리하여야 한다.

• 갱폼 현장에서는 최상층 갱폼을 연장 인상하여 파라펫 거푸집으로 활용한다.
• 구조체 및 조인트 부위에 대한 방수 계획을 골조공사 때부터 반영한다.
• 최근에는 일반 거푸집 보다 시공성 및 안전성이 우수한 데크플레이트를 세워서 거푸집으로 활용하는 경우가 많다.

⑥ 이어치기

콘크리트 이어치기란 이미 경화하거나 경화하기 시작한 콘크리트와 연접하여 콘크리트를 타설하는 것을 말한다. 이어치기는 시공상 불가피한 경우에만 실시해야 하며, 이어치기 위치와 방법은 콘크리트의 강도와 내구성에 영향을 미칠 수 있다.

[그림 4-57] 콘크리트 이어치기 방법 및 단면

㉮ 콘크리트의 이어치기 위치

이어치기는 전단력이 작은 부분, 즉 스팬의 중앙 부분이나 1/3~2/3 구간에서 하는 것이 원칙이다. 이어치기 면은 깨끗이 청소하고 레이턴스나 골재 부스러기 등을 제거해야 한다. 또 새로운 콘크리트를 타설하기 직전에 물을 충분히 뿌려 흡수시킨 후 시멘트풀 등을 바르고 공사해야 한다. 이어치기 부분에는 보강 근을 설치하거나 앵커를 매입하는 등의 방법으로 보강해야 한다.

• 캔틸레버 보나 슬래브는 이어치기를 하지 않는 것이 좋으나 불가피하게 이어치기를 할 경우는 구조물의 강도에 영향을 미치지 않는 곳이어야 한다. 이어치기 할 콘크리트의 표면은 깨끗하게 청소하고 이어치며, 이어치기 후에는 양생을 충분히 하여 구조물의 강도를 확보해야 한다.

• 기둥은 슬래브 또는 보의 하단, 기초의 상단에서 이어친다.

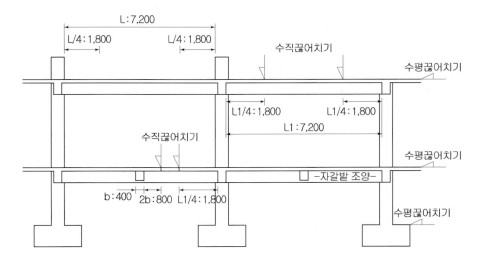

[그림 4-58] 콘크리트의 이어치기 위치

ⓕ 이어치기 유의사항

철근콘크리트 구조는 이어치기 방법에 따라 전단내력이 저하될 수 있으므로 이어치는 전단력이 가장 작은 부분에서 해야 한다. 다만, 구조검토 후 보강 철근을 설치하는 등의 조치를 한다면 어느 위치에서도 이어칠 수 있다. 작업의 효율성, 공기, 품질관리 등의 측면에서 가장 효율적인 이어치기 방법을 검토·적용하는 것이 바람직하다.

ⓓ 이어치기 허용시간

• 외기 25℃ 이하 : 150분(2시간 30분) 이내
• 외기 25℃ 초과 : 120분(2시간) 이내

⑦ 지수판(water stop)

㉮ 개요

콘크리트 타설 시 이미 경화하거나 경화하기 시작한 콘크리트와 연접하여 타설하는 부분에 설치하는 방수판으로서 콘크리트와 부착하여 외부에서 물이 유입되지 않게 하기 위해 사용된다. 주로 기초와 기초, 기초와 벽체, 벽체와 벽체 사이의 조인트 부위에 시공된다. 지수판은 이어치기 부위를 결정한 상태에서 콘크리트를 타설한 후 철근을 배근하기 전에 미리 설치하는 것이 보통이다.

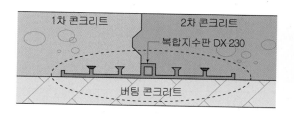

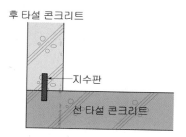
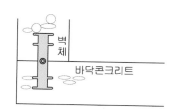

[그림 4-59] 지수판

[그림 4-60] 지수판 설치 예

복합 지수판은 염화비닐 지수판과 수팽창 지수재를 조합하여 만든 제품으로, 콘크리트 구조물의 신축, 침하, 연동에 강한 제품이다. 기존 지수판의 장점과 수팽창 지수재의 복합으로 보다 능동적이며 완벽한 지수효과를 기대할 수 있다. 복합 지수판은 다양한 규격과 형태로 제공되어 어떠한 형태의 구조물에도 적용할 수 있다. 복합 지수판의 종류는 중앙밸브형 주름판, FF형 지수판, S-1 특수형, M형 지수판 등이 있다. 각기의 지수판은 설치방법과 접합방법이 다르므로, 제작자의 지침에 따라 올바르게 시공해야 한다.

㉴ 지수판 시공순서
- 타설 구간 콘크리트 타설
- Construction Joint 부분 청소
- 각재 및 물청소 등으로 잔재 제거
- 후 타설 구간 콘크리트 타설

[그림 4-61] 버림 콘크리트 위 지수판 설치(조인트 휠라)

열풍식 용접기

융착식 용접기

고무캡 연결

PRR 연결테이프

[그림 4-62] PVC 지수판 접합 공법

⑧ 리브 라스(rib lath)

기초 및 슬래브 끊어치기 부위에 콘크리트를 타설할 경우 콘크리트 표면에 거친 질감을 만들기 위해 사용하는 철망으로, 새로운 콘크리트와 기존의 콘크리트 사이의 부착력을 높이기 위해 사용된다. 리브 라스 시공순서는 다음과 같다.

• 지수판을 설치한다.
• 리브 라스를 이용하여 끊어치기 부위를 막는다(전단 키 설치).
• 리브 라스의 고정을 위하여 각재를 설치한다.
• 1차 타설 후 2차 타설을 진행한다.

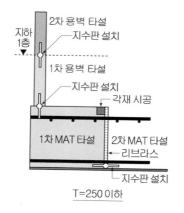

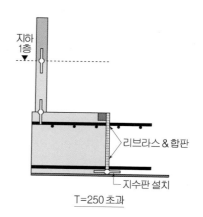

옹벽 끊어치기

기초 끊어치기

내수압 기초 끊어치기

슬래브 끊어치기

[그림 4-63] 끊어치기 부위의 지수판 설치 예

고수 POINT 지수판 시공관리

- 지수판에 흙, 기름, 윤활유 등이 묻지 않도록 유의한다.
- 지수판이 콘크리트 타설 과정에서 움직이지 않도록 완벽하게 고정한다.
- 거푸집 해체 시점에서 지수판 설치 부위의 각재를 제거한다.
- 수직 시공이음 부위의 지수판은 조인트 휠라 및 라스 사이에 고정시킨다.
- PVC 지수판을 연결하여 사용하는 경우는 제작자의 지침에 따라 열풍식 용접기, 융착식 용접기, 고무캡, PRP 연결 테이프 등을 이용하여 접합한다.
- 수팽창 고무 지수판 접착 시에는 콘크리트면 및 지수판에 접착제를 도포하여 틈을 제거한다.
- 접속부에서의 이음 또는 지수판 교차 지점에서의 이음은 틈이 생기지 않도록 50mm 이상 겹쳐 이음(overlap)한다.
- 거품, 부적합 부착, 누수, 균열, 어긋남, 물의 침입 등이 없도록 유의한다.
- 손상 또는 결함이 있거나 잘못 설치된 지수판은 즉시 보수하거나 교체한다.

4.2.4 강구조 공사

각종 형강과 강판을 고력볼트, 용접 등의 방법으로 접합 조립하여 건물의 뼈대를 구성하는 구조형식의 하나로 철골구조라고도 한다. 강구조에서는 보통 커튼월을 건축물의 외벽 면에 설치하여 마감하며, 건축물의 외벽에 하중이 적게 걸려서 고층 건축물에 많이 사용된다.

(1) 강구조 시스템

골조 구조(framed structure)는 사무소 건축물이나 근린생활시설 등 업무시설에 많이 사용되고, 전단벽 구조(shear wall structure)는 공동주택이나 주거용 오피스텔 등 주거용 건축물에서 광범위하게 사용되고 있다.

1) 골조 구조 및 전단벽 구조

골조 구조는 기둥과 보 등 직선 형상의 부재를 조합하여 만든 구조물로서 두 부재가 서로 교차하는 지점, 즉 절점이 힌지로 되어 있는 경우를 트러스라고 하며, 절점이 강절(rigid joint)로 되어 있는 경우를 강절 뼈대 구조 또는 라멘(rahmen) 구조라고 한다. 전단벽 구조는 바람이나 지진 등의 수평 하중에 효과적으로 대응할 수 있어 구조적 안정성이 높기 때문에 초고층 건축물에도 널리 사용되고 있다.

[표 4-25] 골조 구조 및 전단벽 구조

구조 형식	특징	횡력에 대한 거동	적용사례
골조 구조 (Framed Structure)	1. 시공 편의성으로 광범위하게 사용 2. 일반적인 고층 건물 20~30층 규모 3. 횡력을 부담하는 방식에 따른 구분 • 강성골조방식 • 힌지골조방식 4. MRF : Moment Resisting Frame 　하중을 기둥과 보로 견디는 일반적 　구조		Reliance building (1895, 시카고)
전단벽 구조 (Shear Wall Structure)	1. 국내 주거용 건물에 널리 사용됨 2. 내력벽 간격 : 3.6~5.4m 3. 축력과 횡력 동시에 지지 4. 30층까지도 적용 • 이중골조구조 : 코어의 전단벽과 　MRF가 상호작용하여 횡하중에 　저항하는 구조		벽식아파트 서초 현대슈퍼빌

2) 코어 구조 및 스태거드 트러스 구조

코어(core)는 건물의 중심이 되는 부분으로 사람, 물건 등의 상하 이동과 서비스 공간으로 활용된다. 코어의 기본적 구성 요소는 계단, 엘리베이터, 출입구, 화장실, 전기·정보통신·소방·배연 등의 설비, 급탕실, 복도 등이다. 코어는 편심 코어, 중심 코어, 독립 코어, 양단 코어, 복합형 코어 등 여러 가지 형태가 있다.

스태거드 트러스(staggered truss) 구조는 높은 층고의 플랫 트러스를 엇갈리게 만들어 기둥 위에 설치함으로써 전체 하중을 줄이고 시스템을 강하게 만드는 구조이다. 건축물의 기둥이 외측에만 있고 내측에는 없으므로 내부 공간의 자유도가 높다. 아래층의 바닥은 트러스의 하현재에 걸쳐지고 위층의 바닥은 트러스의 상현재에 걸쳐지게 한다.

[표 4-26] 코어 구조 및 스태거드 트러스 구조

구조 형식	특징	횡력에 대한 거동	적용사례
코어 구조 (Core Structure)	1. 수직동선과 에너지 분배를 담당하는 부분을 모아 횡력 부담 구조체 이용 2. 코어 : E/V, 계단, 화장실, PS실		West Coast Energy Building
스태거드 트러스 구조 (Staggered Truss Structure)	1. 층고 전체를 벽-보로 사용 2. 횡력에 대해 연속된 벽체 형태의 거동 3. 중복도형 구조체에 적절함 4. 기숙사, 콘도, 아파트 등		Berkshire Hall

3) 골조 전단벽 구조 및 튜브 구조

골조 전단벽 구조(shear wall frame structure)는 두 가지 구조시스템이 조합된 형태로서 저층 건축물에서 초고층 건축물까지 널리 사용된다. 이러한 구조에는 골조의 변형 형태인 전단 모드와 전단벽의 변형 형태인 휨 모드가 함께 작용한다.

튜브(tube) 구조는 건축물의 외곽 기둥을 일체화시켜 지상에서 솟은 빈 상자형 캔틸레버와 같이 거동하게 함으로써 수평 하중에 대한 건축물 전체의 강성을 높이면서 내부공간의 자유도를 높이는 구조이다. 1960년대 미국에서 개발된 구조로서 건물 전체를 하나의 선재로 생각하는 가구법으로 초고층 건축물에 사용된다. 외곽기둥을 중심 간격 1~4m 정도로 밀실하게 배치하고 강성이 큰 외곽 보로 연결하여 장방형 바구니와 같이 엮은 구조이며, 모서리 기둥은 중간 기둥들보다 더 큰 강성을 갖게 설계하여 구조체의 휨을 방지한다. 가새 튜브는 외곽 기둥을 보통의 기둥 간격으로 배치하고 가새로 외곽 기둥들을 연결하여 외곽 보의 휨에 대한 약점을 보완한 구조이며 가새가 수평전단력을 흡수한다.

[표 4-27] 골조-전단벽 구조와 튜브 구조

구조 형식	특징	횡력에 대한 거동	적용사례
골조 전단력 구조 (Shear Wall-frame Structure)	1. 횡력을 전단벽과 골조가 동시에 저항 2. 가장 널리 사용되는 방식 3. 골조-전단벽 구조 종류 ⓐ 코어 + 아웃리거 + 벨트트러스 ⓑ 코어 + 아웃리거 + 전단벽 ⓒ 코어 + 전단벽 + 벨트트러스		• Tower Palace(ⓐ) • 부산롯데타운(ⓐ) 목동하이페리온
튜브 구조 (Tubular Structure)	1. 횡하중에 대해 튜브와 같이 거동 2. 건물 자체가 캔틸레버 보와 같은 거동 3. 전단지연 현상 : 횡하중에 저항하는 각 부분의 응력이 코너부에서는 크고 중앙부에서는 작아지는 현상 4. 튜브구조 종류 ⓐ 골조튜브 ⓑ 가새튜브 ⓒ 묶음튜브 ⓓ 이중튜브 ⓔ 다중튜브	단일튜브 다중튜브	• John Hancock Center(ⓑ) • Sears Tower(ⓒ) • World Trade Center(ⓓ)

4) 다이아그리드 구조 및 슈퍼프레임 구조

다이아그리드(diagrid) 구조는 비정형 초고층 구조물을 구성하는 대각방향의 부재로 수직하중과 수평하중에 효과적으로 대응할 수 있는 구조시스템이다. 다이아그리드의 각도를 최적화하여 비정형 초고층 구조물이 최대의 강성을 갖게 한다. 현재 세계적으로 30여 개 프로젝트에서 적용 또는 계획되고 있으며, 앞으로도 더욱 많이 적용될 것으로 예상된다.

슈퍼프레임(super frame) 구조는 아직까지도 연구가 이루어지고 있는 구조형식으로 Mega-Structure, High-Efficiency Structure 또는 Hybrid Structure 등의 이름으로도 불리고 있다. 슈퍼프레임 구조의 정확한 개념이 정의되지는 않았으나, 횡하중과 연직하중에 모두 저항하기 위하여 막대한 규모의 대형 기둥과 전달 보 형식의 트러스 수평부재를 사용하는 구조형식을 택하고 있다.

[표 4-28] 다이아그리드 구조 및 슈퍼 프레임 구조

구조 형식	특징	횡력에 대한 거동	적용사례
다이아그리드 구조 (Diagrid Structure)	1. 건물외피를 트러스 형태의 격자로 둘러 코너와 연결하여 횡하중에 저항 2. Outrigger구조보다 횡력 저항 성능 우수 3. 격자형태에 따라 모듈화 가능		The Gherkin 타워, 런던
슈퍼프레임 구조 (Super Frame Structure) [Mega 구조, 3차원 구조]	1. 막대한 크기의 대형 기둥과 트러스 수평부재를 사용 2. 횡하중의 특성에 맞추어 다양한 방식이 혼합화된 구조형식 3. 모듈화된 구조부재를 겹쳐 나가는 형태 4. 복잡한 3차원 트러스 형태		HSBC, 홍콩

5) 강 구조물의 특징

① 재료의 강성 및 인성이 크고 단일 재료
② 조립속도가 빠르고 사전 조립 가능
③ 내구성 우수
④ 좌굴 위험성이 큼
⑤ 고소작업에 따른 추락재해 발생 가능

고수 POINT   철골공사 착수 전 검토사항

• 설계도 및 공작도 확인 : 부재의 형상 및 치수(길이, 폭 및 두께), 접합부의 위치, 브라켓의
  내민 치수, 건축물의 높이 등을 확인하여 강구조 설치공법, 설치 작업상의 문제점 및 가설
  설비 등을 사전에 충분히 검토해야 한다.
• 철골 건립 계획 : 부재의 수량 및 최대중량, 설치공법 등을 검토·분석하여 그 결과에
  따라 타워크레인의 종류, 용량(규모) 및 대수와 세부 설치 공정계획 등을 수립해야 한다.
• 현장조사 : 소음·진동, 낙하물 등이 인근 주민, 통행인, 건축물 등에 위해를 끼칠 우려가
  있는지 조사하여 적절한 예방대책을 수립해야 한다.

---

6) 강 구조물 공사 시공관리 유의사항

① 부재는 현장 조립할 순서를 고려하여 적치해야 하며, 부재의 보관 중 양적장에
  서 전도, 타 부재와의 접촉 등에 따른 손상 위험이 없도록 충분한 방호조치를
  하여야 한다.
② 크레인 등 양중 장비 세팅 시 바닥의 지내력 확인 후 작업을 개시하여야 하며,
  현장으로의 접근로와 현장 내에서의 도로계획을 수립 후 자재 반입을 개시하여
  야 한다.
③ 자재의 설치, 본 접합 등을 위해 각 작업마다 필요한 비계, 통로, 자재보관, 안
  전, 양중설비를 설치해야 하며, 구조형식, 설치순서, 지상조립방법 등에 의해
  가설물 설치계획이 다르므로 시공계획에 가장 적합하도록 검토하고 볼트조임
  작업 전에 마찰접합면의 흙, 먼지 또는 유해한 도료, 유류, 녹, 밀스케일 등 마
  찰력을 저감시키는 불순물을 제거해야 한다.
④ 앵커볼트 설치 시 베이스플레이트 위치의 콘크리트는 설계도면 레벨보다 −30 ~
  −50mm 낮게 타설하고, 베이스플레이트 설치 후 그라우팅 처리한다.
⑤ 1절마다 기둥, 보의 세우기 순서를 결정하고 그에 따라 반입하도록 하며, 볼트
  의 현장 조임 전에 볼트의 현장 반입 검사를 실시해야 한다.

(2) 철골 자재

1) 강재의 종류별 특성

[표 4-29] 강재 종류 및 특성

번호	명 칭	강 종	특 성
KS D3503	일반구조용 압연강재	SS 400	• 용접성을 고려하지 않음 • 판 두께 22mm 이하에서만 사용 　(22mm 초과 시 용접 불가) • 건축공사에서 많이 사용
KS D3515	용접구조용 압연강재	SM 400A, B, C SM 490A, B, C, TMC SM 520B, C, TMC SM 570, TMC	• 용접성 확보를 위한 강재 • 샤르피 흡수 에너지량에 따라 　- 용접성 : A 〉 B 〉 C 순 　- 저온인성 : C 〉 B 〉 A 순 • 건축공사에서 가장 널리 사용
KS D3529	용접구조용 내후성 열간 압연강재	SMA 400AW, BW, CW SMA 400AP, BP, CP SMA 490AW, BW, CW SMA 490AP, BP, CP	• 극심한 부식조건일 때 사용하는 강재 　(일반강에 비해 4~8배의 내식성 보유) • 초기 일반강과 유사한 녹층 발생하나, 　시간 경과에 따라 치밀한 녹 형성 • 도장에 따른 구분 　- 무도장일 때 : W 　- 도장일 때 : P
KS D3861	건축구조용 압연강재	SN 400A, B, C SN 490B, C	• 내진성과 용접성을 개선한 새로운 자재 • 낮은 항복비 때문에 높은 소성변형 능력 확보 • 낮은 탄소량으로 용접성 우수
KS D3866	건축구조용 열간압연 H형강	SHN 400 SHN 490	• 기존 열간압연 H형강에 비하여 항복비를 제한함으로써 내진 성능 우수(KBC 2009에서 추가됨)
KS D4108	용접구조용 원심력 주강관	SCW 490-CF	

강재의 종류, 분류체계 및 호칭 기호, 항복강도, 용접성(화학 성분, 탄소 당량), 샤르피 흡수 에너지 등을 확인하여 설계도서에 적용된 강재의 특성을 이해하고 이에 따른 주요 관리 포인트를 검토하여 자재 반입 시 검수, 접합 검사, 용접사 테스트 및 용접 검사 등을 시행하여야 한다.

2) 구조용 후판 압연강재의 분류체계 및 기호

· KS D 3503 일반 구조용 압연 강재	SS (Steel structure)
· KS D 3515 용접 구조용 압연 강재	SM (Steel Marine)
· KS D 3866 건축 구조용 열간 압연 형강	SHN (Steel H-beam New)
· KS D 3861 건축 구조용 압연 강재	SN (Steel New)
· KS D 3566 일반 구조용 탄소 강관	SGT (Steel General Tube)
· KS D 3568 일반 구조용 각형 강관	SRT (Steel Rectangular Tube)
· KS D 3632 건축 구조용 탄소 강관	SNT (Steel New Tube)
· KS D 3864 내진 건축 구조용 냉간성형 각형 강관	SNRT (Steel New Rectangular Tube)

SM 355 B W N ZC

강재의 항복강도
· 275 : 275 MPa
· 355 : 355 MPa
· 420 : 420 MPa
· 460 : 460 MPa

샤르피 흡수 에너지 등급
· A : ≥ 27 J (20℃)
· B : ≥ 27 J (0℃)
· C : ≥ 27 J (−20℃)
· D : ≥ 27 J (−40℃)

내후성 등급(내후성 강재에만 적용)
· W : 압연 그대로 또는 녹안정화 처리 후 사용
· P : 일반도장 처리한 후 사용

내라멜라 테어(Lamellar Tear)
· ZA : S≤0.008%
· ZB : S≤0.008%, RA≥av15%, RAmin≥10%
· ZC : S≤0.006%, RA≥av25%, RAmin≥15%
· ZD : 고객사와 협의
· 표기하지 않을 경우 내라멜라 테어를 보증하지 않음

열처리 종류
· N : Normalizing(소준)
· QT : Quenching & Tempering(소입, 소려)
· TMC : Thermo-Mechanical Control(열가공)
· 표기하지 않을 경우는 열처리하지 않고
  As-Rolied 된 상태로 공급

[그림 4-64] 후판 압연강재 분류 및 기호 설명

3) TMCP(Thermo−Mechanical Control Process)강

① 개요

- 두께 증가에 따른 강재의 강도 저하에 대응하고 우수한 용접성을 확보하기 위해 개발한 것이다.
- 열간압연강은 가열, 압연, 냉각조건 등을 조절하여 강도를 높이는데, TMCP강은 열간압연 및 냉각과정에서 가속냉각으로 강도를 더욱 상승시킨 것이다.

② 특성

- 판 두께가 40mm를 초과해도 설계기준강도(F_y)가 낮아지지 않는다.
- 내진설계에 유리한 낮은 항복비(Y_R = 항복강도 ÷ 인장강도)를 갖는다.
- 탄소량(C_{eq})이 0.27~0.37% 정도로 낮아[39] 용접성이 우수하다.

---

39) 두께 50mm의 SM 490B 강을 종래 방법으로 제조하면 Ceq가 0.42% 정도이지만, TMCP 방식으로 제조하면 0.37% 정도로 가능하다.

- 취성파괴(brittle failure)[40]에 대한 저항력이 우수하다.
- 용접균열에 대한 감수성 저하로 낮은 예열로도 용접이 가능하다.
- 용접변형 교정 시 선상가열[41] 후에도 재질의 변화가 작다.
- 탄소량이 적어 박스 기둥 용접 시 발생하기 쉬운 용접금속의 균열을 방지할 수 있다.
- 저탄소 당량임에도 고강도이고 항복비가 낮아 내진성이 우수하다.

Q 고수 POINT   TMCP강

- 강도가 높고 가공성이 우수하며 용접성이 뛰어난 열가공 제어 방식으로 생산한다.
- 건축물의 고층화·대형화 추세에 따라 우수한 내진성 및 고강도 제품 요구에 적합하다.
- 포스코, 동국제강, 현대제철 등 후판 3사 생산으로 강도, 가공성, 용접성이 우수하다.

---

4) 철골의 기계적 화학적 특징

① 강도가 콘크리트의 10배로 커서 장스팬 및 고층구조물에 적합하다.

② 시공성 : 공장에서 제작하고 현장에서는 조립만 하므로 양생 기간이 불필요하고 공기 단축이 가능하다.

③ 강재의 최대변형은 20% 정도(콘크리트는 0.3%)로 연성이 우수하여 내진 성능이 향상된다.

④ 반복하중에 대한 내력이 크고, 열화가 타 재료에 비해 적다.

⑤ 해체 후 재활용이 가능하여 환경친화적이다.

⑥ 엄격한 품질관리에 의한 공장생산으로 정밀도 높은 구조물 공사가 가능하다.

---

40) 부재의 응력이 탄성한계 내에서 충격하중에 의하여 부재가 갑자기 파괴되는 현상으로, 주변 온도 저하로 인한 부재 인성이 감소되어 에너지 흡수능력이 저하되거나 갑작스러운 하중의 집중, 균열 등으로 발생한다.

41) 용접 변형을 교정하기 위해 모재의 한쪽 끝을 가열하는 방법으로, 가열 온도와 시간을 적절하게 조절해야 함. 과도한 가열은 모재의 강도를 약화시키거나, 균열 등의 결함을 유발할 수 있으므로 유의해야 한다.

5) 강재의 기계적 화학적 특징

① 녹막이 칠이 필요하고, 교량 등에는 녹 방지를 위해 내후성 강재를 사용한다.

② 불에 약해서 300℃ 정도에서 강도 저하가 시작되며 600℃ 이상의 온도에서는 강도가 50% 감소하고 강성은 60% 감소한다.

③ 상대적으로 세장(細長)한 부재이어서 좌굴(buckling) 발생 가능성이 있다.

④ 내력상 충분히 안전하지만, 진동과 처짐 등으로 사용자에게 불안감, 불쾌감 유발할 수 있다.

⑤ 조립식 구조로 접합에 주의해야 한다.

6) 건축구조용 압연강재(SN)

구분	내용
개요	• SN : Steel New • 일반 강재 SS, SM보다 내진성과 용접성을 개선한 새로운 강재 • 항복비가 적어 소성변형에 저항하는 능력이 우수하여 내진설계에 유리하며, 라멜라 테어가 발생할 우려도 적고 낮은 탄소량으로 용접성 우수 • 건축구조용 압연강재는 항복비가 낮아 더 큰 소성변형을 견딜 수 있기 때문에, 지진 등의 자연재해 발생 시 건축물의 안전성을 높일 수 있음
특성	• 내진성 우수 • 용접성 우수 • 판 두께에 대한 허용오차를 엄격하게 관리(0.3mm 이내)할 필요가 있음
적용 대상	<table><tr><td>기 호</td><td>사용구분</td></tr><tr><td>SN 400A</td><td>소성변형 성능을 기대하지 않는 부재 또는 부위</td></tr><tr><td>SN 400B, SN 490B</td><td>일반 구조부재에 사용</td></tr><tr><td>SN 400C, SN 490C</td><td>판 두께 방향으로 큰 인장응력을 받는 부분에 사용</td></tr></table> 판 두께 방향의 인장력

Q 고수 POINT | **건축구조용 압연강재의 사용**

- 건축물의 고층화, 대형화 추세는 높은 수준의 내진성과 고강도가 필수적
- 내진설계의 강화 : 과도한 항복강도가 발휘되지 않도록 항복강도의 상한을 제한하여 내진 성능 향상
- 경량화 : 두께가 얇고 가벼운 경량 철골 사용 증가
- TMCP강이 SM강보다 고가이지만, 강도, 가공성, 용접성 우수

(3) 철골 공장제작

1) 공장제작 순서

공장제작 순서는 다음과 같다.

① 원척도 : 설계도서, 시방서 기준

② 본뜨기 : 원척도에서 얇은 강판으로 본뜨기

③ 변형 바로잡기 : 부재에 변형 있으면 공작 불가능(곤란)

④ 금긋기

⑤ 절단

⑥ 구멍 뚫기

- Punching : 13mm 이하, 속도가 높음. clean
- Driling : 13mm 이상, 속도가 낮음. dirty
- Reaming : 구멍 가심, 수정, 최대 편심, 1.5mm 이하

⑦ 가조립

⑧ 본조립 : 고장력 볼트, 용접, Rivet, Bolt

⑨ 검사 : 상기 모든 사항 검사

⑩ 녹막이칠 : 1회 또는 2회 칠(칠 제외 부분 : 콘크리트에 밀착되거나 매입되는 부분, 즉 Baseplate Bolt 접합에 의한 밀착 면이나 용접부 양측 100mm 이내, 고력 bolt 마찰면 등)

⑪ 운반 : Just In Time, Lean Construction 등의 방법을 활용한 효율적 운반

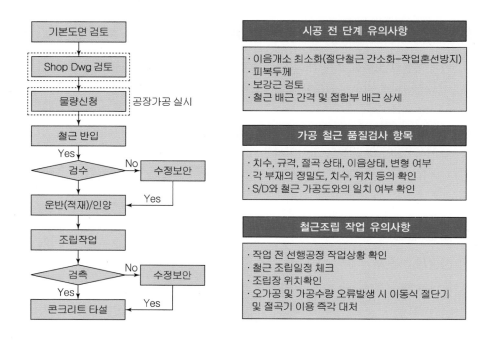

[그림 4-65] 철골 공장제작 흐름도

2) 철골 공작도

철골 공작도 검토 항목은 다음과 같다.

① 건축도면과 구조도면 검토 : 캐노피(canopy), 엘리베이터, Catwalk, 출입구 등

② 강재별, 용도별(기둥, 보, 기타) 부재 Size 및 재질 표기 누락 여부 확인

③ 접합부 Detail 누락 여부 검토 : 각 부재 간 접합, RC와 접합, Truss 접합 상세

④ 앵커볼트 시공 위치 및 시공성 검토 : 앵커볼트 시공 유무 및 정착길이 확보

⑤ Duct Openning 위치 확인 : Level 및 부재별 접합부와의 간섭 검토

⑥ 공사 현장의 타워크레인 등 양중장비로 철골자재 인양 및 설치가 가능한지 확인
하여 필요시 추가로 다른 장비를 동원하거나, 불가피할 경우 철골 제작계획 수정

3) 원자재 수급 계획

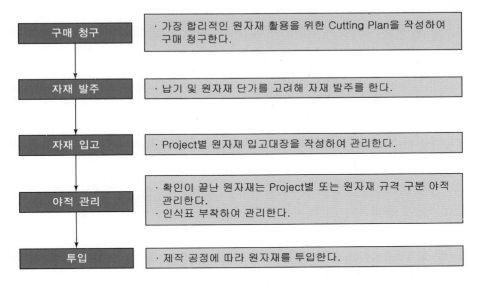

구매 청구	· 가장 합리적인 원자재 활용을 위한 Cutting Plan을 작성하여 구매 청구한다.
자재 발주	· 납기 및 원자재 단가를 고려해 자재 발주를 한다.
자재 입고	· Project별 원자재 입고대장을 작성하여 관리한다.
야적 관리	· 확인이 끝난 원자재는 Project별 또는 원자재 규격 구분 야적 관리한다. · 인식표 부착하여 관리한다.
투입	· 제작 공정에 따라 원자재를 투입한다.

[그림 4-66] 1차 공장제작 흐름도

4) 공장제작 과정(1차 가공 및 BH 제작)

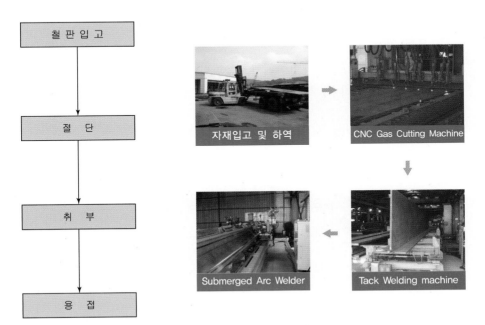

철판입고

절단

취부

용접

자재입고 및 하역

CNC Gas Cutting Machine

Tack Welding machine

Submerged Arc Welder

[그림 4-67] 철골 공장 제작

BH(Built-up H-steel) 자재는 두꺼운 강판을 잘라서 H자 형태로 구성한 철골부재를 의미한다. BH 자재는 기존의 H형강으로는 만들 수 없는 다양한 형상과 크기의 철골부재를 제작할 수 있어 대형 구조물이나 고층 건물의 주요 부재로 사용된다.

① 강판의 절단 : 두꺼운 강판을 톱, 가스, 플라스마, 레이저 등을 이용하여 원하는 형상과 크기로 절단한다.

② 그루브 가공 : 절단된 강판의 절단면에 홈(groove)을 만든다. 그루브는 용접을 위해 필요한 공정으로 용접부의 강도와 품질을 높이기 위해 정밀하게 가공해야 한다. 그루브의 형상과 크기는 용접방식과 용접부위에 따라 달라진다.

③ 조립 및 용접 : 절단된 강판을 H자 형태로 조립하고, 그루브에 아크용접, 가스 용접, 스터드 용접 등의 방법으로 용접한다. 용접 후에는 비파괴 검사를 실시하여 용접부의 결함 여부를 확인하여야 한다.

④ 방청 및 도장 : 용접된 BH 자재의 내구성 증진 및 외관 보호를 위해 스프레이 도장, Galvanizing, 열분사 등의 방법으로 방청 및 도장작업을 시행한다.

5) 공장제작 공종별 품질관리(검사 절차)

① 마킹 검사 : 원자재 변형 확인, 절단 여유 및 용접 수축 고려 여부 확인

② 절단, 홀 가공 검사 : Mill 가공의 직각도 확인, 구멍의 직경 및 피치 확인

③ 조립, 취부 검사 : 길이, 높이 등 치수검사, 직각도 확인, 각 부재의 치수 및 가접 상태 확인

④ 용접 검사 : 용접봉, 용접 자세 검사 확인, 예열 및 층간 온도 검사, 용접부 결함 검사(외관검사), 비파괴 검사(초음파탐상검사, 자기탐상검사 등), 완제품 검사(치수, Hole 치수, 부재 부착 등)

6) 드릴, 천공 허용오차

[표 4-30] 드릴, 천공 허용오차

종류	구멍지름(mm)		허용오차
T/S BOLT	M20	22	±0.5mm
	M22	24	±0.5mm
	M24	26	±0.5mm
	M28	30	±0.5mm

7) 공장제작 과정(2차 가공 · 제작)

[그림 4-68] 2차 공장제작

8) 공장제작 과정(도장)

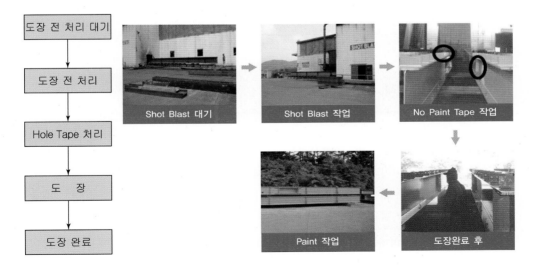

[그림 4-69] 2차 공장제작-도장

9) 자재 및 비파괴 검사 및 철골 제품 치수 허용오차 기준

명칭	그림	허용오차
보의 휨(d)		L/1,000
길이		±3mm
구멍피치(P)		±2mm
맞추기 부재의 각도		L/300
구멍 중심의 차		1mm
고장력볼트 접합부 부재 간의 틈(e)		1.0mm

10) 반입 부재 검사

구분	검사항목	비고
자재 관리	• 포장 및 외관상태 • 치수/규격, 제조사 재료시험성적서 대조 • 제조일자, 유효기간, 공급원, 제조회사 • 필요시 화학시험 및 기계적 시험	자재식별관리 • SM355(SM490) : 황색 • SS275(SS400) : 파랑색 • SHN355(SHN490) : 빨강색
용접 검사	비파괴 검사(자체실시/공인인증기관 입회) • 용접사 시험편 : UT • 완전용입 용접 : UT • BUILT-UP 부재 : 용접량 20% MT	

검사분류	검사항목	적용규격	검사구분			장소	제출서류
			제작사	시공사	감리사		
자재검사	1. 성적서 검토 2. 자재치수 및 외관	KSD 3505 승인절차서	W	R	M	공장	Mill Sheet
마킹 및 절단검사	1. 절단치수 및 외관 2. 절단면 정도	설계도면 승인절차서	W	R	M	공장	–
취부검사 (Fit Up)	1. 이물질 제거 2. 취부상태 및 외관 3. 가붙임 용접상태	설계도면 승인절차서	W	R	M	공장	–
용접검사 (Welding)	1. 용접조건 2. 용접재료, 환경조건 3. 용접부 외관	설계도면 승인절차서	W	R	M	공장	–
비파괴 검사	MT(Girder, Beam)	NDT Map	H	H	M (H)	공장	비파괴 검사기록서
단품검사	1. 제품치수 검사 2. 외관검사, 부재마킹	시방서 도면	W	W	M	공장	최종 검사기록서
도장검사	1. 표면처리상태 2. 도막두께 검사 3. 외관검사	시방서 승인절차서	W	W	M	공장	도장 검사기록서
포장/운송	Damage, 부재변형 여부	시방서 포장검사기준	W	W	M	공장	–

- H : Hold Point(필수검사 Point)
- W : Witness Point(검사신청입회검사)
- R : Review(성적서 검토)
- M : Monitoring(수시검사)

(4) 양중계획

1) 양중계획

철골공사의 양중계획은 설계도서와 현장여건 분석을 바탕으로 양중할 물량 및 내용을 확인하여 적합한 양중 방식과 양중 장비를 선정하는 순서로 이루어진다.

① 설계도서 및 현장 여건 검토 확인

설계도서를 검토하여 대지면적, 층수, 건물 높이 등을 확인하고 대형 장비나 차량의 운행 제한 사항 및 교통의 흐름 등을 파악한다.

② 자재 배치계획 및 가설계획

현장 출입구 및 야적장(stock yard)의 위치, 내부 동선 등을 검토하고 타워크레인(Tower Crane), 리프트 등 양중 장비의 설치 위치 등을 계획한다.

③ 양중 자재 분류 및 Stock Yard

양중할 자재를 대, 중, 소로 구분하여 층별로 요구되는 양중 물량을 산출하고 공종별로 소요되는 자재의 반입, 반출로 인한 혼란과 작업 지체 등을 방지하기 위하여 적절한 규모의 야적장을 확보하여야 한다.

④ 양중기계 종류 및 대수 결정

대형 양중기로는 Tower Crane, Jib Crane, Truck Crane 등이 있으며 중형 양중기는 Hoist, 화물전용 Lift 등이 있고, 소형 양중기로는 인·화물용 Elevator, Universal Lift 등이 있다. 일일 최대 소요 양중 횟수와 1일 양중 가능 횟수로부터 필요한 장비와 대수를 결정한다. 계획적으로 양중하기 위해서는 양중할 자재 등을 대·중·소 등으로 구분하고 전체 양중 물량을 산적(算積)하여 일일 단위에서 평균화될 수 있도록 양중장비를 선정하는 것이 중요하다.

2) 철골 세우기용 부속 철물

러그(lug)는 철골 부재를 크레인에 연결하여 인양할 때 사용되는 부품으로 철골 부재에 고정되어 와이어 로프나 샤클(shackle) 등을 통해 크레인에 연결된다. 사다리(ladder)는 철골 구조물에 안전하게 접근하고 이동할 수 있도록 설치하는 철물이다.

3) 현장검사계획

구 분	검사항목	관리기준	검사계획	제출서류
부재반입 검사	제품검사	±8mm 휨, 비틀림	육안검사 [사전 공장검수]	검사성적서, 비파괴 성적서
설치검사	수직도 [지상 기둥]	L/700±15mm	절주별 기둥 부재	검측성적서
	수평	L/1,000±10mm	각층별 수평 확인	검측성적서
	볼트	Tip 파단 여부	시공 전 볼트 축력 시험 실시	축력 Test 성적서
	현장용접	기량 Test 합격자	절차서에 의한 NDT 검사 실시	NDT 성적서

Q 고수 POINT   철골 공장 제작

• Shop Drawing 작성 용역을 발주한 후에는 감리단과 공동으로 공장제작 현황 및 현장 반입 일정 등을 재점검해야 한다. 제작 공정이 지연될 경우는 공장을 수시로 방문하여 공장장과 대책을 협의하고, 지연 사유를 확인하여 본사에 보고하는 등 대응하여야 한다.

• 공장제작 및 현장 반입 일정을 준수하기 위해서는 현장소장, 공사팀장, 파트너사 소장, 공장장 등 관계자가 모두 참석하는 협의체를 구성하여 정례화할 필요가 있다.

(5) 철골 세우기

현장 세우기는 공장에서 제작한 철골 부재를 현장에 반입하여 세우고 접합하는 일체의 과정을 말하며, 시공계획, 가설진입로 등 준비, 가설공사, 앵커볼트 매입, 기초 상부 고름질, 세우기, 접합, 검사, 도장, 양생 등의 단계로 이루어진다.

1) 기초 앵커볼트 매입

① 앵커볼트 매입공법

앵커볼트의 매립은 철골 부재를 기초에 고정하는 중요한 과정으로 철골 부재의 설치 위치와 방향을 결정하는 역할을 한다. 매입공법으로는 고정매입, 가동매입, 나중 매입, 용접공법 등이 있다.

㉮ 고정 매입공법

앵커볼트를 틀 안에 고정한 후 콘크리트를 타설하여 고정하는 방법이며 앵커
볼트의 지름이 작을 때 실시하고 시공의 정밀도가 요구된다.

㉯ 가동 매입공법

콘크리트 타설 후 앵커볼트의 위치를 조정할 수 있도록 함석판 깔대기 등을
볼트 상부에 끼우는 공법으로 앵커볼트의 지름이 클 때 사용된다.

㉰ 나중 매입공법

앵커볼트를 묻을 자리를 콘크리트 속에 미리 만들어 두고 나중에 앵커볼트를
묻은 후 무수축 모르타르 등으로 그라우팅하는 공법이다.

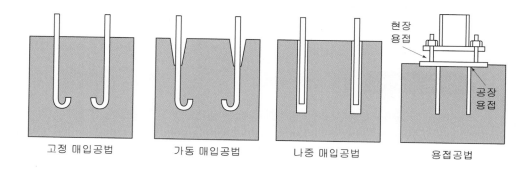

[그림 4-70] 앵커볼트 매입공법

② 기초 상부 고름질 공법

철골공사에서 기초 상부 고름질은 기초 상부와 베이스 플레이트(base plate)를
완전 수평으로 밀착시키기 위해 모르타르를 충전하는 작업으로, 건조 수축하지
않는 무수축 모르타르를 사용한다. 기초 콘크리트의 평탄도는 별도의 바탕 마감
등을 통해야만 확보할 수 있어서, 마감 여유를 준 상태에서 무수축 모르타르로
그라우팅하는 것이 고름질이다.

㉮ 고름 모르타르 공법 : 전면 바름 공법

Base plate보다 약간 넓은 면적에 10~50mm 두께의 모르타르를 고름질하는데
모르타르와 Base plate가 충분히 밀착되지 않을 수 있다. 소규모 구조물에
사용된다.

ⓑ 부분 그라우팅 공법 : 중심 바름 후 뒤채움 공법

Base plate 하단 중앙부에 지정 높이(30~50mm)만큼 200mm 각형, 십자(+)형 등으로 모르타르를 발라 고르고, 기둥을 세운 후 잔여 부분에 그라우팅하는 방법이다. 중앙부에 먼저 바른 모르타르 위에는 철재 라이너를 설치한다. 그라우팅 경화 후 2중 너트로 본 조임 후 거푸집을 제거한다. 레벨 조절이 쉽고 대규모 공사에 사용한다.

ⓒ 전면 그라우팅 공법

주각을 앵커볼트 너트로 레벨 조정하고 라이너 및 쐐기로 간격을 유지시킨 상태에서 무수축 모르타르를 중력식으로 흘려 넣거나 주위에 거푸집을 설치하고 무수축 모르타르를 주입하는 방법이다

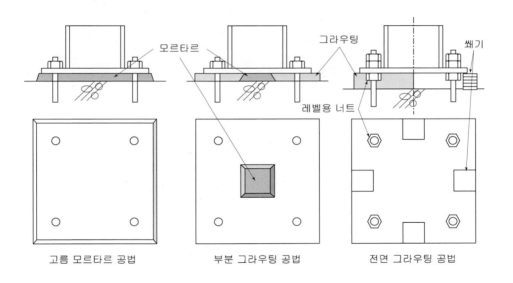

[그림 4-71] 앵커볼트 기초 상부 고름질 공법

③ 앵커볼트 시공 시 유의사항

콘크리트 타설 전부터 철골 설치까지는 앵커볼트에 녹이나 휨, 나사부 타격 등에 의한 손상이 생기지 않도록 비닐테이프, 염화비닐 파이프, 천 등으로 보호한다. 주변에 철근이 배근되어 있을 경우 철근과 간섭되지 않도록 한다. 콘크리트 타설 후 앵커볼트의 위치가 어긋난 경우는 앵커볼트를 굽히기보다는 앵커볼트 구멍 위치를 수정하는 것이 바람직하다. 베이스 모르타르 마감면은 기둥 세우기 전에 레벨 검사 등을 통해 평탄성(level)을 확인해야 하며 철골 설치 전 3일 이상 양생

시켜야 한다. 볼트의 노출길이는 2중 너트 조임 완료 후 3개 이상의 나사산이
나오는 것을 표준으로 관리해야 한다. 앵커볼트의 너트는 장력이 균일하게 되도
록 조여야 한다.

④ 기초 앵커볼트 정밀도 관리
  ㉮ 앵커볼트는 기둥 중심에서 2mm 이상 벗어나지 않을 것
  ㉯ Base Plate 하단은 기준높이 및 인접 기둥 높이에서 3mm 이상 벗어나지 않
    을 것

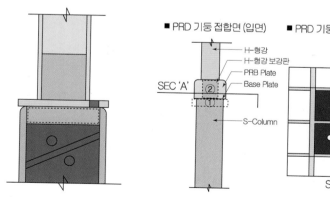
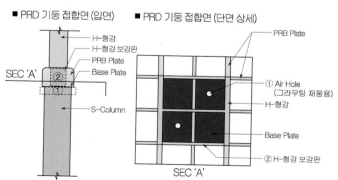

[그림 4-72] 지하 CFT 기둥과 지상 H-Beam 기둥 접합부

Q 고수 POINT **앵커볼트 설치 및 기초 상부 고름질**

- CFT, S-Column 이형 빔을 설치할 경우는 베이스 플레이트 설치 후 무수축 몰탈 채움에 특히 유의하도록 한다.
- 감리단과 협의하여 작성한 체크 리스트를 바탕으로 앵커볼트를 전수검사 후, 시공상태, 보수·보강 조치 관련 자료를 사진을 첨부하여 보관해야 한다.
- 현장 육안검사로 문제점 발견 시 구조전문가와 협의하여 즉시 해결하여야 한다.

2) 철골 세우기

① 철골 가볼트 조립

가볼트 조립은 본 조임 또는 현장 용접 시까지 부재의 변형이나 도괴를 방지하기 위하여 임시로 볼트를 조임하는 작업이다. 기둥이음 부위의 Erection 피스는 전부 가볼트 조임을 해야 한다. 가볼트 조립 후 수직, 수평 확인이 마무리되면 본조임을 실시한다.

㉮ 고장력 Bolt 접합 : 볼트 1개 군(群)에 대하여 1/3 정도 또는 2개 이상

㉯ 혼용 접합 및 병용 접합 : 볼트 1개 군에 대하여 1/2 정도 또는 2개 이상

㉰ 용접 접합 : 일렉션 피스(electioin piece) 모두 조임

② 수직도 점검

㉮ 철골 가조립 후 Cable과 내림추 등을 이용하여 철골 수직도 확인 및 유지

㉯ 턴 버클(turn-buckle) 등을 이용하여 수직도 조정

③ 철골 세우기 수정

철골 부재의 수직 및 수평을 조정하는 작업으로 철골 부재의 1차 가조립 후에 수행되며, 부재의 수직 및 수평 상태가 허용치를 벗어날 때 실시한다.

㉮ Spanning : 철골 세우기 수정 시 수시로 변형 측정이 가능하도록 기준선을 설치하고 기둥 간 거리를 측정하여 수평을 잡는 방법이다.

㉯ Plumbing : Wire Rope, Turn Buckle 등을 이용하여 철골 부재의 수직도를 확보한다.

수정 작업 시 부재의 손상을 막기 위해서는 가력할 때 주의해야 하며, 턴버클이 붙은 가새가 있는 구조물은 그 가새를 사용해서 수정하면 안 된다. 세우기는 1절마다 수정하고 마지막 절이 끝난 후 다시 확인하며, 수정 시 보조 와이어를 대각선 방향으로 설치하여 수정 후 변형되지 않도록 해야 한다. 무리한 수정은 2차 응력 발생으로 위험할 수 있으므로 금지한다.

④ 철골 세우기 시 수평도 및 수직도 관리

㉮ 수직, 수평 품질관리 계획

- 기둥의 기울기(수직도) : 지상 기둥 L/700, 15mm 이내, 절별 기둥 부재
- 보의 수평도 : L/1,000, 10mm 이내, 각층별 레벨 확인
- 시공 후 수직도 유지

㉯ 수직도 확인 작업방법

- 기둥 세우기, 보, 거더 등을 설치한 후 가 볼팅 및 본 볼팅을 통하여 완전히 고정한 상태에서 검사하고, 검사가 완료되면 Impact wrench로 조인다.
- Wire 조임과 풀림 작업은 Turn Buckle, Chain Block 등을 사용한다.
- 1 Span 건너서 같은 방법으로 작업한다.

■ 철골 건립·조립 공법

- Lift up 공법 : 구조체를 지상에서 조립하여 이동식 크레인, 유압잭 등으로 들어 올려서 접합하는 공법으로, Lift Slab 공법, 큰 지붕 Lift 공법, Lift Up 공법 등이 있음. 악천후(10분간 평균 풍속 15m/sec 이상, 1시간당 강우량이 1mm 이상, 1시간당 강설량 1cm 이상)에는 작업을 중지하여야 한다.
- Stage 조립 공법 : 가조립하여 달아 올리기가 불가능할 경우 철골 하부에 Stage(좌대)를 설치한 후 철골의 각 부재를 지지하면서 접합한다.
- 병립 공법 : 부재를 병렬로 세우는 방식으로 각 부재가 독립적으로 지지력 발휘하면서 전체 구조물의 안정성을 확보한다.
- 지주 공법 : 철골 부재를 세우는 동안 안정성을 확보하기 위해 임시 지주를 사용한다.
- 겹쌓기 공법 : 여러 개의 철골 부재를 겹쳐서 세우는 방식으로, 각 부재가 서로를 지지하면서 전체 구조물의 안정성을 확보한다.

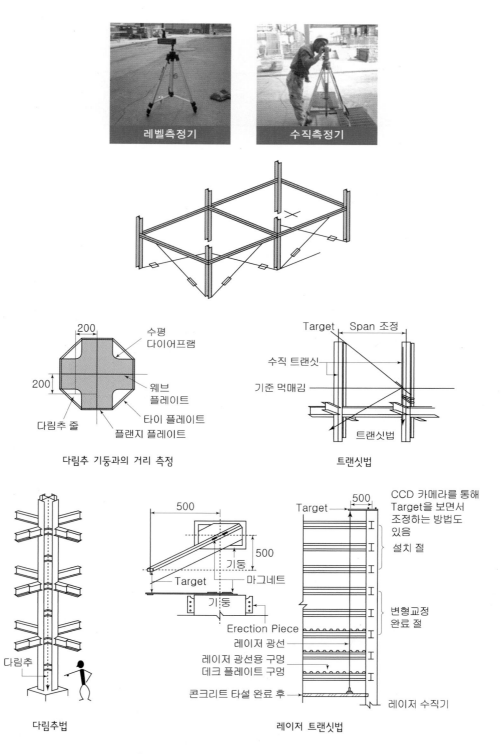

[그림 4-73] 철골부재 수평도 및 수직도 측정

⑤ 검사항목 및 규격

[표 4-31] 검사항목 및 규격

검사분류	검사항목	적용규격	검사구분			장소	제출서류
			제작사	시공사	감리사		
용접사 역량시험	1. 용접절차서	AWS D1.1	H	W	W	현장	비파괴 보고서
볼트 검사	1. 시험성적서 2. 볼트 축력시험	KS B 1010	H	W	W	현장	축력시험 보고서
설치 검사	1. 설치 정도 검사 2. 볼트체결 검사 3. 최종 도장 검사	시방서 검사기준서	H	W	R	현장	검측 요청서
취부 검사	1. 이물질 제거 2. 취부 상태 및 외관 3. 가붙임 용접 상태	설계도면 승인절차서	H	W	W	현장	검측 요청서
용접 검사	1. 용접 조건 2. 용접재료, 환경조건 3. 용접부 외관	설계도면 AWS D1.1 승인절차서	W	W	M	현장	비파괴 보고서

- W(Witness Point) : 공정 중 검사자의 입회검사를 받도록 설정한 검사점으로 검사자가 입회 검사를 받은 후 사정에 의해 입회하지 않더라도 다음 공정으로 진행할 수 있다.
- H(Hold Point) : 검사자의 검사 또는 입회를 필요로 하는 중요한 단계로서 검사자의 확인 이나 검사 면제 서면 동의가 없이는 다음 공정으로 진행할 수 없다.
- R(Report) : 보고서 제출 및 확인이 필요한 검사 단계를 의미한다.

- H : Hold Point (필수검사 Point)
- R : Review (성적서 검토)
- N/A (수시공정참관검사진행)
- W : Witness Point (검사신청입회검사)
- M : Monitering (수시검사)

⚙ 고수 POINT   현장 세우기 전 점검항목

- 자재 반입 전 야적장 확보 : 인양전 부자재 취부 공간 확보, 타워크레인 반경 내
- 세우기 작업 시 T/C 대수 최대 활용 1일 작업량 최대치 확보 후 공정표 작성
- 기둥, 보, 거더 구분하여 피스 수량, 톤수를 고려하여 작업일정 공정표 체크
- 철골 세우기팀, 조립팀, 볼팅팀 절차에 따라 인원 투입 수시로 점검

(6) 강구조 접합공법

1) 리벳(rivet) 접합

가열한 리벳을 양 판재의 구멍에 끼워 열간 타격으로 접합하는 방식이다. 강재의 절약, 경량화, 무진동 등의 장점이 있으나, 용접 열에 의한 모재의 변형, 리벳 타설 시 소음과 화재 위험 등으로 최근 건축물에서는 거의 사용되지 않고 있다.

2) 볼트(bolt) 접합

강재에 구멍을 뚫고 볼트로 조여서 접합하는 공법이다. 일반 볼트의 접합은 가설 건축물 등에 제한적으로 사용되며, 높은 강성이 요구되는 구조 부위에는 거의 사용되지 않는다. Stud Bolt는 철골 부재와 콘크리트가 잘 밀착하도록 하는 데 사용하는 볼트로 교량공사에서 많이 사용되지만, 강구조의 건축물공사에서 Deck Plate를 철골 보 등에 접합하는 곳에도 널리 사용된다.

3) 고력볼트(high tension bolt) 접합

일반 볼트보다 훨씬 높은 인장강도를 가지고 있는 볼트를 말하며, 주로 건설공사나 산업현장에서 강구조의 마찰 접합에 이용되고 있다. 고장력 볼트는 고력볼트, 하이텐션 볼트, H.T. 볼트 등 다양한 이름으로 불리고 있다. 고력볼트(High Tension Bolt : HTB)는 고장력강을 사용한 인장력이 큰 볼트로 고층 건축물공사나 교량공사 등에 많이 사용된다. 토크 전단형 고력볼트(torque-shear type high tension bolt : TSB)는 일정한 힘으로 조여지면, 즉 전단값이 확보되면, 선단이 떨어져 나가기 때문에 조임 상태를 정확히 파악할 수 있다.

① 고력볼트의 접합원리

고력볼트는 부재 간의 마찰력을 이용하여 접합하는 방식으로 접합부의 강도가 크고, 변형이 적으며, 소음 및 진동 등의 공해가 없다는 특징을 가지고 있다. 고력볼트를 강력히 조이면 접합부재 사이의 마찰저항에 의해 힘이 전달되는 시스템인 것이다. 고력볼트 마찰 접합의 허용내력은 마찰저항력으로 결정되며, 이 마찰저항력은 고력볼트 축력과 접합면 사이의 미끄럼 계수로 결정된다. 따라서 고력볼트의 축력이 클수록 접합면 사이의 마찰저항도 커지게 된다.

② 고력볼트의 반입검사

현장에 반입된 고력볼트가 제시한 규격과 품질에 적합한지 검사하는 것이다.

③ 고력볼트의 조임 및 검사

- 토크 관리법 : 본조임 완료 후 모든 볼트에 대해 1차 조임 후 표기한 금매김으로 너트의 회전량을 육안으로 확인하고, 너트 회전량이 현저하게 차이가 나는 볼트 군은 토크 렌치를 사용하여 추가로 조여 토크값의 적부를 확인한다.

- 너트 회전법 : 1차 조임 후의 금매김을 기점으로 2차로 본조임한 너트의 회전량을 육안검사하여 $120° \pm 30°$(M12는 $60° \sim 90°$)의 범위에 있으면 합격이고, 합격 범위를 넘어서 과도하게 조여진 볼트는 교체한다.

- 고력볼트의 조임 토크는 부재의 크기, 두께, 재질 등에 따라 다르며, 토크 렌치를 사용하여 정해진 토크값으로 정확하게 조여야 한다. 육안검사, 초음파검사, 자기탐상검사 등의 방법을 사용하여 고력볼트의 불량 여부도 검사해야 한다.

- 고력볼트 조임 시 유의사항 : 고력볼트의 조임상태는 반력 스토퍼[42]나 진동센서[43]를 사용하여 확인해야 한다. 고력볼트에 압력이 가해지는 방향으로 고력볼트를 조여야 하고 볼트를 회전시키면서 조임한다. 한쪽 면의 고력볼트를 조이고, 그다음에 반대쪽 면의 고력볼트를 조이는 순서로 조임 작업을 진행한다.

- Torque Shear(TS)형 고력볼트 : TS형 고력볼트는 강구조 건축공사에서 고장력 볼트와 함께 사용빈도가 가장 많은 볼트이며, 볼트의 축부 선단에 Pin Tail이 있어 특정한 값 이상의 힘이 가해지면 Pintail이 파단되어 볼트 체결 상태를 확인할 수 있는 볼트이다. TS형 고력볼트는 기능공의 숙련도와 체결 방법, 체결 순서에 따라 축력 차이가 많이 발생하는 고장력 육각 볼트의 문제점을 해결하고자 개발되었다. 볼트 몸체와 Pintail 사이의 파단 홈(notch)이 비틀려 파단될 때까지 조이면 소정의 체결 축력을 얻게 된다. 현장에서 체결된 후 파단 핀이 떨어져 나간 모습을 확인함으로써 정확히 체결된 것을 쉽게 확인할 수 있다. TS형 고력볼트는 구조물 내부의 스트레스를 균등하게 분산시키는 기능도 갖고 있다. TS형 고력볼트는 KS B0231 규격을 따르며, 인장강도는 830MPa 이상이어야 한다.

- 고력볼트의 보관 : 외기에 고력볼트를 방치할 경우 변질될 수 있으므로 전용 보관함이나 비닐시트 등으로 덮어 보양하며, 온도 변화가 적은 장소에 보관하여야 한다.

---

42) 고력볼트를 조일 때 발생하는 반력을 제어하여 고력볼트의 조임상태를 정확하게 확인할 수 있도록 도와주는 장치이다.

43) 고력볼트를 조일 때 발생하는 진동을 측정하여 고력볼트의 조임상태를 확인할 수 있도록 도와주는 장치이다.

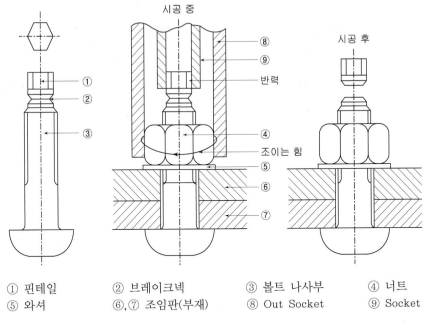

볼트형상(시공 전)

시공 중

⑧
⑨
반력

① 핀테일
② 브레이크넥
③ 볼트 나사부

④ 너트
조이는 힘
⑤ 와셔
⑥
⑦

시공 후

① 핀테일　　② 브레이크넥　　③ 볼트 나사부　　④ 너트
⑤ 와셔　　⑥,⑦ 조임판(부재)　　⑧ Out Socket　　⑨ Socket

[그림 4-74] 고력볼트 형상

■ 용접 작업 안전관리 Check Point
• 전기용접 작업 시 안전대책
 - 전기용접 시 재해 유형 : 감전, 화재, Gas 중독, 추락, 직업병 등
 - 전기용접 시 안전대책 : 주위 환경 정리, 접지 확인 및 방지시설 설치, 과전류 보호장치 설치,
   감전방지용 누전차단기 설치, 자동 전격 방지 장치 설치, 습윤 환경에서는 용접 작업 금지
• 용접 작업으로 발생 가능한 건강 장애
 - 시력 장애, 호흡기 질환, 암 유발, 신경계 장애, 위장관 장애, 피부질환 등

---

4) 용접 접합

① 개요

용접 접합은 2개 이상의 강재를 일체화한 접합으로 접합부에 용융금속을 생성 또는 공급하여 국부적으로 용융시켜 접합하는 방법이며, 모재의 용융도 동반한다. 가장 많이 사용되는 용접방법은 전극 간 아크열을 이용하는 아크 용접이다. 강재의 용접에서는 국부적으로 급속한 고온에서 급속한 냉각이 수반되어 모재의 재질 변화, 용접변형, 잔류 응력 등이 발생하므로 용접의 설계 및 시공상 그러한 사항들을 면밀하게 검토해야 한다.

② 용접 접합의 장·단점

　㉮ 장점

　　• 재료(자재) 절약, 기능인력 절감이 가능하다.

　　• 이음이 효율적이고, 제품의 성능과 수명이 향상된다.

　　• 기밀성, 수밀성, 유밀성이 우수하다.

　　• 용접 준비 및 용접 작업이 비교적 간단하다.

　　• 작업의 자동화가 용이하다.

　㉯ 단점

　　• 품질 검사가 곤란하다.

　　• 용접 모재의 재질이 변질되기 쉽다.

　　• 용접공 기술에 의해 이음부 성능이 좌우된다.

　　• 저온 취성 파괴가 발생하기 쉽다.

　　• 응력집중에 대하여 극히 민감하다.

③ 용접 이음형식에 따른 분류

구분	내용	구분	내용
맞댐 용접 (Butt welding)		모살 용접 (Fillet welding)	
겹침 용접 (Lap welding)		모서리 용접 (Coner welding)	
끝단 용접 (Edge welding)		마개 용접 (Plug welding)	

㉮ 맞댐 용접(butt welding)

맞대기 용접이라고도 하며 용접하고자 하는 두 개의 모재를 맞대고 용접하는 방법이다. 두 모재를 평행하게 서로 맞댄 부분을 용접하는 것으로 전기저항 용접의 일종이지만 용접물을 서로 겹치지 않고 선재, 관, 판 등의 끝면을 임의의 각도로 맞댄 상태에서 전류를 흘려 발생하는 저항 열로 용접하는 방법이다. 맞댄 용접에서는 용접 덧살이 응력을 전달하는 역할을 하므로, 용접 덧살의 형상과 모재의 관리가 중요하다. 두 부재는 개선(開先)부에 용입된 용융 금속으로 일체화되며 중요한 부재의 접합에 주로 적용된다.

㉯ 모살(fillet) 용접

부재에 홈파기 등의 가공을 하지 않고 교차하는 두 면 사이에 삼각형 모양으로 용접하는 방법으로 모재의 면과 목두께가 45도의 각을 이루는 용접방법이다. 모살 용접은 적응성 좋고 경제적이어서 현장 용접에 유리하며 용접면은 부착력, 목두께는 인장력과 전단력을 부담하므로 철저하게 관리해야 한다.

④ 용접 자세(AWS 자격 규정)

이음 형태	등급 약호	용접 자세	이음 형태	등급 약호	용접 자세	이음 형태	등급 약호	용접 자세
판제 홈 용접	1G	아래 보기	판재 필렛 용접	1F	아래 보기	파이프 및 튜브 용접	1G	아래 보기 (수평 회전)
	2G	수평		2F	수평		2G	수평 (수직 고정)
	3G	수직		3F	수직		5G	전 자세 (수평 고정)
	4G	위 보기		4F	위 보기		6G	전 자세 (45° 고정)
	–			–			6GR	전자세 (45° 고정)

[표 4-32] 개선가공

구분	내용	구분	내용
I형		K형	
X형		J형	
V형		H형	
ν형		양면 J형	

⑤ 개선 가공

절단한 강재의 절단면에 그루브(groove)라는 홈을 가공하는 작업으로 아크가 용접하려는 모재 부분에 고르게 용입되어 모재의 용착금속이 충분히 융합되게 하기 위한 조치이다. 개선 각도와 루트는 용접부의 강도와 품질에 영향을 미치기 때문에 중요하며, 개선 각도와 루트의 허용오차는 규정값의 −2.5°, +5°(부재 조립 정밀도의 1/2) 범위 이내, 루트면의 허용오차는 규정값의 ±1.6mm 이내로 해야 한다.

⑥ 가우징(gouging)

용접 또는 캐스팅과 관련하여 재료를 제거하는 방법으로서 열 가우징과 기계 가우징으로 분류한다. 열 가우징은 속도가 빠르며 원치 않는 금속을 신속하게 제거하는 데 사용되며 국부적으로 가열시켜 용융된 금속을 제거한다. 기계 가우징은 아크 절단기나 산소 절단기를 이용하여 홈을 파는 작업이다. 비파괴 검사로 발견된 결함을 제거하거나 기타 불필요한 부분 또는 유해한 부분을 도려 내는 데 사용된다. Back Gouging은 용접부 하단에 자리잡은 불량요소를 제거하기 위하여 역으로 불어 내는 작업을 말하며, QA의 확인과 승인 후에 다시 용접해야 한다. 두꺼운 판을 용접할 경우 모재의 뒷면에 기공 등 용입 불량이 생기기 쉬우므로, 모재 뒷면에 홈을 파내서 불량 용재를 제거하고 재용접을 통해 충분히 용입해야 한다.

⑦ 용접 시공 시 고려사항

잔류응력을 최소화하기 위해서는 중앙에서 외측으로 용접을 진행해야 하며, 기온이 0℃ 이하일 경우는 원칙적으로 용접을 금하며, 부득이한 경우 용접 부위로부터 10mm 범위의 모재를 36℃ 이상으로 예열한 후 용접해야 한다. 바람이 강한 날에는 바람막이를 설치하고, 실내에서는 모재의 표면 및 밑면 부근의 수분을 제거해야 한다. 작업 완료 후 육안검사(10% 이상)를 실시한 후 표면은 염색 침투탐상검사, 내부는 초음파탐상검사로 확인한다. 또 용접봉의 건조상태는 수시로 확인해야 한다.

⑧ 용접 공법별 특징

구분	특징
융접 (Fusion Welding)	전기, 가스, 열 등을 이용하여 모재와 용접봉을 용융시켜 가압 없이 두 물체의 금속을 접합하는 용접법
압접 (Pressure Welding)	두 물체의 일부를 용융시켜 압력을 가하여 접합하는 방법으로 용접봉을 사용하지 않는 용접법
납접(Brazing & Soldering)	일명 납땜이라고도 하며, 모재는 용융되지 않으나 땜납이 녹아서 접합면 사이에 표면 장력의 흡인력이 작용되어 접합하는 방법

구분	용접방법		내용
수동 용접	SMAW	Shielded Metal Arc Welding 피복금속 아크용접	• 피복제(Flux)로 쌓인 용접봉과 피용접물 사이에 Arc를 발생시켜 그 에너지로 용접하는 방식 • 용접 장비가 간단하여 이동 용이 • 단위시간당 용착속도가 낮아 생산성 저조
자동 용접	SAW	Submerged Arc Welding 서브머지드 아크용접	• 용접 이음 표면에 용제를 공급하고 그 속에 전기 용접봉을 넣어 용접봉 끝과 모재 사이에 아크를 발생시켜 용접하는 방식 • 용접 중 대기와 차폐 확실하여 산화, 질화 우려 없음 • 용착 속도가 빠름(후판에 적합) • 장비 고가, 하향 용접만 가능
반자동 용접	FCAW	Flux Cored Arc Welding 플럭스 코어 아크용접	• 소모성 와이어를 연속적으로 공급하여 아크 및 용착금속 보호 가스로 보호하면서 용접하는 방식 • 일명 CO_2 용접이라고 함 • SMAW와 GMAW의 특성을 복합한 용접법 • 용접속도가 수동 용접에 비해 2~3배 정도 빠름 • 풍속 2m/sec 이상이 되면 가스 보호 효과가 떨어지므로 방풍 장치 필요
	GMAW	Gas Metal Arc Welding 불활성가스 금속 아크용접	• Ar, He 등 고온에서도 금속과 반응하지 않는 불활성 가스를 공급하여 전극선과 피용접물 사이에 아크를 발생시켜 용접하는 방식

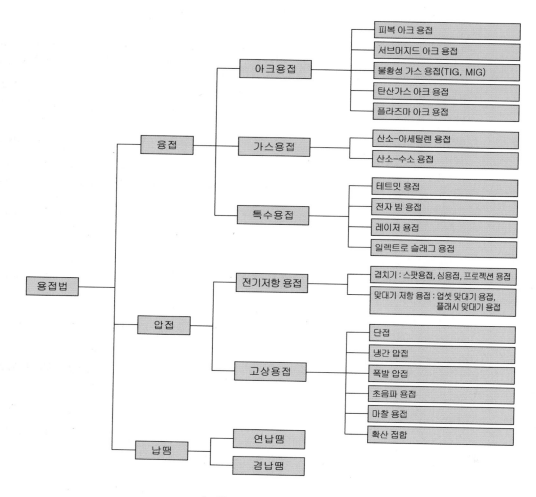

[그림 4-75] 용접공법의 분류

⑨ 용접 방법

㉮ 피복 아크 용접

용접봉(특수금속으로 된 심선과 플럭스(flux)라 불리는 피복재로 구성)과 모재 사이에 아크를 발생시켜 모재와 용접봉을 녹여서 용착시키는 방법이다. 이때 피복재인 플럭스는 슬래그로서, 녹은 금속표면에 보호층을 형성하여 녹은 금속이 공기와 접촉하는 것을 막아 산화 또는 질화로 변질하는 것을 방지한다. 피복 아크 용접 방법은 기류의 영향을 적게 받고 전 방향의 용접이 가능하지만, 용접의 불연속을 초래하기 쉽고, 수동 용접이므로 용접결함이 발생하기 쉬우며, 용접봉을 수시로 교체해야 하는 단점이 있다

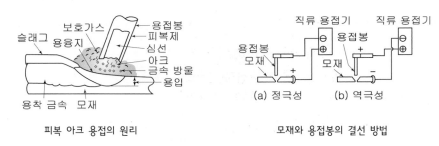

| 피복 아크 용접의 원리 | 모재와 용접봉의 결선 방법 |

[그림 4-76] 피복 아크 용접

- 내후성강용 피복 아크 용접봉 : 내후성강 용 피복 아크 용접은 교량, 건축, 철골, 차량 등에 사용되는 50MPa급 내후성강용으로 ASTM A709, JIS G 3114, SMA 41, 50W (P) 등의 하향 및 수평 필렛 용접에 사용되며 X선 성능, 내균열성, 충격값이 우수하며 비교적 두꺼운 내후성 강판에도 적용이 가능하다.

㉯ CO_2 아크 용접

가스 실드 금속 아크 용접(Gas shielded metal arc welding : GMAW)의 한 종류로 직류 용접법의 일종이다. CO_2 아크 용접의 원리는 롤러로 송급되는 와이어가 토치 내의 Contact Tip을 통과할 때 급전되며, 와이어와 모재 사이에 아크가 발생되어 와이어를 용해하여 모재를 용융 접합하는 방법이다. 아크 및 용융 금속을 대기로부터 보호하기 위해서 토치 끝단 노즐에 CO_2 가스를 흐르게 한다. 와이어는 KS D 7106 표준에 따라 규정된 내후성강용 탄산 가스 아크 용접 솔리드 와이어를 사용한다.

TECHNO **PM/CM**

㉓ 서브머지드 아크 용접

모재 표면에 용제(flux)를 살포한 후, 와이어를 넣어 모재와 와이어 사이에
아크를 발생시켜 모재와 와이어를 용융시키고 용제로 용접부를 보호하면서
자동으로 용접하는 방법이다. 용접에 대한 신뢰도가 높고, 용접속도가 수동
용접의 10~20배 정도로 빠르다. 용제 공급방식 때문에 하향용접 외의 다른
용접은 어렵고, 용접 홈의 정밀도가 높아야 용접이 잘 되며 장비가 고가인
것이 단점이다.

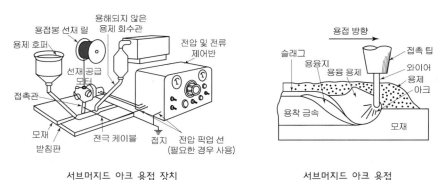

서브머지드 아크 용접 장치 　　　　　　　　 서브머지드 아크 용접

[그림 4-77] 서브머지드 아크 용접

㉔ 럭스 코어 아크 용접(FCAW)

CO_2 가스를 이용하는 용극식 용접법(탄산가스 아크 용접)으로 송급되는 와
이어가 콘택트 팁을 통과할 때 용접 전류가 와이어와 모재에 전도되어 아크
가 발생하여 용융 접합된다. 아크 및 용융 금속을 대기로부터 보호하기 위해
토치 선단의 노즐에서 CO_2 가스가 분출된다. 용입이 깊고 용접속도가 빠르
며, 용착금속의 기계적 성질이 우수하고, 모든 자세의 용접이 가능하다. 풍속
이 2m/sec 이상일 때는 방풍 장치가 필요하고, 비드 외관이 타 용접보다 약간
거칠다.

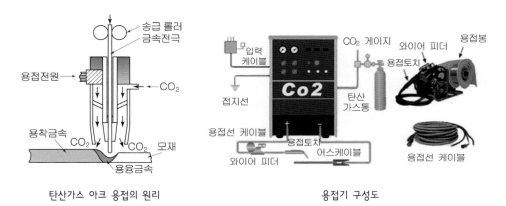

탄산가스 아크 용접의 원리   용접기 구성도

[그림 4-78] 탄산가스 아크 용접

㉮ 일렉트로 슬래그 용접(ESW)

아크 열이 아닌 용융 슬래그와 와이어 사이에 흐르는 전류의 저항열을 이용하여 용접하는 특수 용접방법이다. 보통의 후판이나 아주 두꺼운 후판의 용접용으로 개발되었으며, 단일층으로 한 번에 후판의 용접이 가능하고, 용접시간도 단축되며, 각 변형이 적고 용접 품질이 우수하다. 또 단층 입향 상진 용접법으로 판 두께가 두꺼워도 전극 수를 늘리면 되므로, 여러 번 용접하는 다른 용접법에 비하여 매우 경제적이다. 용제(flux) 소비량도 SAW 대비 1/20 정도로 매우 적다. 단점으로는 용접 진행 중 용접부를 직접 관찰하는 것이 불가능하며, 입열량이 크고 용융금속의 응고가 느려서 횡방향의 수축과 팽창이 커서 균열이 발생하기 쉬운 조직이 될 수 있고, 이음부가 구속되면 열간균열이 발생하기 쉽다.

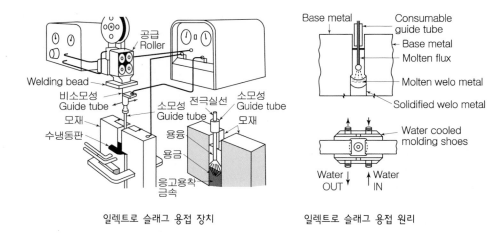

일렉트로 슬래그 용접 장치   일렉트로 슬래그 용접 원리

[그림 4-79] 일렉트로 슬래그 용접

㉆ 예열(preheating)온도 조건표

두께(T)	예열온도	비고
19T 이하	NONE	
19~38T	10℃	
38~64T	66℃	
64T 이상	107℃	

5) 스터드 볼트(stud bolt)

스터드 볼트는 콘크리트와 합성구조의 전단응력 전달 및 일체성 확보를 위해 설치하는 볼트이다. 모재가 철골조면 용접으로 모재에 융착시키며, 석재 등에는 매입식을 사용한다. 금속제 자, 한계 게이지, 콘벡스 롤 등의 측정기구를 사용하여 스터드 볼트의 기울기를 검사하며, 기울기가 5° 이내이어야 한다. 타격 구부림 검사는 망치를 사용하여 스터드 볼트를 15°까지 구부려 용접부 결함이 발생하지 않았으면 합격으로 간주한다. 스터드 볼트의 마감높이의 차이도 2mm 이하이면 합격으로 처리한다. 검사 후에는 합격한 검사단위를 그대로 기록 보관하고 불합격한 경우에는 동일 검사단위로부터 추가로 2개의 스터드를 검사하여 2개 모두 합격한 경우에는 그 검사단위를 합격으로 간주한다. 추가분에서 1개 이상이 불량일 경우에는 해당 로트를 전수 검사한다.

스터드 용접에는 큰 전류가 필요하므로 가설전기 설비가 이용 가능한지 반드시 확인해야 한다. 이는 용접 중 전압강하 등의 상황이 발생하면 용접 결함을 낳고 다른 전기기구의 사용에도 영향을 미치기 때문이다.

6) 메탈 터치(metal touch)

철골 공사에서 사용되는 기둥 이음 방식으로 기둥 이음부를 정밀 가공하여 상하부 기둥의 밀착을 좋게 함으로써 축 하중의 50%까지 하부기둥의 밀착면에 전달시키고, 나머지 50%는 고력볼트 또는 용접 등으로 전달시키는 방법이다. 고력볼트나 용접 접합만으로 부재를 연결하는 방법에 비하여 구조적 안전성이 우수하지만, 이음 위치의 단면에 인장응력이 발생하지 않는 곳에 적용해야 한다. Facing Machine 또는 Rotary Planner 등의 절삭가공기로 기둥 이음부를 정밀 가공해야 한다.

7) 박스 칼럼(box column) 용접

박스 칼럼은 상자형의 단면을 가진 기둥을 총칭하는 것으로 강구조물에 사용되는 내력이 우수한 기둥 부재이다. 박스 칼럼은 주로 공장제작과정에서 용접하지만, 현장에서 용접하는 경우 그 순서를 정확하게 지켜야 하고 초층(初層) 용접[44]이 가장 중요하다. 박스 칼럼 횡단면과 종단면을 보여 주는 개념도 작성이 중요하며, 박스 칼럼 모서리 용접부에 엔드 탭을 설치하고 각 모서리를 용접한다. Erection Piece를 절단하고 엔드 탭 절단 후 Gouging을 실시한다. 나머지 면에 대하여 2차

---

44) 한 번 또는 그 이상의 Pass로 형성된 용착금속에서 최초로 용접(root pass welding)한 층이다.

용접을 실시하고 마지막으로 표면과 용접 부위를 그라인딩한다. 효율적으로 품질을 관리하기 위해 반자동 용접을 실시하며 초층 용접의 경우 수동 용접으로도 할 수 있다.

8) 엔드 탭(end tab)

용접 길이의 끝이 우묵하게 항아리처럼 파이는 결함이 생기기 쉬운 용접 Bead의 시작과 끝 지점에 용접결함을 막기 위해 받쳐 대는 보조철판을 말한다. End Tab 을 사용하면 용접 유효길이를 전부 인정받을 수 있으며 용접 완료 후 엔드 탭을 제거해야 한다. 엔드 탭용 철판은 모재 판의 높이와 같아야 용접부 끝이 움푹 파지지 않으며 종료 후 가스 등으로 제거하고, 그라인더로 다듬어야 한다. 엔드 탭의 용접성은 모재 이상이어야 하고, 재질, 종류, 두께 등이 모두 모재와 같아야 한다.

(7) 용접결함 및 검사

1) 용접결함의 원인

용접결함은 적정 전류를 사용하지 않거나, 용접속도 부적절, 용접공의 숙련도 부족, 용접봉의 불량, 용접 개선 부 불량, 예열 미실시, 잔류 응력, Arc Strike, End Tab 미사용 등으로 발생한다.

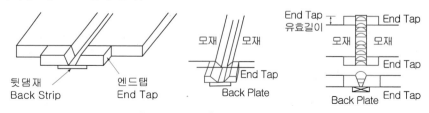

[그림 4-80] 용접결함 보정 방법

2) 용접결함의 종류 및 내용

[표 4-33] 용접결함 및 내용

구분	내 용
구조상 결함	• 기공(氣孔, blow hole), 슬래그 섞임, 융합 불량, 용입 불량, 언더 컷, 오버랩, 균열
성질상 결함	• 물리적·기계적·화학적 성질이 요구수준에 미치지 못함
치수상 결함	• 변형, 치수 오차
용접부 강도에 미치는 영향	• 언더 컷, 기공은 그 양이 많으면 강도를 크게 저하시킴 • 균열은 용접 이음강도를 현저히 저하시킴

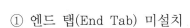

① 엔드 탭(End Tab) 미설치

구분	내 용
사 진	
원인 영향	• 용접사 자질 및 QC 관리 부족, 용접을 시작할 때 아크 불완전 • 용입 불량, 슬래그 말려들기 등 용접결함 발생

② 내외부 용접 결함

㉮ 외부결함

구분	방사선투과검사 결과		결함
언더컷 (External 또는 crown undercut)			상부 모재 단면적 감소로 인한 불량
크랙 (Cracks)	Transverse Cracks · Longitudinal Root Crack	Longitudinal Root Crack · Transverse Cracks	용착금속의 세로, 가로 갈라짐 불량
목두께 부족 (Inadequate weld reinforcement)			덧살 부족에 따른 불량
용착 과다 (Excess weld Reinforcement)			덧살 과다에 따른 불량

④ 내부결함

구분	방사선투과검사 결과	결함
탕경(湯境) (Cold lap)		비드와 비드 사이에 생긴 융합불량
융합불량 (Incomplete fusion)		V형 그루부(groove)면에 생긴 융합불량
슬래그 말려들기 (Slag inclusions)		슬래그가 말려 들어간 불량
기공 (Porosity)		가스가 빠지지 않아 발생한 불량

③ 응력집중으로 인한 용접결함

구 분	내 용
응력집중	• 용접부의 결함 부위에서 국부적으로 응력이 증가하는 현상 • 구조물이 하중을 받을 때, 구조상의 불연속부나 결함이 있으면 그 부분에는 평균응력보다 높은 응력이 발생 • 형상에 따라 평균 응력의 몇 배 내지 수십 배에 달하기도 함 • 구조물의 파괴는 대부분 응력집중 부위에서 발생하며, 특히 피로 파괴나 취성 파괴는 응력집중의 영향이 큼
강도영향	• 피로 강도 〉 충격 강도 〉 인장 강도 • 용접 결함부는 다른 부분에 비해 단면의 변화나 결함의 영향으로 응력집중 현상이 크기 때문
단면변화 응력집중	

④ 용접강도 용접결함

구 분	내 용
용접강도	• 용접봉은 용착 금속의 기계적 성질이 모재보다 약간 높게 제조 • 완전 용입 이음의 덧살은 보강 가치가 거의 없고 오히려 응력집중 현상이 발생될 수 있어 피로 강도 저하 초래
맞대기 용접부 응력집중	• 맞대기 용접부의 토우 부분과 같이 급격한 단면 변화 부분은 표면응력의 1.7~1.8배 정도의 응력이 집중됨 • 정적 강도에 영향이 거의 없으나 피로 강도에 크게 영향을 미침 1.0 1.71 1.71 ←응력집중 ←표면의 응력선도 1.6 1.6 1.8 ←표면의 응력집중 1.3

⑤ 라멜라 테어/티어링(Lamellar Tear/Tearing)

구분	내 용
사진	
원인 및 대책	• 철골 부재의 용접이음에 의해 강판의 두께방향(Z방향)으로 강한 구속응력이 발생하여 용접금속이 국부적으로 수축함으로써 강판의 층(lamination) 사이에 계단 모양의 박리균열이 생기는 현상으로, 용접자체의 결함보다 판 두께 방향의 재질 성능저하와 관련됨 • T형 이음, ㄱ자형(구석) 이음에서 많이 발생 • 유황 성분이 많고, 강판 두께가 두꺼울 때, 1회 용접량이 클수록 많이 발생 • 용접접합부의 개선각을 좁게 하고, 접합부에 예열 및 후열

3) 용접결함 수정방법

[표 4-34] 용접결함 수정방법

구분	수정방법
균열(crack)	초음파탐상검사 또는 침투탐상검사로 불량위치 및 크기를 확인하고 결점부의의 끝부분(단부) 50mm까지 Gouging 등으로 제거한 후 육성 용접(overlay welding) 실시
언더컷(under cut)	허용치를 초과하는 부분을 동일한 용접봉을 사용하여 추가 용접
각장(脚長) 부족	동일한 용접봉을 사용하여 소정의 사이즈까지 추가 용접
오버랩(overlap)	그라인더나 가우징 등의 방법으로 해당 부분 제거
Arc Strike	그라인더로 해당 부분 제거
기공(Blow hole), 피트(pit), 용입 부족, 슬래그 혼입, 용입불량	비파괴 검사로 불합격 판정된 경우는 그 결점 범위를 확인하고 Chipping Hammer, 가우징, 그라인더 등으로 제거한 후 재용접 실시

4) 비파괴 검사

비파괴 검사 방법은 방사선투과 시험, 초음파 탐상 시험, 자기분말 탐상 시험, 침투탐상시험 등이 있다.

① 초음파 탐상법(Ultrasonic Test : UT)

어군탐지기와 동일한 원리를 이용한 것으로, 철골 부재의 내부결함이 발사된 초음파를 반사시키는 속도와 시간을 측정하여 결함의 깊이를 측정하는 방법이다. 건축구조물의 철골 부재에서 주로 사용하는 사각(경사) 탐상법은, 사각 탐촉자 (angle beam)를 사용하여 탐상면에 사각으로 초음파를 주사하여 탐촉자에서 멀리 떨어진 결함이나 불연속한 곳을 감지하는 방법이다. 결함 반사파가 발생한 위치, 결함 반사파의 높이, 파형 등으로 결함의 종류, 크기, 위치 등을 식별한다. 검사 결과는 브라운관에 나타난 영상으로 판정하며, 반사파의 높이와 결함의 길이를 기준으로 등급을 부여한다.

② 방사선 투과법(Radiographic Test : RT)

X선, γ(감마)선 등의 방사선을 건전부 및 결함부에 투과하면 투과량의 차이에 의하여 필름에 나타난 농도의 차이로부터 결함을 확인하는 방법이다. 모든 재료에 적용할 수 있고, 표면 및 내부의 결함 검출이 가능하다.

③ 자기(磁氣) 분말 탐상법(Magnetic Particle Test : MT)

검사대상을 교류 또는 직류로 자화시켜 자분(magnetic particle)을 뿌리면, 균열 등 결함 부위에 자분이 밀집됨으로써 손쉽게 결함을 판별할 수 있는 방법으로, 강자성체에만 적용 가능하다. 장치 및 방법이 단순하고, 표면 및 표면에 가까운 내부결함을 쉽게 찾을 수 있다.

④ 침투 탐상법(Liquid Penetration Test : LT)

표면의 결함에 침투액을 도포하면 침투액이 표면의 불연속 부위에 침투하는 현상을 이용하여 결함을 탐지하는 기법이다. 침투액, 세척액, 현상액 등 3종류의 약품을 사용하여 결함의 위치, 크기 및 모양을 관찰할 수 있다. 거의 모든 재료에 적용이 가능하고, 현장에서 쉽게 검사할 수 있고 제품의 크기, 형상 등의 제한을 받지 않는다.

5) 육안검사

구 분	내 용	
용접속도에 따른 결함	용접속도가 빠를 경우 ① 비드의 폭이 좁아짐 ② 용입이 얕아 슬래그가 잠입하여 　기포 발생 우려	용접속도가 느릴 경우 ① 비드 폭이 넓어짐 ② 용입이 깊어져 표면이 거칠고, 　Cold Lap 발생
도해		

6) 용접 접합부 허용오차 기준

[표 4-35] 용접 접합부 허용오차 기준

명칭	그림	허용오차
맞댐이음간격(e)		e<5mm 초과 시 e만큼 증가 (단, 간격 2mm 초과 불가)
겹침이음의 간격(e)		2.0mm
상면철골의 간격(e)		1.0mm
그루부 용접의 간격(e)		$T \leq 15mm$: 1.5mm $15mm < T \leq 30mm$: T/10 $T > 30mm$: 0.3mm
루트간격 (상면까지) a1, a2		max : a1=3.0mm/ a2=4.0mm
루트간격 (상면철물) a		min : −0 max : +5mm
루트면(a)		$a < 3mm \pm 1mm$ $a < 3mm \pm 2mm$
개선각도(a)		min : -0_o max : $+10_o$

7) 부분 용접부 육안검사 허용오차 기준

[표 4-36] 부분 용접부 육안검사 허용오차 기준

명칭	그림	허용오차
모살용접의 각장 치수(s)		+3mm −0 다만, 용접길이의 10% 이내에 대해서는 −0.1s를 인정한다.
모살용접의 목두께(A)		max : +3mm min : +0.5mm 다만, 용접의 길이의 10% 이내에서는 −0.07s를 인정한다.
모살용접의 덧부치기(c)		max : +1mm min : 0mm
맞대기용접의 더부치기(c)		max : +3mm min : +0.5mm
언더컷		언더컷의 깊이 : max : 0.5mm

⑻ 용접사 기량시험

용접사는 결함이 없고 건전한 용접 작업을 수행할 수 있는 기능을 보유하고 있어야 한다. 강구조 건축물에서 철골 부재 용접 작업의 정밀도는 매우 중요하므로, 용접사는 작업에 투입되기 전 건설사업관리단 또는 감리단의 입회하에 해당 현장에서 적용하는 용접 방법에 대하여 기량시험을 실시하여 검사기준을 충족하여야 한다.

1) 용접사 기량 TEST

강판 필렛 용접부, 강판 홈 용접부 등의 시편을 만들어 용접을 실시하고 육안검사, 방사선 투과시험(RT) 등을 시행하여 합격 여부를 판정한다.

구분	합격 기준
육안검사 (Visual Test)	• Crack, Overlap, Arc Strike가 없을 것 • Crater 부분은 Full 용접될 것 • 운봉폭은 23mm 이내일 것 • (F, H, OH-Max.16mm, V-Max. 25mm) • Bead 골은 1mm 이내일 것 • 시험편의 변형은 모재 두께의 5% 이내일 것
비파괴 검사	• KS B 0896(강 용접부의 초음파 시험방법 및 시험결과 분류방법)에 의거하여 공인 시험기관에 의뢰하여 RT Test 후 합격 여부 판단

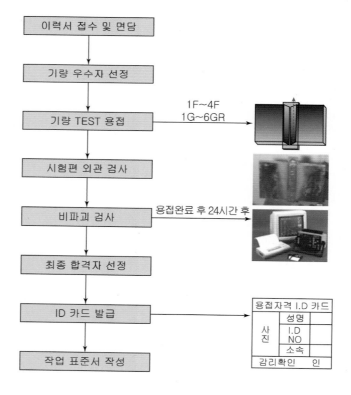

[그림 4-81] 용접사 기량시험 절차

2) 현장 용접사 기량 테스트 검사 항목

검사분류	검사항목
용접 시공 전	• 용접사 기량 Test[시편]
용접 시공 중	• 기후조건 판단 • 모재의 이물질 확인
용접 시공 후	• 비파괴 검사 [RT, UT 등] 시행

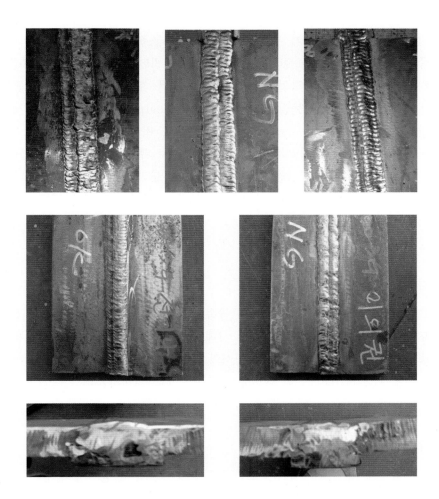

[그림 4-82] 용접사 기량시험(시편 용접)

⑼ 방청 도장

1) 바탕 처리

도장하기 전에 철골 부재 표면의 먼지, 오물, 쇠 찌꺼기, 유류 등 이물질을 Wire Brush, 솔벤트 등으로 제거하고 깨끗이 청소해야 한다. 바탕 처리 후에는 녹이 쉽게 발생하기 때문에 즉시 방청도장을 실시해야 하며, 5℃ 미만이나 43℃ 이상의 온도, 85%를 초과하는 상대습도 환경에서는 도장을 중지해야 한다.

2) 도장면 표면 처리 기준

철골부재의 표면처리는 매우 중요한 도장 전처리 단계이며 우수한 도장 마감을 위해서는 규정된 표면처리가 필수적이다. 대형 철구조물의 경우 기계적인 표면처리 방법 중 연마재를 사용하는 블라스트 세정 방법에 의한 표면처리가 가장 효과적이며 능률적이다. 연마재 세정작업은 도막의 부착력을 향상시키는 거친 표면을 제공한다. 철골 부재 표면의 이물질이나 녹은 Shot Blasting 등의 방법으로 제거한다. 쇼트 블라스트는 쇼트 또는 Grit이라고 하는 금속, 비금속의 입자를 분당 2천 회 이상의 고속으로 회전하며 철골부재 표면에 고압으로 뿌려 주는 것이다. 블라스팅된 표면은 고압 공기 분사나 진공 펌프를 이용하여 블라스팅 후 남은 먼지나 기타 잔여물을 깨끗이 제거해야 한다. 블라스트 처리된 표면은 녹이 발생하기 전에 가능한 한 빨리 Shop Primer 또는 Primer로 도장해야 하며, 처리된 표면은 도장되지 않은 상태에서 1일 이상 방치되어서는 안 된다.

3) 도장면 표면처리 검사

표면 조도(surface roughness)는 금속표면의 불규칙적인 요철을 의미한다. 정상적인 도막 부착을 얻기 위한 표면조도 상태 확인을 위해서 표면조도 검사용 표준 비교판 및 육안으로 판단한다. 도장 시방서와 표면처리의 등급이 일치하는지 확인해야 하며 표면조도 측정 게이지를 사용하여 표면조도를 측정하는데 측정값은 $25\mu m \sim 75\mu m$ 이내여야 한다.

4) 철골 방청 도장 시공 및 관리

콘크리트에 매입되는 부위, 고력볼트 시공 부위, 현장에서 용접하는 부위 등에는 방청 페인트를 칠하지 않아야 한다. 방청도장 후에는 재료가 비나 물에 젖지 않게 하며, 습기를 흡수하지 않도록 유의한다.

⑽ 내화피복 공법

1) 개요

내화피복은 철골구조물을 화재로부터 보호하는 중요한 작업이다. 철골이 고온에 노출되면 강도가 급격히 감소하며, 구조물의 붕괴까지 초래할 수 있다. 내화피복 방법에는 도장 공법, 습식 공법, 조적 공법, 미장 공법, 건식 공법, 합성 공법, 복합 공법 등이 있다. 내화피복 방법은 사용재료, 특징, 시공방법 등이 각기 다르며, 작업환경, 두께, 건조시간 등을 고려하여 결정해야 한다. 내화뿜칠 도료와 내화페인트는 유리, 암면 등의 소재를 기반으로 제작되며, 내화성능이 우수하고 경량이며 색상변화도 적다.

2) 공법 분류

① 도장공법 : 팽창성 내화페인트

　　내화도료를 철골 부재에 1~6mm 두께로 도포하면, 화재로 표면이 일정 온도가 되었을 때 도막두께의 약 70~80배로 발포 팽창하여 단열층을 형성한다. 이 단열층이 화재로 발생한 열이 철골 부재에 전달되는 것을 일정 시간 동안 차단하거나 지연시켜 강구조물의 붕괴를 방지하는 것이다. 내화페인트는 외기온도 5℃ 이상일 때 시공하고, 도장작업 후 4~6일 정도 충분히 건조시킨다. 총 건조 도막두께는 업체별로 지정한 인증두께 이상으로 하되, 850~1,000μm 정도면 양호하다고 볼 수 있다.

② 습식공법
- 타설공법 : 거푸집을 설치하고 철골 부재 둘레(주변)에 소요두께로 콘크리트나 경량콘크리트를 타설하는 공법
- 뿜칠공법 : 암면(rock wool), 유리면(glass wool), 질석(perlite) 등과 시멘트 밀크를 혼합하여 뿜칠하는 공법으로 건식, 반습식, 습식 뿜칠 등으로 구분한다. 건식 뿜칠은 암면과 시멘트를 미리 혼합해 두고 노즐 끝에서 물과 합하여 뿜칠하는 방식으로 압송거리 40m 내외일 때 적용한다. 반습식 뿜칠은 암면과 시멘트 밀크를 노즐 끝에서 뿜칠 시에 합하여 뿜칠하는 것이고, 습식 뿜칠은 암면 모르타르 및 질석을 플라스터계 재료와 미리 혼합하여 두고 뿜칠하는 방식이다. 반습식 뿜칠과 습식 뿜칠은 압송거리 100m 이상일 때 흔히 적용된다.

③ 기타 공법
- 조적 공법 : 벽돌 또는 (경량)콘크리트 블록, 천공 블록 등을 철골부재 주위에 시공하여 화재 저항성을 갖도록 하는 것으로, 내화성능이 높고 내구성이 우수하다.
- 미장 공법 : 철골 부재에 메탈라스를 부착하고 단열 모르타르를 발라 내화성능을 높인 것이다.
- 건식 내화피복 공법(성형판 붙임공법, 멤브레인 공법) : 석고보드, 산화 알루미늄판 등의 경량으로 내화성, 단열성 등이 우수한 성형판이나 흡음판을 철골부재 주위에 접착제와 철물 또는 경량철골틀을 설치하고 그 위에 붙이는 공법이다.
- 합성 내화피복 공법 : 이종재료 적측공법, 이질재료 접합공법으로 PC판이나 ALC판을 사용한다.
- 복합 내화피복 공법 : 내화피복 외에 다른 기능을 충족시켜 복합기능을 하도록 하는 공법이다.

3) 내화피복 공사 시 유의사항

4℃ 이하 및 40℃ 이상의 기온에서는 작업을 금지하고, 강우, 강풍 시에는 작업을 금지해야 한다. 상대습도 85% 이하, 풍속 5m/sec 이하에서 작업하는 것이 바람직하다. 내화도료 사용 시 중도 도장 후 완전건조까지는 수분에 민감하므로 중도 도장 후 강우에 주의해야 한다. 도막두께는 0.85mm 정도가 되게 바르고 시공단계별로 건조시간을 준수해야 한다. 내화피복 재료의 성능을 사전에 파악하여 내화피복 두께 및 내화시험 규준에 맞는지 확인해야 한다.

내화재료를 시공할 때에는, 안전한 작업장을 만들고 안전장비를 준비해야 하며, 재료를 취급할 때는 호흡기 보호구, 안전 안경, 안전 장갑 등을 착용해야 한다. 내화재료의 종류와 시공방법에 따라 적정한 시공 온도와 습도를 유지해야 하며, 공사를 완료한 후에는 철골 구조물의 표면 및 주위를 깨끗이 청소해야 한다.

> **Q 고수 POINT** | **철골 작업 완료 후 후속 공정**
>
> - 철골공사 완료 후 첫 번째 후속 공정이 내화피복 공사로, 흔히 적용되는 뿜칠공법에 대하여 치밀한 계획을 수립하여야 한다.
> - 천장 부위 작업에서 기계설비, 전기설비 공정 투입 전에 내화뿜칠을 할 수 있도록 철저하게 분비해야 한다.
> - 층별 내화뿜칠 일정계획의 적정성 및 일정 지연 시 그 원인을 정확하게 파악하여 대책을 수립해야 한다. 특히, 투입 인원, 자재 및 장비 조달 및 현장 내 운반, 호이스트(리프트)의 가용성, 후속 공정(기계설비 및 전기설비 등의 천장작업) 선투입 등과 관련된 내용을 사전 공정회의 시 각 공정 담당자들과 긴밀히 협의하여 차질이 없도록 해야 한다.
> - 소음, 뿜칠재료의 비산 등으로 인한 민원 발생에 유의해야 한다. 민원 해소를 위해 필요하면, 작업시간을 조정하고 인접 건물이나 주차 차량에 대한 보양방법이나 대책 등을 마련하여 시행한다.

⑾ 스페이스 프레임(space frame)

여러 개의 정밀한 연결점으로 이루어진 3차원 구조물로, 주로 큰 건물이나 시설물의 지붕 등에 사용된다. 스페이스 프레임은 작은 무게와 강도로 매우 큰 공간을 커버할 수 있으며, 기존의 구조물보다 경제적이고 효율적이다. 스페이스 프레임의 구조는 여러 개의 작은 삼각형 모양의 요소들이 노드(node, 연결점)를 통해 연결되어 있고 삼각형 요소들은 서로 강력한 장력을 발생시키는데 이는 구조물 전체를 더욱 강력하고 안정적으로 만든다.

⑿ PEB(Pre-Engineered Building) System

1) 개요

PEB(Pre-Engineered Building) System은 Tapered Beam 구조로도 불리며, H형강 단면의 두께와 폭을 건축물의 치수와 하중 조건에 필요한 응력에 대응하도록 설계, 제작된 철골구조물이다.

2) 특징

PEB 시스템은 공장에서 컴퓨터 프로그램으로 철강 프레임을 사전에 제작하므로 현장에서의 조립시간 단축과 인건비 절감이 가능하여 적은 비용으로 건축물을 구축할 수 있다. 강력한 프레임 구조를 제공하면서도 건축물 디자인에 대한 유연성을 보장하고 다양한 모양과 크기의 건축물에 적용 가능하다. 또 내부 기둥 없이 폭 120m까지 긴 스판의 건축물 구조설계가 가능하여 건축공간의 활용성이 매우 우수하다.

① 전용 프로그램의 사용으로 구조적으로 간단하며 구조설계 시간이 단축된다.

② 시공성이 우수하며 부재의 절감으로 경제성을 확보할 수 있다.

③ 응력상 필요한 사이즈로 설계 및 제작이 가능하다.

④ 고강도 강재를 사용하여 상부 구조물 경량화가 가능하다.

⑤ 연속보의 사용이 가능하다.

3) 구조형식

① Rigid Frame, Clear Span Systems : 최대 90m까지 Clear Span을 확보할 수 있고, 크레인 및 각종 부가하중 처리기능이 우수하다. 공장, 체육관, 격납고, 창고 등에 적용할 수 있다.

② Modular Frame, Multi-Span Systems : 용도에 따라 내부 기둥 간격을 자유롭게 선택 가능하고 최대 240m까지 내부공간 활용이 가능하다. 대형 물류창고, 쇼핑센터, 스포츠 시설 등에 적용할 수 있다.

③ Mezzanine Floor Frame : 공장 내에 부분적으로 사무실이 필요한 경우 혹은 전 층을 2층 구조로 건축하고자 할 경우에 사용된다. 2층 공장, 사무실, 산업용 건축물 등에 사용된다.

④ Single-Slope Systems : 대지가 협소하거나, 기존 건축물의 부속 건축물로 주로 이용되며, 천장이 경사진 단일 경사면을 가진 건축물이다.

4) PEB 시스템 적용 시 유의사항

① 현장 설치 시 수직도를 철저히 확인한다.

② 적용 Type별 폭 및 높이 기준을 준수한다.

③ 자재 및 운반 차량의 진입로를 확보한다.

④ 자재 보관장소를 확보한다.

⑤ 기초 앵커볼트 강도를 확인한다.

⑥ PEB 시스템과 일반 철골 구조물에 대한 정확한 비교·분석이 필요하다.

⑦ 외부 단열재 설치 시 화재사고 예방 대책이 필요하다.

⒀ 데크 플레이트(Deck Plate)

1) 개요

데크 플레이트는 구조물의 바닥재나 거푸집 대용으로 사용되는 철강 패널로서, 아연 도금 강판이나 선재 등의 강재를 요철 가공하여 파형으로 성형한 판을 말한다. 단면을 사다리꼴 또는 사각형 모양으로 성형함으로써 면외방향의 강성과 길이 방향의 내좌굴성을 높게 한 것이다.

2) 데크 플레이트 종류

데크 플레이트 종류에는 '거푸집 데크 플레이트', '구조 데크 플레이트', '합성 데크 플레이트', '셀룰라 데크 플레이트', 거푸집 데크 플레이트에 주근을 미리 설치한 '철근트러스형 데크 플레이트' 등이 있다. 거푸집 데크 플레이트는 철근콘크리트 바닥의 거푸집용으로 주로 사용되며 일부는 구조용으로 활용되는데 용도에 따라 골형, 평형, 철근 트러스형 등으로 구분된다. 콘크리트 경화 전 액성 상태의 콘크리트 무게 및 시공 시 하중을 견디는 역할을 하며 경화 후의 바닥하중은 철근콘크리트 슬래브가 지지하게 된다. 구조용 데크 플레이트는 데크 플레이트만으로 구조체를 형성하며, 콘크리트 경화 후에도 데크 플레이트 자중과 바닥에 가해지는 전체 하중을 데크 플레이트가 지지할 수 있도록 설계한다. 한편, 데크 바닥판 윗면이 평평한 데크 플레이트는 플랫 데크(Flat deck)로 분류하기도 한다. 합성 데크 플레이트는 데크 플레이트와 슬래브 콘크리트가 일체화되어 구조체를 형성하는 것이며, 이를 위해 엠보싱이나 도브 테일(Dove tail) 등의 삽입형 단면형상을 가진 것이 특징이다. 이외에 기존 데크 플레이트의 홈을 평강판이나 홈에 맞는 절곡 강판으로 막아 셀 타입 배선망을 형성한 데크 플레이트를 셀룰라(cellular) 데크 플레이트라고 한다. 셀룰라 데크 플레이트는 형성된 셀을 통해 대용량의 배관, 배선망뿐만 아니라 셀 윗면에 설치되는 플로어 덕트와 헤더 박스를 이용한 전선배선망 등 점차 늘어나는 전기·전화·전산망 설치 소요에 대응하기 위한 데크 플레이트이다.

3) 특징

강구조 또는 철골철근콘크리트(SRC) 구조의 건축물에서 철골 보에 데크 플레이트를 걸쳐 대고 철근을 배근한 후 콘크리트 타설할 경우 동바리가 필요 없어서 하층에서의 작업이 용이하다. 또 거푸집 해체 공정이 줄어들어 노무비 절감도 가능하다. 철재 거푸집으로 구조적 안정성이 있으며 공기 단축이 가능하여 경제성도 좋다.

4) 시공 시 유의사항

자중 및 작업 하중을 고려한 단면 설계 및 바닥 중앙의 휨 보강이 필요하며, 양중 및 설치 시 휨이 발생하지 않도록 해야 한다. 보와 접합되는 단부에 콘크리트 누출 방지를 위한 End Closure(end plate) 및 구조 보강용 브라켓이 설치되었는지 반드시 확인해야 한다. 지점 사이가 3.6m를 초과 시 중간에 서포트를 설치해야 하며 내화피복을 하여야 한다.

[그림 4-83] 데크 플레이트 용접

5) 거푸집용 데크 플레이트(Form deck plate)

명칭별	형태	특징	작업성 m²/인	비고
골형 데크 Form-Deck		• 시공의 일반화 • 작업 공정이 단순 • Hook 철근 작업 • Stud bolt 용접 어려움	22	1.2t
평형 데크 N-Deck, Hi-Deck		• End closer 불필요 • 2방향 배근가능 • 철근 고임재 필요 • 운반, 양중에 불리	25	1.2t
트러스 형 Ferro Deck, Super Deck		• 시공성 우수 • End closer 불필요 • 철근 품질 확보 용이 • 운반, 양중에 불리 • 철근 절단 시 보강작업	40	0.5t

6) 구조용(합성) 데크 플레이트(Composite deck plate)

명칭별	형태	특징	작업성 m²/인	비고
골형 데크 KEN Deck, JIF Deck, Alpha Deck	[단면도]	• 철근 배근 불필요 (와이어 메시만 시공) • 구조적 품질 확보 용이 • 공기 단축 가능 • Hook 철근 작업 • Stud bolt 용접 어려움	25	1.2t
평형 데크 Hi-Deck II, Ace Deck, Power Deck		• 철근 배근 불필요 (와이어 메시만 시공) • 2방향 배근 가능 • 전기설비, 기계설비 배관 공간 협소 • 운반, 양중에 불리	35	1.0t

---

■ 데크 플레이트 시공 중 발생되는 재해 유형과 안전대책

• 추락 : 안전 난간, 안전 방망, 안전 부착 설비 설치

• 낙하 : 철골 하부 안전 방망, 위험구역 출입 통제 조치

• 붕괴 : Deck 자재 과다 적치 금지, 양단 걸림 길이 50mm 이상

⑭ 지하층 철골 설치

1) 지하층 철골 설치 흐름도

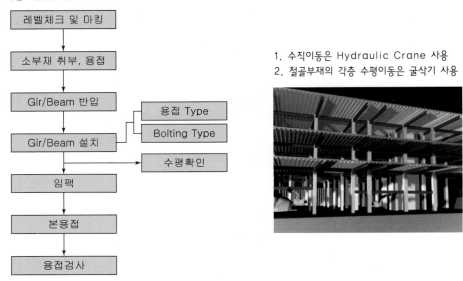

```
레벨체크 및 마킹
      ↓
소부재 취부, 용접
      ↓
Gir/Beam 반입
      ↓                    ┌─ 용접 Type
Gir/Beam 설치 ─────────────┤
      ↓                    └─ Bolting Type
      ├──────────────────→ 수평확인
      ↓
임팩
      ↓
본용접
      ↓
용접검사
```

1. 수직이동은 Hydraulic Crane 사용
2. 철골부재의 각층 수평이동은 굴삭기 사용

[그림 4-84] 지하층 철골 설치 흐름도

2) 지하층 설치 상세 시공계획

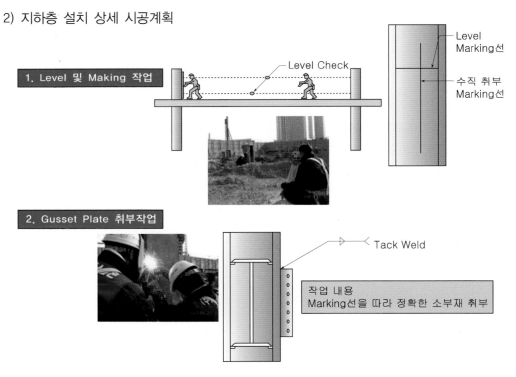

1. Level 및 Making 작업

Level Check

Level Marking선

수직 취부 Marking선

2. Gusset Plate 취부작업

Tack Weld

작업 내용
Marking선을 따라 정확한 소부재 취부

[그림 4-85] 지하층 철골 설치 상세 계획-01

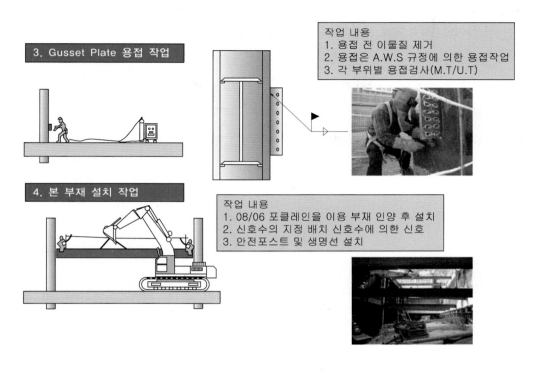

3. Gusset Plate 용접 작업

작업 내용
1. 용접 전 이물질 제거
2. 용접은 A.W.S 규정에 의한 용접작업
3. 각 부위별 용접검사(M.T/U.T)

4. 본 부재 설치 작업

작업 내용
1. 08/06 포클레인을 이용 부재 인양 후 설치
2. 신호수의 지정 배치 신호수에 의한 신호
3. 안전포스트 및 생명선 설치

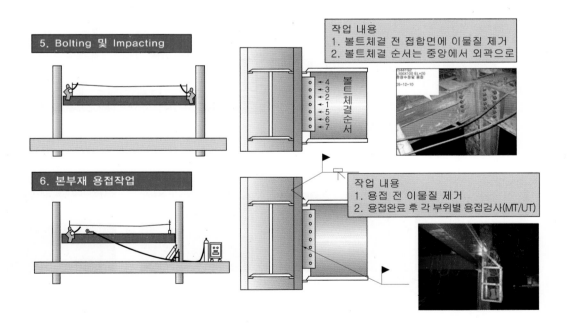

5. Bolting 및 Impacting

볼트체결순서

작업 내용
1. 볼트체결 전 접합면에 이물질 제거
2. 볼트체결 순서는 중앙에서 외곽으로

6. 본부재 용접작업

작업 내용
1. 용접 전 이물질 제거
2. 용접완료 후 각 부위별 용접검사(MT/UT)

[그림 4-86] 지하층 철골 설치 상세 계획-02

3) 지하층 역타 철골 설치 개념도

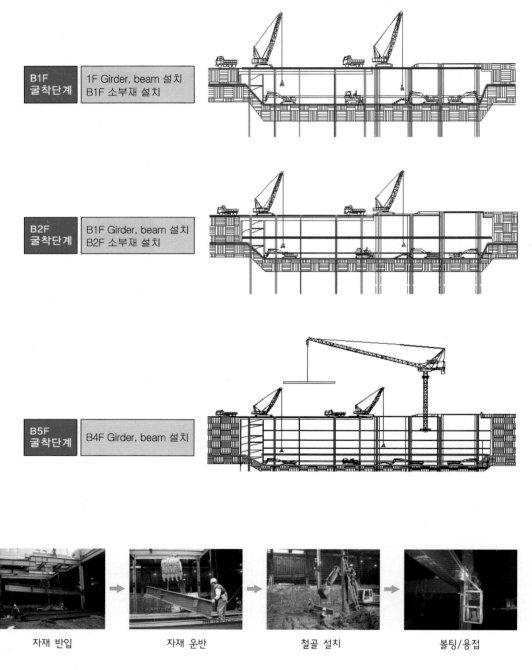

| 자재 반입 | 자재 운반 | 철골 설치 | 볼팅/용접 |

[그림 4-87] 지하층 철골설치 순서

> ## Q 고수 POINT　　철골공사 재료
>
> • 빌트 업(built-up) 빔[45], 롤 빔(roll beam)[46], H빔, CFT 등 철골 부재의 생산 시황, 구매 가격 등을 고려하여 시공사(원청사) 구매가 유리한지 전문건설업체(협력업체)의 구매가 유리한지 판단하여 발주하여야 한다.
> • 철골세우기 공사 발주 시 현장설명 참여업체의 경영상태, 공장 보유 여부, 설치팀의 역량, 계약 방식 등을 고려하여 적격업체를 협력업체로 선정하고 계약하여야 한다.
> • 설치팀의 능력 : 설치팀에 대한 사전 조사를 통하여 철골 물량 및 공정을 예정대로 추진 가능한 상태인지를 면담 및 실적을 통하여 판단하고 원 계약업체와 협의하여야 한다.
> • 공정지연이 예상될 때 주요 관리 포인트
> - 문제점 파악 및 해결 : 투입 인원, 설치팀 수, 본사 지원, 소장, 설치팀 등의 문제점 및 해결책 강구
> - 공장제작 현황 재검토 : 정상 진행 여부, 설계도면 일치 여부, 현장 반입 일정 등
> - 세우기 일정 재검토 : 타워크레인 대수, 기둥, 거더, 빔 수량 및 톤수에 따른 일일 설치량 분석
> - 볼팅, 와이어링 및 검측 : 연장 작업, 토요일 및 휴일 작업 가능 여부(조명, 타워 지원, 선행 작업, 비용 발생 등) 검토
> - 렌치 : 세우기 장비(타워크레인, 이동식 크레인)를 이용하는 다른 작업팀과의 형평성 유지, 일시적 지원팀 동원 가능 여부 검토
> • 검측 및 볼팅을 완료한 후에는 그 후속 공사인 데크 플레이트, 철근 배근, 거푸집 설치 등의 작업을 사전에 협의하고 준비하여야 한다(담당 공사팀장 확인).

---

45) 두꺼운 강판을 잘라서 플랜지(flange)와 웨브(web)로 만들고 이를 용접하여 만드는 부재로 기성품이 아니어서 단위중량표가 존재하지 않아 중량을 산정해야 한다.

46) 철골 부재를 압출 방식으로 생산한 형강으로 기성 제품이어서 단위중량표가 존재하고, BH(Built Up) 부재와 달리 형강의 크기가 정해져 있다.

■ 철골 건립 작업 시 안전관리 Check Point

1. 안전대책
   - 추락 방지 : 안전한 작업이 가능한 작업 발판, 추락자 보호, 추락의 우려가 있는 위험 장소에서 작업자의 행동 제한, 작업자의 신체 보호
   - 비래 낙하 및 비산 방지 : 낙하위험 방지, 제3자에 대한 위해 방지, 용접 및 압접 작업 시 불꽃의 비산 방지

2. 조립 시 안전대책
   - 기둥을 세울 때는 가조립 Bolt를 조일 때까지는 인양 Wire Rope를 풀거나 낮추지 말 것
   - 기둥 세우기는 보와 연결하여 한 칸씩 할 것
   - 보를 달지 못할 때는 버팀줄 또는 버팀대로 보호할 것
   - 풍속 : 0~7m/s : 안전작업 범위, 7~10m/s : 주의경보, 10~14m/s : 경고경보, 14m/s 이상 : 위험경보

3. 철골공사 중 작업을 중지해야 할 악천후 기준
   - 강풍 : 10분간 평균 15m/s 이상, 강우 : 1시간당 강우량 1mm 이상, 강설 : 1시간당 강설량 1cm 이상
   - 철골공사 재해 방지시설의 설치 검토 : 기둥의 승강용 Trap 및 구명줄, 추락 방지용 방망, 방호 철망(낙하물 방지망, 낙하물 방호선반), 통로(수직, 수평 통로)

4. 철골공사 안전통로 관리 방안
   - 수직 통로 : 승강로는 높이 30cm 이내, 폭 30cm 이상, 철제 또는 줄사다리, 강제 계단 설치 관리
   - 수평 통로 : 작업발판, 잔교

5. 철골공사용 작업발판 : 달대 비계(전면형, 통로형, 상자형)

4.2.5 커튼월 공사

(1) 개요

토공 및 흙막이공사, 지하층 골조, 지상층 골조공사가 완료되면 내외부 마감공사가 진행된다. 외부 마감공사 중에서 커튼월(curtain wall)은 건축물의 외벽을 하중을 받지 않는 비구조적인 벽체로 둘러싸는 방식이다. 유리, 금속, 콘크리트, 석재 등 다양한 재료와 형태로 커튼월을 구성할 수 있다. 커튼월의 설계와 시공은 필요한 성능조건에 따라 구조적 안전성, 단열 성능, 열적 성능, 수밀성, 내화성 등을 고려하여 수행된다. 커튼월은 입면(외관), 조립방식, 구조방식, 재료, 유리 끼우기 방식 등에 따라서 여러 가지 유형으로 분류된다. 커튼월 공사는 공장에서 제작된 부재를 현장에서 조립하는 방식이 일반적이며, 공기단축과 품질관리에 중점을 두어 수행하여야 한다.

(2) 커튼월의 분류

1) 외관의 형태에 따른 분류

① 멀리온 타입(mullion type)

디자인적인 측면에서 입면의 수직선을 강조하고 싶을 때 적용하는 타입으로 상하 바닥판에 수직 기둥인 멀리온을 세우고, 유리, 금속, 콘크리트 등의 부재를 설치하는 방식을 말한다.

② 스팬드럴[47] 타입(spandrel type)

스팬드럴 벽판을 보나 바닥판 또는 기둥 사이에 설치하고, 그사이에 창호를 끼우는 방식으로 건축물 외관에서 수평선을 강조하는 유형이다.

③ 그리드 타입(grid type, 격자 방식)

띠장과 멀리온으로 구성되며 수직과 수평의 격자형 외관을 구성하는 방식이다.

④ 쉬드 타입(sheath type, 피복 방식)

멀리온이나 트랜섬(transom, 가로대)이 외부에서 보이지 않도록 은폐시키는 방식으로 건물의 외관이 평면적이고 단순하게 보이는 방식이다.

---

47) 상하층의 창 사이에 있는 벽 부분을 일컫는다.

2) 재료에 따른 분류

강제 커튼월은 재료비는 저렴하지만 녹 발생이 쉬워 불소수지 도장을 하거나 법랑 형태로 만들어 사용한다. 알루미늄 커튼월은 경량이며 조립 가공이 쉽고 부식에 강한 특징을 가지고 있다. 스테인리스 커튼월은 고가이지만 내후성이 좋고 외관이 미려하며 변형이 적은 장점을 갖고 있다.

3) 구조방식에 따른 분류

① Mullion 방식

수직부재(mullion)를 슬래브나 보 등의 구조체에 먼저 설치하고 그사이에 새시 (sash) 및 스팬드럴 패널(spandrel panel)을 끼워 넣는 방식으로, 금속 커튼월 에 주로 사용되고 수직적 외관이 강조되며 큰 요철이 없는 평면적인 의장에 적용된다.

② Panel 방식

공장에서 제작하여 유니트화한 한 층 정도의 패널을 현장에 반입하여 설치하는 방식으로, 다양한 형태(층간 패널, 기둥형 패널, 보형 패널, 횡벽(spandrel) 패널 등)의 디자인이 가능하다.

③ GPC(granite precast concrete)

화강석(granite) 판을 선 설치한 PC(precast concrete) 패널을 공장에서 생산하여 현장에서 조립하는 방식이다. 공장에서 제작된 PC 패널을 현장에서 쉽게 설치 할 수 있어 시공기간을 단축할 수 있고, 내화성, 내구성, 내진성 등이 우수하며, 화강석의 미적인 특성을 살릴 수 있는 장점을 갖고 있다. 패널의 무게를 줄이기 위해 경량 재료를 사용하거나, 구조적으로 필요한 부분만 철근을 배치하는 등의 방법으로 경량화할 수 있다. 단점으로는 PC 패널의 제작과 운반에 비용이 많이 들고, 설계와 제작에 정밀도가 요구되며, 현장에서 조립 시 오차가 발생할 수 있다는 점이다. 패널 접합부에서 누수와 열손실 가능성도 있어 방수 및 단열 시공 을 철저하게 해야 한다.

④ TPC(tile precast concrete)

타일을 미리 부착한 PC(precast concrete) 패널을 공장에서 생산하여 현장에서 조립하는 방식으로, GPC와 유사한 특징을 갖고 있다.

4) 조립 공법에 따른 분류

① 스틱월 공법(stick wall system)
녹다운 공법(knock down method)이라고도 하며, 커튼월 구성 부재를 현장에서 하나씩 설치하면서 조립 및 결합하는 방식이다. 제작 가공한 멀리온, 트랜섬, 스팬드럴 패널 등을 현장에 반입하여 부착 위치에 조립하고 유리 끼우는 작업을 하는 방식이다. 유닛 월 방식에 비해 구조가 단순하고 현장 수정도 쉬운 편이다.

② 유닛월 공법(unit wall system)
커튼월의 구성 부재를 공장에서 조립하여 패널화하고 유리도 부착하여 현장에서는 패널만 설치하는 방식이다. '창호+유리+패널'의 일괄(package) 발주 방식으로 하나의 유닛의 무게가 상대적으로 무거워 양중계획을 철저하게 수립 이행해야 하며, 외관 특성상 유리(glazing)가 중심으로 비교적 고가(高價)이다. 커튼월 재료, 색상 등과 유리 사양, Shop Drawing 작성 및 승인이 모두 이루어진 후 제작이 가능한 방식으로 금속 프레임에 유리를 넣은 형태로 공장에서 출하하여 현장에서는 조립만 하는 방식이다.

③ 세미유닛(semi-unit) system
공장에서 커튼월의 일부 구성부재(일반적으로 유리를 제외한 멀리온 형태의 프레임 또는 트랜섬 형태의 프레임으로 구성)를 조립하고 현장에서 나머지 부재(유리 등 공장 제외 부재)와 결합하는 방식이다.

5) 조립공법 결정요소

① 비용은 스틱월보다 유닛월로 제작 시 상승하며, 제작에 소요되는 단위 면적당 자재의 중량이 유닛월이 더 많이 소요되고, 공장의 조립비용, 현장별 적재용 파레트의 제작 및 운반비 등 제반 비용이 상승 등의 그 원인이라고 할 수 있다.

② 스틱월과 유닛월은 각각 다른 특성을 가지고 있어, 건물의 형태, 공사 규모, 유리 끼우기 방식, 현장의 여건 등에 따라 적합한 시스템을 선택해야 하는데 세미유닛은 스틱월과 유닛월의 중간 형태로, 스틱월의 현장 조립의 장점과 유닛월의 공장에서의 품질 관리의 장점을 모두 가지고 있다. 세미유닛의 선택은 스틱월과 유닛월의 선택 요소의 장단점의 중간지점으로 인식하고 있다.

③ 규모기준으로는 소규모(10층 이하)는 스틱월의 경제성과 시공 간편성이 유리하고, 중규모(10~30층)는 세미유닛의 균형적인 장점이 적합하며, 고층(30층 이상)은 유닛월의 고품질과 안정성이 중요하다고 할 수 있다.

[그림 4-88] 스틱월 공법

[그림 4-89] 유닛월 공법

[표 4-37] 커튼월 조립공법 비교

비고	Stick System	Unit System
시공순서	순서와 장소에 관계없이 시공가능	암수순서에 따른 Step by Step
조립품질	현장	공장

비고	Stick System	Unit System	비고
입면형상	불규칙	연속 균일	–
공사규모	중, 고층 20F 이내	초고층	–
유리 끼우기	현장 작업	공장 작업	무게 증가와 양생공간
부재 크기	소폭 60mm 이내	확대 70mm 이상	Split Line
시공 장비	곤돌라	Winch	Tower Crane 할당
업체 설비	–	Over Head Crane	–
Delivery	신속대응	일정 준비기간	신속한 의사결정 좌우
현장 여건	최소공간	적재공간 요구	트럭 도심통행 제한
비용	경제성 제고	부대비용 증가	장비, 목재, 컨테이너

- 커튼월 공사 Check Point
- 최근의 건축공사에서는 스틱 월 타입의 커튼월이 일반적으로 사용되고 있다.
- 유닛 타입 커튼월은 품질이 우수하고 공기 단축이 가능하지만, 상대적으로 고가이다.
- 각 공법의 특징을 모두 지닌 세미유닛 방식은 스틱월 타입보다는 공사비가 다소 비싸지만 공기단축이 필요할 경우 많이 채용되고 있다.

(3) 커튼월의 구성 부재

1) 커튼월 부재

① 멀리언(mullion)

커튼월의 수직 디자인을 강조하는 핵심 요소로 커튼월 시스템에서 주로 수직적으로 배치되는 구조물로, 패널을 수직으로 분리하거나 지지하기 위해 사용된다. 되며, 외부 외관과 구조적 안정성을 제공하는 역할을 한다. 주로 알루미늄이나 스틸과 같은 강한 구조 재료로 만들어지고, 건물 외벽의 패널을 지지하고 하중을 전달하는 역할을 하며, 패널 간의 간극을 최소화하며 외부 요소에 대한 내구성을 확보하는 중요한 구조물이다.

② 트랜섬(transom)

커튼월 시스템에서 주로 수평적으로 배치되는 구조물로, 패널과 멀리언 사이의 가로 방향으로 지지하는 요소이며, 외부의 수평을 강조하는 디자인과 구조적 안정성을 제공하며 유리 패널과 멀리언을 연결 외부 클래딩 시스템을 형성하는 데 사용된다.

③ 스팬드럴 패널(spandrel panel)

멀리언과 멀리언 사이 또는 트랜섬과 트랜섬 사이를 메우는 패널을 가리키며, 비전(vision, 유리) 구간과 상대적인 개념으로 주로 외부에서 보지 않기를 바라는 부분(기둥이나 천정 내 단부, 커튼 박스 등 외부에 노출 시 외관을 해치는 부분에 대하여 내부를 볼 수 없도록 가리는 부분)을 가리는 역할을 하며, 건물의 외관을 구성함과 동시에 내부를 차폐하는 역할을 한다. 멀리언 간, 트랜섬 간의 간극을 메우는 역할을 하여 커튼월 시스템의 외관을 완성한다. 유리 패널과 스팬드럴 패널이 서로 다른 재료로 만들어져도 하나의 일관된 건축물 외관을 제공할 수 있으며, 건축물 디자인이 조화를 이루는 데 기여한다.

스팬드럴 패널은 내부 공간을 외부 요소로부터 보호해야 하므로 열 및 소음을 차단하여 내부 환경을 보존하거나 향상시키는 역할을 하고, 단열재를 부착하여 열 전달을 제어하거나 방음재로 소음을 줄일 수 있어야 한다. 또 다양한 색상, 마감재, 패턴 등을 사용하여 건물 외관에 미적 요소를 추가하거나 시각적인 강조를 할 수 있고, 디자인과 기능적 요구에 맞게 선택되어 설계에 반영해야 한다.

④ 비전(vision)

커튼월의 비전 구간(vision area)은 건축물 외벽에서 내부로 자연광이 들어오는 영역을 말한다. 비전은 건물 내부의 쾌적한 환경(사용자의 행복감과 생산성 증진)을 조성하고, 내부 공간을 밝게 하여 인공조명을 줄이거나 최적화함으로써 에너지를 절약할 수 있다. 주로 유리 패널이나 투명한 클래딩 재료로 이루어져 건물 내부와 외부 사이의 시각적 연결을 제공하고 자연광을 실내로 유입시키는 역할을 한다.

⑤ 창호(새시, sash)

비전 구간에서 개폐를 통하여 환기할 수 있는 장치로서, 유리와 프레임이 조합된 여닫는 장치이다. 창문 프레임, 문 프레임, 창호 시스템을 뜻한다.

⑥ 스택 조인트(stack joint)

커튼월의 유니트와 유니트가 수직으로 만나 연결되는 부분으로 슬래브의 약 1m 높이에 위치시켜 디자인적인 요소를 포함하여 배치한다. 이 부분은 모멘트가 없는 핀 부분이 되어 한 층에 걸쳐 설치된 수직부재는 겔버 보 형상이 된다. 간극 또는 연결부위에 대한 처리방법 및 조절방법을 시공상세도에 반영하여 작성하여야 한다. 스택 조인트의 품질에 이상이 있으면 발음(發音) 현상 하자의 주원인이 된다. 스택 조인트 부위의 마감품질은 건축물의 기밀성이나 누수에 영향을 크게 미치므로 정밀한 시공이 필요하다.

2) 패스너(fastener)

커튼월과 골조를 긴결하는 부품으로 커튼월에 가해지는 외력과 커튼월 자중을 지탱할 수 있는 충분한 강도를 지녀야 한다. 골조에 직접 설치하는 1차 패스너, 커튼월 본체와 1차 패스너 사이의 시공오차를 조정하기 위하여 설치하는 2차 패스너가 있다. 패스너는 층간변위[48]가 큰 철골구조에서 지진이나 태풍 등의 횡력이 작용할 때 건축물의 변형을 추종할 수 있어야 하며, 공사현장의 오차[49]와 부재의 신축 등을 흡수할 수 있어야 한다. 패스너의 접합방식에는 슬라이드 방식, 회전 방식, 고정 방식 등이 있다.

---

48) 풍압력 및 지진력 등에 의해 생기는 건물 구조체의 서로 인접하는 상·하 2개층 사이의 수평 방향 상대 변위이다.

49) 골조, 제품 및 설치 오차이다.

① 슬라이딩(sliding) 방식

수평이동방식으로 커튼월 유닛 하부에 설치하는 패스너는 고정하고, 상부 패스너는 슬라이드 되도록 하는 방식이다[50]. 슬라이딩 방식의 패스너는 일반적으로 수평방향 ±20~40mm, 수직방향 ±2~5mm의 슬라이딩 성능을 갖추어야 한다. 층간변위에는 Loose Hole의 슬라이딩이나 Arm의 회전(pin arm) 또는 슬라이딩(slide arm)으로 추종한다. 이 방식은 층간변위가 적은 부재나 횡으로 긴 부재에 적용한다.

② 회전 방식(locking type)

커튼월의 상변과 하변이 상하로 이동하면서 회전되도록 패스너로 지지하는 방식으로서 층간변위가 큰 부재나 종으로 긴 부재에 적용한다. 하중을 지지하는 패스너 이외에는 Loose Hole, 판 스프링 등에 의하여 면내 방향(상하)으로 자유롭게 이동 가능한 기능을 갖춰야 한다.

③ 고정 방식(fixed type)

커튼월 패널의 상·하부를 모두 슬라이딩이나 회전이 없도록 고정시키는 방식이며, 커튼월 Unit 상·하변의 패스너를 용접 등으로 고정한다. 골조의 움직임에 커튼월을 추종시키는 방식으로 패널을 건물 외벽에 영구적으로 부착하거나 고정시키는 방식이다. 금속 커튼월의 경우 면내 변형량이 커서 일반적으로 고정 방식을 적용한다.

3) 실링재

커튼월 유닛과 구조체 사이의 틈을 메우고 기밀성과 방수성을 확보할 목적으로 사용되는 것으로, 건축물의 에너지 효율을 향상시키고 외관을 보호하며 내구성 향상에 도움을 준다. 실리콘, 우레탄, 아크릴 등과 같은 재료로 만들며, 유닛과 구조체의 재료 특성에 적합한 실링재를 선택해야 한다.

---

50) 상부 지지형식으로 설계할 수도 있으며, 그 경우 상하부 패스너 타입을 바꾸면 된다.

4) 커튼월 조인트

① 클로즈드 조인트(closed joint)

커튼월의 접합부를 부정형 실링재로 충전해서 완전히 밀폐하는 방식으로 누수 원인 중의 하나인 틈새를 없애는 것을 목적으로 한다. 1차 실링이 파손되어 침입한 빗물을 2차 실링으로 막고, 중간부에 설치된 물받이에 의해 외부 또는 내부측에 준비된 파이프 등을 통해서 배수한다. 이 경우 안쪽의 2차 실링은 커튼월 부재에 미리 세팅한 정형 실링재(가스켓 등)가 사용된다.

② 오픈 조인트(open joint)

유닛과 유닛 사이의 틈을 실링재로 채우지 않고 오픈된 사이의 틈을 방풍재나 방수재로 마감하며, 투수를 일으키는 힘을 제거함으로써 기압차에 의한 물의 이동을 막는 방식이다. 이 방식에서는 1차측에 외기 도입구를 설치하고 동시에 2차측에 기밀재로 기밀성을 유지함으로써, 조인트 내부와 외기의 압력을 거의 동등하게 유지하여 기압차에 의한 물의 이동을 막는다.(등압이론) 이 방식은 빗물 처리, 등압개구, 기밀처리의 3가지 요소에 의해 등압공간을 형성하는 것으로 수밀 성능을 장기간 유지할 수 있다.

⑷ 커튼월 검사 및 성능시험

1) 풍동시험

커튼월의 내구성과 안전성을 평가하는 중요한 과정으로 건물 주변 600m 반경의 지형 및 건물배치를 축적(1/400~1/600) 모형으로 만들어 과거 100년간의 최대풍속을 가하여 시험한다[51]. 합리적인 풍하중 평가를 통한 커튼월 및 구조체 설계의 구조적 안전성 및 신뢰성 확보, 경제성을 확보할 목적으로 실시한다. 실험항목으로는 고층 건축물의 내풍 실험, 빌딩 풍해 시험, 오염물질 확산 실험, 건물 환기·통풍 및 배연 실험, 외장재 내풍 실험 등이 있다.

---

51) 풍동(wind tunnel) 내 턴 테이블에 대상건축물 및 주변환경을 모형화하여 설치하고, 360° 회전시키면서 풍속, 풍압, 풍력 등을 측정하여 건축물에 작용하는 풍력 및 풍압 분포를 평가·분석한다.

2) 목업 테스트(Mock-up Test)

대형 시험장치를 이용하여 실제와 같은 가상 구조체에 실물 커튼월을 실제와 같은 방법으로 설치하여 내풍압성, 수밀성, 층간변위 추종성, 기밀성 등을 확인하는 시험이다. 중대형 커튼월 공사의 경우 목업 테스트를 통해 커튼월의 성능을 검증한 후 본 공사를 진행하는 것이 일반적이다. 목업 테스트는 가장 가혹한 환경을 설정해서 시험하기 때문에, 예상하지 못했던 문제점이 많이 발견되고 그것들을 개선함으로써 커튼월의 품질을 향상시키게 되는 경우가 많다. 국내에서는 KS 기준에 의한 시험과 미국 기준인 ASTM & AAMA 기준을 적용해서 실시하는 것이 보통이며, 국내 공사라고 하더라도 해외 기반 설계는 영국, 호주 등의 기준을 적용하기도 한다.

① 예비시험설계

시험 절차와 장비의 정확성을 확인하고 시험계획을 최적화하기 위한 단계로서 설계풍압력의 50%를 일정 시간(30초) 가압한다. 이 단계에서는 목업 모형을 사용하여 시험의 전반적인 흐름과 장비의 작동상태를 확인하며 필요한 조정을 할 수 있다.

② 기밀시험(ASTM E-283, KS F 3117에 따름)

실물 모형에 공기를 주입하여 공기의 누출량을 측정하여 기준값 이하일 경우 기밀시험을 통과한 것으로 판정한다. 기밀성능은 실내외 기압 차로 흘러 들어오는 공기량의 정도를 나타내는 성능으로, 기밀성이 좋으면 건물의 에너지 효율이 높아지고 결로가 방지되며 소음도 줄일 수 있다. 특정 압력하에서 단위시간당 누기량을 기준으로 기밀성을 측정하는데, ASTM E-283 기준은 시속 40km, 압력차 $7.6kgf/m^2$ 조건에서 실시하도록 하고 있으며, 공기유출량이 고정창은 $0.0183m^3/m^2$ · min 이하, 개폐창은 $0.0232m^3/m^2$ · min 이하이면 합격으로 간주한다.

③ 정압 수밀시험

설계 풍압력의 20%로 분당 3.4ℓ의 물을 15분 동안 시험체에 살수하여 시험체 내부의 누수 여부를 관찰하며 점검하는 시험이다.

④ 동압 수밀시험

시험체에 정압수밀시험 압력과 같은 풍속의 바람을 일으킬 수 있는 제트엔진 프로펠러를 가동하여 15분 동안 분당 3.4ℓ의 물을 살수하여 누수발생 여부를 점검하는 시험이다. AAMA 501.1 기준은 설계풍압(정압)의 최소 20% 최소 300Pa

최대 720Pa로 시험하는 것을 권장한다. 정압 수밀시험은 정적인 압력차를 유지한 상태에서 살수를 했을 때 시험체에서 발생하는 누수를 확인하기 위한 시험이고, 동압 수밀시험은 엔진을 사용하여 주어진 압력에 상응하는 풍속을 가하면서 살수했을 때 시험체에서 발생하는 누수를 확인하기 위한 시험이라는 차이가 있다.

⑤ 내풍압 성능시험

커튼월이 어느 정도의 풍압에 견딜 수 있는지 확인하는 시험으로 시험체에 설계하중의 ±50%와 ±100%의 정부(正負) 압력을 가해 10초간 유지한 후 각 부재의 최대변위량을 측정하는 시험이다. 변위측정용 게이지는 수직재에 3개, 수평재에 1개, 유리에 1개 설치한다. 수직재, 수평재는 그 변위는 허용범위 안에 있으면 합격이고, 유리는 25mm 이하이면 합격이다. 유리는 시험 도중에 깨지는 경우가 많아서 사람의 접근을 통제하고 시험해야 한다.

⑥ 영구변위 시험

설계풍압의 ±50%와 ±150%로 가압한 후 10초를 유지할 때 변위량이, 알루미늄은 2L/1,000(L : 지점간의 거리) 이하이고, 유리는 깨지지 않으면 합격이다.

⑦ 결로 시험

액체질소를 이용하여 외부 챔버(chamber)의 온도조건을 겨울철 조건으로 설정하고, 내부조건으로서 건물 용도에 적합한 온·습도 조건을 설정하여, 일정 시간 유지한 후 시험체에 발생하는 결로현상을 관찰하는 시험이다. 내부온도, 외부온도, 습도를 조절하여 겨울철 최악의 조건에서 결로가 발생하는지 확인한다. 외부온도를 1차는 −10℃, 2차는 −15℃, 3차는 −18℃로 설정하고 관찰하여 물방울이 맺혀 흐르고 고이면 불합격된다.

⑧ 개폐창 시험

작동창을 5회 열고 닫고 잠금을 반복하여 작동창으로서 이상이 없는지 검사하는 시험으로 외관 및 기능에 이상이 없으면 통과된다.

⑨ 층간변위 시험

원점(originating point)을 기준으로 면내 좌·우로 중앙부 Slab 위치의 H-Beam에 변위를 발생시키는 시험으로 3개층의 목업을 시공해서 이 중 2층은 오른쪽으로 3층은 왼쪽으로 잡아당기면서 층간 변위를 측정한다. 유리가 깨지면 불합격이며 육안으로 수직재와 수평재가 변형된 것을 확인하여, 파손되면 불합격으로 판단한다.

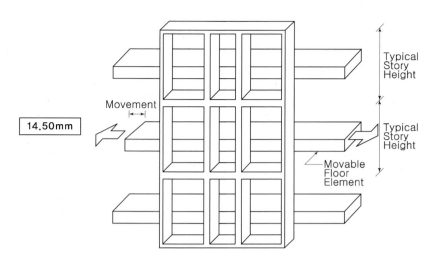

[그림 4-90] 층간변위시험 개요도

3) Field Test

현장에 직접 시공된 커튼월 등 외장재에 대하여 기밀성능과 수밀성능 등 다양한 시험과 검사를 시행하여 그 안전성과 기능성을 평가하는 과정이다. 공사 초기 단계에서 시공상의 문제점 확인 및 원인 규명, 보완 방법 등에 관한 협의가 가능하여 경제적 효과 및 품질 향상을 기대할 수 있다. 목업 테스트(Mock-up Test)에서 발견되지 않은 결함을 발견할 수 있으며 결함의 원인 규명 및 보완책을 찾는 것을 주목적으로 하고 있다. 미국 ASTM 기준에 의거 AAMA에서 절차화한 것으로, 대부분의 고층 건축물에서 수행되고 있으며, 국내에서도 고층 빌딩 대부분이 필드 테스트를 시행하고 있다.

- ■ 커튼월 Mock-up 테스트 Check Point
- • 커튼월 목업 테스트 방법 및 기준
  - 기밀성능시험 : ASTM E283
  - 정압하에서 수밀성능시험 : ASTM E331
  - 동압하에서 수밀성능시험 : AAMA 501.1
  - 구조성능시험 : ASTM E330, E330M
  - 층간변위시험 : AAMA 501.4

ASTM International은 미국시험재료학회(American Society for Testing and Materials)의 약자로, 1898년 미국에서 설립된 세계에서 가장 규모가 큰 민간 단체규격 제정기관 중 하나이다. 각종 소재, 제품, 시스템 및 서비스에 대한 민간 단체규격을 개발하고 출판 보급하고 있다. 현재 세계 각지의 제조업자, 사용자, 최종소비자 등으로 구성된 32,000여 명의 회원과 100여 개국이 넘는 정부기관과 학계 대표자들이 중심이 되어 제품생산, 구매 그리고 법적 활동에 관여된 활동을 전개하고 있다. ASTM은 금속, 도료, 플라스틱, 섬유, 석유화학, 건설, 에너지, 환경, 소비자용품, 의료용 기기 및 기구, 컴퓨터 시스템, 전자제품 등 130개가 넘는 전문 분야에서 표준 시험방법, 사양, 제품실습, 지침, 제품의 분류 및 용어 등에 관한 합의를 도출하고 있다. 이러한 표준들은 매년 10,000여 편 이상의 표준이 73개 Volume으로 된 ASTM Standards Annual Book을 통해 발간되며, 이렇게 개발된 표준 및 관련 기술자료들은 범세계적으로 유료로 배포되고 판매되고 있다.

AAMA는 American Architectural Manufacturers Association의 약자로, 미국 건축 제조자 협회이다. 이 협회는 창문, 문, 스카이 라이트 등의 건축 제품의 성능과 품질을 평가하기 위한 표준을 개발하고 있다. AAMA는 ASTM과 함께 건축 제품의 성능시험에 대한 규격을 제공한다.

(5) 커튼월 설계도서의 검토 및 시공계획 수립

1) 시공계획의 수립

커튼월 공사에 대한 구체적인 공사계획을 수립한다. 커튼월 공사는 골조공사에 종속되므로 공정표 작성 시 그 내용을 작업구획을 적절히 구분하여 공정표에 나타내야 하며, 전체 공정상 Critical Path(주공정)가 되지 않도록 해야 한다. 커튼월 전체 공사를 위한 측량, 패스너 설치를 위한 구조체에 앵커링, 공장 제작과 현장설치를 위한 Shop Drawing 작업, Mock-up Test, 부재 제작 및 반입, 현장 품질시험, 부재 양중 및 현장설치 작업 등을 포함한 상세한 시공계획을 작성하여 공사를 체계적인 방향으로 이끌어야 한다.

2) Shop Drawing 검토

전문건설업체(파트너사) 업무 범위로서 최종 납품받은 설계도서를 기준으로 내역 분개, 수량산출, 견적 등을 통하여 적격 업체를 선정하고 그 업체의 설계팀을 통하여 커튼월 Shop Drawing을 작성하고, 이를 바탕으로 공장제작도를 작성한다.

Shop Drawing 검토 시 전문 기술인력이 부족한 경우, 커튼월 전문 컨설팅업체에게 의견을 구하는 것이 바람직하다. 특히 구조적 안전성 부분은 구조전문가에게 의뢰하여 적정성을 확인하는 것이 중요하며, 그에 대한 구조기술사의 의견과 구조검토 확인서 첨부를 반드시 확인하여야 한다. 이후 감리단에 보고하고 승인받은 후 커튼월 부자재 발주 및 공장제작에 착수하여야 한다.

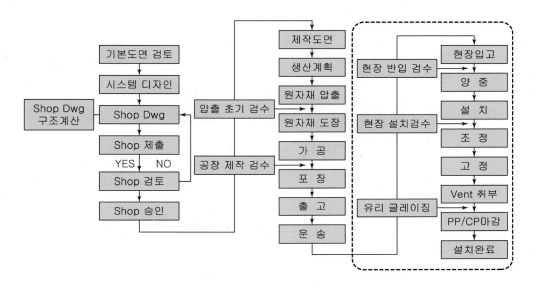

[그림 4-91] 커튼월 공장 제작 및 현장설치 흐름도

(6) 커튼월 공장 생산

1) 생산

Unit 방식은 프레임 생산 및 유리 끼우기 등 2개의 공정으로 공사비 절감 및 관리 효율성을 도모하기 위해서는 유리를 포함한 발주가 유리하지만, 품질관리 측면에서는 유리 전문업체를 지정하거나 유리를 별도로 발주하는 것이 유리한 경우가 많다.

생산 초기에 감리단 및 감독이 참여한 공장 검수를 통하여 프레임의 두께, 형상, 실링재 등이 설계도서 및 Shop Drawing과 동일하게 제작되고 있는지 확인하여야 한다. 공장 생산 및 반입 일정이 현장 조립에 문제가 없는지 확인해야 한다. Unit 타입 커튼월의 경우 유리 끼우기 및 코킹 작업은 실내에서 수행하고 작업 완료 후 야외에 야적하여 양생시키는 경우가 많은데, 품질관리 측면에서는 실내 양생이 유효하므로 양생방법의 변경을 검토하여 조치한다.

2) 운반 및 양중

생산 완료된 커튼월 자재는 현장의 공정 순서에 맞춰서 필요한 부재, 필요한 수량만 상차 후 계획된 운송 경로를 따라서 현장에 반입시킨다. 공장제작 일정을 수시로 모니터링하여 현장의 조립에 문제가 없는지 수시로 확인해야 한다.

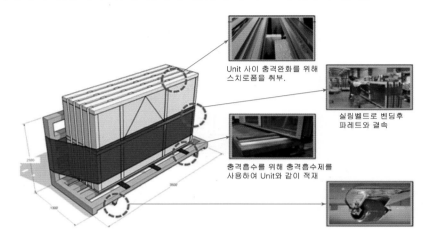

Unit 사이 충격완화를 위해 스치로폼을 취부.

실링벨트로 벤딩후 파레트와 결속

충격흡수를 위해 충격흡수제를 사용하여 Unit와 같이 적재

[그림 4-92] 커튼월 부재 운반용 Pallet

◎ 고수 POINT   커튼월 운반, 양중 및 설치

- 일일작업공정회의를 통하여 다음날 자재 반입 방법을 협의 및 결정한다.
- 특히 작업안전조회(tool box meeting 등) 시간을 기준으로 이전, 이후 반입 시간을 정확히 지정한다.
- 조회 전 반입 결정 시 전일 조출작업계획서를 작성 승인 후 지게차 배치 및 담당자, 신호수를 지정하고 야적공간을 전일 사전에 확보하여 조기에 하차를 완료시켜 교통의 흐름에 방해가 되지 않도록 관리하여야 한다.
- Unit 커튼월은 유리를 포함한 커튼월의 조립이 완료된 상태(중량 및 규격이 대형임)에서 운반하기 때문에 치밀한 운반 계획 수립이 필요하며 비용과 관련이 많아서 입찰 시 이러한 내용을 반영하도록 현장설명 시 공지하여야 한다(교통흐름, 야적공간, 반입시간 등).
- 일반적으로 5톤 또는 8톤 트럭을 이용하여 운반하는데 Unit의 품질을 유지하면서 최대한 많이 상차할 수 있도록 계획하여야 한다.
- 상차한 Unit를 포함한 화물차의 전체 높이가 4m를 넘지 않아야 「도로교통법」에 위반되지 않는다.
- Unit 커튼월은 부피가 크기 때문에 공사현장에 별도의 적재공간이 필요하며 사전에 협의하여 공간을 확보해야 한다.
- Unit 커튼월은 설치할 해당 층으로 양중해야 하는데 각층에 양중되면 배치할 공간도 필요하다.
- 양중은 일반적으로 호이스트를 이용하기 때문에 호이스트의 크기와 이용 가능성도 사전에 충분히 검토되어야 한다(호이스트 계획 시 Unit 커튼월을 반영 계획수립하여야 한다.).

(7) 현장시공

1) 먹매김

① 건축 먹매김

기준먹은 건물의 수직, 수평 및 매설물 등의 위치를 판별하는 가장 기본적이며 중요한 선이다. 기준먹은 천장의 높이나 바닥 마감재의 높이를 결정하는 기준으로, 허리먹이라고도 한다. 같은 층 전체의 바닥 마감 높이를 확인한 후 바닥 마감에서 1m 높이에 기준먹을 놓고, 기준먹에 기반해서 천장 높이, 문틀 높이, 창틀 높이 등을 결정함으로써 높이를 일정하게 유지한다. 기준먹은 모든 층에 똑같이 시공 되며, 1층에 표기한 기준먹을 2층에 똑같이 표시하기 위해, 특정 지점의 슬래브 에 Sleeve를 묻고 콘크리트를 타설하여 슬리브 구멍을 통해 수직 추(plumb bob)를 사용해 아래층의 특정점을 따오는 것이다. 기준먹을 통해 각 부재가 정확 한 높이 및 위치에 설치되었는지 파악하는 것이 가능하며, 추후 작업의 진행과 확인에 매우 효과적인 역할을 한다.

② 커튼월 기준 먹매김 및 설치 먹매김

커튼월 설치 품질의 확보와 시공능률을 고려하여 적절한 위치를 선정하고 커튼월 전용 먹매김을 실시하며, 수직 피아노선과 수평 피아노선을 설치한다.
- 수직 피아노선 : 커튼월 구성부재의 면내 방향, 면외 방향 위치 결정을 정밀 하고 능률적으로 수행하기 위하여 5~10층마다 한 선씩 설치한다.
- 수평 피아노선 : 패스너 및 커튼월의 면내 방향, 면외 방향 위치 결정과 상하 레벨을 결정하기 위하여 수직 피아노선을 기준으로 설정한다.
- 커튼월 면내 방향 기준먹 : 패스너 분할 위치 결정 기준, 앵커 위치 확인용
- 커튼월 면외 방향 기준먹 : 커튼월 구성부재의 면외 위치 결정기준, 앵커위치 확인, 패스너 위치 결정 기준

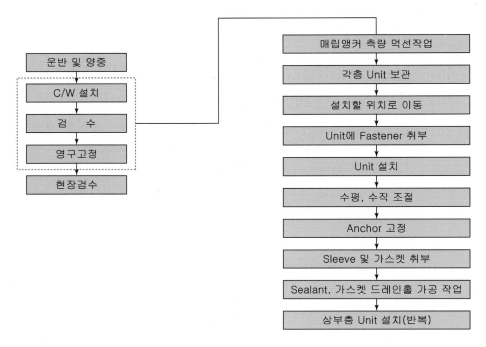

[그림 4-93] 커튼월 공사 흐름도

2) 패스너 설치

① 앵커 설치

㉮ 선 설치

콘크리트를 타설하기 전에 앵커위치를 선정하고 Channel을 콘크리트에 미리 매립하는 방식이다. 레일 형태의 채널을 미리 매립하는 Cast in Channel 방식 과 Embed Plate 방식은 앵커 위치가 부적합할 때 시공오차를 흡수할 목적 으로 개발되었다. Cast in Channel 방식의 매립앵커는 멀리언의 1차 패스너 를 연결하여 멀리언이 부담하는 하중을 슬래브로 전달하는 역할을 하고, 매립 앵커 설치 후 콘크리트를 타설하면 매립앵커와 슬래브가 일체화되어서 구조적 으로 안전한 시공이 될 수 있다.

㉯ 후 설치

골조 공사가 완료된 후 기준먹, 커튼월 먹, 피아노선 등을 활용하여 기준라인 을 설정한 후에 앵커볼트를 설치하는 방식으로 용접, 케미컬 앵커 등을 이용 한다. 매립앵커를 사용하지 않는 경우는 일반 세팅앵커(setting anchor)를 사용하는데 이 경우 앵커 드릴로 슬래브를 타공할 때 슬래브에 균열이 가기도 하고 철근에 걸려 이리저리 타공해야 하므로 불편하고 구조적으로 문제가 될 수 있어 특히 고층건물의 경우는 매립앵커 시공이 바람직하다. 선 설치 앵커와 비교하여 시공정밀도의 확보는 용이하지만, 골조에 고정상태 및 강도 면에서 불안하므로 구조검토를 통하여 볼트 사이즈 등을 확정하여야 하고, 시공 중의 관리 및 시공 후의 강도 검사에 세심한 주의가 요구된다.

② 패스너 설치

커튼월 본체와 구조체를 연결하는 부재로 힘의 전달, 오차흡수, 변형흡수 기능을 담당하며 구체공사 또는 외장재의 허용오차 내에서 3축 방향(기울기 포함)의 설치가 가능한 것으로 한다. 패스너 및 설치용 볼트, 너트는 체결 후에 용접고정을 원칙으로 한다. 활동부에 대하여는 회전방지(볼트 및 너트의 풀림방지) 조치를 취하여야 하며 이러한 패스너들은 커튼월의 안정성과 강도 확보에 중요한 역할을 한다.

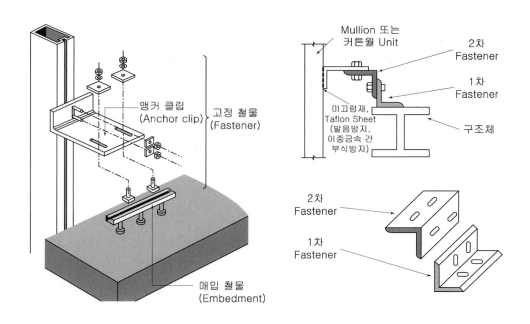

[그림 4-94] 커튼월 패스너 설치

3) 커튼월 본체 설치

야적장에서 설치장소로 이동 후 양중장비를 이용하여 설치층과 직상층으로 끌어 올리며 수직과 수평을 맞추며 설치한다. 대형 패널이나 유닛 커튼월의 경우 호이스트를 이용하여 설치 층으로 이동 및 야적시키며, 설치 시 직상층에서 거미 크레인 (mini spider crane) 또는 윈치(winch)를 이용하여 끌어 올리고, 한 개 유닛씩 설치해 나간다. 멀리언 수직재를 2차 패스너로 가조립하고 수평 및 좌우로 이동시킨 후 볼트로 본조립 또는 용접하여 고정한다. 수직재 프레임을 고정하고 수평재 프레임, 스팬드럴 패널, 유리 등의 순서대로 설치한다.

4) 실링공사

커튼월의 실링(sealing)은 커튼월 전체의 수밀성과 기밀성을 좌우하는 중요한 공사이다. 개스킷(gasket)과 같은 정형(定形) 실링재는 미리 부재의 단부에 장착하여 인접부재를 설치할 때 압밀하는 방법과 나중에 줄눈 내에 삽입하는 방법이 있다. 부정형 실링재는 충전할 줄눈 부위의 청소, 건조, 백업재 설치, 마스킹테이프 부착, 프라이머 도포, 실링재의 조정 및 혼합, 실링재 충전 및 마무리, 마스킹테이프 제거, 청소의 순서로 작업한다.

5) 청소 및 검사

실링 작업 완료 후 커튼월의 내·외부에 묻은 오염 물질, 모르타르, 금속가루 등을 제거하는 작업이다. 부착물, 오염물질의 종류, 오염의 정도, 커튼월의 마감재질 등을 고려한 청소방법을 선택하고, 표면에 부식, 긁힘, 파손 등의 손상이 있는 경우는 적절한 방법으로 보수하여야 한다.

검사는 최종단계뿐만 아니라 중간과정에서도 실시하며, 각 부재 설치현황, 시공정밀도, 설치 강도, 외관, 우수 및 결로 수의 배출 가능성, 실링 재의 시공상황, 부속 철물의 상태와 작동, 청소상황 등을 포함한다. 검사방법은 각종 계측, 견본과 대조, 시료의 채취, 관찰, 타진 등을 활용하고, 그 결과를 사전에 정한 검사 기준과 비교하여 판정한다. 하자나 결함 등이 발견된 경우는 보수 보강하고 그 상태를 반드시 확인하여야 한다.

⑻ 사변지지 글라스공법

최근에는 글라스의 프레임을 없애 전망이 좋은 사변지지 글라스공법(스틸 커튼월 등)이 개발되어 많이 적용되고 있는데, 일반 커튼월의 3배 이상의 공사비가 소요되지만, 건축물 외관의 품격을 높이는 방법으로 시도되고 있다. 초기 개발 당시는 강화유리 단판에 스파이더를 고정해야 해서 냉난방 손실이 컸는데 열관류율 기준이 강화되면서 강화유리 복층이 개발되어 많이 적용되고 있다. 프레임에 스테인리스(stainless) 재질의 스파이더를 이용하여 강화유리를 고정하는 방법으로, 강화유리의 자체 하중과 풍하중을 스파이더와 내부의 케이블, 로드, 리브 글라스가 구조체에 전달한다. 유리 제작사나 커튼월 컨설팅 업체가 구조적 안전성을 검토한 결과를 바탕으로 부속품들의 크기, 두께 등을 결정하는 것이다. 구조용 실란트의 강도도 점점 더 높게 개발되어 스파이더 없이 리브 글라스와 직접 고정하는 방법도 적용되고 있다.

① DPG(Dot Point Glazing)

유리 사변에 구멍을 뚫고 스테인리스 스파이더로 고정하는 방법이다. 로드 바(rod bar), 와이어, 스테인리스 파이프를 이용하여 하중을 전달한다.

② SPG(Special Point Glazing)

사변지지 글라스 공법 중 한글라스에서 개발한 방식이다.

③ MPG(Metal Point Glazing)

사변지지 글라스 공법에서 스파이더를 없애고 메탈로 고정하는 방법이다.

④ Rib Glass

스파이더나 메탈 고정물을 없애고 외벽유리와 리브 글라스를 구조체로 활용한다.

⑼ 커튼월 공사 시 유의사항

커튼월 공사는 설계 단계에서부터 설치 및 보양에 이르기까지 품질의 정밀도를 높이고 공기단축과 노무절감 등을 통한 공사비 절약과 안전을 확보하기 위하여, 기준 먹매김, 운반 및 양중계획, 설치 및 보양계획 등을 종합적으로 검토하여 수립하여야 한다. 부재를 조립할 때에는 금긋기의 정확도를 수시로 확인한 후 실시하며, 작업이 체계화·단순화되도록 노력하여야 한다. 조임 철물은 2차로 나누어 부착 준비를 한 뒤 조립 및 부착 작업을 개시하여야 한다.

■ 커튼월 현장 시공 시 Check Point
① 금긋기 : 가장 중요하므로 정확도를 면밀히 확인하여야 한다.
② 이음매 부분의 여유를 확인하여 변위 발생에 따른 변형과 파괴를 방지한다.
③ 밀폐봉입 부분 : 완공 후 보수가 어려우므로 정밀 작업을 실시한다.
④ 완공 후 누수의 원인 파악 및 보수가 어려우므로 중간 완료 시 투수 시험을 실시한다.
⑤ 기준선 설정 시 태양열에 의한 부재의 신축을 고려한다.
⑥ 화재에 의한 부착물 및 삽입물의 변형, 강도, 영향을 고려한다.
⑦ 작업을 단순화하여 작업 수효를 줄인다.
⑧ 태풍 시에는 작업을 중단한다.
⑨ 후 설치 부분에 대한 배수처리 대책을 세운다.

• 안전대책
① 높은 곳에서의 낙하방지 대책과 작업원의 추락방지 대책을 마련해야 한다.
② 상하 신호수를 지정하고 신호체계 및 신호방법을 사전에 교육한다.
③ 용접 불꽃, 비산 등의 방지대책을 마련하고 방화설비를 구비한다.
④ 상부작업(거미크레인 및 장비 운전원)과 창호설치팀(설치공 2인, 조공 2인)의 표준 작업 동작
   을 확립한다.
   - 수직 양중, 수평 이동 2인 1조로 한다.
   - 공구의 낙하/추락을 방지할 수 있도록 부착 장치/도구를 착용해야 한다.
   - 난간대 해체, 생명줄 와이어로프를 설치한다.
   - 안전대 착용 및 생명줄 연결고리 체결 순서를 준수한다.

고수 POINT　　외장공사 커튼월 디자인, 누수, 접합 구조, 단열, 차음

• 커튼월은 건물의 디자인을 결정하는 핵심요소로서 상세하고 정밀한 품질관리가 요구된다.
• 유닛 타입이 누수 방지에 가장 효과적이지만 비용 측면에서 가장 고가이다.
• 유닛 타입은 단순하게 반복되는 고층 건축물에 유리하고, 변화가 많은 디자인에는 추가
  비용이 발생한다.
• 층간 방화 구획의 단열재 및 도장재의 물성 자료를 반드시 확보하여야 한다.
• 커튼월 비전구간(유리창호) 외의 알루미늄 시트, 석재 등 외부마감 구간의 실내측 마감
  설계가 부분적으로 누락 또는 부적합한 사례가 있으므로, 전문 컨설팅 업체를 통한 도면
  검토가 필수적으로 이루어져야 한다.
• 대공간(2개층 이상의 입면 보이드 구간, 옥상층 파라펫 돌출부위 등) 설치 시 구조적 안전성
  검토 결과를 확인하여 구조적 안전성이 떨어지거나 NG가 난 경우 발주처 및 원설계사에
  통보하여 설계변경 근거자료로 활용하여야 한다. 또한 원설계 누락 시에도 설계변경 항목
  으로 분류하여 발주처의 승인을 받아 놓아야 한다.

- 대규모 프로젝트의 경우 컨설팅 용역업체를 선정하여 목업 테스트, 풍동 실험 등을 실시하여 원설계 및 구조설계의 이상 유무를 확인하고, 문제점 발견 시 수정·보완한 후 진행한다.
  - 단열 바(조인트 부위 단열 상태), 실링(내후성, 구조용)에 대한 적정성 검토
  - 1차, 2차 패스너의 구조적 안정성은 관계자들 상호 검토 필요
  - 누수 유입 차단 및 유입수 배수 방법 반영 여부 확인
  - 복층유리, 로이유리, 트리플 로이유리 등이 에너지절약계획서상의 에너지절약 및 단열 성능에 적합한지 확인

4.2.6 석공사

(1) 개요

1) 특징 및 장단점

석공사는 석재를 쌓아 자립하는 벽체 또는 구조물을 축조하는 돌쌓기 공사와 천연석 또는 인조석 등을 다른 구조체에 연결철물, 모르타르, 접착제 등을 사용하여 설치하는 공사로서 이 절에서는 건물의 내부나 외부의 마감재로 돌을 사용하는 경우를 다룬다. 석재의 시공 방법은 모르타르의 사용 여부에 따라 습식, 반건식, 건식공법, GPS 공법 등으로 구분한다. 최근에는 다양한 인조석이 많이 생산되므로 자연석 사용은 줄어들고 있지만, 자연적인 질감 때문에 꾸준히 사용되는 실정이다.

석재는 내구성과 내화성 그리고 자연스러운 질감을 갖고 쉽게 변색되거나 손상되지 않으며, 불에도 강하고 색상이 다양해 건물의 외관을 아름답게 꾸밀 수 있다. 그러나 비교적 무거워서 운반과 설치가 쉽지 않고 가격도 비싼 편이다.

2) 건축용 석재의 종류와 특징

① 화강석(granite)

석영 30%, 장석 65%로 구성되며, 색조는 장석의 색으로 좌우된다. 석질이 견고하여 풍화 또는 마모에 강하며 비교적 쉽게 채취할 수 있고 구조재료로 사용되는 사례도 있다.

② 대리석(marble)

석회암, 사문암 등이 대표적이며 지표면의 암석, 화산 분출물이 퇴적하여 굳어
졌거나, 지각변동 또는 지열의 작용 등으로 변화된 암석으로 편상구조를 가진다.
탄산석회, 점토, 산화철, 규산 등으로 구성되어 조직이 치밀하며 연마효과가 뛰어
나지만, 산과 열에 약하고 외부에서는 탈색되거나 광택이 지워지기도 한다.

③ 사암(sandstone)

모래가 교착제와 함께 압력을 받아 경화한 암석이다. 강도는 교착제에 따라 다르
며 규산질, 석회질, 점토질 순으로 강도는 저하되지만 내화성이 크고 흡수량이
많으며 가공에 편리하다. 규산질 사암은 외장재로 사용되고, 석회질이나 점토질
사암은 내장재로 사용된다.

④ 인조석

시멘트에 천연 돌가루와 돌조각 등을 안료와 함께 성형한 것으로 자연석에 비해
경제적이며, 다양한 색상 구현이 가능하고 균일한 품질의 제품을 얻을 수 있다.
결합제로 시멘트 대신 폴리에스테르 수지나 에폭시 수지를 사용하여 만든 수지계
인조석도 있다. 제조방식에 따라 방수성, 내마모성, 내열성, 내산성 등이 다르
므로 용도에 맞게 선택하는 것이 중요하다.

⑤ 석회암(limestone)

석회분이 물에 녹아 땅속에서 침전되어 퇴적·응고된 것으로 주성분은 $CaCO_3$이
다. 물에 약해 얼룩, 변색, 흠 등이 쉽게 발생되므로 사용 시 발수제를 발라 사용
한다.

■ 화강암과 석회암의 구분

• 화강석은 화성암으로 석영과 장석, 운모 등이 큰 입자로 구성되어 있으며, 단단하고 내구성이
뛰어나서 건축자재나 조각재 용도로 많이 사용된다.

• 석회암은 퇴적암으로 탄산칼슘 성분으로 이루어져 있으며, 염산과 반응하면 이산화탄소를 발생
시키고, 연마하면 광택이 나는 특징이 있다.

• 석회암은 도료나 시멘트 제조에 사용되며, 철광석에서 철성분을 추출하기 위해 사용되기도
한다.

• 석회암은 화강석보다 부드럽고 취성이 있어 쉽게 오염되므로 주의해야 한다.

3) 석재의 구분

① 용도에 따른 분류
- 외장재 : 화강암, 안산암, 점판암, 인조석
- 내장재 : 대리석, 사문암

② 생산지에 따른 분류
- 국내석 : 가평석, 포천석, 황등석, 문경석, 거창석
- 수입석 : 임페리얼 레드, 칼멘 레드, 발틱 브라운 등

③ 형태별 분류
- 각석 : 채석장에서 용재로 떼어 낸 돌을 칭하는데 단면이 각형이다. 긴 것은 각석 혹은 장대 돌(장석)이라고 부른다. 가로 30~60cm, 세로 60~200cm 규격이 보통이다.
- 판석 : 실내건축 마감재로 많이 쓰이는데, 두께는 150cm 미만이고 넓이가 두께의 3배 이상인 석재이다.
- 견치석 : 개의 치아 형태와 닮았다고 해서 붙여진 이름인데 사각 뿔형으로 석축에 주로 사용된다.
- 사고석 : 담장 등에 사용하는 150~200mm 크기의 네모난 돌이다.
- 잡석 : 토공사 등에서 잡석 다짐할 때 사용되는 200mm 크기의 네모난 돌이다.
- 호박돌 : 실내조경에 장식용으로 사용되는 호박 모양의 천연석으로 보통 180~200mm 규격이다.

(2) **석재의 가공**

1) 원석의 절단

석재를 원하는 크기와 형태로 Gang Saw나 할석기 등을 이용하여 잘라내는 작업이다. Gang Saw는 원석을 고정한 후 톱날을 움직여서 일정한 크기의 석재 판을 대량으로 생산할 수 있으며, 다이아몬드와 강철로 된 톱날을 갖고 있어서 석재의 표면을 매끄럽고 균일하게 잘라 낼 수 있다. 할석기는 원석을 판석 등으로 가공하는 기계로 다이아몬드와 강철로 만든 와이어를 가지고 있으며, 원석을 고정한 후 와이어를 회전시켜서 절단한다. 할석기로 절단하면 석재의 표면이 거칠고 불규칙하다. 석재의 종류, 용도, 디자인 등에 따라 적절한 방법을 선택하여 원석을 절단하며 절단 후 세공, 마감, 설치 등의 작업이 이어진다.

2) 표면 가공

① 손 다듬기

손 망치나 정을 사용해 타격 횟수나 날의 크기, 간격에 따라 무늬를 만들어 내는 기본적인 방식이다. 잔다듬, 도드락다듬, 정다듬, 혹두기 등의 순으로 표면의 질감이 커진다. 또 물갈기 마감은 거친 표면을 평평하게 만들기 위해 문지르는 방법이다.

- 혹두기 : 쇠메로 쳐서 큰 요철이 없게 다듬는 것이다.
- 정다듬 : 날매나 정으로 쪼아서 평평하게 다듬는 것이다.
- 도드락다듬(도드락망치) : 도드락망치로 석재 표면의 요철을 없애 평활한 면으로 다듬는 것으로, 거친다듬, 중다듬, 고운다듬 등이 있다.
- 잔다듬 : 날망치로 일정한 방향으로 다듬는 것이다.
- 물갈기 : 잔다듬 면을 금강사 등으로 다듬는 것이다.
- 버너마감 : 산소용 버너로 석재의 표면을 가열하여 마감하는 방법이다.

② 갈기 및 광내기

석재의 표면을 매끄럽고 광택 있게 가공하는 방법이다. 표면가공 중 가장 시간이 많이 소요되어 가공 원가가 높으며, 손 다듬기가 끝난 돌을 거친 갈기, 물갈기, 본갈기, 정갈기하는 순서로 이루어진다. 갈기 및 광내기는 석재의 종류, 용도, 디자인 등에 따라 적절한 방법을 선택하고, 광내기 후에는 보호(양생), 설치 등의 작업이 이어진다.

- 거친갈기 : 석재의 표면을 거칠게 다듬는 작업으로 날매나 기계를 이용한다.
- 물갈기 : 석재의 표면을 미세하게 다듬는 작업으로 물과 함께 연마제 사용한다.
- 본갈기 : 석재의 표면을 더욱 세밀하게 다듬는 작업으로 고급 연마제 사용한다.
- 정갈기 : 석재의 표면에 광택을 내는 작업으로 왁스나 오일 등을 사용한다.

③ 화염처리(버너구이)

보통 제트 버너(jet burner) 처리라고 하며, 프로판 가스 버너 등의 고열 불꽃으로 석재를 달군 후 찬물을 뿌려 급냉하면 박리층이 형성되어 떨어져 나가면서 거친 면이 형성된다. 1,800~2,800℃의 고열을 사용하여 처리하며, 표면이 거칠게 되어 논슬립 효과가 있어 바닥 등 외장 석재에 많이 적용한다. 내열성이 좋은 화강암에 자주 적용하며, 대리석이나 석회암은 내열성이 낮아 파손 우려가 크므로 화염처리는 적절하지 않다.

화염처리한 석재는 표면은 미려하지만, 내구성이 떨어질 수 있으므로 용도에 적합한지 검토 확인해야 한다. 또 가공면의 가는 균열(실금), 박리 층, 모서리 파손 등을 방지할 수 있게 조치해야 하며, 예비 버너를 준비하여 가열 공백이 없도록 관리해야 한다. 화염처리 후 앵커 보링 시 구멍 청소 및 보양으로 인한 이물질 침투를 방지하고, 최종 제품은 반드시 검수하여 결함 등을 확인한 후 사용하여야 한다.

■ 석재 가공 Check Point

• 석재의 가공 절차를 충분히 이해하고 관련 도면을 정확하게 검토하여야 한다.

• 제작도를 작성하여 감리단에 제출하여 승인받은 후 발주해야 한다.

• 발주 이후의 자재 생산 절차에 따를 일정을 공정표로 작성하여 관리해야 한다.

• 건설사업관리기술인 또는 감리원과 시공사가 공동으로 석산(quarry)을 방문하여 색상, 문양, 결, 무늬 등의 품질을 확인하고, 석재 가공 및 설치공정표에 맞게 생산 가능한지 검토·확인하여야 한다.

• 석재 절단 부위와 절단 면의 상태가 요구 수준에 적합한지 반드시 확인하여야 한다.

---

(3) 석재 설치 공법

1) 습식공법

① 개요

구조체와 석재 사이에 모르타르를 채우고, 연결철물을 사용하여 일체화시킨 공법으로 내·외부 낮은 벽체나 화단, 바닥용 석재 깔기에 사용한다. 습식공법에는 전체 주입공법, 부분 주입공법, 절충 공법, Silicon Bonded system 등이 있다. 이 방법은 소규모 건축물이나 주택 등의 실내 건축공사에서 많이 사용된다. 습식공법에서 줄눈에 실링재를 사용하면 사춤 모르타르에 의해 부식하거나 변색이 발생하므로 치장줄눈용 모르타르 사용하는 것이 좋다. 사춤 모르타르 대신 시멘트 마른 가루를 채울 경우 백화현상이 발생하므로 시멘트 가루 주입은 금지된다.

② 특성

• 공사실적이 많아 신뢰성이 있다.

• 모르타르 경화시간이 필요하다.

• 동절기 시공이 곤란하다.

• 빗물 침투 시 백화현상이 발생한다.

③ 전체 모르타르 주입공법

석재와 구조체 사이를 사춤 모르타르와 연결철물을 사용하여 일체화시키는 공법이다. 상부 돌을 긴결철물로 고정시킨 후 석재 상단으로부터 4~5cm 높이까지 균등하게 3단계로 나누어 시멘트 모르타르를 주입 충전시킨다. 적용 가능한 벽 높이는 4m 이하이며, 석재와 구조체 사이의 공간을 완전히 채우기 때문에, 석재가 구조체와 일체가 되어 외력에 대응할 수 있다. 물이 침투할 경우 석재가 붉은색으로 변색될 수 있으므로 설치 작업을 할 때 쐐기, 받침목 등에 나왕(羅王)을 사용해서는 안 된다.

④ 부분 모르타르 주입공법

줄띠 사춤공법, 절충공법 또는 반건식공법이라고도 하며, 석재를 황동선(D4~5mm) 등 긴결 철물로 고정하고 긴결철물 부위를 석고(석고 : 시멘트 = 1 : 1)나 초속경 시멘트로 감싸 석재를 고정하는 공법이다. 석재의 중공부에 침입하는 물을 빼기가 쉽지 않아 외장용으로는 거의 사용하지 않고, 대리석이나 얇은 화강석을 내부 벽체에 실줄눈(2~3mm)으로 붙일 때 많이 사용한다. 석재 고유의 색상과 무늬를 살릴 수 있고, 비교적 작은 두께(60~80mm)의 치수로 마감하여 내부 공간의 활용성이 우수하다. 적용 가능한 벽 높이는 3m 이하이고, 3m 이상의 높이에서는 부분적으로 앵커 긴결공법과 병용하여 상부의 하중이 하부로 전달되는 것을 막아야 한다.

2) 건식공법

습식공법은 석재가 구조체와 일체가 되어 외력에 대응하는 반면, 건식공법은 꽂음촉, 패스너(Fastener), 앵커 등으로 풍압력, 지진력, 층간변위를 흡수하는 형식이다. 건식공법은 동절기 시공과 공기단축이 가능하고 백화현상은 발생하지 않지만, 중량이 무거워 양중장비가 요구되며 습식공법에 비해 비교적 고가이다.

① Anchor 긴결공법

㉮ 정의

건물 벽체에 각종 Anchor를 사용하여 석재를 붙여 나가는 방식이다. 패스너는 석재의 중량을 하부 석재로 전달되지 않도록 하기 위해 내구성이 있는 스테인리스, 아연도금 강재 등이 사용되며 녹막이 방청처리를 해야 한다. 석재의 하부에는 지지용, 상부에는 고정용을 사용한다. 모르타르를 충전하지 않기 때문에 백화현상을 방지할 수 있으며 공기를 단축할 수 있다. 석재와 철재가 직접 접촉하는 부분에는 적절한 완충재(sealant, setting tape 등)를 사용하고, 줄눈에는 실링재를 사용하여 마무리한다. 패스너 형식은 패스너와 벽체 사이의 그라우팅(grouting) 여부에 따라 그라우팅 방식과 논그라우팅(non-grouting) 방식으로 나누고, 패스너의 이음 개수에 따라 단독(single) 패스너 방식과 이중(double) 패스너 방식으로 구분된다.

㉯ 특징
- 모르타르를 사용하지 않으므로 백화현상이 발생하지 않고, 공기 단축이 가능하다.
- Anchor가 석재를 독립적으로 지탱하므로 상부 하중이 하부로 전달되지 않는다.
- 석재와 구조체 사이가 비어 있어 단열 효과, 벽체 내부 결로방지 효과가 있다.
- 판 두께가 30mm 내외로 제한되므로 충격에 의한 파손우려가 크다.
- 앵커 철물에 대한 방청이 요구된다.

㉰ 패스너 형식에 의한 분류
- 그라우팅 방식 : 에폭시 충전성이 문제가 될 수 있으므로 층간변위가 크거나 고층에는 부적합하다.
- 싱글 패스너 방식 : 조정을 한 번에 해야 하므로 정밀도 조정이 어렵고, 조정 가능범위가 작아 정밀한 골조 바탕면이 요구되며 여러 종류의 패스너가 필요하다.
- 더블 패스너 방식 : 패스너의 슬롯 홀(slot hole)로 오차 조정이 가능하므로 비교적 작업이 용이하며, 건식 석공사에서 가장 많이 적용되고 있는 방식이다.

㉱ 패스너 시공 시 유의사항
- 구조 계산에 의거하되, 최소처짐은 L/180 또는 60mm 이내로 해야 한다.
- 모든 재료는 STS 304를 사용해야 한다.
- 패스너는 한 장의 돌 무게를 지탱하도록 설계하고 내부 공간 거리에 따라 그 사이즈가 결정된다.
- 허용하중 이상의 상부 석재 하중이 하부 석재로 전달되는 경우 하자가 발생할 수 있다.

② Steel Frame 공법 : Metal truss 지지공법
  ㉮ 개요

  유닛화된 구조물(back frame 등)에 석재를 부착한 뒤 구조물과 일체화된 석재 유닛 패널을 인양 장비를 이용하여 조립해 나가는 공법으로 Metal 트러스 지지공법이라고도 한다. 단순하고 반복적인 외벽 마감일 경우 적용 가능하지만, 공사현장의 지상 조립 과정에서 최종 시공 정밀도를 충족하는 것이 까다롭고, 줄눈 처리 작업이 어렵다.

  ㉯ 특징
  • 석재와 트러스의 지상 조립으로 공기 단축이 가능하다.
  • 공장제작 Unit Panel을 사용하여 품질이 우수하다.
  • 중량물을 취급해야 해서 대형 양중장비가 필요하다.
  • 공사비용이 높은 편이다.
  • 패널 설치용 크레인을 제외한 가설장비(비계, 곤도라)가 불필요하다.

  ㉰ 시공 시 유의사항
  • 트러스 제작, 지상 설치, 판재의 부착, 줄눈 시공의 정밀도 관리가 필요하다.
  • 강재 트러스와 구조체의 응력 전달 체계를 철저하게 검토해야 한다.
  • 트러스 사이에 설치되는 창호가 하중의 영향으로 처질 수 있어서 주의해야 하며, 이에 대한 구조검토보고서를 제출하여 승인받아야 한다.
  • 풍하중 등에 의한 안전성, 수밀성, 기밀성을 확보해야 한다.
  • 타워크레인으로 양중 시 Spreader Beam과 와이어 등을 이용하여 트러스가 기울어지거나 과도한 응력이 걸리지 않도록 해야 한다.
  • 일반 앵커긴결 공법보다 공장제작 비중이 높고, 외벽면 고소작업을 최소화한 지지공법이다.
  • 실물모형시험 등을 통하여 풍하중 등에 대한 안전성, 수밀성, 기밀성 등을 확인해야 한다.

③ Steel Back Frame System : 하지 틀 프레임 시스템
  ㉮ 개요

  방청 페인트 또는 아연 도금한 각 파이프를 구조체에 긴결시킨 후 석재를 패스너로 긴결시키는 공법이다.

ⓘ 특징

커튼월의 멀리온 타입과 같은 개념으로 Steel Frame의 열에 의한 신축을 고려하여 각층 연결 시 Expansion Joint를 설치한다.

ⓓ 시공 시 유의사항

- 석재 내부에 단열재를 설치하게 되므로 시공 후 빗물 등에 의한 누수를 반드시 확인하여 보수하여야 한다.
- 단열재는 석재 면으로부터 간격을 멀리하여 설치하고 맞댐면은 은박지 등의 방습지를 바른다.
- 프레임과 패스너 사이에는 네오프렌 고무를 끼워 이종 금속 간 이온 전달에 의한 부식을 방지해야 한다.

④ GPC 공법

㉮ 개요

GPC 공법은 공장 또는 현장에서 구조체와 일체화된 석재패널을 크레인을 사용하여 조립식으로 설치하는 공법으로 공장에서 화강석 판재를 배열한 후 석재 뒷면에 고정철물을 고정시킨 후 콘크리트 타설하여 패널을 만들어서 외장재로 사용한 것을 말한다. 마감재인 화강석 판을 외부공장에서 PC 뒷면에 선부착하여 패널을 생산하고 현장에서 취부하는 PC 커튼월 공법의 일종이다. GPC 공사의 성패 요인은 자재 수급 및 악천후에 대한 대책이라고 할 수 있다.

㉯ 특징

- 공장생산으로 공기 단축이 가능하다.
- 석재의 두께를 얇게 할 수 있어 경제적이다.
- 백화현상이 발생할 우려가 있다.
- 대형 양중 장비가 필요하다.
- 석공사와 골조의 동시 시공에 따른 공기 단축, 원가절감이 가능하다.
- 외부 고소 작업의 기계화 시공에 따른 안전성이 확보된다.

㉰ GPC 제작

- 석재의 선정 : 변색이나 백화가 없는 것으로 25mm 이상 두께의 석재를 선정한다.
- Shear Connector 구멍을 핸드드릴로 뚫을 경우는 30mm 이상 두께의 석재를 사용한다.
- 투수성이 낮은지 검토한다.

㉣ Shear Connector

• 콘크리트 합성구조에서 이질 재료 연결 부분의 전단응력 전달 및 일체성을 확보할 목적으로 설치한다.

• 석재균열 시 탈락 방지 및 석재 단부의 위치를 고려하여 배치 한 후 순서대로 조립 후 외벽에 취부한다.

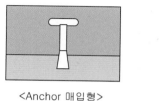
<Anchor 매입형>

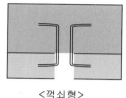
<꺽쇠형>

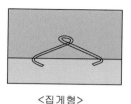
<집게형>

[그림 4-95] Shear Connector 유형

㉤ GPC 배면처리

GPC의 방수성, 방습성, 비석재 오염성, 변형 추종성, 비산 방지성, 내구성 등을 향상시키기 위하여 제품 후면을 코팅 처리한다. 배면 코팅 처리용 수지는 2액형 (에폭시+폴리설파이드계), 공기 중 습기로 경화하는 1액형(에폭시+변성고무계) 등이 있다.

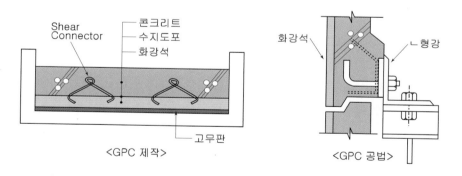

<GPC 제작>

<GPC 공법>

[그림 4-96] GPC 제작

⑷ 현장 시공

1) 착수 전 준비사항

① 샘플 승인

석공사를 착수하기 전에 견본 패널의 품질에 대한 승인을 설계자에게 받아야 한다. 승인받은 견본은 완료된 석공사의 검사기준이 되므로 잘 보관하여야 하며, 석공사가 완료되기 전에 모형을 변경하거나 다른 곳으로 옮기거나 손상해서는 안 된다. 석재 종류별로 관련 시방서 및 자료와 함께 제품확인서도 제출하여야 한다. 이때 취급, 보관, 설치 및 보호에 관한 지침서도 함께 제출하여야 한다.

사용 석재의 색상, 재질 및 마감별로 견본(샘플)을 최소 30cm×30cm 크기로 제출하여야 한다. 이때 석공사 완료 후 예상되는 색상 및 표면 질감을 나타내는 견본도 함께 제출한다.

② 시공제작도

석재의 크기, 치수, 단면, 입면, 이음 및 긴결 등에 관한 배치 및 관련 사항에 대한 상세한 설명이 표시된 절단 및 설치 상세도를 제출하여야 한다. 설치도면에 표기되는 석재의 설치 위치 번호는 각 석재에 표식된 일련번호와 일치되도록 한다. 철근콘크리트 공사 및 조적 공사 시 매입되는 Insert의 설치 위치도 표기한다. 치장표면 및 조각에 대한 상세도는 확대 표기한다.

2) 자재 운반, 반입 및 야적

석재의 운반 및 공사 중 석재가 습기, 흙, 얼룩 및 기타 손상을 입지 않도록 적절한 보호조치를 한다. 석재는 파손되거나 흙에 묻지 않도록 취급하여야 한다. 석재의 모서리를 나무 또는 기타 단단한 재료로 보호해야 하고 핀치(pinch) 또는 쇠막대를 사용해서 취급해서는 안 된다. 석재는 가급적 폭이 넓은 벨트 형의 밧줄로 묶어 들어 올린다. 이때 석재를 더럽힐 수 있는 타르(tar) 등이 포함된 와이어로프를 사용해서는 안 된다. 필요에 따라 목재 롤러를 사용하고 목재 미끄러짐 면의 단부에 완충재를 설치한다. 석재를 저장하기 위해 목재 운반대나 침목 등에 쌓아 올릴 때는 하중이 분산되도록 하여 석재가 파손되거나 금이 가지 않도록 한다. 저장 석재는 얼룩지지 않는 방수 피막 등으로 덮어 외기로부터 보호하되, 석재 주위의 공기는 순환시켜 주어야 한다. 모르타르 재료 및 석공사 부속철물은 외기, 습기 및 기타 흙 등의 오염물질로 손상되지 않도록 보호하여야 한다.

3) 시공

① 석재 준비 및 조달 시 주의사항

천연석재는 대부분 색상이 균일하지 않으므로 선택 시 주의하여야 하며, 색상변화범위(color range)내에서 전반적으로 자연스러운 색상과 문양이 나타날 수 있도록 붙이는 위치를 정해야 한다. 외부 치장 석재는 흡수율이 0.4% 이하, 비중은 2.56 이상이어야 한다.

석재를 조달할 때는 사전에 채석장을 확인하여 당해 공사에 필요한 충분한 물량의 공급이 가능한지, 가공공장의 품질관리 실태를 확인하고 수송방법과 소요기간 등을 검토하여야 한다. 또 석재 붙임공법과 석재 나누기 상세도를 작성하여 가공 및 설치 이전에 설계자와 협의하여야 한다.

② 보양 시 주의사항

석공사가 끝나면 즉시 보양하고 통로, 양중부위, 상부용접부위, 코너부위 등을 중점 보양하며 우수에 노출되는 외부, 바닥, 걸레받이 등은 특히 주의한다. 석공사의 보양은 파손에 대한 보양과 오염방지를 위한 보양으로 구분하며 목적에 따라 방법과 시기를 결정하여야 한다. 바닥 부위 보양은 공사 완료 후 바로 청소하여 두께 0.1mm 이상의 폴리에틸렌 필름을 깔고 그 위에 합판 또는 보양포를 덮어 최소 3일간은 통행을 금지하고 1주일 정도 진동 및 충격을 가하지 않아야 한다. 벽과 기둥 부위는 폴리에틸렌 필름을 부착하고 기둥의 모서리부는 완충재 위에 합판 등 덮개로 바닥에서 1.5m 높이 정도까지 씌워 보양한다.

석재는 흡수성이 있어 물 또는 기름에 녹는 물질이 침투하면 제거가 거의 불가능하므로 유의하고, 특히 붙임석재 상부에서 도장공사를 할 때는 석재가 오염되지 않도록 보양하여야 한다. 바닥석재의 오염방지와 광내기를 위하여 왁스를 사용하는 경우에는 먼지 등이 부착하더라도 오염이나 변색이 발생하지 않는 왁스를 선택해야 한다. 또한 산(酸)류는 석재를 붉게 변색시키거나 광택이 없어지기 쉬우며 보강철물을 부식시키므로 원칙적으로 사용하지 않는다.

외벽 공사 시는 눈, 비에 접하지 않도록 덮개로 시공 부위를 보양하여야 하며, 특히 모르타르가 동해를 입거나 경화 불량의 우려가 있는 추운 날씨에는 작업을 중지한다. 동절기에는 24시간 동안의 평균기온이 4℃ 이상 유지되도록 보온 조치를 한 후 시공하여야 한다.

석공사 관리 시 주요 관리 포인트

- 석재의 시공은 외장공사, 내부마감공사(바닥, 벽), 부대포장공사(외부바닥공사) 등으로 구분하여 관리한다.
  - 외장 석공사는 석재의 흡수율, 우수 등으로 인한 누수, 변색 등에 대하여 면밀한 검토가 필요하다.
  - 줄눈(joint) 처리 및 공사 시에는 시공 부위 별 적정 백업(back up) 재 및 실링재에 대한 면밀한 검토와 결정이 선행되어야 한다.
  - 마감공사용 석재는 깨짐 사고 시 교체 시공 방안에 대하여 집중 관리할 필요가 있다.
- 건축공사용 석재는 대부분 화강석, 대리석, 인조대리석을 사용하므로 최적 재료 선정 및 시공을 위하여 물성, 색상, 가격 등에 관한 사전 조사와 준비가 필요하다.
- 하자 방지를 위해서는 석재 자체의 치밀한 품질관리뿐만 아니라 접합 공법(방식)에 대해서도 충분한 검토 후 결정해야 한다.
  - 하지 틀 및 패스너의 구조 검토, 접합재료에 대한 물성 시험 결과치 확보가 필요하다.
- 시공 완료된 석재 바닥이나 벽체 부위의 보양 방법은 후속 작업의 내용에 따라 달라지며, 원가나 비용과 직결되므로 사전에 충분히 검토하여 결정한다.
- 작업과정에서 발생한 Loss 교체 수량 및 하자 보수용 여유 물량(spare)은 발주 시부터 예측하여 확보하여야 한다.

4.2.7 방수공사

(1) 개요

방수공사(waterproofing)는 건축물의 지하실, 지붕, 바닥, 벽 등에 방수층을 형성하여 건물의 손상과 기능상 지장을 초래하는 누수를 방지하기 위한 건축기술이다. 옥외에 면한 벽·지붕의 빗물 침투, 지하실 내·외 벽면 등의 지하수 침투, 욕실·저수탱크·수영장 등의 누수를 방지하는 공사로 사용하는 재료에 따라 시멘트 액체 방수, 아스팔트 루핑 방수, 합성 고분자 루핑 방수 등이 있다.

방수공사는 하자발생이 쉽고 일단 발생하면 보수하기가 어려울 뿐만 아니라 건축물 사용에 불편을 주므로 시공 시 철저한 품질관리가 요구된다. 방수공사를 완료한 후에는 누수 여부를 확인하기 위하여 담수 시험을 실시하여야 한다.

(2) 시멘트 모르타르계 방수

1) 일반사항

방수재를 시멘트 모르타르와 혼합하여 바탕 표면에 발라 방수층을 형성하는 공법이다. 시멘트 모르타르계 방수의 장점은 습윤 바탕에도 시공할 수 있고 공사비가 비교적 저렴하며 공정이 단순하여 시공이 용이하다는 점이다. 단점은 탄성이 없어 균열이 쉽게 발생하고, 작업자의 기능도에 따라 방수 효과가 다르며 수리가 어려운 점을 들 수 있다.

2) 시멘트 액체방수 시공순서

① 바탕면 정리 및 물청소

방수층 바탕면은 깨끗이 청소하고 바탕에 금이 가거나 부실 시공된 부분은 완전히 보수한다. 나무, 타이 핀, 못 등 돌출물은 제거하고 바탕의 이음부위는 V커팅 후 시공한다. 배수구 주위를 정리하고 코너 부위는 면접기하며, 방수 취약부에는 방수 모르타르를 미리 충전한다. 바탕이 건조할 경우는 물축임 한 후 시공한다.

- 방수 시멘트 페이스트 1차 : 벽, 바닥 동시 시공한다.
- 방수액 침투
- 방수 시멘트 페이스트 2차 : 방수액이 건조되면 시멘트 페이스트를 공극이 생기지 않게 밀실하게 바르며 골고루 도포한다. 벽, 바닥은 동시 시공하고, 표면은 거친 상태를 유지한다.
- 방수 모르타르 바름 : 시멘트 페이스트가 건조되면 방수 모르타르를 바탕면에 골고루 도포한다.
- 코너 도막 보강 : 벽과 바닥, 벽과 벽의 코너 부위는 수용성 아스팔트 방수로 보강하고 Sill 사춤 부위 내외 측면을 보강한다.

3) 방수 모르타르

① 개요

방수제(액상 또는 분말상)와 시멘트 모르타르를 혼합하여 모체의 표면에 덧발라 방수하는 공법으로 물리·화학적으로 모체의 공극을 메우고 수밀하게 하는 공법이다.

② 자재

방수 모르타르에 사용되는 방수제 종류는 방수액, 방수 킬러, 시멘트 혼입 폴리머계 방수제 등이 있다. 방수액은 물에 타서 섞은 다음 시멘트 및 모래와 혼합하여 사용하는 방수제로 방수성이 우수하고 비용이 저렴하다. 방수킬러는 친환경 초강력 방수 모르타르 바닥제로 각종 바탕 조정과 레미탈 모르타르용, 석고, 합판 등에 모르타르 접착으로도 사용할 수 있다. 시멘트 혼입 폴리머계 방수제인 폴리머 파워 플러스는 폴리머계 탄성 복합방수제로 합성고분자 라텍스 에멀전으로 구성되어 내구성과 신축성이 뛰어난 특징을 가지고 있다.

4) 시멘트 모르타르계 방수 시 유의사항

① 매설철물, 배관주위, 드레인 주위는 방수이음에 주의한다.
② 구석, 모서리, 굴곡 부위 등은 방수용액 침투와 방수 시멘트 풀칠을 1~2회 더 하되 후속 공사에 지장이 없도록 한다.
③ 서열기, 한냉기의 시공은 가능한 피하고, 특히 기온이 2℃ 이하일 때는 시공을 중지한다.
④ 방수층의 끝은 모체에 밀착시키고, 금이 가거나 들뜨지 않게 한다.
⑤ 방수공사 중 또는 그 전후에는 기온, 일사, 습기 등에 주의하고 급격한 영향을 받지 않게 보양하고, 공사 도중 또는 완료 후에는 그 위를 보행하거나 기물을 적재하지 않고 충격이나 진동 등을 주지 않도록 한다.
⑥ 바탕면은 깨끗하고 평탄하게 정리하고 코너나 모서리는 둥글게 만들어 준다.
⑦ 온도와 습도에 따라 건조시간이 달라지므로 다음 층 공정을 진행하기 전에 건조가 충분히 되었는지 확인한다.

5) 담수시험

방수층 공사를 완료한 후에 누수 여부를 검사하여 소정의 방수성능이 달성되었는지 확인하기 위하여 담수시험을 아래와 같은 방법으로 실시한다.
① 시험시점 : 방수공사 완료 후
② 담수시간 : 최소 24시간에서 72시간
③ 누수 발견 시 물을 배수시키고 건조 후 보수하며, 보수가 완료되면 담수 시험을 다시 실시한다.
④ 또다시 누수가 발견되면 발견되지 않을 때까지 보수 및 담수시험을 반복한다.

(3) 시트방수

1) 개요

시트(sheet)방수는 폭 1m, 두께 1~3mm의 방수시트를 접착제와 열을 가하여 바탕면에 접착하는 방수방법으로 합성 고분자 시트와 아스팔트 시트가 주로 사용된다. 시트방수는 합성 고무계 플라스틱 시트를 사용하여 신축성이 좋고 강도가 크며, 바탕의 변동에 대한 추종성이 우수하며, 1층의 시트로 방수 효과를 내는 공법이다. 접착제와 같은 재료의 용접봉을 사용하여 접착하며, 시트는 물이나 알칼리의 영향을 받지 않아야 하며, 보행용 방수와 비보행 방수로 구분한다. 시트 상호 간의 이음은 겹침이음에서는 50mm 이상, 맞댄이음에서는 100mm 이상으로 한다.

2) 장·단점

① 장점

- 두께가 균일하고 마감이 예쁘고 깔끔하다.
- 시공이 신속하고 공기가 단축된다.
- 상온 시공이 가능하고 위험성이 낮다.
- 무게가 가벼워 운반이 쉽다.
- 신축성이 있어 균열이 잘 발생하지 않는다.
- 결함은 부분적으로 교체 및 보수가 가능하다.

② 단점

- 바탕면의 평활도가 완전해야 한다.
- 복잡한 부위의 시공이 어렵고, 시트이음부의 결함이 크다.
- 비교적 고가이다.
- 부풀어 오름, 접착제의 중독 우려가 있다.
- 시트가 온도에 민감하여 동절기나 하절기에는 작업이 제한된다.

3) 시공순서

① 바탕은 요철이 없도록 쇠흙손으로 마무리하고 충분히 건조시킨다. 모서리는 30mm 이상 면접기를 한다.
② 청소 후 프라이머를 바탕면에 충분히 도포한다. 프라이머는 접착제와 동질의 재료를 녹여서 사용한다.

③ 프라이머를 적절한 상태로 건조시킨 후 시트방수재를 깔아 부착한다. 시트가 두껍거나 겹쳐 접착하는 경우에는 빈틈이 생겨 누수의 위험이 높아지므로 시트재에 경사를 두거나 실링재 또는 고무테이프를 병용하여 보강한다.

④ 보행용 방수층의 경우는 방수층 위에 경량 콘크리트나 보호 모르타르 또는 보도블록 등을 시공한다. 비보행용 방수층에는 내후성이 좋은 방수재료를 사용하여 대기 중에 방수층을 노출시키거나 모르타르층 등으로 가볍게 방수층만을 보호하는 층을 시공한다.

⑤ 일반 평탄부에서의 시트부착에 앞서서 모서리, 드레인 주변, 옥상 시설물, 기초 조인트 등 특수한 부위를 보강 시트로 완전하게 부착한 후 시공한다.

⑷ 도막 방수

1) 개요

합성고무나 합성수지 용액을 여러 번 칠하여 소요두께의 방수층을 형성하는 공법이다. 방수층의 두께는 보통 3~6mm가 표준이다. 주로 노출공법에 사용되므로 보행하지 않는 부위나 간단한 방수성능이 필요한 부위에 사용된다. 곡면이 많은 지붕도 시공이 쉽고 고무의 탄력성으로 균열이 생길 염려가 적으며 냉간시공이라는 장점이 있다. 반면에 시공 중 온도와 습도의 영향을 받으며, 자외선에 약해 노화가 빠르고, 바탕면에 대한 피막의 연속성, 피막두께의 균일성 유지가 어려운 문제점이 있다.

도막방수의 종류로는 우레탄고무계 도막방수, 아크릴고무계 도막방수, 고무아스팔트 도막방수, FRP 도막방수 등이 있다.

2) 시공순서

① 바탕의 점검 및 확인

바탕의 균열, 조인트부 등 결함 등은 보수 후 건조시킨다.

② 프라이머 바르기

- 방수 바탕에 흙손, 롤러 등의 바름기구로 프라이머를 균일하게 바른다.
- 프라이머를 바른 후 건조할 때까지 바탕면을 관찰한다.

③ 도막재 바르기

- 프라이머가 적절한 상태로 건조된 것을 확인하고 도막방수재를 일반 평탄부의 전면에 바른다.

- 도막방수재를 잘 휘저어 섞은 후에 2차 바름을 한다.
- 모서리부, 드레인 주변, 파이프 주변, 균열 및 이어치기 부분은 필요시 보강 메시 등을 사용하여 빈틈없이 바른다.
- 규정량을 균일하게 바르고, 적절하게 경화한 후 다시 소정의 두께가 될 때까지 바른다.

(5) 방수 하자/결함 방지대책

1) 옥상 및 발코니 바닥 방수 불량으로 인한 누수 방지대책

① 드레인 및 슬리브 일체 시공 및 모체 콘크리트 구배 시공한다.
② 드레인 바닥은 콘크리트 슬래브보다 최소 1.5cm 이상 낮게 시공한다.
③ 드레인, 슬리브 위치 수정으로 구조체가 파손되지 않도록 매립 위치를 정밀 확인한다.
④ 방수턱 일체 시공 및 방수턱 파손 부위 보완을 철저히 한다.
⑤ 모르타르 시공을 양질의 콘크리트로 시공하여 접착력을 강화한다.
⑥ 방수 후 방수층에 대한 보양을 철저히 한다.
⑦ 슬리브 수정, 타일 시공 시 못 박음, 벽돌 시공 시 충격 등을 가하지 않도록 유의하여 방수층의 파손을 방지한다.
⑧ 급속한 겉 응결로 인한 방수층 균열(시공 후 4~6시간부터 발생)과 과다한 통풍을 방지하고 마감공사 시 방수층의 기울기가 설계도서대로 잘 시공되는지 확인해야 한다.

2) 화장실 바닥 방수 불량으로 인한 누수 방지대책

① 드레인 및 슬리브를 정밀 시공하고 가능한 위치 변경을 금지한다.
② 방수턱은 일체 시공하고 파손 부위는 철저하게 보수한다.
③ 액체방수를 적용할 때는 2차 방수를 준수한다.
④ 방수 후 방수층에 대한 철저한 보양을 한다.

■ 방수공사 관리 Check Point

• 방수공사 전 바탕을 정리 한다.
  - 충분한 건조 및 면 고르기
  - 흙, 기름, 레이턴스 등의 불순물이나 철선, 철근 등의 돌출물 제거
  - 드레인 주위 완전 방수를 위한 보강 홈 파기
• 매립 철물, 배관 주위, 드레인 주위는 방수이음에 주의한다.
• 구석 부위, 모서리, 굴곡 부위 등은 방수액 침투 및 방수 시멘트 페이스트 바름을 1~2회 추가 하여 시행하되 후속공사에 지장이 없도록 한다.
• 방수층 들뜸이나 방수 후 파손, 구배 불량, 슬리브 주위 콘크리트 파손, 슬리브 길이 부족, 방수 시공 후 슬리브 위치 변경 등이 없도록 관리한다.
• 바닥면 건조상태를 확인한 후 방수층을 시공한다.
• 슬리브의 위치가 맞지 않거나 보수가 필요한 곳은 부배합의 시멘트 모르타르에 방수제를 혼합 하여 보수 작업한다.
• 바탕면을 1m^2 정도 비닐로 밀봉 후 다음 날 결로수 발생 여부를 확인한다.
• 방수공사를 완료한 후에는 누름 콘크리트를 이른 시기 안에 타설해서 보호해야 한다.
• 누름 콘크리트 타설 시 구배를 정확하게 맞출 수 있도록 기준목을 설치하고 시공한다. 구배는 1/100 이상이 되도록 한다.
  - 역 구배 및 물 고임 여부를 확인한다.
  - 슬리브는 정확한 위치에 구조체와 일체되도록 매설하고 방수 시공 후 변경이 금지된다.
  - 콘크리트 타설 시 방수 담당 기능공을 배치하여 파손이나 변경 시 즉시 보수한다.
  - 슬리브 돌출길이는 마감선에서 50mm 이상 돌출되도록 하고, 배관 작업 완료 후 코킹 충전 한다.

고수 POINT   **방수공사**

• 설계도서를 검토·분석하여 방수공사의 위치 및 범위, 적정 방수공법 등을 협력 업체 또는 컨설팅 업체와 검토할 필요가 있다.
• 방수공사용 자재, 인력 등의 수급에 관한 현안 및 문제점을 사전에 검토하여 해결 방안 을 강구한다.
• 작업팀장(실장) 및 팀원에 대한 동기부여로 적정 품질을 확보한다.
• 담수 테스트는 공정표에 반영하여 차질 없이 시행하고, 드레인 및 파라펫 접합부는 집중 관리하여 하자나 결함이 없도록 하여야 한다.
• 전기실 천장은 누수되면 단전 등 대형사고로 이어질 수 있으므로 방수층을 추가적으로 보강하는 방안을 검토해서 적용할 필요가 있으며, 장비 반입 전 및 수전 연결 전에 보강 조치가 완료되어야 한다.

4.3 • 시공 이후 단계

4.3.1 사용승인

(1) 사용승인 신청 및 승인

준공 후 건축물을 사용하기 위하여 사용승인을 받기 위한 서류를 관공서에 제출하는데, 이를 사용승인신청서라고 한다. 「건축법」의 규정에 따라 허가를 받았거나 신고한 건축물의 건축공사를 완료한 경우, 해당 건축물의 사용에 대한 승인을 신청하는 일(「건축법」 제22조 건축물의 사용승인)을 말한다. 현장조사와 검사를 통해 건축물에 문제가 없는지 확인하고 사용승인서를 교부하며, 사용승인 신청 시 일주일 내로 현장검사가 이루어지고 승인 전 사용해야 할 경우는 최대 2년간 임시 사용승인을 받을 수 있다.

승인신청서류가 준비되면 세움터에 사용승인신청서를 작성하여 업로드(upload)하며, 관공서에서는 무작위로 지정한 건축사에게 현장점검을 의뢰하게 되는데, 문제가 없으면 검사 조서가 작성되고 사용승인서를 발부한다. 사용승인서가 발부되면 60일 이내에 건축주는 신축건물 과세표준신고서를 작성하고 취득세를 납부하여야 하며, 건물 소유권 보존신청서 및 등기 신청 수수료를 납부하고 등기권리증을 발급받아야 한다(건축물소유권보존등기).

■ 임시 사용승인 신청

• 건축주가 사용승인서를 받기 전에 공사가 완료된 부분에 대한 임시사용승인을 받으려면 임시 사용승인신청서를 허가권자에게 제출(전자문서에 의한 제출을 포함함)해야 한다(「건축법 시행령」 제17조 제2항 및 「건축법 시행규칙」 별지 제17호 서식).

• 허가권자는 위의 신청서를 접수한 경우에는 공사가 완료된 부분이 건폐율, 용적률, 설비, 피난·방화 등 건축법령에 따른 기준에 적합한 경우에만 임시사용을 승인할 수 있으며, 식수(植樹) 등 조경에 필요한 조치를 하기에 부적합한 시기에 건축공사가 완료된 건축물은 허가권자가 지정하는 시기까지 식수 등 조경에 필요한 조치를 할 것을 조건으로 임시사용을 승인할 수 있다(「건축법 시행령」 제17조 제3항).

• 임시 사용승인 기간은 2년 이내이지만, 대형 건축물 또는 암반공사 등으로 공사기간이 긴 건축물에 대해서는 그 기간을 연장할 수 있다(「건축법 시행령」 제17조 제4항).

• 허가권자가 임시사용승인신청을 받으면 그 신청서를 받은 날로부터 7일 이내에 임시사용승인서를 신청인에게 교부해 줘야 한다(「건축법 시행규칙」 제17조 제3항).

Q 고수 POINT | **사용승인신청 준비**

- 건축허가 조건 이행에 관한 리스트를 작성하여 관련 부서, 담당자, 관리 주체 등을 지정하여 준공 전 3개월 전부터 주 단위로 체크하며 준비하여야 한다.
- 장애인편의시설, 각종 인증에 대한 설치기준의 적합성을 검토하는 기관을 사전에 파악하여 도면 검토 및 사전 현장 확인 요청해야 한다.
- 최종 현장 시공과 차이가 없는 최종 도면(as-built drawing) 작성 및 경미한 설계변경 리스트를 작성한다.
- 준공도서 작성 주체 : 시공사 주관으로 작성한 후 건축사 날인이 원칙이다.
  - 원 설계자에게 작성을 요청할 경우는 협의를 통하여 작성하고 건축사가 날인한다.
  - 세움터 오픈 아이디, 비밀번호 공유 : 건축주, 설계사, 감리자, 시공자
- 건축물관리대장 및 주차장관리카드 작성은 건축주가 등기 이전하는 데 필요한 필수업무이므로 건축주, 설계사, 시공사가 협의하여 조속히 조치한다.
- 건축물 진출입 도로 등과 관련해서는 시군구청 도로과, 도시계획과, 경찰서 교통행정과 등과 함께 설계도서 및 공사 완료 상태 등에 관한 사전 검토 및 현황 확인과 수정 및 보완 작업이 미리 완료되도록 조치해야 한다.

- ■ 건축물관리대장(가옥대장) 작성
- 건축물의 상황을 명확하게 기록한 장부로, 건축물관리대장을 작성할 때에는 건물의 소재, 번호, 종류, 구조, 면적, 소유자의 주소 및 성명 등으로 구분하여 각 항목에 정확한 내용을 기재하여야 한다. 건축물관리대장은 구청과 시, 군청에 비치되어 있으며, 과세의 기초 자료로 활용된다. 건축물의 실제 상황을 기재한 장부로 건축물에 관한 권리관계를 공시하는 부동산 등기부와 다르다. 건축물의 유지보수 이력, 안전점검 결과, 에너지 사용량 등의 정보를 포함한 건축물의 상세한 관리사항을 담고 있으며, 건축물을 안전하고 효율적으로 관리할 목적으로 작성된다.
- 건축물관리대장의 내용을 기초로 건축물 등기를 진행하며, 건축물관리대장에 등록된 부동산에 관한 사항은 등기부에 기재되는 부동산의 표시 및 등기명의인 표시의 기초가 된다. 따라서 건축물의 상황에 변동이 발생하는 경우는 먼저 건축물관리대장을 변경하고 등기 변경을 신청하여야 한다. 등기부에 기재한 부동산의 표시가 건축물관리대장과 부합하지 않는 경우 그 부동산 소유 명의인은 부동산 표시의 변경등기를 하지 않으면 부동산에 대한 다른 등기를 신청할 수 없다.

• 건축물대장52) 및 건물 표시변경등기 일괄 처리

「건축법」 제22조 제2항에 따라 사용 승인된 경우에는 허가권자가 직권으로 사용 승인서에 따라 건축물대장의 표시사항을 변경하므로(「건축법」 제22조 제6항 및 「건축물대장의 기재 및 관리 등에 관한 규칙」 제18조 제1항 단서), 별도로 건축물대장의 표시사항 변경 신청을 할 필요가 없다. 허가권자가 「건축법」 제22조에 따라 사용 승인을 받은 건축물로써, 사용승인 내용 중 건축물의 면적·구조·용도 및 층수가 변경된 경우에는 관할 등기소에 그 등기를 촉탁하므로(「건축법」 제39조 제1항 제2호), 별도로 건물 표시변경등기를 하지 않아도 된다.

⑵ 사용승인 필요 서류

구분	세 부 사 항
건축물사용승인신청서	• 건축물사용승인조서, 검사조서 • 건축허가신청(변경일괄신고)
공사감리완료보고서	• 공사감리 중간보고서
준공도면	• 최종공사완료도서(설계변경사항 반영) • 허가도면에서 변동사항이 있으면 변경된 도면으로 수정해서 제출 • 경미한 설계 변경리스트 건축사 날인
공사완공 현황	• 건축, 기계설비, 전기, 조경, 토목공사 • 시공확인서(시공 사진) • 공사완공현황(사진첩)
개별준공필증	• 소방시설 완공검사 필증 • 상수도 준공필증(급수공사 완료 통보서) • 전기 사용검사 필증(전력수급계약서) • 전기안전관리자 선임 신고 필증 • 정보통신공사 사용 전 검사 필증 • 오수정화시설준공검사필증(정화조 청소 완료 필증) • 승강기 설치 완성검사 필증, 도시가스완공검사 필증 • 지역난방 준공 필증, 내진검사 필증

---

52) 건축물의 등록사항을 기록하는 공식 문서로 건축물의 표시에 관한 사항과 소유권에 관한 사항 등을 기재한다. 건축물대장은 건축물의 종류에 따라 일반 건축물대장과 집합 건축물대장으로 구분된다. 건축물대장이 건축물의 기본적인 정보와 소유권 정보를 제공하는 반면에, 건축물관리대장은 건축물의 유지보수 및 관리에 중점을 두고 있다.

구 분	세 부 사 항
품질시험 성과 총괄표	• 주요 자재 시험성적서 • KS 자재 사용 총괄표 • 국토교통부 장관 인정 자재 사용 총괄표 • 내화구조 품질 확인서
지적공부 변경 등록 신고	• 확정측량성과도 • 건물번호판 설치 확인서(시공사진)
성능인증	• 에너지효율등급 인증, 결로방지성능 평가 • 초고속 정보통신망 건물인정서 • 녹색건축 인증(인센티브), 친환경인증서 • 건축물에너지소비총량제
사업계획승인조건	• 사업계획 승인조건 사본 • 사업계획승인조건 이행확인서 • 교통영향평가 이행확인서
건설폐기물 처리 확인서	• 건설폐기물 처리 관련 서류 일체
배수설비 준공검사 신청서	• 하수관CCTV검사 및 수밀시험보고서
주차장관리카드	• 지자체 해당 양식
미술품장식설치완료학인서	
장애인편의시설설치확인서	• 장애인, 노인, 임산부 등 편의시설 설치 확인서 • 시공 사진
재활용 폐기물 처리 시설	• 쓰레기 자동 집하 시설 설치 완료 확인서
각종 납무 영수증	• 건설근로공제회 공제납부금 영수증 • 학교용지부담금납입 영수증/고용산재보험납부 영수증
제3의 건축사 확인 점검	• 점검 결과 조치서
안전점검 종합보고서	• 재해 예방 기술지도 완료증명서
장기수선계획서	
교통영향평가 이행기록부	• 교통영향평가 이행확인서
하자보수 보험증권	

4.3.2 시운전

(1) 개요

건축물의 각 기계 및 시스템의 성능과 안전장치 등이 정상적으로 가동되어 당초의 설계 및 기준대로 운전되는지 확인하는 과정이다. 시운전은 기계 및 계기의 점검, 안전장치 등의 기능을 확인하고, 기기의 가동상태가 정상인지 개별 시운전 및 조정을 통하여 정상적으로 작동되도록 테스트와 피드백을 반복하는 절차이다.

(2) 시운전 계획서 작성 및 절차

공사 완료 후 준공검사 전에 시공자는 시운전 계획을 수립하여 시운전 30일 전까지 감리단에 제출하고 이를 검토 확인하여 발주청에 제출한다. 관급 기자재 및 각종 기기 및 설비공사의 계약자 등과 협의하여 시운전 스케줄을 검토, 확정하고 시운전을 준비하며, 관계자가 모두 시운전에 입회토록 해야 한다. 시운전 중에 효율적인 장비의 운전을 위하여 계약상의 시험, 조정, 평가를 시행하여 그 결과를 검토하고 시운전 완료 후에 발주처에 인계하여야 한다.

■ BIM 연동 준공 시운전(commissioning)

시운전은 공간, 설비 및 시스템을 포함하여 건축물이 설계안대로 조달되었고 작동이 잘 되는지 확인하는 과정으로 공사 완료 단계에서 필수적인 과정이다. 건축주가 건물을 양도받기 전에 시운전 에이전트가 설계 또는 시공과정의 결함을 조기에 발견하여 비용을 절감하고 준공 후 하자를 예방할 목적으로 실시된다.

1. 건축주, 분양자, 임대 거주 및 실사용자 관점에서의 목표
 • 정보의 공유 : 중요한 정보에 빠르게 접속하여 포트폴리오를 통해 발생 가능한 위험을 제어할 수 있다.
 • BIM 연동 전체 생애주기 데이터 관리 : BIM과 연동하여 기획, 설계, 시공, 준공 단계에 걸친 전체 생애주기의 모든 데이터를 관리할 수 있다.
 • 책임과 위험의 최소화 : 공사 준공 전에, 모든 시운전 문서를 요구하여 제출하게 하고, 확인 및 승인 과정을 거침으로써 건축주에 대한 위험과 책임을 최소화할 수 있다.

2. 관리사무소 시설관리 관점에서의 목표
 • 조기에 피드백 실현 : 도면 분석 후 변경해야 할 사항들을 설계자나 시공자에게 조기에 피드백 함으로써 저렴하게 설계변경을 처리하게 할 수 있다.
 • 오류의 제거 : 데이터 입력 오류가 발생하지 않게 되어, 추후 데이터를 수정할 필요성이 없어진다.
 • 운영대상 데이터의 정확한 수집 : 협력업체에서 직접 저장하게 하여 정확하게 운영대상 데이터들을 수집할 수 있다.
 • 신속한 입주 : 준공일부터 즉시 건물 관리 업무를 시작할 수 있다.

---

(3) 시운전 시 교육 훈련

인수자 교육이 충분히 될 수 있도록 교육기준을 작성하고 이에 따라 시공자가 교육계획서를 작성하여 승인받고, 교육기간 중에 장비 사용 및 성능에 대하여 충분히 숙지하였는지 성과를 체크한다. 또한 교육훈련에 관한 서류는 반드시 확보하고 기록으로 보관한다.

고수 POINT   인수인계

- 시운전계획서에 포함할 항목 : 시운전 일정, 시운전 항목 및 종류, 시운전 절차, 시험장비 확보 및 보정, 설비 기구 사용계획, 운전 요원 및 검사 요원 선임 계획
- 시운전 절차 : 기기 점검을 위한 예비운전, 시운전, 성능보장 운전, 검수, 운전 인도
- 인계 항목 : 운전 개시, 가동 절차, 방법 및 점검항목 점검표, 운전지침, 기기류 단독 시운전, 시험 방법 구분, 사용 매체 및 시험 성적서, 성능시험 보고서

4.3.3 건축물 인수인계

(1) 준공현장 인수인계

준공현장에서 공사담당 직원이 철수하며 A/S팀에 현장을 인계하는 시점에서 발생할 수 있는 업무의 혼돈을 방지하기 위하여 적용한다. 인수인계서에는 준공도서, 설계변경 리스트, 하자 현황, 협력업체 현황, 잉여 자재 리스트, 관리사무소 인수인계 현황 등이 포함된다. 또한 준공현장 인수인계 준비, 인수인계, 인수인계 유의사항, 인수인계 현장관리, 인수인계 현장 상주 관리 등이 포함된다. 본 공사 수행 직원 중에서 준공 후 입주 관리 및 사후 관리를 담당할 직원을 선정하여, 회사 기준 기간 내 인수인계 절차 협의 및 운영, 하자 접수 및 처리 업무를 수행하고 이후에 A/S팀에 인수인계한다.

① 하자관리 업무 : 하자접수 및 분류, 하자 별 원인 조사, 분석 및 대책, 하자보수 물량 조사 및 내역서 작성 등

② 지원업무 : 인접 준공현장 하자 파악, 응급조치 업무, 현장별 품질점검 지원 업무 등

(2) 인수인계 준비

1) 사용승인 전

현장 공사내용에 의거 인수인계 품목을 검토하며, 하자관리 프로그램 사용법, 하자관리, 입주관리에 대한 교육을 실시하여야 한다.

2) 사용승인 후

① 추가공사가 없으면, 입주 지정 기간 종료 후 현장 철수계획에 따라 현장을 점검하고 인수인계를 시작한다.

② 확장공사 등의 추가공사가 있으면, 사용승인 후 추가공사가 시행될 때에도 현장 철수계획에 준하여 시작한다.

③ 연차발주 및 계약내용에 의거하여 일부분에 대한 임시 사용승인을 득한 후 계속 공사가 진행되는 현장은, 최종 목적물을 요구자에게 인계 후 인수인계 절차를 개시한다.

(3) 인수인계

1) 개요

① 인수인계는 '프로세스 기획서'상의 업무순서에 의거하여 진행되며, 인수인계품목 등이 소정의 목적에 미치지 못할 시에는 이의를 제기하여야 한다.

② 인수인계 품목 및 이관부서는 '별첨-2' 인수인계서에 준한다.

③ 미수금과 관련하여 세대의 열쇠 등을 입주자에게 미인도 시 사업관리부와 협의하여 상당 기간의 소요 시에는 사업관리부에 이관한다.

④ 인수인계 시 관련 부서는 목적물의 용도에 따라 결정한다.

2) 인수인계 유의사항

① 규격, 사양 등 측면에서 실 시공 상태와 준공도면을 철저히 비교·검토하여 차이가 있으면 수정·보완한다.

② 준공도면 내용 중 시방서 및 특기시방서와 비교하여, 상이점 확인되면 수정한다.

③ 분양 시 모델하우스 내용과 실제 시공, 준공도서를 비교 검토한다. 모델 하우스 자재 스펙(specification, 시방 또는 사양) 리스트 및 준공 사진첩과 비교하여 상이점 확인 후 교정한다.

④ 각종 허가 필증을 정리한다.

⑤ 공사 중 발생했던 문제점 등을 어떻게 처리하였는지에 관한 보고서 등의 서류를 정리한다.

⑷ 인수인계 현장 관리

인수인계 현장은 현장 여건 및 규모에 따라 일정 기간 현장 인원이 상주하여 관리
하여야 하며, 그 기간은 관련 부서와 협의한다. 현장 상주 기간은 하자 처리율(입주
시점 포함) 90% 이상 및 1개월 이상 상주

1) 인수인계 현장 상주 관리

인수인계 현장 상주 관리란 공동주택 등 주거를 목적으로 사용하는 건축물에 준하여
상주하며 하자관리 업무를 수행하는 것을 말한다. 상주 직원은 현장 하자보수에
관한 업무처리 결과를 일일, 주간, 월간 단위로 본사에 보고한다.

2) 지원업무

① 인접 준공현장 하자 파악 및 응급조치 업무
② 현장별 품질점검 지원업무

⑸ 인수인계서류

1) 품질관리팀 인계서류

① 준공도서
  • 준공도면(A4 반철), 준공도서 관련 USB
  • 준공도면(CAD, pdf), 내역서, 시방서, 구조계산서
② 설계변경 List, 대내외 공문 접수 · 발송철, 각종 허가 필증
③ 하자 현황 : 총 접수 건수, 처리상태, 처리율 등
④ 협력업체 현황 : 대표이사 직통 전화번호 포함
⑤ 잉여 자재 리스트 : 하자보수용
⑥ 관리사무소 인수인계 현황

2) A/S(하자보수) 인수인계서

① A/S 인수인계서
② 시설(건축물) 인수인계서 : 관리사무소에 인수인계하는 사항을 포함하여 정립한다.
  키(key) 불출(拂出) 현황, 물품 이관목록 현황, 시설물 운전자 교육 사항 등을
  포함한다.

4.3.4 하자보수

(1) 하자관리 업무

① 하자접수 및 분류
② 하자별 원인 조사, 분석 및 대책
③ 하자보수 물량 조사 및 내역서 작성
④ 하자 분석에 관한 협조
⑤ 하자 발생에 따른 협력사 관리
⑥ 하자보수 시 현장 감독
⑦ 공용부위 및 세대별 완료확인서 수령 및 년차별 하자 접수 관리
⑧ 완료확인서 수량은 작업자가 구분소유자(입주자 포함) 및 관리소에 서명을 받도록 하며 상주 직원의 직접수령 및 서명은 배제한다.

(2) A/S팀 인수인계 요청

① 직원 철수 1개월 전 관리사무소 및 본사로 직원 철수계획 통보공문을 발송한다.
② 관리사무소로부터 최종 하자보수 요청 공문을 수령한다.

(3) 인수인계 서류 제출

① 인수인계 서류 구비가 완료되면 본사로 인수인계 요청 공문을 발송한다.
② 하자 리스트, 자재 재고 현황, 관리업체 회의록 등 A/S(하자보수) 인수인계서를 작성하여 본사에 제출한다.

(4) 현장 점검

① 사후관리 직원은 이관서류 접수 후 본사 담당자와 당해 현장에 대한 점검을 실시한다.
② 현장 점검 시 지적사항은 즉시 보완하여 그 결과를 본사로 통보한다.

(5) A/S팀 인계 완료

① 본사에서 인수인계 공문이 접수됨과 동시에 인계가 완료된다.
② 인수인계가 완료되지 못한 사후관리 직원은 인수인계 완료 시까지 모든 사후관리 업무를 책임진다.

⑹ 하자 보수용 자재

1) 하자보수 자재

현장설명서 특기 사항에 하자보수 및 유지보수용 자재를 2% 확보하도록 명기하고, 하자보수용 자재를 추가로 현장에 납품 보관하여야 한다는 현장설명 조건을 넣어 발주처에서 요구하는 하자보수용 자재를 확보할 필요가 있다. 즉, 입찰내역 수량을 외주팀과 상의하여 도급계약서상 명시 비율 및 2% 대의 수량을 발주 수량에 내역화하는 것이 바람직하다.

하자보수용 자재의 적재공간(창고, 램프 하부 등)이 부족하여 보유기준보다 부족한 양의 자재가 입고되거나, 현장 폐기물 반출 시 하자보수용 자재가 동반 반출되는 사례도 발생할 수 있으니 유의해야 하고, 확인 후 조치하여야 한다. A/S 팀에 인수·인계 시 자재확보 기준을 정립하여 자재 보유현황을 파악할 필요가 있다.

2) 하자보수용 자재 확보

① 현장의 하자보수용 자재 확보에 관한 인식 부족으로 하자보수 시 자재 부족 현상이 자주 발생되므로 유의한다.
② 하자보수용 자재 확보 기준의 정립 및 일원화를 통한 효율적 관리가 필요하다.
③ 자재 특성상 변형이 발생되는 자재는 필요시 실시간으로 구입할 수 있도록 조치한다.

3) 하자보수용 자재 창고 설치

① 지하주차장, 팬룸, 창고 등에 적치 하는 하자보수용 자재가 폐기물 등과 함께 적치되는 경우가 많아 효율적인 관리가 어려우므로 전용 창고를 설치하는 것이 바람직하다.
② 하자보수용 자재의 품목별 라벨링 및 보유 자재 리스트 작성이 필요하다.

4) 자재 특성 상 변형이 발생될 우려가 있는 자재 반출

① 도장 자재 : 색견표로 대체한다(인화성 자재의 경우 화재 우려가 높음).
② 내장재 : 석고보드, 합판 등 변형이 발생될 우려가 있는 자재는 외부로 반출한다.
③ 모르타르류 : 시멘트, 레미탈, 타일 접착제 등 시간이 경과할 경우 경화 우려가 있는 자재는 외부로 반출시키고, 필요할 때 관리사무소에서 구입하여 사용하는 것이 바람직하다.

> **Q 고수 POINT**　**하자 보수를 위한 사전 준비 사항**
>
> • 하자보수는 우선적으로 협력 업체/파트너사의 책임 부분을 정확히 도출하여 파트너사가 직접 보수토록 조치한다. 미이행 시 하자이행증권 집행을 통하여 파트너사 건설공제조합으로 부터 불이익(계약이행증권 발행 불가에 따른 신규 수주 계약 불가 등)이 발생하도록 조치한다.
> • 복합적인 공정의 경우, 시공 순서를 명확히 하여 하자 원인 제공 파트너사가 다른 공정 (후속공정 등)의 발생 비용을 부담토록 조치한다.
> • 긴급을 요하는 경우는 직영 처리 후 비용을 청구한다.
> • 긴급한 보수보강을 위하여 다기능공 확보가 필요하다.
> • 현장 잔류 직원이 일정 기간 하자를 처리한 후, 그 비율(처리/접수)이 90% 이상일 때는 CS팀에 이관하여 관리하도록 한다.
> • 하자보수용 자재는 지급 자재와 사급자재로 구분하여, 발주 시부터 필요한 품목을 선정 하여 필요량을 확보하여야 한다.
> • 외산 자재의 경우, 시공 과정의 Loss 및 하자보수용 여유 수량을 내역에 포함시켜 발주 하여야 한다.

⑺ 하자소송 대응

1) 하자소송 쟁점
　① 하자 손해배상 범위 : 하자 범위, 공법 변경, 미관상의 이견에 따른 다툼 발생
　② 하자담보책임기간을 경과하여 청구한 하자의 경우 인정되기 어렵다.

2) 하자소송 송무 지원 기술용역
건설분쟁은 사건이 복잡 다양하고 재판부는 감정인의 감정 결과에 의지하여 사건을 판단하므로 하자소송 송무 지원 기술용역을 지속하는 업체(하자 진단업체)를 통하여 소송 대응하는 것이 효과적일 수 있다.

3) 하자분쟁의 처리 절차
아파트, 오피스텔 등 공동주택에 관한 하자 분쟁이 매년 지속해서 다수 발생하고 있으며, 공동주택과 관련한 하자 분쟁 등으로 하자심사·분쟁조정위원회와 한국소비자원의 피해 구제에 접수된 사건이 매년 크게 늘어나고 있다. 이는 공동주택의 거주비율이 매우 높고 주택은 한 가구가 사용하는 소비재 중에서 가장 비싼 재화로서 주택소비자는 공동주택의 하자에 민감하게 반응하게 되며, 공동주택 관련 건축기술이나 자재 품질의 개선에도 불구하고 공동주택의 하자를 완전하게 방지하기 어렵기 때문이라고 할 수 있다. 공동주택의 하자분쟁 해결을 위해 「공동주택관리법」, 「소비자기본법」 등에서 다양한 제도를 도입하고 있다.

4) 하자담보책임기간

공사현장의 하자보수 보증기간을 관련 법규와 상이하게 3년 등으로 일괄적으로 설정하여 하자보증기간 이견에 따른 소송현장이 증가하는 추세이다. 하자보수 보증기간을 일괄 적용 시 공정거래위원회의 "부당특약" 제재사항에 해당한다.

다음은 관계 법령에서 규정하고 있는 하자보수 관련 기준 및 내용이다.
① 「건설산업기본법 시행령」 [별표 4] 건설공사의 종류별 하자담보 책임기간
② 「공동주택관리법 시행령」 [별표 4] 시설공사별 담보책임기간
③ 「집합건물의 소유 및 관리에 관한 법률」

고수 POINT   하자소송에 대한 사전 준비 및 대응 방안

1. 하자소송의 절차와 유형은 다음과 같다.
  • 하자 적출업체(전문용역업체)를 선정하여 용역계약을 체결한다.
  • 시군구청 등 인허가기관에 정보공개 청구를 통하여 준공도서를 열람하고 설계도서상 문제점을 우선 도출한다.
  • 현장 실사 후 도면과 상이한 부분과 균열, 누수, 탈락 등 하자로 구분하여 보고서를 작성한 후 소송을 진행한다.

2. 시공자 및 감리단 사전 준비사항
  • 발주처, 설계사, 감리사, 시공사가 원팀으로 대응하는 것이 가장 중요하다.
  • 서로 책임을 떠넘기기보다는 공동 대응을 통하여 하자소송에 대한 부담을 최소화하여야 한다.
  • 분양 시 현재 시공 완료 상태와 준공도서의 일치 여부를 확인한다.
  • 준공도서는 설계 담당, 공사담당, 공사팀장, 공무팀장, 소장 등이 최종적으로 Cross Check하여 시공이 완료된 내용과 최종 도면이 일치하는지 확인하여 최종 설계도서 및 경미한 설계변경리스트에 대하여 발주처, 설계사, 감리사, 시공사가 확인 후 날인한다.
  • 분양 Catalog, 분양홍보물 등과 일치 여부는 마케팅부서, 사업부서, 분양관리 부서와 교차 확인 실시한다.

3. 하자접수 처리 명확화 및 문서화(documentation)
  • 준공 후 접수된 하자 리스트별 조치 상황을 수시로 공문으로 발송하여 근거를 확보한다.
  • 조치 전, 조치 중, 조치 후 사진을 확보하여 수시로 공문으로 발송 등 문서화한다.

4. 하자 발생 최소화를 위한 설계변경 요청 항목 중에서 발생한 하자의 유형 및 문제점을 구체적으로 명시하고, 설계변경 요청 미승인으로 발생한 하자에 대한 책임은 발주처에 있음을 명확히 표기할 필요가 있다. 이는 발주처는 공사비가 증가하고, 설계사 및 감리사는 설계오류 인정을 부담스러워하기 때문이다.

【참고문헌】

1. 건설공사 안전비법, Sheet Pile 공법, NI스틸 홈페이지

2. 국가건설기준, KDS 21 50 00 거푸집 및 동바리 설계기준, 2022

3. 대한건축학회, 건축기술지침 Rev.2 건축Ⅰ, 2021.01

4. 대한건축학회, 건축기술지침 Rev.2 건축Ⅱ, 2021.01

5. 이찬식 외, 건축시공학, 한솔아카데미, 2023.02

6. 이찬식 외 8명, 건축재료학, 기문당, 2002

7. 한국산업안전보건공단(KOSHA), 가연성 건설 리프트 안전작업 지침, 2021

8. 한국산업안전보건공단, 굴착공사 표준안전지침

9. 한국산업안전보건공단, 건설업 위험평가 "발파 천공, 장약 작업"

10. 건설산업정보센터: https://www.kiscon.or.kr/kiscon/safe/safe.jsp (건설공사 안전 관리계획서 작성방법)

11. 건설산업정보센터: https://www.kiscon.or.kr/kiscon/intro/intro.jsp (건설공사대장, KISCON)

12. 건설산업정보센터, 시공계획서 작성방법

13. https://ssgyoo.tistory.com, https://juding.tistory.com

14. https://blog.naver.com/asimsim

15. https://blog.naver.com/bestjun1981/222935601451

16. https:// gigumi.com / kosha.or.kr

17. https://junghwaholic.tistory.com

18. https://ko.wikipedia.org/wiki, 2023.12

19. https://archi-material.tistory.com

20. https://cafe.daum.net/structure114

21. https://m.blog.naver.com/PostList.naver

22. https://m.blog.naver.com/thegoldman

23. https://www.kiscon.or.kr/kiscon/plan

24. https://www.gigumi.com

CHAPTER 5

건설사업관리 실무

CHAPTER

건설사업관리 실무

5.1.1 일반사항

'건설사업관리'는 건설공사에 관한 기획, 타당성 조사, 분석, 설계, 조달, 계약, 시공관리, 감리, 평가 또는 사후관리 등에 관한 관리를 수행하는 것으로, 국내에서는 시공단계에 적용되는 감리제도(책임 · 시공 · 검측감리)와 건설사업을 전반적으로 관여하는 건설사업관리(CM) 제도로 구분할 수 있다.

건설사업관리는 계약적 측면에서 발주자[1]를 대신하여 건설사업의 관리를 대행하여 주는 용역을 의미한다. 즉, 계약에 의하여 발주자의 전반적인 또는 부분적인 권한을 위임 받아 대리인(Agent) 및 조정자(Coordinator)의 역할을 수행한다.

---

[1] 건설공사나 건설사업관리용역을 발주하는 기관 또는 기관의 장을 의미하며 '발주청'을 포함한다. 국가, 지방자치단체 및 정부자금이 50% 이상 출자된 정부기관(공기업, 준정부기관 등)을 가리킬 때는 보통 발주청이라고 칭한다.

건설사업관리 전문회사나 컨설턴트 등 건설사업관리기술인(Construction Manager)은 최신의 건설기술이나 공법, 시장동향, 원가관리, 공정관리 등 다양한 필수 지식을 갖추고, 기획, 설계, 시공/감리, 사후관리 등 프로젝트 전 분야에 걸친 관리를 수행함으로써 종합관리자로서의 역할을 담당한다. 따라서 건설사업관리는 시공단계에서 공사를 감독하던 전통적인 감리에 비하여 보다 적극적이고 전문적인 공사관리로서 사업 초기부터 공기단축, 원가절감, 품질향상 등을 목표로 건설공사에 적극적으로 참여하여 발주자를 보완 또는 대신하여 건설사업 전반을 관리하는 기술용역이라고 할 수 있다.

(1) 건설공사 참여자

발주자	건설사업관리기술인	설계자	건설사업자
건설공사 또는 건설엔지니어링을 발주하는 자 (국가, 지자체, 공기업, 개인, 법인 등)	건설사업관리(감리) 업무를 수행하는 자 (책임, 상주, 기술지원 등)	「건축사법」에 따라 설계업무를 하기 위하여 건축사사무소 개설 신고한 자 (건축사 등)	「건설산업기본법」에 따른 건설업자 /등록사업자 (종합, 전문건설업체 등)

(2) 건설사업관리기술인의 기본임무

건설사업관리기술인은 기본적으로 법적 요건을 갖춘 자격 있는 자이어야 한다. 업무를 효율적이고 적극적으로 충실히 수행하기 위해서는 법적 요건 못지않게 건설사업관리 기술인의 기본업무를 비롯한 관계 법령, 근무수칙의 숙지, 공인으로서의 사명감 등을 올바르게 이해하고 업무를 수행하여야 발주자, 건설사업자와의 원만한 관계 속에서 신뢰받는 업무(역할)를 수행할 수 있다.

① 「건설기술진흥법 시행령」 제59조 및 동법 시행규칙 제34조에 따른 건설사업관리 기술인의 업무를 성실히 수행한다.

② 용지 및 지장물 보상과 국가, 지방자치단체, 그 밖에 공공기관의 허가·인가 협의 등에 필요한 발주자 업무를 지원한다.

③ 관련 법령, 설계기준 및 설계도서 작성기준 등에 적합한 내용대로 설계되었는 지 확인 및 설계의 경제성 검토를 실시하고, 시공성 검토 등에 대한 기술지도를 하며, 발주자에 의하여 부여된 업무를 대행한다.

④ 설계공정의 진척에 따라 정기적 또는 수시로 설계자로부터 필요한 자료 등을 제출받아 설계용역이 원활히 추진될 수 있도록 관리한다.

⑤ 해당 공사의 특성, 공사 규모 및 현장조건을 감안하여 현장별로 수립한 검측 체크리스트에 따라 관련 법령, 설계도서 및 계약서 등의 내용대로 시공되는지 각 공종마다 육안검사·측량·입회·승인·시험 등의 방법으로 검측업무를 수행한다.

⑥ 건설사업자가 검측을 요청할 경우 즉시 검측 수행 후 그 결과를 건설사업자에게 통보한다.

⑦ 해당공사의 토석물량 및 반출·입 시기 등의 변동사항을 토석정보시스템(http://www.tocycle.com)에 즉시 입력·관리한다.

⑧ 건설공사 불법행위로 공정지연 등이 발생되지 않도록 건설현장을 성실히 관리한다.

(3) 건설사업관리기술인의 업무 범위

관계 법령	건설사업관리(감리) 업무 범위
「건축법」	① 설계도서 적합 시공 여부 확인 ② 관계 법령에 적합한 자재 사용 여부 확인 ③ 기타 감리에 관한 사항으로 건설교통부장관이 정하는 사항
「주택법」	① 시공계획공정표 및 설계도서 적정성 검토 ② 설계도서에 따라 적합시공검토·확인 ③ 구조물의 위치 규격 등에 관한 사항의 검토·확인 ④ 사용자재의적합성 검토·확인 ⑤ 품질관리시험 계획 실시지도 및 시험성과에 대한 검토·확인 등 11개항
「건설기술진흥법」	① 설계 내용의 현장구조 부합 및 실제 시공가능 여부 사전검토 ② 시공 계획, 공정표 검토 ③ 시공상세도면, 구조물 규격 및 사용 자재 적합성 검토·확인 ④ 설계 도면 및 시방서에 의한 적합 시공 확인 ⑤ 품질 관리 확인 및 지도, 품질 시험 및 성과에 대한 검토·확인 ⑥ 재해 예방 및 안전 관리 검토·확인 ⑦ 설계 변경 검토·확인 ⑧ 공사 진척 부분에 대한 조사 및 검사 ⑨ 하도급 타당성 검토 ⑩ 완공 도면의 검토 및 예비준공검사

제5장

5.1.2 과업 착수준비 및 업무수행계획서 작성

건설사업관리기술인은 업무 착수 전에 계약문서와 건설공사 사업관리방식 검토기준 및 업무수행지침(이하 '업무수행지침') 등에 따라 업무를 수행할 수 있도록 건설사업관리비 산출내역과 예정공정표, 인력투입계획을 포함한 과업착수신고서를 작성하여 발주자에게 제출하여야 한다. 건설사업관리업무 착수신고서는 공사착공계(신고서)의 첨부서류로 제출한다.

또한 건설사업관리업무를 효율적으로 수행하고 과업진행을 통합 관리하기 위하여 「건설기술진흥법」과 「업무수행지침」에 명기된 사항들을 포함하는 업무수행계획서를 작성하여 발주자에게 제출한다. 발주자의 보완요청이 있을 경우 업무수행계획서를 수정·보완하여 발주자의 승인을 얻는다.

(1) 관련 규정

• 「업무수행지침」 제13조(건설사업관리 과업착수준비 및 업무수행 계획서 작성·운영)

(2) 업무 절차

(3) 업무 내용

1) 착수신고서

건설사업관리 과업 착수 전 아래의 문서를 포함하는 착수신고서를 발주자에게 제출하여 공사착공계 제출 시 첨부될 수 있도록 한다. 대상 공사의 실 착공 지연 등으로 계약상 착수일까지 과업을 착수할 수 없는 경우 착수지연 사유 및 증빙서류를 첨부한 착수 지연신고서를 제출하고 발주자가 지정하는 일자에 실 착수하고 착수신고서를 제출한다.
① 건설사업관리기술인 선임계 및 경력확인서
② 건설사업관리비 산출내역서 및 산출근거

③ 인력투입계획서

④ 건설사업관리용역 예정공정표

⑤ 건설사업관리용역 배치계획서

⑥ 보안각서

⑦ 각종 회사 제증명 서류

⑧ 기타 발주자가 요청하는 문서(필요시)

> ■ 착수신고서 제출시 참고사항
> • 업무수행지침에는 과업에 착수하기 전 착수신고서 및 첨부서류를 제출토록만 명기되어 있으므로, 발주자와 일정 협의하여 가급적 조기 제출한다.
> • 사업수행능력평가에 의해 건설사업관리용역업자(계약상대자)로 선정된 경우 책임(분야별) 건설사업관리기술인 및 기술지원 건설사업관리기술인은 입찰참가 제안서에 명시된 자로 선임한다.
> • 선임된 건설사업관리기술인은 업무의 연속성, 효율성 등을 고려하여 특별한 사유가 없으면 인력투입계획서에 따른 완료일까지 근무토록 하여야 하며 교체가 필요한 경우에는 「건설기술진흥법 시행령」 제60조 제4항에 따라 교체인정 사유를 명시하여 발주자의 사전승인이 필요하다.

2) 과업수행계획서

건설사업관리 업무 착수에서 종료까지 전반에 걸쳐 과업범위, 과업목표 및 달성 전략, 조직 구성방안 및 역할분담, 단계별 주요 성과물 등 건설사업관리 과업을 수행하기 위한 계획을 제출하여 발주자의 승인을 받는다. 과업 기간 동안 계획서의 내용은 이행되어야 하며, 부득이 중대한 변화가 있을 때는 과업수행계획서를 개정하여 발주자의 승인을 받는다.

① 프로젝트 개요

② 단계별 과업수행 범위

③ 과업수행 목표 및 달성 전략

④ 건설사업관리조직 구성 및 업무분장

⑤ 건설사업관리기술인 투입계획(상주, 기술지원)

⑥ 주요 성과물 제출 계획

⑦ 단계별 예상 문제점 및 대책 등 위험요소 관리방안

⑧ 단계별 업무수행계획(공통사항, 분야별, 요소기술별, 관리부문별 세부계획)

⑨ 기타 해당 사업의 특성을 고려한 내용

5.1.3 건설사업관리 절차서 작성

건설사업관리기술인은 공사현황에 대한 보고와 정보공유, 이해 관계자의 민원과 설계변경, 건설사업자의 실정보고 등 제반 행정업무 및 검측업무 기록을 유지·관리하여 업무의 정확성, 신속성, 용이성 및 통일성을 제공할 수 있도록 건설사업관리 절차서를 작성하여 과업 착수 후 60일 이내에 발주자에게 제출한다. 또한 사업 시행 단계별로 건설공사 참여자들로부터 해당 업무의 절차서를 접수받아 검토한 후, 업무 착수 60일 이내에 발주자에게 제출한다.

(1) 관련 규정

- 「업무수행지침」 제14조(건설사업관리 절차서 작성·운영)

(2) 업무 절차

(3) 업무 내용

건설사업관리기술인은 다음의 내용을 포함하는 건설사업관리 절차서를 작성하여 발주자의 승인을 받고, 건설사업 참여자들의 주요 개별 업무절차서에 반영될 수 있도록 한다.

① 건설사업관리 업무절차서 구성형식
② 문서번호체계
③ 과업의 목적
④ 업무절차서 적용범위
⑤ 각 단계별·요소별 업무절차
⑥ 관련자료
⑦ 업무 매트릭스
⑧ 단계별 업무내용 및 업무(역할)분담

5.1.4 문서 관리 체계 수립

건설사업관리 업무를 수행하는 동안 생성되는 공사현황 관련 자료의 보고와 정보공유, 이해 관계자의 민원과 설계변경, 건설사업자의 실정보고 등 제반 문서를 관리하기 위하여 문서분류 기준을 설정한다. 건설사업관리기술인은 문서의 발송, 접수, 보관, 보존 및 폐기 등에 관한 관리체계를 효율적으로 구축하고, 발주자의 요구가 있을 때는 언제든지 문서를 열람할 수 있도록 한다.

(1) 관련 규정

- 「업무수행지침」 제15조(작업분류체계 및 사업번호체계 관리, 사업정보 축적·관리)

(2) 업무 절차

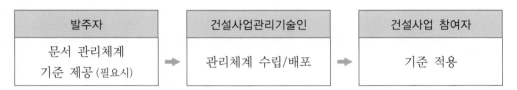

발주자		건설사업관리기술인		건설사업 참여자
문서 관리체계 기준 제공 (필요시)	⇒	관리체계 수립/배포	⇒	기준 적용

(3) 업무 내용

① 건설사업관리 업무를 수행하는 동안 다음의 서류를 작성하여 비치하고, 발주자의 요구가 있을 경우 상시 열람할 수 있도록 관리
- 근무상황부(출근부 및 외출부)
- 업무일지(책임/분야별 건설사업관리기술인)
- 민원처리부, 업무지시서
- 기술검토 의견서, 주요 공사기록 및 검사결과, 설계변경 관계서류
- 품질시험 확인 관계 서류(품질시험대장, 품질시험계획서 및 품질시험실적보고 등)
- 재해 발생 현황, 안전교육 실적표
- 착공계·임시사용 및 사용검사에 따른 제출서류 등 관계 서류
- 매몰부분 및 구조물 검측서류
- 주요자재 검사부(반입 물량 및 수량 확인을 포함)
- 주요구조물의 단계별 시공현황(주요구조물 공종현황 및 중점 관리대상 선정)
- 발생품(잉여자재) 정리부, 회의록, 사진첩

- 관련 규정에 따른 건설사업관리 보고서 및 의견서
- 표준시방서, KS 관련 규격, 공산품 품질검사기준 및 관계 법령 등 그 밖에 필요한 서류

② 분야별 담당자의 해당 문서 유지·관리
- 문서 관리자로부터 발송·접수된 문서 이관
- 이관받은 문서는 손실되는 일이 없도록 페이지를 기록하고 문서철을 이용하여 보관하며, 문서철 내부 앞장에는 보관문서의 색인목록 기록
- 문서철은 업무 성격에 따라 분류하고 문서철 번호를 부여하여 분실방지 등에 활용
- 분류된 문서철 표지에 문서철 명 등을 기록
- 분류된 문서철은 문서 보관상자에 넣어 보관하고 문서 보관상자에는 보관된 문서철 명 등 기록

프로젝트	관리단계		대분류		중분류	소분류	공종	
⇩	⇩		⇩		⇩	⇩	⇩	
프로젝트명 (PJT No.)	DE		GN		A	01	A	
⇩	⇩		⇩		⇩	⇩	⇩	
OO 건립공사	PD	설계전단계	GN	사업관리일반	2. 문서코드 참조	2. 문서코드 참조	A	건축
(CM21XX)	DE	설계단계	CT	계약관리	(ex. A:일반사항)	(ex. 01:문서접수대장)	C	토목
	PR	구매조달단계	CS	사업비관리			L	조경
	CO	시공단계	DE	설계관리			M	기계
	PC	시공후단계	TM	공정관리			E	전기
			CO	시공관리			T	통신
			MA	자재관리			F	소방
			QL	품질관리			S	구조
			SF	안전관리			SF	안전
			EN	환경관리				
			RK	리스크관리				
			CP	준공관리				
			MT	유지관리				

[그림 5-1] 문서관리체계(예)

③ 문서 보관함(캐비닛 포함) 및 문서 보관상자의 유지·관리
- ❶ 문서 보관함 외측에는 보관함 번호, 내부 각단에는 보관함 번호 등 부착
- ❷ 문서 보관 상자는 해당 문서 보관함 및 해당 내부 각단의 위치에 보관
- ❸ 문서 보관함에는 보관된 서류 명세서를 기록하여 내측 또는 잘 보이는 곳에 부착하고 유사시 열람 또는 인계·인수 시 활용
- ❹ 문서 보관함에는 관리책임자를 지정하여 공사관계자 이외의 열람 및 유출 방지

문서보관상자 및 파일 네임태그

❷ 품질관리   CO-QL-A01   품질관리(시험)계획서

파일 네임태그(날개)

파일 네임태그(앞면)

❶ 시공단계		QL_품질관리	
GROUP DEDE		A.품질계획	
PROJECT TITLE		○○건립공사 건설사업관리용역	
PROJECT NO.	CM0000	CREATION DATE	2021/00
CLIENT		OO시청	
NO.	FILE NO.	FILE NAME	
01	QL-A01	품질관리(시험)계획서	● ■
02	QL-A02	중점품질관리계획서	
03	QL-A03	균열관리계획서	●
04	QL-A04	콘크리트 관리계획서 (한중/서중)	
CHIEF MANAGER	정 부	책임건설사업관리기술인 건축건설사업관리기술인	

문서보관상자 네임태그

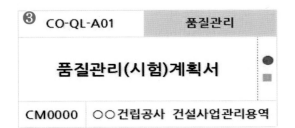

파일 네임태그(옆면)

④ 문서의 보존 또는 폐기 처분
- 건설사업관리 업무 종료 이전에 문서의 보존연한이 지난 문서는 책임건설사업관리기술인 확인 후 폐기 처분하고 보존문서는 발주자 또는 본사로 이관
- 보존문서를 이관받은 발주자 또는 본사 담당자는 보존연한까지 보존 후 폐기 처분

⑤ 설계도서의 유지·관리
- 발주자로부터 인수받은 공사 설계도서 및 자료, 공사계약 문서 등은 접수 일부인을 날인하고 관리번호 부여
- 설계도서 및 공사계약문서는 관리대장에 기록하여 공사관계자 이외의 유출 방지
- 도면이 개정되면 구도면은 자체 보관하고 최신본을 배포
- 설계도서는 가능하면 도면 보관함에 보관하며 캐비닛 등에 보관된 설계도서 및 관리자료는 명세서를 기록하여 내측에 부착
- 공사 완료 후, 설계도서는 사업주체에게 반납하거나 지시에 따라 폐기 처분
- 설계변경 사항은 변경 승인근거와 변경내용을 해당 설계도서에 적색으로 표시하여 관리

5.1.5 총사업비 조정 및 생애주기비용 관리

공사 착수 시부터 준공에 이르기까지 각 단계별로 사업비에 대한 정확한 예측과 관리(예산 검증과 예산 통제)를 통하여 최고의 품질을 확보하면서 정해진 예산 범위 내에서 사업을 완료할 수 있어야 한다. 특히 설계도서 및 계약문서 등을 철저히 검토·분석하여 비용 낭비 요소를 제거하고 공기 단축방안을 강구하며, 생애주기비용(Life Cycle Cost)을 고려하여 사업단계별로 사업비를 적극적으로 관리한다. 건설사업관리기술인은 사업비 관리계획, 주요 사업비 관리 항목 선정, 사업비 관리 세부방안 마련 등의 업무를 수행하고, 필요시 총사업비 조정 업무를 지원한다.

(1) 관련 규정
- 「업무수행지침」 제17조(사업단계별 총사업비 및 생애주기비용 관리)
  제25조(총사업비 집행계획 수립지원)
- 「총사업비 관리지침」(국토교통부)

(2) 업무 절차

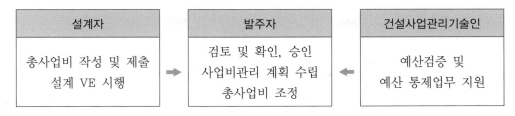

설계자		발주자		건설사업관리기술인
총사업비 작성 및 제출 설계 VE 시행	➡	검토 및 확인, 승인 사업비관리 계획 수립 총사업비 조정	⬅	예산검증 및 예산 통제업무 지원

(3) 업무 내용

1) 예산검증

① 예산확정 여부 및 계약방식(장기계속공사, 계속비 공사 등)에 따라 연도별 예산 및 연부액 등을 고려하여 사업비 집행계획 수립

② 연도별 범위 내에서 공사도급계약 및 납품 계약 집행 여부, 산출 내역서 및 예정 공정율 적정성 검토

③ 관급자재의 경우 납품단가 변동에 따른 적정성 검토 및 조정이 필요한 경우 납품 단가 조정

2) 예산 통제업무 지원

① 예산대비 선금, 차수별 기성금액, 관급자재의 대금 지급 등 그 밖의 지출비용 집행현황 모니터링 및 분석

② 설계변경 및 물가변동에 의한 계약금액 조정 시 예산 변동사항 모니터링 및 발주자의 예산통제 업무 지원

③ 기능향상 또는 공사비 절감 등을 위한 VE(Value Engineering) 수행 시 준비 – 분석 – 이행 업무 지원

3) 사업비 관리계획서 수립 시 포함사항

① 사업비 관리절차 보고체계 확립 및 운용

② 사업비 운용계획

③ 사업비 절감 방안 수립 및 집행관리 계획

④ 경제성 확보 및 투명한 집행관리 계획

4) 생애주기비용 검토 시 포함 사항

① 각 구조물, 사용 자재 등에 대한 초기 투자비 검토

② 총괄적인 생애주기비용의 예측을 통한 설계 대안 및 공법, 장비변경 등에 대한 검토

Q 고수 POINT   총사업비 관리제도

1. 목적 : 국고 또는 기금으로 시행하는 대규모 재정사업의 총사업비를 사업추진 단계별로 합리적으로 조정·관리함으로써, 재정지출의 효율성 제고

2. 관리대상
   - 사업기간 : 2년 이상 소요
   - 대상사업
     - 총사업비 500억 원 및 국가재정지원 300억 원 이상 토목·정보화사업
     - 총사업비 200억 원 이상 건축, 연구기반구축 R&D 사업
     - 시행과정에서 500억 원 이상으로 증가되는 사업이 포함되며, 총사업비에는 지자체· 공공기간·민간 부담분 모두 포함

3. 용어설명
   - 총사업비 : 건설공사에 소요되는 모든 경비로서 총공사비, 보상비, 시설부대경비 등
   - 총공사비 : 관급자재비, 부가가치세를 포함한 총사업비 중 보상비, 시설부대경비를 제외한 일체의 공사비
   - 추정가격 : 예산에 계상된 금액이나 설계서 등에 따라 산출된 금액 등을 기준으로 부가가치세와 관급자재로 공급될 부분을 제외하고 산정된 가격
   - 추정금액 : 공사에 있어서 추정가격에 「부가가치세법」에 따른 부가가치세와 관급자재로 공급될 부분의 가격을 합한 금액
   - 예정가격 : 계약담당자가 계약을 체결함에 있어 낙찰자, 계약상대자 또는 계약금액을 결정하는 기준 등으로 삼기 위하여 입찰이나 계약 체결 전에 미리 작성·비치해 두는 가격

5.1.6 착수 회의

건설공사의 착수는 공사계약에 근거한 건설사업자의 공사 시작을 의미한다. 공사착수에 앞서 건설사업관리기술인은 원활한 공사추진을 위해 건설사업자 및 설계자와 공사착수 회의를 개최하며, 건설공사추진계획통보 및 참여자 간의 의무, 책임, 요구사항의 확인 등이 주요 의제가 된다. 건설사업관리기술인은 건설사업자와의 행정체계에 대한 현장규칙 및 서식 등에 대해 문서화된 회의자료를 준비하고 이의 시행에 필요한 업무지침을 통보한다. 공사 기간 동안 건설사업자와 건설사업관리기술인 그리고 발주자의 업무에 대하여 사전 조율하고, 사업 전반에 대하여 논의하는 회의라고 할 수 있다.

(1) 관련 규정

- 「업무수행지침」 제12조(발주청의 지도감독 및 업무범위)

(2) 업무 절차

(3) 업무 내용

1) 개최시기

현장여건을 고려하여 건설사업관리업무 착수 또는 공사착수 후 14일 이내 개최

2) 착수 회의 개최 통보

① 회의일시 : 회의 개최 전에 모든 회의 의제(Agenda)를 검토할 수 있는 충분한 시간 고려 공사관계자(사업 주체, 건설사업자, 설계자)와 협의 결정

② 참석범위
- 발주자
- 건설사업관리기술인 : 책임, 분야별 건설사업관리기술인, 필요시 기술지원 건설사업관리기술인
- 건설사업자 : 현장대리인, 분야별 담당자(건축, 토목, 안전 등), 필요시 본사 임원
- 설계자 : 필요시 참석 요청

③ 회의안건(의제)
- 건설사업관리 업무에 대한 전반적인 내용 및 계획
- 품질확보와 공기 준수 등을 위한 시공상 문제 및 예방 방안
- 각 구성원 간 업무한계와 책임 사항
- 설계상의 오류나 문제점
- 공사착수 후 나타난 문제점
- 기타 사항

④ 회의록 작성 및 배부
- 회의록에는 회의 참여자의 발언을 의제별로 정리하여 빠짐없이 기록
- 회의 내용을 임의로 수정하거나 삭제 금지
- 회의록 작성 방법
  - 의제 별로 고유번호(numbering) 부여
  - 발언 핵심내용 요약
  - 의제에 대한 조치사항, 담당자, 조치예정일자 등 명시

⑤ 작성된 회의록은 회의 참여자들에게 이의 여부를 확인 후 이의가 없을 경우 회의 참여자 전원의 서명을 받아 원본은 보관하고 건설사업자 등 회의 참여자에게 사본 배부

5.1.7 사진촬영 및 보관

공사진행 과정의 사진촬영 기록은 공사가 완성된 후 최종 목적물에 대한 신뢰감을 줄 수 있는 중요한 자료 중의 하나이다. 특히 매몰되는 부위(기초, 지하구조물, 콘크리트에 매몰되는 부분 등)의 기록은 차후 기술적 판단의 근거 자료 및 사후 유지관리에 필요한 중요 자료로서 검측서류에 첨부할 수 있다. 공사진행 과정의 사진은 이해 당사자가 공사 과정에 대한 확인을 요구할 경우에도 증빙자료로 활용될 수 있으므로 건설사업자나 건설사업관리기술인이 상호 교차 사진촬영(필요에 따라 비디오 촬영)하여 쌍방이 보관하는 것이 바람직하다. 따라서 건설사업관리기술인은 공사기간 동안 건설사업자와 협조하여 주요 공종별·단계별로 시공과정이나 내용을 사진 또는 비디오 촬영 등으로 기록·관리하여야 한다.

(1) 관련 규정

- 「건축법 시행규칙」 제18조의3(사진 동영상 촬영 및 보관)
- 「업무수행지침」 제133조(사진촬영 및 보관)

(2) 업무 절차

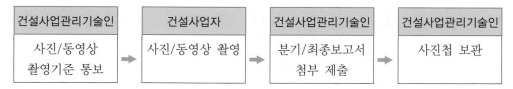

건설사업관리기술인	건설사업자	건설사업관리기술인	건설사업관리기술인
사진/동영상 촬영기준 통보	사진/동영상 촬영	분기/최종보고서 첨부 제출	사진첩 보관

(3) 업무 내용

1) 촬영 기준

① 공사 전경 사진은 시공과정을 알 수 있도록 가급적 동일 지점에서 공사 전, 공사 중, 공사 완료로 구분하여 촬영

② 모든 시공 사진은 공종별로 공사과정, 공법, 특이사항 등을 촬영

③ 시공 후 매몰되거나 사후검사가 곤란한 구조물은 공사내용을 기재하여 여러 각도, 원근별로 촬영

④ 검측 사진, 품질관리 사진 등 중요한 사진에 대해서는 보도판에 공사명, 공종, 위치, 내용, 일자 등을 기록하여 촬영

2) 공사과정 사진촬영 요령

건설사업관리기술인은 건설사업자의 협조를 받아 착공 전부터 준공 때까지의 전 공사과정, 공법, 특이사항 등에 관한 사진(촬영 일자가 표시된 사진)을 촬영하고, 공사내용 설명서(시공일자, 위치, 공종, 작업내용 등)를 기재하여 기술적 판단자료 등으로 활용한다.

① 시공 후 육안검사가 불가능하거나 곤란한 부위 촬영

- 암반선 확인이 가능하도록 촬영
- 기초 및 내력 구조부 공사에 대하여 철근 지름 및 간격, 벽두께, 강구조물 (steel box 내부, steel girder 등) 경간별 주요 부위, 부재두께 및 용접 전경 등을 알 수 있도록 근접 촬영
- 공장제품(창문 및 창문틀, PC 자재 등) 및 철골은 검사 과정 및 기록을 알 수 있도록 촬영
- 지중매설(급·배수관, 전선 등) 광경 촬영

- 매몰되는 옥내·외 배관(설비 등)은 근접 촬영
- 지하 매설된 부분의 배근 상태 및 콘크리트 두께 현황을 알 수 있도록 근접 촬영
- 기초 및 내력 구조부 철근 배근 이후 거푸집 시공 및 콘크리트 타설 광경 촬영
- 바닥 및 배관의 행거 볼트, 공조기 등의 행거 볼트 시공광경 촬영
- 단열, 결로 방지재, 바닥충격음 완충재 등 상세한 시공과정을 알 수 있도록 근접 촬영
- 본 구조물 시공 이후 철거되는 가설시설물의 철거광경 촬영
- 그 밖에 매몰되는 구조물은 근접 촬영

② 건설사업자로 하여금 공사 진행 중에도 정기적(1주, 격주, 1개월, 분기 등)으로 인근 주변의 건축물, 도로, 지하수위 등의 이상이 없는지 계속적으로 관찰 및 기록하도록 지시

③ 시공과정의 확인 및 기술적 판단을 위하여 특별히 중요하다고 판단되는 공종 및 시설물에 대하여는 그 공사과정을 비디오카메라 등으로 촬영

④ 촬영한 사진 및 영상 등은 디지털(Digital) 파일 등으로 보관·관리하여 수시로 검토·확인할 수 있도록 하여야 하며, 발주자가 요구하는 경우 그 사본 제출

3) 기록의 보관 및 처리

추후 추가 사진을 출력(인화)할 수 있도록 Digital 파일에 월별로 구분하여 저장·보관하고, 건설사업자가 촬영한 사진도 Digital 파일에 저장하여 월별로 구분하여 보관·관리될 수 있도록 검토 및 확인

① A4용지의 정해진 틀에 촬영 일자, 촬영내용을 기록하고 공종별(건축, 기계설비, 토목)로 사진첩을 분류하여 작업 순서대로 정리

② 우수 시공된 공종과 불량 시공된 공종을 작업 순서대로 편집·정리하여 사후에 교육자료로 쓰일 수 있도록 보관

③ 분기 보고서 및 최종보고서에 공사진척 사진, 매몰 부분이나 주요 공종의 시공 장면, 품질시험과정 등의 사진을 첨부하여 보고

④ 공사가 완료되면 건설사업자로 하여금 준공서류의 일부로 사진첩을 작성, 제출 토록 하여 발주자에게 제출

Q 고수 POINT **민원 대비 착공 전 현장인근 사진 촬영**

1. 현장 주변에 건축물이 있는 경우
  • 인근 건축물 외벽 균열 발생유무
  • 인근 건축물 지하실 균열, 누수 유무 확인
  • 건축물의 수직도 확인 촬영
2. 현장주변의 도로 상태(침하, 균열 등) 촬영
3. 현장주변의 지하매설물 상태 촬영
4. 현장주변의 축대(석축, 콘크리트 옹벽 등) 상태 촬영
5. 현장주변의 심정(우물)의 수위 및 지하수위 기록 또는 촬영

5.1.8 건설사업관리업무 실태점검 및 품질점검

허가권자 또는 발주청은 부실방지, 품질 및 안전 확보를 위하여 건설사업관리기술인을 대상으로 각종 시험 및 자재 확인 업무에 대한 이행 실태 등을 점검할 수 있으므로, 이에 대비하여 평상시 철저한 현장관리는 물론 관련 서류 등을 규정에 맞게 작성·보관하여야 한다.

(1) 관련 규정
  • 「주택법」 제48조(감리자에 대한 실태점검 등)
  • 「업무수행지침」 제12조(발주청의 지도감독 및 업무범위)

(2) 업무 절차

허가권자(발주자)	허가권자(발주자)	건설사업관리기술인	허가권자(발주자)
실태점검 실시	결과 통보	조치 및 이행결과 보고	국토부장관 보고

(3) 업무 내용

① 허가권자의 실태점검 항목

항 목	주요 검토사항
건설사업관리기술인 구성 및 운영	• 건설사업관리기술인의 적정자격보유 여부 및 상주이행 상태 • 건설사업관리 결과 기록유지 상태 및 근무상황부 • 건설사업관리 서류의 비치
시공관리	• 계획성 있는 업무 수행여부 • 예방차원의 품질관리 노력 • 시공상태 확인 및 지도업무
기술검토 및 자재 품질관리	• 자재품질 확인 및 지도업무 • 설계개선 사항 등 지도실적 • 중점품질관리대상의 선정 및 그 이행의 적정성
현장관리	• 재해예방 및 안전관리 • 공정관리 • 건설폐자재 재활용 및 처리계획 이행여부 확인 • 보고서 내용의 사실 및 현장과의 일치 여부
기타	• 그 밖에 허가권자가 점검·평가에 필요하다고 인정하는 사항

② 실태점검 결과의 처리

실태점검 결과, 건설사업관리 업무의 소홀이 확인된 경우 허가권자는 시정명령을 하거나, 건설사업관리기술인을 교체할 수 있으므로 점검결과는 즉시 시정하고 보고하는 등 적극 대처가 필요하다.

5.2 ● 설계전 단계

5.2.1 건설기술용역업체 선정 지원

건설기술용역은 다른 사람의 위탁을 받아 건설기술에 관한 업무(건설공사의 시공, 시설물의 보수·철거업무 제외)를 수행하는 것으로 건설기술에는 다음 사항들이 포함된다.

• 건설공사에 관한 계획, 조사(지반조사 포함), 설계(「건축사법」 제2조 제3호에 따른 설계 제외), 시공, 감리, 시험, 평가, 측량(해양조사 포함), 자문, 지도, 품질관리, 안전점검 및 안전성 검토
• 시설물의 운영, 검사, 안전점검, 정밀안전진단, 유지, 관리, 보수, 보강 및 철거

- 건설공사에 필요한 물자의 구매와 조달
- 건설장비의 시운전
- 건설사업관리
- 건설기술에 관한 타당성의 검토
- 정보통신체계를 이용한 건설기술에 관한 정보의 처리
- 건설공사의 견적

건설사업관리기술인은 설계 전에 발주자의 필요에 의해 건설기술용역을 발주하는 경우 건설사업 조건에 따른 입찰·계약 절차 수립, 계약조건 및 과업지시서 작성, 입찰에 관한 참가자격 사전심사[자격요건, 제출서류의 확인, 입찰참가자격 사전심사(PQ) 평가 등], 입찰 관련 현장설명 및 질의에 관한 답변 등의 업무를 지원한다.

(1) 관련 규정

- 「국가계약법」 제7조(계약의 방법)
- 「국가계약법 시행령」 제21조(제한경쟁입찰에 의할 계약과 제한사항 등)
  제23조(지명경쟁입찰에 의한 계약)
- 「국가계약법 시행규칙」 제24조(제한경쟁입찰의 대상)
  제25조(제한경쟁입찰의 제한기준)
  제26조(제한경쟁입찰 참가자격통지)
  제29조(지명경쟁계약의 보고서류 등)
  제36조(수의계약 적용사유에 대한 근거서류)
- 「업무수행지침」 제20조(건설기술용역업체 선정)

(2) 업무 절차

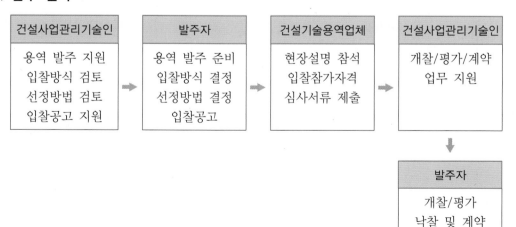

501

(3) 업무 내용

① 용역발주 준비
- 대상사업의 사업계획(사업명, 사업내용, 사업위치, 사업규모, 사업예산, 공사 발주방식, 사업추진계획 등)을 작성하여 전체 사업추진 개요를 확정하는 업무 지원
- 주요 업무에 대한 세부사항을 제공하여 건설기술용역업체가 원활한 업무수행을 할 수 있도록 과업내용서 작성
- 설계행위의 일부 또는 전부가 건설기술용역업체에 의하여 시행될 경우 설계경험, 설계품질, 설계기술, 인력 구조 등을 종합적으로 고려한 설계능력 평가기준 수립

② 입찰방식 결정
건설사업관리기술인은 발주자가 다음과 같은 입찰방식 중 당해 설계용역에 적합한 입찰방식 결정시 지원
- 일반경쟁입찰
- 제한경쟁입찰
- 지명경쟁입찰
- 수의계약
- 특정조달계약(국제입찰에 의한 정부조달계약)

③ 건설기술용역업체 선정방법 결정
- 건설기술용역업체 선정을 위한 평가기준 제시 및 입찰계약절차를 수립하고, 발주자가 사업계획(안)을 수립하기 위하여 기본구상, 타당성 조사 및 기본계획 등을 수행할 각종 용역업체를 선정하기 위한 선정 기준을 마련하며, 입찰계약 절차 수립(프로젝트 조건에 따라), 계약조건, 과업지시서 작성 등을 지원
- 발주자의 건설기술용역업체 선정방법 결정 지원
  - 적격심사
  - 협상 방식
  - 종합심사낙찰제
  - 기술·가격 분리 입찰
  - 건축 설계 공모 운영지침에 따른 선정

④ 입찰공고
  • 입찰에 관한 참가자격 사전심사(자격요건, 제출서류의 확인, 평가 등)와 현장설명, 입찰 관련 현장설명 및 질의에 관한 답변 등의 업무 지원
  • 지명경쟁 입찰과 수의계약을 제외하고 일반 및 제한경쟁입찰에 의하는 경우 입찰에 관한 사항을 공고 또는 통지하는 업무 지원
    – 입찰에 부치는 사항, 입찰 또는 개찰의 장소 및 일시
    – 입찰참가자의 자격에 관한 사항, 입찰보증금의 납부 및 세입조치에 관한 사항
    – 낙찰자 결정방법(서류의 제출일 및 낙찰자 통보예정일 포함)
    – 기타 입찰에 필요한 사항 등

⑤ 현장설명
  발주자가 현장설명을 실시할 때, 다음 사항에 대하여 업무 지원
  • 입찰에 관한 서류 비치 및 교부
  • 사업수행 참여 신청서 작성 안내 및 설명

⑥ 입찰참가자격 및 자격심사
  발주자가 입찰 전에 미리 용역수행능력 등을 심사하여 일정 수준 이상의 능력을 갖춘 자에게만 입찰참가자격을 부여하며 다음 업무 지원
  • 경쟁입찰의 참가자격
  • 입찰참가자격 사전심사
  • 입찰참가자격 요건의 증명
  • 입찰참가자격의 등록
  • 입찰참가자격에 관한 서류 확인
  • 입찰참가자격의 부당한 제한금지

⑦ 입찰참가 통지 및 신청
  • 발주자가 입찰공고 내용을 입찰참가자에게 통지하여 입찰참가 신청을 접수하는 업무 지원

⑧ 개찰
  • 발주자가 입찰공고에 표시한 장소와 일시에 입찰참가자가 참석한 자리에서 개찰하는 업무 지원

⑨ 평가
  • 발주자가 이전에 작성한 업체현황 평가기준, 기술제안서 평가기준, 가격 평가기준, 설계능력 평가기준을 평가하는 업무 지원

⑩ 재입찰공고 및 재입찰
- 발주자가 관련 법규 등에 의하여 재입찰 공고 및 재입찰을 할 때에는 해당 업무 지원

⑪ 낙찰
- 발주자가 평가결과를 바탕으로 미리 정한 낙찰자 결정방식에 의해 낙찰자를 결정하는 업무 지원

⑫ 계약서 작성 및 계약 성립
- 발주자가 계약을 체결하고자 할 때에 계약의 목적·이행기간·계약보증금·위험부담·지체상금 기타 필요한 사항을 명백히 기재한 계약서를 작성하는 업무 지원

⑬ 손해보험의 가입
- 건설기술용역업체가 가입한 보험 또는 공제의 가입금액, 가입기간, 피보험자 등이 본 업무요령에 부합하는지의 여부를 검토하여 그 적정성 여부를 발주자에게 보고

5.2.2 타당성 조사 및 기본계획 검토

타당서 조사는 건설공사에 대한 사업비의 기본구상을 토대로 경제적 타당성·투자우선순위 평가·재무적 타당성·기술적 타당성, 사회 및 환경적 타당성을 사전에 종합적으로 판단할 목적으로 실시한다. 타당성 조사는 목적물을 실현하기 위해서 여러 대안을 비교·검토하여 최적안을 선정하고, 사업 기본계획을 수립하며, 기본설계에 필요한 기술자료를 작성하기 위하여 시행한다.

타당성 조사 결과, 그 필요성이 인정되는 건설공사는 기본구상을 기초로 건설공사 기본계획을 수립한다. 건설사업관리기술인은 설계 전 단계에서 건설기술용역업체가 수행한 타당성 조사 및 기본계획 보고서의 적정성을 검토하여 발주자에게 보고한다.

(1) 관련 규정

- 「건설기술진흥법」 제47조(건설공사의 타당성 조사)
- 「건설기술진흥법 시행령」 제68조(기본구상)
  제69조(건설공사기본계획)
  제70조(공사수행방식의 결정)
  제81조(건설공사의 타당성 조사)
- 「업무수행지침」 제21조(사업 타당성 조사 보고서의 적정성 검토)

(2) 업무 절차

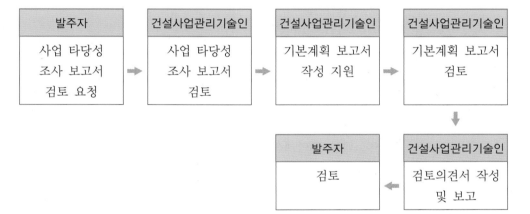

(3) 업무 내용

① 목표설정

건설사업관리기술인은 발주자의 다음 사항을 고려하여 설정된 목표 검토
- 발주자의 사업동기, 경영능력, 그리고 재정적 상황 등 파악
- 타당성 조사의 기본 요구사항과 목적·방법 등에 관한 발주자의 승인 결과를 활용하여 검토업무 수행

② 입지분석 검토
- 입지분석 검토를 하기 위하여 해당 사업지에 방문하고, 주변 여건 파악
- 거시적 개발환경, 주변 개발여건, 대지분석을 통하여 해당 건설사업의 입지분석 사항 검토
- 사업현장과 주변 지역을 방문하여 현황파악 내용을 검토하거나, 발간된 보고서 및 조사자료를 참고하여 입지분석 결과 검토

③ 시장성 분석 검토
- 시장상황 및 변동추이, 시장수요 및 경제효과에 대한 조사를 실시하여 시장성 분석결과 검토
- 사업에 대하여 정확한 시장성 분석 검토를 하기 위하여 각종 출판자료를 조사·분석하고, 자체인력 또는 외부전문기관을 활용하여 면담 및 설문조사한 결과 검토

④ 경제외적 분석 검토
- 사업 수지 분석 이전에 경제외적 부분인 기술적, 재무적, 법규적, 사회·환경적 측면에 대해 조사·분석 결과 검토

⑤ 경제성 분석 및 예산 수립 검토
다음 사항 등을 이용하여 프로젝트의 경제성 분석 및 자금계획을 포함한 예산 수립결과 검토
- 프로젝트 투자비용 예측
- 프로젝트 수익산출금액 추정
- 수익과 투자비 대응 손익계산서 작성
- 현금흐름분석(순현재가치, 내부수익률 산출)
- 민감도 분석
- 발주자의 금융조달 및 예산계획 수립

⑥ 사업 타당성 조사 및 기본계획 적정성 검토
- 법규정, 기술, 환경, 사회, 재정, 용지, 교통 등 요소의 적정 반영 여부와 공사비 등 각종 지출비용(한도 포함)
- 시기적 차이 및 각종 여건변화 시 검토 시점에 맞춘 기술검토 의견 제안
- 건설사업의 목적에 부합하는 사업추진이 가능하도록 공사의 목표 및 기본방향, 공사내용 및 기간, 공사비, 재원조달계획, 유지관리 계획
- 육하원칙에 따라 일관되고 유기적으로 결합하여 타당성 조사 보고서 및 기본계획 보고서가 작성되었는지 확인

고수 POINT 타당성 조사

1. 대상 및 조사기관

- 대상 : 총공사비가 500억 원 이상으로 예상되는 건설공사
- 조사기관 : 행정안전부장관이 정하여 고시하는 '지방행정 또는 재정분야 전문기관'

2. 조사 내용

- 해당 건설공사로 건축되는 건축물 및 시설물 등의 설치단계에서 철거단계까지의 모든 과정을 대상으로 기술·환경·사회·재정·용지·교통 등 필요한 요소를 고려하여 조사·검토
- 건설공사의 공사비 추정액과 공사의 타당성이 유지될 수 있는 공사비의 증가 한도 제시

3. 예비타당성 조사와 타당성 조사 비교

구 분		예비타당성 조사	타당성 조사
목적		• 타당성 조사 이전 예산반영 여부 및 투자우선순위 결정을 위한 조사	• 예비타당성 조사를 통과한 후 본격적인 사업착수를 위한 조사
조사 내용	경제성	• 본격적인 타당성 조사의 필요성 여부를 판단하기 위하여 개략적인 수준에서 조사	• 실제 사업착수를 위하여 보다 정밀하고 세부적인 수준으로 조사
	정책적 분석	• 경제성 분석 이외 경제적 정책적 판단 등을 고려하여 분석	
	기술적 타당성	• 검토대상은 아니나 필요시 전문가 자문 등으로 대체	• 토질조사, 공법분석 등 다각적인 기술 검토
조사주체		• 기획재정부 → 관계부처 협의	• 사업주관 부서

고수 POINT 기본계획

1. 기본계획 수립 대상

- 타당성 조사 결과, 그 필요성이 인정되는 건설공사에 대하여는 기본구상을 기초로 하여 건설공사 기본계획 수립

2. 기본계획 내용

- 공사의 목표 및 기본방향
- 공사내용·공사기간·시행자 및 공사수행계획
- 공사비 및 재원조달계획(자금운영 계획 및 자금조달방안, 타 건설사례 비교·분석 등)

- 개별공사별 투자 우선순위(도로·하천·지역개발사업 등 동일 또는 유사한 공종의 공사를 묶어 하나의 사업으로 기획 및 예산편성을 하는 경우)
- 연차별 공사 시행계획
- 시설물 유지관리(운영) 계획
- 환경보전계획
- 기대효과 및 기타 발주기관이 필요하다고 인정하는 사항
  - 기본계획은 도시관리계획 등 다른 법령에 의한 계획과의 연계성 고려

3. 기본계획의 변경
- 1년 이상의 공사 기간 연장
- 10% 이상의 공사비 증가
- 공사의 목표 및 기본방향, 공사의 내용·기간, 시행자 및 공사수행계획 중 국토교통부장관이 정하여 고시하는 중요 사항의 변경

5.2.3 발주방식 결정 지원

발주자가 기본계획을 수립·고시한 후 당해 건설공사의 규모와 성격을 고려하여 공사수행방식을 결정한다. 건설사업관리기술인은 해당 건설사업의 규모와 성격 등을 고려하여 최적의 발주방식이 결정될 수 있도록 다양한 발주방식을 비교·분석하고 적정성 검토 등을 통하여 발주방식 결정 업무를 지원한다.

(1) 관련 규정

- 「건설기술진흥법」 제46조(건설공사의 시행과정)
- 「건설기술진흥법 시행령」 제70조(공사수행방식의 결정)
- 「업무수행지침」 제23조(발주방식 결정 지원)
- 「대형공사 등의 입찰방법 심의기준」(국토교통부)

(2) 업무 절차

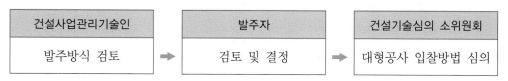

건설사업관리기술인	발주자	건설기술심의 소위원회
발주방식 검토	검토 및 결정	대형공사 입찰방법 심의

(3) 업무 내용

① 주요 검토사항
- 예산 : 공사비, 관급자재비, 분리발주 공사비 등
- 공사내용 : 당해 목적물, 폐기물 처리, 수탁공사 여부 등
- 시공에 필요한 면허·등록요건
- 수요기관 요구사항 : 입찰참가자격 제한, 법령과 다른 계약방법, 지역의무공동
  도급비율, 긴급공사, 경쟁성 제한 등
- 고난이도의 기술을 요하는 공사
- 보편적 공법·기술의 사용 공사

② 주요 검토사항에 대해서 건설사업의 공사수행 방식들에 대한 비교안을 작성하여
발주하고자 하는 건설사업에 부합된 최적안 제시

③ 발주방식 적정성 검토 시 해당 공사의 공법, 용도, 규모, 시공에 필요한 등록요건,
건설사업 특수성, 관계규정 검토, 예산과 공사내용, 참가자격, 경쟁성, 난이도,
지역 특수성 검토, 발주심의 절차 및 요건에 대한 사전대응 지원의 업무를 수행
하여 최적의 발주방식을 선택할 수 있도록 지원

고수 POINT 공사수행방식(입찰방식) 유형

1. 일괄입찰

   공사 일괄입찰 기본계획 및 지침에 따라 입찰 시에 그 공사의 설계서와 그 밖에 시공에
   필요한 도면 및 서류를 작성하여 입찰서와 함께 제출하는 설계·시공일괄입찰

2. 대안입찰

   원안 입찰과 함께 따로 입찰자의 의사에 따라 "대안"이 허용된 공사의 입찰

3. 기본설계 기술제안입찰

   발주기관이 작성하여 교부한 기본설계서와 입찰안내서에 따라 입찰자가 기술제안서를
   작성하여 입찰서와 함께 제출하는 입찰

4. 실시설계 기술제안입찰

   발주기관이 작성하여 교부한 실시설계서 및 입찰안내서에 따라 입찰자가 기술제안서를
   작성하여 입찰서와 함께 제출하는 입찰

5. 기타공사

   일괄입찰, 대안입찰, 기본설계 기술제안입찰, 실시설계 기술제안입찰 등에 해당되지 않는
   공사

🔍 고수 POINT	**공사수행방식(입찰방식)별 특징**			
구 분	일괄입찰	기본설계 기술제안입찰	대안입찰	실시설계 기술제안입찰
개요	입찰자가 설계도서 제출	기본설계 → 입찰자가 제안서 제출	입찰자가 원안과 동등 이상의 대안설계서 제출	실시설계 → 입찰자기 제안서 제출
제출범위	설계도서, 입찰서	기술제안서, 입찰서	설계도서(원안, 대안), 입찰서	기술제안서, 입찰서
심의	2회(기본·실시설계)		1회(실시설계)	
설계비 보상	보상	미보상	보상	미보상

5.2.4 관리기준 공정계획 수립

주어진 공사 기간 내에 사업을 완료할 수 있도록 주요 일정을 포함한 사업기본공정 표를 작성하여 발주자의 승인을 받는다. 승인받은 사업 기본공정표를 근거로, 설계· 구매·시공·시운전 등 건설사업에 참여하는 모든 관계자들이 건설사업을 효율적으로 수행할 수 있도록 발주 일정 및 계약자 간 공정을 조정·통합하여 일정 관리의 기준이 되는 관리기준 공정계획을 수립하여 발주자의 승인을 받아 관리한다.

(1) 관련 규정

- 「업무수행지침」 제24조(관리기준 공정계획 수립)

(2) 업무 절차

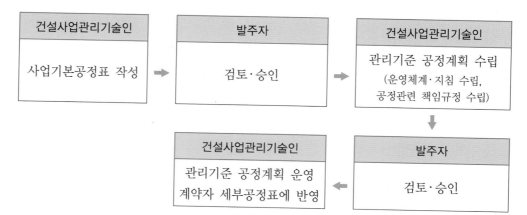

(3) 업무 내용

1) 업무범위 및 업무흐름 설정

당해 공사의 유형, 규모와 복잡성, 주어진 사업 기간과 공사비, 품질에 대한 요구조건 등 사업의 특성을 고려하여 발주자와 협의하여 관련된 업무 범위 설정

2) 일정관리 운영체계 수립

건설사업의 일정관리 체계와 작성주체는 다음과 같다.

분 류	명 칭	내 용	작성자
레벨 I	사업 기본공정표	사업수행 전(全) 기간에 걸쳐 주요 일정을 관리하는 수준	건설사업 관리기술인
레벨 II	관리기준 공정표	단위공종(사업)별 일정 및 진도율을 통합 관리하는 수준	
레벨 III	계약자 예정공정표	단위공종(사업)을 수행하는 계약자가 세부 일정을 관리하는 수준	계약자

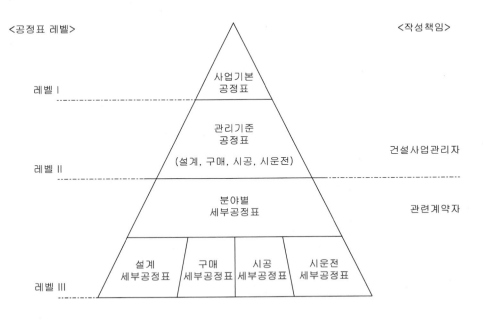

[그림 5-2] 공정표 위계

① 일정관리 체계의 장·단점, 정보공유방법, 구축 및 유지비용과 연계된 공정기법 등의 조건을 검토하고 적합한 체계 선정

② 사업번호체계와 연계하여 공정 코드 번호체계 기준 수립

③ 일정관리 체계에서 생산된 일정 진도 관련 정보를 건설사업 참여자들이 모두 공유할 수 있도록 하고 사업비 관리, 자재관리 등 타 분야와도 상호 연계되도록 관리

3) 공정관리 운영지침 수립

① 관리기준공정표 개정

사업 기본공정표가 개정되거나 사업 기간의 조정 등 중대한 변경이 있을 때 관리기준공정표를 개정하며, 그 외에는 연 단위로 공정표를 개정하여 공정 현황을 최신의 상태로 유지

• 공정실적 제공방법 결정 : 관련 계약자들의 공정 실적 제공 방법과 주기 결정

• 공정표 개정 절차 : 관련 계약자가 승인받은 분야별 세부 공정표의 갱신 자료에 따라 관리기준 공정표 및 사업기준공정표를 갱신하여 발주자의 승인을 받아 확정

② 공정 현황 분석

공정 현황을 종합하여 분석하기 위해 다음에 대하여 기준 제시

• 관리 단위작업의 가중치 부여 기준 및 관리 단위작업의 달성도 설정 기준

• 공기 지연 기준

③ 공기 관련 문제 조치

공사기간과 관련하여 다음과 같은 문제가 발생하였거나 발생할 것으로 판단되면 발주자에게 보고하고, 계약자에게는 대책을 수립하여 시행하도록 신속히 조치

• 사업 전체에 영향을 미치는 단위작업의 공기 지연

• 클레임 관련 사항

• 공사기간 조정

④ 계약자 예정 공정표 개정

공기 만회 대책의 수립, 사업계획의 수정, 사업추진 일정 수정 등과 같이 공정표 개정이 필요한 경우, 다음 절차에 따라 공정표 개정

- 변경에 따른 공기 영향 분석
- 개정계획 작성
- 공정표 수정
- 발주자 승인

⑤ 공정표 개정주기

공정표 개정은 주기에 구애받지 않고 수시로 수행하나, 공정표 개정에 소요되는
자원 등을 고려하여 관리기준공정표는 연 1회 개정

4) 공정 관련 책임규정 수립

① 발주자의 업무
- 해당 건설사업의 공정관리 방침 결정
- 공정관리계획 수립 및 운영에 대한 승인
- 공정관리지침서 승인
- 사업 기본공정표의 승인
- 관리기준 공정표의 승인

② 건설사업관리기술인의 업무
- 공정관리시스템 운영체계 수립, 운영 및 보고
- 공정관리지침서 및 일정표 등의 작성 및 관리
- 해당 건설사업의 진도현황 종합 분석, 집계 및 보고
- 시공계약자의 공사 예정공정표 검토
- 정기/부정기적인 공정회의 및 공정관리업무 수행
- 분야별 기구조직 간의 공정상 간섭 관계 조정
- 해당 건설사업 단위계약 간의 공정상 간섭 관계 및 관련 업무 조정
- 분야별 세부공정표 승인

③ 계약상대자의 업무
- 사업 기본공정표 및 관리기준공정표에 의한 분야별 업무 수행
- 분야별 세부 공정표 작성을 위한 기본자료 작성 및 제공
- 분야별 공정관리계획서 작성 및 제출
- 해당 분야의 사업 추진일정 진도 현황 분석, 문제점 검토 및 보고
- 기타 계약문서 또는 사업수행 여건상 요구되는 공정관리업무 수행

5.3 ●─ 설계 단계

5.3.1 실시설계 시공성 검토

설계도면을 지나치게 이상적으로 작성하거나 미적 요소에 치우쳐 자칫 시공과정에서 과도한 공사기간이 소요되거나 시공 자체가 불가능한 경우도 종종 발생한다. 이러한 설계도서는 시공과정에서의 설계변경을 발생시키므로 건설사업관리기술인은 시공 지식과 현장경험을 활용하여 최적의 시공성을 확보하기 위하여 실시설계 도서를 검토한다. 검토한 내용은 설계자의 의도를 유지하는 범위 내에서 시공성이 확보될 수 있도록 설계자와 협의하면서 반영될 수 있도록 유도한다.

(1) 관련 규정

- 「업무수행지침」 제37조(실시설계용역 성과검토)

(2) 업무 절차

건설사업관리기술인	설계자	건설사업관리기술인	설계자
체크리스트 작성/시행 시점 결정	성과품 제출	시공성 검토 및 검토 결과 통보	설계자 의견 통보 및 반영

(3) 업무 내용

1) 설계 시공성 검토 여부

건설사업관리기술인은 실시설계 단계에서 수집된 자료와 설계도서를 사용하여 설계 내용에 대한 설계 시공성 검토 시행
① 설계대비 공사 기간의 부합성
② 시설규격 및 적용공법의 품질관리 용이성
③ 작업난이도
④ 신공법 적용 리스크

2) 설계 시공성 검토 실시 시기 및 횟수

건설사업관리기술인은 설계 시공성 검토 대상 사업에 대하여 실시설계 중 가장 적기 로 판단하는 시점에 1회 이상 시행

3) 설계 시공성 검토 절차 및 내용

① 시공성 검토 목표 설정 후 유사 프로젝트 실적자료를 수집하고 수집된 정보, 실적데이터를 바탕으로 검토항목을 정하여, 첨부 양식 및 설계 시공성 검토 체크리스트 양식 작성

- 현장조건 대비 적용공법의 공사기간 내 실행 가능 정도
- 적용공법 대비 소요 자재, 장비의 가용성
- 적용공법의 건설안전, 환경 영향 검토
- 사용 자재의 품질관리대비 시중공급 품질
- 적용공법대비 시공기술수준
- 시설구조의 단위규격화
- 평면배치계획 대비 작업방법의 난이도
- 가시설 배치대비 시공구조물의 간섭 관계
- 가시설을 위한 부지이용 가능성
- 자재 및 작업방법의 일반화
- 기시공 자료 대비 현장조건
- 현장조건의 적용 검토

② '설계시공성 검토 체크리스트'의 검토 결과를 바탕으로 별도의 선정기준에 따라 중점적으로 검토할 대상을 선정하고, 설계시공성 검토 시행

③ 시공성 검토의 결과를 정리하여 시공성 검토보고서를 작성하고, 보고서에는 다음의 사항을 포함

- 검토대상 설계문서 목록, 검토 기간, 검토자
- 검토항목 및 체크리스트
- 검토기준 또는 표준
- 시공성 검토 결과
- 공기, 비용, 품질에 대한 평가
- 검토 제약조건
- 검토에 따른 효과 및 문제점
- 기타 필요한 사항

④ 작성된 시공성 검토보고서는 설계자 및 발주자에게 통보

⑤ 건설사업관리기술인은 시공 도중과 프로젝트 종료 시점에 시공성 검토의 절차, 아이디어 창출, 시공성 검토 효과에 대한 평가 실시

5.3.2 실시설계 경제성 검토

대상 건설 프로젝트의 사업비 절감 가능성을 판단하기 위하여 실시설계에 대한 VE(Value Engineering) 활동을 수행하고 선택된 개선안 또는 변경안을 발주자가 심의·승인할 수 있도록 제안한다. 실시설계의 경제성 검토는 설계 VE 과정에서 준비단계, 분석단계, 실행단계별로 실시하며, 제안서 작성, 제안서 제출 및 보고 등의 절차로 진행된다.

(1) 관련 규정

- 「업무수행지침」 제36조(실시설계의 경제성(VE) 검토)

(2) 업무 절차

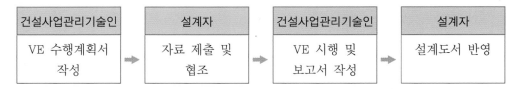

건설사업관리기술인		설계자		건설사업관리기술인		설계자
VE 수행계획서 작성	→	자료 제출 및 협조	→	VE 시행 및 보고서 작성	→	설계도서 반영

(3) 업무 내용

1) 설계 VE 적용대상

① 법적 기준
- 총공사비 100억 원 이상인 건설공사의 기본설계, 실시설계(일괄·대안입찰공사, 기술제안입찰공사, 민간투자사업 및 설계 공모사업 포함)
- 총공사비 100억 원 이상인 건설공사로서 실시설계 완료 후 3년 이상 지난 뒤 발주하는 건설공사(단, 발주자가 여건변동이 경미하다고 판단하는 공사는 제외)
- 총공사비 100억 원 이상인 건설공사로서 공사시행 중 총공사비 또는 공종별 공사비 증가가 10퍼센트 이상 조정하여 설계를 변경하는 사항(단, 단순 물량 증가나 물가변동으로 인한 설계변경은 제외)
- 그 밖에 발주자가 설계단계 또는 시공단계에서 설계 VE가 필요하다고 인정하는 건설공사
- 건설사업자가 도급받은 건설공사에 대하여 성능개선 및 기능향상 등을 위하여 설계 VE가 필요하다고 인정하는 건설공사

② 일반적 기준
- 원가절감 가능성이 높은 공사
- 신기술이 적용되는 과거에 시행되지 않은 신규공사
- 촉박한 설계 일정을 가진 공사
- 제한된 예산을 가진 공사
- 과거 경험상 개선이 필요하다고 판단되는 분야의 공사

2) 설계 VE 검토시기 및 횟수

설계 VE 실시 시기 및 횟수는 건설사업관리기술인이 적기로 판단하는 시점으로 규정하되 실시설계에 대하여 1회 이상 실시

3) 준비단계 (Pre-Study)

설계 VE를 효율적으로 수행하기 위하여 계약상대자와 협력체계를 구축하고, 공동 목표를 설정하며, VE 분석단계에 요구되는 충분한 정보 확보

① 실시설계 VE 수행계획서(목적, 시행방안, VE 추진 일정, 실무반원 업무 분장, 예산 관련 사항 등) 수립
② 실시설계 VE 실무반 구성(실무반 리더, 실무반원, 설계관리 등)
③ 설계자, 발주자, 프로젝트 관련 분야 대표 등이 참석하는 오리엔테이션 미팅을 개최하여 프로젝트 범위를 설정하고, 현장조사 및 관련 자료 수집
④ 이해 관계자, 사용자, 발주자의 요구사항 등을 고려하여 주요 VE 검토대상 선정

4) 분석단계 (VE-Study)

VE 활동의 핵심적인 단계로서, 정보 수집 및 사용자 요구측정을 통해 VE 대상을 선정하고 여러 기법을 활용하여 실질적인 VE 대안 제시

① VE 대상 분야에 대하여 기능정의(분류포함), 정리(기술 중심 Fast도, 고객 중심 Fast도), 평가의 세 단계로 기능분석
② 정보단계에서 수집된 정보와 기능분석을 통하여 선정된 개선 대상 기능들을 달성할 수 있는 아이디어(개인 브레인스토밍, 집단 브레인스토밍, 모든 아이디어 기록 및 분류)를 창출
③ 아이디어 창출 단계에서 제안된 수많은 아이디어들 중 개발 시행 가능한 항목 도출

④ 평가단계에서 성능평가 기준의 설정, 개략 평가(성능/비용), 모든 아이디어의
우선순위 선정을 통하여 선정된 대안들에 대한 구체화 조사 및 분석(대안의 설명
및 이미지, 대안의 장·단점 파악 등)을 통하여 제안서 작성

⑤ 분석단계의 최종과정으로 발주자와 원설계자에게 VE 활동결과 제안

5) 실행단계 (Post-Study)

양질의 제안들이 사장되지 않도록 체계적인 실행 전략 및 계획 수립

① VE 제안에 대한 개략적인 실행 보고서 작성과 평가 실시

② 이행 회의를 개최하여 제안사항을 검토한 후 수용 여부를 결정(제안의 채택,
기각, 재검토)

③ 최종 VE 보고서는 발주자에게 보고하고, 채택된 제안은 설계에 반영될 수 있도록
설계자에게 통보

5.3.3 인허가 및 관계기관 협의 지원

건설사업관리기술인은 설계검토 및 조치를 완료한 후 설계자가 해당 건설사업의 건축
심의, 건축허가, 사업계획승인 등 필요한 인·허가 업무를 관련 규정에 따라 처리하
도록 지도한다. 이를 위하여 건설사업관리기술인은 당해 건설사업의 인·허가 관련
법령을 검토하고, 설계자의 인·허가 및 인증 관련 업무가 적정하게 이루어질 수
있도록 지원한다.

(1) 관련 규정

• 「업무수행지침」 제40조(각종 인허가 및 관계기관 협의 지원)

(2) 업무 절차

설계자	건설사업관리기술인	발주자	설계자
인·허가 도서 작성	관련 법규 검토 및 도서 검토	인허가 도서 확인 및 제출	사업승인권자 등 관계기관 협의

(3) 업무 내용

1) 관련 법규 검토

사업기획 및 건설기술용역업체의 용역결과를 검토하여 당해 건설사업의 인·허가 관련 관계 법령의 해당 규정 검토

2) 인·허가 취득 지원

건설사업관리기술인은 공사의 착수 전에 설계자가 인·허가를 취득할 수 있도록 지원

3) 인·허가 및 예비인증 변경 신청

건설사업관리기술인은 인·허가 사항에 대하여 설계변경 등의 변경 사유가 발생되었을 경우 설계자의 인·허가 내용의 변경을 신청하도록 지원

5.3.4 설계관리 결과보고서 작성

설계단계 건설사업관리 업무가 완료되면, 14일 이내에 과업의 개요, 설계에 대한 기술자문 및 설계의 경제성 검토, 이전 단계의 용역성과 검토 등을 포함한 설계관리 결과보고서를 작성하여 발주자에게 제출한다.

(1) 관련 규정

• 「업무수행지침」 제43조(결과보고서 작성)

(2) 업무 절차

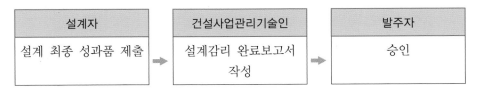

설계자	건설사업관리기술인	발주자
설계 최종 성과품 제출	설계감리 완료보고서 작성	승인

(3) 업무 내용

건설사업관리기술인은 설계단계에서 시행하였던 업무 내용을 최종보고서로 정리하여 발주자에게 제출

① 설계 경제성 등 검토보고서
② 건설사업관리 기록 서류
- 건설사업관리 일지
- 건설사업관리 지시부
- 분야별 상세 건설사업관리 기록부
- 건설사업관리 요청서
- 설계자와 협의 사항 기록부
③ 건설사업관리기술인의 설계 준공 검사 후 발주자가 아래 서류를 작성할 수 있도록 지원
- 설계용역 기성부분 검사 조서 또는 설계용역 준공검사 조서
- 설계용역 기성부분 내역서
- 납품조서
- 진행 경과 및 제출물 사진
- 전자매체 제목
- 그 밖의 참고자료

5.4 ● 구매조달 단계

5.4.1 입찰업무 지원

건설사업관리기술인은 발주자의 계약상대자 선정 준비 절차 및 계약방법 선정 계획에 따라 입찰공고, 입찰참가자격 사전심사(P.Q), 현장설명 등에 관한 업무를 지원한다. 일반적으로 계약방법은 「국가·지방계약법」에 따라 일반경쟁입찰이 원칙이나 계약의 목적, 성질 및 규모 등을 고려하여 지명경쟁, 제한경쟁 및 수의계약 등의 방법으로 입찰할 수 있으며, 계약방법의 차이는 계약당사 간의 의무와 권한을 제한하는 요소가 되어 입찰업무도 달라질 수 있다.

그 외에도 건설공사의 종류와 시행 주체의 성격에 따라 다양한 계약방식이 활용되고 있다. 공사비와 관련하여 계약금액 확정 여부를 기준으로 분류하는 확정계약, 개산계약, 반복성 여부로 분류하는 총액계약, 단가계약이 있으며, 공사 기간과 관련된 장기계속 계약, 계속비 계약, 단년도 계약 등이 있다.

(1) 관련 규정

• 「업무수행지침」 제44조(입찰업무 지원)

(2) 업무 절차

건설사업관리기술인	건설사업자	건설사업관리기술인	발주자
입찰공고 서류 준비	입찰참가	시공성 검토 및 검토결과 통보	현장설명 및 낙찰

(3) 업무 내용

1) 공사발주 준비

① 발주자가 계약준비 업무를 수행하기 위하여 물품, 공사 중 해당 프로젝트의 계약 사항 및 사업여건에 따라 계약준비 대상을 선정하도록 지원
② 선정된 계약대상의 계약준비에 필요한 관련 사항을 조사하여 과업계획서 작성
③ 계약입력사항을 바탕으로 계약방식을 분석하고, 계약방법 결정 지원

2) 입찰참가자격 사전심사

PQ 및 사업수행능력평가 심사 시 심사신청서를 접수할 경우, 입찰참가자격 사전심사 등록서를 작성하고 발주자의 PQ 세부심사기준에 따라 입찰참가자격을 미리 심사하여 경쟁입찰에 참가할 수 있는 적격자를 선정할 수 있도록 지원

3) 현장설명

발주자가 요구할 경우 입찰에 앞서 입찰자들을 대상으로 프로젝트의 요구조건, 공기, 현장여건, 기술사항 등 프로젝트 수행과 관련된 내용들의 설명을 위한 사전입찰회의 를 개최하며, 필요시 현장방문을 주관하고, 그 결과를 발주자에게 보고

① 현장설명 시기
- 추정가격 10억 원 미만인 경우 : 7일
- 추정가격 10억 원 이상 50억 원 미만인 경우 : 15일
- 추정가격 50억 원 이상인 경우 : 33일

② 현장설명서 준비
현장설명 시행 전에 아래 내용이 포함된 현장설명서 작성
- 적용하는 계약서에 관한 사항
- 계약도서와 현장부지에 대한 검토 및 조사에 대한 응찰자의 책임사항
- 계약도서 간 모순되거나 모호한 사항에 관한 문의 및 해결방법에 관한 사항
- 공법, 재료 등에 대한 대안을 제외하는 요건과 절차
- 입찰방식에 따른 요구사항과 조건
- 입찰서류의 준비에 관한 사항
- 입찰보증에 관한 사항
- 이행보증 요건
- 입찰서류 접수에 관한 사항
- 입찰서류 수정 및 철회에 관한 사항
- 응찰자 자격에 관한 사항
- 계약체결의 기본조건 및 입찰 거부 권리
- 계약도서의 준비, 검토, 서명 등 계약실행을 위한 요건 및 조건
- 개찰일시, 장소 및 방법
- 기타사항 : 하도급자 선정, 낙찰 전 예비접촉, 준수해야 할 관련 법규 등

③ 현장설명 실시

현장설명 시행 시 참석자들로 하여금 현장설명 참가 등록서를 작성토록 하고, 현장설명 참가자에게 사업내용, 입찰방법 등 필요한 사항을 자세히 설명하며, 다음의 입찰서류를 열람 또는 배포할 수 있도록 지원

- 입찰공고문 또는 입찰참가통지서
- 입찰유의서
- 입찰참가신청서, 입찰서 및 계약서 서식
- 계약일반조건 및 계약특수조건
- 설계서(설계도면·공사시방서 및 현장설명서)
- 물량내역서
- 입찰안내서
- 적격심사 세부심사기준, 심사에 필요한 증빙서류의 작성요령 및 제출방법, 기타 필요사항
- 기타 참고사항을 기재한 서류

④ 입찰자에 대한 공지사항 준비

발주자가 정해진 입찰기간 내에 적절한 방법으로 입찰자들의 질문에 응답하고 추가사항 등을 지원하기 위한 절차를 수립하도록 지원

⑤ 입찰서 추가사항 검토

추가사항을 검토하고 입찰서에서 행한 것처럼 동일한 방법으로 추가사항을 조정하도록 지원

5.4.2 계약업무 지원

발주자 필요시 건설사업관리기술인은 낙찰자와의 계약체결 업무를 지원한다. 계약 문서에는 입찰 참가자에게 고지되었던 내용은 물론 계약의 목적, 계약금액, 이행기간, 계약보증금, 위험부담, 지체상금 등 기타 필요한 사항을 포함한다. 또한 과업의 범위, 대가 지불 방법 등에 관한 계약특별조건도 명시한다.

(1) 관련 규정

- 「업무수행지침」 제45조(계약업무지원)

(2) 업무 절차

발주자		건설사업자		건설사업관리기술인		발주자
낙찰자 결정 및 통지	→	낙찰결과 접수	→	계약문서의 검토	→	계약체결

(3) 업무 내용

1) 계약문서의 검토

① 계약체결 전에 도급내역서 등 계약 관련 서류의 적정성 여부 검토 및 확인

② 일반적인 공사도급 계약서를 작성할 경우 포함 사항

- 공사내용
- 도급금액과 도급금액 중 노임에 해당하는 금액
- 공사착수의 시기와 공사완성의 시기
- 도급금액의 선급금이나 기성금의 지급에 관하여 약정을 한 경우에는 각각 그 지급의 시기 · 방법 및 금액
- 공사의 중지, 계약의 해제나 천재 · 지변의 경우 발생하는 손해의 부담에 관한 사항
- 설계변경 · 물가변동 등에 기인한 도급금액 또는 공사내용의 변경에 관한 사항
- 「건설산업기본법」 제34조 제2항의 규정에 의한 하도급대금지급보증서의 교부에 관한 사항
- 「건설산업기본법」 제35조 제1항의 규정에 의한 하도급 대금의 직접 지급 사유와 그 절차
- 「산업안전보건법」 제72조 규정에 의한 산업안전보건관리비의 지급에 관한 사항
- 「건설산업기본법」 제87조 제1항의 규정에 의하여 건설근로자퇴직공제에 가입하여야 하는 건설공사인 경우에는 건설근로자퇴직공제가입에 소요되는 금액과 부담방법에 관한 사항
- 「산업재해보상보험법」에 의한 산업재해보상보험료, 「고용보험법」에 의한 고용보험료 등 기타 당해 공사와 관련하여 법령에 의하여 부담하는 각종 부담금의 금액과 부담방법에 관한 사항
- 당해 공사에서 발생된 폐기물의 처리방법과 재활용에 관한 사항
- 인도를 위한 검사 및 그 시기
- 공사완성 후의 도급금액의 지급 시기

- 계약이행지체의 경우 위약금 · 지연이자의 지급 등 손해배상에 관한 사항
- 하자담보책임기간 및 담보방법
- 분쟁발생 시 분쟁의 해결방법에 관한 사항
- 「건설근로자의 고용개선 등에 관한 법률」 제7조2에 따른 고용 관련 편의시설의 설치 등에 관한 사항

③ 공공건설사업에서의 공사계약일반조건은 정부공사 계약일반조건 적용
④ 발주자와 협의하여 계약자에게 불리하지 않은 내용으로 당해 계약에 필요한 계약 특약사항 명시

2) 계약의 체결

① 낙찰자가 낙찰통지를 받은 후 10일 이내에 소정 서식의 계약서에 의하여 계약 체결. 단, 공사계약일반조건에 정한 불가항력의 사유로 인하여 계약을 체결할 수 없는 경우에는 그 사유가 존속하는 기간은 이를 산입하지 않음.
② 계약을 체결하고자 할 경우 관계 법령의 규정에 의하여 필요한 관계 서류 검토
③ 장기계속공사계약의 경우 총 공사낙찰금액을 부기하고 당해연도 예산의 범위 안에서 제1차 공사에 대하여 계약 체결. 이 경우 제2차 공사 이후의 계약은 총공사낙찰금액(「국가계약법 시행령」 제64조 내지 제66조의 규정에 의한 계약금액의 조정이 있는 경우에는 조정된 총공사금액)에서 이미 계약된 금액을 공제한 금액의 범위 안에서 계약을 체결할 것을 부관으로 약정
④ 제1차 공사 및 제2차 공사 이후의 계약금액은 총공사의 계약단가에 의하여 산출하나 계약금액조정 등으로 인하여 산출내역서의 단가가 조정된 경우에는 조정된 계약단가로 산출
⑤ 표준계약서에 기재된 계약일반사항 외에 해당 계약의 적정한 이행을 위하여 필요한 경우 공사계약특수조건을 정하여 계약 체결
⑥ 서식에 의하기가 곤란하다고 인정될 때에는 따로 이와 다른 양식에 의한 계약서에 의하여 계약 체결 가능
⑦ 낙찰자가 정당한 이유 없이 일정 기한 내 계약을 체결하지 않을 경우에는 발주자에게 낙찰을 취소할 수 있다는 사실을 통지
⑧ 계약상대자는 낙찰통지를 받은 후 10일 이내 계약 체결

3) 계약의 성립

① 계약은 해당 계약서에 계약당사자 간의 기명 · 날인 또는 서명함으로써 계약 확정
② 건설사업관리기술인은 계약체결 후 그 결과를 계약당사자에게 통보

4) 계약의 이행보증

① 계약상대자는 계약체결일까지 「국가계약법 시행령」에서 정하는 바에 따라 계약 이행보증 시행

- 계약금액의 100분의 15 이상 납부하는 방법
- 계약보증금을 납부하지 아니하고 공사이행 보증서[해당 공사의 계약상의 의무를 이행할 것을 보증한 기관이 계약상대자를 대신하여 계약상의 의무를 이행하지 아니하는 경우에는 계약금액의 100분의 40(예정가격의 100분의 70 미만으로 낙찰된 공사계약의 경우에는 100분의 50) 이상을 납부할 것을 보증하는 것이 어야 한다]를 제출하는 방법

② 계약이행을 보증한 경우로서 계약상대자가 계약이행보증방법의 변경을 요청하는 경우에는 1회에 한하여 변경 가능

③ 건설사업관리기술인은 보증이행업체의 적격 여부 심사결과, 부적격하다고 인정되는 때에는 낙찰자에게 보증이행업체의 변경 요구 가능

④ 계약상대자가 입찰 시 납부한 입찰보증금을 계약보증금으로 대체하고자 하는 경우에는 입찰보증금의 계약보증금 대체 납부신청서를 발주자에게 제출하여 이를 대체 가능

⑤ 계약금액이 5천만 원 이하인 계약을 체결하거나, 일반적으로 계약보증금 징수가 적합하지 아니한 경우 발주자가 계약보증금의 전부 또는 일부 면제 가능

⑥ 계약보증금의 전부 또는 일부의 납부를 면제하는 경우에는 계약서에 그 사유 및 면제금액을 기재하고 계약보증금지급 각서를 제출하게 하여 첨부

⑦ 계약상대자가 계약의무를 이행하지 않아 보증서 발급기관이 지정한 보증이행업체가 그 의무를 이행한 경우 계약금액 중 보증이행업체가 이행한 부분의 금액은 그들에게 지급한다는 사항을 계약서상에 명시

5.4.3 지급자재조달 지원

지급자재는 발주자가 구매하여 건설사업자에게 제공하는 자재 또는 설비로 철근, 시멘트, 골재, 레디믹스트 콘크리트, 아스팔트 콘크리트 등이다. 발주자는 「중소기업 제품 구매촉진 및 판로지원에 관한 법률」 또는 발주자의 필요에 의하여 공사에 필요한 자재를 직접 구매하여 건설사업자에게 지급할 수 있다. 건설사업관리기술인은 공정계획을 고려하여 지급자재의 수급계획 수립, 지급자재 소요파악, 검수, 인수인계, 사용 및 관리 확인 등의 업무를 지원한다. 지급자재는 발주자에게 공사비 절감효과를

가져올 수 있으나, 자칫 공정지연을 초래할 수 있고, 건설사업자의 요구에 맞지 않는 자재나 설비가 제공될 경우 손실을 초래할 수도 있다. 따라서 건설사업관리기술인은 지급자재의 소요파악, 검수, 인수인계, 사용 및 관리·확인 등 지원업무를 철저하고 효율적으로 수행하여 지급자재로 인한 공기지연이 발생하지 않도록 하여야 한다.

(1) 관련 규정

- 「업무수행지침」 제46조(지급자재 조달 지원)

(2) 업무 절차

(3) 업무 내용

1) 지급자재 수급계획 수립

① 발주자의 지시에 따라 해당 건설공사의 계약문서, 설계도서 및 공사내역분류 체계를 참고하여 해당 건설공사의 지급자재 수급계획 수립

② 건설사업관리기술인은 자재 소요 최소 30일 전에 해당 자재가 공사현장에 납품 될 수 있도록 자재 수급계획 수립

2) 지급자재 소요 검토 및 확인

① 지급자재 신청 절차 및 사용보고 절차는 발주자의 내부규정 적용

② 건설사업자로 하여금 월별 지급자재 사용계획서를 제출받아(공사예정공정표 참조) 적정성 여부를 검토·확인

③ 건설사업자가 제출한 지급 자재 사용계획서를 검토·확인 후 발주자에게 지급자재 공급 요청

3) 지급자재 사용 및 관리

① 지급자재 인수 시부터 최종 설치 시까지 본래 품질을 유지할 수 있도록 관리

② 지급자재별 인수장소에 대해 발주자의 지침을 요청하여 결정된 인수장소를 건설 사업자에게 통보하고, 인수 이후의 관리 주체는 건설사업자임을 통보

③ 건설사업관리기술인은 현장에 도착한 지급자재를 인수하여 계약요건과의 일치 여부 확인 및 검사 후 건설사업자에게 지급

④ 검수에 의하여 불합격된 지급자재는 지체 없이 현장 외부로 반출 조치

⑤ 지급자재 보관시설 및 시설관리 상태 확인사항

- 상하차 시설 및 공간
- 우천 대비 시설
- 방습, 방풍
- 표면수 배수시설
- 도난 등 훼손 방지시설

⑥ 건설사업자에게 인계한 지급자재가 멸실 또는 손상된 때에는 건설사업자로 하여금 상당한 기간을 정하여 변상 또는 원상복구하도록 지시하여야 하며, 그 상황을 즉시 발주자에게 보고

⑦ 건설사업자의 변상 또는 원상복구를 위하여 추가로 반입되는 자재에 대하여 검수를 하여야 하며, 지정기간 내에 건설사업자가 변상 또는 원상복구를 하지 아니한 때에는 그 손실의 상황 및 변상에 필요한 금액의 조서를 작성하여 발주자에게 보고

4) 지급자재 사용정산 검토 및 보고

① 건설사업자의 지급자재 사용내역을 지급자재 수불부에 기록하게 하고, 확인 후 발주자에게 보고

② 설계변경 또는 공사 준공 후 지급자재의 잉여가 발생하였을 때에는 그 품명, 규격, 수량 및 보관상황이 명시된 발생품(잉여자재) 정리부를 작성하여 발주자에게 보고

5.5 ● 시공 단계

5.5.1 건설사업관리 일반

시공 단계는 입찰공고 및 계약 내용에 따라 감독 권한대행을 포함하는지, 포함하지 않는지로 구분되고 각각의 경우 「건설공사 사업관리방식 검토기준」 및 「업무수행지침」에서 규정하는 건설사업관리기술인의 권한 및 업무범위가 일부 다르므로 이를 정확하게 확인하여 건설사업관리 업무를 수행하여야 한다. 감독권한대행이라면 시공자가 제출 또는 요청하는 일반적인 업무에 대한 승인 권한이 건설사업관리용역사업자(건설사업관리 기술인)에게 있음은 물론이다. 다만, 실정보고에 따른 설계변경, 사업비 증가사항 등 특별한 경우에는 발주자의 승인이 필요하다.

(1) 관련 규정

- 「업무수행지침」 제47조, 제77조(일반행정업무)
  - 제48조, 제78조(보고서 작성, 제출)
  - 제50조, 제80조(공사착수단계 행정업무)

(2) 업무 절차

1) 감독권한대행 포함

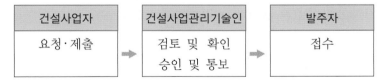

2) 감독권한대행 미포함

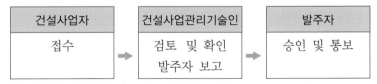

(3) 업무 내용

1) 일반행정업무

① 건설사업자 제출서류 접수 및 검토, 필요시 발주청 보고

- 지급자재 수급요청서 및 대체사용 신청서

- 주요기자재 공급원 승인요청서
- 각종 시험성적표
- 설계변경 여건보고
- 준공기한 연기신청서
- 기성 · 준공검사원
- 하도급 통지 및 승인요청서
- 안전관리 추진실적 보고서
- 확인측량 결과보고서
- 물량 확정보고서 및 물가 변동지수 조정률 계산서
- 품질관리계획서 또는 품질시험계획서
- 그 밖에 시공과 관련된 필요한 서류 및 도표(천후표, 온도표, 수위표, 조위표 등)
- 발파계획서
- 원가계산에 의한 예정가격작성준칙에 대한 공사원가계산서상의 건설공사 관련 보험료 및 건설근로자퇴직공제부금비 납부내역과 관련 증빙자료
- 일용근로자 근로내용확인신고서

② 작성 및 비치 서류
- 문서접수 및 발송대장
- 민원처리부
- 품질시험계획
- 품질시험 · 검사성과 총괄표
- 품질시험 · 검사 실적보고서
- 안전교육 실적표
- 협의내용 등의 관리대장
- 사후 환경영향조사 결과보고서
- 공사 기성부분 검사원
- (기성부분, 준공) 건설사업관리조서
- 공사 기성부분 내역서
- 공사 기성부분 검사조서
- 준공검사원
- 준공검사조서

2) 수명(지시)사항 처리

① 건설사업자에게 지시하는 경우
- 서면지시 원칙(단, 시급한 경우 우선 구두지시 후 서면 확인)

- 설계도면, 시방서 등 관련 규정에 근거, 구체적으로 기술하여 건설사업자가 명확히 이해할 수 있도록 지시
- 지시사항에 대한 이행상태 점검 및 건설사업자로부터 이행결과 접수·기록·관리

② 발주자 지시사항 처리
- 지시내용 기록, 보관 및 신속 이행하고 이행결과 점검·확인 후 발주청에 서면 보고
- 해당 지시에 대해 이행에 문제가 있을 경우 의견 제시
- 각종 지시, 통보사항은 건설사업관리기술인 전원이 숙지하고 교육 또는 공람

3) 업무조정회의

① 회의의 목적 및 참여자의 범위
- 공사관계자 간 발생하는 이견을 효율적으로 조정하여 원활한 공사 시행 목적
- 발주청, 건설사업관리기술인, 건설사업자(하도급업체 포함) 관계자가 기본적으로 참여하며 필요시 기술자문위원회위원, 변호사, 변리사, 교수 등 민간전문가 등의 자문

② 업무 조정회의 심의대상
- 공사관계자 일방의 귀책사유로 인한 공정지연 또는 공사비 증가 등의 피해가 발생한 경우
- 공사관계자 일방의 부당한 조치로 인해 피해가 발생한 경우
- 공사관계자 간 시공 인터페이스 조정이 필요한 경우
- 그 밖의 공사 시행과 관련하여 공사관계자 간에 발생한 이견의 해결

③ 회의 진행 절차
- 안건 상정 시 업무조정에 필요한 서류를 작성하여 발주청에 제출
- 발주청은 안건 상정 요청 접수일로부터 20일 이내 회의 개최 후 조정
- 회의결과에 승복하지 않을 경우 법원에 소송 제기 가능

4) 업무/분기 보고서 제출

건설사업관리기술인은 분기별로 업무 수행사항을 작성하여 허가권자 및 발주자에게 보고한다.

① 분기 보고서 작성방법
- 분기 보고서 작성 시 필요한 제반서류 제출을 건설사업자에게 요청
- 제반서류와 건설사업자가 제출한 제반서류 등을 종합하여 분기 보고서 작성
- 분기 보고서 규격 및 제출수량은 발주자와 협의 필요

② 분기 보고서(전자문서 포함) 작성 시 포함사항

구 분	내 용
사업개요	• 건설공사 개요 • 건설사업관리용역 개요 • 공사여건 등
기술검토 사항	• 설계(시공)도면·시방서 및 공법검토 • 기술적 문제해결 • 설계변경에 따른 자료검토 등
공정관리	• 공정현황 • 인력 및 장비투입현황 • 공사추진현황 등
시공관리	• 공종별 시공확인 내용 • 부실시공에 대한 조치사항 및 방지대책 등
자재 품질관리	• 자재의 적합여부 및 품질시험 실시결과 확인사항 등
업무 수행실적	• 건설사업관리 업무 수행실적 • 건설사업관리 업무 계획 대비 실적
종합분석 및 추진계획	• 종합분석·평가 및 검토의견 • 잔여공사 전망 및 감리업무 추진계획 등

– 분기 보고서는 다음 달 5일까지 제출

③ 그 밖의 보고사항
- 천재지변 또는 그 밖의 사고로 공사 진행에 지장이 발생한 경우
- 건설사업자가 정당한 사유 없이 공사를 중단한 경우
- 현장대리인이 사전승인 없이 시공현장에 상주하지 아니한 경우
- 건설사업자가 계약에 따른 시공능력이 없다고 인정되는 경우
- 건설사업자가 공사 시행에 불성실하거나 건설사업관리기술인의 지시에 계속하여 2회 이상 응하지 아니한 경우
- 공사에 사용될 중요 자재 규격이 맞지 아니한 경우
- 그 밖에 시공과 관련하여 중요하다고 인정되는 사항이 있거나 발주자로부터 별도 보고·통보의 요청이 있는 경우

5.5.2 착공신고서 검토

시설물 공사를 착수하려는 발주자는 허가권자에게 공사계획을 신고하여야 하고, 건설사업자는 발주자가 공사계획을 신고할 수 있도록 「공사계약 일반조건」 제17조(착공 및 공정 보고)에 따라 착공신고서를 제출한다. 건설사업관리기술인은 건설사업자가 제출한 착공신고서 및 첨부자료의 적정성을 검토한 후 7일 이내에 발주자에게 보고한다. 착공신고서가 제출되면 건설부지(현장)의 관리책임이 건설사업자에게 인계되었다는 것을 의미한다.

(1) 관련 규정

- 「건축법」 제21조(착공신고 등)
- 「업무수행지침」 제52조, 제82조(공사착수단계 현장관리)

(2) 업무 절차

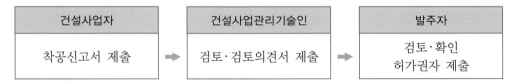

건설사업자		건설사업관리기술인		발주자
착공신고서 제출	➡	검토·검토의견서 제출	➡	검토·확인 허가권자 제출

(3) 업무 내용

1) 착공신고서 검토사항

건설공사가 착공되면 건설사업자로부터 다음의 서류가 포함된 착공신고서를 제출받아 적정성 여부를 검토하여 7일 이내에 발주자 제출

① 현장 기술인 지정신고서(현장관리조직, 현장대리인, 품질관리자, 안전관리자, 보건관리자)
② 건설공사 예정공정표
③ 품질관리계획서 또는 품질시험계획서(실제 공사를 착수하기 전에 제출 가능)
④ 공사도급계약서 사본 및 산출내역서
⑤ 착공 전 사진
⑥ 현장기술인 경력사항 확인서 및 자격증 사본
⑦ 안전관리계획서(실 착공 전에 제출 가능)
⑧ 유해·위험방지계획서(실 착공 전에 제출 가능 : 해당 공종이 포함된 현장)
⑨ 노무동원 및 장비투입 계획서
⑩ 관급자재 수급계획서

2) 착공신고서의 적정 여부 검토

① 계약내용의 확인
- 공사기간(착공 ~ 준공)
- 공사비 지급조건 및 방법(선금, 기성부분 지급, 준공금 등)
- 그 밖에 공사계약문서에서 정한 사항

② 현장기술인 지정신고서
- 현장대리인 :「건설산업기본법」제40조,「전기공사업법」제16조 및 제17조,「정보통신공사업법」제33조 등
- 품질관리자 :「건설기술진흥법 시행규칙」제50조
- 안전관리자 :「산업안전보건법」제17조
- 보건관리자 :「산업안전보건법」제18조
- 기술인지정 신고사항의 변동이 있을 경우 변경서류를 제출받아 검토 후 7일 이내에 발주자에게 보고

③ 건설공사 예정공정표 : 작업 간 선행·동시 및 완료 등 공사 선·후 간의 연관성 이 명시되어 작성되고, 예정공정률이 적정하게 작성되었는지 확인
- 공사예정공정표는 상세 공사예정공정표의 일정과 부합하는지 확인
- 공정별 인력 및 장비 투입계획서는 공사예정공정표 대비 공사기간 산출근거를 별도로 제출받아 검토

④ 품질관리계획서 :「건설기술진흥법 시행령」제89조 제1항에 따른 품질관리계획 관련 규정을 준수하여 적정하게 작성되었는지 여부

⑤ 품질시험계획서 :「건설기술진흥법 시행령」제89조 제2항에 따른 품질시험계획 관련 규정을 준수하여 적정하게 작성되었는지 여부

⑥ 착공 전 사진 : 전경이 잘 나타나도록 촬영되었는지 확인

⑦ 안전관리계획서 :「건설기술진흥법」및「산업안전보건법」에 따른 안전관리계획 관련 규정을 준수하여 적정하게 작성되었는지 여부

⑧ 노무동원 및 장비투입계획서 : 건설공사의 규모 및 성격, 특성에 맞는 장비형식 이나 수량 적정 여부

⑨ 기타 계약담당 공무원이 지정한 사항의 적정성 여부 확인

5.5.3 확인측량 및 현장조사

확인측량은 설계도면이 실제 현장과 일치하는지를 현장 인근의 기준점과 비교·검토하는 것으로, 시공 중 발생할 수 있는 재시공 방지 및 설계변경을 최소화하기 위하여 실시한다. 건축물의 위치 확인을 위한 측량은 물론 주변 시설의 현황을 상세히 조사하고 기록함으로써 건설안전, 사유재산권 등에 대한 보상, 기타 공사 관련 민원 등에 대비한다.

건설사업관리기술인은 공사 착수 직후 건설사업자가 확인 측량, 현장 주변 건축물 및 지하 지장물 조사 등을 실시할 때 입회·확인 후 당초 설계 조건과 상이하여 변경이 필요한 경우 발주자에게 보고한다.

⑴ 관련 규정

- 「업무수행지침」 제52조, 제82조(공사착수단계 현장관리)

⑵ 업무 절차

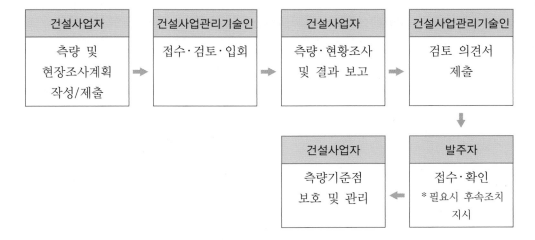

⑶ 업무 내용

1) 측량 계획서 검토, 승인 및 입회

① 측량 기준
- 삼각점 또는 도근점에서 중간점(IP) 등의 측량 기준점의 위치(좌표) 확인
- 기준점은 공사 시 유실방지를 위하여 반드시 인조점을 설치하여야 하며, 시공 중에도 활용할 수 있도록 인조점과 기준점과의 관계를 도면화하여 비치

- 공사 준공까지 보존할 수 있는 가수준점(TBM)을 공사에 편리한 위치에 설치하고, 국토지리정보원에서 설치한 주변 수준점 또는 발주청이 지정한 수준점으로부터 왕복 수준측량 실시
- 평판측량은 주변 지세를 알 수 있도록 예상 용지폭원보다 넓게 실시
- 횡단측량은 부지경계선으로부터 주변지형을 알 수 있는 범위까지 측정하며, 종단이 급변하는 지점(+측면)에 대하여도 반드시 실시하여 도면화
- 절취면에 암이 노출되어 있는 경우 반드시 토사, 리핑암, 발파암 등의 경계지점을 정확히 측정하여 횡단면도에 표기
- 인접 공구 또는 기존 시설물과의 접속부 등을 상호 확인하고, 측량결과를 교환하여 이상 유무 확인

② 측량 입회
- 사전 설계도서 숙지 후 확인측량 시 입회·확인하고 필요시 실시설계 용역회사 대표자의 위임장을 지참한 임직원 등과 합동으로 이상 유무 확인
- 확인측량 결과 설계내용과 현저히 다른 경우 발주청에 보고 후 지시에 따라 실제 시공에 착수토록 조치하며, 그렇지 않은 경우 원지반을 원상태로 보존 (단, 중간점(Intermediate Point : IP) 등 중심선 측량 및 가수준점(Temporary Bench Mark : TBM) 표고 확인측량을 제외하고 공사추진상 필요시 시공구간의 확인, 측량 야장 및 측량결과 도면만을 확인, 제출한 후 우선 시공 가능)

③ 측량결과 보고
확인측량 공동 확인 후 건설사업자로부터 다음의 서류를 제출받아 검토 후 검토의견서를 첨부하여 발주청에 보고(확인 측량 도면 표지에는 측량을 실시한 현장대리인, 실시설계 용역회사의 책임자(입회한 경우), 책임건설사업관리기술인 서명 날인)
- 확인측량 결과 도면(종·횡단면도, 평면도, 구조물도 등)
- 공사비 증감 대비표
- 산출내역서
- 그 밖에 참고사항

2) 측량기준점 보호

① 발주자가 설치한 용지말뚝, 삼각점, 도근점, 수준점 등의 측량기준점을 건설사업자가 이동 또는 손상시키지 않도록 관리하고 이동이 필요한 경우 검토·승인 후 이동

② 측량기준점 중 중심 말뚝, 교점, 곡선지점, 곡선종점 및 하천이나 도로의 거리표 등의 이설에 있어서는 정해진 위치를 찾아낼 수 있는 보조말뚝 설치 필수

③ 공사시행상 수위측정이 필요한 경우 관측이 쉬운 위치에 수위표를 설치하여 상시 관측할 수 있도록 조치

④ 건설사업자에게 토공 및 각종 구조물 위치, 고저, 시공범위 및 방향 등을 표시하는 규준시설 등을 설치하도록 하고 시공 전 반드시 확인·검사

- 토공 규준틀은 절·성토부의 위치, 경사, 높이 등을 표시하며, 직선 구간은 2개 측점, 곡선 구간은 매 측점마다 설치하고, 구배, 비탈 끝의 위치를 파악할 수 있도록 설치
- 암거, 옹벽 등의 구조물 기초부위는 수평 규준틀 설치, 시·종점을 알 수 있는 표지판 설치
- 건축물의 위치, 높이 및 기초의 폭, 길이 등을 파악하기 위한 수평 규준틀과 조적공사의 고저, 수직면의 기준을 정하기 위한 세로 규준틀 등 설치

⑤ 건설사업자로 하여금 규준시설 등을 다음과 같이 설치토록 하고 준공 때까지 보호 조치하며, 시공 중 파손되어 복구가 필요하거나 이설이 필요한 경우 재설치 후 확인·검사

- 공사추진에 지장이 없고 바라보기 쉬운 곳에 설치
- 공사기간 중 이동될 우려가 없는 시설물을 이용하거나 쉽게 파손되지 않고 변형이 없도록 설치하고 주위에 보호조치

3) 현지여건 조사

① 공사 착공 후 빠른 시일 내 건설사업자와 합동으로 현지조사하여 시공자료로 활용하고 당초 설계내용의 변경이 필요한 경우 설계변경 절차에 따라 처리

- 각종 재료원 확인
- 지반 및 지질상태
- 도로 현황, 인접도로의 교통규제 상황
- 지하매설물 및 장애물
- 기후 및 기상상태
- 하천의 최대 홍수위 및 유수상태 등

② 현지 조사 내용과 설계도서의 공법 등을 검토하여 인근 주민 등에 대한 피해 발생 가능성이 있을 경우 건설사업자에게 대책을 강구하도록 하고, 설계변경이 필요한 경우 설계변경 절차에 따라 처리

- 인근가옥 및 가축 등의 대책

- 지하매설물, 인근 도로, 교통시설물 등의 손괴
- 통행지장 대책
- 소음, 진동 대책
- 낙진, 먼지 대책
- 지반침하 대책
- 하수로 인한 인근대지, 농작물 피해 대책
- 우기중 배수 대책

③ 주요 조사내용 및 대책

구 분		조사내용 및 대책
기존 건축물 조사기록	주요 균열 등	균열 폭 및 길이 등과 타일/미장 등의 박리, 파손 현황 도면 표기 및 사진촬영
	주요 부재의 불균형	창호, 문 등의 불균형, 기둥 및 대들보 등의 경사 (부적합) 사항 도면 표기 및 사진촬영
	관정의 지하수위	
	지하층 내부의 방수 불량 부위	
	옥상, 천장 등의 우수 침입 흔적	
지하시설물 조사 도면 작성	기존 맨홀	하수도, 전기, 통신 등의 내수위 및 균열
	기존 매설 배관류	매설위치 및 깊이, 매설위치 부근 지표 이상 유무

🔍 고수 POINT   측량 관련 용어

- 삼각점 : 삼각측량을 통해 이미 위치를 알고 있는 국가기준점으로 전 국토에 걸쳐 약 2.520km 간격으로 대부분 산 정상에 설치되어 경·위도, 높이, 평면 직각 좌표(X,Y), 방향각 등의 성과 제공
- 도근점 : 삼각점을 이용해 점간 거리를 평균 50~300m가 되도록 연결한 기초점
- 인조점 : 기준점 등이 유실될 경우 복원을 위해 기준점에 교차하는 두 직선상에 각기 정해 놓은 두 점
- 수준점 : 수준원점에서부터의 높이(표고, 해발고도)를 표기한 점으로 수준측량에 활용되는 기준점(수준원점 : 국토의 높이 측정 기준점으로 해발고도는 26.6871m, 인천광역시에 위치)
- 가수준점(TBM) : 현장공사 시 레벨 확인을 위해 수준점으로부터 따 온 임시 수준점

5.5.4 지장물/발굴물의 처리

지하공사 중 사전에 확인하지 못한 가스배관, 전기·통신선로 등의 매설물(utility)이나 매장문화재 등이 발굴될 수 있다. 이러한 지하매설물, 문화재 등은 임의로 철거하거나 위치를 옮겨서는 안 되며, 시설소유자 또는 관리권자와의 협의를 통하여 처리하여야 한다. 건설사업관리기술인은 지하공사 중 예기치 않은 지장물 발견 시 건설사업자로부터 상세내용이 포함된 지장물 조서를 제출받아 확인한 후 발주자에게 보고하고 관련 규정에 따라 처리한다.

(1) 관련 규정

- 「문화유산법」 제12조(건설공사 시의 문화유산 보호)
- 「업무수행지침」 제63조, 제93조(지장물 철거 및 공사중지명령 등)

(2) 업무 절차

건설사업자	건설사업관리기술인	발주자	건설사업관리기술인
지장물 조서 작성·제출	검토 및 관리주체 협의 후 보고	확인 및 유관기관 협의	보호조치 지시 및 협의 결과 통보

(3) 업무 내용

1) 지하매설물 발견 시 조치사항

지하매설물 발견 시 건설사업자로 하여금 현장을 보존하게 하고 종류에 따라 조치를 취하도록 건설사업자 지도
① 가스 배관, 전기·통신선로, 상하수도, 송유관, 지역난방 관로 등 : 지장물 조서 작성
② 매장 문화재 : 문화재 관리국 신고

2) 지장물 조서 검토

① 지하매설물의 종류, 각종 제원(규격, 재질, 현태 및 위치 등), 관리주체

② 지하매설물 현황도 확인

구 분	작성 기준
현황 평면도	공사 중 노출되거나 영향이 있는 범위 내 매설물을 표기하고 이격거리 등 표기
현황 단면도	횡단면상의 매설물 위치 및 매설형태 표기
현황 상세도	맨홀, 핸드홀, 관로의 분기부 등 특수부분에 대한 매설 현황 표기

3) 지하매설물 관리 주체 협의

① 지하매설물 현황도 첨부하여 관리 주체에게 협의 공문 발송
② 지하매설물 처리계획 협의
  • 공사 중 매설물 보호공 설치 대책
  • 매설물 이설 계획(필요시)
  • 매설물 보호, 이설작업 관련 관리 주체의 기술지원

4) 지하매설물 처리계획 발주자 보고

① 공사 중 매설물 보호공 설치 대책
② 매설물 보호공 또는 방호공의 시공상세도
③ 건설사업관리기술인 검토의견서

5) 설계서에 명시되지 않은 지하매설물을 발주자의 승인을 받아 처리한 경우 계약조건 등을 면밀하게 검토하여 설계변경 시 반영

5.5.5 가설시설물 설치계획서 확인 및 승인

가설시설물은 공사용 도로, 가설 사무소, 자재 야적장 등 외에도 환경오염 저감설비, 전기설비, 급배수설비 등 공사기간 동안 임시로 사용하는 시설물이다. 가설시설물의 위치는 본 공사에 영향을 주지 않아야 하며, 공사 중 이동이 최소화되도록 계획한다. 건설사업관리기술인은 공사착수와 동시에 가설시설물 설치계획서를 건설사업자로부터 제출받아 검토한 후 발주자와 협의하여 승인한다.

(1) 관련 규정

- 「업무수행지침」 제54조, 제84조(가설시설물 설치계획서 작성 및 승인)

(2) 업무 절차

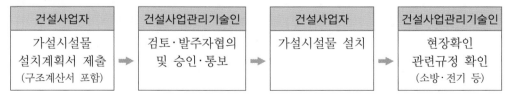

건설사업자	건설사업관리기술인	건설사업자	건설사업관리기술인
가설시설물 설치계획서 제출 (구조계산서 포함)	검토·발주자협의 및 승인·통보	가설시설물 설치	현장확인 관련규정 확인 (소방·전기 등)

(3) 업무 내용

1) 가설시설물 설치계획서 검토사항

① 공사 규모, 현장여건, 공사 중 동선 계획 고려

② 공사 중 이동, 철거되지 않도록 지하구조물의 시공 위치와 중복되지 않는 위치 선정

③ 우수 침입 방지를 위해 대지조성 시공기면(F.L)보다 높게 설치, 홍수 시 피해 발생 유무 고려

④ 식당, 세면장 등에서 사용한 물의 배수가 쉽고, 주변 환경오염 예방토록 조치

⑤ 전도, 붕괴, 추락 등 안전사고 예방을 위한 조치

⑥ 3층 이상인 가설건축물 등에 대한 기술사의 구조 검토 여부

2) 가설시설물별 검토 내용

가설시설물 종류	내 용
현장 출입문(Gate)	• 진출입이 용이한 도로에 면하여 설치
가설울타리	• 경관 및 주변 민원 등을 고려한 설치 • 착공 조건에 명기된 내용과 각 시·군·구별 별도로 안내(가설 울타리 설치기준 등) 사항 참조
공사(안내) 표지판	• 제작 방법, 크기, 설치장소 등이 포함된 표지판 제작 설치계획서 를 제출받아 검토
사무실, 창고, 안전교육장	• 사용인원 및 공사규모를 반영하여 면적 산정
현장 내 식당	• 현장식당 선정계획서를 제출받아 업체선정의 적정성 여부 검토
시험실	• 관련 법령에서 정한 면적 기준 이상 확보
가설 건물의 배치	• 대지조성 FL보다 다소 높게(30~100cm) 형성
철근 가공장	• 타워크레인의 작업범위를 고려하여 설치
자재 야적장	• 침수 및 동선을 고려하여 계획
공사용 전력, 용수	• 공사 규모에 맞는 용량 산정
세륜설비	• 현장 게이트 인접 설치
타워크레인	• 현장 여건(T형/러핑) 반영 및 건물 배치 등 고려

고수 POINT　**착수단계 각종 신고서 법적 검토사항**

작성서류	주요 내용	관련 법규
비산먼지 발생사업 신고서	비산먼지의 발생을 억제하기 위한 시설을 설치하거나 필요한 조치를 취해야 함	「대기환경보전법 시행령」 제44조(비산먼지 발생사업) 및 동법 시행규칙 별지 제24호 서식
특정공사 사전신고서	생활 소음 및 진동이 발생하는 경우로 다음의 기계 및 장비를 5일 이상 사용하는 공사 포함 - 항타기(항발기, 항타항발기), 천공기, 공기압축기, 브레이커, 굴착기, 발전기, 로더, 압쇄기, 다짐기계, 콘크리트 절단기, 콘크리트 펌프	「소음 · 진동관리법 시행규칙」 제21조 (특정공사의 사전신고 등) 및 별지 제10호 서식
가설건축물 축조신고서	배치도, 평면도, 대지사용 승낙서(타인 소유 대지인 경우) 각 1부 첨부	「건축법 시행규칙」 별지 제8호 서식 * 세움터에서 신청
가설건축물 존치기간 연장신고서	허가대상인 경우 존치기간 만료일 14일 전, 신고대상인 경우 만료일 7일 전까지 신고	「건축법 시행규칙」 별지 제11호 서식 * 세움터에서 신청
도로점용 허가신청서	공사 중 도로 및 보도를 점용하거나 굴착 공사 시	「도로법 시행규칙」 별지 제24호 서식

5.5.6 설계도서 검토 및 관리

공사 초기 발주자로부터 설계도서(설계도면·시방서·구조계산서) 등을 제공받아 검토하고, 건설사업자에게도 설계도서 검토 결과를 제출받아 검토한다. 검토 결과, 누락, 설계도서 간의 불일치, 오류 등이 있을 시 설계자에 대한 질의회신을 통해 설계도서 보완계획을 작성하여 발주자에게 제출한다. 설계도서의 부실은 건설 기간 중 불필요한 설계변경과 건설사업자와의 분쟁이나 클레임을 초래하여 공정·품질·공사비에 나쁜 영향을 미치게 된다.

(1) 관련 규정

- 「건설기술진흥법」 제48조(설계도서의 작성 등)
- 「건설기술진흥법 시행규칙」 제41조(설계도서의 검토 등)
- 「업무수행지침」 제51조, 제81조(공사착수단계 설계도서 등 검토업무)

(2) 업무 절차

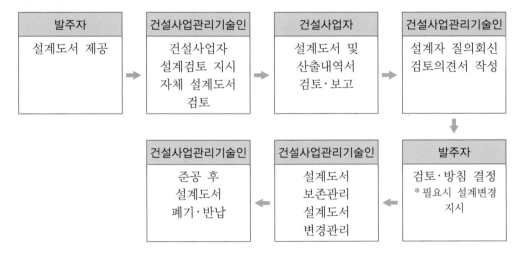

발주자	건설사업관리기술인	건설사업자	건설사업관리기술인
설계도서 제공	건설사업자 설계검토 지시 자체 설계도서 검토	설계도서 및 산출내역서 검토·보고	설계자 질의회신 검토의견서 작성

건설사업관리기술인	건설사업관리기술인	발주자
준공 후 설계도서 폐기·반납	설계도서 보존관리 설계도서 변경관리	검토·방침 결정 * 필요시 설계변경 지시

(3) 업무 내용

1) 설계도서의 인수 및 관리

① 발주자로부터 공사 설계도서 및 자료, 공사 계약문서 사본 등 인수

② 관리번호 부여·부착, 관리대장 작성·비치

③ 공사관계자 이외 유출 방지 관리 및 외부 유출 시 발주청의 승인 필요

④ 공사 준공과 동시에 인수한 설계도서 등을 발주청에 반납하거나 지시에 따라 폐기 처분

- 기본계획 보고서
- (승인 또는 허가) 설계도면
- 기본 및 실시설계 보고서
- 시방서
- 구조계산서
- 수량산출서
- 내역서
- 단가산출서
- 공사계약서 및 공사계약특별조건(사본)
- 설계용역 관련 문서(사본)
- BF, 친환경 등 관련 각종 인증도서
- 에너지절약계획서

2) 설계도서의 검토

① 시공성 검토

검토 항목	검토 내용
공사기간, 공사비 부합성	• 현장조건 대비 적용공법의 공사 기간 내 실행 가능 정도 • 공종별 현장조건 대비 자원의 가용성 • 산출내역과 실제 시공방법의 부합성
시설규격 및 적용공법의 품질관리 용이성	• 사용 자재의 품질기준 대비 시중공급 품질 • 적용공법 대비 시공기술 수준(기 시공사례) • 구조물 규격 또는 부속설비의 규격 표준화
작업 난이도	• 평면 배치계획 대비 작업방법의 난이도 • 가시설을 위한 부지이용 가능도 • 가시설 배치 대비 시공구조물의 간섭 여부 • 자재 및 장비의 현장접근 난이도 • 사용 자재 및 작업 방법의 일반화
신공법 적용 리스크	• 기 시공자료 대비 현장조건 • 현장조건의 적용 검토

② 시설 시방(설계 및 시공시방서) 검토
 • 시설규격과 관련 설계기준(설계시방서 등)의 부합 여부
 • 시설규격과 유사 프로젝트의 차이점
 • 시설규격 결정 설계자료와 현장조건의 일치 여부
 • 시방서 작성기준 및 관련 법규 준수 여부
 • 시방서와 현장조건 일치 여부
 • 준공 후 시설의 사용, 유지관리 측면에서의 해당 공종의 설계규격 및 시설 사양

③ 주요구조부 구조계산의 검토
 • 설계 시 기본조사 자료가 충분하고, 적합하게 적용하였는지 여부
 • 적용된 설계기준 및 사용 소프트웨어의 적합 여부
 • 구조계산 시 적용된 구조계산 기준
 • 구조계산의 규격과 사용 부재의 일치 여부
 • 구조계산서의 관련 법규 및 코드와의 일치 여부

④ 설계도서의 오류, 누락, 불명확한 부분 검토
- 설계도면과 시방서의 일치 여부
- 설계도면 대비 일위대가 또는 단가산출서의 일치 여부
- 설계도면 대비 내역서의 수량 및 규격에 대한 일치 여부
- 설계도면 또는 내역서상의 당연 사항에 대한 누락 여부
- 설계도서에 적용된 각종 단위들의 정확성 및 일관성

⑤ 발주자가 제공한 물량내역서와 건설사업자가 제출한 산출내역서 수량의 차이 및 산출내역서의 검토
⑥ 시공 시 발생 가능한 예상 문제점 검토 및 목록(안) 작성
⑦ 기타 사업비 절감 방안 검토

3) 설계도서 검토결과의 조치

① 설계도서 검토 결과 불합리한 부분, 오류, 불명확한 부분은 보고서를 작성하여 발주자에게 보고 후 설계자에게 질의회신
② 설계도서 검토 결과에 따라 설계도서의 변경이 필요한 경우 설계변경 진행

5.5.7 시공계획서 검토 및 승인

건설사업자는 공사착수에 앞서 전체공사계획을 수립하고, 공사 진행 순서에 따라 공종별로 상세한 시공계획을 수립하여 공사를 수행한다. 전체 공사의 시공계획서는 건설사업자 현장팀에서 작성하며 공종별 시공계획서는 건설사업자가 하도급업체별로 계획을 수립토록 한 후 건설사업자가 의도하고 목표하는 방향으로 계획을 수정·보완하여 시공계획을 완성한다. 건설사업관리기술인은 공사 일정, 공사방법, 타 공종과의 연계 등을 검토하여 시공 전에 필요시 보완하게 하고 시공할 수 있도록 지도한다. 시공계획서에는 공사의 세부 공정표, 주요 공정의 시공절차 및 방법, 시공일정, 주요 장비 동원계획, 주요자재 및 인력투입계획, 주요 설비 사양 및 반입계획, 품질관리 계획, 안전, 환경, 민원대책 등이 포함되도록 하고, 공사일정과 현장여건에 맞게 작성되었는지 검토한다.

(1) 관련 규정

- 「업무수행지침」 제61조, 제91조(시공계획검토)

(2) 업무 절차

건설사업자	건설사업관리기술인	건설사업자	건설사업관리기술인
시공계획서 작성·제출	검토·승인	공사 착수	검측업무지침 수립

(3) 업무 내용

1) 시공계획서 제출

① 전체 시공계획서 : 공사 착수 후 60일 이내
② 공종별 시공계획서 : 공사시방서 기준(공종별)에 따라 공사 진행 단계별 해당 공종 작업착수 30일 전

2) 건설사업관리기술인 검토기한

① 시공계획서 접수일로부터 7일 이내 승인
② 중요 내용 변경에 따른 변경 시공계획서의 경우 접수일로부터 5일 이내 승인
③ 의견이 없는 경우 검토 의견 생략 가능

3) 시공계획서 주요 내용

① 전체 시공계획서
- 공사개요
- 현장기구 조직 및 공구분할계획
- 가설공사계획
- 양중 및 시공 장비 계획
- 예정공정표
- 주요 공종(기초, 골조공사 등)시공계획
- 품질관리(시험)계획
- 주요 자재반입계획
- 안전 및 환경관리계획
- 민원방지대책
- 대관업무계획(상·하수도 인입 및 관로, 도시가스 인입, 소방시설 등)
- 기타 현장여건상 필요한 사항

② 공종별 시공계획서
- 현장 조직표
- 주요 공정의 시공절차 및 방법
- 주요 장비 동원계획
- 주요 설비 사양 및 반입계획
- 안전대책 및 환경대책 등
- 공사 세부공정표
- 시공일정
- 주요자재 및 인력 투입계획
- 품질관리대책
- 지장물 처리계획과 교통처리 대책

4) 건설사업관리기술인 주요 검토내용

항 목	검토 내용
시공범위 적정성	• 필수 공종의 누락 여부 • 세부작업별 작업 구간 및 물량 표기 여부 • 규격, 수량 등 설계도서와의 일치 여부 • 현장여건 대비 안전관리상 문제 여부
작업방법 및 가시설 계획	• 소요 품질확보를 위한 작업방법의 적정성(필요시 샘플 시공 계획) • 비계, 거푸집, 동바리 등 가시설의 구조안전성 확보 여부 • 가시설물 위치와 시공 대상물의 간섭 여부 • 인력 및 장비의 동선이 시공방법 및 현장조건과 일치 여부 • 안전보건 및 환경 관련 시설 설치 여부
장비, 인력, 자재 투입계획	**장비** • 작업량 대비 규격, 투입량 • 안전 및 환경법령 대비 장비 사양(소음 및 진동 등) **인력** • 공사 경력 및 실적 • 작업량 대비 인력 투입 계획 **자재** • 현장 가공을 위한 공구 종류 및 규격 • 자재 수급계획 • 관급자재의 공급시기(해당 시)
작업일정표	• 전체 예정공정표 대비 일정계획 수립의 적정성 • 작업순서 및 작업기간의 적정성

5) 검토 결과의 처리

① 전체 시공계획서 : 접수 후 14일 이내 건설사업자 통보
② 공종별 시공계획서 : 접수 후 7일 이내 건설사업자 통보
③ 변경 시공계획서(중요한 내용 변경 시) : 접수 후 5일 이내 건설사업자 통보

5.5.8 시공상세도 검토

공사착수에 앞서 설계도서를 바탕으로 공종별·유형별 세부사항들을 표현하고 현장 여건을 반영한 시공상세도를 작성한다. 전기, 통신 등 타 공사 건설사업자, 자재 납품업자들의 요청도 반영하고, 정밀 시공 및 안전확보를 목적으로 건설사업자가 작성하는 시공상세도면이다. 해당사업 전 공종을 대상으로 작성하며, 가시설물의 설치·변경에 따른 제반 도면도 포함한다. 시공상세도는 정밀시공을 위한 정확성 (accuracy), 일반 기능공도 쉽게 이해할 수 있는 가독성(legibility), 간단명료하면서도 완전하게 표현하는 명확성(clarity), 공사의 순서를 고려하여 부재별로 합리적으로 배치하는 정돈성(neatness) 등의 조건을 만족하여야 한다.

(1) 관련 규정

- •「업무수행지침」제61조, 제91조(시공계획검토)
- •「건설공사 시공상세도 작성 지침」(국토교통부)

(2) 업무 절차

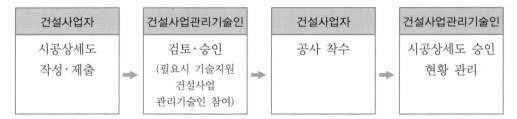

(3) 업무 내용

1) 시공상세도 제출

① 해당 작업착수 15일 전

(기술검토 불필요한 단순사항은 7일 전)

② 시공계획서에 포함하여 제출하나, 별도 제출 가능

2) 건설사업관리기술인 검토기한

① 시공상세도 접수일로부터 7일 이내 승인

(부득이한 경우 사유 등을 명시하여 서면 통보)

② 의견이 없는 경우 검토의견 생략 가능

3) 작성 대상

시공상세도 작성 대상은 공사조건에 따라 건설사업관리기술인과 건설사업자가 협의하여 조정 가능

① 비계, 동바리, 거푸집 및 가교, 가도 등 가설시설물의 설치상세도 및 구조계산서
② 구조물의 모따기 상세도
③ 옹벽, 측구 등 구조물의 연장 끝부분 처리도
④ 배수관, 암거, 교량용 날개벽 등의 설치 위치 및 연장도
⑤ 철근의 유효간격, 철근 피복두께 유지용 스페이서 및 Chair-Bar 위치, 설치방법 및 가공을 위한 상세 배근도면
⑥ 철근 겹이음 길이 및 위치의 시방서 규정 준수 여부 확인
⑦ 그 외 규격, 치수, 연장 등이 불명확한 부위의 각종 상세도면

4) 시공상세도 주요 검토사항

① 설계도면, 시방서 및 관계 규정과 일치하는지 여부
② 현장기술자, 기능공이 명확하게 이해할 수 있는지 여부
③ 현장여건과 공종별 시공계획을 반영하여 실제 시공이 가능한지 여부
④ 안전성 확보 여부(주요 구조부의 규격 변경이나 주철근의 규격, 배근 간격, 이음 및 정착의 위치와 깊이 등 변경이 발생하는 경우 기술지원 건설사업관리기술인이 검토·확인)
⑤ 가설시설물의 시공상세도인 경우 구조계산서 첨부 여부
⑥ 계산의 정확성 여부
⑦ 제도의 품질 및 선명성, 도면작성 표준과 일치 여부
⑧ 도면으로 표시가 곤란한 내용은 시공 시 유의사항으로 작성되었는지 등의 여부

5) 검토 결과의 처리

① 승인 : 검토 결과 문제가 없는 경우
② 조건부 승인 : 수정사항이 경미하여 건설사업관리기술인 확인 후 공사 착수 가능 (승인 요청 불필요)
③ 불허 : 내용의 부적절, 도면판독 불가, 적절한 치수의 결여, 설계 도면과의 상충 등 시공에 중대한 오류나 변경을 초래할 경우 (권고사항을 수정하여 승인 요청)

고수 POINT 구조계산서가 첨부되어야 하는 시공상세도 종류(참고사항)

- 관련 근거 : 「건설공사 사업관리방식 검토기준 및 업무수행지침」 제61조 및 제91조(시공
계획검토)

「건설공사 시공상세도 작성지침」 6.3.2 시공상세도 검토
- 구조계산서 첨부 대상 : 가시설공(흙막이, 동바리, 비계 등), 커튼월, 외장재 하지철물,
경량철골천장틀, 외장 시스템유리(SPG 등), 기타 책임기술자가 필요하다고 판단되는 공종

5.5.9 하도급 적정성 검토

대부분의 건설공사는 발주자와 공사계약을 한 원도급자와 공종별 전문성을 가진 다수의 하도급자가 수행한다. 건설사업관리기술인은 건설사업자가 하도급 사항을 관련 법률에 따라 처리하지 않고 위장 하도급, 무면허자에게 하도급, 승인받지 않은 재하도급 등 불법적인 행위를 하지 않도록 지도해야 한다. 하도급 규정은 당해 공종의 건설업 면허 등 자격규정 외에도 원도급자와 하도급자의 불공정거래 유무, 하도급자의 공사수행능력을 고려하여 계약하도록 하고 있다. 따라서 건설사업관리기술인은 건설사업자가 도급받은 건설공사를 하도급 하고자 발주자에게 통지, 동의 또는 승낙을 요청하는 사항에 대해 적정성 여부를 원도급자의 하도급계획 및 하도급 계약서 내용으로 판단하여 발주자에게 보고한다.

(1) 관련 규정

- 「건설산업 기본법」 제29조(건설공사의 하도급 제한)
   제31조(하도급계약의 적정성 심사 등)
- 「하도급거래 공정화에 관한 법률」
- 「업무수행지침」 제53조, 제83조(하도급 적정성 검토)
- 「공사계약일반조건」 제42조(하도급의 승인 등)
- 「건설공사 하도급 심사기준」(국토교통부)

(2) 업무 절차

건설사업자	건설사업관리기술인	발주자	건설사업관리기술인
하도급 계약 통보서 제출	하도급 적정성 검토 검토의견서 제출	접수, 확인, 보관	계약이행 확인

(3) 업무 내용

① 하도급 계약 통보 : 하도급 계약 또는 변경 계약일로부터 30일 이내
- 하도급 계약 통보서
- 하도급 계약서(변경계약서 포함)
- 공사량(규모), 공사단가 및 공사금액 등이 분명하게 적힌 공사내역서
- 예정공정표
- 하도급대금 지급보증서(면제인 경우 증명서류)
- 현장설명서(현장설명을 실시한 경우)
- 공동수급체 구성원 간에 체결한 협정서(공동도급의 경우)

② 건설사업관리기술인 검토기한 : 통보서 접수일로부터 7일 이내

③ 적정성 검토
- 시공능력 평가액 : 하도급 계약금액 〈 당해연도 시공능력 평가액
- 하도급 자격의 적정성 : 해당 공사의 전문건설업 면허 보유
- 하도급 계약의 적정성
  - 하도급 계약금액÷하도급 부분 원도급 금액 〉 82%
  - 하도급 계약금액÷하도급 부분 발주자 예정가격 〉 64%
- 하도급 대금의 지급 : 하도급 대금 지급보증서 발행
- 하도급 통지 일정 준수 : 하도급 계약일로부터 30일 이내
- 건설기술자의 현장배치

공사규모	배치기준
700억 원 이상	기술사(건설산업기본법 제93조 제1항 적용 시설물 포함 시)
500억 원 이상	기술사 또는 기능장, 특급+5년
300억 원 이상	기술사 또는 기능장, 기사+10년, 특급+3년
100억 원 이상	기술사 또는 기능장, 기사+5년, 산업기사+7년, 특급, 고급+3년
30억 원 이상	기사+3년, 산업기사+5년, 고급 이상, 중급+3년
30억 원 미만	산업기사+3년, 중급 이상, 초급+3년

- 공공공사 하도급 참여 제한 대상 확인 : 건설산업지식정보시스템(KISCON)
- 선급금 지급 검토(「하도급거래 공정화에 관한 법률」 제6조) : 원도급사가 발주자로부터 하도급 대상 부분의 선급금을 수령한 경우, 하도급 업체에 지급한 선급금 지불 내역 또는 선급금 포기각서 첨부 확인

- 하도급관리 계획서 준수 여부 확인
  「조달청 시설공사 적격심사세부기준」제4조 제2항에 따라 하도급관리 계획서를
  제출한 경우 하도급 계약내용과의 일치여부 확인
- 기타 제출서류 검토 : 예정공정표의 적정성, 계약이행 보증서 등

④ 하도급 계약이행 확인
  - 건설사업자가 하도급 사항을 상기와 같이 처리하지 않고 위장 하도급하거나,
    무면허자에게 하도급 하는 등 불법적인 행위를 하지 않도록 지도
  - 불법 하도급을 인지한 경우 공사 중지 후 발주청에 서면 보고
  - 현장 입구에 불법 하도급 행위신고 표지판을 건설사업자에게 설치하도록 지시

5.5.10 자재선정 및 검수 관리

공공 건설프로젝트에서 사용하는 자재는 지급자재('관급자재'라고도 함)와 사급자재로
구분된다. 지급자재는 도급계약 전 품목·수량이 확정되어 시공 단계에 맞춰 발주자
가 지급하며, 사급자재는 건설사업자의 자재공급원 승인요청에 따라 검토·승인 후
현장 반입한다[2]. 건설 자재가 현장에 반입되면 하차하기 전에 실물과 송장을 확인
하여 자재선정 검토시 '적합' 판정된 자재인지, 견본품과 일치하는지를 확인하여야
한다. 레미콘 검수 요청서에는 송장 사본(첫차, 막차), 현장배합표, 시험사진을 첨부
하여야 하며, 현장에서 품질시험계획에 따라 시험을 실시하여 합격된 레미콘만 사용
하도록 한다. 현장에 보관하면서 사용하는 자재는 자재의 품질이 변질되거나 훼손
되지 않게 적절하게 관리되는지 확인한다.

⑴ 관련 규정

- 「업무수행지침」제57조, 제87조(사용 자재의 적정성 검토)
               제58조, 제88조(사용 자재의 검수 관리)

---

2) 「건설공사 사업관리방식 검토기준 및 업무수행지침」상 감독권한대행 업무가 포함되지 않는 경우는,
  시공자의 기자재공급원 승인 요청에 대한 승인 권한은 발주자의 공사감독자에게 있으며, 건설사업
  관리기술인은 검토의견을 보고해야 한다.

(2) 업무 절차

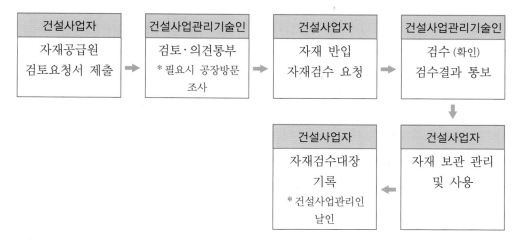

(3) 업무 내용

1) 자재공급원 승인

① 자재공급원 승인 요청 : 해당 자재 반입 10일 전
② 건설사업관리기술인 검토 : 접수일로부터 7일 이내 승인
③ 자재공급원 첨부서류
  • 국·공립 시험기관 및 건설기술용역사업자(국가공인기관) 시험성적서
  • 납품실적 증명
  • 시험성과 대비표(시방서 및 관련 KS규격)
④ 일반 자재 주요 검토사항

항 목	검토 사항
자재의 규격	• 설계도서(도면, 시방서 등)와의 일치 여부 • 요구 성능 만족여부 등
시험성적서	• 국가공인기관 시험 여부 • 시험성과의 시방 요구성능 및 국가표준(KS) 기준 만족 여부 • 위·변조 여부 등
성과대비표	• 시방서 및 KS규격과 시험결과 대비표 비교 후 품질기준 만족여부 확인
납품실적	• 해당 현장과 유사한 공사 납품실적

– 시험성적서 발행기관의 국가공인기관 여부 및 시험성적서 원본 확인은 해당 시험기관 문의 또는 건설사업정보시스템에서 확인

⑤ 레미콘 및 아스콘 주요 검토사항 : 일반 자재 검토사항 + 추가검토
- 생산공장에서 저장한 골재의 품질(입도, 마모율, 조립률, 염분함유량 등)에 대한 품질시험을 직접 실시하거나 공인시험기관에 의뢰하여 실시한 후 합격 여부 판단
- 공사 기간 중 지속적인 품질 및 공정 영향 없도록 공급원의 일일생산량, 기계의 성능, 각종 계기의 정상 작동 유무, 사용재료의 골재원 확보 여부, 동일골재(품질, 형상 등) 지속 사용 가능 여부, 현장 도착 소요시간 등 확인
- 공장 검수

구분	총 설계량	내 용
사전 점검	레미콘 1,000㎥ 이상 아스콘 2,000ton 이상	• 건설사업자, 건설사업관리기술인, 공사감독자 합동 사전점검 실시 후 그 결과를 공급원 승인권자에 보고
정기 점검	레미콘 3,000㎥ 이상 아스콘 5,000ton 이상	• 수요자는 반기별 1회 정기점검 실시 후 그 결과를 공사감독자에게 보고, 공사감독자는 보고받은 점검결과 확인 후 발주청 및 공급원 승인권자에 보고 • 필요시 정기점검 중 연 1회는 감독자 및 수요자 합동 실시 가능

⑥ 순환골재 등 의무사용 건설공사에 해당하는 경우 품질기준에 적합한 순환골재 및 순환골재 재활용 제품을 사용하도록 하고, 건설사업자가 작성한 사용계획서 상의 용도 및 규격 적합 여부 확인

2) 자재 검수 및 관리

① 자재 반입 시 건설사업자로부터 반입자재 검수요청서 접수, 내용 확인 후 현장 검사 및 검수
② 자재 검수 확인 사항
- 제출서류의 적정성 : 납품 송장(거래명세표), 사진대지 등
- 승인된 자재와 규격, 사양, 종류 등의 일치 여부
- 견본품을 제출받은 경우 견본품과 일치 여부(시험성적서 및 품질관리시험 포함)
- 철근, 콘크리트 등은 설계도서 및 시공상세도 등에 따른 물량 및 수치 등과 일치 여부
- 이형봉강, 벌크 시멘트 등은 필요시 공인계량소에서 계량하여 반입량 확인

- 반입된 자재는 건설사업자 임의의 현장 외 반출 금지, 주요자재 검사 및 수불부 작성·관리

> - 레미콘 검수 요청서 첨부서류 : 송장 사본(첫차, 막차), 현장 배합표, 시험사진
> - 레미콘 송장 및 현장 배합표에는 건설사업관리기술인 서명 날인, 타설 완료 시간 기입 확인

③ 검수방법
- 시험에 의한 검수 : 현장시험에 의한 품질 및 물성 확인
- 확인에 의한 검수 : 견본품, 카탈로그, 제작도 및 시험성적서 등에 의한 규격, 성능, 수량 확인
- 조회에 의한 검수 : KS 등의 표시가 있는 규격품

④ 지급(관급)자재의 검수
- 지급(관급)자재 현장 반입 시 납품지시서에 기록된 품명, 수량, 인도 장소 등을 확인하고 건설사업자에게 통보
- 현장 반입 후 건설사업자 입회하여 검사 시행
- 검수조서 작성 시 건설사업자는 입회·날인하고 검수조서는 발주자 보고
- 잉여 자재 발생 시 품명, 수량 등 조사하여 지정장소에 보관하고 발주자 보고

⑤ 불량자재 관리
- 자재 검수 시 규격, 성능, 수량뿐만 아니라 품질의 변질 여부 확인
- 불량자재로 확인될 경우 즉시 현장반출 조치 후 반출 여부 확인
- 품질 의심 자재는 별도 보관 후 품질시험 결과에 따라 검수 여부 확정

5.5.11 시공성과 확인 및 검측

각 시공단계의 세부 공종별로 건설사업자가 공사를 시행한 부분 또는 시공되고 있는 부분에 대한 품질상태가 설계도서, 시방서 등에 만족하는지를 검사·확인한다. 이러한 업무를 효율적으로 수행하기 위하여 건설사업관리업무 착수 초기에 현장특성에 맞게 검측 업무지침을 건설사업자와 협의하여 작성한다. 검측 업무지침은 검측 업무의 기준을 정하는 것이므로 검측 세부 공종, 검측 시기, 검측빈도, 검측방법 등을 합리적으로 결정하여야 하며 공사를 진행하면서 지속적으로 보완해야 한다.

(1) 관련 규정

• 「업무수행지침」 제56조, 제86조(시공성과 확인 및 검측 업무)

(2) 업무 절차

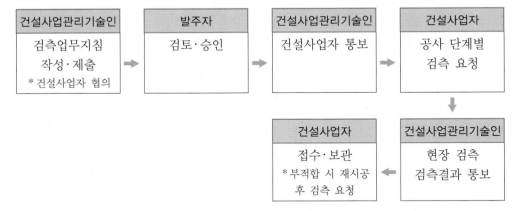

(3) 업무 내용

1) 검측 업무지침

① 일반사항

• 설계도서 및 현장조건 등을 검토한 후 건설사업관리업무 착수 초기에 작성

• 검측 업무지침은 검측 업무 기준을 정하는 것이므로 건설사업관리기술인이 주관하여 작성하되 건설사업자 협의 필요

• 검측업무 지침에는 검측하여야 할 세부공종, 검측시기, 검측빈도, 검측방법 및 검측 체크리스트와 검측 절차 포함

• 발주자 승인 후 건설사업자에게 검측 업무지침 통보 후 시공 관련자 교육 실시

② 검측 업무지침 작성방법

항 목	작성 기준
세부공종	설계도서 기준 해당 공사에 포함되는 공종을 세분화하여 결정
검측시기	시공상태 및 품질의 종합적 검사가 가능하고, 작업 연속성에 지장이 최소인 시기
검측빈도	건설사업관리기술인의 업무량 고려 가급적 빈도율을 높여 소요 품질 확보
검측방법	육안 확인, 시공과정 입회, 검측 체크리스트에 의한 검사 등 구분
체크리스트	일반적인 검측 체크리스트 내용 참조, 해당 현장의 특수성을 반영하여 보완 후 사용

③ 검측 체크리스트 작성기준
- 체계적이고 객관성 있는 현장 확인과 승인
- 부주의, 착오, 미확인에 의한 실수를 사전 예방하여 충실한 현장 확인 업무 유도
- 검측 작업의 표준화로 작업원들에게 작업의 기준 및 주안점을 정확히 주지시켜 품질향상 도모
- 객관적이고 명확한 검측 결과를 건설사업자에게 제시하여 현장에서의 불필요한 시비를 방지하는 등의 효율적인 검측 도모

2) 검측업무 수행

① 검측절차

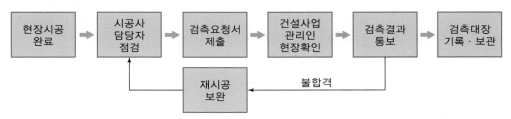

② 검측업무 기본방향
- 현장에서의 검측은 체크리스트를 사용하여 수행하고, 그 결과를 검측 체크리스트에 기록한 후 건설사업자에게 통보하여 후속 공정의 승인 여부와 지적사항을 명확히 전달
- 검측 체크리스트에는 검사항목에 대한 시공기준 또는 합격기준을 기재하여 검측 결과의 합격 여부를 합리적으로 신속히 판정
- 단계적인 검측으로는 현장 확인이 곤란한 콘크리트 생산, 타설과 같은 공종의 시공 중 건설사업관리기술인의 계속적인 입회 확인하에 시행

③ 검측 업무 진행 절차
- 1차적으로 건설사업자의 담당 기술자가 검사하여 모든 검사항목의 적합(합격) 여부를 확인하고 서명 날인한 후 검측 요청서에 검측 체크리스트(검측점검표)와 공사참여자(기능공 포함) 실명부를 첨부하여 건설사업관리기술인에게 제출
- 건설사업관리기술인은 건설사업자 담당 기술자가 1차 검사한 내용을 검토한 후 현장 확인 검측을 실시하고, 그 결과를 서면으로 통보. 부적합(불합격)인 경우 그 부적합(불합격)된 내용을 건설사업자가 명확히 이해할 수 있도록 검측 체크리스트(검측점검표)에 기록하거나 별지로 기록하여 첨부하고 검측 요청서 우측 상단에 "재"라고 적색 글씨로 표시하여 반송

- 건설사업자는 1차 부적합 통보를 받을 경우 부적합 사항에 대하여 시정조치 및 검사완료(적합) 후 건설사업관리기술인에게 검측을 요청하여 재검측 실시
- 건설사업자가 시정조치를 제대로 하지 아니한 경우에는 발주자에게 즉시 보고 조치
- 구조적 안전성이 문제되거나 민원이 발생할 수 있는 주요 공종에 대한 검사 및 확인결과에 대하여는 해당 공종의 공사가 종료되는 즉시 건설사업관리기술 인이 서명·날인하고 이를 문서화하여 관리
- 시공확인을 위하여 X-Ray 촬영, 도막 두께 측정, 기계설비의 성능시험, 파일 지지력 시험, 지내력 시험 등의 특수한 방법이 필요한 경우 외부 전문기관에 확인 의뢰 가능하며 비용은 설계변경 시 반영
- 건설사업자의 검측 행정업무를 줄이기 위하여 관련된 세부 공종의 검측은 검측 체크리스트(검측점검표)에 의한 검측을 각각 실시한 후 관련 공종의 마지막 공종 검측 시 검측 요청서 1건으로 처리 가능
  (철근콘크리트 공사 시 바닥 먹매김, 벽체 철근 배근, 상부 슬래브 철근 배근 및 거푸집 공사 검측은 각각 실시하고 검측 요청서는 상부 슬래브 철근 배근 및 거푸집공사 완료 시에 통합하여 제출)

④ 작업계획서 검토·확인

안전사고 발생 우려가 높은 공종의 경우 사전에 작업계획서를 제출받아 검토·확인 후 작업 착수

(단, 동일한 조건의 작업이 반복되는 경우 작업계획서만 제출 후 착수 가능)

- 2m 이상의 고소작업
- 1.5m 이상의 굴착·가설공사
- 철골 구조물 공사
- 2m 이상의 외부 도장공사
- 승강기 설치공사

⑤ 검측 서류의 기록보관

- 검측 요청서 및 검측 결과통보서(검측체크리스트)는 2부 작성하여 건설사업관리 기술인과 건설사업자가 각 1부씩 보관
- 검측 요청서 및 검측 결과통보서는 공종별로 시공순서에 따라 관리
- 검측 요청서 및 검측 결과통보서 문서철의 앞장에는 검측 대장(목록표) 기록

5.5.12 재시공 또는 공사중지 명령

건설사업자가 건설공사의 설계도서, 시방서, 그 밖의 관계서류의 내용과 일치하지 않게 시공한 경우, 「건설기술진흥법」의 안전관리 의무, 환경관리 의무를 위반하여 인적·물적 피해가 우려되는 경우, 재시공 또는 공사중지명령 등 필요한 조치를 취할 수 있다. 시공 완료된 공사가 품질확보상 미흡 또는 위해를 발생시킬 수 있다고 판단되거나 건설사업관리기술인의 검측·승인을 받지 않고 후속공정을 진행한 경우에는 재시공을, 시공 완료된 공사가 중대한 위해를 발생시킬 수 있다고 판단되거나, 안전상 중대한 위험이 발견될 때에는 공사중지를 지시한다. 공사중지는 공사비, 공정 측면에서 상당한 손실을 야기할 수 있으므로 타당한 근거 및 명령 집행 절차를 엄격히 준수하고 문서화하여 업무를 처리하여야 한다.

(1) 관련 규정

- 「건설기술진흥법」 제40조(건설사업관리 중 공사중지 명령 등)
  제87조의2(벌칙)
- 「업무수행지침」 제63조, 제93조(지장물 철거 및 공사중지명령 등)

(2) 업무 절차

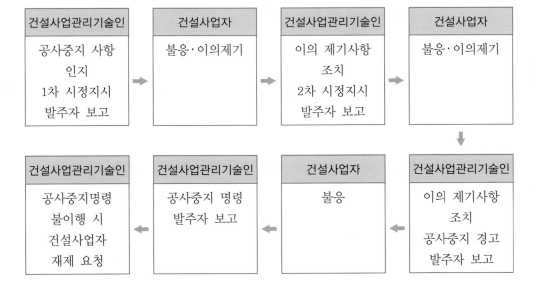

(3) 업무 내용

1) 일반사항

① 재시공·공사중지 명령이 가능한 경우
- 건설사업자가 건설공사의 설계도서, 시방서, 그 밖의 관련서류를 위반하여 시공하는 경우
- 「건설기술진흥법」 제62조에 따른 안전관리 의무를 위반하여 인적·물적 피해가 우려되는 경우
- 「건설기술진흥법」 제66조에 따른 환경관리 의무를 위반하여 인적·물적 피해가 우려되는 경우

② 건설사업자에게 재시공·공사중지 명령 등의 조치 후 시정 여부를 확인하고 공사재개 지시 등 필요한 조치를 하며 이 경우 관련 내용을 발주청에 서면 보고하고 결과 기록·관리

2) 재시공, 부분중지와 전면중지의 구분

구 분	해당 사항
재시공	• 시공된 공사가 품질확보상 미흡 또는 위해 발생 우려가 있는 경우 • 건설사업관리기술인의 검측·승인을 받지 않고 후속공정을 진행한 경우 • 관계규정에 재시공하도록 규정된 경우
부분 중지	• 재시공 지시 미이행 상태로 다음 단계 공정이 진행됨으로써 하자 발생이 우려되는 경우 • 「건설기술진흥법」 제62조에 따른 안전관리 의무를 위반하여 인적·물적 피해가 우려되는 경우 • 「건설기술진흥법」 제66조에 따른 환경관리 의무를 위반하여 인적·물적 피해가 우려되는 경우 • 동일 공정에 있어 3회 이상 시정지시가 이행되지 않을 때 • 동일 공정에 있어 2회 이상 경고가 있었음에도 이행되지 않을 때
전면 중지	• 건설사업자가 고의로 건설공사의 추진을 심히 지연시키거나, 건설공사의 부실 발생 우려가 농후한 상황에서 적절한 조치를 취하지 않은 채 공사를 계속 진행하는 경우 • 부분중지가 이행되지 않아 전체 공정에 영향을 끼칠 것으로 판단될 때 • 지진, 해일, 폭풍 등 천재지변으로 공사 전체에 대한 중대한 피해가 예상될 때 • 전쟁, 폭동, 내란, 혁명상태 등으로 공사를 계속할 수 없다고 판단되어 발주청으로부터 지시가 있을 때

3) 건설사업자의 책임 구분

건설사업자 책임사항	건설사업자 책임이 아닌 사항
① 안전 및 환경 관련 법령을 위반하여 공사를 진행하는 경우 ② 설계도서에 명시된 품질규격에 미달해 명백한 품질저하가 예상되는 경우 ③ 건설사업자의 공사수행 불능 상태(부도 등)가 계속되는 경우	① 전쟁, 폭동, 내란, 혁명상태 등으로 공사추진이 불가능하다고 발주자가 판단하여 지시한 경우 ② 지진, 해일, 폭풍 등 천재지변으로 인한 공사추진 불능 ③ 제3자 민원, 타 공사현장과의 간섭 등으로 인한 공사 중지 ④ 발주자 예산 부족으로 인한 한시적(공사추진속도 조절) 공사중지 ⑤ 설계변경 방침 미결정에 따른 해당 공종 공사중지

4) 재시공 · 공사중지 명령 등의 업무수행 절차

① 해당 공종의 위치, 작업명, 일시, 문제점 및 시정방법을 제시한 시정지시서 발송
② 시정지시서 접수 후 조치 없이 1일 이상 작업이 진행되는 경우, 2차 시정지시서 발송
③ 2차 시정지시에 불응하고 작업이 진행될 경우 관련 자료를 첨부한 공사중지 경고 서면 발송
④ 공사중지 경고에 불응하고 작업이 진행될 경우 공사중지 명령서 발송 및 발주자 보고
⑤ 공사중지 명령서를 이행하지 않는 경우 관련 규정에 의한 조치를 발주청에 서면 요청

5) 재시공 · 공사중지 명령 불이행 건설사업자에 대한 조치

재시공 · 공사중지 명령 등의 지시를 받은 건설사업자는 특별한 사유가 없으면 이행해야 하며, 불이행할 때는 다음과 같은 조치나 벌칙을 부과받을 수 있다.
① 공사중지 명령 접수 후 시공한 공사 부분 기성 미지급
②「건설기술진흥법」제87조의2에 따른 조치 서면 요청

5.5.13 품질관리(시험)계획서 검토

품질관리계획서는 건설공사의 품질이 요구하는 수준으로 달성되도록 구체적인 계획과 방침을 서술한 것으로 부품, 제품, 기기, 설비 또는 시설물이 정상적으로 작동한다는 신뢰를 주기 위해 작성한다. 품질관리계획서는 부품, 기기 등의 설계, 자재 구입, 제작 공정, 시험, 검사, 측정, 시험기기의 교정, 시정조치, 기록의 보관 등에 관한 품질관리 계획을 명시한 문서라고 볼 수 있다. 설계도서에서 요구하는 수준 이상으로 품질목표를 설정하면 원가에 부담이 되고 공정에서도 지연이 발생할 수 있다. 반대로 품질이 떨어지면 사용 단계에서 문제가 나타날 수 있고, 재시공이나 공사 중단이 발생하여 공기나 비용 측면에서 불리하다. 품질관리계획서는 건설현장의 품질목표를 수립하는 과정이다. 품질목표를 발주자의 요구, 계약문서, 현장여건 등에 맞춰 충실하게 수립한 현장과 그렇지 않은 현장은 그 결과가 크게 다르다. 건설사업관리 기술인은 건설공사 중의 품질확보를 위하여 건설공사를 착수하기 전에 설계도면, 시방서, 사업계획 승인조건, 관련 법령 등에 적합하게 품질관리시험 계획이 수립되었는지 검토·확인한다.

(1) 관련 규정

- 「건설기술진흥법」 제55조(건설공사의 품질관리)
- 「건설기술진흥법 시행령」 제89조(품질관리계획등 수립대상공사의 범위)
  제90조(품질관리계획 등의 수립절차)
- 「건설기술진흥법 시행규칙」 제50조(품질시험 및 검사의 실시)
  제53조(품질관리비의 산출 및 사용 기준)
- 「업무수행지침」 제60조, 제90조(품질시험 및 성과검토)
- 「건설공사 품질관리 업무지침」 (국토교통부)

(2) 업무 절차

(3) 업무 내용

1) 일반사항

① 품질관리(시험)계획서 작성 대상공사의 범위

품질관리계획	품질시험계획
① 감독권한대행 등 건설사업관리 대상인 건설공사로 총공사비가 500억 원 이상인 건설공사 ② 연면적이 30,000m² 이상인 다중이용 건축물 건설공사 ③ 해당 건축공사의 계약서에 품질관리 계획의 수립이 명시되어 있는 건설공사	품질관리계획 수립 대상인 건설공사 이외의 공사로서 ① 총공사비 5억 원 이상인 토목공사 ② 연면적 660m² 이상인 건축물의 건축공사 ③ 총공사비 2억 원 이상인 전문공사

② 검토 절차

- 건설사업자가 제출한 품질관리(시험)계획서를 검토·확인한 후 보완 필요시 건설사업자로 하여금 보완토록 하여 7일 이내에 의견서를 작성하여 발주자에게 승인 요청
- 발주자는 품질관리(시험)계획서의 내용을 심사하여 시정, 조건부 승인 또는 승인 조치하고 그 결과를 서면으로 통보
- 발주자 심사 결과 부적정한 경우 품질관리(시험)계획 변경 등 필요한 조치 수행

발주자 검토 및 심사결과		
적정	품질관리에 필요한 조치가 구체적이고 명료하여 건설공사의 품질관리를 충분히 할 수 있다고 인정될 때	승인서 발급 ○
조건부 적정	품질관리에 치명적인 영향을 미치지는 않지만 일부 보완이 필요하다 인정될 때	승인서 발급 ○ (승인서에 보완사항 기재)
부적정	품질관리가 어려울 것으로 우려되거나 품질관리(시험) 계획에 근본적인 결함이 있다고 인정될 때	승인서 발급 ×

③ 건설사업관리기술인 검토 내용

- 설계도서, 허가조건, 현장여건 등을 감안한 현실성 있는 계획 수립 여부
- 시험인력, 시험실 면적, 시험장비 등이 관련 법령 기준 만족 여부
- 현장시험 불가 종목에 대한 외부 전문기관 의뢰시험 반영 여부

- 시험장비의 검·교정 유효기간 초과 여부
- 시험결과 기록 서식 적정성 여부
- 기타 시험실 위치 등 전반적인 사항의 적정성 여부

2) 품질관리계획서

① 작성내용 및 검토사항

항 목	주요 검토사항
1. 일반사항	• 작성 근거 명시 및 검토·승인 여부
2. 적용범위 및 인용표준	• 작성기준 준수 및 적용범위 여부
3. 용어 정의	• 작성 용어 준수 여부
4. 조직상황 4.1 건설공사의 정보	• 발주자 요구사항의 결정 및 충족 여부
4.2 이해관계자의 요구와 기대 관리	• 이해관계자의 요구와 기대 파악 여부
4.3 프로세스 관리	• 건설공사의 프로세스 결정 및 운영 여부
5. 리더십 5.1 품질방침	• 품질방침 수립여부
5.2 책임과 권한	• 조직편성 및 업무 분장, 적정인력배치 여부
6. 기획 6.1 리스크 및 기회 관리	• 리스크 파악 및 관리 여부
6.2 품질목표관리	• 품질목표 및 추진계획 수립 여부
6.3 품질관리계획의 변경 관리	• 품질관리계획서 변경관리 여부
7. 자원 7.1 자원관리	• 기반구조 및 작업환경 확보 여부
7.2 모니터링 자원 및 측정자원의 관리	• 모니터링 자원 및 측정자원 확보 여부, 교정검사 및 유지 여부
7.3 조직의 지식관리	• 지식 결정 및 관련조직과 공유 여부
7.4 역량/적격성 관리	• 품질에 영향을 미치는 인원의 역량, 적격성 보유 및 교육 훈련 실시 여부
7.5 의사소통관리	• 건설공사 운영간 내/외부 의사소통 적절성 여부(불만처리 등)
7.6 문서화된 정보 및 정보의 관리	• 문서화된 정보 보유상태, 자료의 비치 및 관리/운영 상태

항 목	주요 검토사항
8. 운용	
8.1 건설공사 요구사항 검토 및 준비	• 설계도서, 법규, 시방서 등 시공전 검토 여부
8.2 건설공사 요구사항 검토 및 준비	• 계약변경(설계변경 포함) 관리의 적절성
8.3 설계관리	• 설계계획 수립 및 적절성, 설계검토 및 타당성 확인 여부
8.4 기자재 구매관리	• 수급계획의 수립, 검증, 보관 및 주기적인 점검 여부
8.5 외부에서 제공되는 프로세스 관리	• 하도급에 대한 선정 및 평가 여부, 계약 및 이행상태 관리 여부
8.6 공사관리	• 공정계획수립 및 이행 여부, 작업 상세, 적격인원 투입 여부 등
8.7 중점품질관리	• 대상선정 및 관리 여부
8.8 식별 및 추적관리	• 검사 및 시험상태 식별 여부
8.9 고객 또는 외부공급자의 재산 관리	• 수급상태 및 재고관리 적정 여부
8.10 보존관리	• 완성된 시설물의 보존상태
8.11 검사 및 시험, 모니터링	• 시험계획항목, 기준, 빈도의 적절성, 적격 시기와 결과 기록의 적절성 등
8.12 부적합 공사의 관리	• 부적합 공사(자재 포함) 발생에 대한 처리방법 및 이행의 적절성
8.13 공사 준공 및 인계	• 공사 준공 및 인계 관리의 적절성

② 건설기술인 배치 및 품질관리시설 및 기준

대상	공사규모	시험실	건설기술인
특급 품질 관리 대상	품질관리계획 수립건설공사로서 총공사비 1,000억 원 이상 또는 연면적 5만m^2 이상인 다중이용 건축물의 건설공사	50m^2 이상	특급 1인 중급 이상 1인 초급 이상 1인
고급 품질 관리 대상	품질관리계획 수립 건설공사로서 특급대상이 아닌 건설공사		고급 이상 1인 중급 이상 1인 초급 이상 1인
중급 품질 관리 대상	총공사비 100억 원 이상 또는 연면적 5천m^2 이상인 다중이용 건축물의 건설공사로서 특급 및 고급 대상이 아닌 건설공사	20m^2 이상	중급 이상 1인 초급 이상 1인
초급 품질 관리 대상	품질시험계획을 수립해야 하는 건설공사로서 중급 대상이 아닌 건설공사		초급 이상 1인

3) 품질시험계획서

① 작성내용

1. 개요	2. 시험계획	3. 시험시설	4. 건설기술인 배치계획
1.1 공사명 1.2 건설사업자 1.3 현장대리인	2.1 공종 2.2 시험종목 2.3 시험 계획물량 2.4 시험 빈도 2.5 시험 횟수 2.6 그 밖의 사항	3.1 장비명 3.2 규격 3.3 단위 3.4 수량 3.5 시험실 배치 　　평면도 3.6 그 밖의 사항	4.1 성명 4.2 등급 4.3 품질관리 업무 수행시간 4.4 건설기술인 자격, 학력, 　　경력사항 4.5 그 밖의 사항

② 검토사항
- 품질시험 및 검사에 필요한 관련 자료의 구비 및 활용 여부
- 품질시험계획 내용의 적정성 여부(주요자재 및 공정의 검사포함 여부)
- 품질관리 관련 법령 및 규정, 품질관리자, 검사 요원, 시설 및 장비 등의 적정 확보 여부
- 품질시험계획에 의한 품질시험, 검사의 적기, 적정빈도, 실시 여부
- 품질시험 및 검사 성과의 기록유지 여부
- 품질시험 및 검사 장비의 관리 여부 : 교정검사실시 및 교정상태의 식별표시 /검사 장비, 측정 장비 및 시험 장비의 적정 관리
- 부적합품 및 부적합공정 처리 등의 적정 여부

③ 시험성과 확인
- 품질시험·검사성과 총괄표
- 품질시험·검사실적 보고서
- 품질시험 검사대장
- 시험성적서
- 콘크리트 시험일지
- 레미콘 시공품질관리 점검표
- 시험실 장비 검·교정 관리대장
- 구조물별 콘크리트 타설현황

Q 고수 POINT | **품질관리계획서 검토 시 주안점**

- 현장여건에 적합하게 작성되었는가?
  (현장여건과 다른 불필요한 서식이나 내용이 기록되어 있지는 않은가?)
- 조직도에 해당직원의 성명이 명시되어 있는가?
  (조직도상의 부서명, 직책 등이 계획서의 해당내용과 일치하는가?)
- 교육훈련 계획에 해당연도의 계획이 세부적으로 수립되어 있는가?
- 중점품질관리대상이 설정되어 있고, 계획서가 첨부되어 있는가?
- 현장에 설치된 시험장비 교정주기가 설정되어 있는가?
- 품질관리자 자격 검토 시에는 경력증명서상에 현 근무지 및 담당업무가 당 현장 품질관리자로 신고되어 있는가?
- 품질관리 업무범위를 명확하게 규정하여 타 업무와 겸직 금지하고 있는가?
- 품질시험 빈도수는 해당 공사의 계약조건(시방서 등), 품질시험기준(고시), 해당 공정의 표준 및 특별시방서, 발주청의 지침 등이 반영되었는가?
- 공사정보에는 총공사비(예가＋관급자재＋이전비)와 도급액을 구분하여 기재하였는가?

5.5.14 품질시험 및 중점 품질관리

품질관리(시험)계획서는 현장에서 시행 가능하도록 작성되어야 한다. 품질관리(시험)계획을 승인받으면 건설사업관리기술인은 실제로 실천되고 있는지 지속적으로 확인해야 한다. 건설사업자는 품질시험계획에 따라 적기에 관계법령에 적합한 시험을 실시하여야 한다. 현장 시험실이나 시험장비로 시험이 가능한 항목은 담당 건설사업관리기술인 입회하에 현장에서 시험을 실시하고, 현장 시험실이나 시험장비로 시험이 불가능한 항목은 담당 건설사업관리기술인 입회하에 건설사업자의 품질관리자(시험기사)가 시료를 채취하여 시료를 봉인하면 담당 건설사업관리기술인은 봉인 날인을 실시한 후 외부 전문시험 기관에 시험을 의뢰한다. 품질시험 결과 설계규격이나 시방조건에 부적합(불합격)한 자재는 현장에 반입하면 안 되고, 혹시 현장에 반입되었다면 즉시 사용을 금지시키고 표식, 격리, 반출 등의 조치를 취한 후 불합격 자재 처리대장에 기록한다. 만약 불합격 자재로 시공된 부분이 있다면 철거(제거) 후 재시공하도록 지시한다.

(1) 관련 규정

- 「건설기술진흥법」 제55조(건설공사의 품질관리)
- 「건설기술진흥법 시행령」 제92조(품질관리의 지도·감독 등)
  제94조(품질관리의 확인)
- 「건설기술진흥법 시행규칙」 제50조(품질시험 및 검사의 실시)
- 「업무수행지침」 제60조, 제90조(품질시험 및 성과검토)
- 「건축물의 피난·방화구조 등의 기준에 관한 규칙」 제24조의3(건축자재 품질관리서)
- 「건설공사 품질관리 업무지침」(국토교통부)

(2) 업무 절차

1) 현장시험

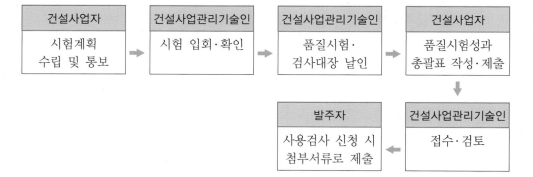

2) 의뢰시험

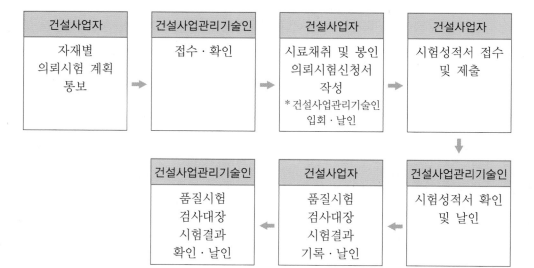

3) 중점 품질관리

건설사업자		건설사업관리기술인		건설사업관리기술인		건설사업자
공사계획 수립	⇒	중점품질관리대상 선정	⇒	중점품질관리 계획 수립·통보	⇒	접수·이행

(3) 업무 내용

1) 품질시험관리

① 일반사항
- 품질관리(시험)계획에 따른 적정 품질관리 업무 수행 여부 검사
- 품질상태 수시 검사·확인하여 재시공 또는 보완시공 등 부실공사 사전방지 노력
- 제3자에게 품질시험·검사 실시를 대행시킬 경우 적정성 여부 검토·확인
- 건설사업자로부터 매월 품질시험·검사실적 보고서를 제출받아 확인
- 기성검사, 예비 준공검사 시 품질시험·검사성과 총괄표 및 시험성적서를 제출받아 검토·확인

② 현장시험 입회 시 확인사항
- 품질관리자가 현장에서 실시하는 모든 시험에 대해 시료채취부터 시험실시 전 과정에 입회하여 KS시험 규정준수 여부 확인
- 시험실시 사진촬영 후 보관 및 관리 지도(사진촬영 시 건설사업관리기술인 입회 확인 가능토록 촬영)

③ 외부 공인 시험기관 의뢰 시 확인사항
- 현장에 구비된 장비로 시험이 불가능하거나 품질시험계획서상 외부의뢰 품목 (현장시험 품목이라 하더라도 객관성 확보 및 비교분석 차원에서 외부 의뢰 가능)
- 검사 소요기간을 확인하여 해당 공정에 차질 없도록 여유롭게 의뢰
- 품질시험의뢰서 및 시료 봉인 부위에 입회자로서 서명 날인 필수
  - 시료에 직접 날인 또는 봉인지를 사용하며 3개소 이상 날인
- 외부시험은 반드시 국가공인시험기관에 의뢰

④ 검사결과 조치
- 각 시험 종목별 품질시험·검사대장 기록 후 시험자와 담당 건설사업관리기술인 날인

- 기계장비 및 배관의 수압시험을 동별, 단계별로 실시하고 수압시험기록부에 결과 기록
- 품질시험결과는 건설사업자에게 제출받거나 직접 작성하여 보관·관리

2) 중점 품질관리

① 중점 품질관리방안 수립 후 건설사업자로 하여금 실행토록 지시하고 실행결과 수시 확인
② 중점 품질관리계획 포함 내용
- 중점 품질관리 공종 선정
- 공종별 발생 예상 문제점
- 예상 문제점 대책 방안 및 시공지침
- 대상구조물, 시공부위 등 선정
- 중점 품질관리 대상의 세부관리항목
- 중점 품질관리 공종의 품질확인 지침
- 관리대장 작성, 기록관리 및 확인 절차
③ 중점 품질관리 공종 선정 시 고려사항
- 공정계획에 의한 월별, 공종별 시험종목 및 시험횟수
- 건설사업자의 품질관리자 및 공정에 따른 충원계획
- 품질관리 담당 건설사업관리기술인의 인원수 및 직접 입회, 확인이 가능한 적정 시험횟수
- 공종의 특성상 품질관리 상태를 육안 등으로 간접 확인할 수 있는지 여부
- 작업조건의 양호, 불량 상태
- 타 현장 시공 사례에서 하자발생 빈도가 높은 공종인지 여부
- 품질관리 불량 부위의 시정이 용이한지 여부
- 시공 후 지중에 매몰되어 추후 품질확인이 어렵고 재시공이 곤란한지 여부
- 품질불량 시 인근 부위 또는 타 공종에 미치는 영향의 대소

3) 품질관리서

① 품질관리서 작성 및 제출
복합자재, 마감재료, 방화문 등의 제조업자, 유통업자, 건설사업자 및 건설사업 관리기술인은 품질관리서를 허가권자에게 제출

제조업자		유통업자/건설사업자		건설사업관리기술인		발주자
품질관리서 작성, 제출	⇒	자재 일치 여부 확인, 제출	⇒	완료보고서 첨부 제출	⇒	사용승인 시 제출

② 품질관리서 제출 대상 자재 및 내용

구분		내용	제출 서류
복합자재		불연재료인 양면 철판, 석재, 콘크리트 또는 이와 유사한 재료와 불연재료가 아닌 심재로 구성된 것	[별지 제1호 서식] + • 난연성능이 표시된 복합자재 시험성적서 사본 • 강판의 두께, 도금 종류 및 도금 부착량이 표시된 강판생산업체의 품질검사증명서 사본
단열재		건축물 외벽에 사용하는 마감재	[별지 제2호 서식] + • 난연성능이 표시된 단열재 시험성적서 사본
방화문		60분+ 방화문 60분 방화문 30분 방화문	[별지 제3호 서식] + • 연기, 불꽃 및 열을 차단할 수 있는 성능이 표시된 방화문 시험성적서 사본
내화구조		화재에 견딜 수 있는 성능을 가진 구조	[별지 제3호의2 서식] + • 내화성능 시간이 표시된 시험성적서 사본
건축자재	방화와 관련된 건축자재	자동방화셔터	[별지 제4호 서식] + • 연기 및 불꽃을 차단할 수 있는 성능이 표시된 자동방화셔터 시험성적서 사본
		내화채움 성능이 인정된 구조	[별지 제5호 서식] + • 연기, 불꽃 및 열을 차단할 수 있는 성능이 표시된 내화채움 구조 시험성적서 사본
		방화댐퍼	[별지 제6호 서식] + • 한국산업규격에서 정하는 방화댐퍼의 방연시험 방법에 적합한 것을 증명하는 시험성적서 사본

5.5.15 비구조요소의 내진설계 검토

최근 빈번하게 발생하는 지진으로 국민의 안전과 생명이 크게 위협받고 있다. 2016년 인명 23명, 재산 110억 원의 피해를 입히 규모 5.8 경주 지진, 2017년 인명 135명, 재산 850억 원의 피해를 입힌 규모 4.1 괴산 지진, 2023년 규모 3.7 강화 지진, 2024년 규모 3.8 제주 지진 등이 대표적이다. 지진이 발생했을 때 구조체 손상에 따른 피해가 가장 크다는 인식과는 달리 실제로는 비구조요소로 인해 발생하는 피해가 다수를 차지하고 있고 이로 인한 인명피해도 많이 발생하고 있다.

국토교통부는 2018년 「건축물의 구조기준 등에 관한 규칙」 개정을 통해 비구조요소에 대한 정의를 신설하고 이 규칙 4조(안전성)에서 지진 안전성 확보 대상을 명시하였다. 비구조요소의 내진설계는 시공사가 작성한 시공상세도를 바탕으로 내진성능을 적합하게 발휘할 수 있는지 책임구조기술자가 검토하고 안전성을 확인하는 것을 의미한다. 건설사업관리기술인은 비구조요소 내진공사비가 내역서에 반영되었는지 확인하고, 관련서류들을 접수하고 검토하여야 한다.

(1) 관련 규정

- 「건축물의 구조기준 등에 관한 규칙」 제2조(정의)
  제4조(안정성)
- 「건축물 내진설계기준」(KDS 41 17 00)

(2) 내진설계가 수행되어야 하는 건축 비구조요소의 정의

① 파라펫, 건물외부의 치장 벽돌 및 마감 석재 - 모든 건물
② 중요도계수(I_p) 1.5 비구조요소(건축, 기계, 전기)의 내용을 포함하는 건물
- 인명 안전을 위해 지진 후에도 반드시 기능하여야 하는 비구조요소
- 손상 시 피난경로 확보에 지장을 주는 비구조요소
- 규정된 저장용량 이상의 위험물질을 저장하거나 지지하는 비구조요소
- 내진특등급(IE1.5) 해당 구조물에서 시설물의 지속적 기능수행을 위해 필요하거나 손상 시 시설물의 지속적 가동에 지장을 줄 수 있는 비구조요소

(3) 비구조요소 내진설계 수행 절차

비구조요소 내진설계는 설계단계에서 내진설계가 반영된 비구조요소 상세도, 내역서, 시방서, 계산서 등을 작성하거나, 설계단계에서는 내진설계가 필요한 비구조요소만 을 지정하고 지침을 통해 시공단계에서 설계를 수행할 수 있다.

설계단계에서 비구조요소 내진설계를 진행하는 경우, 시공단계에서 자재의 규격이 나 시공방법 등이 변경될 경우 내진설계를 다시 해야 하므로 시공단계에서 비구조 요소의 내진설계를 수행하는 방법이 바람직하다고 할 수 있고 이 경우, 내역서, 시방서 등에 관련 내용을 반영해야 한다.

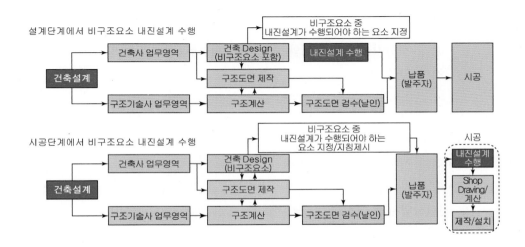

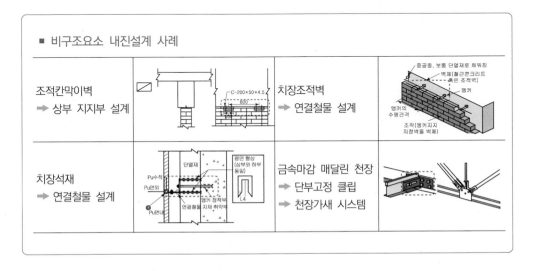

(4) 업무 내용

1) 설계 단계의 업무

① 내역서
- 비구조요소에 대한 내진설계 및 공사비가 포함될 수 있도록 일반 내역단가 기준에 내진설계 할증률을 반영하여 내역을 산출하거나, 별도 품목으로 계상
- 공사원가계산서에 '비구조요소 내진성능검토비용'을 PS 공사비 항목에 포함

② 시방서
- 시방서 부록에 「건축물 내진설계기준」(KDS 41 17 00)을 첨부하여 비구조요소 내진설계 기준 제공

③ 실시설계 도면
- 관련 도면의 Note에 비구조요소 내진설계 대상 및 해당 도면을 기본으로 내진설계 책임기술자의 검토와 승인을 거쳐 내진설계가 반영된 시공상세도가 그려져야 함을 명기

2) 시공 단계의 업무

① 비구조요소 내진설계 대상인 자재 선정 시
- 내진 성능이 입증되는 자재 사용
- 일반 자재를 사용하는 경우, 내진설계를 통하여 보강

② 건설사업자가 작성한 시공상세도를 내진 설계 책임구조기술자에게 승인받은 후, 도면에 의하여 시공

5.5.16 예정공정표 검토

공사착공계(착공신고서)에는 건설사업자의 공사 예정공정표를 첨부하여 제출토록 하고 있다. 한편, 사업계획 승인권자는 사업 주체가 제출하는 예정공정표에 건설사업관리 기술인의 확인 날인을 요구하는 경우가 일반적이다. 그런데 발주자는 건설사업관리 기술인이 지정되면 준비된 공사착공계(신고서)에 건설사업관리기술인이 곧바로 확인 날인하여 주기를 독촉한다. 따라서 실질적인 공정계획의 검토는 건설사업자의 현장 대리인 책임하에 작성되는 실시 예정공정표를 대상으로 이루어지게 되며, 공종별 세부 공정관리계획에 활용하게 된다.

(1) 관련 규정

- 「업무수행지침」 제64조, 제94조(공정관리)

(2) 업무 절차

건설사업관리기술인		건설사업자		건설사업관리기술인		건설사업자
예정공정표 제출 요청	→	예정공정표 작성 및 제출	→	예정공정표 검토 및 승인	→	접수

(3) 업무 내용

① 계약일로부터 30일 이내에 실시 예정공정계획표를 제출토록 문서로 요청

② 착공 전 건설사업자가 제출한 예정공정표를 착공신고서에 첨부하여 제출

③ 실시 예정공정표 및 공종별 세부 공종계획 검토사항

- 실시 예정공정표 검토
  - 주공정선을 표시하였는지 여부
  - 예정공정표상에 주공정선을 표시하고, 주요 공정에 대한 착수·종료시점 및 소요기간 등을 명시하였는지 여부
- 공종별 세부 공종계획 검토
  - 공사추진계획(월별) : 각 공종별로 기시공 물량을 확인하고, 향후 시공 물량이 지정휴일, 천후, 예정 공정계획 등 반영하였는지 확인
  - 자재 수급계획 및 인력 동원계획 : 예정공정 계획과 비교하여 자재, 인력 수급계획이 적정한지 검토
  - 장비투입계획(필요 공종에 한함)
  - 그 밖에 공정관리에 필요한 사항

④ 건설사업관리기술인은 실시 예정공정표 검토 결과, 당초 착공계에 첨부된 예정 공정표와 전체 공사기간, 주요 공정의 완료시점 등의 변경이 발생할 경우 발주자 에게 보고

5.5.17 주간/월간 공정회의 (진도관리)

건설공사의 추진이 건설사업자의 책임하에 이루어진다고 하더라도 건설사업관리기술인은 계약된 공기 내에 건설공사가 완성될 수 있도록 공정을 관리하여야 한다. 공사가 진척되면 건설사업관리기술인은 주간 또는 월간 단위로 공정을 검토하고 확인하여야 하는데 이러한 공정관리 방법이 정기적인 회의, 즉 주간/월간 공정회의이다. 건설사업관리기술인은 주간/월간 공정회의를 효율적으로 운영하여 최적의 공사관리를 할 수 있도록 회의방법, 회의 내용 등을 규정하여야 한다.

(1) 관련 규정

- 「업무수행지침」 제64조, 제94조(공정관리)

(2) 업무 절차

(3) 업무 내용

① 건설사업관리기술인은 건설사업자로부터 예정공정표에 따른 상세예정공정표를 월간, 또는 주간 단위마다 사전에 제출받아 검토·확인하고 공사추진상 필요한 사항의 협의를 위하여 월간 또는 주간 단위마다 공사관계자 회의를 주관하여 실시

② 주간 공정회의 회의 소집 통보를 회의 2일 전까지 구두 또는 서면으로 요청(통보)하며 다음의 사항 준비
- 회의일시 : 적정한 요일과 시간을 정하여 시행
- 참석범위 : 건설사업관리기술인, 건설사업자 현장대리인, 하도급업체(필요시), 현장여건에 따라 참석 범위는 협의 조정
- 건설사업자 회의자료 준비사항
  - 주간(월간) 상세공정표 및 공사추진 실적
  - 현장 작업현황
  - 작업 변경사항

- 장비, 인력 동원현황
- 다음 주 작업계획 등을 회의 2일 전까지 제출한다.
• 건설사업관리기술인 회의자료 준비사항
  - 주간 상세공정표 검토·확인
  - 시공계획 대비 작업방법의 문제점 및 개선방안
  - 인력/장비투입의 적정성 검토의견
  - 시공품질과 작업속도와의 관계 검토의견
  - 기타 미결사항 등
③ 건설사업관리기술인은 주간 공정회의를 통하여 다음 사항을 확인·조치
  • 주간 상세공정표와 전체 실시공정표 부합 여부 검토
  • 시공계획 대비 작업방법 비교검토 및 보완요청
  • 예정작업 진도 대비 현재 진도 비교검토 및 독려
  • 품질관리 시방 대비 진행 사항 비교검토 및 수정지시
  • 안전, 환경 보건 등 민원사항
  • 기타 미결사항 점검 등
④ 월간 공정회의의 경우 회의 소집 7일 전까지 구두 또는 서면으로 요청(통보)하며 다음의 사항 준비
  • 회의일시 : 매월 적정한 주의 주간 공정회의 소집 요일을 정하여 시행
  • 참석범위
    - 건설사업관리기술인 : 책임, 상주 건설사업관리기술인 전원, 비상주 건설사업 관리기술인(필요시)
    - 건설사업자 : 현장대리인, 공무 부서장, 공사부서장
  • 건설사업자 회의자료 준비사항
    - 월간 상세공정표
    - 예정공정표 대비 실적 현황(진도율)
    - 장비, 인력, 자재투입현황
    - 다음 달 예정공사 추진계획
    - 다음 달 예정 소요 자재 견본
    - 기타 문제점, 또는 요청사항 등
  • 건설사업관리기술인 회의자료 준비사항
    - 월간 상세공정표 검토·확인
    - 건설사업관리기술인이 분석한 예정공정표 대비 실적(진도율) 검토의견서
    - 작업상의 문제점 및 개선방안
    - 인력/장비 투입의 적정성 검토의견

- 시공품질상의 문제점 및 개선방안
- 미결사항에 대한 처리 정도 등

⑤ 건설사업관리기술인은 월간 공정회의를 통하여 다음 사항을 확인·통보
- 월간상세공정표와 전체실시공정표 부합 여부 검토
- 공정계획 변경(일정변경 등)사항
- 건설사업관리기술인이 제시한 문제점에 대한 조치계획
- 진행 중인 설계변경에 대한 전망
- 건설사업자 요청사항에 대한 조정계획
- 다음 달 예정공정에 대한 건설사업자 조치사항 통보

⑥ 건설사업관리기술인은 주간/월간 공정회의를 주관하는 동안 회의록 작성
- 회의 참석자의 서명
- 회의 일시 및 장소 표기
- 회의 내용을 요약하여 작성

⑦ 건설사업관리기술인은 회의록을 작성하고 참석자 서명 후 회의 자료를 첨부하여 회의 참석자에게 배포

⑧ 회의록 원본은 건설사업관리기술인이 보관하고 건설사업자 및 회의참석 관계자는 사본을 각각 보관

5.5.18 공정보고/만회대책 보고

공사 진행이 부진하여 계획 공정과 대비하여 공정이 지연되면 건설사업자는 공정 만회 대책을 수립하고 건설사업관리기술인의 검토·승인을 받아 발주자에게 제출한다.

(1) 관련 규정

- 「업무수행지침」 제64조, 제94조(공정관리)

(2) 업무 절차

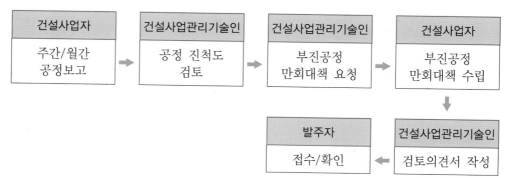

⑶ 업무 내용

1) 보고시기

주요 공정별 완료예정일 및 공정 부진 시에는 만회대책과 공정계획을 수립하여 발주자에게 보고하고 이 경우 만회 대책은 해당 현장의 품질 및 안전관리에 지장이 없도록 계획 수립

① 계획공정과 대비하여 월간공정 실적이 10% 이상 지연되거나, 누계공정실적이 5% 이상 지연된 경우

② 예정공정표상 주요 공정별 완료 예정일인 경우(해당 공정의 진행 상황 보고)
- 지하구조물 공사
- 옥탑층 골조 및 승강로 공사
- 승강기 설치 공사
- 지하관로 매설 공사

③ 아래 공사의 완료 예정일 공정실적이 계획공정과 대비하여 3% 이상 지연되는 경우
- 지하구조물 공사
- 옥탑층 골조 및 승강로 공사

④ 아래 공사의 완료예정일 공정실적이 계획공정과 대비하여 5% 이상 지연되는 경우
- 승강기 설치 공사
- 지하관로 매설 공사

⑤ 설계변경 등으로 인한 물량증감, 공법변경, 공사 중 재해 및 천재지변 등 불가항력에 따른 공사중지, 문화재 발굴조사 등의 현장상황 또는 건설사업자의 사정 등으로 인하여 공사진행이 지속적으로 부진한 경우

⑥ 그 밖에 건설사업관리기술인이 공정관리를 위하여 필요하다고 인정하는 경우

2) 건설사업자가 부진공정 만회 대책 마련 시 다음 사항에 대해 상세한 계획을 제출토록 지시

① 작업방법의 변경사항
- 작업절차 또는 공법의 변경
- 장비, 인력 투입의 변경

② 작업장 증가(추가)
- 작업장별 작업방법
- 추가 작업장의 신설 상세 계획

③ 돌관 작업
- 작업시간 대비 인력 투입계획
- 안전 및 품질확보 대책

3) 건설사업자가 제출한 부진 공정 만회 대책을 검토하고 그 이행상태를 주간단위로 점검·평가하여야 하며 공사추진회의 등을 통하여 미조치 내용에 대한 필요대책 등을 수립하여 정상공정을 회복할 수 있도록 조치

① 변경작업 방법의 생산성 검토
- 투입 인원 및 장비의 규격(작업량 대비 장비 능력 및 투입 인력)
- 현장조건 대비 인원, 장비의 효율성(작업장 면적, 작업시간, 기타 현장조건 대비 실 작업시간)
- 작업 방법(장비 및 인력의 동선, 자재 수급방법 등)

② 작업장 수 확대(Fast-Track) 검토
- 각 작업장의 동시수행 가능성(작업별 인력, 장비의 동선 간섭)
- 작업장별 공정(Logic) 순서(동시 수행되는 각 작업간의 순서 통제 대책)
- 현장조건 대비 작업장 증가 영향(품질, 안전 측면에서의 작업장 확대와 관련 법령, 현장 주변 민원 등 영향)

③ 돌관 작업(Crashing) 검토
- 효율성(현장조건 대비 건설사업자 계획의 효율성-작업 가능 시간 등)
- 안전 및 품질보전(관련 법규, 현장주위의 민원 등을 고려한 심야 작업, 대규모 소음, 분진, 진동 등에 대한 대책)

4) 공정지연 만회 대책에 대한 검토의견서를 다음과 같이 작성하여 발주자에게 통보

① 세부공정계획 및 만회 대책 검토 결과
② 건설사업자의 현장기술자 및 장비확보사항
③ 건설사업자 휴일근로 및 야간근로 계획 검토
④ 공사 기간의 변경 여부에 대한 전망
⑤ 기타 공사계획에 관한 사항

5.6 시공 후 단계

5.6.1 종합시운전계획 검토 및 시운전 확인

건설사업관리기술인은 완성된 시설의 가동 성능 확인과 인수자의 시설운전 연수를 목적으로 시운전(Commissioning) 계획을 검토하고 시운전에 입회하여 시운전 상태를 확인하여야 한다. 건설공사 설비시설의 시운전은 설비시설을 정상적으로 사용하기 전에 설계도서 및 설비시설의 제작 사양을 바탕으로 각 설비시설의 작동상태, 소음, 압력, 온도, 유량, 양정, 수압, 풍량, 전압, 전류, 저항, 조도, 회전 장비의 역회전 등을 점검하여 설비시설의 정상상태 운전을 확인하기 위한 것이다. 건설사업관리기술인은 시운전 주체가 건설사업자(납품업체)라고 할지라도 설비시설의 시운전 시 필히 입회하여 정상상태로 운전되는지 확인한다. 시운전은 개별 시운전과 계통 연동시험으로 구분할 수 있으며, 개별 시운전의 주체는 건설사업자(납품자)이며 건설사업관리기술인은 개별 시운전 계획의 승인, 시운전 관련 지원업무의 조정, 시운전 입회·확인 등을 수행한다. 계통연동시험은 개별시운전 완료 후 건설사업자 또는 발주자가 주체가 되어 기기들간의 연계, 소방시설 등 다른 시스템과의 연계가 정상적으로 작동하는지 즉, 설비시스템의 건전성을 확인, 검증하기 위하여 시행한다.

(1) 관련 규정

- 「업무수행지침」 제107조(종합시운전계획의 검토 및 시운전 확인)

(2) 업무 절차

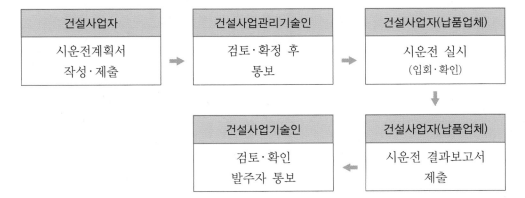

건설사업자	건설사업관리기술인	건설사업자(납품업체)
시운전계획서 작성·제출	검토·확정 후 통보	시운전 실시 (입회·확인)

건설사업기술인	건설사업자(납품업체)
검토·확인 발주자 통보	시운전 결과보고서 제출

(3) 업무 내용

1) 시운전계획서 검토

해당 작업 완료 후 시운전이 필요한 장비 등은 건설사업자로부터 30일 전까지 다음 사항을 포함한 시운전계획서를 제출받아 검토·확정하여 시운전 20일 전까지 발주자 및 건설사업자에게 통보

① 시운전계획서 포함사항

- 시운전 요령서
- 인원 투입계획
- 종목별 절차
- 설비기구 및 기존시설 사용계획
- 시운전 안전관리계획
- 시운전 일정
- 시운전 항목 및 종류
- 소요장비 및 시험기기 동원계획
- 비상계획
- 시운전 체크리스트

② 시운전계획서 검토사항

- 시운전 종합계획 검토(계획서, 절차서, 성과물 관리, 시설유지보수 계획 등)
- 시운전 조치사항의 검토 및 결과처리 방안(현장점검, 개별 시운전, 계통 연동 시험)
- 시운전 관련 회의 및 보고

2) 시운전 입회·확인

① 시운전 절차

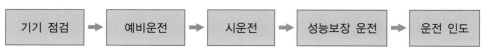

기기 점검 → 예비운전 → 시운전 → 성능보장 운전 → 운전 인도

② 단계별 확인사항

구 분	내 용
예비 시운전 단계	시운전 조건 및 설계도서 확인
	전원 연결 등 타 공사와의 관계 확인
	기기점검 및 준비작업
	사용부자재, 초기 기기 및 장비상태 확인
운전개시 단계	기기 가동부 청소
	가동시험
정상 시운전 단계	저부하 운전 확인
	정상부하 운전 확인
	최대부하 운전 확인
성능 보장 운전 단계	시스템들 간 연동시험 확인(자동제어, 전력제어 등)
운전인도	TAB 보고서 확인
	기기류 시운전 결과보고서 확인

③ 부적합사항 조치
- 단순결함 : 단순결함으로 현장에서 부적합 사항에 대하여 즉시 조치가 가능한 경우 수리 또는 현장사용으로 표시
- 부품교체 : 단순결함이 아니라 부품의 교체가 이루어져야 하는 등 즉시 조치가 되지 않는 경우 해당 기기 또는 설비에 식별표시를 한 후 부적합보고서(NCR)에 수리일자 및 수리방법을 명확하게 기재한 후 건설사업자에게 통보
- 기기 교체 : 해당 설비 또는 단말의 교체를 요하는 경우 해당 기기 또는 설비에 식별표시를 한 후 교체 시기 및 방법을 명확하게 표시한 후 기한 내에 처리될 수 있도록 조치
- 기타 : 해당 기기 또는 설비의 결함이 아니라 전체적인 시스템에 문제가 있는 경우 발주자 및 건설사업자 간의 기술적 협의를 통하여 설계변경 등 기타 방법으로 문제 해결

3) 시운전 결과 제출

① TAB 보고서 : 효율적인 장비의 운전을 위하여 건설사업자는 공기분배계통, 물분배계통, 자동제어계통 등에 대해서는 시험, 조정 및 평가(Testing, Adjusting and Balacing : TAB)를 시행하고, 건설사업관리기술인은 그 결과를 검토 후 발주자에게 제출
② 시운전 결과보고서 : 시운전 완료 후 건설사업자로부터 다음 성과품을 제출받아, 검토 후 발주자에게 인계
- 운전개시, 가동절차 및 방법
- 점검항목 점검표
- 운전지침
- 단독 시운전 방법 검토 및 계획서
- 실가동 다이어그램(Diagram)
- 시험구분, 방법, 사용 매체 검토 및 계획서
- 시험성적서
- 성능시험성적서(성능시험보고서)

5.6.2 시설물 인계·인수 및 사후관리

사용검사 완료 후 해당 시설물 및 시설물 관리에 필요한 각종 제반서류가 발주자에게 차질 없이 인계·인수될 수 있도록 협조하여 사후관리 및 점검이 용이하도록 하기 위한 것으로, 발주자 및 해당 시설물을 관리할 자에게 차질 없이 인계되도록 하고 사용검사 완료 후 관련 서류를 사업 주체에게 인계한다.

(1) 관련 규정

- 「업무수행지침」 제108조(시설물 유지관리지침서 검토)
   제110조(시설물의 인수·인계 계획 검토 및 관련업무 지원)

(2) 업무 절차

1) 시설물 인계

2) 하자보수이행계획서 검토

(3) 업무 내용

1) 인계·인수서 검토

예비 준공 검사 완료 후 14일 이내에 건설사업자로부터 다음이 포함된 인계·인수서를 접수받아 7일 이내에 검토하고, 인계·인수 일정을 발주자 및 건설사업자와 협의하여 확정한 후 발주자 및 건설사업자에게 통보

① 인계·인수서
- 인계자(건설사업자)
- 인수자(발주자)
- 확인자(건설사업관리기술인)
② 공사개요 및 현황

③ 건설사업자 비상연락망
- 건설사업자(협력업체 포함)
- 공종별 담당자(협력업체 포함)

④ 기자재 납품업체현황·제반서류 및 비상연락망
- 업체명
- 기자재명, 규격
- 제품 카탈로그
- 시방서 및 제작도면
- 취급설명서
- 운전지침(필요시)
- Test 장비확보 및 보정 등

⑤ 인허가 서류 원본(각종 준공필증)

⑥ 유지보수용 자재 및 비상용 예비부품

⑦ 해당 현장에서 특수한 재료 혹은 공법을 적용하였을 경우 시공 부위·방법·특성, 시공상·관리상의 주의점에 대한 기록

⑧ 성과품 목록
- 시설 목록
- 준공도서
- 시운전 성과품
- 보유 집기, 비품 목록
- 기타 계약서에 명기된 사항
- 기타 특기사항 등

2) 인계·인수 입회·확인

① 각종 제반서류 확인 및 발주자, 건설사업자와 함께 인계·인수 입회

② 시설목록 대비 시설현황 점검·확인

③ 발주자와 건설사업자 간의 인계·인수 내용에 이견이 있을 경우 조정

④ 인계·인수 시 확인되는 시설의 하자보수 조치

⑤ 인계자, 인수자, 확인자 등이 서명한 인계·인수서를 각자에게 공문 발송

3) 사후 처리

① 건설사업자에게 다음 사항이 포함된 하자보수이행계획서를 작성하도록 지도
- 하자보수 설계도서

- 하자보수 주체
- 하자보수 책임기간
- 하자보수 기구 조직표
- 하자 처리방법 및 절차
- 기타 보수에 필요한 사항

② 건설사업자로부터 제출 받은 하자보수이행계획서를 검토, 확인하고 발주자에게 인계·인수되도록 협조

③ 준공 후 발주자와 건설사업관리 관계 서류 인계·인수에 대하여 협의하고 그 결과 에 따라 인계할 서류목록을 작성하여 발주자에게 인계

5.6.3 준공도서 검토

건설공사 준공 이후 유지관리 및 하자보수 등을 위하여 공사 중 발생한 설계변경 등 을 반영하여 실제 시공된 상태의 준공도서를 작성하기 위한 것이다. 건설사업관리자 는 준공도서의 작성기준 및 지침 등을 건설사업자에게 통보하여 건설사업자로 하여금 작성기준 및 지침 등에 따라 준공도서가 실제 시공된 대로 작성할 수 있게 건설사업 자를 지도하고 건설사업자가 제출한 준공도서가 적합하게 작성되었는지를 검토·확인 하여야 한다.

(1) 관련 규정

- 「업무수행지침」 제110조(시설물의 인수·인계 계획 검토 및 관련 업무 지원)

(2) 업무 절차

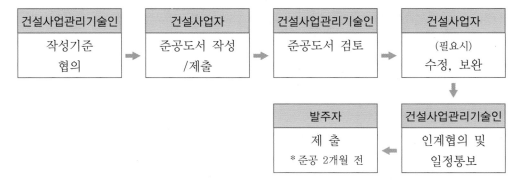

(3) 업무 내용

1) 준공도서의 범위 및 작성지침 협의·통보

① 준공도서 제출기한

② 준공도서의 범위
- 준공도면
- 시방서
- 공종별 해당 계산서(구조계산서, 설계계산서 등)
- 기타 시공상 특기한 사항에 관한 보고서

③ 준공도서 작성지침
- 준공도서 규격 및 표지
- 준공도서 납품 목록
- 준공도서 제본 규격
- 준공도서 납품수량
- 준공도서 CD(목록 FILE 및 수량)

2) 준공도서 반영사항

① 사업계획 승인조건에 의한 설계변경 사항

② 공사 중 설계변경 사항

③ 관계법령 변경에 의한 설계변경 사항

④ 현장여건에 따른 설계변경 및 경미한 설계변경 사항

⑤ 지상 인조점에 대한 이격 거리로 표시된 지하매설 시설물의 위치

⑥ 공사 중 영구히 설치한 가시설물의 매몰 위치 및 상세도

3) 건설사업관리기술인 검토사항

① 준공도서가 실제 시공된 대로 작성되었는지 여부

② 준공도서는 반드시 설계자 날인 후 제출

③ 실제 시공된 상태와 준공도서가 동일함을 확인한다는 내용의 건설사업자 확인서

5.6.4 준공 전 사전 확인 (예비준공검사)

건설공사 준공전 사용검사 또는 임시 사용검사에 대비하여 해당 건설공사가 설계도서 ·품질관리기준 및 승인된 사업계획 등에 적합하게 시공되었는지를 확인하기 위한 것 이다. 건설사업관리기술인은 예상되는 사용검사 또는 임시사용검사와 동일한 방법 으로 사용검사를 신청하기 전에 확인 점검을 실시하여 사용검사 또는 임시사용검사 및 시설물 인계 후에 발생될 수 있는 다양한 문제점을 사전에 도출하여 이를 수정· 보완한다.

(1) 관련 법규

- 「업무수행지침」 제104조(준공검사 등의 절차)
  제110조(시설물의 인수·인계 계획 검토 및 관련업무 지원)

(2) 업무 절차

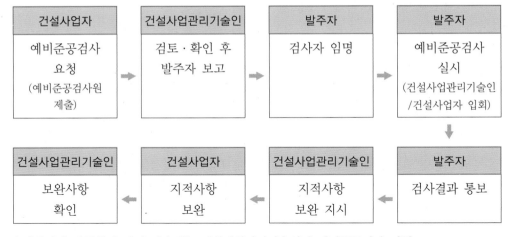

건설사업자		건설사업관리기술인		발주자		발주자
예비준공검사 요청 (예비준공검사원 제출)	→	검토·확인 후 발주자 보고	→	검사자 임명	→	예비준공검사 실시 (건설사업관리기술인 /건설사업자 입회)

건설사업관리기술인		건설사업자		건설사업관리기술인		발주자
보완사항 확인	←	지적사항 보완	←	지적사항 보완 지시	←	검사결과 통보

* 발주자가 발주청이 아닌 경우에는 건설사업관리기술인이 예비준공검사 시행

(3) 업무 내용

① 건설사업관리기술인은 예비준공검사 계획을 수립하여 건설사업자에게 준공 2개월 전까지 예비준공검사원 제출 요청
② 건설사업자가 제출한 다음의 예비준공검사원 및 관련서류 검토 후 발주자 보고
  - 예비준공검사원
  - 예비준공내역서
  - 정산 설계도서

- 품질시험 · 검사성과 총괄표
- 미시공 목록
- 그 밖의 건설사업관리기술인이 필요하다고 요청하는 서류

③ 건설사업관리기술인은 예비준공검사에 입회하여 다음 사항에 대하여 확인
  - 설계도면 및 시방서에 정한 내용과 동일하게 시공되었는지 여부
  - 자재사용의 적정성
  - 승인된 사업계획내용 적합 여부
  - 미시공된 부위
  - 설계도서의 품질 및 규격에 미달되는 시공 부분
  - 기시공분 중 검사일 현재 오손 또는 훼손된 부위
  - 폐품 또는 발생물의 유무 및 그 처리의 적정성
  - 건설공사용 시설, 잉여 자재, 폐기물 및 가설건축물의 제거, 토석 채취장 기타 주변의 원상복구 정리사항
  - 제반서류 및 각종 준공필증
  - 사업계획승인을 변경할 사항에 대한 행정절차 이행 여부
  - 기타 건설사업관리기술인이 필요하다고 인정하는 사항

④ 예비준공검사 결과에 대하여 시정할 사항이 있을 때에는 건설사업자에게 지체 없이 통보

⑤ 시정 지시한 예비준공검사 결과에 대하여 이행 여부 점검

⑥ 준공검사원 제출 전에 건설사업자가 지적사항을 완전히 보완하고 책임건설사업 관리기술인의 확인을 받도록 관리

5.6.5 최종보고서 작성

건설사업관리기술인은 건설공사 건설사업관리 업무 종료 후 수행한 업무에 대하여 계획, 실행, 종료 등 전 단계를 종합적으로 기록한 최종보고서를 작성한다. 최종보고서는 공사 전반에 대한 품질·안전 등을 보증하고 차기 유사 건설공사 건설사업관리 업무 수행 시 참고할 수 있도록 하기 위한 것으로, 건설사업관리기술인은 업무를 완료한 때에는 최종보고서(전자문서 포함)를 사업계획 승인권자 및 발주자에게 제출하여야 한다.

(1) 관련 법규

- 「업무수행지침」제48조, 제78조(보고서 작성, 제출)

(2) 업무 절차

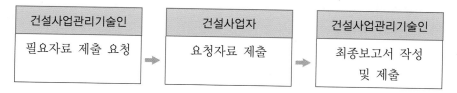

건설사업관리기술인	건설사업자	건설사업관리기술인
필요자료 제출 요청	요청자료 제출	최종보고서 작성 및 제출

(3) 업무 내용

① 건설사업관리기술인은 최종보고서 작성 시 필요한 제반서류 제출을 건설사업자에게 요청

② 건설사업관리기술인은 건설사업관리기술인의 제반서류와 건설사업자가 제출한 제반서류 등을 종합하여 최종보고서 작성

③ 건설사업관리기술인의 최종보고서 규격 및 제출 수량은 발주자와 협의하고 그 결과에 따라 작성

④ 건설사업관리기술인이 작성하는 최종보고서에 포함되어야 할 내용

    ㉮ 사업개요

- 건설공사 개요
- 건설사업관리용역 개요
- 공사여건 등

    ㉯ 기술검토 실적

- 기술검토실적 총괄표
- 기술적 문제해결 검토
- 설계변경 검토 등
- 설계도서 및 공법 검토
- 사업승인조건 검토 실적

    ㉰ 공정관리 실적

- 총괄공정표
- 분기별 공정현황
- 공정회의현황 등
- 골조공사 진척도
- 분기별 공사추진현황

    ㉱ 시공관리 실적

- 시공관리업무실적 총괄표
- 공정별 시공확인 내용
- 인력 및 장비투입현황
- 계측관리 및 검측업무 실적현황

- 시공상세도 검토실적
- 시공 관련 지시사항 및 조치, 수·발신 공문현황
- 부실공사에 대한 조치사항 및 방지대책 등

㉢ 자재품질관리실적
- 품질시험계획서
- 품질관리업무실적 총괄표
- 품질시험·검사 총괄표
- 자재승인요청 검토 실적
- 주요자재 반입 및 검수실적
- 공장방문 점검실적
- 현장 품질관리 향상활동실적 등

㉣ 안전 및 환경실적
- 개요, 안전관리자 조직현황
- 안전교육실적
- 재해발생현황 및 안전관리활동실적
- 환경관리 현황 등

㉤ 내진설계 검토 및 구조 확인 후 기준에 미흡하여 내진보강을 한 경우 그
    확인 자료(사진 등)

㉥ 건설사업관리업무 수행실적
- 건설사업관리업무 수행절차
- 건설사업관리업무 수행계획
- 건설사업관리업무 추진실적 현황

㉦ 종합분석·평가 및 의견 등

㉧ 각종 검사필증

㉨ 공사 준공사진

【참고문헌】

1. 건설공사 계획수립부터 유지관리까지 건설공사 매뉴얼, 서울특별시, 2014.1

2. 건설공사 계약금액조정 요령, 서울특별시, 2021.2

3. 건설엔지니어링 질의회신 및 판례집, 한국건설엔지니어링협회, 2021.12

4. 공공건설공사 건설사업관리 업무수행절차서, 한국건설엔지니어링협회, 2020.5

5. 주택건설공사 감리업무수행절차서, 한국건설엔지니어링협회, 2023.5

6. 희림종합건축사사무소 지식정보시스템의 현장업무 자료

7. CM 업무 가이드북, 공공 건설사업관리, 정림CM연구소, 2023.3

건설사업정보
관리시스템

건설사업정보
관리시스템

6.1 개요

건설 프로젝트의 관리는 건설정보의 관리라고 부를 수 있을 정도로 기획단계에서부터 유지관리단계까지 수많은 정보[1]가 필요하고 만들어지며 관리된다. 건설사업 추진과정에서 필요한 각종 정보는 과학적이고 효율적으로 수집, 전달 및 처리하여 효과적으로 이용할 수 있어야 하고, 장래계획 등의 자료로 이용하기 쉽도록 축적되어야 한다. 이러한 과정에서 다양한 목적에 따라 이용할 수 있는 시스템의 확립이 절실하게 되었고 건설정보관리의 역할이 점점 중요해지고 있다. [표 6-1]은 건설 프로젝트 관리, 특히 공사관리 과정에서 필요하거나 생성되는 정보들이다.

---

[1] 정보는 지식이나 인텔리전스(intelligence, 2차 가공정보)를 제공하기 위해 자료를 집적 또는 가공 처리한 것으로, 자료를 사용자에게 의미 있는 것으로 구조화한 것을 의미한다. 반면, 인포메이션(information)은 목적의식을 갖고 수집한 1차원 정보라고 할 수 있다. '자료'는 사실이나 사건을 비구조적이고 무작위적으로 모은 것이고, '지식'은 사용자가 지각하고 인지한 후 기억 속에 저장하여 상상, 직관, 사고를 위해 사용할 수 있도록 조직화된 정보라고 할 수 있다.

[표 6-1] 건설공사의 정보

구분	정보/자료
시공계획	지형·지질 자료, 기상자료, 해상자료, 하천, 용지, 보상, 건설공해, 물류/수송, 전력 등 에너지, 급수, 배수, 통신, 소방, 인허가기관, 인사, 협력업체, 노무, 기능인력, 물가, 시방서·도면·계약조건 등 계약서류, 법령, 특허, 각종 공사실적 자료(유사공사 및 인근 공사), 공·구법, 가시설 배치 등
공정관리	작업 물량(수량), 표준품셈, 작업순서, 표준시공속도, 주공종, 공종별 공정, 기후/기상, 기능인력, 작업조(팀)의 생산성, 지정(계약) 공기
원가관리	실행예산, 계약단가, 표준단가, 표준시공량, 공사금액, 계약금액, 공종별 하도급 금액, 자원동원 가능성, 원가 변동요인, 계약금액 조정
품질관리	품질목표, 품질시험 항목, 품질관리의 요점, 품질시험 이상 요인, 품질기준, 검사기준, 시험 데이터, 하자 및 결함
노무관리	표준 노무비, 노무비의 지역 차, 노무비 변동, 기능공 수급 상황, 협력업체의 경험, 기술력, 자금력, 노무일 수
안전관리	위험성 평가, 안전교육, 재해방지대책, 공종별 발생 재해의 종류와 원인, 근로자 연령, 기후/기상, 시공 시기와 재해의 상관관계, 재해보고체계
장비관리	장비의 표준 성능 및 생산성, 필요 장비 일람표, 장비기술자의 수급, 장비 사용 장소, 사용예정시간, 보유 장비, 장비 손료, 운전경비, 장비 일보, 월보(가동시간, 정비시간 등)
자재관리	자재 표준단가, 자재비 변동, 자재 취급 요령, 자재 비치 장소 및 사용예정시간, 공종별 소요 자재 일람표, 자재업자 일람표, 청구서, 납품서
기타	공사일보 및 월보

건설 프로젝트의 설계와 공사 과정에서는 수많은 데이터와 정보가 필요하고, 그 이후 프로세스에 필요한 정보도 생성한다. 건설 프로젝트나 프로그램의 진행이 정상적인가 혹은 그러하지 않은가를 확인하기 위해서는 그러한 정보들이 적절하게 관리되어야 하는데, 건설 프로젝트나 프로그램의 관리 주체인 발주자뿐만 아니라 개별 프로젝트와 관련된 설계자, 엔지니어, 시공자 등 구성원들이 시간적 제약 없이 그 정보에 접근 가능해야 한다. 체계적으로 구축된 프로젝트 경영정보시스템 (Project Management Information System : PMIS)이나 프로그램 경영정보시스템

(Program Management Information System : PgMIS)은 전문가들의 지식을 시스템에 저장해 정보를 제공하는 것이다. 정보는 건설 프로젝트나 프로그램 관리의 입력값과 출력값으로 여기에 경험, 지혜 그리고 적절한 판단이 가미되어 프로그램 수행 방향이 결정된다. 3장에서 살펴본 디지털 건설기술은 건설 프로젝트나 프로그램을 체계적이고 효율적으로 관리하기 위한 필수도구라고 할 수 있다.

좋은 PgMIS는 다음과 같은 조건을 만족해야 한다(Thomsen, 2008).

(1) 보고 (Reporting) 기능

좋은 PgMIS는 사업 계획을 수립하고 기록하며 진도를 측정하고, 프로그램 상황에 대한 정보를 제공함으로써 프로그램을 올바르게 이끄는 바탕이 된다. 무엇보다 프로그램의 실제 상황을 보여 주어야 하고 전문가의 경험과 의견을 수렴하여 향후 계획에 반영한다.

(2) 문서화 및 의사소통 (Documentation and Communication) 기능

좋은 시스템은 반드시 프로젝트 정보를 문서화하고, 이들 정보를 프로그램 수준의 정보로 가공하며, 프로그램과 관련된 이해 당사자가 허용된 범위 내에서 손쉽게 그러한 정보에 접근할 수 있어야 한다. 따라서 PgMIS는 웹 기반으로 운용되어야 한다.

제6장

(3) 통제 (Control) 기능

좋은 PMIS 또는 PgMIS는 수동적인 시스템이 아니며, 계획을 실행해 나감에 따라 프로그램 당사자에게 정보를 제공 또는 환류해 주는 Feedback Mechanism이다. 이들 시스템은 관리자가 확장된 조직을 관리하고 지시하기 위해 사용되며, 적정한 업무 형식과 절차(procedure)를 가진다.

건설사업정보관리시스템은 운영 매뉴얼, 지침서, 작업 분류체계, 사업번호 분류체계에 따라 자료 입력, 공사현황 기록관리, 정보 분석, 정보 공유, 사업관리보고서 작성 제출, 시스템 보안 수정, 운영자 교육 등을 포함한다.

6.2 건설사업정보관리시스템 (PMIS/PgMIS)

건설 프로젝트와 관련된 설계 및 엔지니어링 담당자들 사이의 원활한 의사소통과 서로 다른 분야의 응용 프로그램들을 통합하며 사업추진 과정에서 발생하는 정보를 효율적으로 관리하는 것은 매우 중요하다. 건설사업정보관리시스템(PMIS, PgMIS)은 건설 프로젝트의 계획, 실행, 감시, 통제, 마무리 단계에서 필요한 정보를 체계적으로 관리하고 공유하기 위한 시스템이다. PMIS/PgMIS는 건설 프로젝트의 효율성과 효과성을 높이기 위해 다양한 도구와 소프트웨어를 통합하여 정보를 수집, 저장, 분석, 배포한다. 즉, PMIS/PgMIS는 실시간 데이터와 분석 도구를 통해 프로젝트 관리자가 더 나은 의사결정을 내릴 수 있도록 도와주며, 프로젝트 관계자(프로젝트 팀원, 이해관계자, 발주자/건축주 등) 간의 원활한 커뮤니케이션을 지원함으로써 건설프로젝트의 성공적인 수행에 필수적인 도구로, 사업관리의 복잡성을 줄이고 효율성을 극대화하는 데 중요한 역할을 담당한다. 정보관리시스템 중에서 가장 상위에 있는 것이 전사적 자원계획(Enterprise Resource Planning : ERP) 시스템이다. ERP시스템은 전사적 관점에서 기업경영 및 의사결정에 필요한 정보를 수집, 취합, 모니터링하고 분석·조정할 수 있도록 구축한 시스템이다. ERP 시스템은 개별 프로젝트로부터 수집한 정보를 취합하여 기업 경영자에게 적시에 제공하는 것을 목적으로 한다. 개별 프로젝트 정보는 PMIS/PgMIS를 통해 취합되는데, PMIS/PgMIS는 단순한 정보취합 목적을 넘어서 프로젝트 관리의 효율화·전산화를 위한 중요한 도구로 기능한다.

PMIS/PgMIS에서 일관된 형태로 ERP로 정보를 전달하는 것이 바람직하며, 이를 위해서는 기업정보의 분류와 형태에 대한 표준화가 필요하다. 지식경영시스템(Knowledge Management System : KMS)은 업무에 필요한 유무형의 지식을 시스템적으로 관리하여 특정 지식이 필요한 사람에게 적시에 제공하는 것을 목적으로 한다. 유형의 지식을 데이터베이스화하고 검색 가능한 기능 외에도, 무형의 지식을 보유한 구성원을 쉽게 찾을 수 있도록 하는 기능도 갖고 있다. 최근에는 블로그 등 다양한 형태로 조직 구성원들의 접근성을 높이기 위한 방향으로 진화하고 있으며, PMIS에 KMS 정보들을 제공·전달하여 활용하는 경우가 많다. ERP 및 KMS에 대한 상세한 설명은 이 책의 범위를 벗어나므로 여기에서는 용산기지이전사업(Yongsan USFK Base Relocation Plan : 이하 'YRP') 사업의 PMIS 내용 중 플랫폼, 시스템 모듈 등을 중심으로 기술한다.

6.2.1 PMIS 플랫폼

PMIS 플랫폼은 시스템 아키텍처, 운영시스템, 사업관리 핵심 애플리케이션 등으로 구성된다. PMIS 시스템의 주요 구성과 상용 소프트웨어는 [표 6-2]와 같다.

[표 6-2] YRP 시스템 구성 요소 및 상용 소프트웨어

시스템의 주요 구성 내용	상용 소프트웨어/응용 프로그램
<ul><li>메인 홈페이지, 사업관리, 사업통제</li><li>안전관리, 사례 및 교훈, 원가절감, 보안, 변경, 통제, 품질보증, 환경관리 프로그램</li><li>교육관리를 위한 홈페이지</li><li>사업 내 EV, CPI, SPI, 계획 및 관리기준, 예산, 안전 현황, 실적 일수를 포함하는 총괄 현황</li><li>문서 통제, 문서 라이브러리</li><li>한글화면 영어화면 전환 기능</li><li>PMIS 내 주요 세부 프로그램으로 빠른 링크, 추가탐색을 위한 사이트 이동 경로, PMIS의 기본 및 고급 사용자 교육자료</li><li>백오피스 통합(오라클 및 ETS 실시간 데이터를 K-C PMC 데이터와 통합)</li></ul>	<ul><li>Primavera P6 (마스터 플랜 일정 업로드)</li><li>Primavera Pertmaster (리스크 분석 툴)</li><li>My Primavera P (일정 정보를 웹 환경에서 접근 가능)</li><li>Deltec Cobra (EV 관리시스템)</li><li>Success Solutions (견적 상용 프로그램)</li><li>PACES 데스크 탑 (계획단계 개략 견적 상용 프로그램)</li></ul>

데이터의 통합은 Success Solutions과 P6, Cobra와 PMIS 간에 단계적으로 실시하였다. My Primavera는 PMIS 내 P6 데이터로의 일반 접근을 위한 제한적 접근 솔루션으로 제공하고, 각 프로젝트 매니저들은 P6 모듈을 통하여 공정관리의 모든 기능을 사용하도록 하였다. 일반 사용자들은 My Primavera를 통하여 P6에 있는 기본적인 공정정보에 접근하도록 했으며, PMIS는 주요 상위 단계 일정 및 경영진의 검토를 위한 상위 일정 데이터 및 통합기능을 제공하였다. PMIS 개발사업은 총 3단계에 걸쳐 진행되었으며, 그 상세한 내용은 '주한미군기지이전사업 종합사업관리' (2018.12)를 참고하기 바란다.

6.2.2 PMIS 시스템 모듈별 세부 기능

PMIS 시스템은 일반적으로 메인 화면 및 기능별 현황, PMIS 업무지원 기능, 공통 모듈로 구성된다. 메인 화면 및 기능별 현황은 홈페이지상에서 보이는 메인 화면과 기능별 화면을 구성한 것이다. PMIS 모듈은 설계 및 시공관리, 비용 및 일정/공정 관리, 문서관리, PMC 용역관리, 프로젝트 번호 분류체계 개발, 보안관리를 기반으로 구성된다. PMIS의 접속은 발주자, PMC, 계약자로 구분하여 접속 권한을 부여하여 관리한다. 전체 시스템은 패키지관리, 건설관리, 설계관리, 비용 일정관리, 변경관리, C41, GIS, 과업관리 문서관리, 자재 국산화 등으로 구성되며, 종합 대시보드에서 정보에 접근할 수 있도록 개발되었다.

공통 모듈은 PMIS 시스템의 접근 권한이 포함된 시스템 보안, 접근관리, 인증서, 이중언어지원, 전자결재, PNS, GIS 그리고 상용 소프트웨어 부분인 API, P6 API 등으로 구성된다. 시스템 보안과 접근관리, 인증서 등 정보 접근에 민감한 부분은 대부분 발주기관인 MURO, LH, FED, PMC로 구성되어 관리 및 활용한다. PMIS 개발에 사용된 하드웨어는 대부분 윈도 2008을 기본으로 적용하였다.

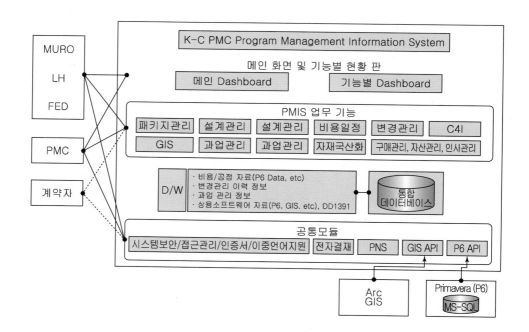

[그림 6-1] YRP PMIS 시스템 구성도

모듈별 세부기능은 다음과 같다.

(1) 메인 대시보드

① 사업종료일까지의 D-day 기능, 안전 무재해 시간 표기, 한측/미측/기타로 구별 CPI, SPI 그래프, 전체 사업에 대한 획득가치 그래프, GIS 지도, 최근 현장 사진, 유용한 링크 등

② 발주자(MURO, FED, LH), K-C PMC, 계약자를 위한 별도의 대시보드 제공

(2) 패키지관리

① 대시보드 : 패키지 정보, 패키지 위치, 마일스톤 현황, PMB 기준 관리정보, 계약 정보, 건설공사비 추이, 패키지 현안/추이, 시설물 목록, PMIS 기능별 바로 가기

② 관련 업무 모듈 연계 활용

③ 1-N 리스트의 패키지 정보관리 : 패키지 정보, 변경 이력, 패키지 이슈, 진행 현황, 패키지 보고서

④ 계약관리 : 계약정보, 계약업체관리, 계약자 인력관리

(3) 건설관리

제6장

일일, 주간 보고서 및 회의록, 시공 관련 제출물의 검토 및 추적, 기성 지급 추적 및 관리, QA, RFI 추적 및 관리, 승인 및 이전(검사 결과, 테스트 리포트, as-built 업로드, 결함 추적 툴 DTT(Workflow를 통한 검사자 코멘트 및 계약자 의 조치사항 기록 및 추적)) 등의 업무로서, 다음과 같은 기능을 제공한다.

① 대시보드 : 프로그램, 패키지, 계약

② 공사진행관리 : 기성, 변경, 일보, 미결, 세부공종 점검, 시공도면, 이슈

③ 품질관리 : 주요 공종, QC 시험관리, QC 보고서

④ 품질보증관리 : QA 시험관리, QA 보고서

⑤ 안전

⑥ 환경

⑦ 민원관리

⑧ 제출물 관리 : 제출물 등록, YRP 건설, 지침서, POF203

⑨ 의사소통 : 공문, 정보요청서, 회의록, 이메일, 일정

⑷ 설계관리

설계검토 의견, 설계자 답변 및 조치 등을 추적 관리하는 것으로, 번역해야 할 내용이 있으면 번역요청 기능을 사용하여 통·번역팀으로 통보하며 다음과 같은 기능을 제공한다.

① 설계 종합 대시보드
② 설계검토 툴
③ VE 추적 툴
④ 접근 및 권한 설정
⑤ 번역

⑸ 비용/일정관리

일정은 프리마베라 P6로 관리하며, 매월 PMIS로 데이터를 이관하여 PMIS상 일정 업데이트, WBS 구조를 통한 필터링 및 상세 보기 지원, SPI(Schedule Performance Index) 등 그래픽 및 분석 지원, 프로젝트 라이프 사이클에 걸친 전반적인 비용 추적 등의 업무로서 다음과 같은 기능을 제공한다. YRP 사업의 PMIS에서 가장 주목할 만한 점은, 이 모듈의 핵심 기능으로서 비용과 일정을 통합하여 관리할 수 있다는 것이다.

① 비용/일정보고를 위한 YRP/LPP 프로그램 소스
② 보고를 위해 데이터를 각기 다른 수준으로 그룹화 및 요약
③ 타 모듈에 데이터 제공
④ 편차 분석을 위한 데이터 입력
⑤ 견적 추적관리 : 견적 DB 이력, 견적 집계, 견적 상세, 견적 분석, 견적 수정
⑥ 공정 관리 : P6 데이터 이관, 공정현황, 실행관리
⑦ 대시보드 : 개요, 마일스톤, 획득가치비용, 일정 요약, 편차, 노무량, 기성

⑹ 변경 관리

설계 등의 변경이 프로그램 및 프로젝트의 범위, 일정, 예산 등에 미치는 영향을 추적하는 것으로 다음과 같은 기능을 제공한다.

① 변경 요청 목록
② 신규 변경 요청
③ 변경 현황 요약
④ 설계변경 등

(7) C41

① 개요 : 프로그램, 패키지, 작업목록

② C41 과업

③ 타임 시트

④ 문서

⑤ 패키지 예상비용

⑥ 패키지 금액집계

⑦ 패키지 기성

⑧ 작업등록 목록

⑨ 자산관리

⑩ C41과업 일정 등

(8) GIS

① 패키지 코드

② 시설물 번호

③ 과업 책임

④ 자금출처별 GIS 지도 조회

⑤ 선택정보에 대한 계약

⑥ 일정 정보

⑦ 패키지 기본 정보

⑧ 패키지 상태 : 공정률, SPI, CPI

⑨ 지도활용을 위한 기본 툴 등

(9) 과업관리

① 과업별 EAC 대시보드 : JTO, KTO, UTO

② 과업별 개요정보

③ 과업별/차수별 기성 관리 : 기성 종합현황, 기성 상세현황

④ 타임 시트 : PMC, 협력사

⑤ JTO 과업별 P6 연계를 통한 획득가치 정보

⑥ KTO 프로젝트별 PM 확인

⑦ 대시보드 편집 : 과업개요 편집, KTO실적 브리핑, 변화 추이 분석 등

제6장

⑽ 문서관리

웹 기반 프로그램 및 프로젝트 문서 저장과 관리 역할을 하는 모듈이다. 전자결재 기능을 통한 공문 및 주요 문서의 검토, 승인, 배포, 추적 기능이 핵심이다. 사용자 부서와 권한에 따른 접근 레벨이 다르고, 전자 결재에서 배포된 문서는 자동으로 각 프로젝트 문서관리 사이트로 이동한다. 이 모듈의 주요 기능은 다음과 같다.

① 전체 사업
② 과업
③ 패키지
④ 단위별 팀 사이트
⑤ 문서작성 기능
⑥ 메타 데이터 관리
⑦ 기록보관 및 관리
⑧ 이메일 로그 관리
⑨ 주요 핵심문서 조회
⑩ 라이브러리 로그 및 송부 전 관리

⑾ 자재 국산화

① 자재 국산화 및 요약
② 토목, 건축 설비, 전기통신 공사별 국산화 현황 및 월별 국산화 현황

⑿ 구매관리

① 구매활동 이력관리
② 구매업무 절차
③ 구매관리 등

⒀ 자산 및 인사관리

① 자산관리 : K-C PMC 내부자산 현황 관리, 품목, 사용자별 검색 기능
② 인사관리 : K-C PMC 내부 인사 정보관리, 사원정보, 동반자 목록, 과업별 투입 현황, 직책관리, 부서 및 교육 정보관리 등

⒁ 인증서관리 및 전자결재

① 인증서관리 : 전자결재 시 책임감 있는 의사결정, 보안을 고려한 개인별 결재 비밀번호 관리, 수립된 절차에 따라 계정관리 부서를 통해 사용자에게 인증서 발급

② 전자결재 : 전자결재 양식 지원, 결재문서에 대한 PDF 변환, 수/발신 로그 관리, 수발신 공문회신 상태 추적관리, 통합 검색, 사설인증서를 통한 보안 강화된 결재

⒂ 한/영 지원

이해 당사자 간의 원활한 정보 공유를 위한 모듈이다.

⒃ 기술적 기반

MS Sharepoint 서버, MS SQL 데이터 베이스 및 ASP.net와 C#을 이용하여 개발한 컴포넌트가 기술적 기반을 형성한다.

제6장

6.2.3 PMIS 시스템 운용 역할 및 책임

(1) PMIS IT 역할 및 책임

PMIS IT 담당자는 사용자의 편의를 위하여 야간 백업, 사용 모니터링 분석, 계획된 업무 내용 검토, 보안 릴리즈 및 시스템 업데이트에 적합하도록 PMIS 운용 시스템을 최신 상태로 유지하는 역할을 하며 PMIS 시스템의 거버넌스 계획을 강화할 책임도 갖고 있다.

(2) PMIS SharePoint 관리자 역할 및 책임

PMIS SharePoint 담당자는 SharePoint 환경의 최종 사용자를 위하여 적절한 보고 체계를 갖춘 시스템을 구축하는 데 필요한 인력 지원 책임을 담당한다. 또한 예상하지 못한 애플리케이션 질문, 버그 등의 문제를 예방하거나 해결하는 업무도 수행한다.

⑶ PMIS 개발자 역할 및 책임

PMIS 개발자는 소프트웨어를 개발하기 위한 각종 도구를 사용하여 기존 시스템을 강화 및 유지관리하는 역할을 담당한다.

⑷ PMIS 보안관리 절차에 따른 역할 및 책임

PMIS 시스템의 보안관리를 위한 통제는 PMIS 시스템에 대한 미승인 접근을 막기 위함이다. 시스템 내부의 폴더 및 사용자 그룹 승인 서비스를 위한 PMIS 접속방법 및 PMIS가 제공하는 지원내용을 포함하며, PMC 전 직원과 시스템을 공유하는 모든 담당자가 해당된다.

6.3 국내 PM/CM기업의 PMIS/PgMIS

6.3.1 건원엔지니어링

VE 통합시스템, COST 시스템 및 CM-Navigator 등 건원엔지니어링건축사사무소에서 활용하고 있는 건설사업정보관리시스템의 내용은 다음과 같다.

(1) VE 통합시스템

1) VE 통합시스템 Ⅱ

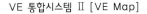

VE 통합시스템 Ⅱ [VE Map]

VE 통합시스템 Ⅱ [기능정의, 기능정리]

- 2013년 새롭게 개발한 건원엔지니어링 VE 통합시스템 Ⅱ는 시스템 Ⅰ의 실패를 교훈 삼아 실무활용성을 극대화하였다.
- 시스템 Ⅰ이 ① 범용성, ② VE 원칙, ③ 보고서 자동 작성에 역점을 두었던 것에 비해, 시스템 Ⅱ는 ① 건원엔지니어링 특유의 VE 업무 프로세스에 최적화시키고, ② VE 원칙 고수보다는 국내 VE 실무환경에 맞춰 유연하게 대응토록 하고, ③ 아래 한글과 99% 호환가능한 편집도구를 채택하여 보고서가 자동 작성된 이후에도 자유롭게 편집할 수 있도록 하였다.
- 사상(思想)적 측면에서는 시스템 Ⅰ이 진보된 체계였던 반면, 시스템 Ⅱ는 사용자의 요구사항을 적극 수용하여 실무 활용성을 극대화할 수 있도록 하였다는 점에서 의미가 있다.
- 시스템 Ⅱ는 2013년 오픈한 이후 회사의 강력한 시스템 활용 지원에 힘입어, 2023년 3월 시스템 Ⅲ로 개편할 때까지 11년간 3번의 업그레이드를 거치며 건원엔지니어링 VE 업무의 핵심 체계로 역할 했다.

제6장

2) VE통합시스템 Ⅲ

VE 통합시스템 Ⅲ [프로젝트 Map]

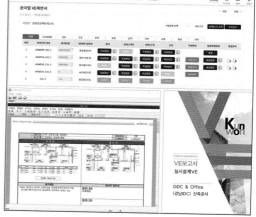

VE 통합시스템 Ⅲ [VE 제안서작성, 보고서]

- 2023년 오픈한 시스템 Ⅲ는, 2022년 6월 Internet Explorer의 종료로 MS Edge 등 새로운 웹브라우저 사용에 따라 보안과 사용성을 개선하고 모바일 환경으로의 변화 등 새로운 트렌드를 반영해 개발한 것으로, 시스템 Ⅱ의 업무 절차와 작동방식을 그대로 수용한 것이다.
- 시스템 Ⅲ는 모바일을 고려한 깔끔한 디자인, 검색조건 확장, 설계도서 공유 자료실 추가, 문서형/동영상형 매뉴얼 추가, 세련된 보고서 양식 채택 등으로 사용 편의성 증진 및 보고서 품질을 한층 업그레이드한 것이다.

(2) COST 시스템

1) KPCM

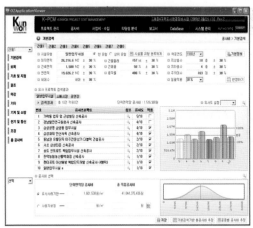

KPCM [변수입력, 유사사례 추출]

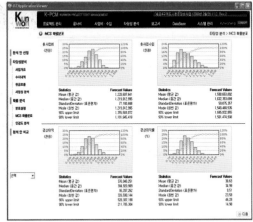

KPCM [공사비 분포확률 시뮬레이션]

- 2012년 개발된 건원엔지니어링 사업비관리시스템(Kunwon Project Cost Management : KPCM)은 프로젝트의 상세 정보가 부재한 사업 초기 기획/계획 단계에서부터 적용할 수 있도록 개발되었다.
- KPCM은 공사비 예측, 사업비용 및 수입 예측, 타당성 분석을 일괄적으로 수행할 수 있는 통합 분석 패키지로서 단일 시설물뿐만 아니라 다수의 용도를 포함하는 여러 시설물을 통합 계획하는 경우에도 활용할 수 있어 대단위 개발사업에도 적용할 수 있다. KPCM은 사업비 추산, 타당성 분석, 공사비 검증, 공사비 증감에 따른 사업성 변화 검토기능을 갖추고 있다.
- 건원엔지니어링은 사내에 축적된 400여 건의 코스트 데이터를 개략 공사비 산정에 활용하는 것은 물론이고, 설계/시공 단계에서 공간별 공사비도 산출할 수 있는 차세대 코스트 시스템 개발을 준비하고 있다.
- KPCM으로 1건의 특허(제10-1112421호)를 등록하였다.

제6장

2) 내역서 표준화 PROGRAM

내역서 표준화 [변수입력, 사례추출]

내역서 표준화 [공사비 확인]

- 2018년 개발된 내역서 표준화 프로그램은 건원엔지니어링 기술연구소에서 자체 개발한 Excel 기반 VBA 프로그램이다.
- 이 프로그램은 다음과 같은 기능으로 구성되어 있다.
  - 작성 주체에 따라 작성방식, 분류방식이 서로 다른 내역서들을 표준화하여 자동 집계하는 내역 표준화 기능
  - 표준화된 내역서와 유사사례들의 시설개요 및 사양정보를 연계하여 DB에 저장하는 표준화 데이터 축적 기능
  - 검색 조건과 일치하는 유사사례의 공사비 정보를 검색하고 세부공종별, 사양별 공사비를 비교·분석하는 기능
- 내역서 표준화 프로그램으로 1건의 특허(제10-1898627호)를 등록하였다.

3) 공간별 내역서 작성 PROGRAM

공간별 내역서 [내역서 매칭]

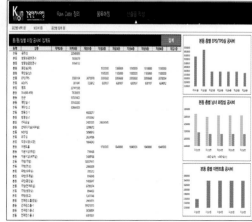

내역서 표준화 [공간별 공사비 집계표]

- 2019년 개발된 공간별 내역서 작성 프로그램은 건원엔지니어링 기술연구소에서 자체 개발한 Excel 기반 VBA 프로그램이다.
- 이 프로그램은 다음과 같은 기능으로 구성되어 있다.
  - 동일한 품명/품목과 규격을 기준으로 수량산출서의 공간/부위 정보와 내역서의 공종/단가 정보를 매칭하여 공간별 내역서를 작성하는 기능
  - 건축 마감 내부, 외부 수량 산출서에서 공간별, 실별로 바닥면적을 추출 및 집계하여 Space Program을 자동 구성하는 기능
  - 공사비를 공간별, 부위별로 분기하거나 특정 공종/공간의 품목별 수량과 공사비를 집계하여 시각화하는 기능
- 공간별 내역서 작성 프로그램으로 1건의 특허(제10-1890179호)를 등록하였다.

제6장

(3) 설계검토 시스템

1) 설계검토 프로그램

설계검토 프로그램 [프로젝트 리스트]

설계검토 프로그램 [CM 의견입력, 활동집계]

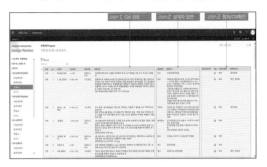

설계검토 프로그램 [검토의견 총괄집계화면]

- 2018년 개발한 설계검토 프로그램은 건원엔지니어링 기술연구소에서 자체개발한 Microsoft Sharepoint 기반의 클라우드 웹서비스 프로그램이다.
- 설계검토 프로그램은 다음과 같은 기능으로 구성되어 있다.
  - 기본/실시 설계단계에서 PM/CM이 설계검토 내용을 입력하면, 설계자가 이를 확인하여 답변하고, PM/CM이 최종 확인하는 기능
  - 전체 공종에 대해 설계검토-답변-협의/확인 여부를 일목요연하게 표시하는 검토사항 조회 기능
  - 공종별 CM 검토, 설계자의 답변(동의, 미동의, 협의 필요, 미답변), CM 확인(완료, 미완료) 건수를 집계하는 공종별 집계 기능
  - 공종별 집계표와 검토항목별 의견을 MS word 형식으로 출력하는 설계검토 보고서 작성 기능
- 설계검토 프로그램은 저작권(C-2018-024539) 등록되어 있다.

2) KWDR

KWDR [메인화면]

KWDR [프로젝트 리스트]

KWDR [설계검토 의견 입력화면]

- 2020년 개발된 KWDR(KunWon Design Review) 설계검토 시스템은, 2018년 클라우드 MS sharepoint 기반으로 개발되었던 설계검토 프로그램을 건원엔지니어링 독자적으로 운영하기 위해 자체 구축형 웹서비스로 전문화시킨 시스템이다.
- MS sharepoint는 해외 클라우드 서버를 거쳐 서비스되는 범용적 체계이어서 설계검토 프로그램과 같이 대용량의 설계도면을 업로드 또는 다운로드하고, 다량의 데이터가 동시 다발적으로 유통될 필요가 있는 경우에는 속도가 너무 느리다는 지적이 있었다.
- 이를 개선하기 위해 건원엔지니어링 내부에 서버를 두고, 대용량 데이터의 유통과 여러 사용자의 동시 접속, 사용에 문제가 없도록 새롭게 시스템을 개발하였다. 실무 프로젝트 3건에 적용된 이후, 사용자 인터페이스 변경요구가 있어 개선작업이 진행 중이다.

제6장

⑷ 지식관리 시스템

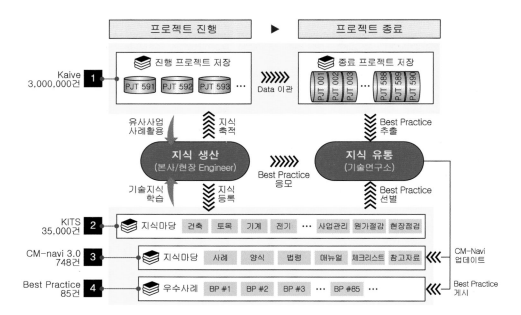

[그림 6-2] 건원엔지니어링 지식관리체계

건원엔진니어링 지식관리시스템은 [그림 6-2]에서 보는 바와 같이 Kaive, KITS, CM-Navigator 3.0, Best Practice Center로 구성된다. 본사/현장 엔지니어가 주된 지식 생산자이자 소비자이고, 기술연구소는 지식 공유 및 활성화를 목적으로 지식/자료의 발굴, 가공, 유통을 담당한다. Kaive는 진행/종료 현장의 Raw data를 축적/분류하는 몸통의 역할, KITS는 분야별 엔지니어들의 지식을 자유롭게 공유하는 지식 마당의 역할, CM-navigator 3.0은 CM 업무 백과사전의 역할, Best Practice Center는 최신 우수사례 모음집의 역할을 한다.

1) Kaive

Kaive 접속화면

- Kaive(Kunwon archive)는 2000년부터 최근까지 종료된 PM/CM 프로젝트들의 성과물을 원본 그대로 보관하고 있는 자료 저장소이다. 본사에 대용량의 NAS(Network Attached Storage)를 이중으로 설치하여 프로젝트 성과물을 차례로 축적하고 PC, 태블릿, 스마트폰 등으로 언제 어디서나 관련 파일을 다운로드할 수 있는 시스템을 구축하였다.
- 통합 검색 기능을 통해 문서 제목과 내용 검색이 가능하며, 프로젝트별로 어떤 종류의 성과물이 구축되어 있는지 쉽게 확인할 수 있도록 간편 분류체계를 적용했다. 성과물을 프로젝트 코드 및 명칭과 설계, 시공 단계로 구분한 뒤, PM/CM 보고서, 계약, Cost, 공정, 설계 변경, VE, 사진 등 7개 항목으로 재분류하여 성과물 현황표를 작성하였다. 이 현황표를 통해 한눈에 각 프로젝트의 주요 성과물 보관 유무를 신속하게 확인할 수 있다. 직원들은 본인이 경험하지 못한 업무의 성과물 사례를 찾아 참고하고, 유사 프로젝트 수행 사례를 통해 단계별 Risk를 예상하고 대비하는 등 활발하게 사용하고 있다.

2) KITS

KITS 2007 최근지식

KITS 지식마당 메인화면

KITS 건축지식마당

- 2007년 개발된 KITS(Kunwon Integrated Technology System)는 건원엔지니어링 최초의 지식관리시스템이다.
- KITS는 사내 업무 중 발생하는 모든 지식과 자료의 통합 관리로 정보의 활용성(검색, 재활용 등)을 높이고, 지식보안체계를 확립하며 향후 지식경영을 위한 필수 인프라 및 기본 소양을 형성하기 위한 인터넷 기반의 지식관리 시스템이다.
- 일반상식, 기술자료, 법규, 제안, 감리 실무, 교육자료, 요소기술 요청/답변, 성공사례, 실패 사례로 구성된 지식 맵과 분야별 COP(Community of Practice)에 지식과 자료가 체계적으로 축적되며, 등록된 자료는 조회와 다운로드 권한이 별도로 부여된다. 2007년부터 2015년까지 운영되었으며 약 2만 건의 자료가 축적되었다.
- 2015년 새버전으로 개발된 KITS는 기술+유형+시설의 다중 맵을 채택하여 지식의 분류와 축적, 검색을 한 단계 심화하였다. 사내 포털시스템과 통합 운영하여 직원들이 쉽게 접근할 수 있도록 개선하였다.
- 2022년 지식관리체계 리빌딩 경영방침에 따라 그동안 분야별 지식마당에 한정되어 있던 지식 축적/공유 범위를 확장하여 CM-Navigator와 Best Practice Center를 새롭게 지식 관리 플랫폼으로 끌어들였고, 원가관리 지식마당과 현장점검 지식마당을 추가로 오픈하여 운영 중이다.

3) CM-Navigator

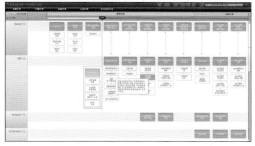

CM-Navigator 1.0

CM-Navigator 3.0

CM-Navigator 2.0

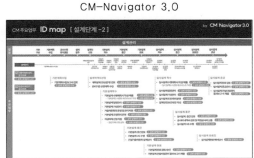

CM-Navigator 3.0 [ID-map]

- CM-Navigator는 건원엔지니어링 고유의 PM/CM 업무 표준운영절차서(Standard Operation Procedure : SOP)로 프로젝트 추진단계에 따라 어떤 업무를 어떻게 수행해야 하는지, 앞으로 수행해야 할 업무가 어떤 것인지를 확인하고 대비할 수 있도록, 즉 PM/CM단이 나아갈 방향을 알려 주는 내비게이터 역할을 한다.
- 사업방식과 사업추진 단계별 업무를 정의하고, 업무별 수행 사례, 성과물 양식, 법령, 체크리스트, 매뉴얼, 참고자료를 포함한다.
- 2009년 개발된 CM-Navigator 1.0은 프로토타입 웹 시스템으로 150여 개의 업무가 정의되었다. 깔끔한 디자인과 다이내믹 UI로 개발되었으나, 시스템 개발회사를 통해서만 콘텐츠를 업데이트할 수 있다는 약점이 있어 점차 효용성이 감소했다.
- 2016년 개발된 CM-Navigator 2.0은 MS-sharepoint 기반의 독립 시스템으로 개발하였다. 기술연구소가 자체 개발하여 콘텐츠 업데이트가 자유로웠으나, 보안 강화로 파일을 자유롭게 다운로드하여 재활용할 수 없어서 일부 직원만 사용이 가능했다.
- 2023년 새롭게 구축한 CM-Navigator 3.0은 직원들의 사용 편의성을 증진하기 위해 개발하였으며, 사업유형별, 사업단계별 750여 개의 업무를 정의하였다. 각 업무별 수행사례부터 참고자료까지 1만 3천여 개의 모든 파일을 자유롭게 다운로드해서 활용할 수 있도록 개방하였다. 또한 KITS에 축적된 분야별 지식/자료까지 포함하여 검색할 수 있고, 직원들이 회사 포털을 통해 접속 가능하도록 CM-Navigator를 KITS 체계 내부로 병합하였다. 직원들은 키워드로 통합 검색하거나, 사업단계와 시점별, 분야별로 정리된 ID-map 또는 ID-list를 활용하여 찾고자 하는 업무 ID를 특정한 후 링크를 통해 콘텐츠와 관련 자료를 한눈에 확인할 수 있다.

4) Best Practice Center

Best Practice Center 리스트

Best Practice Center 조회화면

- Best Practice Center에서는 직원들이 생산한 업무 성과물 중 모범이 되는 자료, 타 현장에서 참고할 만한 자료를 기술연구소에서 자체 발굴하여 전 직원에게 공유한다. Best Practice Center는 KITS 플랫폼 내 지식마당 형태로 개설되었다. 직원들이 최신 모범사례를 업무에 신속하게 활용함으로써 업무성과와 업무역량이 향상되고, 그것이 다시 Best Practice를 생산하는 선순환을 유도하고 있다.
- 당초 Best Practice의 발굴을 위해 기술연구소 전담직원이 진행 중이거나 완료된 프로젝트 업무성과물 중 유용한 자료가 있는지를 하나하나 확인하고 자료를 가공하는 과정을 거쳐 왔으나, 점차 직원들이 Best Practice의 유용성을 확인하고 나서는 현장에서 Best Practice에 적절하다고 판단하는 자료를 보내오기 시작했다. 공들여 작성한 우수 자료를 공유하는 것에 대한 보상으로 원고료 수준의 인센티브를 제공하고 있다.

(5) 프로젝트 관리시스템

1) PMIS, KPMS

PMIS 메인화면   KPMS 일일 업무일지

- PMIS(Project Management Information System)는 2010년 개발된 건설사업관리시스템으로 프로젝트 전 과정에서 발생하는 계약관리, 설계관리, 공정관리, 사업비관리, 품질관리, 환경관리, 문서관리 기능을 제공한다. PMIS는 PM/CM이 운영 주체가 되고 발주자, 설계자, 시공사, 협력사에게 참여 권한을 부여할 수 있다.
- KPMS(Kunwon Project Managemnt System)는 변화된 웹환경에 부응하기 위해 2017년 HTML5 표준으로 새롭게 개발된 건설사업관리시스템으로, 이전 시스템과 동일하게 계약관리부터 문서관리까지 기능을 포함하고 있다. 태블릿 PC나 스마트폰에서도 접속하여 시스템을 사용할 수 있으며, 현장에서 작성하는 주간/월간 업무현황 보고는 KDNS로 연동되어 본사 현장지원부서에서 손쉽게 전 현장의 진행 상황을 파악할 수 있다.

6.3.2 삼우CM

4차 산업혁명 기술 가운데 빅데이터는 복잡하고 광범위한 특성을 가진 건설산업에 도입 활용이 필수적이다. 삼우CM은 그동안 수행한 많은 프로젝트 실적 정보들을 체계적으로 축적하고 더 효과적으로 활용하기 위한 통합시스템 구축을 모색해 왔다. 그 과정은 2004년 디자인뱅크, 2007년 데이터뱅크, 2020년 우장각으로 발전하여 설계에서 감리, PM/CM까지 모든 업무를 우장각에서 작업과 동시에 통합시스템으로 이관되는 체계를 구축하여 업무정보가 자동적으로 축적·환류되게 하고 있다. 2019년 에는 자료의 통합운영시스템 구축을 위한 TF팀을 구성하여 1년간의 개발(설계 6개월, 개발 및 시운전 6개월) 과정을 거쳐, 2020년 7월 '우장각'으로 명명한 새로운 시스템 을 정식 오픈하였다. 우장각은 동료, 구성원을 의미하는 '우(友)'와 연구기관, 도서관 을 의미하는 '장각(章閣)'의 합성어로 삼우CM의 임직원들이 함께 만들어 가는 자료 보관소를 뜻한다. 우장각 운영을 위해 9대의 서버와 140TB의 저장공간을 할당한 시스템을 구축했고, 원활한 통합 검색을 위해 6대의 서버를 별도 설치하여 빠른 검색 환경을 지원하고 있다.

삼우 CM은 우장각에 축적된 건설 프로젝트의 데이터를 활용하여 새로운 프로젝트의 영업과 업무수행 및 운영 등을 지원하기 위한 Program S의 개발을 진행 중이다. Program S는 건설 프로젝트 초기의 주소, 용도 등 몇 가지 제한된 정보만으로 건축 물의 규모, 공사기간, 공사비를 예측하고, 그 값을 바탕으로 규모에 따른 심의, 평가, 인증 등 주요 법규 검토와 설계비, 감리비 등의 각종 용역비 산정, 설계기간, 인허가 기간 등 부수적인 일정까지도 예측할 수 있는 프로그램이다. Program S의 개발이 완료되면 쉽고 편한 사용자 환경(UI)을 통해 결과를 빠르게 확인하고 간단한 변수 조작으로 사업 추진 여부와 방향을 시뮬레이션해볼 수 있을 것으로 기대된다.
다음은 우장각에 대한 설명이다.

(1) 우장각 소개

1) 우장각 구성요소 및 사용환경

우장각의 구성요소	웹 브라우저	탐색기 폴더
프로젝트	○	○
지식정보	○	×
전사문서	○	○
부서문서	○	○

● : 우장각에서 업무수행   ○ : 협의 후 우장각 사용 결정   – : 우장각 사용 불가

우장각의 구성요소	본사 일반	현장 단독수행	현장 공동수행2)	하이테크 및 보안현장3)	해외지사
프로젝트	○			○	
지식정보	○			×	
전사문서	○			○	
부서문서	○			○	

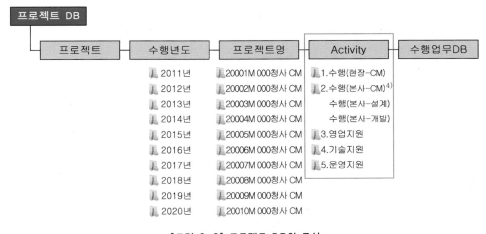

[그림 6-3] 프로젝트 DB의 구성

■ 표준폴더
- 전사 업무 구분(Activity)인 '수행(현장)/수행(본사)/영업지원/기술지원/운영지원'을 중심으로 프로젝트 DB를 구축하였다.
- 이에 따라 부서간 협의를 통해, 효율적인 관리와 활용을 위한 업무별 표준폴더를 구성하였다.
- 프로젝트를 등록할 때 프로젝트 유형 및 개인의 업무에 따라, 수행하는 프로젝트에 대한 표준폴더가 달라진다.

---

2) 부관으로 참여하여 공동수행하는 프로젝트를 말한다. 원칙은 우장각에서의 업무수행이지만, 공동수행자와 협의하여 별도 장치에서 수행한다. 종료된 후 우장각으로 자료를 이관하며, 로컬 PC를 공유하여 작업하는 것은 제한한다.

3) 하이테크 등 발주처의 보안체계를 따르는 프로젝트를 말하며, 보안등급과는 관계없다.

4) 본사 수행 프로젝트의 경우 등록시점에 CM/설계/개발표준 중 하나를 선택한다.

[그림 6-4] 전자문서 구성

- CM 업무 수행서, CM 업무 안내서 등 회사 배포 문서, 양식, 예시를 표준폴더 2. 회사문서에서 열람할 수 있다.
- 설계기준, 표준시방서 등의 자료를 표준폴더 3. 건설기준에서 열람할 수 있다.
- 이 외에도 회사 소개, 법규 정보, 최신기술뉴스, 사용 가이드 등의 정보를 접할 수 있다.

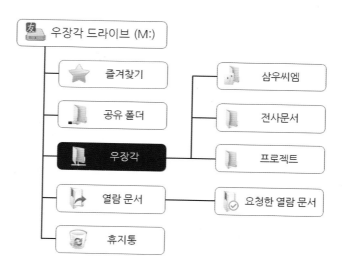

[그림 6-5] 탐색기의 구성

2) 아이콘과 입출력 선택유형

① 탐색기 관련 아이콘

- 현재 페이지에 나와 있는 아이콘 및 선택유형 정보는 사용에 있어 필요한 최소한의 정보를 나타낸 것이다.
- 더 많은 아이콘 및 선택유형 정보는 사용자매뉴얼에 수록되어 있다.

아이콘	용 어	설 명
	우장각	우장각 드라이브
	즐겨찾기	즐겨찾기 한 파일 및 폴더의 집합
	일반폴더	일반적으로 사용하는 기본 폴더
	공유폴더	다른 사용자와 공유한 폴더의 집합
	우장각	'프로젝트, 전사문서, 부서문서'가 포함된 우장각 시스템의 폴더
	열람 문서	열람 승인과 관련된 파일의 집합 폴더
	자물쇠 표시	해당 파일에 대해 다른 사용자가 '수정 중'인 것을 표시

녹색 자물쇠 표시는 암호화 파일의 표시로 우장각에서는 표현되지 않지만 우장각 안에 모든 파일은 암호화 파일이다.

② 웹 브라우저 관련 아이콘

예 시	설 명
수정	첨부파일의 내용을 수정
이력조회	첨부파일의 이력을 조회
파일명 변경	첨부파일의 파일명을 수정
내보내기	폴더의 구조와 이력을 엑셀로 다운로드
속성보기	폴더나 문서의 속성을 조회

③ 입출력 아이콘

예 시	설 명
☑ 신축 ☑ 증축 ☑ 재축 ☑ 개축	중복선택
◉ 진행 ◉ 종료 ◉ 타절 ◉ 취소	단일선택
◖ 해외프로젝트 포함	O/X여부 선택
기타 + −	추가정보 입력
등록일자 ▦ _____	달력형식의 날짜 선택

3) 메인페이지 화면구성

① 통합검색 검색어 입력란
② 사용자 개인정보 및 개인 환경설정
③ 프로젝트, 지식정보 등의 메인 카테고리
④ 등록된 최신 지식정보
⑤ 최신 건설 정보 및 법령 개정
⑥ 관리자가 선정한 대표 프로젝트
⑦ 검색 기반의 '추천자료'와 '인기검색어'
⑧ 시스템과 관련 공지사항
⑨ 업무수행관련 사이트의 바로가기 모음
⑩ 시스템 관련 문의사항

(2) 전자문서

1) 전자문서 웹페이지 화면구성

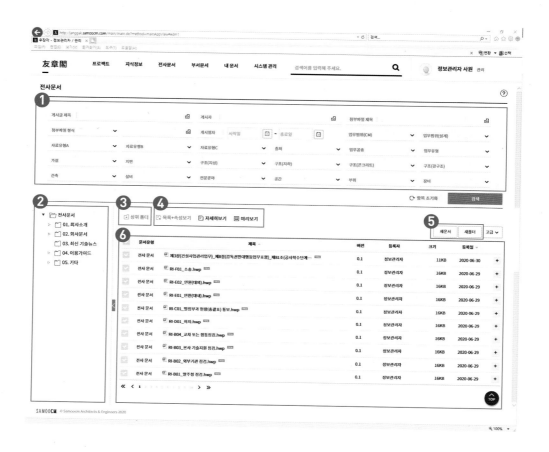

❶ 검색조건을 이용하여 전사문서 검색가능

❷ 전사문서의 폴더구조 창

❸ '상위 폴더'를 클릭하면 현재 열람하고 있는 폴더의 상위 폴더를 열람

❹ 형식별 문서 목록 화면 조회 가능

❺ '새문서'와 '새폴더'는 전사문서 관리자만 사용 가능

❻ 현재 열람하고 있는 문서 목록

• 표시 목록 건수는 '개인정보'에서 설정 가능합니다.

2) 전자문서 탐색기 드라이브

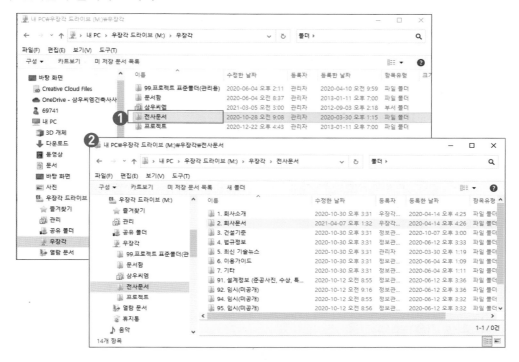

① [우장각 드라이브] – [우장각] – [전사문서] – 폴더경로 접속
② 웹페이지와 동일한 우장각 전사문서 자료 구성 폴더 열림

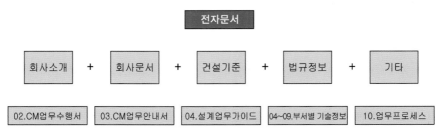

[그림 6-6] 전자문서 구성

- CM 업무 수행서, CM 업무 안내서 등 회사 배포 문서, 양식, 예시를 표준폴더 2. 회사문서에서 열람할 수 있습니다.
- 설계기준, 표준시방서 등의 자료를 표준폴더 3. 건설기준에서 열람할 수 있습니다.
- 이외에도 회사 소개, 법규 정보, 최신기술뉴스, 사용 가이드 등의 정보를 접할 수 있습니다.

3) CM 업무안내서

국토교통부 고시 제2020-987호「건설공사 사업관리방식 검토기준 및 업무수행 지침」
기준

• 「건설기술진흥법 시행령」 제55조의 발주청이 발주하는 '감독 권한대행 등 건설사업관리'의
업무 수행에 도움이 되기 위한 현장 실무 안내서이다.

4) 최신 기술뉴스의 활용

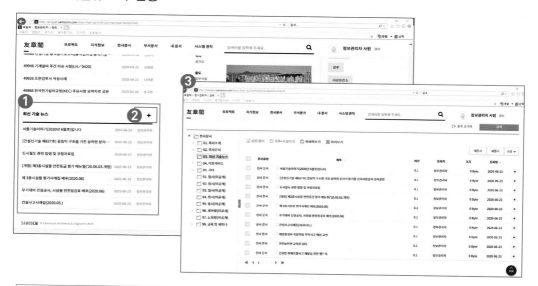

❶ 홈페이지 좌측 하단의 [최신 기술뉴스]
❷ 우측의 '+'을 클릭시, ❸ 과 같은 [전사문서] - [03.최신 기술뉴스] 열림
❸ 최신 기술뉴스 목록 확인

• 최신 기술뉴스는 선별된 관련 사이트의 최신 건설 정보 및 법령 개정 소식을 전달한다.

【참고문헌】

1. 건설기술인협회지_건설과 사람, 삼우CM 정보시스템 우장각, 2021.07

2. 건원엔지니어링 전략기술연구소, 건원엔지니어링 CM시스템, 2023.06

3. 김우영, 건설산업의 디지털 전환 동향과 대응 방향, 한국건설산업연구원, 2022.10

4. 대한건축학회 건축 특집, 첨단 건축시공기술의 현재와 미래, 2022.10

5. 대한민국 국방부, 주한미군기지 이전사업 종합사업관리(Program Management), 2018.12

6. 데이터넷 IT 정보마당, 삼우CM_40년 건설경험 축적된 임직원 맞춤형 업무 플랫폼 구현, 2020.07

7. 삼우CM, 우장각 소개, 2023.06

8. 삼정KPMG, 미래의 건선산업, 디지털로 준비하라, 2021.7

9. 서울대학교 건설기술연구실 이현수 외, 건설관리개론, 2020.09

10. 손태홍, 이광표, 미래 건설산업의 디지털 건설기술 활용 전략, 한국건설산업연구원 건설이슈포커스, 2019.5

11. 한국공학한림원 이슈 페이퍼, 스마트건설안전 관리체계 고도화, 2022.09

12. Chuck Thomsen, Program Management, 2008.12

전문용어색인

가

바

사

아

영문 및 숫자

테크노 PM · CM

定價 35,000원

저 자	이찬식 · 임형윤 황종현
발행인	이 종 권

2024年　9月　20日　초 판 인 쇄
2024年　9月　27日　초 판 발 행

發行處　**(주) 한솔아카데미**

(우)06775 서울시 서초구 마방로10길 25 트윈타워 A동 2002호
TEL : (02)575-6144/5　FAX : (02)529-1130
〈1998. 2. 19 登錄 第16-1608號〉

ISBN 979-11-6654-554-2 93540